普通高等教育"十一五"国家级规划教材

电子工艺基础

（第3版）

王卫平　主编

电子工业出版社

Publishing House of Electronics Industry

北京·BEIJING

内 容 简 介

本书是根据国家大力发展工业制造业、教委关于推动高校生产实习基地建设、提高生产实习教学质量的文件精神编写的。本书从电子整机产品制造工艺的实际出发，介绍了常用电子元器件和材料、印制电路板的设计与制作、表面装配技术、整机的结构及质量控制、生产线的组织与管理等。全书共 8 章，每章均附有思考与习题。通过学习这些内容，有助于读者掌握生产操作的基本技能，又能够站在工艺工程师和工艺管理人员的角度认识生产的全过程，充分了解工艺工作在电子产品制造过程中的重要地位。

本书可以作为高等院校电子类专业及相关专业的教材或教学参考书，对于电子产品制造企业的工程技术人员和那些正在申请 ISO 9000 国际质量管理体系标准认证和 3C 认证的单位，也能从中有所收益。

未经许可，不得以任何方式复制或抄袭本书之部分或全部内容。
版权所有，侵权必究。

图书在版编目（CIP）数据

电子工艺基础 / 王卫平主编．— 3 版．—北京：电子工业出版社，2011.6
普通高等教育"十一五"国家级规划教材
ISBN 978-7-121-12280-4

Ⅰ. ①电… Ⅱ. ①王… Ⅲ. ①电子技术—高等学校—教材 Ⅳ. ①TN

中国版本图书馆 CIP 数据核字（2010）第 222450 号

责任编辑：刘海艳
印　　刷：三河市君旺印务有限公司
装　　订：三河市君旺印务有限公司
出版发行：电子工业出版社
　　　　　北京市海淀区万寿路 173 信箱　邮编　100036
经　　销：各地新华书店
开　　本：787×1 092　1/16　印张：24.75　字数：710 千字
印　　次：2025 年 8 月第 20 次印刷
定　　价：59.80 元

凡所购买电子工业出版社图书有缺损问题，请向购买书店调换。若书店售缺，请与本社发行部联系，联系及邮购电话：（010）88254888。

质量投诉请发邮件至 zlts@phei.com.cn，盗版侵权举报请发邮件至 dbqq@phei.com.cn。

服务热线：（010）88258888。

前　　言

最近二十多年来，以"3C"——计算机（Computer）、通信（Communication）和消费类电子产品（Consumer Electronics）为代表的 IT（信息技术，Information Technology）产业的迅猛发展，无论是它为社会进步所发挥的技术作用以及它创造的产值和利润，还是它所提供的劳动力就业机会，都使其在国民经济中的作用和地位更加重要。如果说，美国是全球 IT 产业的研发基地，那么，中国已经成为世界现代化工业最重要的加工厂。现代化就是工业化，在我国大力推动现代化的过程中，制造业应该起到基础性、支柱性产业的作用。在发展我国制造业的过程中，用信息技术改造传统产业、以信息化带动工业化，大力发展机床制造业、机电一体化和自动化。这种局面要求我们的大学工科教育必须向社会提供具有现代电子工业知识和技能的工程技术人员。

这二十几年，也是我国经济，特别是电子制造业取得巨大发展的重要阶段，电子制造业成为中国经济总量跃升到世界第二位的重要支撑行业。全世界电子产品的硬件组装生产已经全面转变到以 SMT（表面安装技术，Surface Mounting Technology）为核心的第四代工艺，一切生产过程管理则必须遵从以 ISO 9000 系列质量管理体系标准和 ISO 14000 系列环境管理标准为代表的现代化科学模式；今天，不仅国家的宏观经济要与国际"接轨"，我们培养的工程技术人材及从业劳动者的素质和技能也必须符合行业的需求。

我国的高等职业教育在这十几年里也获得了巨大的发展，已经成为我国教育体制改革的热点和突破口，培养应用型、技能型技术人材的宗旨已经被社会普遍接受。

本书是在 1997 年出版的《电子工艺基础》、2003 年出版的《电子工艺基础（第 2 版）》的基础上重新编写的，那两本书都曾多次印刷，受到各方面读者的好评，第 2 版还在 2004 年获得了北京市高等教育精品教材的奖励。随着电子工业的发展和教学的需求，电子工业出版社决定出版本书，作为国家"十一五"规划的重点教材，无疑是符合电子工艺技术的发展和人材市场对工程技术人员的要求的。其实，就本书所涉及的内容而言，它的读者对象不仅在于高职和这一层次的技术人员。对于电子技术应用类的本科毕业生来说，不了解电子产品生产过程的每一个细节，不理解生产工人操作的每一个环节，就很难设计出具有生产可行性的产品。毫无疑问，对电子工艺技术的真知灼见将有助于原理性设计的成功。日本丰田汽车的创始人丰田喜一郎有一句名言："技术人员不了解现场，产品制造就无从谈起。"他的这一观点，应该对每一个电子工程技术人员有所启迪。

关于工程工艺类教学还有一个问题，即我们的教育似乎总是落后于社会的需求。这里不仅有目前高校工程工艺实训环境和设备的限制，还因为部分专业教师本身就缺乏工程实践的经历和经验，在某些院校里电子工艺实训还流于形式。近年来的商业、服务业经济发展对工业制造业形成了一定程度的冲击。在很多企业中，劳动者的平均技术素质不高，甚至出现有经验的高级技术工人奇缺的局面。因此，从事高等院校工科教育的教师们应该深入思考，研究改革我们的教育体制、体系、模式和方法，适应现代化和工业化对工程技术人材培养的需求。

上述背景和思考要求我们在本书中突出第四代电子产品的 SMT 装配生产工艺和现代化生产过程及质量管理思想，用前瞻和发展的眼光去选择本书的内容和素材。考虑到自动化 SMT 设备一般非常昂贵，高校现有的实训基地大都不具备 SMT 工艺的条件和设备，本书中将从第三代电子产品的通孔基板插装（THT）工艺出发，仔细描述 SMT 的特点及其与 THT 的差别，介绍一些切实可行的手工处理 SMT 的方法，供有条件的实训基地参考安排培训内容，让读者学习体会并尝试自己动手。

本书由王卫平主编，参加编写的还有杭州职业技术学院的吴弋旻，顺德职业技术学院的肖文平，北京联合大学师范学院的许启军、清华大学美术学院的王小茉，北京冲击波电子有限公司的莫淑梅，北京联合大学师范学院电气信息系的孙华、刘逍逍、赵玥、张颖、李娜、梁缘、董亚婵、王赟、兴航。

编者在写作本书时是慎重的，严谨的，在即将出版的前夕，我们已经迎来了"十二五"。主要编者在电子工艺技术方面实践多年，研究多年，教学多年，虽已年届花甲，但因深知本书以及相关课程的意义，故仍呕心沥血。在此，对在本书编写过程中给予我们巨大帮助的专家、领导和同行致以诚挚的感谢。

电子工艺技术还在高速发展，作者的水平有限，书中难免存在疏漏和错误之处，欢迎批评指正。

编　者

2011 年 3 月

目 录

第1章 电子工艺技术和工艺管理 ········ 1
1.1 工艺概述 ········ 1
- 1.1.1 工艺的发源与定义 ········ 1
- 1.1.2 电子工艺学的特点 ········ 2
- 1.1.3 我国电子工艺现状 ········ 3
- 1.1.4 电子工艺学的教育培训目标 ········ 5

1.2 电子产品制造工艺工作程序 ········ 5
- 1.2.1 电子产品制造工艺工作程序图 ········ 5
- 1.2.2 产品预研制阶段的工艺工作 ········ 7
- 1.2.3 产品设计性试制阶段的工艺工作 ········ 7
- 1.2.4 产品生产性试制阶段的工艺工作 ········ 13
- 1.2.5 产品批量生产（或质量改进）阶段的工艺工作 ········ 14

1.3 电子产品制造工艺的管理 ········ 15
- 1.3.1 工艺管理的基本任务 ········ 15
- 1.3.2 工艺管理人员的主要工作内容 ········ 15
- 1.3.3 工艺管理的组织机构 ········ 17
- 1.3.4 企业各有关部门的主要工艺职能 ········ 17

1.4 电子产品工艺文件 ········ 18
- 1.4.1 工艺文件的定义及其作用 ········ 18
- 1.4.2 电子产品工艺文件的分类 ········ 18
- 1.4.3 工艺文件的成套性 ········ 19
- 1.4.4 电子工艺文件的计算机处理及管理 ········ 20

思考与习题 ········ 21

第2章 电子元器件 ········ 22
2.1 电子元器件的主要参数 ········ 23
- 2.1.1 电子元器件的特性参数 ········ 23
- 2.1.2 电子元器件的规格参数 ········ 24
- 2.1.3 电子元器件的质量参数 ········ 27

2.2 电子元器件的检验和筛选 ········ 30
- 2.2.1 外观质量检验 ········ 30
- 2.2.2 电气性能使用筛选 ········ 31

2.3 电子元器件的命名与标注 ········ 32
- 2.3.1 电子元器件的命名方法 ········ 33
- 2.3.2 型号及参数在电子元器件上的标注 ········ 33

2.4 常用元器件简介 ········ 35
- 2.4.1 电阻器 ········ 35
- 2.4.2 电位器（可调电阻器） ········ 42
- 2.4.3 电容器 ········ 45
- 2.4.4 电感器 ········ 54
- 2.4.5 开关及接插元件 ········ 58
- 2.4.6 继电器 ········ 62
- 2.4.7 半导体分立器件 ········ 65
- 2.4.8 集成电路 ········ 69
- 2.4.9 光电器件 ········ 75

2.5 表面组装（SMT）元器件 ········ 78
- 2.5.1 表面组装技术及其发展历程 ········ 78
- 2.5.2 常用表面组装元器件 ········ 81

思考与习题 ········ 88

第3章 电子产品组装常用工具及材料 ········ 91
3.1 电子产品组装常用五金工具 ········ 91
- 3.1.1 钳子 ········ 91
- 3.1.2 改锥 ········ 92
- 3.1.3 小工具 ········ 93
- 3.1.4 防静电器材 ········ 94

3.2 焊接工具 ········ 94
- 3.2.1 电烙铁的分类及结构 ········ 95
- 3.2.2 烙铁头的形状与修整 ········ 99
- 3.2.3 维修SMT电路板的焊接工具 ········ 100

3.3 焊接材料 ········ 101
- 3.3.1 焊料 ········ 102
- 3.3.2 助焊剂 ········ 104
- 3.3.3 膏状焊料 ········ 106
- 3.3.4 无铅焊料 ········ 110

3.4 制造印制电路板的材料——覆铜板 ········ 113
- 3.4.1 覆铜板的材料与制造过程 ········ 113
- 3.4.2 覆铜板的指标与特点 ········ 116

3.5 常用导线与绝缘材料 …………… 118
   3.5.1 导线 ……………………… 118
   3.5.2 绝缘材料 …………………… 121
3.6 其他常用材料 …………………… 123
   3.6.1 电子组装小配件 …………… 123
   3.6.2 黏合剂 ……………………… 124
   3.6.3 SMT 所用的黏合剂（红胶） … 125
   3.6.4 常用金属标准零件 ………… 127
思考与习题 …………………………… 127

第4章 印制电路板的设计与制作 …… 128
4.1 印制电路板的排版设计 ………… 128
   4.1.1 设计印制电路板的准备工作 … 129
   4.1.2 印制电路板的排版布局 …… 136
4.2 印制电路板上的焊盘及导线 …… 141
   4.2.1 焊盘 ………………………… 141
   4.2.2 印制导线 …………………… 144
   4.2.3 印制导线的抗干扰和屏蔽 … 145
   4.2.4 印制电路表面镀层与涂覆 … 147
4.3 SMT 印制电路板的设计 ……… 149
   4.3.1 SMT 印制电路板的设计内容 … 150
   4.3.2 SMT 印制板的设计过程 …… 152
   4.3.3 SMT 印制板上元器件的布局与放置 ……………………… 156
   4.3.4 SMT 印制板的电气要求 …… 157
   4.3.5 SMT 多层印制板 …………… 162
   4.3.6 挠性印制电路板 …………… 163
   4.3.7 SMT 印制电路板的可测试性要求 ……………………… 164
4.4 制板技术文件 …………………… 165
   4.4.1 板图设计 …………………… 165
   4.4.2 制板技术文件及其审核 …… 166
4.5 印制电路板的制造工艺简介 …… 167
   4.5.1 印制电路板制造过程的基本环节 ……………………… 167
   4.5.2 印制板生产流程 …………… 171
   4.5.3 印制板检验 ………………… 173
4.6 印制电路板的计算机辅助设计 …………………………… 174
   4.6.1 用 EDA 软件设计印制板的一般步骤 …………………… 174
   4.6.2 设计印制板的典型 EDA 软件 … 175
4.7 自制印制板的简易方法 ………… 176
   4.7.1 几种手工制板方法 ………… 176
   4.7.2 数控雕刻机制作印制板 …… 177
思考与习题 …………………………… 178

第5章 装配焊接及电气连接工艺 …… 180
5.1 安装 ……………………………… 180
   5.1.1 安装的基本要求 …………… 180
   5.1.2 集成电路的安装 …………… 182
   5.1.3 印制电路板上元器件的安装 … 183
5.2 手工焊接技术 …………………… 184
   5.2.1 焊接分类与锡焊的条件 …… 185
   5.2.2 焊接前的准备 ……………… 186
   5.2.3 手工电烙铁焊接基本技能 … 188
   5.2.4 手工焊接技巧 ……………… 192
   5.2.5 手工焊接 SMT 元器件 …… 195
   5.2.6 无铅手工焊接 ……………… 196
   5.2.7 焊点质量及检验 …………… 199
5.3 手工拆焊技巧 …………………… 204
   5.3.1 拆焊传统元器件 …………… 204
   5.3.2 SMT 组件的拆焊与返修 …… 205
   5.3.3 BGA、CSP 集成电路的修复性植球 ……………………… 208
5.4 绕接技术 ………………………… 210
   5.4.1 绕接机理及其特点 ………… 210
   5.4.2 绕接工具及使用方法 ……… 210
   5.4.3 绕接点的质量 ……………… 211
5.5 导线的加工与线扎处理 ………… 212
   5.5.1 屏蔽导线及电缆的加工 …… 212
   5.5.2 线扎制作 …………………… 214
5.6 其他连接方式 …………………… 215
   5.6.1 粘接 ………………………… 216
   5.6.2 铆接 ………………………… 217
   5.6.3 螺纹连接 …………………… 218
思考与习题 …………………………… 220

第6章 电子组装设备与组装生产线 …………………………… 221
6.1 电子工业生产中的焊接 ………… 221
   6.1.1 浸焊 ………………………… 221
   6.1.2 波峰焊 ……………………… 223
   6.1.3 再流焊 ……………………… 228
   6.1.4 SMT 电路板维修工作站 …… 237
6.2 SMT 电路板组装工艺方案与组装设备 ……………………… 237

6.2.1	SMT 印制板的组装结构及装焊工艺流程	237
6.2.2	锡膏涂覆工艺和锡膏印刷机	240
6.2.3	SMT 元器件贴片工艺和贴片机	243
6.2.4	SMT 涂覆贴片胶工艺和点胶机	248
6.2.5	与 SMT 焊接有关的检测设备与工艺方法	250
6.2.6	SMT 生产线的设备组合与计算机集成制造系统（CIMS）	254
6.3	SMT 工艺品质分析	257
6.3.1	锡膏印刷品质分析	257
6.3.2	SMT 贴片品质分析	258
6.3.3	SMT 再流焊常见的质量缺陷及解决方法	260
6.4	芯片的绑定工艺	260
6.4.1	绑定（COB）的概念与特征	260
6.4.2	COB 技术及流程简介	261
6.5	电子产品组装生产线	264
6.5.1	生产线的总体设计	264
6.5.2	电子整机产品制造与生产工艺过程举例	270
6.6	电子制造过程中的静电防护简介	273
6.6.1	静电的产生、表现形式与危害	273
6.6.2	静电的防护	273
6.7	电子组装技术简介	274
6.7.1	基片	275
6.7.2	厚/薄膜集成电路技术	275
6.7.3	载带自动键合（TAB）技术	276
6.7.4	倒装芯片（FC）技术	276
6.7.5	大圆片规模集成电路（WSI）技术	277
思考与习题		277
第 7 章	**电子产品的整机结构与技术文件**	**279**
7.1	电子产品的整机结构	279
7.1.1	机箱结构的方案选择	280
7.1.2	操作面板的设计与布局	283
7.1.3	电子产品机箱的内部结构	286
7.1.4	环境防护设计	287
7.1.5	外观及装潢设计	291
7.2	电子产品的技术文件	292
7.2.1	电子产品的技术文件简介	292
7.2.2	电子产品的设计文件	294
7.2.3	电子工程图中的图形符号	297
7.2.4	产品设计图	300
7.3	电子产品的工艺文件	309
7.3.1	产品工艺流程图	309
7.3.2	产品加工工艺图	309
7.3.3	工艺文件	313
7.3.4	插件线工艺文件的编制方法	315
7.3.5	工艺文件范例	317
思考与习题		320
第 8 章	**电子产品制造企业的质量控制与认证**	**322**
8.1	电子产品的检验	322
8.1.1	检验的理论与方法	322
8.1.2	检验的分类	323
8.1.3	检验仪器和设备	329
8.2	电子产品制造企业质量工作岗位及其职责	330
8.2.1	电子制造企业质量工作岗位分析	330
8.2.2	全面质量管理的鱼骨图分析法	332
8.3	产品的功能、性能检测与调试	334
8.3.1	消费类产品的功能检测	334
8.3.2	产品的电路调试	334
8.3.3	在调试中查找和排除故障	337
8.3.4	在线检测（ICT）的设备与方法	340
8.4	电子产品的可靠性试验	345
8.4.1	可靠性概述及可靠性试验	345
8.4.2	环境试验	345
8.4.3	寿命试验	353
8.4.4	可靠性试验的其他方法	354
8.5	电子产品制造企业的产品认证	354
8.5.1	认证的概念	355
8.5.2	产品质量认证	355

8.5.3 国外产品质量认证 …………… 357
8.5.4 中国强制认证（3C）………… 363
8.5.5 关于整机产品中的元件和
　　　材料认证 ………………… 368
8.6 体系认证 ……………………………… 369
　8.6.1 ISO9000 质量管理体系认证 … 369
　8.6.2 我国采用 ISO9000 系列标准的
　　　情况 ……………………………… 374
　8.6.3 ISO14000 系列环境标准 …… 376
　8.6.4 OHSAS18000 系列标准 …… 381
思考与习题 ……………………………… 384
参考文献 ……………………………… 387

第1章 电子工艺技术和工艺管理

1.1 工艺概述

1.1.1 工艺的发源与定义

工艺是生产者利用生产设备和生产工具,对各种原材料、半成品进行加工或处理,使之最后成为符合技术要求的产品的艺术(程序、方法、技术),它是人类在生产劳动中不断积累起来的并经过总结的操作经验和技术能力。

说到工艺,人们很自然会联想起熟悉的工艺美术品。对于一件工艺美术品来说,它的价值不仅取决于材料本身以及方案的设计,更取决于它的制作过程——制造者对于材料的利用、加工操作的经验和技能。古人常说"玉不琢,不成器",这话生动地道出了产品制造工艺的意义。

显而易见,工艺发源于个人的操作经验和手工技能。但是在今天,仍然简单地从这个角度来理解工艺,则是很不全面的。我们知道,市场竞争、商品经济使现代化的工业生产完全不同于传统的手工业。如果说,在传统的手工业中,个人的操作经验和手工技能是极其重要的,是因为那时人们对产品的消费能力低下,材料的来源稀少或不易获得,产品的生产者是极少数人,生产的工具、设备和手段非常简陋,产品的款式、性能改变缓慢,生产劳动的效率十分低下,行业之间"老死不相往来",学习操作技能和经验的方式是"拜师学艺";那么可以说,在经济迅猛发展的当今世界,上面谈到的一切都已经发生了极大的变化:新产品一旦问世,马上会成为企业家们关注的焦点,只要是具有使用价值、设计成功、能够获得丰厚利润的产品,立刻就会招来各方面的投资并大批量地生产,很快就将风靡全球,引发亿万人的消费需求和购买欲望,与其相关的产品也会成批涌现出来。制造工艺学已经作为中、高等工科专业院校普遍开设的必修课程,工程技术人员成了工业生产劳动的主要力量。在产品的生产过程中,科学的经营管理、先进的仪器设备、高效的工艺手段、严格的质量检验和低廉的生产成本成为赢得竞争的关键,时间、速度、能源、方法、程序、手段、质量、环境、组织、管理等一切与商品生产有关的因素变成人们研究的主要对象。所以,现代化工业生产的制造工艺,与传统的手工业生产中的操作经验和人工技能相比较,这两者之间已经有天壤之别了。

随着科学技术的发展,工业生产的操作者作为劳动主体的地位在获得增强的同时,也在一定的意义上发生了"异化":生产者按照工艺规定的生产程序,只需要进行简单而熟练的操作——他们在严格缜密的工艺训练指导之下,每一个操作动作必须是规范化的;或者,他们经验性的、技巧性的操作劳动被不断涌现出来的新型机器设备所取代。

在英语中,传统的手工工艺是 handicraft,工艺美术是 arts and crafts,而现代化的工业生产工艺是 industrial process 或 technological process。这两者的含义是截然不同的:前者具有"技巧"、"手艺"和操作者的"灵感"或"经验"的意味,而后者则强调突出了科学技术和工业化生产的整个过程。在国家技术监督局颁布的标准 GB/T19000(idt ISO9000)系列标准《质量管理体系标准》中,不再将 process 译成"工序"或"工艺",而统一翻译为"过程",它的定义:将输入转化为输出的一组彼此相关的资源（可以包括人员、资金、设备、技术、方法）和活动。事实上，这不仅是个翻译技巧问题。《牛津现代高级英汉词典》中对 process 的解释：

- 相互关联的一系列的活动、经过、过程；
- 一系列审慎采取的步骤、手续、程序；
- 用于生产或实业中的方法、工序、制法。

显然，对于现代化的工业产品来说，工艺不仅仅是针对原材料的加工或生产的操作而言，应该是从设计到销售包容每一个制造环节的整个生产过程。

对于工业企业及其产品来说，工艺工作的出发点是为了提高劳动生产率，生产优良产品及增加生产利润。它建立在对于时间、速度、能源、方法、程序、生产手段、工作环境、组织机构、劳动管理、质量控制等诸多因素的科学研究之上。工艺学的理论研究及应用，指导企业从原材料采购进厂开始，加工、制造、检验的每一个环节，直到成品包装、入库、运输和销售（包括销售活动中的技术服务及用户信息反馈），为企业组织有节奏的均衡生产提供科学的依据。可以说，工艺在产品制造过程中形成一条完整的控制链，是企业科学生产的法律和法规，工艺学是一门综合性的科学。

自从工业化以来，各种工业产品的制造工艺日趋完善成熟，成为专门的学科，并在工科大、中专院校作为必修课程。例如，切削工艺学是研究用金属切削工具借助机器设备，把各种原材料或半成品加工成符合技术要求的机械零件的工艺过程；又如，电机工艺学是以电磁学为理论基础，研究各种发电机、电动机的制造技术；还有各种化工工艺学、纺织工艺学、焊接工艺学、冶金工艺学、土木工程学等。

电子产品的种类繁多，主要可分为电子材料（导线类、金属或非金属的零部件和结构件）、元件、器件、配件（整件）、整机和系统。其中，各种电子材料及元器件是构成配件和整机的基本单元，配件和整机又是组成电子系统的基本单元。这些产品一般由专业分工的厂家生产，必须根据它们的生产特点制定不同的制造工艺。同时，电子技术的应用极其广泛，产品可以分为计算机、通信、自动控制、仪器仪表等几大类，根据工作方式及使用环境的不同要求，其制造工艺又各不相同。所以，电子工艺学实际上是一个涉猎极其广泛的学科。

1.1.2 电子工艺学的特点

电子工艺学是一门在电子产品设计和生产中起着重要作用的而过去又不受重视的技术学科。随着信息时代的到来，人们逐渐认识到，没有先进的电子工艺就制造不出高水平、高性能的电子产品。因此，在我国的许多高等学校中相继开设了电子工艺课程。

作为一门与生产实际密切相关的技术学科，电子工艺学有着自己明显的特点，归纳起来主要有如下几点。

（1）涉及众多科学技术学科

电子工艺与众多的科学技术学科相关联，其中最主要的有应用物理学、化学工程技术、光刻工艺学、电气电子工程学、机械工程学、金属学、焊接学、工程热力学、材料科学、微电子学、计算机科学等。除此之外，还涉及企业的财务、管理等众多学科。这是一门综合性很强的技术学科。

（2）形成时间较晚，发展迅速

电子工艺技术虽然在生产实践中一直被广泛应用，但作为一门学科而被系统研究的时间却不长。我国系统论述电子工艺的书籍不多，20 世纪 70 年代初第一本系统论述电子工艺的书籍才面世，20 世纪 80 年代后在部分高等学校中才开设相关课程。随着电子技术的飞速发展，对电子工艺提出了越来越高的要求，人们在实践中不断探索新的工艺方法，寻找新的工艺材料，使电子工艺的内涵及外延迅速扩展。可以说，电子工艺学是一门充满蓬勃生机的技术学科。

（3）实践性强

电子工艺的概念贯穿于电子产品的设计、制造过程，与生产实践紧密相连。所以，在高等工科院校开设的电子工艺课程中，实践环节是极其重要的，是相关专业能否培养出合格的工程师的关键。我们以往强调的培养学生动手能力的问题，在电子工艺课程中得到具体的体现。

（4）电子工艺学科的技术信息分散，获取难度大

由于电子工艺涉及众多技术学科，相关的技术信息分散在这些众多的学科中，电子工艺学与这些学科的关系是相辅相成的，成为技术关键（know how）密集的学科，所以，作为电子工艺工程师，对知识面、实践能力都有比较高的要求，也就是通常所说的复合型人才。当今的世界已进入知识经济的时代，大到一个国家，小到一个公司，对技术关键的重视程度都很高，技术封锁也是严密的，所以获取技术关键是非常困难的。

本书的任务在于讨论电子整机（包括配件）产品的制造工艺。这是由于，对于大多数接触电子技术的工程技术人员及广大 DIY 爱好者来说，主要涉及的是这类产品从设计开始，在试验、装配、焊接、调整、检验方面的工艺过程。对于各种电子材料及电子元器件，则是从使用的角度讨论它们的外部特性及其选择和检验。在本书后面的讨论中，凡说到"电子工艺"都是指电子整机产品生产过程方面的内容。

就电子整机产品的生产过程而言，主要涉及两个方面：一方面是指制造工艺的技术手段、设备条件和操作技能；另一方面是指产品在生产过程中的质量控制和工艺管理。我们可以把这两方面理解为"硬件"和"软件"之间的关系。显然，对于现代化电子产品的大批量生产、对于高等院校工科学生今后在生产中承担的职责来说，这两方面都是重要的，是不能偏废的。本书对这两方面的内容都进行了比较详细的叙述。

1.1.3 我国电子工艺现状

以前，由于我国工业水平起点较低，各种制造工艺学也比较落后。20 世纪 50 年代，我国工程技术人员到国外（主要是苏联和东欧各国）学习工业产品的制造工艺，各大专院校开始设置相应的工艺学课程，为这些工程技术的教育、普及、研究、发展打下了良好的基础。

在新中国成立之初，我国工业处于百废待兴的发展阶段，各行各业的技术竞赛和技术交流十分广泛，涌现出一大批人们熟悉的全国劳动模范。他们在自己平凡的工作岗位上，刻苦钻研新的工艺技术和操作技能，为我国的工业进步作出了重要的贡献。例如，当年只有 18 岁的上海德泰模型工场学徒工倪志福，针对使用工具钢麻花钻头在合金钢上钻孔经常烧毁的现象，不断摸索，总结经验，发明了普通钻头的特殊磨制方法，使工作效率提高了几十倍。用这种方法磨制的钻头被称为"倪志福钻头"而蜚声海内外。经过我国金属切削专家多年的分析研究，于 20 世纪 60 年代初向全世界公布了这种钻头的切削机理，同时还推出了适合在各种不同材料上钻孔的钻头磨制标准。直到现在，"倪志福钻头"还在金属机械加工中普遍应用。是否会磨制这种钻头，已经作为考核机械技术工人技能的基本试题。

电子工业是在最近几十年里才发展起来的新兴工业，在日本、美国等工业发达国家中（也可以说在全世界的范围里），电子工业发展的速度之快，产品市场竞争的激烈程度，都是

前所未有的。各个厂家、各种产品的制造工艺一般都相互保密，对外技术转让一般都有所保留。等到我国经济从20世纪70年代末期开始改革时，电子工业已经比国际水平相差十分悬殊，电子产品制造工艺学的研究基本上处于空白状态，工科大专院校普遍缺乏电子工艺学教育，派往国外的留学进修人员也由于技术保密而一般不能进入工程关键部门学习。我国传统的教育观念及经济体制也使电子工艺学的宣传教育十分薄弱，各行业企业之间的工艺交流很少开展。

从新中国成立之初到21世纪的今天，我国的电子工业从无到有，直到现在我国已成为全世界电子产品制造的"加工厂"，发生了巨大的变化。当年仅有几家无线电修理厂，发展到今天，已经形成了门类齐全的电子工业体系。在第一个五年计划期间，国家投入大量资金，在北京东郊地区建起了一批大型电子骨干企业，对带动全国电子工业的发展起到了重要的作用。这片规模宏大的电子城，曾经是新中国电子工业的象征和骄傲。现在，几十年过去了，中国的电子工业历经了改革开放的洗礼、资产重组的调整、商业经济的冲击，发生了巨大的变化。电子产品制造业的热点转移到我国东南沿海地区。从宏观上看，世界各工业发达国家和地区的电子厂商纷纷在珠江三角洲和长江三角洲建设了工厂，这里制造的电子产品行销全世界；但在某些城市和地区，电子产品制造企业的发展和生存却举步维艰，很少有技术先进、能够大批量生产的产品，缺乏稳定的工艺技术队伍，很少有知名度高的过硬品牌。所以，就我国电子产品制造业的整体来说，虽然不断从发达国家引进最先进的技术和设备，却一直未能形成系统的、现代化的电子产品制造工艺体系。我国电子行业的工艺现状是"两个并存"：先进的工艺与陈旧的工艺并存，引进的技术与落后的管理并存。

由于以上原因，就造成了这样的结果：很多产品在设计时的分析计算非常精确，实际生产出来的质量却不理想，性能指标往往达不到设计要求或者不够稳定；有些产品从图纸到元器件全部从发达国家引进，而生产出来的却比"原装机"的质量差，实现国产化困难；相当多的电子新产品的"设计"还只是停留在仿造国外产品的水平上，对于设计机理的研究及如何根据国内实际工艺条件更新设计的工作却没有很好地落实；在有些小厂或私营企业中，缺乏必要的技术力量，完全没有实现科学的工艺管理，工人照着"样板"或"样机"操作，还停留在"小作坊"的生产方式中。

事实是，国内外或者国内各厂家生产的同类电子产品相比，它们的电路原理并没有太大的差异，造成质量水平不同的主要原因存在于生产手段及生产过程之中，即体现在电子工艺技术和工艺管理水平的差别上。在我国经济比较发达的沿海城市，或者工艺技术力量较强、实行了现代化工艺管理的企业中，电子产品的质量就比较稳定，市场竞争力就比较强。同样，对于有经验的电子工程技术人员来说，他们的水平主要反映在设计方案时充分考虑了加工的可能性和工艺的合理性上。

众所周知，三十多年以来的经济改革，使我国的电子工业走上了腾飞之路。但迄今为止，我国还有一部分大、中型工业企业的经济体制转轨尚未结束，管理机制转变的痛苦既是不可避免的，也给工艺技术的发展进步造成了一些负面的影响。原来的大、中国有型企业纷纷划小核算单位，使工艺技术人员和工艺管理人员的流失成为比较普遍的现象；对于那些工艺技术及管理本来就很落后的小型工厂或私营企业，市场的剧烈波动、产品的频繁转向使之无暇顾及工艺问题，工艺技术落后、工艺管理混乱、工艺纪律不严和工艺材料不良的情况及假冒伪劣的产品常有发生。但是应该相信，一旦企业度过了经济改革的困难阶段、建立起科学的管理机制，就需要一大批懂得现代科学理论的工艺技术人员；特别是在我国已经成为世界贸易组织成员的今天，贯彻ISO 9000质量管理体系标准、推行3C认证已经成为我国一项重要的技术经济政策，加强电子工艺学的普及教育，开展电子产品制造工艺的深入研究，对于培养具有实际工作能力的工程技术人员和工艺管理人员，对于我国电子工业赶超世界先进水平，其意义及重要性是显而易见的。

在经济飞速发展的今天，全世界进入了后工业化时代，在工业产品的制造过程中，科学的管理成为第一要素，缜密而有序的工艺控制、质量控制成为生产组织的灵魂，研究并推广现代化的工艺技术，已经成为工程技术人员的主要职责。

1.1.4　电子工艺学的教育培训目标

应该说，"电子技术应用"是我国工科院校的一个传统专业，但就一般毕业生来说，他们在校期间学习的知识内容与实际工作的需求差距很大。这不仅因为高校普遍追求培养研究型人才，还因为我们的教育似乎总是落后于社会的需求。温家宝总理最近在谈到教育时说："从国内外的比较看，中国培养的学生往往书本知识掌握得很好，但是实践能力和创造精神还比较缺乏"。这里不仅有教学安排与教材相对落后于实际技术发展的原因，还与目前高校工程工艺实训环境和设备条件的限制有关。在很多高等院校里，只能进行低水平的、与业余条件下操作没有什么差别的"电子实训"。诚然，让电子类工科学生参加足够学时的生产实习、操作实训是极其重要的，但如果他们不了解电子产品生产过程的每一个细节，不理解生产工人操作的每一个环节，就很难设计出具有生产可行性的产品。日本丰田汽车的创始人丰田喜一郎有一句名言："技术人员不了解现场，产品制造就无从谈起。"他的这一观点，应该成为每一个电子工程技术人员的座右铭。毫无疑问，对电子工艺技术的真知灼见将有助于原理性设计的成功。但是这还不够，成功的原理性设计并不等于高质量的大批量生产，现在的电子制造企业更希望我们的工科毕业生能在工程实践中积累经验，学习从制造业技术管理者的角度来认识生产制造过程。

电子工艺技术的教育培训目标：针对国内高等院校电子类专业教学实践的现状，从人才市场的需求出发，系统培养电子产品制造技术的高级专业人才。在课程设置和实训环节的安排方面，不仅培养学生掌握电子产品生产操作的基本技能，充分理解工艺工作在产品制造过程中的重要地位，还要求他们能够从更高的层面了解现代化电子产品生产的全过程，认识目前我国电子产品生产中最先进的技术和设备。也就是说，要适应现代化和工业化对工程技术人才培养的需求，为电子产品制造业培养一批高层次的、特别是那些能够在电子产品制造现场指导生产、解决实际问题的工艺工程师和高级技师。

1.2　电子产品制造工艺工作程序

1.2.1　电子产品制造工艺工作程序图

电子产品制造工艺工作程序是指产品从预研制阶段、设计性试制阶段、生产性试制阶段，直到批量性生产（或质量改进）的各阶段中有关工艺方面的工作规程。工艺工作贯穿于产品设计、制造的全过程。

图1-1是电子产品制造工艺工作程序图。从图中可以看出，电子产品工艺工作的流程路径、审批过程及信息反馈的关系，这是一个"闭环"的控制网络和管理系统。需要说明的是，这幅程序图源自大型企业的复杂产品，而近年来电子工业发展速度极快、效率极高、管理程序优化，简单地照搬这个工作流程显然是不适当的，各企业应该根据自身的条件和产品的特征，对工艺工作程序进行相应的调整。

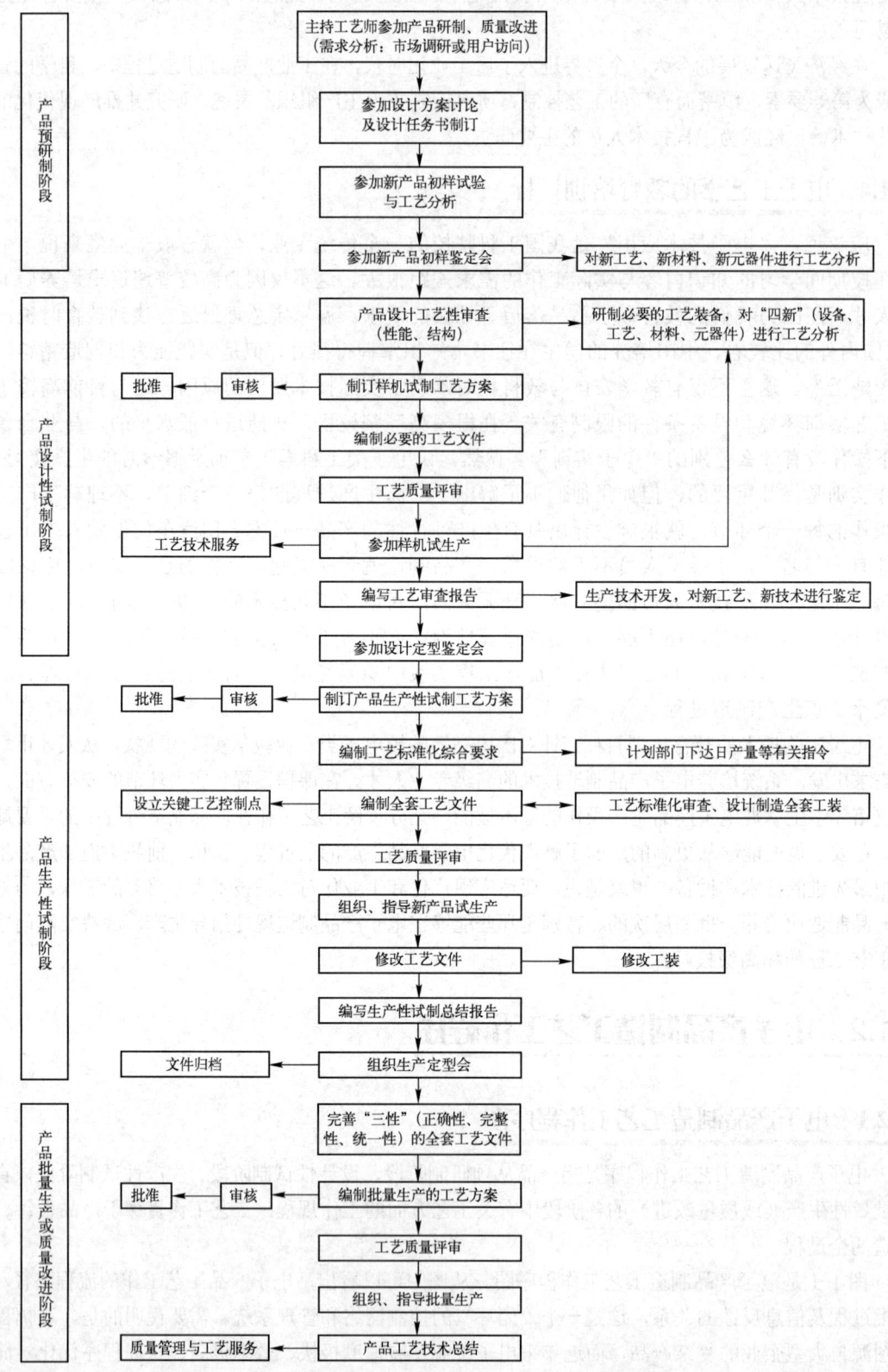

图 1-1　电子产品制造工艺工作程序图

1.2.2 产品预研制阶段的工艺工作

1. 参加新产品设计调研和老产品的用户访问

企业在确定新产品主持设计师的同时，应该确定主持工艺师。主持工艺师应当参加新产品的设计调研和老产品的用户访问工作。

2. 参加新产品的设计和老产品的改进设计方案论证

针对产品结构、性能、精度的特点和企业的技术水平、设备条件等因素，进行工艺分析，提出改进产品工艺性的意见。

3. 参加新产品初样试验与工艺分析

对按照设计方案研制的初样进行工艺分析，对产品试制中可采用的新工艺、新技术、新型元器件及关键工艺技术进行可行性研究试验，并对引进的工艺技术进行消化吸收。

4. 参加新产品初样鉴定会

参加新产品初样鉴定会，提出工艺性评审意见。

1.2.3 产品设计性试制阶段的工艺工作

1. 进行产品设计工艺性审查

（1）对于所有新设计或改进设计的产品，在设计过程中均应由工艺部门负责进行工艺性审查。企业对外来产品的图样、简图，在首次生产前也要进行工艺性审查。

产品设计阶段工艺性审查的目的是使新设计的产品在满足技术要求的前提下符合一定的工艺性要求，尽可能在现有生产条件下采用比较经济、合理的方法制造出来，并便于检测、使用和维修。当现有生产条件尚不能满足设计要求时，及时提出新的工艺方案、设备、工装设计要求或外协加工的工艺性要求，提出技术改造的建议与内容；及时向设计部门提供新材料、新型元器件和新工艺的技术成果，以便改进设计。从生产制造的角度提出工艺继承性的要求，审查设计文件是否最大限度地采用了典型结构设计、典型线路设计，以便尽可能采用典型工艺和标准工艺。

产品设计工艺性审查的基本要求：

① 全面检查产品图纸的工艺性，确定定位、基准、紧固、装配、焊接、调试等加工要求是否合理，所引用的工艺是否正确可行。

② 详细了解产品的结构，提出加工和装配上的关键问题及工艺关键部件的工艺方案，协助解决设计中的工艺性问题。

③ 审查设计文件中采用的材料状态及纹向、尺寸、公差、配合、粗糙度、涂覆是否合理；审查采用的元器件的质量水平（合格质量、可焊性和失效率），以及元器件生产厂家是否已被选择指定。

④ 当本企业的工艺技术水平尚不能达到设计文件的要求时，工艺人员应该建议改变设计，或者提出增添设备、工装的计划，保证每一张图纸所设计的部分都能按照设计文件的要求进行加工。

（2）根据制造的难易程度和经济性，对产品进行生产工艺性分类；根据产品在用户使用过程中维护、保养和修理的难易程度，进行使用工艺性分类。在评定产品的工艺性时，应该考虑的主要因素有产品的种类及复杂程度、产量、生产类型和发展前景，企业现有的生产条件，国内外工艺技术发展动态和能够创造的新条件。

（3）对产品设计进行工艺性评价的主要项目：
- 产品制造劳动量；
- 单位产品材料用量（材料消耗工艺定额）；
- 材料利用系数；
- 产品结构装配性系数；
- 产品工艺成本；
- 产品的维修劳动量；
- 产品加工精度系数；
- 产品表面粗糙度系数；
- 元器件平均焊接点系数；
- 产品结构继承性系数；
- 产品电路继承性系数；
- 结构标准化系数。

这些项目指标都可以根据一定公式定量计算，也可以依照以往的检验定性评价。

例如，对产品机架结构设计的工艺性评价的主要包括以下几项（注意，下列评价指标可以推广到一般电子产品的机箱、机壳或其他结构装置）：

① 单位机架材料用量——该机架材料消耗工艺定额。

② 材料利用系数 K_m。

$$K_m = \frac{机架净重}{该机架材料消耗工艺定额}$$

③ 机架结构装配性系数 K_a。

$$K_a = \frac{机架各独立部件中的零件数之和}{该机架零件总数}$$

④ 机架的全年工艺成本 S（单位：元/年）。

$$S = N \cdot (V_1 + V_2 + V_3 + V_4 + V_5) + (C_1 + C_2 + C_3)$$

式中，V_1 为通用设备的年折旧和维修费，元/年；V_2 为通用工艺装备的年折旧费，元/年；V_3 为材料费，元/年；V_4 为工时费，元/年；V_5 为能源费，元/年；N 为机架年产量，件；C_1 为专用设备折旧和维修费，元；C_2 为专用工艺装备，元；C_3 为设备调整费，元。

⑤ 加工精度系数 K_{ac}。

$$K_{ac} = \frac{机架（或零件）图样中标注有公差要求的尺寸数}{该机架（或零件）的尺寸总数}$$

⑥ 表面粗糙度系数 K_r。

$$K_r = \frac{机架（或零件）图样中标注有粗糙度要求的表面数}{该机架（或零件）的表面总数}$$

⑦ 机架结构继承性系数 K_s。

$$K_s = \frac{机架中借用件数 + 通用件数}{该机架零件总数}$$

⑧ 结构标准化系数 K_{st}。

$$K_{st} = \frac{机架中借标准件数}{该机架零件总数}$$

⑨ 结构要素统一化系数 K_e。

$$K_e = \frac{\text{机架中各零件所用同一结构要素处数}}{\text{该结构要素的尺寸规格数}}$$

（4）为使所设计的新产品具有良好的工艺性，在产品设计的各个阶段均应进行工艺性审查。工艺性审查阶段的划分要与产品设计阶段的划分相一致，一般按照初步设计、技术设计和工作图设计三个阶段进行工艺性审查。当产品的构成比较简单或是原机型的派生产品时，也可以仅有后面一两个阶段的工艺性审查。

① 在产品初步设计阶段，工艺性审查的内容。
- 从制造观点分析设计方案的合理性、可行性和可靠性。除一般工艺性审查外，应该特别注意产品的安全性设计（如预防机械、电力、燃烧等危害的结构和材料）、热设计、减震缓冲结构设计、电磁兼容设计的工艺性审查；
- 分析、比较设计方案中的系统图、电路图、结构图及主要技术性能、参数的经济性和可行性；
- 分析主要原材料、配套元器件及外购件的选用是否合理；
- 分析重要部件、关键部件在本企业或外协加工的可行性；
- 分析产品各组成部分是否便于安装、连接、检测、调整和维修；
- 分析产品可靠性设计文件中有关工艺失效的比率是否合理、可行。

② 在产品技术设计阶段，工艺性审查的内容。
- 分析产品各组成部分进行装配和检测的可行性；
- 分析产品进行总装配的可行性；
- 分析在机械装配时避免或减少切削加工的可行性；
- 分析在电气安装、连接、调试时避免或减少更换元器件、零部件和整件的可行性；
- 分析高精度、复杂零件在本企业或外协加工的可行性；
- 分析结构件主要参数的可检测性和装配精度的合理性，电气线路关键参数调试和检测的可行性；
- 分析特殊零部件和专用元器件外协加工或自制的可行性。

③ 在产品工作图设计阶段，工艺性审查的内容。
- 各零部件是否具有合理的装配基准和调整环节；
- 分析各大装配单元分解成平行小装配单元的可行性；
- 分析各电路单元分别调试、检测或联机调试、检测的可行性；
- 分析产品零件的铸造、焊接、热处理、切削加工、钣金、冲压加工、表面处理及塑件加工，机械装配加工的工艺性；
- 分析部件、整件或整机的电气装配连接和印制电路板制造的工艺性；
- 分析产品在安装、调试、使用、维护、保养方面是否方便、安全。

（5）产品初步设计和技术设计阶段的工艺性审查和分析，通常采用会审的方式，也可以利用设计方案论证或可靠性设计评审的机会进行工艺性审查。对于构造复杂的设备或系统，主持工艺师应该从制订设计方案时起，就参加有关设计工作的讨论、研究等项重要活动，并随时对设计的工艺性提出意见和建议。工作图设计阶段的工艺性评审，由主持工艺师和各专业工艺人员分头进行。

接受工艺性审查的产品图样和简图，应经设计、审核人员签字。对于审查时所发现的工艺性问题，应该填写在"产品设计工艺性审查记录表"上。全套产品的设计文件经过工艺性审查以后，若无大的修改意见，审查人员应在设计文件的"工艺"栏内签字；对有较大修改的，暂不签字，将设计文件和工艺性审查记录表一并送交主管工艺师进行审查后，再交还设计部门。

产品设计人员根据审查人员的意见和建议修改设计。经修改后的设计文件若"工艺"栏尚未签字的,应返回给原具体负责的工艺人员复查后签字。如果设计人员和工艺人员的意见不一致时,双方应当采取协商的办法解决。若协商后仍有较大的意见分歧,则由厂级(公司级)技术负责人进行协调或裁决。

正式图纸经过设计、审核签字以后,送交原负责工艺性审查的人员签字。工艺人员签字时有权对图纸进行复审。未经工艺部门进行工艺性审查签署的工作图,不能投入生产。

2. 制订产品设计性试制工艺方案

(1) 产品工艺方案是指导产品进行工艺准备工作的依据,除单件或小批生产的简单产品外,都应该具有工艺方案。

(2) 工艺方案设计的原则:在保证产品质量的同时,充分考虑生产周期、成本、环境保护和安全性;根据本企业的承受能力,积极采用国内外先进的工艺技术和装备,不断提高工艺管理和工艺技术的水平。

(3) 设计工艺方案,要依据下列资料和信息:
- 产品图样及有关技术文件;
- 产品生产大纲、投产日期、寿命周期;
- 产品的生产类型和生产性质;
- 本企业现有的生产能力;
- 国内外同类产品的工艺技术水平;
- 有关技术政策和法规;
- 企业技术领导对该产品工艺工作的要求及有关部门的意见。

(4) 对于新产品预研试制,工艺方案应提出必不可少的工艺技术准备工作内容,或采取临时措施的办法及过渡性的工艺原则。对于新产品设计性试制,工艺方案应在评价产品设计工艺性的基础上,提出样机试制所需要的各项工艺技术准备工作,确定必不可少的内容,或采取临时措施的办法及过渡性的工艺原则。对于一次性生产的产品,工艺方案应根据产品的性质和生产类型,在保证产品质量的前提下,简明、扼要地确定。对于老产品的改进,工艺方案主要是提出经过改进设计后的工艺组织措施。

(5) 产品设计性试制的工艺方案内容如下。

① 新产品预研试制。
- 审查评价设计的工艺性;
- 提出自制件和外协件的初步划分意见;
- 提出必不可少的设备、仪器的购置、代用意见;
- 提出必备的工艺装备的设计意见;
- 关键、重要的零部件的工艺规程设计意见;
- 有关新工艺、新材料、新技术的采用意见。

② 新产品设计性试制。
- 对产品设计工艺性的审查、评价和对工艺工作量的大体估计;
- 提出自制件和外协件的调整意见;
- 提出必备的标准设备和仪器的购置、代用意见;
- 提出必需的特殊设备、测试仪器的购置或设计、改装意见;
- 提出必备的专用工艺装备的设计、制造、改进意见;
- 关键、重要的零部件的工艺规程设计意见;

- 有关新工艺、新材料、新技术的试验意见;
- 主要原材料和工时的估算。

对于一次性生产的产品和老产品的改进,工艺方案内容可参照新产品的有关工艺方案从简办理。

(6)应该由主持工艺师根据产品设计性试制工艺方案的各项条款,提出几种方案,组织讨论确定最佳方案,并经工艺部门主管审核后送交总工程师(技术副厂长)或总工艺师批准。

(7)工艺方案应该编号,其书写格式应便于复印、描图和存档。

(8)工艺方案(包括已经存档的工艺方案)的调整、变更,应该在评价原方案实施情况的基础之上进行,更改意见应由主持工艺师提出,并填写更改通知单,经总工程师(技术副厂长)或总工艺师批准后执行。工艺方案在执行过程中临时更改,由主持工艺师提出意见并经工艺部门领导同意、做好原始记录后,才能执行临时性更改。

3. 编制必要的工艺文件

在产品设计性试制阶段,应该编制必要的工艺文件:
- 关键零部件明细表和工艺过程卡片;
- 关键工艺说明及简图;
- 关键专用工艺装备方面的工艺文件;
- 有关材料类的工艺文件。

4. 进行工艺质量评审

(1)工艺质量评审是及早发现和纠正工艺设计缺陷,促进工艺文件完善、成熟的一种工程管理方法。应该在产品研制、改进的过程之中、工艺设计完成之后、付诸实施之前组织工艺质量评审,让非直接承担本项目的专业技术人员对工艺设计的正确性、先进性、可靠性、可行性、安全性和可检验性进行分析、审查和评议。工艺质量评审是集思广益、弥补工艺设计者知识和经验局限性的一种自我完善的重要手段,应该在不改变技术责任制的前提下,为批准工艺设计提供决策咨询。

企业应该根据产品的功能级别、管理级别和研制程序的规定,建立分级、分阶段的工艺质量评审制度,并使其制度化、程序化、规范化;应该在各阶段的工艺设计完成之后、付诸实施之前设置工艺质量评审点。评审点要纳入研制计划,标注在管理系统网络图上,强制执行。

工艺质量评审要以产品设计文件(设计图纸和技术文件)、研制任务书或研制合同、有关标准、规范、技术管理和质量保证文件等作为主要依据。评审应该突出重点,抓住技术、经济方面的主要矛盾。重点审查的内容包括工艺总方案、生产说明书等文件,关键零件、重要部件、关键工序的工艺文件,特种工艺的工艺文件,所采用的新技术、新工艺、新材料、新元件、新装备、新的计算方法和试验结果等。企业在充分理解工艺质量评审目的要求的基础上,在保证产品质量的前提下,可以根据产品特点,对上述的主要评审内容进行剪裁。

已经纳入研制计划的评审点,未经工艺质量评审,研制工作不得转入下一阶段,由计划调度和质量保证部门进行监督。

(2)工艺质量评审的主要内容如下。

① 对于工艺总方案、生产说明书等文件:
- 产品的特点、结构、精度要求的工艺分析及说明;
- 工艺方案的先进性、经济性、可行性、安全性和可检验性;
- 满足产品设计精度要求和保证制造质量稳定的分析和措施计划;
- 产品的工艺分工和工艺路线的合理性;
- 工艺难点的解决措施计划;

- 工艺装备选择的正确性、合理性及专用工装系数的确定；
- 工艺文件、要素、装备、术语、符号的标准化程度；
- 材料消耗工艺定额的确定；
- 工艺文件的正确、完整、统一。

② 对于关键零件、重要部件、关键工序的工艺文件：
- 关键工序明细表及工序控制点设置的正确性与完整性；
- 关键零件、重要部件及关键工序在工艺文件中的标识和具体要求；
- 关键工序的工艺设计、检测方法、攻关项目及措施；
- 关键工序的质量控制方法的正确性；
- 根据积累资料和数据，对关键工序的评估和试验验证。

③ 对于特种工艺的工艺文件：
- 采用特种工艺的必要性和可行性分析；
- 特种工艺生产说明书的正确性及工艺流程、工艺参数、工艺控制要求的合理性，操作规程的正确性；
- 特种工艺的工艺材料、设备仪器、工作介质、环境条件等质量控制要求和方法；
- 特种工艺试验和检测的项目、要求及方法；
- 特种工艺鉴定、试验的原始记录；
- 特种工艺的技术攻关项目及措施；
- 特种工艺对操作、检验人员的要求及培训考核情况；
- 根据积累资料和数据，对特种工艺的评估和试验验证。

④ 对于所采用的新技术、新工艺、新材料、新元件、新装备：
- 采用新技术、新工艺的必要性和可行性，新材料的工艺性，新元件、新装备的适用性；
- 新技术、新工艺、新材料、新元件、新装备是否经过鉴定并具有合格证明文件；
- 采用前要经过检测、试验验证并必须具有原始记录和符合规定要求的说明；
- 采用计划安排与措施；
- 对使用、操作、检验人员的要求及培训考核情况。

（3）工艺质量评审工作由企业主管工艺的负责人全面负责，工艺技术部门具体组织实施。由有关方面代表组成工艺质量评审组，评审组组长由工艺设计的批准人或相当级别的技术部门负责人担任。评审组的组成人员应该包括有关技术负责人、同行专家或专业工艺人员、设计单位代表、有生产实践经验的现场人员和有关产品设计、工艺技术、标准化、质量保证等职能部门的代表。

从事本产品工艺设计的人员应参加评审会议，向评审组介绍和说明工艺设计的情况，听取意见、进行答辩。

评审组的职责：接受评审工作任务，制订并实施评审工作计划；安排评审日程，召开评审工作会议，按工艺质量评审内容的要求进行审查、评议；总结评审中提出的问题和建议，写出评审结论和评审报告。

（4）工艺质量评审工作应该按照下列程序进行。

① 准备工作：申请工艺质量评审的单位应该在系统总结的基础上认真编写"工艺设计工作总结"，其内容要有根据、有分析、有验证。在评审前十天，由工艺项目负责人按照一定格式组织填写并提出《工艺质量评审申请报告》。申请报告经工艺技术负责人批准后，由有关职能部门组织评审组。工艺项目负责人在评审前七天，向评审组提供评审依据和工艺设计的有关资料及文件，评审组成员进行预审，准备评审意见。

② 召开评审会议：工艺项目负责人在评审会上介绍"工艺设计工作总结"，并对有关工艺资

料进行说明。评审组成员根据评审依据对工艺设计进行评审。评审会采取汇报、审议、答辩、分析和探讨等形式，找出工艺设计上的缺陷，对存在的工艺问题提出改进建议。为了验证工艺文件的可行性，必要时还要进行工艺试验和首件产品鉴定程序。评审组组长在集中会议意见的基础上，总结评审中提出的主要问题及改进建议，从技术和质量保证的角度对该项工艺的水平做出评价，并提出是否付诸实施的评审结论。指定专人整理、保存会议记录，按照一定格式填写《工艺质量评审报告》。评审组成员对《工艺质量评审报告》的结论有不同意见时，应写在"保留意见"栏内并签字。

③ 结论处置：企业工艺技术部门应该认真分析评审会提出的主要问题及改进建议，制定措施完善工艺设计，并按照技术责任制的规定，经工艺技术负责人审批后组织实施。若对评审意见不预采纳，应阐明理由，经工艺技术负责人审批，记录在案。质量保证部门对评审结论和审批后的措施贯彻及其效果进行跟踪监控。

④ 文件归档：将工艺质量评审中形成的文件、资料整理成册，按要求数量复印后，一份归档，一份由工艺技术部门保存。

5．参加样机试生产

积极参与关键的装配、调试、检验及各项试验工作，做好原始记录和工艺技术服务工作。

6．参加设计定型会

根据样机试制中出现的各种情况，编写工艺审查报告。参加设计定型会，对样机试生产提出结论性意见。

1.2.4 产品生产性试制阶段的工艺工作

1．制订产品生产性试制的工艺方案

新产品生产性试制工艺方案，应在总结样机试制工作的基础上，按照正式生产的生产类型要求，提出生产性试制前所需的各项工艺技术准备工作。

新产品生产性试制工艺方案的主要内容：
- 对设计性试制阶段工艺工作的小结；
- 对自制件和外协件进一步调整的意见；
- 自制件的工艺路线调整意见；
- 工艺关键件质量攻关措施和工序控制点设置意见；
- 提出应该设计和编制的全部工艺文件及要求；
- 提出主要金属机械零件毛坯的工艺方法；
- 确定专用工艺装备系数和原则，并提出设计意见；
- 对专用设备、测试仪器的购置或设计意见；
- 确定原材料、元器件清单，进厂验收原则及老化筛选要求；
- 对特殊原材料、元器件、辅料的要求；
- 对工艺、工装的验证要求；
- 对有关工艺关键件的制造周期或生产节拍的安排意见；
- 根据产品复杂程度和技术要求所需的其他内容。

2．编制全套工艺文件

工艺文件的编制要符合国家电子行业标准的规定：

- SJ/T 10320 《工艺文件格式》
- SJ/T 10324 《工艺文件的成套性》

为了保证产品质量,提高生产效率,改善劳动条件,在这个阶段要设计、制造新产品的全套工装;同时,要设立工序质量控制点,进行工序分析,实行因素管理。

3. 进行工艺标准化审查

工艺标准化审查和编制工艺标准化审查报告,按照有关规定和要求执行。

4. 组织、指导产品试生产

根据工艺文件指导生产,进行工装验证、工艺验证和对生产车间的工艺技术服务。

5. 修改工艺文件、工装

为满足产品正式投产的要求,全套工艺文件和工装要在产品生产性试制阶段通过试生产的考核,对其中不完善的部分进行修改和补充。

6. 编写试制总结,协助组织生产定型会

试制总结应该包括下列内容:
- 生产性试制情况介绍;
- 对产品性能与结构的工艺性分析;
- 工艺文件编制数量;
- 工装完成情况;
- 关键工艺及新工艺试验情况;
- 对进一步提高产品设计工艺性的意见和建议;
- 转入批量生产必须采取的关键措施及方法等。

协助企业组织生产定型会,得出结论性意见,文件归档。

1.2.5 产品批量生产(或质量改进)阶段的工艺工作

1. 完善和补充全套工艺文件

按照完整性、正确性、统一性的要求,完善和补充全套工艺文件。

2. 制订批量生产的工艺方案

批量生产的工艺方案,应该在总结生产性试制阶段情况的基础上,提出批量投产前需要进一步改进、完善工艺、工装和生产组织措施的意见和建议。

批量生产工艺方案的主要内容:
- 对生产性试制阶段工艺、工装验证情况的小结;
- 工序控制点设置意见;
- 工艺文件和工艺装备的进一步修改、完善意见;
- 专用设备和生产线的设计制造意见;
- 有关新材料、新工艺、新技术的采用意见;
- 对生产节拍的安排和投产方式的建议;
- 装配、调试方案和车间平面布置的调整意见;

- 提出对特殊生产线及工作环境的改造与调整意见。

3．进行工艺质量评审

在产品批量投产之前，工艺质量评审要围绕批量生产的工序工程能力进行。特别是对于生产批量大的产品，要重点审查生产薄弱环节的工序工程能力。

审查的具体内容：
- 根据产品批量进行工序工程能力的分析；
- 对影响设计要求和产品质量稳定性的工序的人员、设备、材料、方法和环境五个因素的控制；
- 工序控制点保证精度及质量稳定性要求的能力；
- 关键工序及薄弱环节工序工程能力的测算及验证；
- 工序统计、质量控制方法的有效性和可行性。

4．组织、指导批量生产

按照生产现场工艺管理的要求，积极采用现代化的、科学的管理方法，组织、指导批量生产。

5．产品工艺技术总结

产品工艺技术总结应该包括下列内容：
- 生产情况介绍；
- 对产品性能与结构的工艺性分析；
- 工艺文件成套性审查结论；
- 产品生产定型会的资料和结论性意见。

1.3 电子产品制造工艺的管理

在国家电子工业工艺标准化技术委员会发布的《电子工业工艺管理导则》中，规定了企业工艺管理的基本任务、工艺工作内容、工艺管理组织机构和各有关部门的工艺管理职能等。现将主要内容摘录如下。

1.3.1 工艺管理的基本任务

（1）工艺工作贯穿于生产的全过程，是保证产品质量，提高生产效率，安全生产，降低消耗，增加效益，发展企业的重要手段。为了稳定提高产品质量，增加应变能力，促进科技进步，企业必须加强工艺管理，提高工艺管理的水平。

（2）工艺管理的基本任务是在一定的生产条件下，应用现代科学理论和手段，对各项工艺工作进行计划、组织、协调和控制，使之按照一定的原则、程序和方法，有效地进行工作。

1.3.2 工艺管理人员的主要工作内容

1．编制工艺发展计划

（1）为了提高企业的工艺水平，适应产品发展需要，各企业应根据全局发展规划、中远期和近期目标，按照先进与适用相结合、技术与经济相结合的方针，编制工艺发展规划，并制订相应的实施计划和配套措施。

（2）工艺发展计划包括工艺技术措施规划（如新工艺、新材料、新装备和新技术攻关规划等）

和工艺组织措施规划（如工艺路线调整、工艺技术改造规划等）。

（3）工艺发展规划应在企业总工程师（或在技术副厂长）主持下，以工艺部门为主进行编制，并经厂长批准实施。

2．工艺技术的研究与开发

工艺技术研究与开发的基本要求：

（1）工艺技术的研究与开发是提高企业工艺水平的主要途径，是加速新产品开发、稳定提高产品质量、降低消耗、增加效益的基础。各企业都应该重视技术进步，积极开展工艺技术的研究与开发，推广新技术、新工艺。

（2）为搞好工艺技术的研究与开发，企业应给工艺技术部门配备相应的技术力量，提供必要的经费和试验研究条件。

（3）企业在进行工艺技术的研究与开发工作时，应认真学习和借鉴国内外的先进科学技术，积极与高等院校和科研单位合作，并根据本企业的实际情况，积极采用和推广已有的、成熟的研究成果。

3．产品生产的工艺准备

产品生产工艺准备的主要内容：
- 新产品开发和老产品改进的工艺调研和考察；
- 产品设计的工艺性审查；
- 工艺方案设计；
- 设计和编制成套工艺文件；
- 工艺文件的标准化审查；
- 工艺装备的设计与管理；
- 编制工艺定额；
- 进行工艺质量评审；
- 进行工艺验证；
- 进行工艺总结和工艺整顿。

4．生产现场工艺管理

生产现场工艺管理的基本任务、要求和主要内容：

（1）生产现场工艺管理的基本任务是确保安全文明生产、保证产品质量、提高劳动生产率、节约材料、工时和能源消耗、改善劳动条件；

（2）制定工序质量控制措施；

（3）进行定置管理。

5．工艺纪律管理

严格工艺纪律是加强工艺管理的主要内容，是建立企业正常生产秩序的保证。企业各级领导及有关人员都应严格执行工艺纪律，并对职责范围内工艺纪律的执行情况进行检查和监督。

6．开展工艺情报工作

工艺情报工作的主要内容：

（1）掌握国内外新技术、新工艺、新材料、新装备的研究与使用情况；

（2）从各种渠道收集有关的新工艺标准、图纸手册及先进的工艺规程、研究报告、成果论文和资料信息，进行加工、管理，开展服务。

7．开展工艺标准化工作

工艺标准化的主要工作范围：
（1）制定推广工艺基础标准（术语、符号、代号、分类、编码及工艺文件的标准）；
（2）制定推广工艺技术标准（材料、技术要素、参数、方法、质量控制与检验和工艺装备的技术标准）；
（3）制定推广工艺管理标准（生产准备、生产现场、生产安全、工艺文件、工艺装备和工艺定额）。

8．开展工艺成果的申报、评定和奖励

工艺成果是科学技术成果的重要组成部分，应该按照一定的条件和程序进行申报，经过评定审查，对在实际工作中作出创造性贡献的人员给予奖励。

9．其他工艺管理措施

（1）制定各种工艺管理制度并组织实施；
（2）开展群众性的合理化建议与技术改进活动，进行新工艺和新技术的推广工作；
（3）有计划地对工艺人员、技术工人进行培训和教育，为他们知识更新、提高技术水平和技能，提供必要的方便及条件。

1.3.3 工艺管理的组织机构

（1）企业必须建立权威性的工艺管理部门和健全、统一、有效的工艺管理体系。
（2）本着有利于提高产品质量及工艺水平的原则，结合企业的规模和生产类型，为工艺管理机构配备相应素质和数量的工艺技术人员。

1.3.4 企业各有关部门的主要工艺职能

工艺管理是一项综合管理，在厂长和总工程师的直接领导下，各部门应该行使并完成各自的工艺职能：
（1）设计部门应该保证产品设计的工艺性；
（2）设备部门应该保证工艺设备经常处于完好状态；
（3）能源部门应该保证按工艺要求及时提供生产需要的各种能源；
（4）工具部门应该按照工艺要求提供生产需要的合格的工艺装备；
（5）物资供应和采购部门应该按照工艺要求提供各种合格的材料、外购件和部品（部件、配件或整件）；
（6）生产计划部门应该按照工艺要求均衡地安排生产；
（7）检验和理化分析部门应该按照工艺要求对生产过程中产品质量进行检验和分析，并及时反馈有关质量信息；检验部门还应负责生产现场的工艺纪律监督；
（8）计量和仪表部门应该按照工艺文件要求负责计量器具和检测仪表的配置，并保证量值准确；
（9）质量管理部门应该负责对企业有关部门工艺职能的执行情况进行监督和考核，并与工艺部门和生产车间一起共同搞好工序质量控制；
（10）基本建设部门应该按照工艺方案要求，负责厂房、车间的设计；设备部门应负责设备

的布置与安装；

（11）安全技术和环保部门应该负责工艺安全、工业卫生和环境保护措施的落实及监督；

（12）情报和标准化部门应该根据生产工艺，及时提供国内外工艺管理、工艺技术情报和标准，编辑有关工艺资料，制定或修订企业工艺标准，并负责宣传贯彻；

（13）劳资部门应该按照生产需要配备各类生产人员，保证实现定人、定机、定工种；

（14）财务和审计部门应该负责做好技术经济分析、技术改造和技术开发费用的落实、审计与管理工作；

（15）教育部门应该负责做好专业技术培训和工艺纪律教育工作；

（16）政工部门应该负责做好生产中的思想政治工作，保证各项任务的正常进行；

（17）生产车间必须按照产品图纸、工艺文件和有关标准进行生产，做好定置管理和工序质量控制工作，严格执行现场工艺纪律。

1.4 电子产品工艺文件

1.4.1 工艺文件的定义及其作用

按照一定的条件选择产品最合理的工艺过程（即生产过程），将实现这个工艺过程的程序、内容、方法、工具、设备、材料及每一个环节应该遵守的技术规程，用文字表示的形式，称为工艺文件。

工艺文件的主要作用如下：
- 组织生产，建立生产秩序；
- 指导技术，保证产品质量；
- 编制生产计划，考核工时定额；
- 调整劳动组织；
- 安排物资供应；
- 工具、工装、模具管理；
- 经济核算的依据；
- 巩固工艺纪律；
- 产品转厂生产时的交换资料；
- 各企业之间进行经验交流。

工艺文件要根据产品的生产性质、生产类型、产品的复杂程度、重要程度及生产的组织形式编制。

应该按照产品的试制阶段编制工艺文件。一般设计性试制阶段，主要是验证产品的设计（结构、功能）和关键工艺，要求具备零、部、整件工艺过程卡片及相应的工艺文件。生产性试制阶段主要是验证工艺过程和工艺装备是否满足批量生产的要求，不仅要求工艺文件正确、成套，在定型时还必须完成会签、审批、归档手续。

工艺文件的编制要做到正确、完整、统一、清晰。

1.4.2 电子产品工艺文件的分类

根据电子产品的特点，工艺文件通常可以分为基本工艺文件、指导技术的工艺文件、统计汇编资料和管理工艺文件用的格式四类。

1. 基本工艺文件

基本工艺文件是供企业组织生产、进行生产技术准备工作的最基本的技术文件，它规定了产品的生产条件、工艺路线、工艺流程、工具设备、调试及检验仪器、工艺装置、工时定额。一切在生产过程中进行组织管理所需要的资料，都要从中取得有关的数据。

基本工艺文件应该包括：
- 零件工艺过程；
- 装配工艺过程；
- 元器件工艺表、导线及加工表等。

2. 指导技术的工艺文件

指导技术的工艺文件是不同专业工艺的经验总结，或者是通过试生产实践编写出来的用于指导技术和保证产品质量的技术条件，主要包括：
- 专业工艺规程；
- 工艺说明及简图；
- 检验说明（方式、步骤、程序等）。

3. 统计汇编资料

统计汇编资料是为企业管理部门提供的各种明细表，作为管理部门规划生产组织、编制生产计划、安排物资供应、进行经济核算的技术依据，主要包括：
- 专用工装；
- 标准工具；
- 材料消耗定额；
- 工时消耗定额。

4. 管理工艺文件用的格式

管理工艺文件用的格式包括：
- 工艺文件封面；
- 工艺文件目录；
- 工艺文件更改通知单；
- 工艺文件明细表。

1.4.3 工艺文件的成套性

电子工艺文件的编制不是随意的，应该根据产品的具体情况，按照一定的规范和格式配套齐全，即应该保证工艺文件的成套性。

国家电子行业标准 SJ/T 10324 对工艺文件的成套性提出了明确的要求，分别规定了产品在设计定型、生产定型、样机试制或一次性生产时的工艺文件成套性标准。

产品设计性试制的主要目的是考验设计是否合理、能否满足预定的功能、各种技术指标及工艺可行性。当然，也应该考虑在产品设计定型以后是否已经具备了进入批量生产的主要条件（如关键零部件、元器件、整机加工工艺是否已经过关等）。通常，整机类电子产品在生产性试制定型时至少应该具备下列几种工艺文件：
- 工艺文件封面；

- 工艺文件明细表；
- 装配工艺过程卡片；
- 自制工艺装备明细表；
- 材料消耗工艺定额明细表；
- 材料消耗工艺定额汇总表。

产品生产定型后，该产品即可转入正式大批量生产。因此，工艺文件就是指导企业加工、装配、生产路线、计划、调度、原材料准备、劳动组织、质量管理、工模具管理、经济核算等工作的主要技术依据。所以，工艺文件的成套性，以及文件内容的正确性、完整性、统一性，在产品生产定型时尤其应该加以重点审核。

1.4.4 电子工艺文件的计算机处理及管理

随着计算机的广泛应用及其在处理、存储文字和图形功能的迅速发展，使工艺文件的制作、管理已经全部电子文档化。在当今的技术环境下，某些手工制作的工艺文件已很难使用或无法使用。如在当前的 PCB 制板设备中，以前手工绘制或贴制的 PCB 板图已经无法使用。所以，掌握电子工艺文件的计算机辅助处理方法及过程是十分必要的。

从前面的介绍知道，电子工艺文件基本上可以分成两类：工艺技术类和工艺管理类。前者主要是电子工程图，后者的作用是为前者的保存及实施提供依据。

1. 计算机辅助处理电子工程图的基本过程

电子工程图的计算机辅助处理过程主要可分为三步。

（1）电子工程图素材输入。根据所选用的计算机辅助处理软件的要求，进行电子工程图素材的输入。目前输入的方法基本上有两种，即图形法和语言法。图形法与在纸面上绘制电路图相类似，它用软件工具中提供的图形符号完成图中素材的连接描述。语言法是用所选软件工具可识别的程序语言，对电子工程图素材进行描述，即通常所说的将图"写出来"。总之，电子工程图素材输入是将工程图的基本信息告知软件工具，为以后的处理工作进行准备。

（2）电子工程图的处理。这一阶段主要完成的工作是按照标准对电子工程图素材进行加工，对工程图的正确性进行检查，形成标准的电子工程图。

（3）电子工程图的输出。按生产实际的需要，将电子文档形式的电子工程图输出为所需要的形式，如将其输出到工程绘图仪或打印机上，绘制或打印出电子工程图纸。

2. 电子工程图的计算机辅助处理软件简介

可以用来绘制电子工程图的计算机辅助处理软件很多，总结起来有三大类：
- 通用的计算机辅助设计（CAD，Computer Aided Design）软件，如 AutoCAD 等。
- 电路设计 CAD 软件。
- 电路设计自动化（EDA，Electronic Design Automatic）软件。

电路设计 CAD 软件和电路设计自动化 EDA 软件，是根据电路设计的特点而专门开发的。EDA 软件是在 CAD 软件的基础上发展起来的，它主要加入了电路仿真的相关技术，是集电路原理图绘制、电路仿真、多层印制电路板设计（包含印制电路板自动布线）、可编程逻辑器件设计、电路表格生成等多项功能于一体的电路设计自动化软件。CAD 和 EDA 软件是目前在电子工程图绘制中使用最广泛的计算机辅助处理软件。在国内使用较为广泛的此类软件有 Protel、PADS、OrCAD 和 EWB 等。

有关计算机辅助印制电路板图的设计及电子工程图的相关内容，在本书的第 4 章、第 7 章中有介绍。

3. 工艺管理文件的电子文档

可以用来编制工艺文件电子文档的应用软件也有很多种,目前在国内使用最为广泛的是通用办公自动化软件 Microsoft Office,其基本功能有:
- 用文字处理软件编写各种企业管理和产品管理文件;
- 用表格处理软件制作各种计划类、财务类表格;
- 用数据库管理软件处理企业运作的各种数据;
- 编制上述各种文档的电子模版,使电子文档标准化。

4. 工艺文件电子文档的安全问题

用计算机处理、存储工艺文件,毫无疑问,比较以前手工抄写、手工绘图的"白纸黑字"的工艺管理文件,省去了描图、晒图的麻烦,减少了存储、保管的空间,修改、更新、查询都成为举手之劳。但正是因为电子文档太容易修改更新而且不留痕迹,误操作和计算机病毒的侵害都可能导致错误,带来严重的后果。

(1) 必须认真执行电子行业标准 SJ/T 10629.1～6《计算机辅助设计文件管理制度》,建立 CAD 设计文件的履历表,对每一份有效的电子文档签字、备案;

(2) 定期检查、确认电子文档的正确性,刻成光盘,存档备份。

思考与习题

1. 什么是工艺?工艺的起源和现代工艺的特点是什么?简述现代工艺工作的出发点。
2. 电子工艺包括哪些方面的工艺过程?我国电子工艺的现状如何?
3. 仔细研究一下电子产品制造工艺工作程序图,它有哪些显著特点?
4. 产品预研试制阶段要做哪些工艺工作?
5. 产品设计性试制阶段要做哪些工艺工作?
6. 产品设计工艺性审查的基本要求有哪些?对产品设计进行工艺性评价的主要项目有哪些?工艺性审查有哪些内容?工艺性审查和分析如何进行?
7. 制订产品设计性试制工艺方案的原则是什么?根据什么资信?有哪些内容?
8. "必要的工艺文件"有哪些?
9. 为什么要进行工艺质量评审?工艺质量评审的主要内容有哪些?工艺质量评审工作的程序是怎样的?
10. 如何进行产品生产性试制阶段的工艺工作?
11. 如何进行产品批量生产(或质量改进)阶段的工艺工作?
12. 工艺管理的基本任务有哪些?
13. 工艺管理的主要内容有哪些?
14. 工艺管理的组织机构应该如何建立?
15. 企业各有关部门的主要工艺职能有哪些?
16. 什么叫工艺文件?它的作用如何?工艺文件的类别和成套性是怎样规定的?
17. 什么叫工艺文件的电子文档化?工艺文件的电子文档有哪两类?
18. 工艺文件的电子文档化要注意哪些问题?怎样才能保证工艺文件的电子文档是安全可靠的?

第 2 章　电子元器件

每一台电子产品整机,都由具有一定功能的电路、部件和工艺结构所组成。其各项指标,包括电气性能、质量和可靠性等的优劣程度,不仅取决于电路原理设计、结构设计、工艺设计的水平,还取决于能否正确地选用电子元器件及各种原材料。并且,电子元器件和各种原材料是实现电路原理设计、结构设计、工艺设计的主要依据。电子行业的每一个从业人员都应该熟悉和掌握常用元器件的性能、特点及其使用范围。事实上,能否尽快熟悉、掌握、使用世界上最新出现的电子元器件,能否在更大范围内选择性能价格比最佳的元器件,把它们用于新产品的研制开发,往往是评价衡量一个电子工程技术人员业务水平的主要标准。

电子元器件是在电路中具有独立电气功能的基本单元。元器件在各类电子产品中占有重要的地位,特别是通用电子元器件,如电阻器、电容器、电感器、晶体管、集成电路和开关、接插件等,更是电子设备中必不可少的基本材料。几十年来,电子工业的迅速发展,不断对元器件提出新的要求;而元器件制造厂商也在不断采用新的材料、新的工艺,不断推出新产品,为其他电子产品的发展开拓新的途径,并使电子设备的设计制造经历了几次重大的变革。在早期的电子管时代,按照真空电子管及其相应电路元件的特点要求,设计整机结构和制造工艺最需要考虑的是大的电功率消耗及因此而产生的散热问题,形成了一种体积较大、散热流畅的坚固结构。随后,因为半导体晶体管及其相应的小型元器件的问世,一种体积较小的分立元器件结构的制造工艺便形成了,才有可能出现称为"便携"机型的整机。特别是微电子技术的发展,使半导体器件和部分电路元件被集成化,并且集成度在以很快的速度不断提高,这就使得整机结构和制造工艺又发生了一次很大的变化,进入了一个崭新的阶段,才有可能出现称为"袖珍型"、"迷你式"的微型整机。例如,近六十年来电子计算机的发展历史证明,在这个过程中划分不同的阶段、形成"第×代产品"的主要标志是,构成计算机的电子元器件的不断更新,使计算机的运算速度不断提高,而运算速度实际上主要取决于元器件的集成度。就拿人们熟悉的微型计算机的 CPU 来说,从奔腾(Pentium)到迅驰(Centrino),这个推陈出新的过程,实际上是半导体集成电路的制造技术从 SSI、MSI、LSI 到 VLSI、ULSI(小、中、大、超大、极大规模集成电路)、从微米工艺到纳米工艺的发展历史。又如,采用 SMT(表面组装技术)的贴片式安装的集成电路和各种阻容器件、固体滤波器、接插件等微小型元器件被广泛应用在各种消费类电子产品和通信设备中,才有可能实现超小型、高性能、高质量、大批量的现代化生产。由此可见,电子技术和产品的水平,主要取决于元器件制造工业和材料科学的发展水平。电子元器件是电子产品中最革命、最活跃的因素。

在电子产品装配工艺发展历程中,电子元器件的发展水平是"断代"的主要依据,见表 2-1。

表 2-1　电子产品装配技术的发展历程

年代	1950	1960	1970	1980	1990
产品分代	第一代	第二代	第三代	第四代	第五代
典型产品	电子管收音机、仪器	通用仪器、黑白电视机	便携式薄型仪器、彩色电视机	小型高密度仪器、录像机	超小型高密度仪器、整体型摄像机
产品特点	笨重、厚大、速度慢、功能少、功耗大、不稳定	质量较轻、功耗降低、多功能	便携式、薄型、低功耗	袖珍型、轻便、多功能、微功耗、稳定、可靠	超小型、超薄型、智能化、高可靠
电子元器件	电子管	晶体管	集成电路	大规模集成电路	超大规模集成电路

续表

年代	1950	1960	1970	1980	1990
电子元器件特点	长引线、大型、高电压	轴向引线	径向引线	表面组装、异形结构	复合表面装配、三维结构
电路板	金属底盘	单面酚醛纸质层压板	双面通孔环氧玻璃布层压板、挠性聚酰亚胺板	陶瓷基板、金属芯印制板、多层高密度印制板	陶瓷多层印制板、绝缘金属基板
装配技术特点	捆扎导线、手工焊接	半自动插装、浸焊	自动插装、浸焊、熔焊	两面自动表面贴装、再流焊	多层化、高密度化、安装高速化

通常，对电子元器件的主要要求是可靠性高、精确度高、体积微小、性能稳定、符合使用环境条件等等。电子元器件总的发展趋向是集成化、微型化、提高性能、改进结构。

电子元器件可以分为有源元器件和无源元器件两大类。有源元器件在工作时，其输出不仅依靠输入信号，还要依靠电源，或者说，它在电路中起到能量转换的作用。例如，晶体管、集成电路等就是最常用的有源元器件。无源元器件一般又可以分为耗能元件、储能元件和结构元件三种。电阻器是典型的耗能元件；储存电能的电容器和储存磁能的电感器属于储能元件；接插件和开关等属于结构元件。这些元器件各有特点，在电路中起着不同的作用。通常，称有源元器件为"器件"，称无源元器件为"元件"。

电子元器件的发展很快，品种规格也极为繁多。就装配焊接的方式来说，当前已经从传统的通孔插装（DIP）方式全面转换成表面组装（SMT）方式。本章主要是从电子整机产品制造工艺基本原则的角度出发，简单地介绍一些最常用的电子元器件的主要特点、性能指标和表示方法，以及对它们进行一般性检测和老化筛选的方法。必须说明，本书不是电子元器件手册，只希望读者通过学习本章内容，能够对五花八门的电子元器件有一个概括性的了解，领悟一些在今后的工程实践中最常用的电子工艺基本原则。在 2.4 节中，用较多的篇幅介绍了常用电子元器件的性能指标，将有助于电类工科学生在校期间参加专业实验、课程设计和毕业设计，但不宜把它作为课内的教学内容。对那些已经参加实际工作的电子工程技术人员来说，由于电子元器件种类繁多，新品种不断涌现，产品的性能也不断提高，要想深入准确地了解某种电子元器件的性能指标，必须经常查阅相应的资料信息，参考资料提供的典型应用电路，走访电子元器件的销售商，调研有关生产厂家。

2.1 电子元器件的主要参数

电子元器件的主要参数包括特性参数、规格参数和质量参数。这些参数从不同角度反映了一个电子元器件的电气性能及其完成功能的条件，它们是相互联系并相互制约的。

2.1.1 电子元器件的特性参数

特性参数用于描述电子元器件在电路中的电气功能，通常可用该元器件的名称来表示，如电阻特性、电容特性或二极管特性等。一般用伏安特性，即元器件两端所加的电压与通过其中的电流的关系来表达该元器件的特性参数。电子元器件的伏安特性大多是一条直线或曲线。在不同的测试条件下，伏安特性也可以是一条折线或一族曲线。

需要注意的是，对于人们常说的线性元件，它的伏安特性并不一定是直线，而非线性元件的伏安特性也并不一定是曲线，这是两个不同的概念。例如，我们把某些放大器称为线性放大器，是指其输出信号 Y 与输入信号 X 满足函数关系 $Y = KX$，其放大倍数在一定工作条件下为一常量；又如，线性电容器是指其储存电荷的能力（电容量）是一个常数。所以，线性元件是指那些主要特性参数为一常量（或在一定条件、一定范围内是一个常量）的电子元器件。

不同种类的电子元器件具有不同的特性参数,并且,我们可以根据实际电路的需要,选用同一种类电子元器件的几种特性之一。例如,对于二极管的伏安特性,既可以利用它的单向导电性能,用在电路中进行整流、检波、钳位;也可以利用它的反向击穿性能,制成稳压二极管。

2.1.2 电子元器件的规格参数

描述电子元器件的特性参数的数量称为它们的规格参数。规格参数包括标称值、额定值和允许偏差值等。电子元器件在整机中要占有一定的体积空间,所以其外形尺寸也是一种规格参数。

1. 标称值和标称值系列

电子设备的社会需求量是巨大的,电子元器件的种类及年产量则更为繁多巨大。然而,电子元器件在生产过程中,其数值不可避免地具有离散化的特点;并且,实际电路对于元器件数值的要求也是多种多样的。为了便于大批量生产,并让使用者能够在一定范围内选用合适的电子元器件,规定出一系列的数值作为产品的标准值,称为标称值。

电子元器件的标称值分为特性标称值和尺寸标称值,分别用于描述它的电气功能和机械结构。例如,一只电阻器的特性标称值包括阻值、额定功率、精度(允许偏差)等,其尺寸标称值包括电阻体及引线的直径、长度等。

一组有序排列的标称值叫做标称值系列。电阻、电容、电感类元件的特性数值标称系列见表 2-2。

表 2-2 元件特性数值标称系列

系列	E6	E12	E24	系列	E6	E12	E24
标志	M(Ⅲ)	K(Ⅱ)	J(Ⅰ)	标志	M(Ⅲ)	K(Ⅱ)	J(Ⅰ)
允许偏差	±20%	±10%	±5%	允许偏差	±20%	±10%	±5%
特性标称数值	1.0	1.0	1.0	特性标称数值	3.3	3.3	3.3
			1.1				3.6
		1.2	1.2			3.9	3.9
			1.3				4.3
	1.5	1.5	1.5		4.7	4.7	4.7
			1.6				5.1
		1.8	1.8			5.6	5.6
			2.0				6.2
	2.2	2.2	2.2		6.8	6.8	6.8
			2.4				7.5
		2.7	2.7			8.2	8.2
			3.0				9.1

注:① 精密元件的数值还有 E48(标志 G,允许偏差±2%)、E96(标志 F,允许偏差±1%)、E192(标志 D,允许偏差±0.5%)等几个系列。

② SMT 元件较多使用 E96 系列数值,这个系列的标称数值如下:

1.00 1.02 1.05 1.07 1.10 1.13 1.15 1.18 1.21 1.24 1.27 1.30 1.33 1.37 1.40 1.43
1.47 1.50 1.54 1.58 1.62 1.65 1.69 1.74 1.78 1.82 1.87 1.91 1.96 2.00 2.05 2.10
2.15 2.21 2.26 2.32 2.37 2.43 2.49 2.55 2.61 2.67 2.74 2.80 2.87 2.94 3.01 3.09
3.16 3.24 3.32 3.40 3.48 3.57 3.65 3.74 3.83 3.92 4.02 4.12 4.22 4.32 4.42 4.53
4.64 4.75 4.87 4.99 5.11 5.23 5.36 5.49 5.62 5.76 5.90 6.04 6.19 6.34 6.49 6.65
6.81 6.98 7.15 7.32 7.50 7.68 7.87 8.06 8.25 8.45 8.66 8.87 9.09 9.31 9.53 9.76

元件的特性数值标称系列大多为两位有效数字(精密元件的特性数值一般是三位或四位有效数字)。电子元器件的标称值应该符合系列规定的数值,并用系列数值乘以倍率数 10^n(n 为整数)来具体表示一个元件的参数。例如,符合标称值系列的电阻有 1.0Ω、10Ω、100Ω、1.0kΩ、10kΩ、100kΩ、1.0MΩ、10MΩ等,可以表示为

$$1.0 \times 10^n \Omega \quad (n=0,1,2,3,4,\cdots)$$

又如，符合标称值系列的电容量有 1.5pF、15pF、150pF、1500pF（1.5nF）、0.015μF（15nF）、0.15μF（150nF）、1.5μF、15μF、150μF、1500μF（1.5mF）等，可以表示为

$$1.5 \times 10^n F \quad (n=-12,-11,-10,\cdots)$$

我们知道，在机械设计中规定了长度尺寸标称值系列，并且分为首选系列和可选系列（也叫第一系列、第二系列）。同样，对电子元器件的外形尺寸也规定了标准系列。例如，元器件的封装外壳可分为圆形、扁平型、双列直插型等几个系列；元件的引线有轴向和径向两个系列等。又如，大多数小功率元器件的引线直径标称值为 0.5mm 或 0.6mm（英制 20mil=0.02in 或 24mil=0.024in），双列和单列直插式集成电路的引脚间距一般是 2.54mm 或 5.08mm（英制 100mil=0.1in 或 200mil=0.2in），等等。显然，在生产制造电子整机产品时，不仅要考虑电子元器件的电气功能是否符合要求，其外形尺寸是否规范、是否符合标准也是重要的选择依据。特别是近年来迅速发展的 SMT 元器件，就是根据它们的封装方式和外形尺寸来分类的。

规定了数值标称系列，就大大减少了必须生产的元器件的产品种类，从而使生产厂家有可能实现批量化、标准化的生产及管理，为半自动或全自动的元器件生产提供了必要的前提。同时，由于标准化的元器件具有良好的可更换性，为电子整机产品创造了结构设计和装配自动化的条件。

2. 允许偏差和精度等级

实际生产出来的元器件，其数值不可能和标称值完全一样，总会有一定的偏差。用百分数表示的实际数值和标称数值的相对偏差，反映了元器件数值的精密程度。对于一定标称值的元器件，大量生产出来的实际数值呈现正态分布，为这些实际数值规定了一个可以接受的范围，即为相对偏差规定了允许的最大范围，叫做数值的允许偏差（简称允差）。不同的允许偏差也叫做数值的精度等级（简称精度），并为精度等级规定了标准系列，用不同的字母表示。例如，常用电阻器的允许偏差有±5%、±10%、±20%三种，分别用字母 J、K、M 标志它们的精度等级（以前曾用 I、II、III 表示）。精密电阻器的允许偏差有±2%、±1%、±0.5%，分别用 G、F、D 标志精度。常用元件数值的允许偏差符号见表 2-3。

表 2-3　常用元件数值的允许偏差符号

允许偏差(%)	±0.1	±0.25	±0.5	±1	±2	±5	±10	±20	+20 −10	+30 −20	+50 −20	+80 −20	+100 0
符号	B	C	D	F	G	J	K	M			S	E	II
曾用符号			0			I	II	III	IV	V	VI		
分类	精密元件					一般元件			适用于部分电容器				

根据电路对元器件的参数要求，允许偏差又可以分为双向偏差和单向偏差两种，如图 2-1 所示。

通常，元器件的特性标称数值允许有双向偏差，如电阻器的阻值。但对于某些可能引起不良效果的数值，大多取单向偏差作为验收的标准。例如，一般电解电容器的容量值虽然规定为双向偏差（偏差区间不对称），但在生产厂家出厂检验时，实际上都按照正向偏差取值。这是由于电解电容器在存储期间，其容量会逐渐降低，而容量偏小可能引起电路的工作特性变差（如用于滤波）。对于元器件的额定电压等指标，因为可能

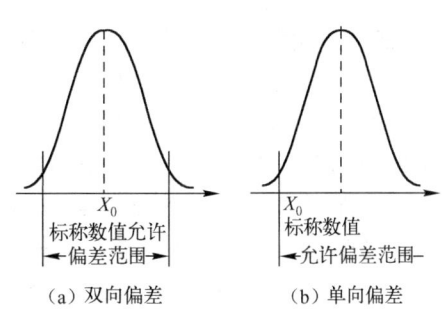

（a）双向偏差　　（b）单向偏差

图 2-1　元器件的数值分布

引起灾害性的后果，就更需要规定为单向偏差了。

应该注意到，特性数值标称系列是与某一规定的精度等级相互对应的，即每两个相邻的标称数值及其允许偏差所形成的数值范围是互相衔接或部分重叠的。例如，在允许偏差为±5%的数值标称系列中，1.8 与 2.0 是两个相邻的标称值，其允许偏差的范围分别是

$$1.8 \times (1 \pm 5\%) = 1.71 \sim 1.89$$
$$2.0 \times (1 \pm 5\%) = 1.90 \sim 2.10$$

两者互相衔接；又如，4.7 和 5.1 的数值范围分别是

$$4.7 \times (1 \pm 5\%) = 4.465 \sim 4.935$$
$$5.1 \times (1 \pm 5\%) = 4.845 \sim 5.355$$

两者部分重叠。由此可见，标称系列数值实际上是根据不同的允许偏差确定的。从表 2-2 还可以看出，K 系列（±10%）和 M 系列（±20%）的标称数值只不过是在高一级的系列中依次间隔取值。

精度等级越高，其数值允许的偏差范围越小，元器件就越精密；同时，它的生产成本及销售价格也就越高。在设计整机时，应该根据实际电路的要求，合理选用不同精度等级的电子元器件。

需要说明的是，数值的允许偏差（精度等级）与数值的稳定性是两个不同的概念。下面还将要介绍，工作环境条件不同，会引起电子元器件参数的变化，变化的大小称为数值的稳定性。一般来说，数值越精密，要求其稳定性也越高，而元器件的使用条件也要受到一定的限制。

3. 额定值与极限值

电子元器件在工作时，要受到电压、电流的作用，要消耗功率。电压过高，会使元器件的绝缘材料被击穿；电流过大，会引起消耗功率过大而发热，导致元器件被烧毁。电子元器件所能承受的电压、电流及消耗功率还要受到环境条件（如温度、湿度及大气压力等因素）的影响。为此，规定了电子元器件的额定值，一般包括额定工作电压、额定工作电流、额定功率消耗及额定工作温度等。它们的定义是电子元器件能够长期正常工作（完成其特定的电气功能）时的最大电压、电流、功率消耗及环境温度。和特性数值一样，电子元器件的额定值也有标称系列，其系列数值因元器件不同而异。

另外，还规定了电子元器件的工作极限值，一般为最大值的形式，分别表示元器件能够保证正常工作的最大限度，如最大工作电压、最大工作电流和最高环境温度等。

在这里，需要对几个问题加以说明：

第一，元器件的同类额定值与极限值并不相等。例如，电容器的额定直流工作电压是指其在额定环境温度下长期（不低于 10 000h）可靠地正常工作的最高直流电压，这个电压一般为击穿电压的一半；而电容器的最大工作电压（也叫试验电压）是指其在额定环境温度下短时（通常为 5s～1min）所能承受的直流电压或 50Hz 交流电压峰值。又如，电阻器的额定环境温度是指其能够长期完成 100%额定功率的最高温度；而最高环境温度则是使电阻器不失去其原有伏安特性的环境温度上限，在此温度下，电阻器所允许的负荷已经大大低于其额定功率。

第二，元器件的各个额定值（或极限值）之间没有固定的关系，等功耗规律往往并不成立。例如，半导体三极管的集电极最大耗散功率 P_{cm} 较大，并不说明它的集电极-发射极击穿电压 U_{ceo} 也大；而它的 P_{cm} 较大，相应的集电极最大电流 I_{cm} 也大一些。又如，对于电阻器来说，最大工作电压与它的额定功率有关，额定功率大的电阻，其最大工作电压也高一些。在环境温度不高于 70℃、气压不大于 780mmHg 的条件下，RJ 型金属膜电阻器的额定功率与最大工作电压的关系见表 2-4。

表2-4 RJ型金属膜电阻器的额定功率与最大工作电压的关系

额定功率（W）	最大工作电压（V）
0.25	250
0.5	500
1～2	750

第三，当电子元器件的工作条件超过某一额定值时，其他参数指标就要相应地降低，这就是人们通常所要考虑的降额使用元器件问题。例如，RJ型金属膜电阻的额定工作温度不大于+70℃，当实际使用温度超过此值时，其允许的功率限度就要线性地降低，如图2-2所示。

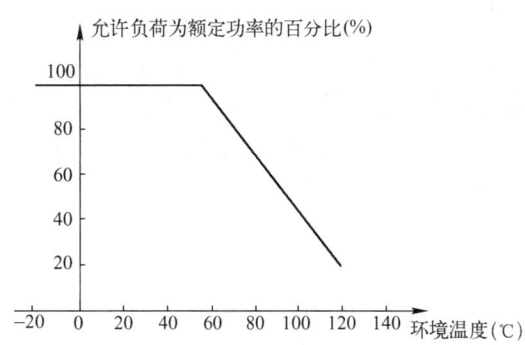

图2-2 RJ型金属膜电阻器的允许负荷与环境温度的关系

第四，对于某种电子元器件，通常都是根据其自身的特点及工作需要而定义几种额定值和极限值作为它的规格参数。例如，同是工作电压上限，对一般电阻器是按最大工作电压定义的，而对一般电容器却是按额定工作电压来定义，应该注意到二者之间的差别。

4．其他规格参数

除了前面介绍的标称值、允许偏差值和额定值、极限值等以外，各种电子元器件还有其特定的规格参数，如半导体器件的特征频率 f_T、截止频率 f_α、f_β，线性集成电路的开环放大倍数 A_0，数字集成电路的扇出系数 N_O，等等。在选用电子元器件时，应该根据电路的需要考虑这些参数。

2.1.3 电子元器件的质量参数

质量参数用于度量电子元器件的质量水平，通常描述了元器件的特性参数、规格参数随环境因素变化的规律，或者划定了它们不能完成功能的边界条件。

电子元器件共有的质量参数一般有温度系数、噪声电动势、高频特性及可靠性等；从整机制造工艺方面考虑，主要有机械强度和可焊性。

1．温度系数

电子元器件的规格参数随环境温度的变化会略有改变。温度每变化1℃，其数值产生的相对变化叫做温度系数，单位为1/℃。温度系数描述了元器件在环境温度变化条件下的特性参数稳定性，温度系数越小，说明它的数值越稳定。温度系数还有正、负之分，分别表示当环境温度升高时，元器件数值变化的趋势是增加还是减少。电子元器件的温度系数（符号、大小）取决于它们的制造材料、结构和生产条件等因素。

在制作那些要求长期稳定工作或工作环境温度变化较大的电子产品时，应当尽可能选用温度系数较小的元器件，也可以根据工作条件考虑产品的通风、降温，以至采取相应的恒温措施。

显然,电子元器件的温度系数会影响电路的工作稳定性,对电子产品的工作环境提出了限制性要求,这是一个不利因素。但是,人们又可以利用某些材料对温度特别敏感的性质,制成各种各样的温度检测元件。

在工业自动控制设备中常用于检测温度的铜电阻、铂电阻及各类半导体热敏器件,就是利用了它们的温度系数比较大并且在很大的范围内是一个常数的特点。有时,还可以利用元器件的温度系数正、负互补,来实现电路的稳定。例如,在 LC 振荡电路中,有时采用两个温度系数符号相反的电容并联代替一个电容,使它们的电容量随温度的变化而互相补偿,可以稳定电路的振荡频率。

2. 噪声电动势和噪声系数

在无线电设备中,接收机或放大器的输出端,除了有用信号以外,还夹杂着有害的干扰。干扰的种类很多,有些从无线电设备外部的环境中来,如雷电干扰、宇宙干扰和工业干扰等;有些则由设备内部产生,通常叫做内部噪声。在一般情况下,有用信号比电路的内部噪声大得多,可以不予考虑。但当有用信号十分微弱时,噪声就可能把有用信号"淹没",这时其有害作用就不能不给予重视。

无线电设备的内部噪声主要是由各种电子元器件产生的。我们知道,导体内的自由电子在一定温度下总是处于"无规则"的热运动状态之中,从而在导体内部形成了方向及大小都不断变化的"无规则"的电流,并在导体的等效电阻两端产生了噪声电动势。噪声电动势是随机变化的,在很宽的频率范围内都起作用。由于这种噪声是自由电子的热运动所产生的,通常又把它叫做热噪声。温度升高时,热噪声的影响也会加大。

除了热噪声以外,各种电子元器件由于制造材料、结构及工艺不同,还会产生其他类型的噪声。例如,碳膜电阻器因为碳粒之间的放电和表面效应而产生的噪声(这类噪声是金属膜电阻所没有的,所以金属膜电阻的噪声要小一些),晶体管内部载流子产生的散粒噪声,等等。

通常,用"信噪比"来描述电阻、电容、电感一类无源元件的噪声指标,其定义为元件内部产生的噪声功率与其两端的外加信号功率之比,即

$$信噪比 = \frac{外加信号功率}{噪声功率}$$

对于晶体管或集成电路一类有源器件的噪声,则用噪声系数来衡量:

$$噪声系数 = \frac{输入端信噪比 S_i / N_i}{输出端信噪比 S_o / N_o}$$

在设计制作接收微弱信号的高增益放大器(如卫星电视接收机)时,应当尽量选用低噪声的电子元器件。使用专用仪器"噪声测试仪"可以方便地测量元器件的噪声指标。在各类电子元器件手册中,噪声指标也是一项重要的质量参数。

在高灵敏度、高增益的卫星通信接收机或军事雷达系统中,有时还采用超低温的办法来降低设备的内部噪声。超导技术和半导体致冷器件的研制,为制造低噪声的无线电设备开辟了良好的前景。

3. 高频特性

当工作频率不同时,电子元器件会表现出不同的电路响应,这是由于在制造元器件时使用的材料及工艺结构所决定的。在对电路进行一般性分析时,通常是把电子元器件作为理想元器件来考虑的,但当它们处于高频状态下时,很多原来不突出的特点就会反映出来。例如,线绕电阻器工作在直流或低频电路中时,可以被看做是一个理想电阻,而当频率升高时,其电阻线绕组产生

的电感就成为比较突出的问题,并且每两匝绕组之间的分布电容也开始出现。这时,线绕电阻器的高频等效电路如图 2-3 所示。当工作频率足够高时,其电抗值可能比电阻值大出很多倍,将会严重地影响电路的工作状态。又如,那些采用金属箔卷制的电容器(如电解电容器、涤纶电容器或金属化纸介电容器)就不适合工作在频率很高的电路中,因为卷绕的金属箔会明显地呈现出电感的性质。再如,半导体器件的结电容在低、中频段的作用可以忽略,而在高频段对电路工作状态的影响就必须进行考虑。

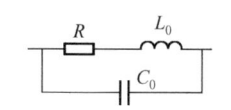

图 2-3 线绕电阻器的高频等效电路

事实上,一切电子元器件工作在高频状态下时,都将表征出电抗特性,甚至一段很短的导线,其电感、电容也会对电路的频率响应产生不可忽略的影响。这种性质,称为元器件的高频特性。在设计制作高频电路时,必须考虑元器件的频率响应,选择那些高频特性较好,自身分布电容、分布电感较小的元器件。

当然,元器件在电路板上的装配结构也会产生不同的频率响应,对于这一点,将在后面的章节进行介绍。

4. 机械强度及可焊性

电子元器件的机械强度是重要的质量参数之一。人们一般都希望电子设备工作在无振动、无机械冲击的理想环境中,然而事实上,对设备的振动和冲击是无法避免的。如果设备选用的元器件的机械强度不高,就会在振动时发生断裂,造成损坏,使电子设备失效,这种例子是屡见不鲜的。电阻器的陶瓷骨架断裂、两端的金属帽脱落,电容器本体开裂,各种元器件的引线折断、开焊等,都是经常可以见到的机械性故障。所以,在设计制作电子产品时,应该尽量选用机械强度高的元器件,并从整机结构方面采取抗振动、耐冲击的措施。

因为大部分电子元器件都是靠焊接实现电路连接的,所以元器件引线的可焊性也是它们的主要工艺质量参数之一。有经验的电子工程技术人员都知道,"虚焊"是引起整机失效最常见的原因。为了减少虚焊,不仅需要操作者经常练习,提高焊接的技术水平,积累发现虚焊点的经验,还应该尽量选用那些可焊性良好的元器件。如果元器件的可焊性不良,就必须在焊接前做好预处理——除锈镀锡,并使用适当的助焊剂。

5. 可靠性和失效率

同其他任何产品一样,电子元器件的可靠性是指它的有效工作寿命,即它能够正常完成某一特定电气功能的时间。电子元器件的工作寿命结束,叫做失效。其失效的过程通常是这样的:随着时间的推移或工作环境的变化,元器件的规格参数发生改变,例如电阻器的阻值变大或变小,电容器的容量减小等;当它们的规格参数变化到一定限度时,尽管外加工作条件没有改变,却也不能承受电路的要求而彻底损坏,使它们的特性参数消失,例如二极管被电压击穿而短路,电阻因阻值变小而超负荷烧断等。显然,这是一个"从量变到质变"的过程。

度量电子产品可靠性的基本参数是时间,即用有效工作寿命的长短来评价它们的可靠性。电子元器件的可靠性用失效率表示。利用统计学的手段,能够发现描述电子元器件的失效率的数学规律:

$$失效率 \lambda(t) = \frac{失效数}{运用总数 \times 运用时间}$$

失效率的常用单位是"菲特"(Fit),1 菲特 $=10^{-9}$/h。即 1 000 000 个元器件运行 1000h,每发生 1 个失效,就叫做 1Fit。失效率越低,说明元器件的可靠性越高。

电子元器件的失效率还是时间的函数。统计数字表明,新制出来的电子元器件,在刚刚投入使用的一段时间内，失效率比较高，这种失效称为早期失效，相应的这段时间叫做早期失效期。电子元器件的早期失效，是由于在设计和生产制造时选用的原材料或工艺措施方面的缺陷而引起的，它是隐藏在元器件内部的一种潜在故障，在开始使用后会迅速恶化而暴露出来。元器件的早期失效是十分有害的，但又是不可避免的。人们还发现，在经过早期失效期以后，电子元器件将进入正常使用阶段，其失效率会显著地降低，这个阶段叫做偶然失效期。在偶然失效期内，电子元器件的失效率很低，而且在极长的时间内几乎没有变化，可以认为它是一个小常数。在经过长时间的使用之后，元器件可能会逐渐老化，失效率又开始增高，直至寿命结束，这个阶段叫做老化失效期。电子元器件典型的失效率函数曲线如图2-4所示。从图中可以清楚地看出，在早期失效期、偶然失效期、老化失效期内，电子元器件的失效率是大不一样的，其变化的规律就像一个浴盆的剖面，所以这条曲线常被称为"浴盆曲线"。

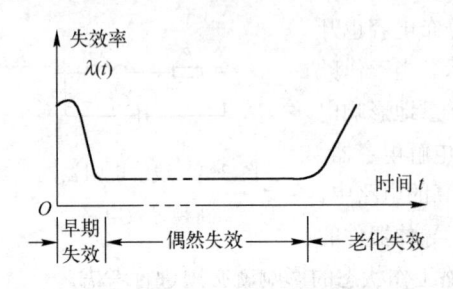

图2-4 元器件失效率函数曲线

应该指出的是，电子元器件的电气规格参数指标与其性能稳定可靠是两个不同的概念，这两者之间并没有必然的联系。规格参数良好的元器件，其可靠性不一定高；相反，规格参数差一些的元器件，其可靠性也不一定低。电子元器件的大部分规格参数都可以通过仪器仪表立即测量出来，但是它们的可靠性或稳定性，却必须经过各种复杂的可靠性试验，或者在经过大量的、长期的使用之后才能判断出来。

以前，人们对可靠性的概念知之甚少，特别是由于失效率的数据难以获得，一般都忽略了对于电子元器件可靠性的选择。近十几年来，随着可靠性研究的进步及市场商品竞争的要求，人们逐渐认识到，元器件的失效率决定了电子整机产品的可靠性。因此，凡是那些实行了科学管理的企业，都已经在整机产品设计之初就把元器件的失效率作为使用选择的重要依据之一。

由于在偶然失效期内，电子元器件的失效率可以近似为一个小常数。所以，元器件制造厂商都要采用各种试验手段，把电子元器件的早期失效消灭在产品出厂之前，并把它们在正常使用阶段的失效率作为向用户提供的一项主要参数。

6．其他质量参数

各种不同的电子元器件还有一些特定的质量参数。例如，对于电容器来说，绝缘电阻的大小、由于漏电而引起的能量损耗（用损耗角正切表示）等都是重要的质量参数。又如，晶体三极管的反向饱和电流 I_{cbo}、穿透电流 I_{ceo} 和饱和压降 U_{ces} 等，都是三极管的质量参数。

电子元器件的这些特定的质量参数都有相应的接收标准，应该根据实际电路的要求，依据厂家提供的产品技术指标合理选用。

2.2 电子元器件的检验和筛选

为了保证电子整机产品能够稳定、可靠地长期工作，必须在装配前对所使用的电子元器件进行检验和筛选。在正规化的电子整机生产厂中，都设有专门的车间或工位，根据产品具体电路的要求，依照检验筛选工艺文件，对元器件进行严格的"使用筛选"。使用筛选的项目包括外观质量检验、功能性筛选和老化筛选（后两者可合称为电气性能使用筛选）。

2.2.1 外观质量检验

在电子整机产品的生产厂家中，对元器件外观质量检验的一般标准是：

（1）外形尺寸、电极引线的位置和直径应该符合产品标准外形图的规定。

（2）外观应该完好无损，其表面无凹陷、划痕、裂口、污垢和锈斑；外部涂层不能有起泡、脱落和擦伤现象。

（3）电极引出线应该镀层光洁，无压折或扭曲，没有影响焊接的氧化层、污垢和伤痕。

（4）各种型号、规格标志应该完整、清晰、牢固；特别是元器件参数的分档标志、极性符号和集成电路的种类型号，其标志、字符不能模糊不清或脱落。

（5）对于电位器、可变电容或可调电感等元器件，在其调节范围内应该活动平顺、灵活，松紧适当，无机械杂音；开关类元件应该保证接触良好，动作迅速。

各种元器件用在不同的电子产品中，都有自身的特点和要求，除上述共同点以外，往往还有特殊要求，应根据具体的应用条件区别对待。

在业余条件下或在学校参加实训中制作电子产品时，对元器件外观质量的检验，可以参照上述标准，但有些条款可以适当放宽。并且，有些元器件的毛病能够修复。例如，元器件引线上有锈斑或氧化层的，可以擦除后重新镀锡；玻璃或塑料封装的元器件表面涂层脱落的，可以用油漆涂补；可调元件或开关类元器件的机械性能，可以经过细心调整改善，等等。但是，这绝不意味着业余条件下可以在装焊前放弃对于电子元器件的检验。

2.2.2 电气性能使用筛选

电子整机中使用的元器件，一般需要在长时间连续通电的情况下工作，并且要受到环境条件和其他因素的影响，因此要求它们必须具有良好的可靠性和稳定性。要使电子整机稳定可靠地工作，并能经受环境和其他一些不可预见的不利条件的考验，对元器件进行必要的筛选老化，是非常重要的一个环节。

前面已经介绍了电子元器件的失效率概念。我们知道，电子元器件的早期失效是十分有害的，但又是不可避免的。因此，怎样剔除早期失效的元器件，使它们在装配焊接时就已经进入失效率很低的正常使用阶段，从而保证整机的可靠性，这一直是工业产品生产中的重大研究课题。

每一台电子整机产品内都要用到很多元器件，在装配焊接之前把元器件全部逐一检验筛选，事实上也是困难的。所以，整机生产厂家在对元器件进行使用筛选时，通常是根据产品的使用环境要求和元器件在电路中的工作条件及其作用，按照国家标准和企业标准，分别选择确定某种元器件的筛选手段。在考虑产品的使用环境要求时，一般要区别该产品是否军工产品、是否精密产品、使用环境是否恶劣、产品损坏是否可能带来灾害性的后果等情况；在考虑元器件在电路中的工作条件及作用时，一般要分析该元器件是否关键元器件、功率负荷是否较大、局部环境是否良好等因素，特别要认真研究元器件生产厂家提供的可靠性数据和质量认证报告。通常，对那些要求不是很高的消费类电子产品，一般采用随机抽样的方法检验筛选元器件；而对那些要求较高、工作环境严酷的产品，则必须采用更加严格的老化筛选方法来逐个检验元器件。

需要特别注意的是，采用随机抽样的方法对元器件进行检验筛选，并不意味着检验筛选是可有可无的——凡是科学管理的企业，即使是对于通过固定渠道进货、经过质量认证的元器件，也都要长年、定期进行例行的检验。例行检验的目的，不仅在于验证供应厂商提供的质量数据，还要判断元器件是否符合具体电路的特殊要求。所以，例行检验的抽样比例、样本数量及其检验筛选的操作程序，都是非常严格的。

老化筛选的原理及作用是，给电子元器件施加热的、电的、机械的或者多种结合的外部应力，模拟恶劣的工作环境，使它们内部的潜在缺陷加速暴露出来，然后进行电气参数测量，筛选剔除那些失效或变值的元器件，尽可能把早期失效消灭在正常使用之前。

筛选的指导思想是，经过老化筛选，有缺陷的元器件会发生失效，而优质品能够通过。这里必须注意实验方法正确和外加应力适当，否则，可能对参加筛选的元器件造成不必要的损伤。

在电子整机产品生产厂家里，广泛使用的老化筛选项目有高温存储老化、高低温循环老化、高低温冲击老化和高温功率老化等，其中高温功率老化是目前使用最多的试验项目：给元器件通电，模拟它们在实际电路中的工作条件，再加上+80~+180℃之间的高温进行几小时至几十小时的老化，这是一种对元器件的多种潜在缺陷都有筛选作用的有效方法。

老化筛选需要专门的设备，投入的人力、工时、能源成本也很高。随着生产水平的进步，电子元器件的质量已经明显提高，并且电子元器件生产企业普遍开展在权威机构监督下的质量认证，一般都能够向用户提供准确的技术资料和质量保证书，这无疑可以减少整机厂对筛选元器件的投入。所以，目前除了军工、航天电子产品等可靠性要求极高的企业还对元器件进行 100%的严格筛选以外，一般都只对元器件进行抽样检验，并且根据抽样检验的结果决定该种、该批的元器件是否能够投入生产；如果抽样检验不合格，则应该向供货方退货。

对于大多数元器件来说，在使用前经过一段时间的储存，其内部也会产生化学反应及机械应力释放等变化，使它的性能参数趋于稳定，这种情况叫做自然老化。但随着生产规模的扩大及节奏的加快，为了降低压占资金和库存，企业不可能库存大量元器件，一般都是当月进货，当月使用。

对于电子技术爱好者和初学者来说，在业余条件下或在学校参加实训中进行电子制作，一般不太可能对元器件进行正规的老化筛选。有以下几点应当了解：

（1）绝不能因为元器件是购买的"正品"而忽略测试。很多初学者由于缺乏经验，把未经核对、测试、检验的元器件直接装配焊接到电路上。假如电路不能正常工作，就很难判断原因，结果使整机调试陷入困境，即使后来查出了失效的元器件，也因为已经焊接过而无法退换。

（2）电解电容器的存放时间一般不要超过一年，这是因为在长期搁置不用的过程中，电解液可能干涸，电容量将逐渐变小，甚至彻底损坏。应该查看电解电容器表面标注的生产日期。对那些存放时间超过一年的电解电容器，要进行"电锻老化"恢复其性能；存储时间超过三年的，就应该认为已经失效。

注意：电解液干涸或电容量减小的电解电容器，可能在使用中发热以致爆炸。

（3）简易电老化——对于那些工作条件比较苛刻的关键元器件，可以按照图 2-5 所示的方法进行简易电老化。其中，应该采用输出电压可以调整并且未经过稳压的脉动直流电压源，使加在元器件两端的电压略高于额定（或实际）工作电压，调整限流电阻，使通过元器件的电流达到 1.5 倍额定功率的要求，通电 5min，利用元器件自身的功耗发热升温（注意不能超过允许温度的极限值）来完成简易功率老化。还可以利用这个电路对存放时间超过一年的电解电容器进行电锻老化：先加三分之一的额定直流工作电压 0.5h，再升到三分之二的额定直流工作电压 1h，然后加额定直流工作电压 2h。

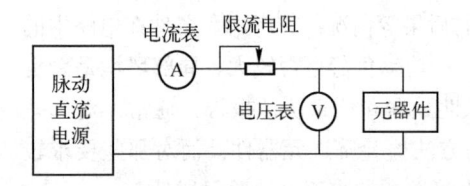

图 2-5　元器件简易电老化的电路

（4）参数性能测试——经过外观检验及老化的元器件，应该进行电气参数测量。要根据元器件的质量标准或实际使用的要求，选用合适的专用仪表或通用仪表，并选择正确的测量方法和恰当的仪表量程。测量结果应该符合该元器件的有关指标，并在标称值允许的偏差范围内。

2.3　电子元器件的命名与标注

熟悉了解电子元器件的型号命名及标注方法，对于选择、购买、使用元器件，进行技术交流，都是非常必要的。

2.3.1 电子元器件的命名方法

国家电子工业管理部门对大多数国产电子元器件的种类命名都做出了统一的规定,可以从国家标准 GB2470 中查到。由于电子元器件的种类繁多,这里不可能一一列出。

通常,电子元器件的名称应该反映出它们的种类、材料、特征、型号、生产序号及区别代号,并且能够表示出主要的电气参数。国家标准规定,电子元器件的名称由字母(汉语拼音或英语字母)和数字组成。对于元件来说,一般用一个字母代表它的主称,如 R 表示电阻器,C 表示电容器,L 表示电感器,W 表示电位器等;用数字或字母表示其他信息。器件(半导体分立器件、集成电路)的名称也由国家标准规定了具体含义,如二极管的主称用数字 2 表示,三极管的主称用数字 3 表示。

还有以下几点要进行特殊说明:

(1)国外电子元器件的命名方法和我国的标准明显不同,同样是半导体分立器件,我国的标准为"主称用数字 2 表示二极管,3 表示三极管",其中的 2 和 3 的含义是引脚的数量;但外国产品命名时,主称用数字 1 表示二极管,用 2 表示三极管,其中的 1 和 2 的含义是器件内 PN 结的数量。这一点,将在后面进行更详细的介绍。

(2)由于市场化竞争的结果,近年来国内市场上已经很少见到国产名称的半导体器件(如符合国标命名的 T000 系列 TTL 数字集成电路、C000 系列 CMOS 数字集成电路和 F000 系列的模拟运算放大器集成电路)。而进口半导体器件的名称往往突出原创企业的标志,命名体系比较复杂(特别是模拟集成电路)。哪怕是国内企业出产的元器件,也不会采用国标的命名规则,而是承袭它们原来在国外的命名。

(3)在选用不熟悉的电子元器件时,必须查阅它们的技术资料(Datasheet)。现在,几乎所有电子元器件的资料都能够从网络上获取;并且,为用户提供电子元器件的详细技术资料,是所有供应商的责任。

2.3.2 型号及参数在电子元器件上的标注

电子元器件的型号及各种参数,应当尽可能在元器件的表面上标注出来。常用的标注方法有直标法、文字符号法和色标法三种。

1. 直标法

把元器件的主要参数直接印制在元件的表面上即为直标法,这种方法主要用于体积比较大的元器件。

例如,电阻器的表面上印有 RXYC-50-T-1k5-±10%,表示其种类为耐潮被釉线绕可调电阻器,额定功率为 50W,阻值为 1.5kΩ,允许偏差为±10%;又如,电容器的表面上印有 CD11-16-22,表示其种类为单向引线式铝电解电容器,额定直流工作电压为 16V,标称容量为 22μF。

2. 文字符号法

以前,文字符号法主要用于标注半导体器件,用来表示其种类及有关参数。例如,3DG6C 表示国产 NPN 型硅材料的高频小功率三极管,品种序号为 6,C 表示耐压规格。

随着电子元器件不断小型化的发展趋势,特别是表面组装元器件(SMC 和 SMD)的制造工艺和表面组装技术(SMT)的进步,要求在元件表面上标注的文字符号也做出相应的改革。现在,在大批量制造元件时,把电阻器的阻值偏差控制在±1%、把电容器的容量偏差和电感器的电感量偏差控制在±10%已经很容易实现。因此,除了那些高精度元件以外,一般仅用三位数字标注元件

的数值,而允许偏差(精度等级)不再表示出来。具体规定如下:

(1)用元件的形状及其表面的颜色区别元件的种类,如在表面装配元件中,除了形状的区别以外,黑色表示电阻,棕色表示电容,淡蓝色表示电感。

(2)电阻的基本标注单位是欧姆(Ω),电容的基本标注单位是微微法(pF),电感的基本标注单位是微亨(μH);用三位数字标注元件的数值。

(3)对于十个基本标注单位以上的元件,前两位数字表示数值的有效数字,第三位数字表示数值的倍率。例如,

对于电阻器上的标注,100 表示其阻值为 $10\times10^0=10\Omega$,223 表示其阻值为 $22\times10^3=22k\Omega$;

对于电容器上的标注,103 表示其容量为 $10\times10^3=10\ 000pF=0.01\mu F$,475 表示其容量为 $47\times10^5=4\ 700\ 000pF=4.7\mu F$;

对于电感器上的标注,820 表示其电感量为 $82\times10^0=82\mu H$。

(4)对于十个基本标注单位以下的元件,第一位、第三位数字表示数值的有效数字,第二位用字母"R"表示小数点。例如,

对于电阻器上的标注,R10 表示其阻值为 0.10Ω,R01 表示其阻值为 0.01Ω;

对于电容器上的标注,1R5 表示其容量为 1.5pF;

对于电感器上的标注,6R8 表示其电感量为 $6.8\mu H$。

表 2-5 色码识别定义

颜色	有效数字	倍率(乘数)	允许偏差(%)
黑	0	10^0	—
棕	1	10^1	±1
红	2	10^2	±2
橙	3	10^3	
黄	4	10^4	
绿	5	10^5	±0.5
蓝	6	10^6	±0.25
紫	7	10^7	±0.1
灰	8	10^8	
白	9	10^9	$-20\sim+50$
金	—	10^{-1}	±5
银		10^{-2}	±10
无色			±20

3. 色标法

为了适应电子元器件不断小型化的发展趋势,在圆柱形元件(主要是电阻)体上印制色环、在球形元件(电容、电感)体上印制色点,表示它们的主要参数及特点,称为色码(Color Code)标注法,简称色标法。现在,色标法已经成为国际通行的标注方法。

色环最早用于标注电阻,其标志方法最为成熟统一。能否识别色环电阻,是考核电子行业从业人员的基本项目之一。国际统一的色码识别规定见表 2-5。

普通电阻大多用四个色环表示其阻值和允许偏差,如图 2-6(a)所示。第一、二环表示有效数字,第三环表示倍率(乘数),与前三环距离较大的第四环表示允许偏差。例如,红、红、红、银四环表示的阻值为 $22\times10^2=2200\Omega$,允许偏差为±10%;又如,绿、蓝、金、金四环表示的阻值为 $56\times10^{-1}=5.6\Omega$,允许偏差为±5%。

精密电阻采用五个色环标志,如图 2-6(b)所示。前三环表示有效数字,第四环表示倍率,与前四环距离较大的第五环表示允许偏差。例如,棕、黑、绿、棕、棕五环表示阻值为 $105\times10^1=1050\Omega=1.05k\Omega$,允许偏差为±1%;又如,棕、灰、紫、银、棕五环表示阻值为 $187\times10^{-2}=1.87\Omega$,允许偏差为±1%。

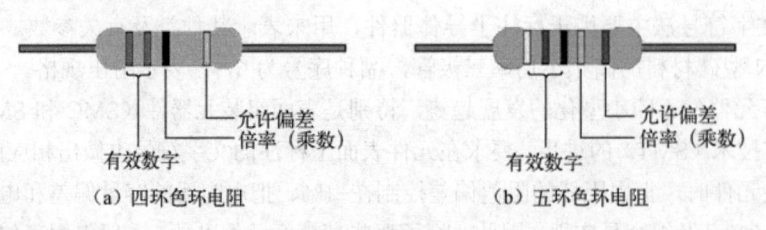

(a)四环色环电阻

(b)五环色环电阻

图 2-6 色环电阻

用色码表示数字编号也是常见的用法，例如，彩色扁平带状电缆就是依次使用顺序排列的棕、红、橙、……、黑色表示每条线的编号为 1、2、…、10。

另外，色点和色环还常用来表示电子元器件的极性。例如，电解电容器上标有白色箭头的一极是负极，玻璃封装二极管上标有黑色环的一端、塑料封装二极管上标有白色环的一端为负极，等等。

2.4 常用元器件简介

电子元器件的种类繁多，性能差异，应用范围有很大区别。对于电子工程技术人员和业余爱好者来说，全面了解各类电子元器件的结构及特点，学会正确选择应用，是电子产品研制成功的重要因素之一。下面将对研制、开发产品中最常用的电子元器件，做出简要的介绍。

2.4.1 电阻器

电阻器是电子整机中使用最多的基本元件之一。统计表明，在一般电子产品中，电阻器通常要占到全部元器件的 50%以上。电阻器是一种消耗电能的元件，在电路中用于稳定、调节、控制电压或电流的大小，起到限流、降压、偏置、取样、调节时间常数、抑制寄生振荡等作用。

1. 电阻器的命名方法及图形符号

根据国家标准 GB2470 的规定，电阻器的型号由以下几部分构成，如图 2-7 所示。

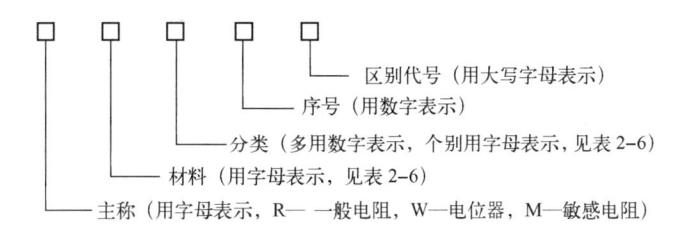

区别代号（用大写字母表示）
序号（用数字表示）
分类（多用数字表示，个别用字母表示，见表 2-6）
材料（用字母表示，见表 2-6）
主称（用字母表示，R——一般电阻，W—电位器，M—敏感电阻）

图 2-7 国标电阻器型号的命名规则

电阻器的图形符号如图 2-8 所示。

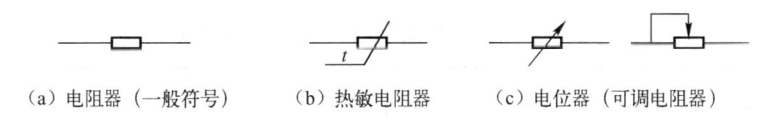

（a）电阻器（一般符号）　　（b）热敏电阻器　　（c）电位器（可调电阻器）

图 2-8 电阻器的图形符号

2. 电阻器的分类

（1）按照制造工艺或材料，电阻器可分类如下。

① 合金型：用合金电阻材料拉成合金线或压成合金箔制作的电阻，如线绕电阻、精密合金箔电阻等。

② 薄膜型：在玻璃或陶瓷基体上沉积一层电阻薄膜，膜的厚度一般在几微米以下，薄膜材料有碳膜、金属膜、化学沉积膜及金属氧化膜等。

③ 合成型：电阻材料由导电颗粒和化学黏合剂混合而成，可以制成薄膜或实心两种类型，常见有合成膜电阻和实心电阻。

(2) 按照使用范围及用途,电阻器可分类如下。

① 普通型:指能适应一般技术要求的电阻,额定功率范围为 0.05~2W,阻值为 1Ω~22MΩ,允许偏差±5%、±10%、±20%等。

② 精密型:有较高精密度及稳定性,功率一般不大于 2W,标称值在 0.01Ω~20MΩ之间,精度在±2%~±0.001%之间分档。

③ 高频型:自身电感量极小,常称为无感电阻。用于高频电路,阻值小于 1kΩ,功率范围宽,最大可达 100W。

④ 高压型:用于高压装置中,功率在 0.5~15W 之间,额定工作电压可达 35kV 以上,标称阻值可达 1GΩ(1000MΩ)。

⑤ 高阻型:阻值在 10MΩ以上,最高可达 10^{14}Ω。

⑥ 集成电阻:这是一种电阻网络,它具有体积小、规整化、精密度高等特点,特别适用于电子仪器仪表及计算机产品中。

按照国家标准,电阻器的材料、分类代号及其含义见表 2-6。

表 2-6 电阻器的材料、分类代号及其含义

材料		分类					
字母代号	含义	数字代号	含义		字母代号	含义	
			电阻器	电位器		电阻器	电位器
T	碳膜	1	普通	普通	G	高功率	—
H	合成膜	2	普通	普通	T	可调	—
S	有机实心	3	超高频	—	W	—	微调
N	无机实心	4	高阻	—	D	—	多圈
J	金属膜	5	高温				
Y	氧化膜	6					
C	沉积膜	7	精密	精密	说明:新型产品的分类根据发展情况予以补充		
I	玻璃釉膜	8	高压	函数			
X	线绕	9	特殊	特殊			

用于监测非电物理量的敏感电阻的材料、分类及其含义见表 2-7。

表 2-7 敏感电阻的材料、分类及其含义

材料		分类			
字母代号	含义	数字代号	含义		
			温度	光敏	压敏
F	负温度系数热敏材料	1	普通	—	碳化硅
Z	正温度系数热敏材料	2	稳压	—	氧化锌
G	光敏材料	3	微波	—	氧化锌
Y	压敏材料	4	旁热	可见光	—
S	湿敏材料	5	测温	可见光	—
C	磁敏材料	6	微波	可见光	—
L	力敏材料	7	测量	—	—
Q	气敏材料	8			

图 2-9(a)、(b)、(c)分别是 RJ71 型精密金属膜电阻器、WSW1A 型微调有机实心电

位器和 MF41 旁热式热敏电阻器命名的含义。

```
R J 7 1 ─┬─ 序号
         ├─ 分类（精密）
         ├─ 材料（金属膜）
         └─ 主称（电阻）
```
(a) RJ71 型精密金属膜电阻器

```
W S W 1 A ─┬─ 区别代号
           ├─ 序号
           ├─ 分类（微调）
           ├─ 材料（有机实心）
           └─ 主称（电阻）
```
(b) WSW1A 型微调有机实心电位器

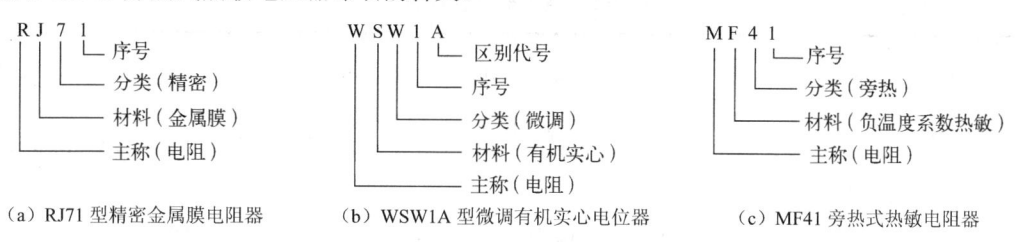

```
M F 4 1 ─┬─ 序号
         ├─ 分类（旁热）
         ├─ 材料（负温度系数热敏）
         └─ 主称（电阻）
```
(c) MF41 旁热式热敏电阻器

图 2-9 几种电阻器和电位器国标命名的含义

3. 电阻器的主要技术指标及标志方法

电阻器的主要技术指标有额定功率、标称阻值、允许偏差（精度等级）、温度系数、非线性度、噪声系数等几项。由于电阻器的表面积有限以及对参数关心的程度，一般只标明阻值、精度、材料和额定功率几项；对于额定功率小于 0.5W 的小电阻，通常只标注阻值和精度，其材料及额定功率通常由外形尺寸和颜色判断。电阻器的主要参数通常用文字符号或色环标出。

（1）额定功率

电阻器在电路中长时间连续工作，不损坏或不显著改变其性能所允许消耗的最大功率，称为电阻器的额定功率。电阻器的额定功率并不是电阻器在电路中工作时一定要消耗的功率，而是电阻器在电路中工作时，允许消耗功率的限额。

电阻实质上是把吸收的电能转换成热能的换能元件。电阻在电路中消耗电能，并使自身的温度升高，其负荷能力取决于电阻在长期稳定工作的情况下所允许发热的温度。根据部颁标准，不同类型的电阻有不同的额定功率系列。通常的功率系列值可以有 0.05~500W 之间的数十种规格。

电阻器的额定功率系列见表 2-8。

表 2-8 电阻器的额定功率系列（W）

线绕电阻器的额定功率系列	0.05,0.125,0.25,0.5,1,2,4,8,10,16,25,40,50,75,100,150,250,500
非线绕电阻器额定功率系列	0.05,0.125,0.25,0.5,1,2,5,10,25,20,100

功率小于 1W 的电阻器在电路中的符号如图 2-10 所示。

额定功率 2W 以下的小型电阻，其功率值通常不在电阻体上标出，观察外形尺寸即可确定；额定功率大于 2W 的电阻，其功率值均在电阻体上用数字标出。

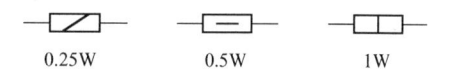

图 2-10 标有电阻器额定功率的电阻符号

（2）标称阻值

阻值是电阻器的主要参数之一，不同类型的电阻器，阻值范围不同；不同精度等级的电阻器，其数值系列也不相同。根据国家标准，常用电阻的标称阻值系列见表 2-2。在设计电路时，应该尽可能选用阻值符合标称系列的电阻。电阻器的标称阻值，用文字符号或色环标志在电阻的表面上。

（3）阻值精度（允许偏差）

实际阻值与标称阻值的相对误差为电阻精度。允许相对误差的范围叫做允许偏差（简称允差，也称为精度等级）。普通电阻的允许偏差可分为±5%、±10%、±20%等，精密电阻的允许偏差可分为±2%、±1%、±0.5%、…、±0.001%等十多个等级。在电子产品设计中，应该根据电路的不同要求，选用不同精度的电阻。

电阻的精度等级可以用符号标明，见表 2-9。

表 2-9 电阻的精度等级符号

精度等级(%)	±0.001	±0.002	±0.005	±0.01	±0.02	±0.05	±0.1	±0.2	±0.5	±1	±2	±5	±10	±20
符号	E	X	Y	H	U	W	B	C	D	F	G	J	K	M

（4）温度系数

所有材料的电阻率都会随温度变化，电阻的阻值同样如此。在衡量电阻器的温度稳定性时，使用温度系数：

$$\alpha_r = \frac{R_2 - R_1}{R_1(t_2 - t_1)} /°C$$

式中，R_1 为 t_1 时的阻值；R_2 为 t_2 时的阻值。

金属膜、合成膜电阻具有较小的正温度系数，碳膜电阻具有负温度系数。适当控制材料及加工工艺，可以制成温度稳定性很高的电阻。

一般情况下，应该采用温度系数较小的电阻；而在某些特殊情况下，则需要使用温度系数大的热敏电阻器，这种电阻器的阻值随着环境和工作电路的温度而敏感地变化。前面已经介绍过，热敏电阻有两种类型，一种是正温度系数型，另一种是负温度系数型。热敏电阻一般在电路中用做温度补偿或测量调节元件。

（5）非线性

通过电阻的电流与加在其两端的电压不成正比关系时，叫做电阻的非线性。图 2-11 描绘了电阻器的非线性变化曲线。电阻的非线性用电压系数表示，即在规定的范围内，电压每改变 1V，电阻值的平均相对变化量：

$$K = \frac{R_2 - R_1}{R_1(U_2 - U_1)} \times 100\%$$

式中，U_1 为额定电压，U_2 为测试电压；R_1、R_2 分别是在 U_1、U_2 条件下测得的电阻值。

一般，金属型电阻器的线性度很好，非金属型电阻器常会出现非线性。

（6）噪声

噪声是产生于电阻中的一种不规则的电压起伏，如图 2-12 所示。噪声包括热噪声和电流噪声两种。

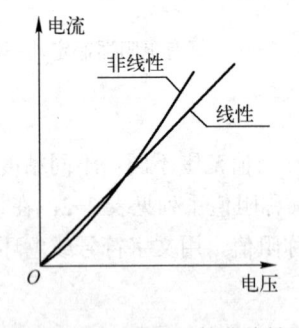

图 2-11 电阻器的非线性

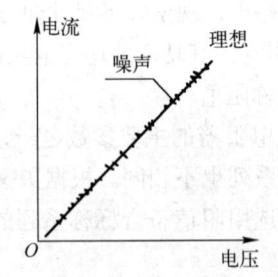

图 2-12 电阻器的噪声

热噪声是由于电子在导体中的不规则运动而引起的，既不决定于材料，也不决定于导体的形状，仅与温度和电阻的阻值有关。任何电阻都有热噪声。降低电阻的工作温度，可以减小热噪声。

电流噪声是由于导体流过电流时，导电颗粒之间及非导电颗粒之间不断发生碰撞而产生的机械振动，并使颗粒之间的接触电阻不断变化的结果。当直流电压加在电阻两端时，电流将被起伏的噪声电阻所调制,这样,电阻两端除了有直流压降外,还会有不规则的交变电压分量,这就是电流噪声。电流噪声与电阻的材料、结构有关,并和外加直流电压成正比。合金型电阻无电流噪声,薄膜型较小,合成型最大。

(7)极限电压

电阻两端电压加高到一定值时,电阻会发生电击穿使其损坏,这个电压值叫做电阻的极限电压。根据电阻的额定功率,可以计算出电阻的额定电压:

$$U = \sqrt{P \times R}$$

而极限电压无法根据简单的公式计算出来,它取决于电阻的外形尺寸及工艺结构。

4.几种常用电阻器的结构与特点

(1)薄膜类电阻

① 金属膜电阻(国标型号:RJ)。

结构:在陶瓷骨架表面,经真空高温或烧渗工艺蒸发沉积一层金属膜或合金膜。

特点:工作环境温度范围大($-55 \sim +125$℃)、温度系数小、稳定性好、噪声低、体积小(与相同体积的碳膜电阻相比,额定功率要大一倍左右),价格比碳膜电阻稍贵一些。

这种电阻广泛用在稳定性及可靠性有较高要求的电路中,额定功率有 0.1253W、0.25W、0.5W、1W、2W 等,标称阻值在 $10\Omega \sim 10M\Omega$ 之间,精度等级为±5%或±10%。

② 金属氧化膜电阻(国标型号:RY)。

结构:高温条件下,在瓷体上以化学反应形式生成以二氧化锡为主体的金属氧化层。

特点:膜层比金属膜和碳膜电阻都厚得多,并与基体附着力强,因而它有极好的脉冲、高频和过负荷性能;机械性能好,坚硬、耐磨;在空气中不会再氧化,因而化学稳定性好。但阻值范围窄,温度系数比金属膜电阻差。

③ 碳膜电阻(国标型号:RT)。

结构:碳氢化合物在真空中通过高温蒸发分解,在陶瓷骨架表面上沉积成碳结晶导电膜。

特点:这是一种应用最早、最广泛的薄膜型电阻。它的体积比金属膜电阻略大,阻值范围宽($10\Omega \sim 10M\Omega$),温度系数为负值。此外,碳膜电阻的价格特别低廉,因此在低端电子产品中被大量使用。额定功率为 $0.125 \sim 10W$,精度等级为±5%、±10%、±20%,外表通常涂成淡色。

(2)合金类电阻

① 线绕电阻(国标型号:RX)。

结构:在陶瓷骨架上用康铜丝或镍铬合金丝绕制后,为防潮并防止线圈松动,将其外层用玻璃釉或珐琅加以保护,如图 2-13 所示。

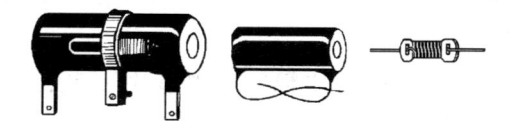

图 2-13 线绕电阻器

特点:线绕电阻可分为精密型和功率型两类。精密型线绕电阻特别适用于测量仪表或其他高精度的电路,它的一般精度为±0.01%,最高可达到±0.005%以上,温度系数小于 10^{-6}/℃,长期工作稳定性可靠,阻值范围是 $0.01\Omega \sim 10M\Omega$。功率型线绕电阻的额定功率在 2W 以上,最大功率可达 200W,阻值范围是 $0.15\Omega \sim 1M\Omega$,精度等级为±5%~±20%。功率电阻又分为固定式和可调式两种，可调式是从电阻体上引出一个滑动端，可对阻值进行调整，通常用于功率电路的调试。

由于采用线绕结构，线绕电阻的自身电感和分布电容都很大，不适宜在高频电路中使用。

② 精密合金箔电阻（国标型号：RJ）。

结构：在玻璃基片上粘接一块合金箔，用光刻法蚀出一定图形，并涂覆环氧树脂保护层，引线并封装后制成。

特点：具有自动补偿电阻温度系数的功能，可在较宽的温度范围内保持极小的温度系数，因而具有高精度、高稳定性、高频高速响应的特点，弥补了金属膜电阻和线绕电阻的不足。这种电阻的精度可达到±0.001%，稳定性为±5×10^{-4}%/年，温度系数约为±1×10^{-6}/℃。例如，RJ711型是一种常用的国产金属箔电阻。

(3) 合成类电阻

合成类电阻，是将导电材料与非导电材料按一定比例混合成不同电阻率的材料后制成的电阻。这种电阻最突出的优点是可靠性高。例如，优质实心电阻的可靠性通常要比金属膜和碳膜电阻高出5～10倍。因此，尽管它的电性能较差（噪声大、线性度差、精度低、高频特性不好等），但因它的高可靠性，仍在一些特殊领域（如宇航工业、海底电缆等）内广泛使用。

合成型电阻的种类较多，按电阻结构可分为实心电阻和漆膜电阻；按黏合剂可分为有机型（如树脂）和无机型（如玻璃、陶瓷等）；按用途可分为通用型、高阻型、高压型等。

① 金属玻璃釉电阻（国标型号：RI）。

结构：以无机材料做黏合剂，用印刷烧结工艺在陶瓷基体上形成电阻膜，这种电阻膜的厚度比普通薄膜型电阻要厚得多。

特点：具有较高的耐热性和耐潮性。

小型化的贴片式（SMT）电阻通常是金属玻璃釉电阻。

② 实心电阻（国标型号：RS）。

结构：用有机树脂和碳粉合成电阻率不同的材料后热压而成。

特点：体积大小与相同功率的金属膜电阻相当。阻值范围是4.7Ω～22MΩ，精度等级为±5%、±10%、±20%。

例如，常见的国产实心电阻有RS11型。

③ 合成膜电阻（国标型号：RH）。

结构：合成膜电阻可制成高压型和高阻型。高压型的外形大多是一根无引线的电阻长棒，表面涂红色；耐压高的，其长度也更长。高阻型的电阻体封装在真空玻璃管内，防止合成膜受潮或氧化，提高阻值的稳定性。

特点：高压型电阻的阻值范围是47～1000MΩ，精度等级为±5%、±10%，耐压分成10kV和35kV的两档。高阻型电阻的阻值范围更大，为10MΩ～10TΩ，允许偏差为±5%、±10%。

④ 电阻网络（电阻排）。

结构：综合掩模、光刻、烧结等工艺技术，在一块基片上制成多个参数、性能一致的电阻，连接成电阻网络，也叫集成电阻。

特点：随着电子装配密集化和元器件集成化的发展，电路中常需要一些参数、性能、作用相同的电阻。例如，计算机检测系统中的多路A/D、D/A转换电路往往需要多个阻值相同、精度高、温度系数小的电阻，选用分立元器件不仅体积大、数量多，而且往往难以达到技术要求，而使用电阻网络则很容易满足上述要求。

(4) 敏感型

使用不同材料及工艺制造的半导体电阻，具有对温度、光照度、湿度、压力、磁通量气体浓度等非电物理量敏感的性质,这类电阻叫做敏感电阻。通常有热敏、压敏、光敏、湿敏、磁敏、气敏、力敏等不同类型的敏感电阻。利用这些敏感电阻,可以制作用于检测相应物理量的传感器及无触点开关。各类敏感电阻,按其信息传输关系可分为"缓变型"和"突变型"两种,广泛应用于检测和自动化控制等技术领域。

例如,在温度控制电路中常用的热敏电阻,称为 PTC 或 NTC,PTC 是具有正温度系数(Positive Temperature Coefficient)的控制元件,它在常温下阻值很小,其阻值随温度升高而增大,直至无穷大(切断电路);NTC 是负温度系数(Negative Temperature Coefficient)的控制元件。

5. 电阻器的正确选用与质量判别

(1) 电阻器的正确选用

在选用电阻时,不仅要求其各项参数符合电路的使用条件,还要考虑外形尺寸和价格等多方面的因素。一般来说,电阻器应该选用标称阻值系列,允许偏差多用±5%的,额定功率大约为在电路中的实际功耗的 1.5~2 倍以上。

在研制电子产品时,要仔细分析电路的具体要求。在那些稳定性、耐热性、可靠性要求比较高的电路中,应该选用金属膜或金属氧化膜电阻;如果要求功率大、耐热性能好,工作频率又不高,则可选用线绕电阻;对于无特殊要求的一般电路,可使用碳膜电阻,以便降低成本。表 2-10 对各种电阻的特性进行了比较,可以在选用时参考。

表 2-10 电阻的特性及选用

性 能	合成碳膜	合成碳实心	热分解碳膜	金属氧化膜	金属膜	金属玻璃釉	块金属膜	电阻合金线
阻值范围	中~很高	中~高	中~高	低~高	低~高	中~很高	低~中	低~高
温度系数	尚可	尚可	中	良	优	良~优	极优	优~极优
非线性、噪声	尚可	尚可	良	良~优	优	中	极优	极优
高频、快速响应	良	尚可	优	优	极优	良	极优	差~尚可
比功率	低	中	中	中~高	中~高	高	中	中~高
脉冲负荷	良	优	良	优	中	良	良	良~优
储存稳定性	中	中	良	良	良~优	良~优	极优	极优
工作稳定性	中	良	良	良	优	优	优	优
耐潮性	中	中	良	良	良	良~优	良~优	良~优
可靠性	—	优	中	良~优	良~优	良~优	良~优	—
通用	△	△	△	—	—	—	—	△
高可靠	—	△	—	△	△	△	△	—
半精密	—	—	△	△	△	△	—	—
精密	—	—	—	△	△	—	—	△
高精密	—	—	—	—	—	—	△	△
中功率	—	—	—	△	△	—	—	△
大功率	—	—	—	△	—	—	—	△
高频大功率	—	—	△	△	—	—	—	—
高压、高阻	△	—	—	—	—	△	—	—
贴片式	—	—	—	△	△	△	—	—
电阻网格	△	—	—	△	△	—	△	—

注:—表示无此特征;△表示有此特征。

(2) 电阻器的质量判别方法

① 目视,看电阻器引线有无折断及外壳有伤痕现象。

② 用万用表欧姆挡测量阻值，合格的电阻值应该稳定在允许的误差范围内，如超出误差范围或阻值不稳定，则不能选用。

③ 根据"电阻器质量越好，其噪声电压越小"的原理，使用"电阻噪声测量仪"测量电阻噪声，判别电阻质量的好坏。

2.4.2 电位器（可调电阻器）

电位器是一种可调电阻器，对外有三个引出端，其中两个为固定端，另一个是滑动端（也称中心抽头）。滑动端可以在固定端之间的电阻体上做机械运动，使其与固定端之间的电阻发生变化。在电路中，常用电位器来调节电阻值或电位。

电位器的种类很多，可从不同的角度进行分类，介绍电位器的手册也往往是各厂家根据生产的品种而编排的，规格、型号的命名及代号也有所不同。因此，在产品设计中必须根据电路特点及要求，查阅产品手册，了解性能，合理选用。

1. 电位器类别

电位器的种类繁多，用途各异。可按用途、材料、结构特点、阻值变化规律、驱动机构的运动方式等因素对电位器进行分类。常见的电位器种类见表 2-11。

虽然国家标准规定了电位器的命名符号，但市场上常见电位器的标号并不完全一致，在电位器壳体上标明的参数也不尽相同，但一般都要注明材料、标称阻值、额定功率、阻值变化特征等，个别电位器同时标出轴端形式及尺寸、电阻材料符号等，参见表 2-11。

表 2-11　接触式电位器分类

分类形式			举　例
材料	合金型	线绕	线绕电位器（WX）
		金属箔	金属箔电位器（WB）
	薄膜型		金属膜电位器（WJ），金属氧化膜电位器（WY），复合膜电位器（WH），碳膜电位器（WT）
	合成型	有机	有机实心电位器（WS）
		无机	无机实心电位器，金属玻璃釉电位器（WI）
	导电塑料		直滑式（LP），旋转式（CP）
用途			普通，精密，微调，功率，高频，高压，耐热
阻值变化规律	线性		线性电位器（X）
	非线性		对数式（D），指数式（Z），正余弦式
结构特点			单圈，多圈，单联，多联，有止挡，无止挡，带推拉开关，带旋转开关，锁紧式
调节方式			旋转式，直滑式

2. 电位器的主要技术指标

描述电位器技术指标的参数很多，但一般来说，最主要的几项基本指标有标称阻值、额定功率、滑动噪声、分辨力、阻值变化规律等。

（1）标称阻值

标在产品上的名义阻值，其系列与电阻器的阻值标称系列相同。根据不同的精度等级，实际阻值与标称阻值的允许偏差范围为±20%、±10%、±5%、±2%、±1%，精密电位器的精度可达到±0.1%。

（2）额定功率

电位器的额定功率是指两个固定端之间允许耗散的最大功率。一般电位器的额定功率系列为

0.063W、0.125W、0.25W、0.5W、0.75W、1W、2W、3W；线绕电位器的额定功率比较大，有 0.5W、0.75W、1W、1.6W、3W、5W、10W、16W、25W、40W、63W、100W。应该特别注意，滑动端与固定端之间所能承受的功率要小于电位器的额定功率。

（3）滑动噪声

当电刷在电阻体上滑动时，电位器中心端与固定端之间的电压出现无规则的起伏，这种现象称为电位器的滑动噪声。它是由材料电阻率分布的不均匀性及电刷滑动时接触电阻的无规律变化引起的。

（4）分辨力

对输出量可实现的最精细的调节能力，称为电位器的分辨力。线绕电位器的分辨力较差。

（5）阻值变化规律

调整电位器的滑动端，其电阻值按照一定规律变化，如图 2-14 所示。常见电位器的阻值变化规律有线性变化（X 型）、指数变化（Z 型）和对数变化（D 型）。根据不同需要，还可制成按照其他函数（如正弦、余弦）规律变化的电位器。

（6）启动力矩与转动力矩

启动力矩是指转轴在旋转范围内启动时所需要的最小力矩，转动力矩是指转轴维持匀速旋转时所需要的力矩，这两者相差越小越好。在自控装置中与伺服电动机配合使用的电位器，要求启动力矩小，转动灵活；而用于电路调节的电位器，则其启动力矩和转动力矩都不应该太小。

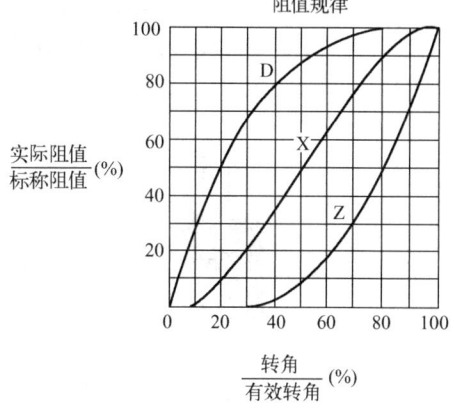

图 2-14 电位器阻值变化规律

（7）电位器的轴长与轴端结构

电位器的轴长是指从安装基准面到轴端的尺寸，如图 2-15 所示。轴长尺寸系列有 6mm、10mm、12.5mm、16mm、25mm、30mm、40mm、50mm、63mm、80mm；轴的直径系列有 2mm、3mm、4mm、6mm、8mm、10mm。

常用电位器的轴端结构如图 2-16 所示。

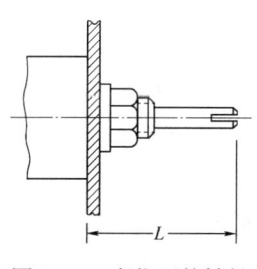

图 2-15 电位器的轴长

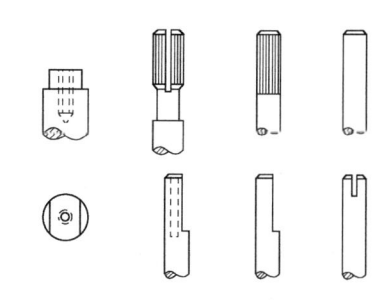

图 2-16 电位器的轴端结构

3．几种常用电位器

（1）线绕电位器（国标型号：WX）

结构：用合金电阻线在绝缘骨架上绕制成电阻体，中心抽头的簧片在电阻丝上滑动。可制成精度达±0.1%的精密线绕电位器和额定功率达 100W 以上的大功率线绕电位器。线绕电位器有单圈、多圈、多联等几种结构。

特点：根据用途，可制成普通型、精密型、微调型线绕电位器；根据阻值变化规律，有线性、非线性（如对数或指数函数）的两种。线性电位器的精度易于控制、稳定性好、电阻的温度系数小、噪声小、耐压高，但阻值范围较窄，一般在几欧到几十千欧之间。

（2）合成碳膜电位器（国标型号：WTH）

结构：在绝缘基体上涂覆一层合成碳膜，经加温聚合后形成碳膜片，再与其他零件组合而成，如图 2-17 所示。阻值变化规律有线性和非线性的两种，轴端结构分为带锁紧与不带锁紧的两种。

特点：这类电位器的阻值变化连续，分辨率高，阻值范围宽（100Ω～5MΩ）；对温度和湿度的适应性较差，使用寿命较短。但由于成本低，因而广泛用于收音机、电视机等家用电器产品中。额定功率有 0.125W、0.5W、1W、2W 等，精度一般为±20%。

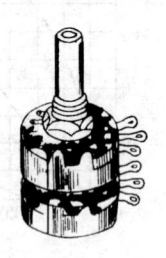

图 2-17　双联合成碳膜电位器　　　　图 2-18　有机实心电位器

（3）有机实心电位器（国标型号：WS）

结构：由导电材料与有机填料、热固性树脂配制成电阻粉，经过热压，在基座上形成实心电阻体，如图 2-18 所示。轴端尺寸与形状分为多种规格，有带锁紧和不带锁紧的两种。

特点：这类电位器的优点是结构简单、耐高温、体积小、寿命长、可靠性高；缺点是耐压稍低、噪声较大、转动力矩大。有机实心电位器多用于对可靠性要求较高的电子仪器中。阻值范围是 47Ω～4.7MΩ，功率多在 0.25～2W 之间，精度有±5%、±10%、±20%几种。

（4）多圈电位器

多圈电位器属于精密电位器，调整阻值需使转轴旋转多圈（可多达 40 圈），因而精度高。当阻值需要在大范围内进行微量调整时，可选用多圈电位器。多圈电位器的种类也很多，有线绕型、块金属膜型、有机实心型等；调节方式也可分成螺旋（指针）式、螺杆式等不同形式。

（5）导电塑料电位器

导电塑料电位器的电阻体由碳黑、石墨、超细金属粉与磷苯二甲酸、二烯丙脂塑料和胶粘剂塑压而成。这种电位器的耐磨性好，接触可靠，分辨力强，其寿命可达线绕电位器的 100 倍，但耐潮性较差。

除了上述各种接触式电位器以外，还有非接触式（如光敏、磁敏）电位器。非接触式电位器没有电刷与电阻体之间的机械性接触，因此克服了接触电阻不稳定、滑动噪声及断线等缺陷。

4. 电位器的合理选用及质量判别

（1）电位器的合理选用

电位器的规格品种很多，在选用时，不仅要根据具体电路的使用条件（电阻值及功率要求）来确定，还要考虑调节、操作和成本方面的要求。下面是针对不同用途推荐的电位器选用类型，参见表 2-12。

表 2-12 各类电位器性能比较

性 能	线绕	块金属膜	合成实心	合成碳膜	金属玻璃釉	导电塑料	金属膜
阻值范围（Ω）	4.7～53.6k	2～5k	100～4.7M	470～4.7M	100～100M	50～100M	100～100k
线性精度（±%）	>0.1	—	—	>0.2	<10	>0.05	—
额定功率（W）	0.5～100	0.5	0.25～2	0.25～2	0.2～2	0.5～2	—
分辨力	中～良	极优	良	优	优	极优	优
滑动噪声	—	—	中	低～中	中	低	中
零位电阻	低	低	中	中	中	中	中
耐潮性	良	良	差	差	优	差	优
耐磨寿命	良	良	良	良	优	优	良
负荷寿命	优良	优良	良	良	优良	良	优

普通电子仪器：合成碳膜或有机实心电位器。

大功率低频电路、高温情况：线绕或金属玻璃釉电位器。

高精度：线绕、导电塑料或精密合成碳膜电位器。

高分辨力：各类非线绕电位器或多圈式微调电位器。

高频、高稳定性：薄膜电位器。

调节后不需再动：轴端锁紧式电位器。

几个电路同步调节：多联电位器。

精密、微量调节：带慢轴调节机构的微调电位器。

要求电压均匀变化：直线式电位器。

音量控制电位器：指数式电位器。

（2）电位器的质量判别

① 用万用表欧姆挡测量电位器的两个固定端的电阻，并与标称值核对阻值。如果万用表指示的阻值比标称值大得多，表明电位器已坏；如指示的数值跳动，表明电位器内部接触不好。

② 测量滑动端与固定端的阻值变化情况。移动滑动端，如阻值从最小到最大之间连续变化，而且最小值越小，最大值越接近标称值，说明电位器质量较好；如阻值间断或不连续，说明电位器滑动端接触不良，则不能选用。

③ 用"电位器动噪声测量仪"判别质量好坏。

5．安装使用电位器的注意事项

（1）焊接前要对焊点做好镀锡处理，去除焊点上的漆皮与污垢；焊接时间要适宜，不得加热过长，避免引线周围的壳体软化变形。

（2）有些电位器的端面上备有防止壳体转动的定位柱，安装时要注意检查定位柱是否正确装入机壳面板上的定位孔，避免壳体变形；用螺钉固定的矩形微调电位器，螺钉不可压得过紧，避免破坏电位器的内部结构。

（3）安装在电位器轴端的旋钮不要过大，应与电位器的尺寸相匹配，避免调节转动力矩过大而破坏电位器内部的止挡。

（4）插针式引脚的电位器，为防止引线折断，不得用力弯曲或扭动引脚。

2.4.3 电容器

电容器在各类电子线路中是一种必不可少的重要元件。它的基本结构是用一层绝缘材料（介质）间隔的两片导体。电容器是储能元件，当两端加上电压以后，极板间的电介质即处于电场之中。电介质在电场的作用下，原来的电中性不能继续维持，其内部也形成电场，这种现象叫做电介质的极化。在极化状态下的介质两边，可以储存一定量的电荷，储存电荷的能力用电容量表示。电容量的基本单位是法拉（F），常用单位是微法（μF）和皮法（pF）。

1．电容器的技术参数

（1）标称容量及偏差

电容量是电容器的基本参数，其数值标注在电容体上。不同类型的电容器有不同系列的容量标称数值。

注意： 某些电容器的体积过小，在标注容量时常常不标单位符号，只标数值，这就需要根据电容器的材料、外形尺寸、耐压等因素加以判断，以读出真实的容量值。

电容器的容量偏差等级有许多种，一般偏差都比较大，均在+5%以上，最大的可达-10%~+100%。

（2）额定电压

在极化状态下，电荷受到介质的束缚而不能自由移动，只有极少数电荷摆脱束缚形成漏电流；当外加电场增强到一定程度时，电介质就会被击穿，大量电荷脱离束缚流过绝缘材料，此时电容器已经遭到损坏。能够保证长期工作而不致击穿的最大电压称为电容器的额定工作电压。额定电压系列随电容器种类不同而有所区别，额定电压的数值通常都在电容器上标出。

（3）损耗角正切

电容器介质的绝缘性能取决于材料及厚度，绝缘电阻越大，漏电流越小。漏电流将使电容器消耗一定电能，这种消耗称为电容器的介质损耗（属于有功功率），如图2-19（a）所示。图中 δ 角是由于介质损耗而引起的电流相移角度，叫做电容器的损耗角。

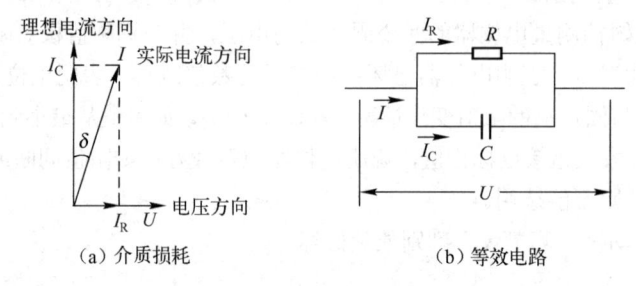

图 2-19　电容器的介质损耗及其等效电路

考虑了介质损耗的电容器，相当于在理想电容器 C 上并联一个电阻 R，其等效电路如图2-19（b）所示。I_R 是通过等效电阻的漏电流，损耗的有功功率为

$$P = U \cdot I_R = U \cdot I \cdot \sin\delta$$

电容上存储的无功功率为

$$P_q = U \cdot I_C = U \cdot I \cdot \cos\delta$$

由此可见，只用损耗的有功功率数值来衡量电容器的质量是不准确的，因为功率的损耗不仅与电容器本身的质量有关，而且与加在电容器上的电压及电流有关；同时，损耗功率并不能反映出电容器的存储功率。为确切描述电容器的损耗特性，用损耗功率与存储功率之比来表示，即

$$\frac{P}{P_q} = \frac{U \cdot I \cdot \sin\delta}{U \cdot I \cdot \cos\delta} = \tan\delta$$

tanδ 称为电容器损耗角正切,它真实地表征了电容器的质量优劣。不同类型的电容器,其 tanδ 的数值不同,一般为 $10^{-2} \sim 10^{-4}$。

(4)稳定性

电容器的主要参数,如容量、绝缘电阻、损耗等,都受温度、湿度、气压、振动等环境因素的影响而发生变化,变化的大小用稳定性来衡量。

$$温度系数 \alpha_0 = \frac{1}{C} \cdot \frac{\Delta C}{\Delta t}$$

表示电容量随温度改变而变化。云母及瓷介电容器的稳定性最好,温度系数可达 $10^{-4}/℃$ 数量级;铝电解电容器的温度系数最大,可达 $10^{-2}/℃$。多数电容器的温度系数为正值,个别类型电容器(如瓷介电容器)的温度系数为负值。为使电路工作稳定,电容器的温度系数越小越好。

电容器介质的绝缘性能会随着环境湿度的增加而下降,并使损耗增加。湿度对纸介电容器的影响较大,对瓷介电容器的影响则很小。

2. 电容器的命名与分类

根据国家标准,电容器型号的命名由四部分内容组成,如图 2-20 所示。其中第三部分作为补充,说明电容器的某些特征;若无说明,则只需三部分组成,即两个字母一个数字。大多数电容器的型号都由三部分内容组成,见表 2-13。

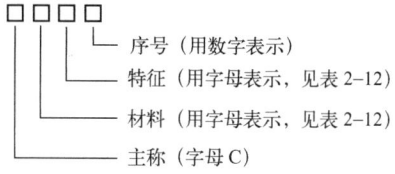

图 2-20 电容器的命名

□□□□
— 序号(用数字表示)
— 特征(用字母表示,见表 2-12)
— 材料(用字母表示,见表 2-12)
— 主称(字母C)

表 2-13 电容器的分类代号及其含义

第一部分(主称)		第二部分(材料)		第三部分(特征)	
符号	含义	符号	含义	符号	含义
C	电容器	C	瓷介	W	微调
		Y	云母		
		I	玻璃釉		
		O	玻璃(膜)		
		B	聚苯乙烯		
		F	聚四氟乙烯		
		L	涤纶		
		S	聚碳酸酯		
		Q	漆膜	J	金属膜
		Z	纸介		
		J	金属化纸介		
		H	混合介质		
		D	铝电解		
		A	钽电解		
		N	铌电解		
		T	钛电解		

电容器的种类很多,分类原则也各不相同。通常可按用途或介质、电极材料分成下列几种,见表 2-14。

表 2-14 常用电容器的种类

固定式	有机介质	纸介	普通纸介
			金属化纸介
		有机薄膜	涤纶
			聚碳酸酯
			聚苯乙烯
			聚四氟乙烯
			聚丙烯
			漆膜
	无机介质	云母	
		陶瓷	瓷片
			瓷管
			独石
		玻璃	玻璃膜
			玻璃釉
			独石
	电解	铝电解	
		钽电解	
		铌电解	
可变式	可变：空气、云母、薄膜		
	半可变：瓷介、云母		

3. 几种常用电容器

电子产品中几种常用的电容器如图 2-21 所示。

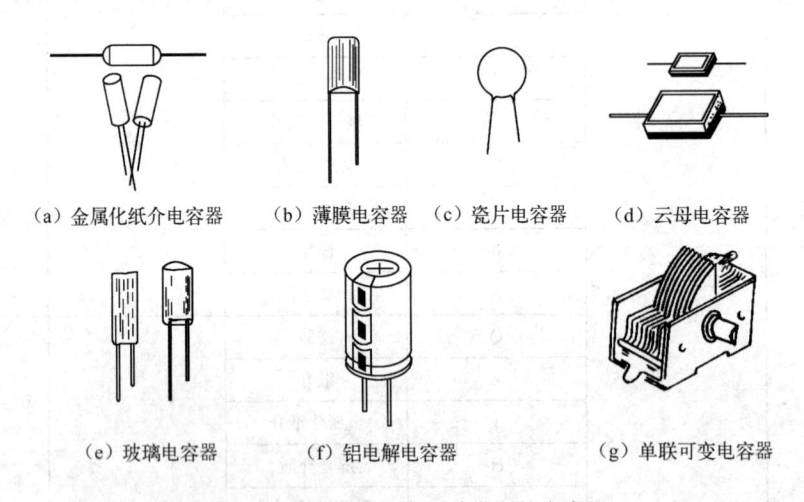

(a) 金属化纸介电容器　(b) 薄膜电容器　(c) 瓷片电容器　(d) 云母电容器

(e) 玻璃电容器　(f) 铝电解电容器　(g) 单联可变电容器

图 2-21 电子产品中几种常用的电容器

(1) 有机介质电容器

由于现代高分子合成技术的进步，新的有机介质薄膜不断出现，这类电容器发展很快。除了传统的纸介、金属化纸介电容器外，常见的涤纶、聚苯乙烯电容器等均属此类。

① 纸介电容器（国标型号：CZ）。

结构：以纸作为绝缘介质、以金属箔作为电极卷绕而成。

特点：这是生产历史最悠久的一种电容器，它的制造成本低，容量范围大，耐压范围宽（36V～30kV），但体积大，tanδ大，因而只适用于直流或低频电路中。

② 金属化纸介电容器（国标型号：CJ1）。

结构：在电容器纸上蒸发一层金属膜作为电极，卷制后封装而成，有单向和双向两种引线方式，如图2-21（a）所示。

特点：金属化纸介电容器的成本低、容量大、体积小，在耐压和容量相同的条件下，体积比纸介电容器的小3～5倍。这种电容器在电气参数上与纸介电容器基本一致，突出的特点是受到高电压击穿后能够"自愈"，但其电容值不稳定，等效电感和损耗（tanδ值）都较大，适用于频率和稳定性要求不高的电路中。

③ 有机薄膜电容器。

结构：与纸介电容器基本相同，区别在于介质材料不是电容纸，而是有机薄膜。有机薄膜在这里只是一个统称，具体又有涤纶、聚丙烯等数种。薄膜电容器如图2-21（b）所示。

特点：这种电容器不论是体积、质量上还是在电参数上，都要比纸介或金属化纸介电容器优越得多，它们的性能比较见表2-15。最常见的涤纶薄膜电容器（国标型号：CL）的体积小，容量范围大，耐热、耐湿性能好；稳定性不高，但比低频瓷介或金属化纸介电容器要好，宜做旁路电容器使用。

表 2-15 各种有机薄膜电容器性能比较

种　类	涤　纶	聚碳酸酯	金属化聚碳酸酯	聚　丙　烯	聚苯乙烯	聚四氟乙烯
国际型号	CL	CS	CSJ	CBB	CB	CF
容量范围	510pF～5μF	510pF～5μF	0.01～10μF	0.001～0.1μF	10pF～1μF	510pF～0.1μF
额定电压	35V～1kV	50～250V	50～500V	50V～1kV	50V～1kV	250V～1kV
tanδ（%）	0.3～0.7	0.08～0.15	0.1～0.2	0.01～0.1	0.01～0.05	0.002～0.005
工作温度（℃）	−55～+125	−55～+125	−55～+125	−55～+85	−10～+80	−55～+200
温度系数（10^{-6}/℃）	+200～+600	±200	±200	−100～−300	−100～−200	−100～−200
用途（适用电路）	低频或直流	低压交直流	低压交直流	高压	高精度高频	高温高频

（2）无机介质电容器

陶瓷、云母、玻璃等材料可制成无机介质电容器。

① 瓷介电容器（国标型号：CC）。

瓷介电容器也是一种生产历史悠久、容易制造、成本低廉、安装方便、应用极为广泛的电容器，一般按其性能可分为低压小功率和高压大功率（通常额定工作电压高于1kV）的两种。

结构：常见的低压小功率电容器有瓷片、瓷管、瓷介独石等类型，如图2-21（c）所示。在陶瓷薄片两面喷涂银层并焊接引线，被釉烧结后就制成瓷片电容器；若在陶瓷薄膜上印刷电极后叠层烧结，就能制成独石电容器。独石电容器的单位体积比瓷片电容器小很多，为瓷介电容器向小型化和大容量的发展开辟了良好的途径。

高压大功率瓷介电容器可制成鼓形、瓶形、板形等形式。这种电容器的额定直流电压可达30kV，容量范围是470~6800pF，通常用于高压供电系统的功率因数补偿。

特点：由于所用陶瓷材料的介电性能不同，因而低压小功率瓷介电容器有高频瓷介、低频瓷介电容器之分。高频瓷介电容器的体积小、耐热性好、绝缘电阻大、损耗小、稳定性高，常用于要求低损耗和容量稳定的高频、脉冲、温度补偿电路，但其容量范围较窄，一般为1pF～0.1μF。低频瓷介电容器的绝缘电阻小、损耗大、稳定性差，但质量轻、价格低廉、容量大，特别是独石电容器的容量可达2μF以上，一般用于对损耗和容量稳定性要求不高的低频电路，在普通电子产品中广泛用做旁路、耦合元件。

② 云母电容器（国标型号：CY）。

结构：以云母为介质，用锡箔和云母片（或用喷涂银层的云母片）层叠后在胶木粉中压铸而成。云母电容器如图 2-21（d）所示。

特点：由于云母材料优良的电气性能和机械性能，使云母电容器的自身电感和漏电损耗都很小，具有耐压范围宽、可靠性高、性能稳定、容量精度高等优点，被广泛用在一些具有特殊要求（如高温、高频、脉冲、高稳定性）的电路中。

目前应用较广的云母电容器的容量一般为 4.7～51 000pF，精度可达到±0.01%～0.03%，这是其他种类的电容器难以做到的。云母电容器的直流耐压通常在 100V～5kV 之间，最高可达到 40kV。温度系数小，一般可达到 10^{-6}/℃ 以内；可用于高温条件下，最高环境温度可达到 460℃；长期存放后，容量变化小于 0.01%～0.02%。

但是，云母电容器的生产工艺复杂，成本高、体积大、容量有限，因此使用范围受到一定的限制。

③ 玻璃电容器。

结构：玻璃电容器以玻璃为介质，目前常见玻璃独石和玻璃釉独石两种，其外形如图 2-21(e) 所示。玻璃独石电容器与云母电容器的生产工艺相似，即把玻璃薄膜与金属电极交替叠合后热压成整体而成。玻璃釉独石电容器与瓷介独石电容器的生产工艺相似，即将玻璃釉粉压成薄膜，在膜上印刷图形电极，交替叠合后剪切成小块，在高温下烧结成整体。

与云母和瓷介电容器相比，玻璃电容器的生产工艺简单，因而成本低廉。这种电容器具有良好的防潮性和抗振性，能在 200℃ 高温下长期稳定工作，是一种高稳定性、耐高温的电容器。其稳定性介于云母与瓷介电容器之间，一般体积却只有云母电容器的几十分之一，所以在高密度的 SMT 电路中广泛使用。

（3）电解电容器

电解电容器以金属氧化膜做介质，以金属和电解质做电容的两极，金属为阳极，电解质为阴极。使用电解电容器必须注意极性，由于介质单向极化的性质，它不能用于交流电路，极性不能接反，否则会影响介质的极化，使电容器漏液、容量下降，甚至发热、击穿、爆炸。

由于电解电容器的介质是一层极薄的氧化膜（厚度只有几纳米到几十纳米），因此比率电容比任何其他类型电容器的都要大。换言之，对于相同的容量和耐压，其体积比其他电容器都要小几个或十几个数量级，低压电解电容器的这一特点更为突出。在要求大容量的场合（如滤波电路等），均选用电解电容器。电解电容器的损耗大，温度特性、频率特性、绝缘性能差，漏电流大（可达毫安级），长期存放可能因电解液干涸而老化。因此，除体积小以外，其任何性能均远不如其他类型的电容器。常见的电解电容器有铝电解、钽电解和铌电解。此外，还有一些特殊性能的电解电容器，如激光储能型、闪光灯专用型、高频低感型电解电容器等，用于不同要求的电路。

① 铝电解电容器（国标型号：CD）。

结构：铝电解电容器一般是用铝箔和浸有电解液的纤维带交叠卷成圆筒形后，封装在铝壳内，其外如图 2-21（f）所示。

特点：这是一种使用最广泛的通用型电解电容器，适用于电源滤波和音频旁路。铝电解电容器的绝缘电阻小，漏电损耗大，容量范围是 0.33～6800μF，额定工作电压一般在 6.3～500V 之间。

② 钽电解电容器（国标型号：CA）。

结构：采用金属钽（粉剂或溶液）作为电解质。

特点：钽电解电容器已经发展了 50 年以上。由于钽及其氧化膜的物理性能稳定，所以它与铝电解电容器相比，具有绝缘电阻大、漏电小、寿命长、比率电容大、长期存放性能稳定、温度及频率特性好等优点；但它的成本高、额定工作电压低（一般不超过160V）。这种电容器主要用于一些对电气性能要求较高的电路，如积分、计时、延时开关电路等。钽电解电容器分为有极性和无极性的两种。

除液体钽电容以外，近年来又发展了超小型固体钽电容器。高频片状钽电容器的最小体积可达 1mm×2mm，用于混合集成电路或采用 SMT 技术的微型电子产品中。

（4）可变电容器（国标型号：CB）

结构：可变电容器是由很多半圆形动片和定片组成的平行板式结构，动片和定片之间用介质（空气、云母或聚苯乙烯薄膜）隔开，动片组可绕轴相对于定片组旋转 0°～180°，从而改变电容量的大小。可变电容器按结构可分为单联、双联和多联几种。图 2-21（g）是一种空气介质的小型单联可变电容器的外形。双联可变电容器又分成两种，一种是两组最大容量相同的等容双联，另一种是两组最大容量不同的差容双联。目前最常见的小型密封薄膜介质可变电容器（CBM 型）采用聚苯乙烯薄膜作为片间介质。

特点：主要用在需要经常调整电容量的场合，如收音机的频率调谐电路。单联可变电容器的容量范围通常是 7～270pF 或 7～360pF；双联可变电容器的最大容量通常为 270pF。

（5）微调电容器（CCW 型）

结构：在两块同轴的陶瓷片上分别镀有半圆形的银层，定片固定不动，旋转动片就可以改变两块银片的相对位置，从而在较小的范围内改变容量（几十皮法）。

特点：一般在高频回路中用于不经常进行的频率微调。

4．电容器的合理选用

电容器的种类繁多，性能各异，合理选用电容器对于产品设计十分重要。所谓合理选用，就是要在满足电路要求的前提下，综合考虑体积、质量、成本、可靠性等各方面的因素。为了合理选用电容器，应该广泛收集产品目录，及时掌握市场信息，熟悉各类电容器的性能特点；了解电路的使用条件和要求及每个电容器在电路中的作用，如耐压、频率、容量、允许偏差、介质损耗、工作环境、体积、价格等因素。

一般来说，电路级间耦合多选用金属化纸介电容器或薄膜电容器；电源滤波和低频旁路宜选用铝电解电容器；高频电路和要求电容量稳定的地方应该用高频瓷介电容器、云母电容器或钽电解电容器；如果在使用中电容量要经常调整，可选用可变电容器；如不需要经常调整，可使用微调电容器。

在具体选用电容器时，还应该注意如下问题：

（1）电容器的额定电压

不同类型的电容器有不同的额定电压系列，所选电容器应该符合标准系列，额定电压一般应高于电容器工作电压的 1～2 倍。不论选用何种电容器，都不得使其额定电压低于电路的实际电压，否则电容器将会被击穿；也不要使其额定电压太高，否则不仅提高了成本，而且电容器的体积必然加大。

但是，选用电解电容器（特别是液体电解质电容器）应为例外：由于其自身结构的特点，一般应使线路的实际电压相当于所选额定电压的 50%～70%，这样才能充分发挥电解电容器的作用；如果实际工作电压低于其额定电压的一半，反而容易使电解电容器的损耗增大。

（2）标称容量及精度等级

各类电容器均有其容量标称值系列及精度等级。电容器在电路中的作用各不相同，某些特殊场合（如定时电路）要求一定的容量精度，而在更多场合，容量偏差可以很大，例如，在电路中用于耦合或旁路，电容量相差几倍往往都没有很大关系。在制造电容器时，控制容量比较困难，不同精度的电容器，价格相差很大。所以，在确定电容器的容量精度时，应该仔细考虑电路的要求，不要盲目追求电容器的精度等级。

(3) 对 tanδ 值的选择

介质材料的区别使电容器的 tanδ 值相差很大。在高频电路或对信号相位要求严格的电路中，tanδ 值对电路性能的影响很大，直接关系到整机的技术指标，所以应该选择 tanδ 值较小的电容器。

(4) 电容器的体积

在产品设计中，一般都希望体积小、质量轻，特别是在密度较高的电路中，更要求选用小型电容器。由于介质材料不同，电容器的体积往往相差几倍或几十倍。单位体积的电容量称为电容器的比率电容。比率电容越大，电容器的体积越小，价格也贵一些。

(5) 成本

由于各类电容器的生产工艺相差很大，因此价格也相差很大。在满足产品技术要求的情况下，应该尽量选用价格低廉的电容器，以便降低产品成本。

表 2-16 中列出了常见固定电容器的性能特点及适用范围，表 2-17 是固定电容器在室温条件下的 tanδ 和绝缘电阻（时间常数）值，供选用时参考。

表 2-16 常见固定电容器的性能特点及适用范围

用 途	电容器种类	电 容 量	工作电压（V）	损耗（tanδ）
高频旁路	I 型陶瓷	8.2～1000pF	500	0.0015
	云母	51～4700pF	500	0.001
	玻璃膜	100～3300pF	500	0.0012
	涤纶	100～3300pF	400	0.015
	玻璃釉	10～3300pF	100	0.001
低频旁路	纸介	0.001～0.5μF	500	—
	II 型陶瓷	0.001～0.047μF	<500	0.04
	铝电解	10～1000μF	25～450	0.2
	涤纶	0.001～0.047μF	400	0.015
滤波	铝电解	10～3300μF	25～450	<0.2
	纸介	0.01～10μF	1000	0.015
	复合纸介	0.01～10μF	2000	0.015
	液体钽电解	220～3300μF	16～125	<0.5
滤波器	陶瓷	100～4700pF	500	0.0015
	聚苯乙烯	100～4700pF	500	0.0015
	云母	51～4700pF	—	—
调谐	I 型陶瓷	1～1000pF	500	0.0015
	云母	51～1000pF	500	0.0015
	玻璃膜	51～1000pF	500	0.0012
	聚苯乙烯	51～1000pF	<1600	0.001
高频耦合	云母	470～6800pF	500	0.001
	聚苯乙烯	470～6800pF	400	0.001
	I 型陶瓷	10～6800pF	500	0.0015
低频耦合	纸介	0.001～0.1μF	630	0.015
	铝电解	1～47μF	<450	0.15
	II 型陶瓷	0.001～0.047μF	<500	0.04
	涤纶	0.001～0.1μF	<400	<0.015
	液体钽电解	0.33～470μF	<63	<0.15
电源输入端抗高频干扰	纸介	0.001～0.22μF	<1000	0.015
	II 型陶瓷	0.001～0.047μF	<500	0.04
	云母	0.001～0.047μF	500	0.001
	涤纶	0.001～0.1μF	<1000	<0.015

续表

用　途	电容器种类	电　容　量	工作电压（V）	损耗（tanδ）
储能	纸介	10～50μF	1k～30k	0.015
储能	复合纸介	10～50μF	1k～30k	0.015
储能	铝电解	100～3300μF	1k～5k	0.15
开关电源	铝电解	1000～100 000μF	25～100	>0.3
高频、高压	I型陶瓷	470～6800PF	<12k	0.001
高频、高压	聚苯乙烯	180～4000PF	<30k	0.001
高频、高压	云母	330～2000PF	<10k	0.001
一般电路中的小型电容器	金属化纸介	0.00110μF	<160	<0.01
一般电路中的小型电容器	I型陶瓷	1～500PF	<160	0.0015
一般电路中的小型电容器	II型陶瓷	680～0.047μF	63	<0.04
一般电路中的小型电容器	云母	4.7～10 000PF	100	<0.001
一般电路中的小型电容器	铝电解	1～3300μF	6.3～50	<0.2
一般电路中的小型电容器	钽电解	1～3300μF	6.3～63	<0.15
一般电路中的小型电容器	聚苯乙烯	0.47pF～0.47μF	50～100	<0.001
一般电路中的小型电容器	玻璃釉	10～3300pF	<63	0.0015
一般电路中的小型电容器	金属化涤纶	0.1～1μF	63	0.0015
一般电路中的小型电容器	聚丙烯	0.01～0.47μF	63～160	0.001

表 2-17　固定电容器在常温下的 tanδ 和绝缘电阻（时间常数）

类型 \ 参数	损耗（tanδ）	绝缘电阻（时间常数）（MΩ·μF）
纸介	0.0012～0.01	2 000～20 000
金属化纸介	0.003～0.02	500～10 000
聚酯	0.0012～0.01	6 000～100 000
金属化聚酯	0.0012～0.02	500～15 000
聚碳酸酯	0.0005～0.002	15 000～120 000
聚苯乙烯	0.00012～0.001	50 000～1 000 000
聚丙烯	0.0001～0.001	600 000～1 000 000
聚四氟乙烯	0.0001～0.0005	600 000～1 000 000
云母	0.0002～0.002	20 000～60 000
I型陶瓷	0.0005～0.005	15 000～100 000
II型陶瓷	0.012～0.05	6 000～10 000
半导体陶瓷	0.02～0.2	0.8～10
铝电解	0.05～0.5	1.2～150
固体钽电解	0.02～0.1	80～2 000
液体钽电解	0.01～0.5	800～40 000

5．用万用表判断电容器的质量

如果没有专用检测仪器，使用万用表也能简单判断电容器的质量。

（1）检测小容量电容器

① 对于容量大于 5100pF 的电容器，用万用表的欧姆挡测量电容器的两引线，应该能观察到万用表显示的阻值变化，这是电容器充电的过程。数值稳定后的阻值就是电容器的绝缘电阻（也称漏电电阻）。假如数字表显示绝缘电阻在几百 kΩ 以下或者指针式万用表的表针停在距∞较远的位置，表明电容器漏电严重，不能使用。

② 对于容量小于 5100pF 的电容器，由于充电时间很快，充电电流很小，直接使用万用表的

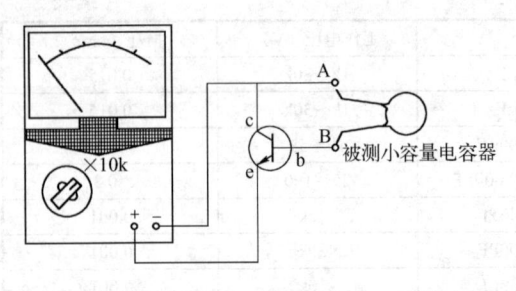

图 2-22 用万用表测量小容量电容器的简易方法

欧姆挡就很难观察到阻值的变化。这时，可以借助一个 NPN 三极管的放大作用进行测量。测量电路如图 2-22 所示。电容器接到 A、B 两端，由于晶体管的放大作用，就可以测量到电容器的绝缘电阻。判断方法同上所述。

（2）测量电解电容器时，应该注意它的极性电容器在出厂时，规定正极的引线长一些。测量时，万用表内电源的正极与电容器的正极相接，电源负极与电容器负极相接，称为电容器的正接。因为电容器的正向连接比反向连接时的漏电电阻大。

注意： 数字万用表的红表笔内接电源正极，而指针万用表的黑表笔内接电源正极。

当电解电容器已经用过或引线的极性无法辨别时，可以根据电解电容器正向连接时绝缘电阻大，反向连接时绝缘电阻小的特征来判别。用万用表红、黑表笔交换来测量电容器的绝缘电阻，绝缘电阻大的一次，连接表内电源正极的表笔所接的就是电容器的正极，另一极为负极。

（3）可变电容器的漏电或碰片短路，也可用万用表的欧姆挡来检查

将万用表的两支表笔分别与可变电容器的定片和动片引出端相连，同时将电容器来回旋转几下，阻值读数应该极大且无变化。如果读数为零或某一较小的数值，说明可变电容器已发生碰片短路或漏电严重。

2.4.4 电感器

电感器的应用范围很广泛，它在调谐、振荡、耦合、匹配、滤波、陷波、延迟、补偿及偏转聚焦等电路中都是必不可少的。由于其用途、工作频率、功率、工作环境不同，对电感器的基本参数和结构就有不同的要求，导致电感器类型和结构的多样化。

电感器（一般称电感线圈）按工作特征分成电感量固定的和电感量可变的两种类型；按磁导体性质分成单层、多层、蜂房式、有骨架式或无骨架式。图 2-23 给出了几种常见电感线圈的外形。

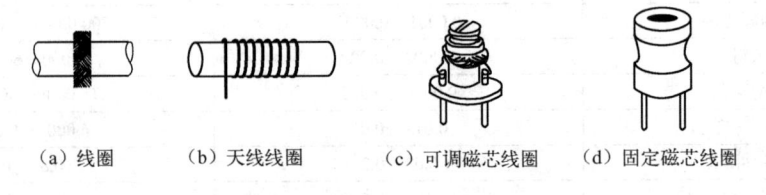

（a）线圈　　（b）天线线圈　　（c）可调磁芯线圈　　（d）固定磁芯线圈

图 2-23　几种常见电感线圈的外形

1. 电感器的基本参数

（1）电感量

在没有非线性导磁物质存在的条件下，一个载流线圈的磁通量 ψ 与线圈中的电流 I 成正比，其比例常数称为自感系数，用 L 表示，简称电感。电感的基本单位是亨利（H），实际工作中的常用单位有毫亨（mH）、微亨（μH）和毫微亨（nH）。

（2）电感器的固有电容

电感线圈的各匝绕组之间通过空气、绝缘层和骨架而存在着分布电容，同时，在屏蔽罩之间、多层绕组的每层之间、绕组与底板之间也都存在着分布电容。这样，电感器实际上可以等效成如图 2-24 所示

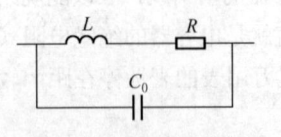

图 2-24　电感器的等效电路

的电路。图中的等效电容 C_0，就是电感器的固有电容。由于固有电容的存在，使线圈有一个固有频率或谐振频率，记为 f_0，其值为

$$f_0 = 1/(2\pi\sqrt{LC_0})$$

使用电感线圈时，应使其工作频率远低于线圈的固有频率。为了减小线圈的固有电容，可以减小线圈骨架的直径，用细导线绕制线圈，或采用间绕法、蜂房式绕法。

（3）品质因数（Q 值）

Q 值反映线圈损耗的大小，Q 值越高，损耗功率越小，电路效率越高，选择性越好。

为提高电感线圈的品质因数，可以采用镀银导线、多股绝缘线绕制线匝，使用高频陶瓷骨架及磁芯（提高磁通量）。

（4）额定电流

电感线圈中允许通过的最大电流。

（5）稳定性

线圈产生几何变形、温度变化引起的固有电容和漏电损耗增加，都会影响电感器的稳定性。电感线圈的稳定性，通常用电感温度系数 α_L 和不稳定系数 β_L 来衡量，它们越大，表示电感线圈的稳定性越差。

$$\alpha_L = \frac{L_2 - L_1}{L_1(t_2 - t_1)} \, (1/℃)$$

式中，L_2 和 L_1 分别表示温度为 t_2 和 t_1 时的电感量；α_L 用于衡量电感量相对于温度的稳定性。

$$\beta_L = (L - L_t)/L$$

式中，L 和 L_t 分别为原来的和温度循环变化后的电感量；β_L 表示了电感量经过温度循环变化后不再能恢复到原来数值的这种不可逆变化。

温度对电感量的影响，主要是由于导线受热膨胀，使线圈产生几何变形而引起的。为减小这一影响，可以采用热绕法（绕制时将导线加热，冷却后导线收缩，紧密贴合在骨架上）或烧渗法（在线圈的高频陶瓷骨架上烧渗一层银薄膜，代替原来的导线），保证线圈不变形。

湿度增大时，线圈的固有电容和漏电损耗增加，也会降低线圈的稳定性。改进的方法是将线圈用环氧树脂等防潮物质浸渍密封。但这样处理后，由于浸渍材料的介电常数比空气大，会使线匝间的分布电容增大，同时还引入介质损耗，影响 Q 值。

测量电感器的参数比较复杂，一般都是通过电感测量仪和电桥等专用仪器进行的。

2．几种常用电感器

（1）小型固定电感器

结构：有卧式（国标 LG1 型）和立式（国标 LG2 型）两种，其外形如图 2-25 所示。这种电感器是在棒形、工字形或王字形的磁芯上直接绕制一定匝数的漆包线或丝包线，外表裹覆环氧树脂或封装在塑料壳中。用环氧树脂封装的固定电感器通常用色码标注其电感量，故也称为色码电感。

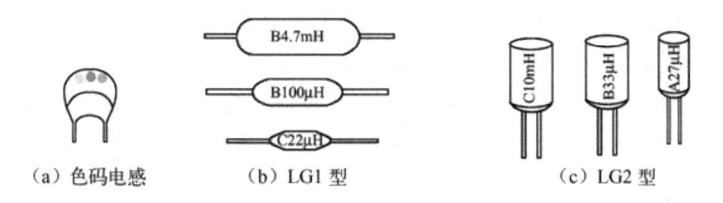

(a) 色码电感　　(b) LG1 型　　(c) LG2 型

图 2-25　小型固定电感器

特点：具有体积小、质量轻、结构牢固（耐振动、耐冲击）、防潮性能好、安装方便等优点，常用在滤波、扼流、延迟、陷波等电路中。

（2）平面电感

结构：主要采用真空蒸发、光刻电镀及塑料包封等工艺，在陶瓷或微晶玻璃片上沉积金属导线制成，如图 2-26 所示。根据目前的工艺水平，可以在 $1cm^2$ 的面积上制作出电感量为 $2\mu H$ 以上的平面电感。SMT 的电感都采用此项技术。

特点：平面电感的稳定性、精度和可靠性都比较好，适用在频率范围为几十兆到几百兆赫兹的高频电路中。

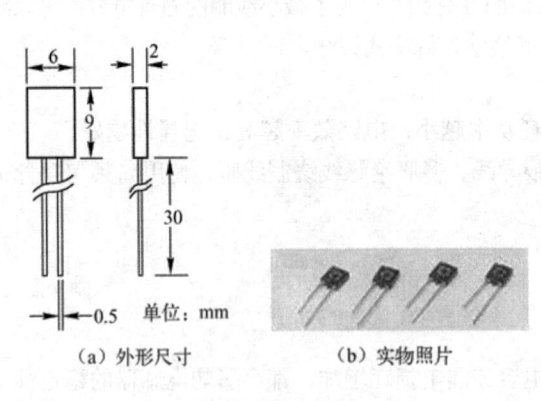

(a) 外形尺寸　　(b) 实物照片

图 2-26　平面电感

（3）中周线圈

结构：由磁芯、磁罩、塑料骨架和金属屏蔽壳组成，线圈绕制在塑料骨架上或直接绕制在磁芯上，骨架的插脚可以焊接到印制电路板上。有些中周线圈的磁罩可以旋转调节，有些则是磁芯可以旋转调节。调整磁芯和磁罩的相对位置，能够在±10%的范围内改变中周线圈的电感量。常用的中周线圈的外形结构如图 2-27 所示。

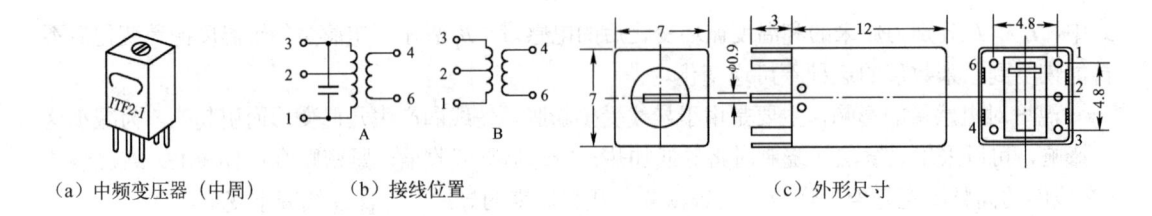

(a) 中频变压器（中周）　　(b) 接线位置　　(c) 外形尺寸

图 2-27　中周线圈

特点：中周线圈是超外差式无线电设备中的主要元件之一，它广泛应用在调幅、调频接收机、电视接收机、通信接收机等电子设备的调谐回路中。由于中周线圈的技术参数根据接收机的设计要求确定，并直接影响接收机的性能指标，所以各种接收机中的中周线圈的参数都不完全一致。为了正确选用，应该针对实际情况，查阅有关资料。

我国广播制式规定，超外差式调幅中波无线电广播接收机中，变频后的中频是 465kHz。所以，有些厂家生产的产品，已经把配用的回路电容装配在中周线圈的结构上，在选用时查表可知各种回路电容的电容量。

（4）罐形磁芯线圈

采用罐形铁氧体磁芯（见图 2-28（a））制作的电感器，因其具有闭合磁路，使有效导磁率和电感系数较高，所以体积小、电感量大。如果在中心磁柱上开出适当的气隙，不但可以改变电感系数，还能够提高电感的品质因数（Q 值）、减小电感温度系数。罐形磁芯线圈广泛应用于 LC 滤波器、谐振回路、匹配回路。常见的铁氧体磁芯还有 I 形磁芯（俗称磁棒，常用做无线电接收设备的天线磁芯，见图 2-28（b））和 E 形磁芯（见图 2-28（c），常用于小信号高频振荡电路）。图 2-28 中还给出了几种铁氧体磁芯线圈的照片。

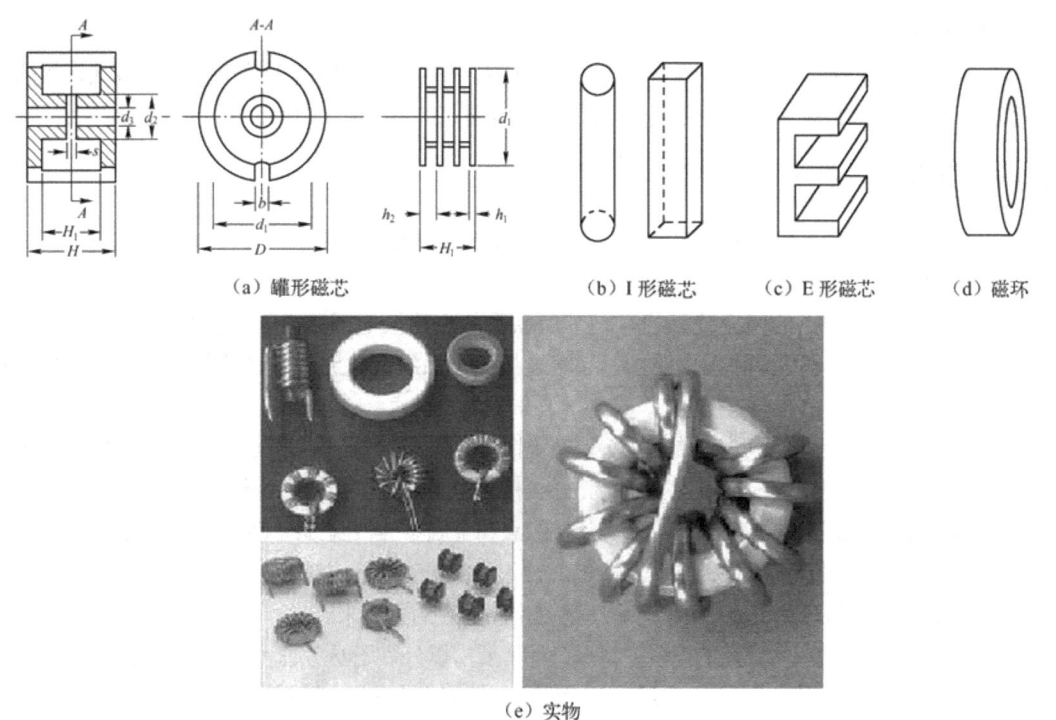

(a) 罐形磁芯　　(b) I 形磁芯　　(c) E 形磁芯　　(d) 磁环

(e) 实物

图 2-28　各种铁氧体磁芯和线圈

(5) 变压器

变压器也是一种电感器。按照使用的工作频率，变压器可以分为高频、中频、低频、脉冲变压器。

变压器主要用于交流电压、电流或阻抗的变换，用来传递功率和缓冲隔离等，是电子整机中不可缺少的重要元件之一。高频变压器在收音机等一类电子产品中作为阻抗变换器，如接收信号的天线线圈；中频压器常用于处理信号的中频放大器中；低频变压器的种类很多，如电源变压器、音频变压器、线间变压器、耦合变压器等；脉冲变压器则用于脉冲电路中。

按其磁通材料的不同，可分为铁芯变压器、磁芯（铁氧体铁芯）变压器和空心变压器等几种。铁芯变压器用于低频及工频电路中，而铁氧体铁芯或空心变压器则用于中、高频电路中。按照线圈和铁芯的防潮方式，可分为非密封式、灌封式和密封式变压器。电子产品中使用的小型变压器的外形如图 2-29 所示。

变压器的主要技术参数：

① 额定功率——在规定的频率和电压下，变压器能长期工作而不超过规定温度的输出功率。单位：瓦（W）或伏安（VA）。

② 变压比——次级绕组与初级绕组电压的比值，或次级绕组与初级绕组匝数的比值。

③ 效率——变压器输出与输入功率的比值。

④ 温升——主要指线圈的温度。当变压器通电工作后，其温度上升到稳定值时比周围环境温度升高的数值。

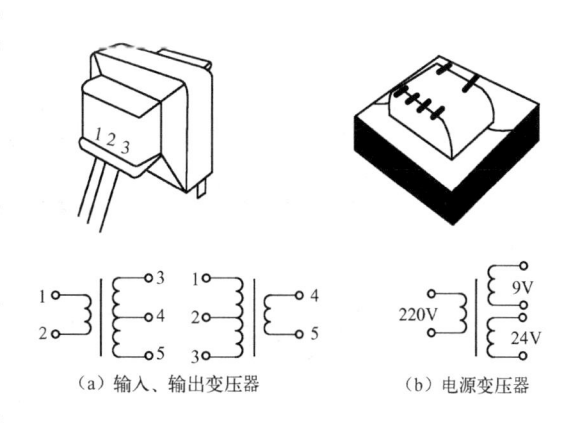

(a) 输入、输出变压器　　(b) 电源变压器

图 2-29　小型变压器

以外，变压器还有绝缘电阻、空载电流、漏电感、频带宽度和非线性真等参数。

(6) 其他电感器

在各种电子设备中，根据不同的电路特点，还有很多结构各异的专用电感器。例如，收音机中的磁性天线，CRT 显示器中的偏转线圈、振荡线圈，等等。

2.4.5 开关及接插元件

开关及接插元件可以通过一定的机械动作完成电气的连接或断开。它的主要功能有：
- 传输信号和输送电能；
- 通过金属接触点的闭合或开启，使其所联系的电路接通或断开。

由于这类元件大多是串联在电路中，起着连接各个系统或电路模块的作用，接触可靠性是最关键的问题。

影响开关及接插元件的可靠性的主要因素是温度、潮热、盐雾、工业气体和机械振动等。高温影响弹性材料的机械性能，容易造成应力松弛，导致接触电阻增大，并使绝缘材料的性能变坏；潮热使接触点受到腐蚀并造成绝缘电阻下降；盐雾使接触点和金属零件被腐蚀；工业气体二氧化硫或二氧化氢对接触点特别是接触点表面银镀层有很大的腐蚀作用；振动易造成焊接点脱落，接触不稳定。接触不可靠，不仅会影响信号和电能的正确传送，还是电路噪声的主要来源之一。选用开关及接插元件时，除了应该根据产品技术条件规定的电气、机械、环境要求以外，还要考虑元件动作的次数、镀层的磨损等因素。若能合理选择和正确使用开关及接插元件，将会大大降低整机电路的故障率。

在对可靠性有较高要求的地方，为了有效地改善开关的性能，可以使用固体薄膜保护剂。

1. 接插件的分类

习惯上，常按照工作频率和外形结构特征对接插元件进行分类。

按接插元件的工作频率分类，低频接插件是指适合在频率 100MHz 以下工作的连接器。而适合在频率 100MHz 以上工作的高频接插件，在结构上需要考虑高频电场的泄漏、反射等问题，一般都采用同轴结构，以便与同轴电缆连接，所以也称为同轴连接器。

按照外形结构特征分类，常见的有圆形接插件、矩形接插件、印制板接插件、带状电缆接插件等。

2. 几种常用接插件

电子产品中常用的几种接插件如图 2-30 所示。

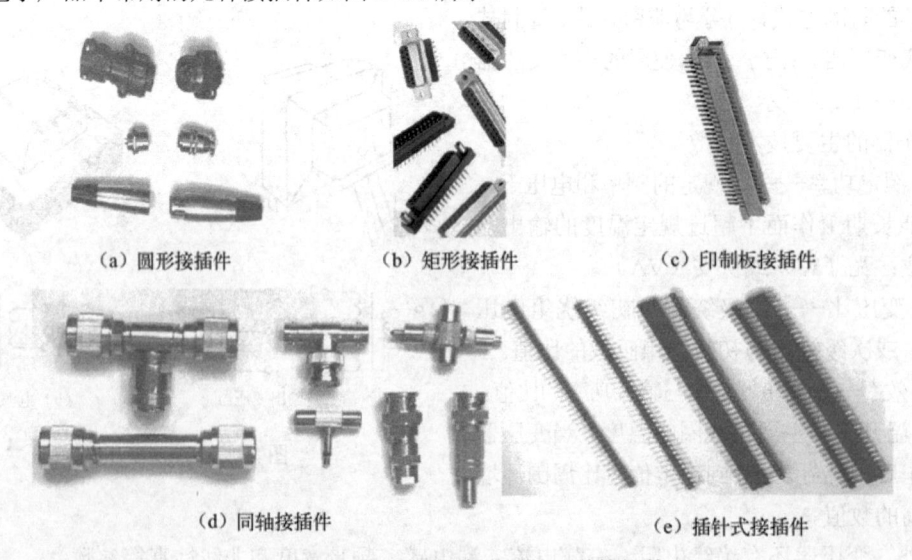

(a) 圆形接插件　　(b) 矩形接插件　　(c) 印制板接插件

(d) 同轴接插件　　(e) 插针式接插件

图 2-30　电子产品中常用的几种接插件

(1) 圆形接插件

圆形接插件俗称航空插头、插座，如图 2-30（a）所示。它有一个标准的螺旋锁紧机构，特点是接点多和插拔力较大，连接较方便，抗振性极好，容易实现防水密封及电磁屏蔽等特殊要求。适用于大电流连通，广泛用于不需要经常插拔的电路板之间或设备整机（插座紧固在金属机箱上）之间的电气连接。这类连接器的接点数目从两个到多达近百个，额定电流可从 1A 到数百安培，工作电压均在 300～500V 之间。

(2) 矩形接插件

矩形接插件（见图 2-30（b））的体积较大，电流容量也较大，并且矩形排列能够充分利用空间，所以这种接插件被广泛用于印制电路板上安培级电流信号的互相连接。有些矩形接插件带有金属外壳及锁紧装置，可以用于机外的电缆之间和电路板与面板之间的电气连接。

(3) 印制板接插件

印制板接插件用于直接连接印制电路板，结构形式有直接型、绕接型、间接型等，如图 2-30（c）所示。印制板插座的型号很多，可分为单排、双排两种，引线数目从 7 线到 100 多线不等。从计算机的主机板上最容易见到印制板插座，用户选择的显卡、声卡等就是通过这种插座与主机板实现连接的。

(4) 同轴接插件

同轴接插件又叫做射频接插件或微波接插件，用于同轴电缆之间的连接，工作频率均在数千兆赫以上，如图 2-30（d）所示。

(5) 插针式接插件

插针式接插件如图 2-30（e）所示。插座可以装配焊接在印制电路板上，这种插接方式多在小型仪器中用于印制电路板的连接。

(6) 带状电缆接插件

带状电缆是一种扁平电缆，从外观看像是几十根塑料导线并排粘在一起。带状电缆占用空间小，轻巧柔韧，布线方便，不易混淆。带状电缆插头是电缆两端的连接器，它与电缆的连接不用焊接，而是靠压力使连接端内的刃口刺破电缆的绝缘层实现电气连接，工艺简单可靠，如图 2-31 所示。带状电缆接插件的插座部分直接装配焊接在印制电路板上。

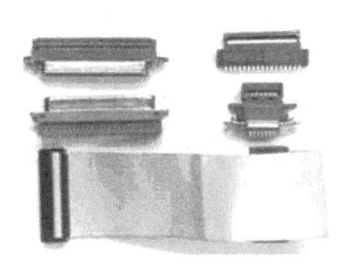

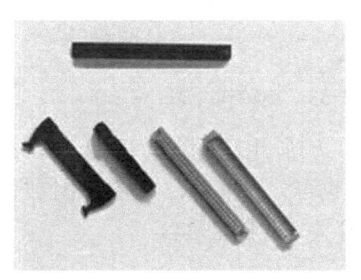

图 2-31 带状电缆接插件

带状电缆接插件用于低电压、小电流的场合，能够可靠地同时连接几路到几十路微弱信号，但不适合用在高频电路中。在高密度的印制电路板之间已经越来越多地使用了带状电缆接插件，特别是在微型计算机中，主板与硬盘、光驱等外部设备之间的电气连接几乎全部使用这种接插件。

(7) 集成电路插座

集成电路插座（见图 2-32）可以方便地插拔芯片，在两种情况下经常使用：产品处于设计试制阶段，芯片可能更换；或者芯片是可编程集成电路，可能需要改写内置的程序。PLCC 是 SMT 集成电路的一种封装方式，插座使 PLCC 成为可插拔的芯片。但在成熟的批量生产的产品中，应当尽量减少使用集成电路插座，不仅因为成本，还因为插座连接不如焊接可靠。

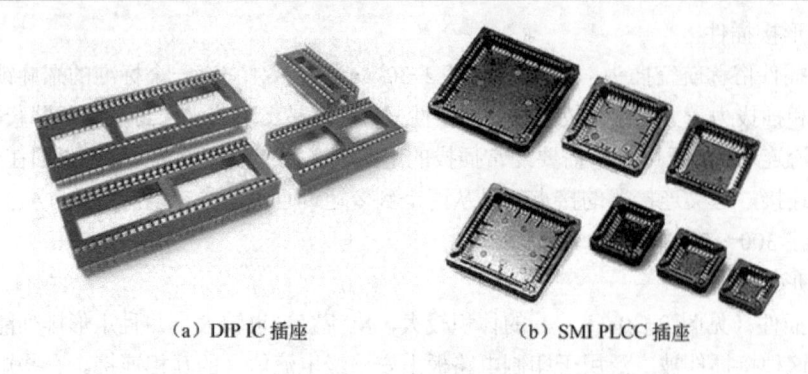

(a) DIP IC 插座　　　　(b) SMI PLCC 插座

图 2-32　集成电路插座

3. 开关

开关在电子产品中用于接通或切断电路，大多数都是手动式机械结构，由于构造简单、操作方便、廉价可靠，使用十分广泛。随着新技术的发展，各种非机械结构的电子开关，如气动开关、水银开关及高频振荡式、感应电容式、霍尔效应式的接近开关等，正在不断出现。这里只简要介绍几种机械类开关。

按照机械动作的方式分类，有旋转式开关、按动式开关和拨动式开关。

开关控制电路的功能，用"×刀×掷"来表示：随某一个机械动作同时联动的接触点数目，俗称"刀"；接触点各种可能的位置，俗称"掷"。例如，某一开关有三组接触点同步动作，每个接触点有两个工作位置，它就叫做3刀2掷的开关。

（1）旋转式开关（见图2-33）

① 波段开关。波段开关如图 2-33（a）所示，分为大、中、小型三种。波段开关靠切入或咬合实现接触点的闭合，可有多刀位、多层型的组合，绝缘体有纸质基板、陶瓷板或玻璃布环氧树脂板等几种。旋转波段开关的中轴带动它各层的接触点联动，同时接通或切断多路电路。波段开关的额定工作电流一般为 0.05～0.3A，额定工作电压为 50～300V。

(a) 波段开关　　　　(b) 刷形开关

图 2-33　旋转式开关

② 刷形开关。刷形开关如图 2-33（b）所示，靠多层簧片实现接点的摩擦接触，额定工作电流可达 1A 以上，也可分为多刀、多层的不同规格。

（2）按动式开关（见图2-34）

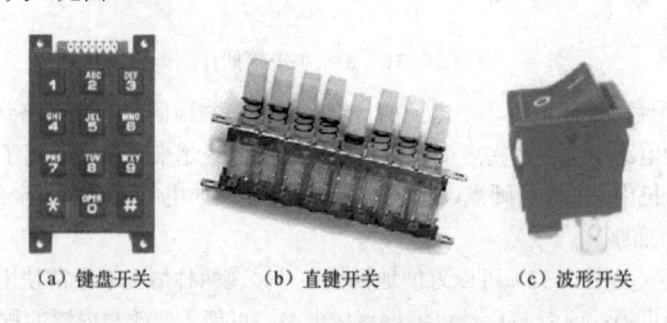

(a) 键盘开关　　　(b) 直键开关　　　(c) 波形开关

图 2-34　按动式开关

① 按钮开关。按钮开关分为大、小型，形状多为圆柱体或长方体，其结构主要有簧片式、

组合式、带指示灯和不带指示灯的几种。按下或松开按钮开关，电路则接通或断开，常用于控制电子设备中的电源或交流接触器。

② 键盘开关。键盘开关如图 2-34（a）所示，多用于计算机（或计算器）中数字式电信号的快速通/断。键盘有数码键、字母键、符号键及功能键，或是它们的组合，其接触形式有簧片式、导电橡胶式和电容式等多种。

③ 直键开关。直键开关俗称琴键开关，属于摩擦接触式开关，有单键的，也有多键的，如图 2-34（b）所示。每一键的触点个数均是偶数（即二刀、四刀、……，以至十二刀）；键位状态可以锁定，也可以是无锁的；可以是自锁的，也可以是互锁的（当某一键按下时，其他键就会弹开复位）。

④ 波形开关。波形开关俗称船形开关，其结构与钮子开关相同，只是把扳动方式的钮柄换成波形而按动换位，如图 2-34（c）所示。波形开关常用做设备的电源开关。其触点分为单刀双掷和双刀双掷的几种，有些开关带有指示灯。

（3）拨动式开关（见图 2-35）

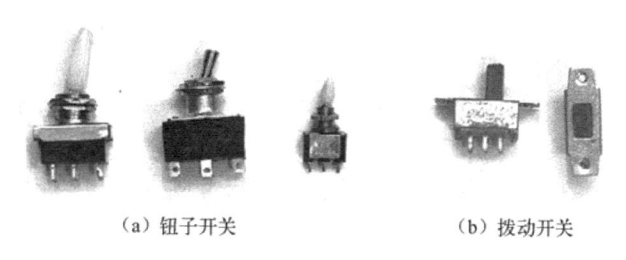

（a）钮子开关　　　（b）拨动开关

图 2-35　拨动式开关

① 钮子开关。图 2-35（a）所示的钮子开关是电子产品中最常用的一种开关，有大、中、小型和超小型的多种，触点有单刀、双刀及三刀的几种，接通状态有单掷和双掷的两种，额定工作电流为 0.5～5A 范围中的多挡。

② 拨动开关。拨动开关如图 2-35（b）所示，一般是水平滑动式换位，切入咬合式接触，常用于计算器、收录机等民用电子产品中。

4．其他连接元件

常见的连接元件还有如图 2-36 所示的接线柱和接线端子。

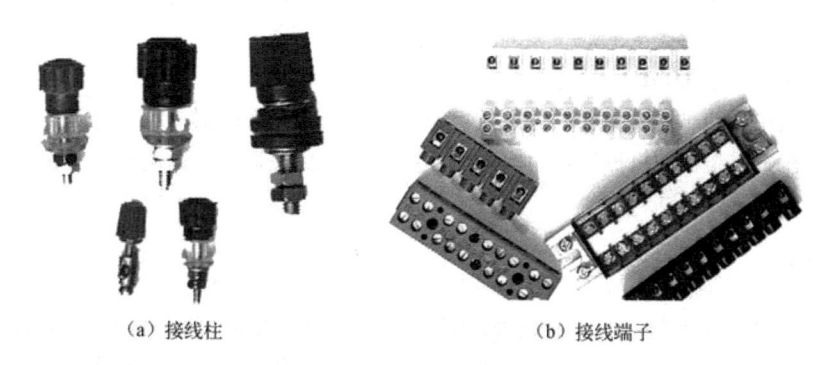

（a）接线柱　　　　　　　　　（b）接线端子

图 2-36　接线柱和接线端子

（1）接线柱：接线柱常用做仪器面板的输入、输出端口，种类很多。
（2）接线端子：常用于大型设备的内部接线。

5. 正确选用开关及接插件

能否正确地选用开关及接插件，对于电子产品可靠性的影响极大，下面是必须考虑的有关问题。

（1）应该严格按照使用和维护所需要的电气、机械、环境要求来选择开关及接插件，不能勉强迁就，否则容易发生故障。例如，在大电流工作的场合，选用接插件的额定电流必须比实际工作电流大很多，否则，电流过载将会引起触点的温度升高，导致弹性元件失去弹性，或者开关的塑料结构熔化变形，使开关的寿命大大降低；在高电压下，要特别注意绝缘材料和触点间隙的耐压程度；插拔次数多或开关频度高的开关及接插件，应注意其镀层的耐磨情况和弹性元件的屈服限度。

（2）为了保证连通，一般应该把多余的接触点并联使用，并联的接触点数目越多，可靠性就越高。设计接触对时，应该尽可能增加并联的点数，保证可靠接触。

（3）要特别注意接触面的清洁。经验证明，接触表面肮脏是开关及接插件的主要故障之一。在购买或领用新的开关及接插件后，应该保持清洁并且尽可能减少不必要的插拔或拨动，避免触点磨损；在装配焊接时，应该注意焊锡、焊剂或油污不要流到接触表面上；如果可能，应该定期清洗或修磨开关及接插件的接触对。

（4）在焊接开关和接插件的连线时，应避免加热时间过长、焊锡和焊剂使用过多，否则可能使塑料结构或接触点损伤变形，引起接触不良。

（5）接插件和开关的接线端要防止虚焊或连接不良，为避免接线端上的导线从根部折断，在焊接后应加装塑料热缩套管。

（6）要注意开关及接插件在高频环境中的工作情况。当工作频率超过 100kHz 时，小型接插件或开关的各个触点上，往往同时分别有高、低电平的信号或快速脉冲信号通过，应该特别注意避免信号的相互串扰，必要时可以在接触对之间加接地线，起到屏蔽作用。高频同轴电缆与接插件连接时，电缆的屏蔽层要均匀梳平，内外导体焊接后都要修光，焊点不宜过大，不允许残留可能引起放电的毛刺。

（7）当信号电流小于几微安时，由于开关内的接触点表面上有氧化膜或污染层，假如接触电压不足以击穿膜层，将会呈现很大的接触电阻，所以应该选用密封型或压力较大的滑动接触式开关。

（8）多数接插件一般都设有定位装置以免插错方向，插接时应该特别注意；对于没有定位装置的接插件，更应该在安装时做好永久性的接插标志，避免使用者误操作。

（9）插拔力大的连接器，安装一定要牢固。对于这样的连接器，要保证机械安装强度足够高，避免在插拔过程中因用力使安装底板变形而影响接触的可靠性。

（10）电路通过电缆和接插件连通以后，不要为追求美观而绷紧电缆，应该保留一定的长度裕量，防止电缆在震动时受力拉断；选用没有锁定装置的多线连接器（如微型计算机系统中的总线插座），应在确定整机的机械结构时采取锁定措施，避免在运输、搬动过程中由于震动冲击引起接触面磨损或脱落。

2.4.6 继电器

继电器是一种自动控制元件。当某种输入信号达到一定量值时，继电器的工作状态发生改变，随之接通或断开控制电路，实现自动控制或保护。它在自动化设备中起到操作、调节、安全保护及监督设备工作状态等作用。其输入量可以是电流、电压等电量，也可以是温度、时间、压力、速度等非电量。

继电器的种类繁多，这里主要介绍常用的小型电磁式继电器、舌簧继电器和无触点的固态继电器。

1. 继电器的命名、分类及参数

(1) 继电器的型号命名

部分国标常用继电器的型号命名见表 2-18。

表 2-18 部分国标常用继电器的型号命名法

第 一 部 分		第 二 部 分				第 三 部 分		第四部分	第 五 部 分	
主称		产品分类				形状特征		序号	防护特性	
符号	含义	符号	含义	符号	含义	符号	含义		符号	含义
J	继电器	R	小功率	S	时间	X	小型	数字	F	封闭式
		Z	中功率	A	舌簧	C	超小型		M	密封式
		Q	大功率	M	脉冲	Y	微型			
		C	电磁	J	特种					
		V	温度							

(2) 继电器的分类

按功率的大小,可分为小、中、大功率继电器;按用途的不同,可分为控制、保护、时间继电器等。

(3) 电磁式继电器的主要参数

① 额定工作电压。继电器正常工作时加在线圈上的电压。额定工作电压可以是交流电压,也可以是直流电压。它随型号的不同而不同。

② 吸合电压或吸合电流。继电器能够产生吸合动作的最小电压或最小电流。为保证吸合动作的可靠性,实际工作电流必须略大于吸合电流,实际工作电压也可以略高于额定电压(但不能超过额定电压的 1.5 倍,否则容易烧毁线圈)。

③ 直流电阻。指线圈的直流电阻值,可以用万用表进行测量。

④ 释放电压或电流。继电器由吸合状态转换为释放状态,所需的最大电压或电流值。其值一般为吸合值的 1/10~1/2。

⑤ 触点负荷。继电器触点允许的电压、电流值。一般,同一型号的继电器中,各触点的负荷是相同的,它决定了继电器的控制能力。

此外,继电器的体积大小、安装方式、尺寸、吸合/释放时间、使用环境、绝缘强度、触点数、触点形式、触点寿命(次数)、触点是控制交流还是直流等,在设计时都需要考虑。

2. 几种常用继电器

(1) 电磁式继电器

电磁式继电器是以电磁系统为主体构成的。图 2-37 所示为电磁式继电器的结构示意图与外观。

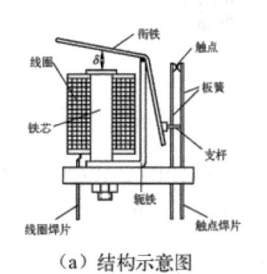

(a) 结构示意图　　(b) 外观

图 2-37 电磁式继电器结构示意图与外观

当继电器线圈通过电流时,在铁芯、轭铁、衔铁和工作气隙 δ 中形成磁通回路,使衔铁受到电磁吸力的作用与铁芯吸合，衔铁带动支杆将板簧推开，把常闭触点断开（或使常开触点接通）。当切断继电器线圈的电流时，电磁力失去，衔铁在板簧的作用下恢复原位，触点又闭合。

电磁式继电器是各种继电器中应用最普遍的一种，它的优点是触点接触电阻很小，结构简单，工作可靠；缺点是动作时间较长，触点寿命较短，体积较大。

（2）舌簧继电器

舌簧继电器是一种结构简单的小型继电器元件。常见的有干簧继电器和湿簧继电器两类。它们具有动作速度快、工作稳定、机电寿命长及体积小等优点。

① 干簧继电器。干簧继电器由一个或多个干式舌簧开关（又称干簧管）和励磁线圈（或永久磁铁）组成，其结构示意图与外观如图 2-38 所示。在干簧管内有一组导磁簧片，封装在充有惰性气体的玻璃管内，导磁簧片又兼做接触簧片，起着电路开关和导磁的双重作用。

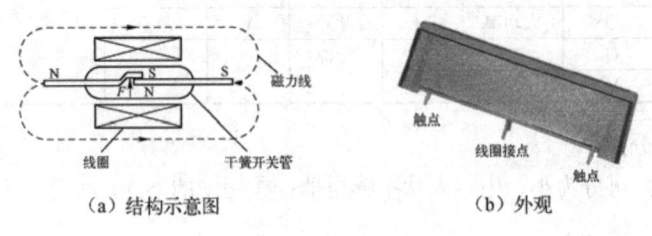

（a）结构示意图　　（b）外观

图 2-38　干簧继电器结构示意图与外观

当给线圈通以电流或将磁铁接近干簧管时，两个簧片的端部形成极性相反的磁极而相互吸引。当吸引力 F 大于簧片的反力时，两者接触，使常开触点闭合；当线圈中的电流减小或磁铁远离时，使簧片间的吸引力 F 小于簧片的反力，则动簧片又返回到初始位置，触点断开。

② 湿簧继电器。湿簧继电器是在干簧继电器的基础上发展起来。它是在干簧管内充入了水银和高压氢气，使触点被水银浸润而成为汞润触点，氢气不断地净化触点上的水银，使触点一直被纯净的汞膜保护着。这种充入水银的簧管就成了湿簧管。用湿簧管制成的舌簧继电器称为湿簧继电器。

（3）固态继电器

固态继电器是指由电子元器件组成的固体无触点开关，简称 SSR（Solid State Relay）。它最初是作为一种高性能的新型继电器问世的，但它对被控电路优异独特的通/断能力，使它的使用功能迅速从一般继电器的范畴扩大到代替电源开关，即直接利用它的控制灵活、工作长寿可靠、防暴耐振、无声运行的特点来通/断电气设备中的电源。

① 固态继电器的结构。按使用场合，固态继电器（SSR）可以分为交流型和直流型两大类。它们的外形如图 2-39 所示。

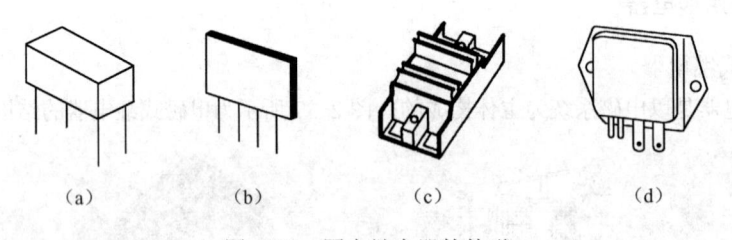

（a）　　（b）　　（c）　　（d）

图 2-39　固态继电器的外形

② 交流型 SSR 的工作原理。交流型 SSR 内部电路如图 2-40（a）所示，它有两个输入端、两个输出端。工作时，只要在输入端加上一定的控制信号，便通过光电耦合器控制输出端的"通"与"断"。既有控制信号在输入、输出端之间的耦合功能，又能在电气上断开输入与输出间的直接连接，起良好的绝缘隔离作用。同时，由于输入端的负载是发光二极管，这使 SSR 的输入端很容易做到与信号电平相匹配，在使用中能直接受计算机的逻辑电平控制。

③ 直流型 SSR 的工作原理。图 2-40（b）是近年发展的多用途直流开关的内部电路，它其实就是为直流型 SSR。它相当于一个大功率光电耦合器，其输出电路像三极管一样，有一般截止区、线性区和饱和区。当输入电压足够大时，就进入饱和区（见图 2-41），它对输入端的控制电压要求比较高，限制在一定范围内。

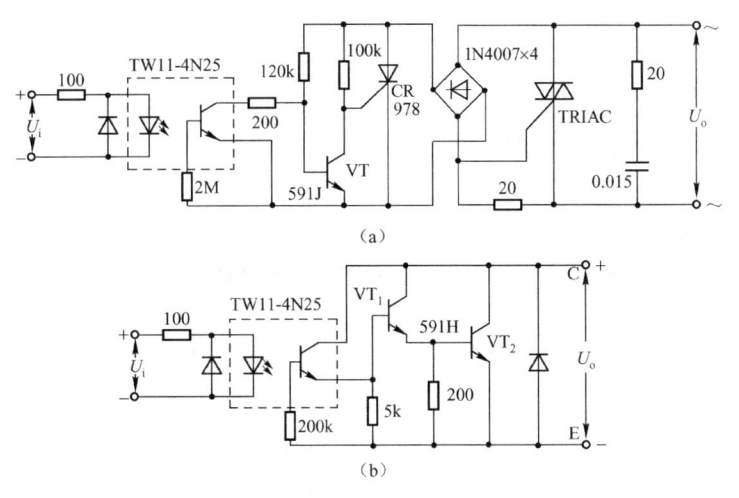

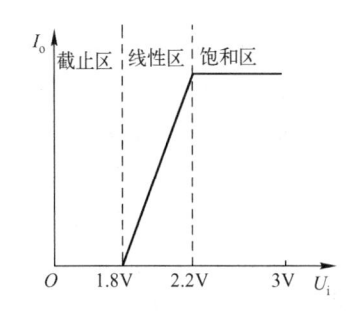

图 2-40　固态继电器的内部电路

图 2-41　直流型 SSR 的转移特性

④ SSR 的主要参数。SSR 的参数分输入参数和输出参数，表 2-19 列出了某国产 SSR 的参数范围，供选用时参考。

表 2-19　SSR 的主要参数

	参　数	典型数值	
		交　流　型	直　流　型
输入	输入电压（V）	3～30	
	输入电流（mA）	3～30	
	临界导通电压（V）	≤3	
	临界导通电流（mA）	≥1	
	释放电压（V）	≥1	
输出	额定工作电压（V）	30～380	4～50
	额定工作电流（A）	1～25	1～3
	过零电压（|V|）	5～25	1
	浪涌电流/工作电流（倍）	10	—
	通态压降（V）	≤1.5～1.8	≤1.5
	通态电阻（Ω）		≤20
	断态漏电流（mA）	≤5～8	<0.01
	断态电阻（MΩ）	≤2	≤2
	接通与关断时间（ms）	<10	<0.1
	工作频率（Hz）	45～65	—
	输入/输出绝缘电阻（mΩ）	≥10^3	
	输入/输出绝缘电压（kV）	≥1～2	

2.4.7　半导体分立器件

半导体分立器件自从 20 世纪 50 年代问世，曾为电子产品的发展起了重要的作用。现在，虽然集成电路已经广泛使用,并在不少场合取代了晶体管,但是应该相信,晶体管到任何时候都不会被全部废弃。因为晶体管有其自身的特点,还会在电子产品中发挥其他元器件所不能取代的作用。所以,晶体管不仅不会被淘汰,而且一定还将有所发展。

晶体管的应用原理、性能特点等知识,在电子学课程中已经详细介绍过,这里简要介绍实际应用中的工艺知识。

1. 常用半导体分立器件及其分类

按照习惯,通常把半导体分立器件分成如下类别:
● 半导体二极管
普通二极管:整流二极管、检波二极管、稳压二极管、恒流二极管、开关二极管等。
特殊二极管(微波二极管):变容二极管、雪崩二极管、SBD、TD、PIN 管等。
● 双极型晶体管
锗管:高频小功率管(合金型、扩散型)、低频大功率管(合金型、台面型)。
硅管:低频大功率管、大功率高反压管(扩散型、扩散台面型、外延型)、高频小功率管、超高频小功率管、高速开关管(外延平面工艺)、低噪声管、微波低噪声管、超 β 管(外延平面型、薄外型、钝化技术)、高频大功率管、微波功率管(外延平面型、覆盖型、网状结构、复合型)。
专用器件:单结晶体管、可编程晶体管。
● 功率整流器件
晶闸管整流器(SCR)、硅堆。
● 场效应晶体管
结型硅管:N 沟道(外延平面型)、P 沟道(双扩散型)、隐埋栅、V 沟道(微波大功率)。
结型砷化镓管:微波低噪声、微波大功率(肖特基势垒栅);
硅 MOS 耗尽型:N 沟道、P 沟道;
硅 MOS 增强型:N 沟道、P 沟道。

(1)二极管

按照结构工艺不同,半导体二极管可以分为点接触型和面接触型。点接触型二极管 PN 结的接触面积小,结电容小,适用于高频电路,但允许通过的电流和承受的反向电压也比较小,所以只适合在检波、变频等电路中工作。面接触型二极管 PN 结的接触面积大,结电容比较大,不适合在高频电路中使用,但它可以通过较大的电流,多用于频率较低的整流电路。

半导体二极管可以用锗材料或用硅材料制造。锗二极管的正向电阻很小,正向导通电压约为 0.2V,但反向漏电流大,温度稳定性较差,现在在大部分场合被肖特基二极管(正向导通电压约为 0.2V)取代。硅二极管的反向漏电流比锗二极管小很多,缺点是需要较高的正向电压(约 0.5~0.7V)才能导通,只适用于信号较强的电路。

二极管应该按照极性接入电路,大部分情况下,应该使二极管的正极(或称阳极)接电路的高电位端,而稳压二极管的负极(或称阴极)要接电源的正极,其正极接电源负极。

(2)双极型三极管

三极管的种类很多,按照结构工艺分类,有 PNP 型和 NPN 型。按照制造材料分类,有锗管和硅管。锗管的导通电压低,更适合在低电压电路中工作;但硅管的温度特性比锗管稳定,穿透电流 I_{ceo} 很小。按照工作频率分类,低频管可以用在工作频率为 3MHz 以下的电路中;高频管的工作频率可以达到几百兆赫兹甚至更高。按照集电极耗散的功率分类,小功率管的额定功率在 1W 以下,而大功率管的额定功率可达几十瓦以上。

（3）场效应晶体管

和普通双极型三极管相比，场效应晶体管有很多特点。从控制作用来看，三极管是电流控制器件，而场效应管是电压控制器件。场效应晶体管栅极的输入电阻非常高，一般可达几百兆欧甚至几千兆欧，所以对栅极施加电压时，基本上不分取电流，这是一般三极管不能与之相比的。另外，场效应管还具有噪声低、动态范围大等优点。场效应晶体管广泛应用于数字电路、通信设备和仪器仪表，已经在很多场合取代了双极型三极管。

场效应晶体管的三个电极分别叫做漏极（D）、源极（S）和栅极（G），可以把它们类比作普通三极管的 c、e、b 三极，而且 D、S 极能够互换使用。场效应管分为结型场效应管和绝缘栅型场效应管两种。

2. 半导体分立器件的型号命名

按照国家标准规定，国产半导体分立器件的型号命名见表 2-20。

表 2-20　国产半导体分立器件的型号命名

第一部分		第二部分		第三部分		第四部分	第五部分
用数字表示器件的电极数目		用汉语拼音字母表示器件的材料和极性		用汉语拼音字母表示器件的类别		用数字表示器件序号	用汉语拼音字母表示规格号
符号	含义	符号	含义	符号	含义		
2	二极管	A	N 型锗材料	P	普通管		
				V	微波管		
				W	稳压管		
		B	P 型锗材料	C	参量管		
				Z	整流器		
		C	N 型硅材料	L	整流堆		
				S	隧道管		
		D	P 型硅材料	N	阻尼管		
				U	光电器件		
				K	开关管		
3	三极管	A	PNP 型锗材料	X	低频小功率管（f_α<3MHz，P_C<1W）		
		B	NPN 型锗材料	G	高频小功率管（f_α≥3MHz，P_C<1W）		
		C	PNP 型硅材料	D	低频大功率管（f_α<3MHz，P_C≥1W）		
		D	NPN 型硅材料	A	高频大功率管（f_α≥3MHz，P_C≥1W）		
		E	化合物材料	U	光电器件		
				K	开关管		
				I	可控整流器		
				Y	体效应器件		
				B	雪崩管		
				J	阶跃恢复管		
				CS	场效应器件		
				BT	半导体特殊器件		
				FH	复合管		
				PIN	PIN 型管		
				JG	激光器件		

近年来，国内生产半导体器件的各厂家纷纷引进外国的先进生产技术，购入原材料、生产设备及全套工艺标准，或者直接购入器件管芯进行封装。因此，市场上多见的是按照国外产品型号命名的半导体器件，符合国家标准命名的器件反而不易买到。在选用进口半导体器件时，应该仔细查阅有关技术资料，比较性能指标。

3. 半导体分立器件的封装及引脚

常见的晶体管的封装及引脚如图 2-42 所示。

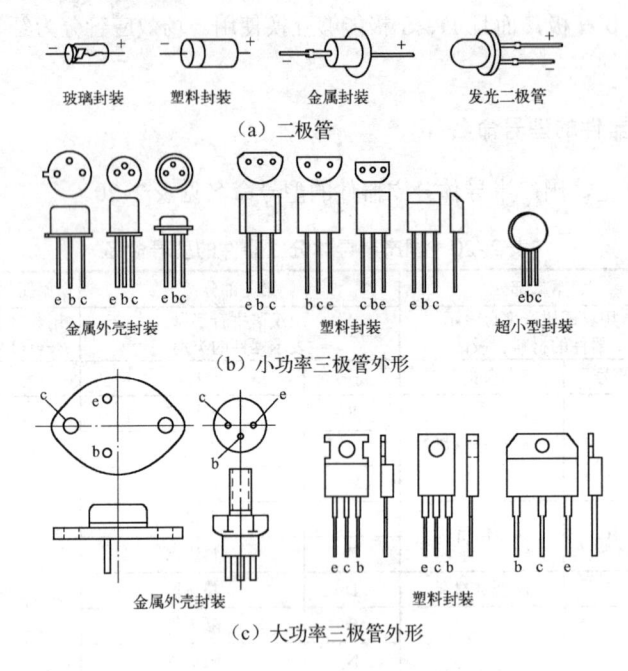

图 2-42 常见的晶体管的封装及引脚

4. 选用半导体分立器件的注意事项

晶体管正常工作需要一定的条件。如果工作条件超过允许的范围，则晶体管不能正常工作，甚至造成永久性的损坏。为使晶体管能够长期稳定运行，必须注意下列事项。

（1）二极管

① 切勿使电压、电流超过器件手册中规定的极限值，并应根据设计原则选取一定的裕量。

② 允许使用小功率电烙铁进行焊接，焊接时间应该小于 3~5s，在焊接点接触型二极管时，要注意保证焊点与管芯之间有良好的散热。

③ 玻璃封装的二极管引线的弯曲处距离玻璃管体不能太近，一般至少 2mm。

④ 安装二极管的位置尽可能不要靠近电路中的发热元件。

⑤ 接入电路时必须注意二极管的极性。通常，一般二极管的阳极接电路的高电位端，阴极接高电位端；而稳压二极管则与此相反。

（2）三极管

使用三极管的注意事项与二极管基本相同，此外还有如下几点。

① 安装时要分清不同电极的引脚位置，焊点距离管壳不得太近。

② 大功率管的散热器与管壳的接触面应该平整光滑，中间应该涂抹有机硅脂以便导热并减少腐蚀；要保证固定三极管的螺钉松紧一致。

③ 对于大功率管,特别是外延型高频功率管,在使用中要防止二次击穿。所谓二次击穿是指这样一种现象:三极管在工作时,可能 V_{ce} 并未超过 BV_{ceo},P_c 也未达到 P_{cm},而三极管已被击穿损坏了。为了防止二次击穿,就必须大大降低三极管的使用功率和工作电压。其安全工作区的判定,应该依据厂家提供的资料,或在使用前进行必要的检测筛选。

注意:大功率管的功耗能力并不服从等功耗规律,而是随着工作电压的升高,其耗散功率相应减小。对于相同功率的三极管而言,低电压、大电流的工作条件要比在高电压、小电流下使用更为安全。

(3) 场效应管

① 结型场效应管和一般晶体三极管的使用注意事项相仿。

② 对于绝缘栅型场效应管,应该特别注意避免栅极悬空,即栅、源两极之间必须经常保持直流通路。因为它的输入阻抗非常高,所以栅极上的感应电荷就很难通过输入电阻泄漏,电荷的积累使静电电压升高,尤其是在极间电容较小的情况下,少量电荷就会产生很高的电压,以至往往管子还未经使用,就已被击穿或出现指标下降的现象。

为了避免上述原因对绝缘栅型场效应管造成损坏,在存储时应把它的三个电极短路;在采用绝缘栅型场效应管的电路中,通常是在它的栅、源两极之间接入一个电阻或稳压二极管,使积累电荷不致过多或使电压不致超过某一界限;焊接、测试时应该采取防静电措施,电烙铁和仪器等都要有良好的接地线;使用绝缘栅型场效应管的电路和整机,外壳必须良好接地。

2.4.8 集成电路

集成电路是利用半导体工艺或厚膜、薄膜工艺,将电阻、电容、二极管、双极型三极管、场效应晶体管等元器件按照设计要求连接起来,制作在同一硅片上,成为具有特定功能的电路。这种器件打破了电路的传统概念,实现了材料、元器件、电路的三位一体,与分立元器件组成的电路相比,具有体积小、功耗低、性能好、质量轻、可靠性高、成本低等许多优点。几十年来,集成电路的生产技术取得了迅速的发展,集成电路得到了极其广泛的应用。

1. 集成电路的基本类别

按照集成电路的制造工艺分类,可以分为:
- 半导体集成电路;
- 薄膜集成电路;
- 厚膜集成电路;
- 混合集成电路。

用平面工艺(氧化、光刻、扩散、外延工艺)在半导体晶片上制成的电路称为半导体集成电路(也称单片集成电路)。

用厚膜工艺(真空蒸发、溅射)或薄膜工艺(丝网印刷、烧结)将电阻、电容等无源元件连接制作在同一片绝缘衬底上,再焊接上晶体管管芯,使其具有特定的功能,叫做厚膜或薄膜集成电路。如果再装焊上单片集成电路,则称为混合集成电路。

目前使用最多的是半导体集成电路。半导体集成电路按有源器件分类为双极型、MOS 型和双极-MOS 型集成电路;按集成度分类,有 SSI(小规模:集成了几个门或几十个元件)、MSI(中规模:集成了一百个门或几百个元件以上)、LSI(大规模:一万个门或十万个元件)、VLSI、ULSI(超大规模:十万个元件以上)集成电路;按照功能分类,有数字集成电路和模拟集成电路两大类。半导体集成电路的主要分类见表 2-21。

表 2-21　半导体集成电路的主要分类

数字集成电路	门电路（与、或、非、与非、或非、与或非门等）	
	触发器（R-S、D、J-K 触发器等）	
	功能部件（半加器、全加器、译码器、计数器等）	
	存储器	随机存储器（RAM）
		只读存储器（ROM）
		移位寄存器等（SR）
	微处理器（CPU）	
	可编程器件	PROM, EPROM, E^2 PROM
		PLA
		PAL
		GAL, FPGA, EPLD
		Hardwire LCA
		其他
	其他	
模拟集成电路	线性集成电路	直流运算放大器
		音频放大器
		宽带放大器
		高频放大器
		其他
	非线性集成电路	电压调整器
		比较器
		读出放大器
		模/数（数/模）转换器
		模拟乘法器
		晶闸管触发器
		其他

(1) 数字集成电路

数字电路是能够传输"0"和"1"两种状态信息并完成逻辑运算的电路。与模拟电路相比，数字电路的工作形式简单、种类较少、通用性强、对元器件的精度要求不高。数字电路中最基本的逻辑关系有"与"、"或"、"非"三种，再由它们组合成各类门电路和某一特定功能的逻辑电路，如触发器、计数器、寄存器、译码器等。

用双极性三极管或 MOS 场效应晶体管作为核心器件，可以分别制成双极型数字集成电路或 MOS 场效应数字集成电路。

① 双极型数字集成电路。是用半导体三极管作为核心器件的数字集成电路。在各种集成电路中，衡量器件性能的一项重要指标是工作速度。对于 TTL 电路（也称晶体管-晶体管逻辑）电路来说，传输速度可以做得很高，这是 MOS 电路所不及的。另外，在双极型集成电路中，还有一般为低速的 DTL（二极管-晶体管逻辑）电路，一般为高速的 ECL（高速逻辑）电路及 HTL（高阈值逻辑）电路。常用的双极型数字集成电路有 54××、74××、74LS×× 系列。

② MOS 场效应数字集成电路。包括 CMOS、PMOS、NMOS 三大类，具有构造简单、集成度高、功耗低、抗干扰能力强、工作温度范围大等特点。因此，MOS 场效应数字集成电路广泛应用于计算机电路。常用的 CMOS 场效应数字集成电路有 4000、74HC×× 系列。

③ 大规模数字集成电路（LSI、VLSI、ULSI）。LST、VLSI、ULSI 电路同普通集成电路一样，也分为双极型和 MOS 型两大类。由于 MOS 电路具有集成度易于提高、制造工艺简单、成品率高、功耗低等许多优点，所以这些电路多采用 MOS 工艺。计算机电路中的 CPU、ROM（只读

存储器)、RAM（随机存储器）、EPROM（可编程只读存储器）及多种电路均属于此类。

(2) 模拟集成电路

除了数字集成电路，其余的集成电路统称为模拟集成电路。模拟集成电路的精度高、种类多、通用性小。按照电路输入信号和输出信号的关系，模拟集成电路还分类为线性集成电路和非线性集成电路。

① 线性集成电路。指输出、输入信号呈线性关系的集成电路。它以直流放大器为核心，可以对模拟信号进行各种数学运算，所以又称为运算放大器。线性集成电路广泛应用在消费类、自控及医疗等电子设备上。这类电路的型号很多，功能多样。根据功能可分类如下：

- 通用型——低增益、中增益、高增益、高精度。
- 专用型——高输入阻抗、低漂移、低功耗、高速度。

② 非线性集成电路。大多是专用集成电路，其输入、输出信号通常是模拟-数字、交流-直流、高频-低频、正-负极性信号的混合，很难用某种模式统一起来。例如，用于通信设备的混频器、振荡器、检波器、鉴频器、鉴相器，用于工业检测控制的模-数隔离放大器、交-直流变换器，稳压电路及各种消费类家用电器中的专用集成电路，都是非线性集成电路。

2. 集成电路的型号与命名

近年来，集成电路的发展十分迅速，特别是中、大规模集成电路的发展，使各种性能的通用、专用集成电路大量涌现，类别之广、型号之多令人眼花缭乱。国外各大公司生产的集成电路在推出时已经自成系列，但除了表示公司标志的电路型号字头有所不同以外，一般来说在数字序号上基本是一致的。大部分数字序号相同的器件，功能差别不大而可以代换。因此，在使用国外集成电路时，应该查阅手册或几家公司的产品型号对照表，以便正确选用器件。

在国内，半导体集成电路研制生产的起步并不算晚，但由于设备条件和工艺水平落后，除了产品类型不如国外多样，更主要的问题在于质量不够稳定，特别是大多数品种的生产成品率很低，使平均成本过高，无法在市场商品竞争中处于有利的地位。近年来，国内半导体器件的生产厂家通过技术设备引进，在发展微电子产品技术方面取得了一些进步。国家标准规定，国产集成电路的型号命名由四部分组成，见表2-22。

表 2-22 国家标准规定的国产集成电路的型号命名

第 一 部 分		第 二 部 分	第 三 部 分	第 四 部 分	
用汉语拼音字母表示电路的类型		用三位数字表示电路的系列和品种号	用汉语拼音字母表示电路的规格	用汉语拼音字母表示电路的封装	
符号	含义			符号	含义
T	TTL			A	陶瓷扁平
H	HTL			B	塑料扁平
E	ECL			C	陶瓷双列
I	IIL			D	塑料双列
P	PMOS			Y	金属圆壳
N	NMOS			F	F 型
C	CMOS				
F	线性放大器				
W	集成稳压器				
J	接口电路				
…	…				

过去，国产集成电路大部分按照国家标准命名，也有一些是按照企业自己规定的标准命名的；

现在，国产集成电路的命名方法有和国际系列靠拢的趋势，采用国家标准命名的集成电路目前在市场上不易见到。

常见的集成电路多为美国 IEC、西德 DIN 或日本 JIS 标准系列的产品，或是国内厂家购入进口管芯封装的产品，例如：

- 54 系列、74 系列和 74LS 系列——TTL 电路；
- 4000 系列、74HC 系列——CMOS 电路；
- 其他电路。

3. 集成电路的封装

集成电路的封装，按材料基本分为金属、陶瓷、塑料三类，按电极引脚的形式分为通孔插装式及表面组装式两类。这几种封装形式各有特点，应用领域也有区别。这里先介绍通孔插装式引脚的集成电路封装。

（1）金属封装

金属封装散热性好，可靠性高，但安装使用不够方便，成本较高。这种封装形式常见于高精度集成电路或大功率器件。符合国家标准的金属封装有 T 型和 K 型两种，外形尺寸如图 2-43 所示。

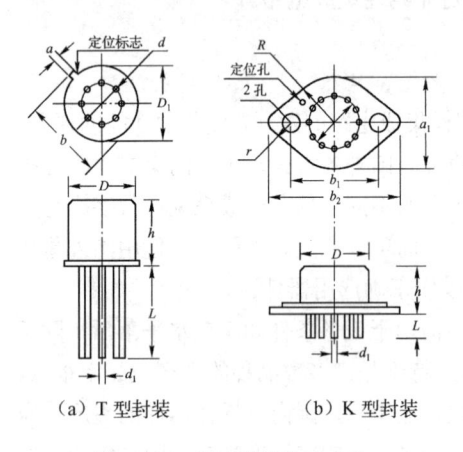

（a）T 型封装　　（b）K 型封装

图 2-43　金属封装集成电路

（2）陶瓷封装

国家标准规定的陶瓷封装集成电路可分为扁平型（A 型，见图 2-44（a））和双列直插型（C 型，国外一般称为 DIP 型，见图 2-44（b））两种。但 A 型封装的陶瓷扁平集成电路的水平引脚较长，现在被引脚较短的 SMT 封装所取代，已经很少见到。双列直插型陶瓷封装的集成电路，随着引脚数的增加，已经发展到 PGA（Ceramic Pin Grid Array）形式，图 2-44（c）是计算机 CPU 的陶瓷 PGA 型封装。

（3）塑料封装

塑料封装是最常见的封装形式，最大特点是工艺简单、成本低，因而被广泛使用。国家标准规定的塑料封装的形式，可分为扁平型（B 型）和双列直插型（D 型）两种。

（a）扁平型　　（b）双列直插型　　（c）陶瓷 PGA 型

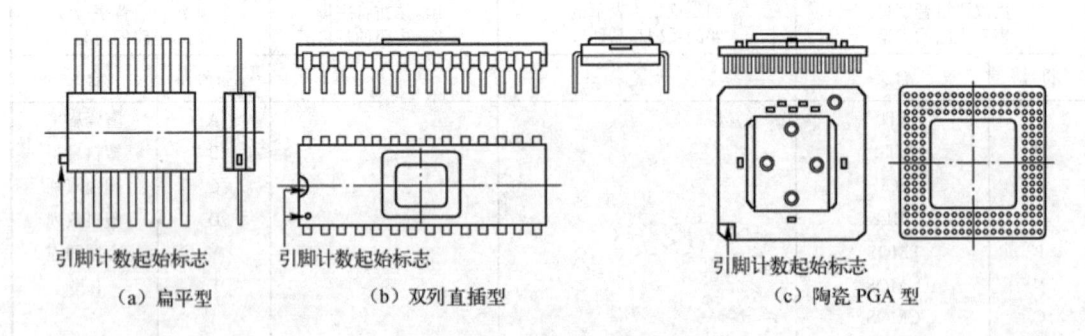

图 2-44　陶瓷封装集成电路

随着集成电路品种规格的增加和集成度的提高，电路的封装已经成为一个专业性很强的工艺技术领域。现在，国内外的集成电路封装名称逐渐趋于一致，无论是陶瓷材料的还是塑料材料的，均按集成电路的引脚布置形式来区分。图 2-45 是当前常见的各种典型的集成电路封装。图（a）、 (b)、(c)、(d) 所示三种封装，多用于音频前置放大、功率放大集成电路。

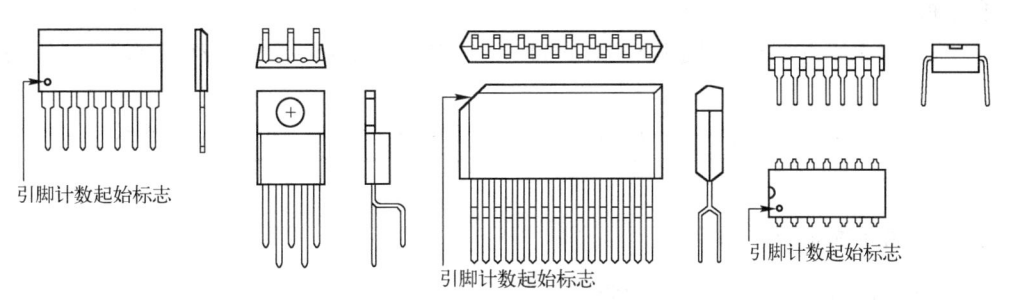

(a) 塑料单列封装 Plastic SIP (Single In-line Package)　　(b) 塑料 V-DIP 型封装 Plastic V-DIP (Vertical Dual In-line Package)　　(c) 塑料 ZIP 型封装 Plastic ZIP (Zigzag In-line Package)　　(d) 塑料 DIP 型封装 Plastic DIP (Dual In-line Package)

图 2-45　典型的塑料封装集成电路

中功率器件为降低成本、方便使用，现在也大量采用塑料封装形式。但为了限制温升并有利于散热，通常都同时封装一块导热金属板，便于加装散热片。

4．使用集成电路的注意事项

（1）工艺筛选

工艺筛选的目的，在于将一些可能早期失效的器件及时淘汰出来，保证整机产品的可靠性。由于从正常渠道供货的集成电路在出厂前都要进行多项筛选试验，可靠性通常都很高，用户在一般情况下也就不需要进行老化或筛选了。问题在于，常有一些从非正常渠道进货的不良集成电路在市场中鱼目混珠。所以，实行了科学质量管理的企业，都把元器件的使用筛选作为整机产品生产的第一道工序。特别是那些对设备及系统的可靠性要求很高的产品，更必须对元器件进行使用筛选。

事实上，每一种集成电路都有多项技术指标，而对于使用这种集成电路的具体产品，往往并不需要用到它的全部功能及技术指标的极限。这样，就为元器件的使用筛选留出了很宽的余地。有经验的电子工程技术人员都知道，对廉价元器件进行关键指标的使用筛选，既可以保证产品的可靠性，也有利于降低产品的成本。

（2）正确使用

① 在使用集成电路时，其负荷不允许超过极限值；当电源电压变化不超出额定值±10%的范围时，集成电路的电气参数应符合规定标准；在接通或断开电源的瞬间，不得有高电压产生，否则将会击穿集成电路。

② 输入信号的电平不得超出集成电路电源电压的范围（即输入信号的上限不得高于电源电压的上限，输入信号的下限不得低于电源电压的下限；对于单个正电源供电的集成电路，输入电平不得为负值）。必要时，应在集成电路的输入端增加输入信号电平转换电路。

③ 一般情况下，数字集成电路的多余输入端不允许悬空，否则容易造成逻辑错误。"与门"、"与非门"的多余输入端应该接电源正端，"或门"、"或非门"的多余输入端应该接地（或电源负端）。为避免多余端，也可以把几个输入端并联起来，不过这样会增大前级电路的驱动电流，影响前级的负载能力。

④ 数字集成电路的负载能力一般用扇出系数 N_O 表示，但它所指的情况是用同类门电路作为负载。当负载是继电器或发光二极管等需要大电流的元器件时，应该在集成电路的输出端增加驱动电路。

⑤ 使用模拟集成电路前，要仔细查阅它的技术说明书和典型应用电路，特别注意外围元件

的配置，保证工作电路符合规范。对线性放大集成电路，要注意调整零点漂移、防止信号堵塞、消除自激振荡。

⑥ 民用级集成电路的使用温度一般在-30～+85℃。在系统布局时，应使集成电路尽量远离热源。

⑦ 在手工焊接电子产品时，一般应该最后装配焊接集成电路；不要使用功率大于 45W 的电烙铁，每次焊接时间不得超过 10s。

5. 集成电路的防静电知识

大量使用集成电路、电子产品的装配密度迅速提高，使防静电成为企业必须重视的关键工艺问题之一。在现代电子产品制造企业里，采取有效的防静电措施对于保证安全生产，是非常重要的。除了在设计上采取一系列防静电方案以外，在生产制造、材料保管过程中也必须采用防静电的装备和材料。

（1）静电的产生与释放

在企业的生产环境里，可能产生静电的物质或活动是常见的：由于摩擦、电磁感应、光电效应、游离辐射及与带电物体接触等原因，电荷发生了不平衡的转移，导致物体表面出现多余或不足的静态电荷，称为静电。例如，人在车间里工作，活动的摩擦及设备的运行，都可能产生静电。

静电电荷可以在不同电势的物体之间转移——放电。不正常的静电放电，可能造成异常的高电压和瞬间的大电流，使电子元器件的性能变坏甚至失效，也会干扰电子产品的正常工作。

在电子产品的制造过程中，假如不能有效地避免静电的积累，或为可能产生的静电提供有效的释放渠道，对电子产品就是极其危险的。因此，自从 MOS 器件和集成电路被大量应用以来，防静电一直是保证产品质量和安全的重要课题。

（2）静电损伤元器件的形态

静电对元器件的损伤可能有几种形态：静电产生的大电流，会使半导体器件的结点发生热熔性崩溃，造成不正常的断路；静电产生的高电压，会使电子元器件、特别是 MOS 半导体器件的绝缘层被击穿，发生不正常的短路；静电还会让元器件的性能逐渐下降，使整机电子产品存在隐性故障，在工作过程中随时发生失效。

（3）保管电子元器件必须采取的防静电措施

① 储存、保管电子元器件的场所应该张贴防静电警示标志。

② 储存、保管电子元器件的仓库环境不能过于干燥，应该把空间的相对湿度控制在 40%～60% 的范围之内。湿度比较高，有利于避免静电积累。

③ 存放电子元器件的货架必须使用金属（导体）材料制作，货架应该具备接地设施。在存储 MOS 集成电路时，必须将其收藏在金属盒内或用金属箔包装起来，防止外界电场将栅极击穿。

④ 取用电子元器件，假如要对原供货商提供的包装拆封，必须使用防静电的容器分装，绝对不能用普通塑料袋包装。

⑤ 工作人员存放、取用电子元器件时，必须佩带防静电环腕带，并保证腕带良好接地。

（4）生产操作过程的防静电措施

对于 MOS 集成电路，要特别防止栅极静电感应击穿。一切测试仪器（特别是信号发生器和交流测量仪器）、电烙铁及线路本身，均须良好接地。当 MOS 电路的源-漏电压加载时，若栅极输入端悬空，很容易因静电感应造成击穿，损坏集成电路。对于使用机械开关转换输入状态的电路，为避免输入端在拨动开关的瞬间悬空，应该在输入端接一个几十千欧的电阻到电源正极（或负极）上。

2.4.9 光电器件

二十多年以来，光电器件是发展最快的电子元器件：高亮度的发光二极管已经在照明光源领域迅速占有一席之地；中国已经成为太阳能电池（光伏器件）的最主要生产国；光电耦合电路成为自动控制产品最基本的输入单元。

1. 发光二极管

（1）结构和工作原理

发光二极管（LED）采用砷化镓、镓铝砷和磷化镓等材料制成，是将电能转化为光能的一种器件，其电路符号及其伏安特性如图 2-46 所示。发光二极管也具有单向导电性，工作在正向偏置状态，但它的正向导通电压降比较大，一般为 1.5～2V，当正向电流达到 2mA 时，发光二极管开始发光，而且光线强度的增加与电流强度成正比。晶体材料及其所掺杂质决定了发光二极管的光线颜色，常见颜色有红色、黄色、绿色和蓝色。按照 LED 所发出的光或发光的形式分类，还可以分为普通单色光、高亮度光、超高亮度光、变色光、闪烁光、红外光及电压控制型发光和负阻发光等。

（a）发光二极管的电路符号　　（b）伏安特性

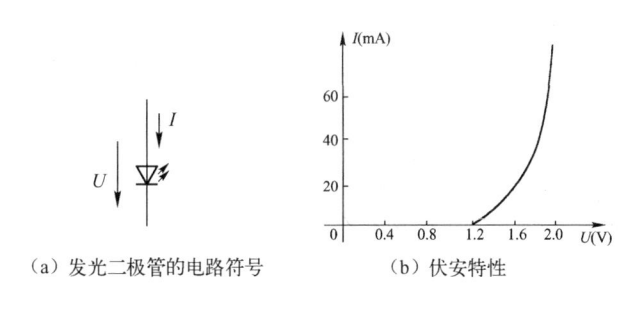

图 2-46　发光二极管的电路符号及其伏安特性

在一般电子产品中，发光二极管主要用做显示器件，用来指示电子产品的工作状态。使用 LED 时，应该串接限流电阻，该电阻的阻值大小应根据电路的工作电压和电流来选择。图 2-47 是电子产品中常见发光二极管的外形。

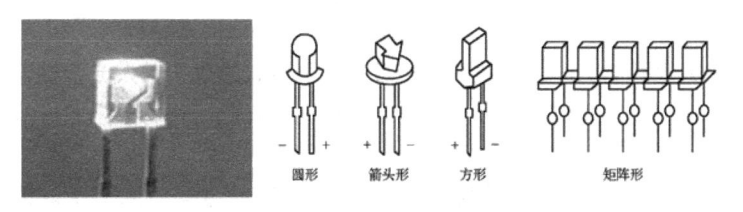

圆形　箭头形　方形　　矩阵形

图 2-47　发光二极管的常见外形

（2）发光二极管的特征参数和极限参数

发光二极管的主要特征参数有发光面积 A、发光强度 I_V 等。

发光二极管的极限参数有最大允许正向直流电流 I_{Fmax}，最大允许反向电压 V_{Rmax}，最大允许功耗 P_{TOT}，允许的环境温度范围 U_T。电子产品中使用的一般发光二极管的典型参数如下：$I_{Fmax}≈50mA$；$V_{Rmax}≈3V$；$P_{TOT}≈120mW$；$U_T≈-40～+100℃$。

（3）发光二极管作为照明光源

近年来的技术进步使发光二极管迅速成为新兴的照明光源：LED 不但极为长寿，而且坚固耐用，体积细小，开关迅速；比较相同的发光强度，LED 的用电量大约为白炽灯的 20%，寿命比白炽灯长 25 倍,照明的二氧化碳排放量很低。可以预见,LED 技术最终将取代所有白炽灯,引领人们进入一个全新的照明时代。

当发光二极管作为照明光源时,驱动电路有四种类型,即直流驱动电路、交流驱动电路、脉冲驱动电路、变色发光驱动电路。

2. 数码管与发光二极管点阵

发光二极管可以制成显示数字的数码管和显示字符或图形的点阵式显示器,如图 2-48 所示。

(1)由发光二极管组成的数码管(见图 2-48(a))分为很多种类:按段数,分为七段和八段数码管(八段数码管比七段数码管多一个小数点显示);按显示数码的位数,可分为 1 位或 2 位、3 位、4 位组合起来的数码管;按发光二极管的连接方式,分为共阳极数码管和共阴极数码管。

数码管共阳连接,是将所有发光二极管的阳极接到一起形成公共阳极(COM)。共阳数码管在应用时,应将公共阳极 COM 接到高电平(V_{CC}),若某一字段的阴极为低电平,相应字段就点亮。共阴数码管是将公共阴极 COM 接低电平(GND)的数码管。共阴数码管在应用时,若某一字段的阳极为高电平,相应字段就点亮。图 2-49 是共阳和共阴数码管的连接示意图。

(a)数码管　　　　(b)发光二极管点阵

图 2-48　数码管和发光二极管点阵

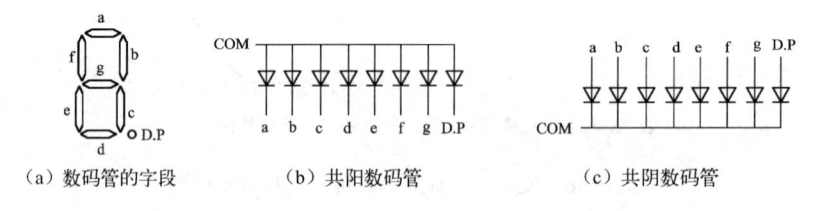

(a)数码管的字段　　(b)共阳数码管　　(c)共阴数码管

图 2-49　共阳数码管和共阴数码管的连接示意图

(2)发光二极管点阵如图 2-48(b)所示,它可以代替数码管、符号管,不仅可以显示数字,也可显示所有外文字母和符号。如果将多块组合,还可以构成大屏幕显示屏,用于显示汉字、图形、图表等。

根据内部 LED 尺寸的大小、数量的多少及发光强度、颜色等,发光二极管点阵式显示器可分为多种规格。与由单个发光二极管连成的显示器相比,发光二极管点阵的连线少,焊点少,可靠性高很多。

发光二极管点阵大多采用计算机控制的行、列扫描驱动方式,选择较大峰值电流和窄脉冲进行驱动,每个 LED 的平均电流不应超过 20mA。

3. 光敏器件

常用的光敏器件包括光敏电阻、光敏二极管、光敏三极管和红外接收二极管。图 2-50 和图 2-51 分别是它们的图形符号和外形。

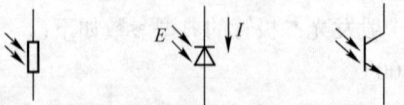

(1)光敏电阻

光敏电阻的工作原理基于半导体材料的内光电效应:半导体材料的导电能力取决于材料内载流子数目的多少,当光敏电阻受到光照时,电子吸收光子能量后成为自由电子,同时产生空穴,使材料的

(a)光敏电阻　(b)光敏二极管　(c)光敏三极管

图 2-50　常用光敏器件的图形符号

电阻率变小。光照越强,光生电子-空穴对就越多,光敏电阻的阻值就越低。当光敏电阻两端加上电压后,流过光敏电阻的电流随光照增大而增加。

构成光敏电阻的材料有金属的硫化物、硒化物、碲化物等。在半导体光敏材料两端装上电极引线,就构成光敏电阻。光敏电阻的外形如图 2-51(a)所示,有些产品封装在带有透光镜的密封壳体里。

(a)光敏电阻　　(b)光敏二极管　　(c)光敏三极管

图 2-51　常用光敏电阻的外形

(2)光敏二极管

光敏二极管是利用硅 PN 结受到光照后产生光电流的一种光电器件。光敏二极管工作时加反向偏置电压:没有光照时,其反向电阻很大,只有很微弱的反向饱和电流(暗电流);当有光照时,就会产生很大的反向电流(亮电流),光照越强,亮电流就越大。

光敏二极管有金属外壳和塑料封装两种形式,一般在它的受光面安装了光透镜作为光信号接收窗口,外形如图 2-51(b)所示。有的光敏二极管为了提高其稳定性,还外加了一个屏蔽接地脚,看起来很像光敏三极管。

光敏二极管有两种工作状态:当光敏二极管加上反向电压时,管子中的反向电流随着光照强度而变,光照强度越大,反向电流越大,大多数都工作在这种状态(图 2-50(b)中,E 表示光照强度,I 表示电流)。

还有一种工作状态:光敏二极管上不加电压,利用 PN 结在受光照时产生正向电压的原理,相当于微型光电池,一般作为光电检测器。

测量光敏二极管的质量时,先用黑纸或黑布遮住光敏二极管的光信号接收窗口,然后用万用表的 R×1k 挡测量其正、反向电阻。正常时,正向电阻值为 10~20kΩ,反向电阻值为∞(无穷大)。再去掉黑纸或黑布,使其光信号接收窗口对准光源,正常时正、反向电阻值均会变小,阻值变化越大,说明该光敏二极管的灵敏度越高。

(3)光敏三极管

光敏三极管又称光电三极管,可以等效看做是由一个光敏二极管和一只半导体三极管结合而成,也具有放大作用。一般情况下,光敏三极管只引出集电极和发射极,其外形与发光二极管相同,使用时必须注意区分,如图 2-51(c)所示。

光敏三极管和普通三极管的结构相类似。不同之处是光敏三极管必须有一个对光敏感的 PN 结作为感光面,一般用集电结作为受光结。当光线照射到基极表面时,产生相当于三极管基极电流的光电流。随之出现放大了 β 倍的集电极电流,所以光敏三极管电路具有放大作用。

(4)红外接收二极管

红外接收二极管又称为红外光敏二极管,其外形如图 2-52 所示,其电路符号与光电二极管一样。

在没有接收到红外线时,红外接收二极管反向电阻非常大,接近无穷大;但若有某个波长的红外线照射在红外接收二极管的受光面时,其反向电阻会迅速减小。根据这个特点,红外接收二极管可以用于红外线信号的检测,更多地被用在电视机、空调等家用电器的遥控设备中,作为红外接收器件。

一般红外接收二极管只对一个波长的红外线敏感,对其他波长的红外线就不太敏感,正是由于这个特性,在使用红外线进行遥控时,被干扰的可能性很小。

红外接收二极管按其最敏感的红外线波长的分类,940nm 波长的品种最为常见。

4. 光电耦合器件

光电耦合器件是把发光器件和光电接收器件组装在一起，实现电-光-电的信号转换耦合，成为以光为媒介传递信号的光电器件。光电耦合器件可以对输入和输出电路进行隔离，能够有效地抑制系统噪声，消除信号干扰，有响应速度快、寿命长、体积小、耐冲击等优点。

光电耦合器中的发光器件通常是发光二极管，光电接收器件可以是光敏电阻、光敏二极管、光敏三极管或光晶闸管等。图2-53是典型的光电耦合器件电路符号。光电耦合器件的封装与外观和一般DIP、SMT集成电路相似。

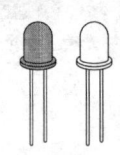

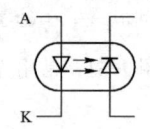

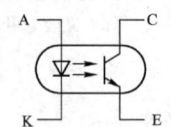

图2-52　红外接收二极管的外形　　图2-53　典型的光电耦合器件电路符号

当电信号送入光电耦合器的输入端（A端和K端）时，发光二极管通过电流而发光，光敏元件受到光照后产生电流，C端和E端导通；若输入端无信号，发光二极管不亮，光敏三极管截止，C端和E端不通。

光电耦合器在传输信号的同时，能有效地抑制尖峰脉冲和各种噪声干扰，使信号通道上的信噪比大为提高，主要由于以下几方面的原因：

（1）光电耦合器的输入阻抗很小，只有几百欧姆，而干扰噪声源的阻抗较大，通常达到兆欧级。据分压原理可知，即使干扰信号的幅度较大，但送到光电耦合器输入端的噪声电压会很小，只能形成很微弱的电流，没有足够的能量而不能使二极光发光，从而被抑制掉了。

（2）光电耦合器的输入回路与输出回路之间没有电气联系，也没有共地；两者之间的分布电容极小而绝缘电阻很大，所以输入回路的各种干扰都很难通过光电耦合器馈送到输出端，避免了干扰信号的响应。

（3）光电耦合器件的输入回路和输出回路之间可以承受几千伏的高压。所以它能起到很好的安全保障作用，即使当信号输入设备出现故障，甚至输入信号线短接时，也不会损坏输出端的负载。光电耦合器件在强-弱电接口，特别是在微机系统的前向通道和后向通道中获得了广泛的应用。

（4）光电耦合器件的响应速度极快，一般延迟时间不超过10μs，适于对响应速度要求很高的场合。

2.5　表面组装（SMT）元器件

2.5.1　表面组装技术及其发展历程

表面组装技术（SMT，Surface Mounting Technology，也称表面装配技术、表面组装技术）是一门包括电子元器件、装配设备、焊接方法和装配辅助材料等内容的系统性综合技术；是突破了传统的印制电路板（PCB）通孔基板插装元器件方式（THT，Through-Hole mounting Technology），在此基础之上发展起来的第四代组装方法；是现在主流的电子组装方式，也是电子产品能有效地实现"轻、薄、短、小"，多功能、高可靠、优质量、低成本的主要手段之一。

现代电子产品高性能的普遍要求，计算机技术的高速发展和LSI、VLSI、ULSI的普及应用，对 PCB 的依赖性越来越大。相应地，对 PCB 的要求也越来越高。PCB 制作工艺中的高密度（High Density）、高层化（High Layer）、细线路（Fine-Line）等技术的应用也越来越广泛。正因为这样，电子生产厂家迫切地需要 SMT 技术。与此同时，SMT 元器件及其装配技术也正在快速走入各种电子产品，替代传统的 PCB 通孔基板插装方法，成为新的支柱工艺而推广到整个电子行业。

1. 表面组装技术的产生背景

从 20 世纪 50 年代半导体器件应用于实际电子整机产品，并在电路中逐步替代传统的电子管开始，到 60 年代中期，针对电子产品普遍存在笨、重、厚、大、速度慢、功能少、性能不稳定等问题，工业发达国家的电子行业为了保持新的竞争实力，使自己的产品能够适合用户的需求，在很短的时间内就达成了基本共识——必须对当时的电子产品在 PCB 的通孔基板上插装电子元器件的方式进行革命。为此，各国纷纷组织人力、物力和财力，对电子产品存在的问题进行针对性攻关。经过一段艰难的搜索研制过程，表面组装技术应运而生了。

二十几年以来，电子应用技术的迅速发展表现出三个显著的特征：
- 智能化。使信号从模拟量转换为数字量，并用计算机进行处理。
- 多媒体化。从文字信息交流向声音、图像信息交流的转化发展，使电子设备更加人性化、更加深入人们的生活与工作。
- 网络化。用网络技术把独立系统连接起来，高速、高频的信息传输使整个单位、地区、国家以至全世界实现资源共享。

这种发展趋势和市场需求对电路组装技术的要求如下。

（1）高密度化：电子产品单位体积处理信息量的提高。

（2）高速化：单位时间内处理信息量的提高。

（3）标准化：用户对电子产品多元化的需求，使少量品种的大批量生产转化为多品种、小批量的生产体制，必然对元器件及装配手段提出更高的标准化要求。

这些要求都迫使电子装配技术全方位地转向 SMT。

2. 表面组装技术的发展简史

表面组装技术是由组件电路的制造技术发展起来的。早在 1957 年，美国就制成被称为片状元件（Chip Components）的微型电子组件，这种电子组件安装在印制电路板的表面上；20 世纪 60 年代中期，荷兰飞利浦公司开发研究表面组装技术（SMT）获得成功，引起世界各发达国家的极大重视；美国很快就将 SMT 使用在计算机制造，稍后，宇航和工业电子设备也开始采用 SMT；1977 年 6 月，日本松下公司使用名为"混合微电子电路（Hybrid Microcircuits）"的片状电路组件，推出厚度为 12.7mm（0.5in）的超薄型收音机，取名叫"Paper"，引起轰动效应；70 年代末，SMT 大量进入民用消费类电子产品，并开始有片状电路组件的商品供应市场。进入 80 年代以后，由于微电子产品的需要，SMT 作为一种新型装配技术在微电子组装中得到了广泛的应用，被称为电子工业的装配革命，标志着电子产品装配技术进入第四代，同时导致电子装配设备的第三次自动化高潮。据报道，连续多年以来，全球采用通孔组装技术的电子产品以 11%的速率下降，而采用 SMT 的电子产品以 8%的速率递增。到目前为止，日本、美国、欧共体等发达国家和地区全部电子产品都采用了 SMT，我国采用 SMT 的电子产品也得到了快速增长。表面组装技术已经成为电子产品装配的主流，这是不容置疑的。

SMT 的发展历经了三个阶段：

（1）第一阶段（1970—1975 年）。主要技术目标是把小型化的片状元件应用在混合电路（HIC，我国称为厚膜电路）的生产制造之中，从这个角度来说，SMT 对集成电路的制造工艺和技术发展作出了重大的贡献；同时，SMT 开始大量使用在民用的石英电子表和电子计算器等产品中。

（2）第二阶段（1976—1985 年）。SMT 促使了电子产品迅速小型化、多功能化，广泛用于摄像机、耳机式收音机和电子照相机等产品中；同时，用于表面装配的自动化设备大量研制开发出来，片状元件的安装工艺和支撑材料也已经成熟，为 SMT 的快速发展打下了基础。

（3）第三阶段（1985 以后）。直到目前仍在延续的这个阶段里，SMT 的主要目标是进一步提高电子产品的性价比；大量涌现的自动化表面装配设备及工艺手段，使 SMT 的使用量高速增长，加速了电子产品总成本的下降。

3. SMT 与通孔基板式 PCB 安装的差别

目前我国还在部分产品中使用通孔基板式印制板装配技术，其主要特点是在印制板上设计好电路连接导线和安装孔，将传统元器件的引线穿过电路板上的焊盘通孔以后，在印制板的另一面进行焊接，装配成所需要的电路产品。采用这种方法，由于元器件有引线，当电路密集到一定程度以后，就无法解决缩小体积的问题了。同时，引线间相互接触的故障、元器件引线引起的干扰也难以排除。例如：在射频电路中，一个直立安装的电阻引线，就可能成为发射天线而影响其他电路部分。

贴片式元器件有效地提高了电子整机产品内单位体积的利用率。所谓的表面组装技术，是指把片状结构的元器件或适合于表面组装的小型化元器件，按照电路的要求放置在印制板的表面上，用再流焊或波峰焊等焊接工艺装配起来，构成具有一定功能的电子部件的装配技术。表面组装技术和通孔插装元器件的方式相比，具有以下优越性：

（1）实现微型化。表面组装技术组装的电子部件，体积一般可缩小到通孔插装的 20%～30%，最小的可达到 10%。质量减轻 60%～80%。

（2）信号传输速度高。由于结构紧凑、安装密度高、连线短、传输延迟小，可实现高速度的信号传输。这对于超高速运行的电子设备具有重大的意义。

（3）高频特性好。由于元器件无引线或短引线，自然消除了前面提到的射频干扰，减小了电路的分布参数。

（4）有利于自动化生产，提高成品率和生产效率。由于片状元器件外形尺寸标准化、系列化及焊接条件的一致性，所以表面组装技术的自动化程度很高。因为焊接造成的元器件的失效将大大减少，提高了可靠性。

（5）简化了生产工序，降低了成本。在印制板上安装时，元器件的引线不用打弯、剪短，因而使整个生产过程缩短，同样功能电路的加工成本低于通孔装配方式。

正是由于上述原因，采用 SMT 技术的电子产品从单机材料成本和生产成本上，已经比传统的插装元器件产品成本更加低廉。

4. 表面组装元器件的特点

应该说，电子整机产品制造工艺技术的进步，取决于电子元器件的发展；与此相同，SMT 技术的发展，是由于表面组装元器件的出现。

表面组装元器件也称做贴片元器件或片状元器件，它有两个显著的特点：

（1）在 SMT 器件的电极上，有些完全没有引出线，有些只有非常短小的引线；相邻电极之间的距离比传统的双列直插式集成电路的引线间距（2.54mm）小很多，目前间距最小的达到 0.3mm。在集成度相同的情况下，SMT 元器件的体积比传统的元器件小很多；或者说，与同样体积的传统电路芯片比较，SMT 元器件的集成度提高了很多倍。

(2) SMT 元器件直接贴装在印制电路板的表面，将电极焊接在与元器件同一面的焊盘上。这样，印制板上的通孔只起到连通各层电路导线的作用，孔的直径仅由制板时金属化孔的工艺水平决定，通孔的周围没有焊盘，使印制板的布线密度大大提高。

5．表面组装元器件的种类和规格

表面组装元器件基本上都是片状结构。这里所说的片状是个广义的概念，从结构形状上说，包括薄片矩形、圆柱形、扁平异形等；表面组装元器件同传统元器件一样，也可以从功能上分类为无源元件（SMC，Surface Mounting Component）、有源器件（SMD，Surface Mounting Device）和机电元件。

表面组装元器件的详细分类见表 2-23。

表 2-23 表面组装元器件的详细分类

类 别	封装形式		种 类
片式无源元件 SMC	矩形	电阻器	厚膜和薄膜电阻器、热敏电阻器
		电容器	陶瓷电容器、云母电容器、铝电解电容器、钽电解电容器
		电位器	电位器、微调电位器
		电感器	绕线电感器、叠层电感器、可变电感器
		敏感元件	压敏电阻器、热敏电阻器、热敏电容器
		复合元件	电阻网络、滤波器、谐振器、陶瓷电容网络
	圆柱形	电阻器	碳膜、金属膜电阻器
		电容器	陶瓷电容器、固体钽电解电容器
		电感器	绕线电感器
片式有源器件 SMD	矩形	二极管	塑封稳压、整流、开关、齐纳、变容二极管
		三极管	塑封 PNP、NPN 晶体管、塑封场效应管
	圆柱形	二极管	塑封（或玻璃封装）整流、开关、变容二极管
	陶瓷组件（扁平）		无引脚陶瓷芯片载体、有引脚陶瓷芯片载体
	塑料组件（扁平）		SOP、SOT、SOJ、PLCC、BAG、CSP
	裸芯片		带形载体、倒装芯片
片式机电元件	异形		连接器、变压器、延迟器、振荡器、薄型微电机

表面组装元器件按照使用环境分类，可分为非气密性封装器件和气密性封装器件。非气密性封装器件对工作温度的要求一般为 0～70℃。气密性封装器件的工作温度范围可为-55～+125℃。气密性器件价格昂贵，一般使用在高可靠性产品中。

片状元器件最重要的特点是小型化和标准化。已经制定了统一标准，对片状元器件的外形尺寸、结构与电极形状等都做出了规定，这对于表面组装技术的发展无疑具有重要的意义。

2.5.2 常用表面组装元器件

1．无源元件 SMC

SMC 包括片状电阻器、电容器、电感器、滤波器和陶瓷振荡器等。应该说，随着 SMT 技术的发展，几乎全部传统电子元件的每个品种都已经被"SMT 化"了。

如图 2-54 所示，SMC 的典型形状是一个矩形六面体（长方体），也有一部分 SMC 采用圆柱体的形状，这对于利用传统元件的制造设备、减少固定资产投入很有利。还有一些元件由于矩形化比较困难，是异形 SMC。

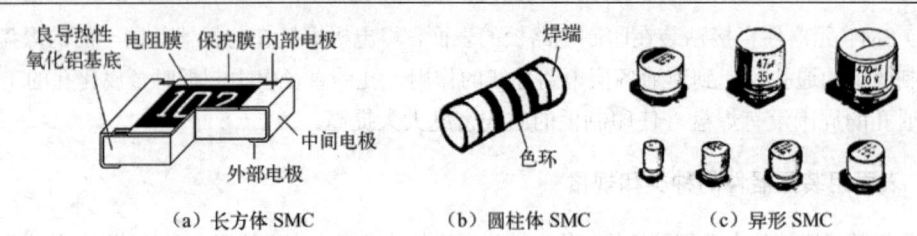

(a) 长方体SMC (b) 圆柱体SMC (c) 异形SMC

图 2-54　SMC 的基本外形

从电子元件的功能特性来说，SMC 特性参数的数值系列与传统元件的差别不大，标准的标称数值在本章前面已经做过详细介绍。长方体 SMC 根据其外形尺寸的大小划分成几个系列型号，见表 2-24。并且，系列型号的发展变化也反映了 SMC 元件的小型化进程：1206→0805→0603→0402→0201（特别说明：目前国内市场中能买到的电子元器件几乎全是英制系列型号）。

表 2-24　典型 SMC 系列的外形尺寸（单位：mm/mil）

公制/英制型号	L	W	a	b	t
3216/1206	3.2/120	1.6/60	0.5/20	0.5/20	0.6/24
2125/0805	2.0/80	1.25/50	0.4/16	0.4/16	0.6/16
1608/0603	1.6/60	0.8/30	0.3/12	0.3/12	0.45/18
1005/0402	1.0/40	0.5/20	0.2/8	0.25/10	0.35/14

SMC 的种类用型号加后缀的方法表示，例如，1206C 是 1206 系列的电容器，0805R 表示 0805 系列的电阻器。由于表面积太小，SMC 的标称数值一般用印在元件表面上的三位数字表示：前两位数字是有效数字，第三位是倍率乘数（精密电阻的标称数值用四位数字表示）。例如，电阻器上印有 114，表示阻值 110kΩ；电解电容器上的 475，表示容量为 4 700 000pF，即 4.7μF。

虽然 SMC 的体积很小，但它的数值范围和精度并不差（见表 2-25）。以 SMC 电阻器为例，1206 系列的阻值范围是 0.39Ω～10MΩ，额定功率可达 1/4W，允许偏差有±1%、±2%、±5%和±10%四个系列，额定工作温度上限是 70℃。

表 2-25　常用典型 SMC 电阻器的主要技术参数

系列型号	阻值范围	允许偏差	额定功率（W）	工作温度上限（℃）
1206	0.39Ω～10MΩ	±1%，±2%，±5%	1/8，1/4	-55～+125/70
0805	1Ω～10MΩ	±1%，±2%，±5%	1/10	-55～+125/70
0603	1Ω～10MΩ	±2%，±5%	1/16	-55～+125/70
0402	10Ω～1.0MΩ	±2%，±5%	1/16	-55～+125/70

片状元器件可以用三种包装形式提供给用户：散装、管状料斗和盘状纸带，如图 2-55 所示。SMC 的阻容元件一般用盘状纸编带包装，便于采用自动化装配设备。小型元件通常采用盘状纸编带包装，微小的元件每盘 5000 个，稍大些的每盘 2500 个。

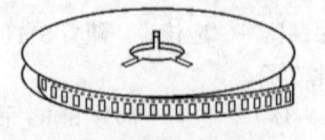

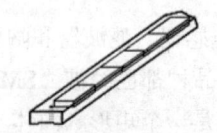

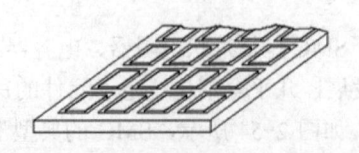

(a) 盘状纸/塑料编带包装　(b) 塑料管包装　(c) 托盘包装

图 2-55　SMT 元器件的包装形式

(1) 表面组装电阻器

表面组装电阻器（贴片电阻）按制造工艺可分为厚膜型和薄膜型两大类。厚膜型电阻器通过在一个高纯度氧化铝基底平面上网印电阻膜，薄膜型电阻器是用溅射在基片上的镍铬合金电阻膜来制作电阻。贴片电阻器按封装外形，可分为片状和圆柱状两种，如图2-56所示。

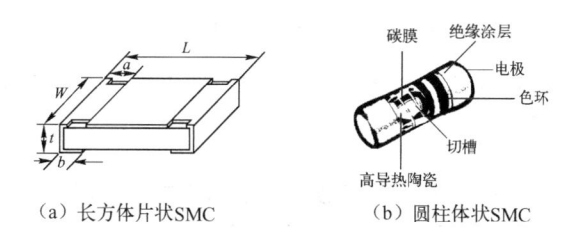

(a) 长方体片状SMC　　(b) 圆柱体状SMC

图2-56　表面组装电阻器的尺寸与结构示意图

(2) 表面组装电阻网络器

贴片电阻网络器是电阻网络的表面组装形式。目前，最常用的贴片电阻网络器的外形标准：0.150in宽外壳形式（称为SO封装件），有8根、14根和16根引脚；0.220in宽外壳形式（称为SOMC封装件），有14根和16根引脚；0.295in宽外壳形式（称为SOL封装件），有16根和20根引脚。

根据功能的要求，电阻网络的内部连接也有多种方式。以图2-57为例，图（a）是一个封装了4个4.7kΩ电阻的网络，图（b）是它的几种内部连接方式。

(a) SMC电阻网络　　(b) 电阻网络的内部连接方式

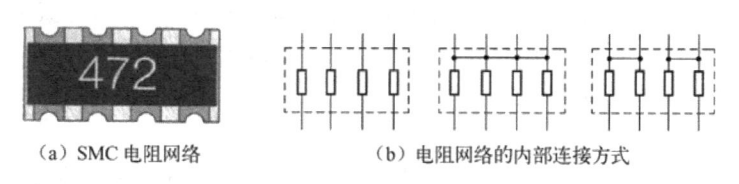

图2-57　电阻网络及其内部连接方式

(3) 表面组装电位器

贴片电位器如图2-58所示。图（a）的电位器直接焊接在印制板的表面，由于需要经常调整阻值，对焊点强度要求很高，这种电位器用得不多。所以贴片电位器大多是微调电位器，按结构可分为敞开式和密封式两类，如图（b）和图（c）所示。图（d）是用于小型通信设备的微型贴片微调电位器。

(a) 贴片电位器　　(b) 贴片微调电位器（敞开式）　　(c) 贴片微调电位器（密封式）　　(d) 贴片微调电位器（微型）

图2-58　贴片电位器

(4) 表面组装电容器。

① 贴片多层陶瓷电容器。

贴片陶瓷电容器以陶瓷材料为电容介质，多层陶瓷电容器是在单层盘状电容器的基础上构成的，多层陶瓷电容器的电极深入电容器内部，并与陶瓷介质相互交错。电极的两端露在外面，并与两端的焊端相连。多层陶瓷贴片电容器如图2-59所示。

(a) 贴片电容器内部结构　　(b) 贴片电容器外观　　(c) 贴片电容排

图 2-59　多层陶瓷贴片电容器

表面组装多层陶瓷电容器所用介质有 COG、X7R 和 Z5U 三种。其电容量与尺寸、介质的关系见表 2-26。

表 2-26　不同介质材料的 SMC 电容量范围

型　号	COG	X7R	Z5U
0805C	10～560pF	120pF～0.012μF	
1206C	680～1500pF	0.016～0.033μF	0.033～0.10μF
1812C	1800～5600pF	0.039～0.12μF	0.12～0.47μF

多层陶瓷贴片电容器的可靠性很高，已大量用于汽车工业、军事和航天方面。

② 贴片电解电容器。

常见的贴片电解电容器有两种。在图 2-60 中，图 (a) 是铝电解电容器的照片，它的容量和额定工作电压的范围比较大，但因此做成片状形式比较困难，一般是异形；图 (b) 是两种贴片钽电解电容器的图片，这类电容器以金属钽作为电容介质，可靠性很高。SMC 钽电解电容器的外形都是片状矩形，按两头的焊端不同，分为非模压式和塑模式两种。以非模压式钽电容器为例，其尺寸范围为宽度 1.27～3.81mm，长度 2.54～7.239mm，高度 1.27～2.794mm。电容量范围是 0.1～100μF，直流工作电压范围为 4～25V。

（5）表面组装电感器

贴片电感器是在贴片电阻器、贴片电容器之后迅速发展起来的，它的种类很多。其形状可分为矩形和圆柱形，结构可分为线绕型、多层型和卷绕型，目前用量较大的是前两种，如图 2-61 所示。

(a) 铝电解电容器　　(b) 钽电解电容器

图 2-60　贴片电解电容器

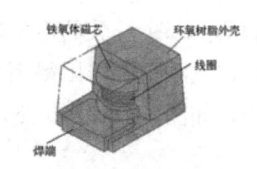

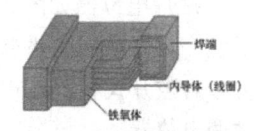

(a) 线绕型贴片电感器　　(b) 多层型贴片电感器

图 2-61　贴片电感器

① 线绕型电感器：将导线缠绕在芯状铁氧体材料上，外表面涂覆环氧树脂后用模塑壳体封装。

② 多层型电感器：由铁氧体浆料和导电浆料交替印刷多层，经高温烧结形成具有闭合电路的整体，用模塑壳体封装。

2. 有源器件 SMD

SMD 的电路种类包括各种半导体器件，既有分立器件的二极管、三极管、场效应管，也有数字电路和模拟电路的集成器件；并且，由于工艺技术的进步，SMD 器件的电气性能指标更好一些。

（1）SMD 分立器件

典型 SMD 分立器件的封装外形如图 2-62 所示，电极引脚数为 2～6 个。

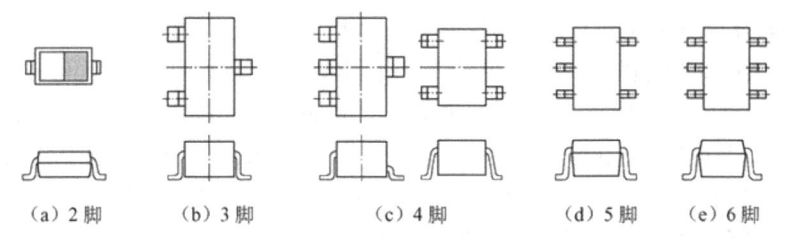

(a) 2 脚　　(b) 3 脚　　(c) 4 脚　　(d) 5 脚　　(e) 6 脚

图 2-62　典型 SMD 分立器件的封装外形

二端、三端 SMD 全部是二极管类器件，四端～六端 SMD 器件内大多封装了两只三极管或场效应管。

① 二极管。

- 无引线圆柱形玻璃封装二极管：将管芯封装在细玻璃管内，两端以金属帽为电极。通常用于稳压、开关和通用二极管。功耗一般为 0.5～1W。
- 塑封二极管：用塑料封装管芯，有两根翼形短引脚，一般做成矩形片状，额定电流 150mA，耐压 50V。

② 三极管。

三极管用塑料封装，带有短引线，采用 SOT 结构封装。产品有小功率管、大功率管、场效应管和高频管几个系列。几种标准封装形式如图 2-63 所示。

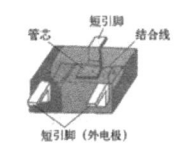

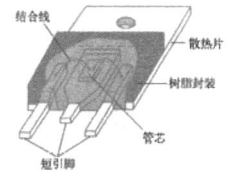

(a) 贴片器件的 SOT-23 封装　　(b) 贴片器件的 SOT-89 封装　　(c) 贴片器件的 TO-252 封装

图 2-63　贴片器件的几种标准封装形式

SOT-23 型封装：它有三条"翼形"短引脚。
SOT-143 型结构与 SOT-23 型相仿，不同的是有四条"翼形"短引脚。
SOT-89 型适用于中功率的晶体管（300mW～2W），它的三条短引线是从管子的同一侧引出。
TO-252 型适用于大功率晶体管，在管子的一侧有三条较粗的引线，芯片贴在散热铜片上。

- 小功率管功率为 100～300mW，最大工作电流为 10～700mA；
- 大功率管功率为 300mW～2W，其集电极有两条引脚。

各厂商产品的电极引出方式不同，在选用时必须查阅手册资料。

（2）SMD 集成电路

① SMD 集成电路的封装形式。与传统的双列直插、单列直插式集成电路不同，商品 SMD 集成电路按照它们的封装方式，可以分成几类：

- 引线比较少的小规模集成电路大多采用小型封装，芯片宽度小于 0.15in、电极引脚数目少于 18 脚的，叫做 SO 封装；0.25in 宽的、电极引脚数目在 20 脚以上的，叫做 SOL 封装；0.5in 宽的、电极引脚数目在 64 脚以上的，叫做 SOW 封装，如图 2-64 所示。

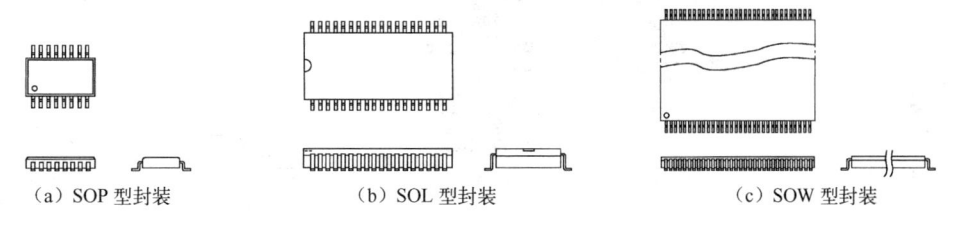

(a) SOP 型封装　　(b) SOL 型封装　　(c) SOW 型封装

图 2-64　贴片集成电路的 SO 系列封装

- 矩形四边都有电极引脚的集成电路叫做 QFP 封装（Quad Flat Package，方形扁平封装），一般都是大规模集成电路。QFP 封装是专为小引线距（又称细间距）表面组装集成电路而研制的，引脚间距为 0.65mm（26mil）、0.5mm（20mil）、0.4mm（16mil）、0.3mm（12mil）、0.25mm（10mil）；引脚数为 80～500 条，一般都在 200 脚以上，如图 2-65 所示。

大多数 QFP 封装采用了短翼形的电极引脚形状，也有部分芯片带有 J 形引脚，称为 QFJ。

- 还有一种矩形封装的集成电路，如图 2-66 所示。这类集成电路大多是可编程的存储器，芯片可以安装在专用的插座上，容易取下来对它改写其中的数据；为了减少插座的成本，芯片也可以直接焊接在电路板上。

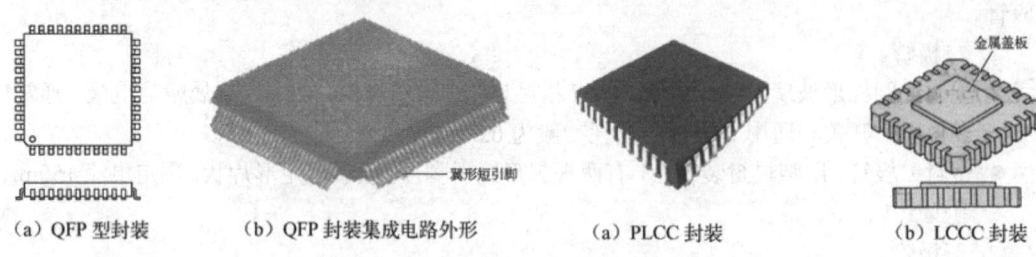

(a) QFP 型封装　　(b) QFP 封装集成电路外形　　(a) PLCC 封装　　(b) LCCC 封装

图 2-65　贴片集成电路的 QFP 型封装　　　图 2-66　贴片集成电路的 PLCC 和 LCCC 封装

扁平矩形、引脚向内钩回的塑料封装叫做 PLCC 方式（Plastic Leaded Chip Carrier），引脚形状像字母 J，也叫做 J 形电极，引脚间距为 1.27mm（50mil），引脚数为 18～84 条。

扁平矩形、无引脚的陶瓷封装叫做 LCCC 方式（Leadless Ceramic Chip Carrier），它的特点是无引线，引出端是陶瓷外壳四边的镀金凹槽（城堡式），凹槽的中心距有 1.0mm（40mil）、1.27mm（50mil）两种。

② 集成电路内部引线的比较。从图 2-67 可以看出，SMD 集成电路和传统的 DIP 器件在内部引线结构上的差别。显然，SMD 的引线结构对于器件的小型化和提高集成度来说，是更加合理的。

电极引脚数目较少的 SMD 器件，一般采用盘状纸编带包装，便于自动化设备拾取；引脚数目多的集成电路通常放置在防静电的塑料管中或塑料托盘上（见图 2-55）。

③ 贴片集成电路的引脚形状。表面组装器件 SMD 有无引脚与有引脚两种形式，无引脚器件贴装后可靠性较高。有引脚器件贴装后的可靠性与引脚的形状有关，所以引脚的形状非常重要。占主导地位的引脚形状有两种：翼形和 J 形，如图 2-68 所示。翼形引脚用于 SO/SOL/QFP 封装，J 形引脚用于 PLCC 和 QFJ 封装。翼形引脚的主要特点是符合引脚薄而窄及小间距的发展趋势，可采用包括热阻焊在内的各种焊接工艺来进行焊接，但在运输和装卸过程中引脚容易受到损坏。J 形引脚的主要特点是空间利用率比翼形引脚高，它可以用除热阻焊外的大部分再流焊进行焊接，J 形引脚比翼形引脚坚固。

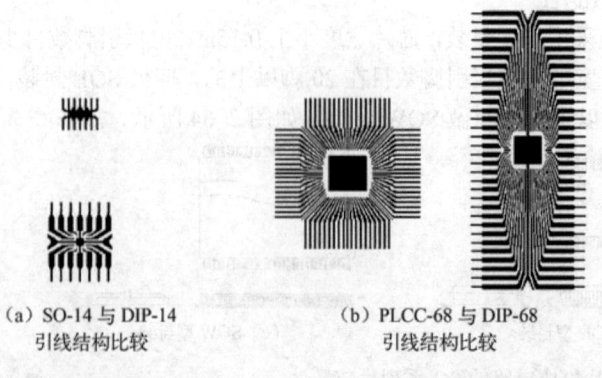

(a) SO-14 与 DIP-14 引线结构比较　　(b) PLCC-68 与 DIP-68 引线结构比较　　(a) 翼形引脚　　(b) J 形引脚

图 2-67　SMD 与 DIP 器件的内部引线结构比较　　图 2-68　贴片集成电路引脚形状示意图

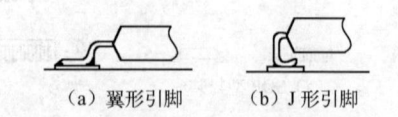

3. 大规模集成电路的特殊封装——BGA

BGA（Ball Grid Array）是大规模集成电路的一种极富生命力的封装方法。它是将原来器件 PLCC/QFP 封装的 J 形或翼形电极引脚，改变成球形引脚；把从器件本体四周"单线性"顺列引出的电极，改变成本体腹底之下"全平面"式的格栅阵排列。这样，既可以疏散引脚间距，又能够增加引脚数目。

窄间距 QFP 的电极间距极限是 0.25mm（10mil）。引脚数增加，使封装面积变大，对组装工艺有更加严格的要求。相比之下，BGA 是高密度、高性能和高 I/O 端子数的 VLSI 封装的最佳选择。BGA 的最大优点是 I/O 间距大，典型间距为 1.0mm、1.27mm 和 1.5mm（40mil、50mil 和 60mil），这使贴装操作简单易行，焊接缺陷率降到最低限度。近年以来，1.27mm 和 1.5mm 引脚间距的 BGA 正在取代 0.5mm 和 0.4mm 间距的 PLCC/QFP。窄间距 QFP 的引线易弯曲、脆而易断，这就对引线间的平面度和贴装的精度提出了更高的要求。从可靠互连的要求来看，BGA 的贴装公差为 0.3mm，QFP 的贴装公差是 0.08mm。显然，BGA 的贴装失误率大幅度下降，可靠性显著提高，用普通多功能贴装机和再流焊设备就能基本满足 BGA 的组装要求。采用 BGA 使产品的平均线路长度缩短，改善了组件的电气性能和热性能；BGA 的尺寸比相同功能的 QFP 要小得多，有利于 PCB 上组装密度的提高。另外，焊料球的高度表面张力导致再流焊时器件的自校准效应，提高了组装的可靠性。

目前，使用较多的 BGA 的 I/O 端子数是 72～736，预计将超过 2000。

正因为 BGA 有较明显的优越性，所以其品种也在迅速多样化，主要有塑料（PBGA）、载带（TBGA）、陶瓷（CBGA）、陶瓷柱（CCGA）、中空金属（MBGA）、柔性（μ-BGA 或 Micro BGA）等品种。

图 2-69 所示为几种典型的 BGA 结构。

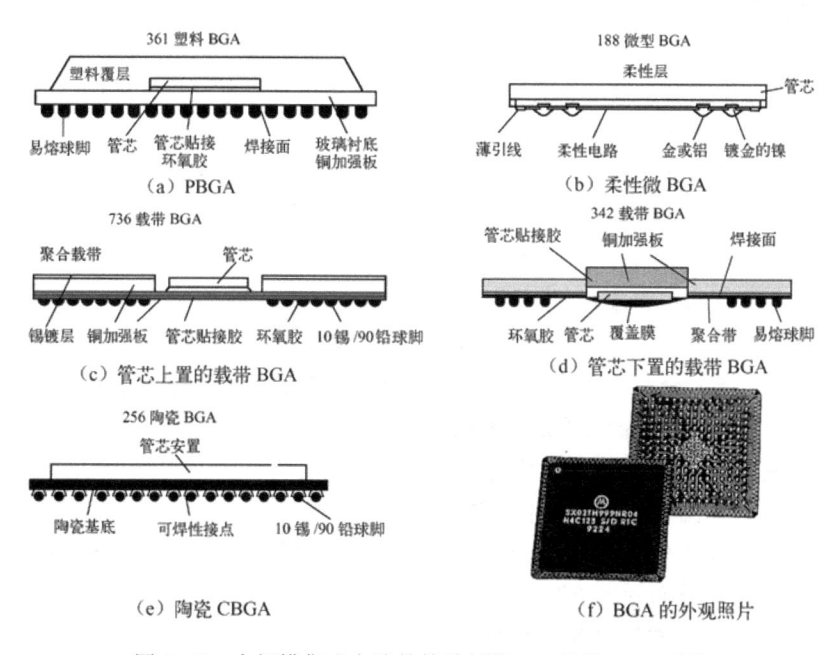

图 2-69　大规模集成电路的特殊封装——几种 BGA 结构

4. 其他贴装元件

（1）接插件

条形贴装接插件一般使用在微小型电子产品上，引脚间距密集，体积微小，如图 2-70 所示。

生产组装时需要特别注意，这些接插件的引脚之间容易搭焊短路。

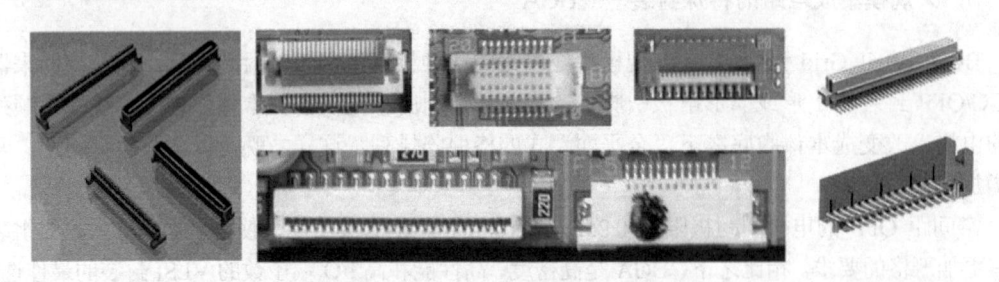

图 2-70　几种贴片式接插元件

（2）开关

图 2-71 所示是一种贴片式轻触开关，替代了传统的轻触开关。

（3）晶体振荡器（晶振）

图 2-72 所示是贴片式晶体振荡器。晶振在使用时，将外壳接地可以减少高频干扰。

图 2-71　一种贴片式轻触开关　　　　图 2-72　贴片式晶体振荡器

思考与习题

1. 试总结电子元器件大致分为几代，对电子元器件的主要要求是什么？
2. 电子元器件的主要参数有哪几项？
3. 试绘出电阻的伏安特性。某些元器件有负阻性质，试绘出负阻段的伏安特性。线性元件的伏安特性是否一定是直线？
4. 电子元器件的规格参数有哪些？
5. 什么叫标称值和标称值系列？举例说明。
6. 请解释允许偏差、双向偏差、单向偏差。允许偏差与其稳定性之间有必然的联系吗？
7. 什么叫额定值？什么情况下要考虑降额使用？举例说明极限值的含义。
8. 举例说明电子元器件的主要质量参数的含义。
9. 解释失效率及其单位，解释"浴盆曲线"各段的含义。
10. 如何对电子元器件进行检验和筛选？
11. 试叙述老化筛选的原理、作用及方法。"电解电容器在使用前经过一年的存储时间，就可以达到自然老化"，这句话对吗？
12. 在元器件上常用的数值标注方法有哪三种？
13. 请说明以下表面组装元件上的文字的含义及元件名称：

黑色 6R2；黑色 1M5；半黑半白 100 6V；带一字槽可微调、三个引脚的 SMD 元件，上面标注是 502。

14. （1）试默写出色标法的色码定义。

（2）将表 2-1 中 E24 系列标称值改用色标法表示出来。

（3）请用四色环标注出电阻：6.8kΩ±5%，47Ω±5%。

（4）用五色环标注电阻：2.00kΩ±1%，39.0Ω±1%。

（5）已知电阻上色标排列次序如下，试写出各对应的电阻值及允许偏差："橙白黄 金"，"棕黑金 金"，"绿蓝黑棕 棕"，"灰红黑银 棕"。

15. （1）电阻器如何命名？

    （2）电阻器如何分类？电阻器的主要技术指标有哪些？

    （3）如何正确选用电阻器？

16. （1）电位器有哪些类别？有哪些技术指标？如何选用？如何安装？

    （2）自己去查阅资料，找出一个电子整机线路（如六管收音机），试分析其中电阻元件，并请你为它选型。

17. （1）电容器有哪些技术参数？哪种电容器的稳定性较好？

    （2）电容器的额定工作电压是指其允许的最大直流电压或交流电压有效值吗？

18. 电容器如何命名，如何分类？

19. （1）常用的电容器有哪几种？它们的特点如何？

    （2）简述电解电容器的结构、特点及用途。

20. （1）怎样合理选用电容器？

    （2）找一个六管超外差收音机实物，分析内部电路各部分所用电容器的类型，为什么要用这些类型的电容？可否改型？

    （3）查阅并分析有关以下电路的资料：普通串联稳压电源、开关电源、低频功放电路、低频前放电路。对其中所用的电容器从型号、体积、耐压、特性等做出比较（可以列表）。

    （4）在用精密运算放大器构成反向积分器、PI 调节器、PID 调节器、移相器时，都要用到电容器。试分析在上述运算电路中，怎样合理选用电容器。

21. 试简述电感器的应用范围、类型、结构。

22. 电感器有哪些基本参数？为什么电感线圈有一个固有频率？使用中应注意什么？什么叫 Q 值？如何提高 Q 值？

23. （1）请总结几种常用电感器的结构、特点及用途。

    （2）请自己查资料，找出一个多波段收音机的线路图（如有实物及随机图纸，则更好）。指出图中各种电感器的结构、特点及用途。

    （3）在开关电源中，在 DC/DC 电源变换器中，经常用到电感器，请自行查阅资料，做出资料卡片。

    （4）用运放及阻容元件，可以构成"模拟电感器"，请注意并自行索阅这方面的信息，做出资料卡片。

24. （1）简述开关和插接元件的功能及其可靠性的主要因素；选用何种保护剂，可以有效改善开关的性能？

    （2）简述接插件的分类，列举常用接插件的结构、特点及用途。

    （3）列举机械开关的动作方式及类型。

    （4）查阅资料：查找出一种万用表的内部电路，分析开关在各挡位时电路的功能。

    （5）查阅资料：查找出一种立体声收录机线路，分析其中的开关挡位及电路流程（这叫"开关挡位读图法"）。

    （6）如何正确选用开关及接插件？

25. （1）选用电磁式继电器应考虑的主要参数是哪些？

（2）干簧继电器和电磁式继电器相比有哪些特点？
　　（3）选择和使用固态继电器应注意哪些问题？
26.（1）半导体分立器件如何分类？
　　（2）半导体分立器件型号如何命名？
　　（3）半导体分立器件的封装形式有哪些？
　　（4）如何选用半导体分立器件？
27.（1）简述集成电路按功能分类的基本类别。
　　（2）国产集成电路如何命名？国外的呢？注意收集信息。
　　（3）对集成电路封装形式进行小结，并收集信息。
　　（4）总结使用集成电路的注意事项。
　　（5）数字集成电路的输入信号电平可否超过它的电源电压范围？
　　（6）数字集成电路的电源滤波应该如何进行？为什么要滤波？
28. 试说明发光二极管的结构和工作原理。发光二极管的特征参数和极限参数有哪些？
29. 常用的光电器件都有哪些？它们各自有什么特点？
30.（1）简述静电产生的原因。
　　（2）静电对电子元器件的危害有哪些形态？
　　（3）存放电子元器件有哪些要求？应该注意哪些问题？

第 3 章　电子产品组装常用工具及材料

俗话说，"工欲善其事，必先利其器。"要将形形色色的电子元器件、材料及结构各异的零部件组装成符合设计要求的电子产品，一套基本的工具是必不可少的。正确使用得心应手的工具，能够提高工作效率，保证装配质量，减少工伤事故。

整机装配中，除了主要的零部件和元器件以外，每个电子产品几乎都要用到两种基本材料——导线与绝缘材料。限于篇幅，本章不可能把有关材料的详尽知识一一讲述，但这方面的基本知识也是每个电子科技工作者必须掌握的。

3.1　电子产品组装常用五金工具

在组装电子整机产品时，特别是在安装、修整机箱中的机械结构和金属部件的过程中，经常要用到各种钳工五金工具，如各种钳子、螺丝刀、扳手、锉刀和量具（钢板尺、盒尺和卡尺）。在研制电子样机时，还可能需要使用以下设备或工具：手电钻、台钻、微型钻、各种规格的麻花钻头、样冲、丝锥、丝锥绞杠、圆板牙、圆板牙绞手、钳桌、台虎钳、手虎钳、手锤、手锯、平台及划线工具、板金剪、铁圆规、砂轮、砂纸、油石、磨刀石、棕毛刷、搪瓷皿、吹风机，等等。有条件的，还应该配备小型仪表机床。

上述工具的使用方法，应该在金工实习中学会掌握，不再赘述。这里仅对在印制电路板上装配元器件时所用的工具进行简单的介绍。

3.1.1　钳子

电气组装常用的钳子如图 3-1 所示。

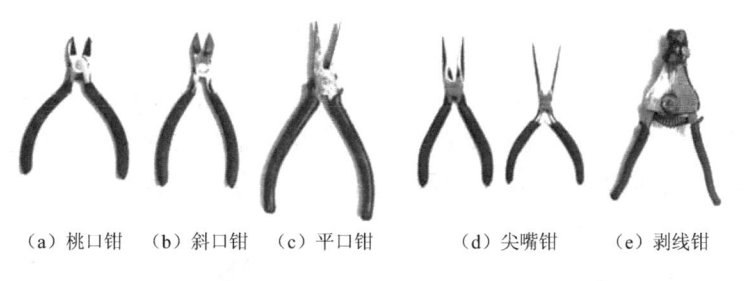

（a）桃口钳　（b）斜口钳　（c）平口钳　（d）尖嘴钳　（e）剥线钳

图 3-1　电气组装常用的钳子

1. 桃口钳、斜口钳

桃口钳、斜口钳（见图 3-1（a）、（b））也叫偏口钳，都可以用于剪断导线或其他较小金属、塑料等物件。

并拢斜口钳的钳口，应该没有间隙，在印制板装配焊接以后，使用斜口钳剪断元器件的多余引线比较方便。并拢桃口钳的钳口，则前部无间隙而后部稍有间隙。这两种钳子都不能用于剪断较粗的金属件或用来夹持东西。

2. 平口钳

平口钳如图 3-1（c）所示。小平口钳的钳口平直，并拢后，钳口前部无间隙，后部稍有间隙。大平口钳的钳口较厚且有纹路。这两种钳子都可以用于弯曲元器件引脚或导线，也可用来夹持某些零件。它们都不宜夹持螺母或其他受力较大的部位，特别是小平口钳的钳口较薄，容易变形。

3. 尖嘴钳

尖嘴钳（见图 3-1（d））的钳口形状分为平口和圆口的两种，一般用来处理小零件，如导线打圈、小直径导线的弯曲，适合在其他工具难于到达的部位进行操作。它们都不能用于扳弯粗导线，也不能用来夹持螺母。

4. 剥线钳

剥线钳（见图 3-1（e））适用于剥去导线的绝缘层。使用时，将需要剥皮的导线放入合适的槽口，特别注意剥皮时不能剪断或损伤导线。剥线钳剪口的槽并拢以后应为圆形。

3.1.2 改锥

改锥的标准名称是螺钉旋具，也叫做螺丝刀或螺丝起子。无论使用哪种改锥，都要注意根据螺钉尺寸合理选择。一般只能用手拧改锥，不能外加工具扳动旋转，也不应该把改锥当成撬棍或凿子使用。在电气装配中常用的改锥具有如下特点：

（1）改锥手柄绝缘良好，通常用塑料制成。

（2）有些改锥旋杆的端部（改锥头）经过磁化处理，可以利用磁性吸起小螺钉，便于装配操作。

1. 无感改锥

无感改锥（见图 3-2）的旋杆通常也用绝缘材料制成，专用于无线电产品中电感类元件调试，可以减少调试过程中人体对电路的感应。无感改锥一般不能承受较大扭矩。

2. 带试电笔的改锥

电工等操作人员使用这种改锥非常方便，既可以用它来指示工作对象是否带电，还能用来旋转小螺钉。试电笔常见有氖泡指示和液晶指示的两种，如图 3-3 所示。它们的共同特点是在测电回路中串联有一个兆欧级的电阻，把检测电流限制在安全范围内。

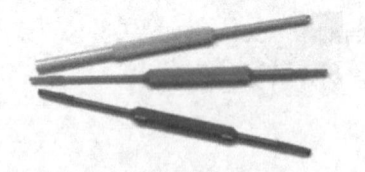

(a) 普通试电笔的外形与结构　　(b) 液晶式试电笔

图 3-2　无感改锥的外形与结构　　　　图 3-3　带试电笔的改锥

3. 半自动螺钉旋具

半自动螺钉旋具又称半自动改锥，外形如图 3-4 所示。半自动改锥具有顺旋、倒旋和同旋三种动作方式。当开关置于同旋挡时，相当于一把普通改锥；当开关置于顺旋或倒旋位置时，用力顶压旋具，旋杆即可连续顺旋或倒旋。这种改锥适用在批量大、要求一致性强的产品生产中使用。

4．自动螺钉旋具

自动螺钉旋具（自动改锥）有电动和气动两种类型，广泛用于流水生产线上小规格螺钉的装卸。小型自动螺钉旋具如图 3-5 所示。这类旋具的特点是体积小、质量轻、操作灵活方便，可以大大减轻劳动强度，提高劳动效率。

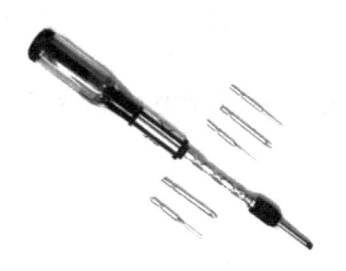

图 3-4　半自动螺钉旋具　　　　图 3-5　自动螺钉旋具

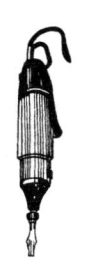

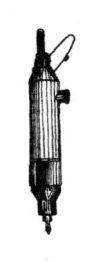

自动螺钉旋具设有限力装置，使用中超过规定扭矩时会自动打滑。这对在塑料部件上装卸螺钉极为有利。

5．螺母旋具

螺母旋具如图 3-6 所示，也叫套筒改锥。它用于装卸六角螺母，使用方法与螺钉旋具相同。

图 3-6　螺母旋具

3.1.3　小工具

1．镊子

镊子的外形如图 3-7（a）所示。镊子适用于夹持细小的元器件和导线，在焊接某些怕热的元器件时，用镊子夹住元器件的引线，还能起到散热的作用。若夹持较大的零件，应该换用头部带齿的大镊子或平口钳。镊子头部出现变形就不好用了。

（a）镊子　　　（b）小刀和锥子　　　（c）集成电路起拔器

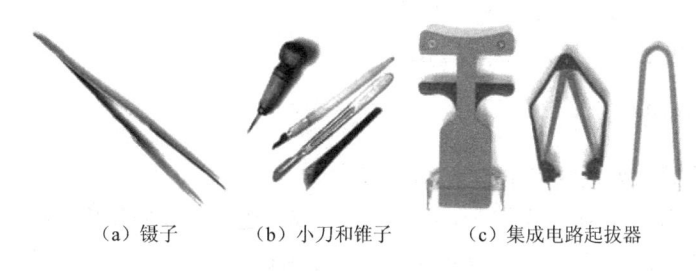

图 3-7　小工具

2．小刀和锥子

小刀和锥子如图 3-7（b）所示。小刀常用来刮去待焊导线上的绝缘层或氧化层，有时印制电路板需要修整，也要使用小刀。最经济而适用的小刀可以用废锯条磨制而成。根据需要，还能磨成各种形状的小刀备用。当然，也可使用壁纸刀。锥子可用较硬的钢丝弯曲后在砂轮上磨制而成，常被电子操作工人叫做通针，用在焊接时拨线或通开印制板上的小孔。为了清除某些小孔中的杂物，锥子尖最好有圆形和三角形的两种。

3. 集成电路起拔器

集成电路起拔器用于从集成电路插座上拔下双列直插封装的集成电路芯片，有不同的规格对应于不同封装的芯片。集成电路起拔器的外形如图3-7（c）所示。

4. 检测SMT电路的探针

在检测SMT电路时，一般测量仪器的表笔或探头的尖端不够细小，应该配用检测探针。探针的顶端是针尖，末端是套筒，如图3-8所示。使用时，把表笔或探头插入探针，用探针测量电路，会比较安全。

图3-8 检测SMT电路的探针

3.1.4 防静电器材

1. 防静电腕带

如图3-9所示，防静电腕带的材料是弹性编织物，佩戴在操作人员的手腕上，内侧材料具有导电性，与人的皮肤接触，可以把人体积累的静电通过一个1MΩ的电阻，沿自由伸缩的导线释放到保护零线上。

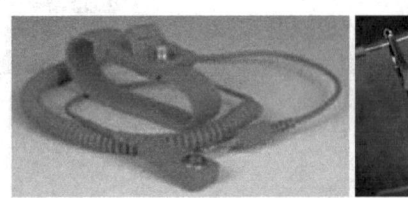

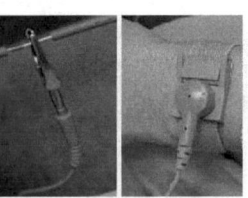

图3-9 防静电腕带

按照防静电的安全要求，所有在电子产品插装生产线上工作的操作者必须佩戴防静电腕带。佩戴防静电腕带必须注意：

（1）防静电腕带必须与手腕紧密接触并避免松脱，不要把它套在衣袖上。

（2）防静电腕带导线另一端的夹头必须在保护零线上固定妥当。安全管理人员要经常检测人手和地面之间的电阻，应该为0.5～50MΩ。

2. 防静电工作服等

防静电的工作服系列包括工作服、手套和鞋。

防静电的工作服的作用是尽量减少静电场效应或者避免工作服积累电荷。工作服两只袖口之间的电阻约为100kΩ～1000MΩ。防静电手套的作用是尽量减少静电场效应或者避免人体带电对电子元器件的损害。防静电鞋提供人体和防静电地面保持必要的静电释放接触，人脚和地面之间的电阻应该在0.5～50MΩ范围。

3.2 焊接工具

电烙铁是手工焊接的主要工具，世界上最早用于大批量生产的电烙铁是德国人制造的，如

图 3-10 所示。

随着生产技术的发展，已经有很多种类的电烙铁。选择合适的电烙铁并合理地使用它，是保证焊接质量的基础。

3.2.1 电烙铁的分类及结构

根据用途、结构的不同，电烙铁可分为以下种类。

- 按加热方式分类：有直热式、感应式等；
- 按烙铁的发热能力（消耗功率）分类：有 20W、30W、…、500W 等；
- 从功能分类：有单用式、两用式、调温式、恒温式等。

图 3-10　世界上最早的电烙铁（德国艾莎公司制造）

此外，还有特别适合于野外维修使用的低压直流电烙铁和气体燃烧式烙铁。

1．直热式电烙铁

最常用的是单一焊接使用的直热式电烙铁，它又可以分为内热式和外热式两种。

（1）内热式电烙铁

内热式电烙铁的发热元件装在烙铁头的内部，从烙铁头内部向外传热，所以被称为"内热式"，其外形如图 3-11 所示。它具有发热快、体积小、质量轻和耗电低等特点。内热式电烙铁的能量转换效率高，可以达到 85%～90%以上。同样发热量和温度的电烙铁，内热式的体积和质量都优于其他种类。例如，20W 内热式电烙铁的实际发热功率与 25～40W 的外热式电烙铁相当，头部温度可达到 350℃左右；它发热速度快，一般通电两分钟就可以进行焊接。

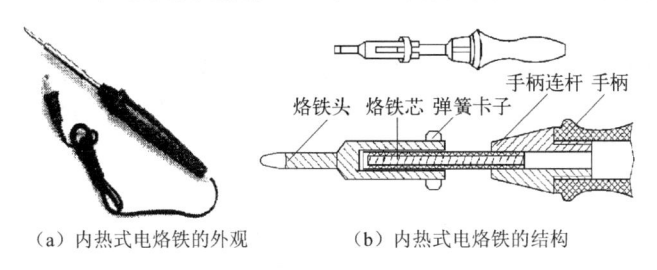

（a）内热式电烙铁的外观　　（b）内热式电烙铁的结构

图 3-11　内热式电烙铁的外形与结构

（2）外热式电烙铁

外热式电烙铁的发热元件包在烙铁头外面，其外形和结构如图 3-12 所示。外热直立式电烙铁的规格按功率分有 30W、45W、75W、100W、200W、300W 等，以 30～100W 的最为常见；工作电压有 220V、110V、36V 的几种，最常用的是 220V 规格的。

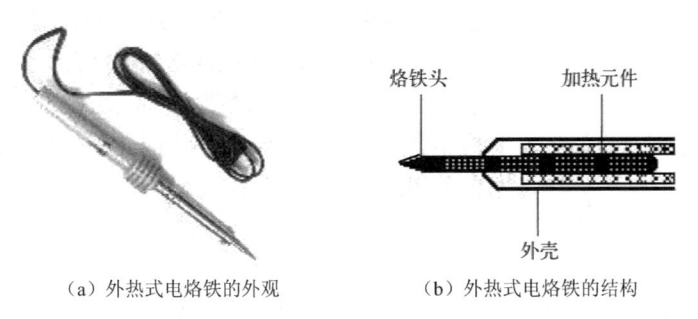

（a）外热式电烙铁的外观　　（b）外热式电烙铁的结构

图 3-12　外热式电烙铁的外形与结构

(3) 发热元件

电烙铁的能量转换部分是发热元件，俗称烙铁芯。它由镍铬发热电阻丝缠在云母、陶瓷等耐热、绝缘材料上构成。电子产品生产中最常用的内热式电烙铁的烙铁芯，是将镍铬电阻丝缠绕在两层陶瓷管之间，再经过烧结制成的。

(4) 烙铁头

存储、传递热能的烙铁头一般都是用紫铜制成的。根据表面电镀层的不同，烙铁头可以分为普通型和长寿型。

普通内热式烙铁头的表面通常镀锌，镀层的保护能力较差。在使用过程中，因为高温氧化和助焊剂的腐蚀，普通烙铁头的表面会产生不沾锡的氧化层，需要经常清理和修整。

长寿命电烙铁的烙铁头，寿命比普通烙铁头延长数十倍。长寿命烙铁头通常是在紫铜表面渗镀一层耐高温、抗氧化的铁镍合金，使它不容易生成不沾锡的氧化层，所以这种电烙铁的使用寿命长，维护少。

一把电烙铁可以配备几个不同形状的长寿命烙铁头，就能适应各种焊接对象的需要。

长寿命烙铁头看起来与普通烙铁头没有差别，最简单的判断方法是用烙铁头去靠近磁铁，如果两者之间有吸合磁力，说明烙铁头表面渗镀了铁镍，则是长寿命烙铁头；反之，则是普通烙铁头。需要注意的是，长寿命烙铁头表面渗镀的铁镍合金虽然有一定厚度，也不能用锉子或刀具在表面硬刮，损伤了表面镀层的烙铁头就会在高温下锈蚀；同样，如果长寿命烙铁头掉在地上，也容易损伤表面镀层。

(5) 手柄

电烙铁的手柄一般用耐热塑胶制成。如果设计不良，手柄的温升过高会影响操作。

(6) 接线柱

接线柱在手柄内部，是发热元件同电源线的连接处。必须注意：一般电烙铁都有三个接线柱，其中一个是接金属外壳的。如果要考虑防静电问题，接线时应该用三芯线将外壳接保护零线。

2. 感应式电烙铁

感应式电烙铁也叫做速热烙铁，俗称焊枪，其结构如图 3-13 所示。它里面实际上是一个变压器，这个变压器的次级实际只有一匝。当变压器初级通电时，次级感应出的大电流通过加热体，使同它相连的烙铁头迅速达到焊接所需要的温度。

这种烙铁的特点是加热速度快。一般通电几秒后，即可达到焊接温度。因此，不需要像直热式烙铁那样持续通电。它的手柄上带有电源开关，工作时只需要按下开关几秒后即可进行焊接，特别适合于断续工作的使用。

由于感应式电烙铁的烙铁头实际上是变压器的次级绕组，所以对一些电荷敏感器件，如 CMOS 电路，常会因感应电荷的作用而损坏器件。因此，在焊接这类电路时，不能使用感应式电烙铁。

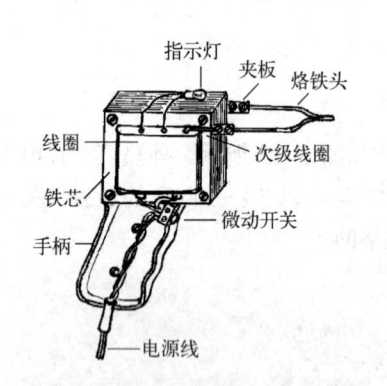

图 3-13 感应式电烙铁结构示意图

3. 调温式电烙铁

调温式电烙铁有自动和手动调温的两种。手动调温实际上就是将电烙铁接到一个可调电源（如调压器）上，由调压器上的刻度可以设定电烙铁的温度，如图 3-14 所示。

自动恒温式电烙铁依靠温度传感元件监测烙铁头的温度，并通过放大器将传感器输出的信号放大，控制电烙铁的供电电路，从而达到恒温的目的。这种电烙铁也有将供电电压降为 24V、12V 低压或直流供电形式的，对于焊接操作安全来说，无疑是大有益处的。但相应的价格提高使这种电烙铁的推广受到限制。

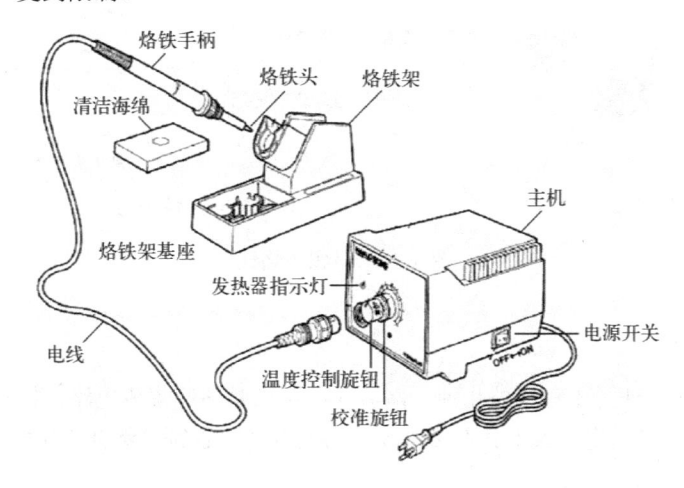

图 3-14 调温式电烙铁

图 3-15 所示的是另一种恒温式电烙铁。其特点是恒温装置在烙铁本体内，核心是装在烙铁头上的强磁体传感器。强磁体传感器的特性是能够在温度达到某一点时磁性消失。这一特征正好作为磁控开关来控制加热元件的通/断，从而控制烙铁头的温度。装有不同强磁传感器的烙铁头，具有不同的恒温特性。使用者只需更换烙铁头，便可在 260～450℃间任意选定温度，最适合维修人员使用。

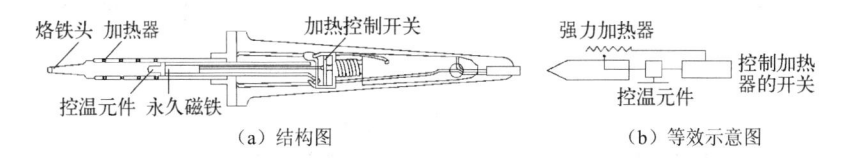

图 3-15 恒温式电烙铁示意图

恒温式电烙铁的优越性是明显的：
（1）断续加热，不仅省电，而且电烙铁不会过热，寿命延长；
（2）升温时间快，只需 40～60s；
（3）烙铁头采用渗镀铁镍的工艺，寿命较长；
（4）烙铁头温度不受电源电压、环境温度的影响。例如，50W、270℃的恒温式电烙铁，电源电压在 180～240V 的范围内均能恒温，电烙铁通电很短时间内就可达到 270℃。

4．吸锡电烙铁

在检修电子产品时，经常需要拆下某些元器件或部件，这时使用吸锡电烙铁（见图 3-16）就能够方便地吸走印制电路板焊点上的焊锡，使焊接件与印制电路板脱离，从而可以方便地进行检查和更换。吸锡电烙铁由烙铁芯、烙铁头、橡皮囊和支架等部分组成，它是在普通直热式电烙铁上增加吸锡结构组成的。

使用时吸锡电烙铁时，先按下气泵按钮，压缩橡皮囊，将中空的烙铁头对准焊点进行加热。待焊锡熔化时释放气泵，焊锡就被吸到烙铁头内；然后移开烙铁头，再次按下气泵按钮，焊锡便被挤出。

(a) 吸锡电烙铁的外观 (b) 吸锡电烙铁的结构

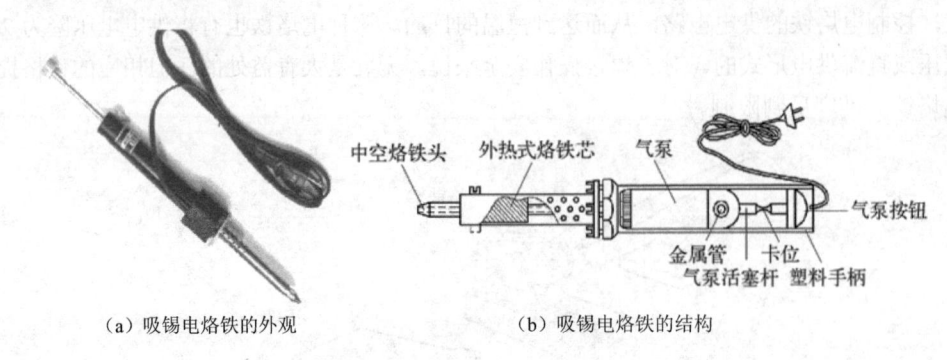

图 3-16 吸锡电烙铁

5. 其他电烙铁

除了上述烙铁以外，还有另外几种。储能式电烙铁是适应集成电路，特别是对电荷敏感的 MOS 电路的焊接工具。电烙铁本身不接电源，当把电烙铁插到配套的充电器上时，电烙铁处于储能状态；焊接时拿下电烙铁，靠储存在电烙铁中的能量完成焊接，一次可焊接若干个焊点。

还有用蓄电池供电的碳弧电烙铁、可以同时除去焊件氧化膜的超声波电烙铁、具有自动送进焊锡装置的自动电烙铁及使用液化气体作为燃料的电烙铁等。不过，这些电烙铁在一般生产、科研中应用较少。

6. 电烙铁的合理选用

如果有条件，选用恒温式电烙铁是比较理想的。对于一般科研、生产，根据不同施焊对象选择不同功率的普通电烙铁，通常就能够满足需要。表 3-1 提供了选择电烙铁的依据，可供参考。

表 3-1 选择电烙铁的依据

焊接对象及工作性质	烙铁头温度（℃）(室温、220V 电压)	选用电烙铁
一般印制电路板、安装导线	300～400	20W 内热式、30W 外热式、恒温式
集成电路	300～400	20W 内热式、恒温式
焊片、电位器、2～8W 电阻、大电解电容器、大功率管	350～450	35～50W 内热式、恒温式，50～75W 外热式
8W 以上大电阻、φ2mm 以上导线	400～550	100W 内热式、150～200W 外热式
汇流排、金属板等	500～630	300W 外热式
维修、调试一般电子产品		20W 内热式、恒温式、感应式、储能式、两用式

烙铁头温度的高低，可以用热电偶或表面温度计测量，也可以根据助焊剂的发烟状态粗略地估计出来。如图 3-17 所示，温度越低，冒烟越小，持续时间越长；温度高则与此相反。当然，对比的前提是在烙铁头上沾了等量的焊剂。

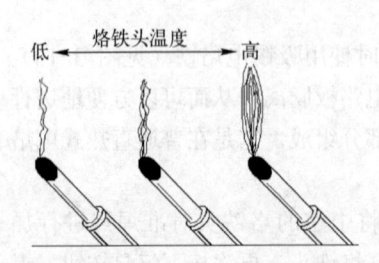

图 3-17 观察估计烙铁头温度

实际工作中，要根据情况灵活应用电烙铁。不要以为，电烙铁功率小就不会烫坏元器件。假如用一个小功率烙铁焊接大功率元器件，因为电烙铁的功率较小，烙铁头同元器件接触以后不能提供足够的热量，焊点不能在短时间内达到焊接温度，不得不延长烙铁头的停留时间。这样，热量将传到整个器件上，器件内部可能达到烧毁器件的温度。相反，使用较大功率的电烙铁，则能很快使焊点局部达到焊接温度，不会使整个器件承受长时间的高温，因此不容易损坏元器件。

7．吸锡器

维修电子产品时还常用到吸锡器，最常见的吸锡器如图 3-18 所示，它小巧轻便、价格低廉。

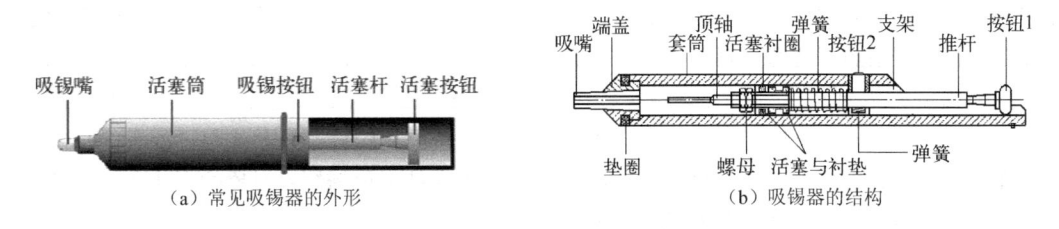

（a）常见吸锡器的外形　　（b）吸锡器的结构

图 3-18　最常见的吸锡器

3.2.2　烙铁头的形状与修整

1．烙铁头的形状

烙铁头一般用紫铜材料制成，长寿命烙铁头表面都经过铁镍渗镀。这种表面有镀层的烙铁头，如果不是特殊需要，一般不要修锉或打磨。因为镀层的作用就是保护烙铁头不容易氧化生锈。

为了保证焊接的质量，应该合理选用烙铁头的形状及大小。图 3-19 是几种常用烙铁头的外形（用字母命名的是国外的叫法）。其中，圆斜面式（C 型）是市售烙铁头的一般形式，适于在单面板上焊接不太密集的焊点；凿式和半凿式烙铁头（D 型）多用于电气维修工作；尖锥式和圆锥式烙铁头（B 型）适合于焊接高密度的焊点和小而怕热的元件；针式和刀形烙铁头（I 型或 K 型）适合于焊接微小的或引脚密集的 SMT 元器件；当焊接对象变化大时，可选用适合于大多数情况的斜面复合式烙铁头（如 H 型）。

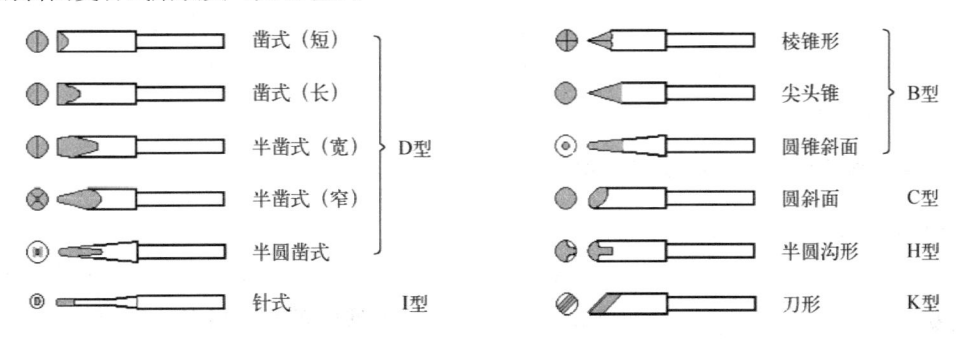

凿式（短）　　　　棱锥形
凿式（长）　D型　尖头锥　　B型
半凿式（宽）　　　圆锥斜面
半凿式（窄）　　　圆斜面　C型
半圆凿式　　　　　半圆沟形　H型
针式　　　I型　　刀形　　　K型

图 3-19　各种常用烙铁头的形状

选择烙铁头的依据是应使它尖端的接触面积与焊接处（焊盘）的面积相匹配，如图 3-20 所示。烙铁头接触面过大，会使过量的热量传导给焊接部位，损坏元器件。一般来说，烙铁头越长、越粗，则温度越低，需要焊接的时间越长；反之，烙铁头越短、越尖，则温度越高，焊接的时间越短。

操作者可以根据自己的习惯选用烙铁头。有经验的电子装配工人手中都准备有几个不同形状的

（a）烙铁头过小　（b）烙铁头合适　（c）烙铁头过大

图 3-20　烙铁头与焊盘大小的关系

烙铁头，以便根据焊接对象的变化和工作的需要随时选用。对于一般科研技术人员来说，复合型烙铁头能够适应大多数情况。

2. 烙铁头的修整和镀锡

长寿命烙铁头应该经过渗镀铁镍合金，使它具有较强的耐高温、耐氧化性能，要特别注意保护表面镀层，不要用硬物刮磨烙铁头。但目前市售的低档电烙铁头一般只是在紫铜表面镀了一层锌合金。镀锌层虽然也有一定的保护作用，但在经过一段时间的使用以后，由于高温及助焊剂的作用（松香助焊剂在常温时为中性，在高温时呈弱酸性），烙铁头往往被氧化，表面凹凸不平，这时就需要修整。一般是把烙铁头拿下来，夹到台钳上用粗锉刀修整成自己要求的形状，再用细锉刀修平，最后用细砂纸打磨光。有经验的操作工人都会根据焊接对象的形状和焊点的密集程度，对烙铁头的形状和粗细进行修整。

修整过的烙铁头应该立即镀锡。方法是将烙铁头装好后，在松香水中浸一下；然后接通烙铁的电源，待烙铁热后，用松香和焊锡给烙铁头沾上锡，在树脂海绵或湿布上反复摩擦；直到整个烙铁头的修整面均匀镀上一层焊锡为止。

应该记住，新的电烙铁在使用以前，一定要先沾上助焊剂再通电加热，否则烙铁头表面会生成难以镀锡的氧化层。

3. 电烙铁的灵活使用

一般的非专业焊接工，手头不可能有多把电烙铁。在一把电烙铁上更换不同形状的烙铁头，可以对付不同要求的焊接点。灵活选择烙铁头就是焊接质量的关键。

选择连续焊接时烙铁尖温度的依据：
- 烙铁头越长，温度越低；
- 烙铁头越粗，温度越低。

3.2.3 维修 SMT 电路板的焊接工具

SMT 电路板上的元器件微小、导线密集，手工焊接不仅需要娴熟的技术，对电烙铁也有更高的要求，例如温度更稳定、结构更精巧。焊接 THT 电路板的电烙铁虽然也能使用，但至少要换上更尖细的烙铁头。

1. 手工焊接和拆焊 SMT 电路板的工具

（1）恒温式电烙铁

SMT 元器件对温度比较敏感，维修时必须注意温度不能超过 390℃，所以最好使用如图 3-14 所示的恒温式电烙铁。假如使用普通电烙铁焊接 SMT 元器件，烙铁功率不要超过 20W。为防止感应电压损坏集成电路，电烙铁的金属外壳必须可靠接地。片状元器件的体积小，引脚间距小，烙铁头的尖端要略小于焊接面，应该选图 3-19 中的针锥形（I 型）烙铁头；有经验的焊接工人在快速拖焊集成电路的引脚时，更愿意使用刀形（K 型）烙铁头。

（2）热风焊台

热风焊台如图 3-21 所示，最早是从日本 HAKKO（白光）公司引进的产品，现在国内生产的厂家和品牌很多。

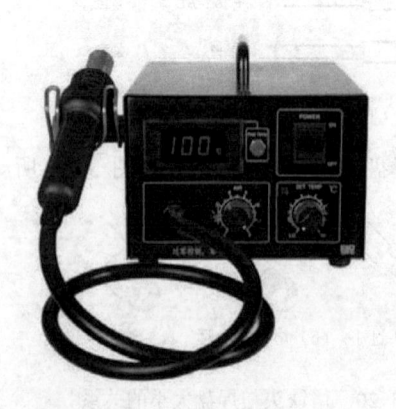

图 3-21 热风焊台

热风焊台的前面板上有一个电源开关（POWER）和两个旋钮，分别用来设定热风的温度（HEATER）和调节热风的风量（AIR CAPACITY），大多数焊台的前面板上还有显示温度的数码管，指示当前的热风温度；旁边一个红色指示灯闪烁时，表示"正在加热"，当它稳定地点亮时，表示"保温在显示温度"。

热风焊台通过耐热胶管把热风送到喷筒（也叫热风枪或热风筒、热风头）出口。喷筒前端可以根据焊接对象的形式和大小安装专用喷嘴。

热风焊台主要用于电子产品的维修，更多的是用来从电路板上拆焊插装式和贴片式元器件，有经验的技术工人也可以用来焊接SMT元器件。具体的操作方法将在第5章介绍。

（3）电热镊子

电热镊子是一种专用于拆焊SMC贴片元件的高档工具，它相当于两把组装在一起的电烙铁，只是两个电热芯独立安装在两侧，同时加热。接通电源以后，捏合电热镊子夹住SMC元件的两个焊端，加热头的热量熔化焊点，很容易把元件取下来。电热镊子的示意图如图3-22所示。

2. 维修SMT电路板的辅助工具

（1）加热头

SMT元器件的引脚比插装元器件的引脚更密集，用一般电烙铁拆焊几乎是不可能的事情。但在电烙铁芯上装配了相应的加热头后，可以用来拆焊SMT集成电路。在图3-23中，图（a）～（c）是几种不同规格的专用加热头，分别用于拆卸引脚数目不同的QFP集成电路；图（d）是用于拆卸翼型密集引脚的SOL或SOW集成电路的专用加热头。

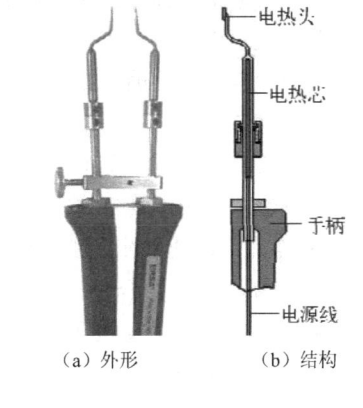

图3-22 电热镊子示意图

图3-24为组合式L型、S型加热头和相应的固定基座，可用来对各种SO封装的集成电路、三极管、二极管进行加热。其中头部较宽的L型加热片，用于拆卸集成电路，头部较窄的S型加热片用于拆卸三极管和二极管。使用时，将一片或两片L型、S型加热片用螺钉固定在基座上，然后装配到电烙铁发热芯的前端。

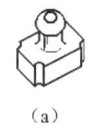

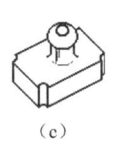

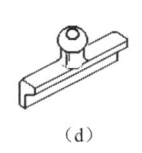

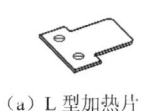

图3-23 几种拆卸翼形引脚芯片的专用加热头

图3-24 组合式加热头

（2）吸锡铜网线

吸锡铜网线俗称吸锡线，是一种用细铜丝编织成的扁网状编带，如图3-25所示。把吸锡线用电烙铁压到电路板的焊盘上，由于毛细作用，熔化的焊锡会被吸锡线吸走。在维修SMT电路板时，常用这种方法清理焊盘。

3.3 焊接材料

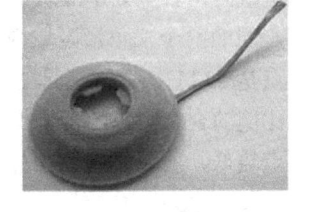

图3-25 吸锡铜网线

焊接材料包括焊料（俗称焊锡）和焊剂（又叫助焊剂）。掌握焊料和焊剂的性质、成分、作用原理及选用知识，是电子工艺技术中的重要内容之一，对于保证产品的焊接质量具有决定性的影响。

3.3.1 焊料

焊料是易熔金属，它的熔点低于被焊金属。焊料熔化时，将被焊接的两种相同或不同的金属结合处填满，待冷却凝固后，把被焊金属连接到一起，形成导电性能良好的整体。一般要求焊料具有熔点低、凝固快的特点，熔融时应该有较好的浸润性和流动性，凝固后要有足够的机械强度。按照组成的成分，有锡铅焊料、银焊料、铜焊料等多种。在传统电子产品的装配焊接中，主要使用铅锡焊料，一般称为焊锡。

1. 铅锡合金与铅锡合金状态图

锡（Sn）是一种质软低熔点的金属，熔点约为 232℃，纯锡较贵，质脆而机械性能差；在常温下，锡的抗氧化性强。高于 13.2℃时，锡呈银白色；低于 13.2℃时，锡呈灰色；低于-40℃时，锡变成粉末。锡容易同多数金属生成金属化合物。

铅（Pb）是一种浅青白色的软金属，熔点约为 327℃，机械性能也很差。铅的塑性好，有较高的抗氧化性和抗腐蚀性。铅属于对人体有害的重金属，在人体中积蓄能够引起铅中毒。

（1）铅锡合金

铅与锡以不同比例熔合成铅锡合金以后，熔点和其他物理性能都会发生变化。铅锡焊料具有一系列铅和锡所不具备的优点：

- 熔点低，低于纯铅和纯锡的熔点，有利于焊接；
- 机械强度高，合金的各种机械强度均优于纯锡和纯铅；
- 表面张力小、黏度下降，增大了液态流动性，有利于形成可靠的接头；
- 抗氧化性好，铅具有的抗氧化性优点在合金中继续保持，使焊料在熔化时减少氧化量。

（2）铅锡合金状态图

图 3-26 所示为不同成分的铅和锡的合金状态。

从图 3-26 中可以看出，当铅与锡用不同的比例组成合金时（横坐标：铅和锡的含量比例），合金的熔点和凝固点也各不相同。除了纯铅在 330℃（图中 C 点）左右、纯锡在 230℃（图中 D 点）左右的熔化点和凝固点是一个点以外，只有 T 点所示比例的合金是在同一个温度下熔化或凝固。其他比例的合金都在一个区域内处于半熔化、半凝固（即半熔融）的状态。

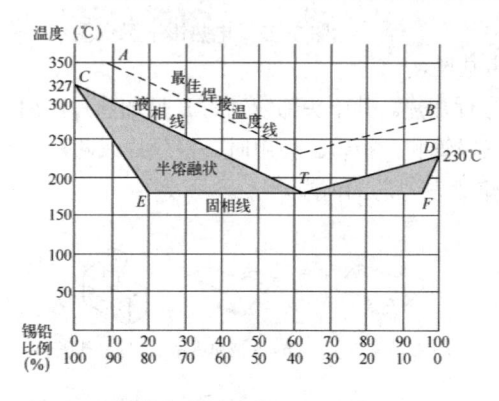

图 3-26 铅锡合金状态图

在图 3-26 中，C-T-D 线叫做液相线，温度高于这条线时，合金处于液态；C-E-T-F-D 叫做固相线，温度低于这条线时，合金处于固态；在两条线之间的两个三角形区域内，合金是半熔化、半凝固的状态。例如，铅、锡各占 50%的合金，熔点是 212℃，凝固点是 182℃，在 182～212℃之间，合金为半熔化、半凝固的状态。因为在这种比例的合金中锡的含量少，所以成本较低，一般的焊接可以使用；但又由于它的熔点较高而凝固点较低，所以不宜用来焊接电子产品。

图 3-26 中 A-B 线表示最适合焊接的温度，它高于液相线约 50℃。

（3）共晶焊锡

对应成分为 Pb38.1%、Sn61.9%的铅锡合金称为共晶合金，它的熔点最低，只有 182℃，是铅锡焊料中性能最好的一种。它具有以下优点：

① 低熔点，降低了焊接时的加热温度，可以防止元器件损坏。

② 熔点和凝固点一致,可使焊点快速凝固,几乎不经过半凝固状态,不会因为半熔化状态时间长而造成焊点结晶疏松,强度降低。这一点,对于自动焊接有着特别重要的意义。因为在自动焊接设备的传送系统中,不可避免地存在振动。

③ 流动性好,表面张力小,浸润性好,有利于提高焊点质量。

④ 机械强度高,导电性好。

由于上述优点,共晶焊锡在电子装配中获得了长久的、广泛的应用。

2. 焊锡的物理性能及杂质的影响

表 3-2 列出了不同成分的铅锡焊料的物理性能。由表中可以看出,含锡 60%左右的焊料,抗张强度和抗剪切强度都比较好,而含锡量过高或过低都不理想。

表 3-2 不同成分铅锡焊料的物理性能和机械性能

锡(%)	铅(%)	导电性(铜:100%)	抗张强度(kgf/mm^2)	剪切强度(kgf/mm^2)
100	0	13.9	1.49	2.0
95	5	13.6	3.15	3.1
60	40	11.6	5.36	3.5
50	50	10.7	4.73	3.1
42	58	10.2	4.41	3.1
35	65	9.7	4.57	3.6
30	70	9.3	4.73	3.5
0	100	7.9	1.42	1.4

除铅和锡以外,焊锡内不可避免地含有其他微量金属。这些微量金属就是杂质,它们超过一定限量,就会对焊锡的性能产生很大影响。表 3-3 列举了各种杂质对焊锡性能的影响。

表 3-3 各种杂质对焊锡性能的影响

杂质	对焊料的影响
铜	强度增大,0.2%就会生成不溶性化合物;黏性增大,焊接印制电路板时出现桥接和拉尖
锌	尽管含量微小,也会降低焊料的流动性,使焊料失去光泽;焊接印制电路板时出现桥接和拉尖
铝	尽管含量很小,也会降低焊料的流动性,使焊料失去光泽,特别是腐蚀性增强,症状很像锌的影响
金	机械强度降低,焊点呈白色
锑	抗拉强度增大但变脆,电阻大。为增加硬度,有时可加进≤4%
铋	硬而脆,熔点下降,光泽变差。为增强耐寒性,需要时可加入微量
砷	焊料表面变黑,流动性降低
铁	量很少就饱和,难熔入焊料中,带磁性

不同标准的焊锡规定了杂质的含量标准。不合格的焊锡可能是成分不准确,也可能是杂质含量超标。在生产中大量使用的焊锡应该经过质量认证。

为了使焊锡获得某些特殊性能,也可以掺入某些金属。例如,掺入少量(0.5%～0.2%)的银,可使焊锡熔点降低,强度增高;渗入铋让焊锡变成低温焊料;渗入镉让焊锡变成高温焊料。

3. 常用焊锡

表 3-4 是一般铅锡焊料的成分及用途。

表 3-4　一般铅锡焊料的成分及用途

名 称	牌 号	主要成分 (%)			杂质 (%)	熔点 (℃)	抗拉强度 (kgf/cm²)	用途及焊接对象
		锡	锑	铅				
10 锡铅焊料	H1SnPb10	89～91	≤0.15	余量	<0.1	220	4.3	食品医药卫生物品
39 锡铅焊料	H1SnPb39	59～61	≤0.8			183	4.7	电子、电气制品
50 锡铅焊料	H1SnPb50	49～51				210	3.8	计算机散热器黄铜
58-2 锡铅焊料	H1SnPb58-2	39～41	1.5～2			235		工业及物理仪表等
68-2 锡铅焊料	H1SnPb68-2	29～31				256	3.3	电缆护套、铅管等
80-2 锡铅焊料	H1SnPb80-2	17～19			<0.6	277	2.8	油壶容器散热器
90-6 锡铅焊料	H1SnPb58-2	3～4	5～6			265	5.9	黄铜和铜
73-2 锡铅焊料	H1SnPb73-2	24～26	1.5～2				2.8	铅管
45 锡铅焊料	H1SnPb45	53～57				200		

在电子产品的生产中，有时需要焊接温度低的焊料，常使用表 3-5 中的几种。

表 3-5　电子组装常用的低温焊锡

序 号	Pb (%)	Sn (%)	Bi (%)	Cd (%)	熔点 (℃)
1	40	20	40		110
2	40	23	37		125
3	32	50		18	145
4	42	35	23		150

手工电烙铁焊接经常使用管状焊锡丝。将焊锡制成管状，内部是优质松香添加一定活化剂组成的助焊剂。图 3-27 是松香焊锡丝的断面示意图。由于松香很脆，拉制时容易断裂，造成局部缺焊剂的现象，而多芯焊丝则能克服这个缺点。焊料成分一般是含锡量为 60%～65%的铅锡合金。焊锡丝直径有 0.5mm、0.8mm、0.9mm、1.0mm、1.2mm、1.5mm、2.0mm、2.3mm、2.5mm、3.0mm、4.0mm、5.0mm，还有扁带状、球状、饼状等形状的成型焊料。一般要求，焊锡丝的直径略小于焊盘的直径，手工电子产品常用 0.5～1.5mm 直径的焊锡丝。

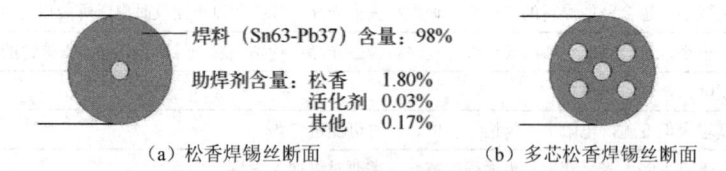

焊料 (Sn63-Pb37) 含量：98%
助焊剂含量：松香　1.80%
　　　　　　活化剂　0.03%
　　　　　　其他　　0.17%

(a) 松香焊锡丝断面　　　(b) 多芯松香焊锡丝断面

图 3-27　松香焊锡丝的断面示意图

3.3.2　助焊剂

金属同空气接触以后，表面会生成一层氧化膜。温度越高，氧化越厉害。这层氧化膜会阻止液态焊锡对金属的浸润作用，犹如玻璃沾上油就会使水不能浸润一样。助焊剂就是用于清除氧化膜、保证焊锡浸润的一种化学剂。不像电弧焊中的焊药那样参与焊接的冶金过程，它仅仅起到清除氧化膜的作用。所以，不要企图用助焊剂清除焊件上的各种污物。

1. 助焊剂的作用

(1) 除氧化膜。其实质是助焊剂中的氯化物、酸类同氧化物发生还原反应，从而除去氧化膜。反应后的生成物变成悬浮的渣，漂浮在焊料表面。

（2）防止氧化。液态的焊锡及被加热的焊件金属都容易与空气中的氧接触而氧化。助焊剂熔化以后，形成漂浮在焊料表面的隔离层，防止了焊接面的氧化。

（3）减小熔化了的焊锡表面的张力。增加焊锡的流动性，有助于焊锡浸润。

（4）使焊点美观。合适的助焊剂能够整理焊点形状，保持焊点表面的光泽。

2．对助焊剂的要求

（1）熔点应低于焊料。只有这样，才能发挥助焊剂作用。

（2）表面张力、黏度、密度小于焊料。

（3）残渣容易清除。焊剂都带有酸性，残渣会腐蚀金属，而且影响外观。

（4）不能腐蚀母材。如果助焊剂的酸性太强，不仅会除去氧化层，也会腐蚀焊盘金属，造成危害。

（5）不产生有害身体健康的气体和刺激性味道。

3．助焊剂的分类及应用

助焊剂的分类及主要成分见表 3-6。

上面三种助焊剂中，以无机助焊剂的活性最强，在常温下即能除去金属表面的氧化膜。这种焊剂的强腐蚀作用容易损伤金属及焊点，不能用在电子焊接中。无机助焊剂用机油乳化以后，可制成一种膏状物质，俗称焊油。虽然焊油的活性很强，焊接后能用溶剂清洗，但对于电子焊点中像接线柱间隙内、导线绝缘皮内、元器件根部等清洗剂难以到达的部位，就很难清除。因此除非特别准许，一般电子焊接中不允许使用无机助焊剂。

有机助焊剂的活性次于氯化物，有较好的助焊作用，但是也有一定腐蚀性，残渣不易清理，且挥发物对操作者有害。

表 3-6 助焊剂的分类及主要成分

无机系列	酸	正磷酸（H_3PO_4）
		盐酸（HCl）
		氟酸
	盐	氯化物（$ZnCl$、NH_4Cl、$SnCl_2$等）
有机系列		有机酸（硬脂酸、乳酸、油酸、氨基酸等）
		有机卤素（盐酸苯胺等）
		氨基酰胺、尿素、$CO(NH_4)_2$、乙二胺等
松香系列		松香
		活化松香
		氧化松香

松香的主要成分是松香酸和松香酯酸酐。松香在常温下几乎没有任何化学活力，呈中性；当被加热到熔化时，呈现较弱的酸性，可与金属氧化膜发生化学反应，变成化合物而悬浮在液态焊锡表面。熔化的松香助焊剂能降低液态焊锡表面的张力，增加它的流动性，还起到保护焊锡表面不被氧化的作用。并且，焊接完毕恢复常温后，松香又变成稳定的固体，无腐蚀，绝缘性强。因此，正确使用松香助焊剂是获得合格焊点的重要条件。

松香容易溶于酒精、丙酮等溶剂。在电子焊接中，常常将松香溶于酒精制成"松香水"，松香同酒精的比例一般以 1∶3 为宜，也可以根据使用经验增减；但不宜过浓，否则使用时流动性差。

在松香水中加入活化剂如三乙醇胺，可以增加它的活性。不过在一般手工焊接中并非必要，只是在浸焊或波峰焊的情况下才使用。

注意：松香经过反复加热以后，会因为炭化而发黑失效。因此，发黑的松香是不起作用的。

现在普遍使用的氢化松香助焊剂，是从松脂中提炼而成的，常温下性能比普通松香稳定，加热后酸价高于普通松香，因此有更强的助焊作用。

4. 国产助焊剂的配比及性能

几种常用国产助焊剂的配方、性能及用途见表3-7。

表3-7 几种常用国产助焊剂的配方、性能及用途

品 种	配方（质量百分数）	可焊性	活性	适用范围
松香酒精助焊剂	松香 23 无水乙醇 67	中	中性	印制板、导线焊接
盐酸二乙胺助焊剂	盐酸二乙胺 4 三乙醇胺 6 松香 20 正丁醇 10 无水乙醇 60	好	有轻度腐蚀性或余渣	手工电烙铁焊接电子元器件、零部件
盐酸苯胺助焊剂	盐酸苯胺 4.5 三乙醇胺 2.5 松香 23 无水乙醇 60 溴化水杨酸 10			同上；可用于搪锡
201助焊剂	溴化水杨酸 10 树脂 20 松香 20 无水乙醇 50			元器件搪锡、浸焊、波峰焊
201-1助焊剂	溴化水杨酸 7.9 丙烯酸树脂 3.5 松香 20.5 无水乙醇 48.1			印制板涂覆
SD助焊剂	SD 6.9 溴化水杨酸 3.4 松香 12.7 无水乙醇 77			浸焊、波峰焊
氯化锌助焊剂	$ZnCl_2$饱合水溶液	很好	强腐蚀性	各种金属制品、扳金件
氯化铵助焊剂	乙醇 70 甘油 30 NH_4Cl饱合			锡焊各种黄铜零件

5. 免清洗助焊剂

按照传统工艺，电路板焊接后的下一道是工序清洗。近年来，为提高生产效率，减少为清洗工序所投入的设备、能源消耗、人力工时和污染排放，几乎所有电子企业都在推广使用免清洗助焊剂。这是一种非腐蚀性的、低残留物的助焊剂，除了生产高精度、高可靠性的军工或航天产品以外，在大多数情况下都可以免去清洗工序。

免清洗助焊剂的配方里无松香，固体成分极低，它的外观是澄清无色或微黄色的液体，表面绝缘电阻极大（约为 $2.3 \times 10^9 \sim 4.6 \times 10^9 \Omega$）。一种常用免清洗助焊剂的型号是FLS0016T-5。

3.3.3 膏状焊料

用再流焊设备焊接SMT电路板要使用膏状焊料。膏状焊料俗称焊膏或焊锡膏，由于传统焊料的主要成分是铅锡合金，故也称铅锡焊膏（无铅焊接的焊膏为"无铅焊膏"）。焊膏应该有足够的黏性，可以把SMT元器件黏附在印制电路板上，直到再流焊完成。焊膏由焊粉和糊状助焊剂组成。

1. 焊粉及糊状助焊剂

（1）焊粉

焊粉是合金粉末，是焊膏的主要成分。焊粉是把合金材料在惰性气体（如氩气）中用喷吹

法或高速离心法生产的，并储存在氮气中避免氧化。焊粉的合金组分、颗粒形状和尺寸，对焊膏的特性和焊接的质量（焊点的润湿、高度和可靠性）产生关键性的影响。

焊粉的合金成分和配比，决定膏状焊料的温度特性（熔点和凝固点），可因此分为高温焊料、低温焊料、有铅焊料和无铅焊料。不同金属成分的焊粉，其性质与用途也不相同，必须慎重选择。这里还存在热浸析的问题。所谓热浸析，是指当焊料熔融时，焊料的金属成分对被焊接材料的金属成分发生置换反应。浸析率高，容易把镀在焊接面上的金属置换出来，影响焊料的润湿，不利于在焊接面上产生成分一致的、稳定的合金层。因此，为避免浸析率过高，还要分析焊接对象的金属成分，选择不同合金组分的膏状焊料。合金粉对其中有害杂质（如锌、铝、镉、锑、铜、铁、砷、硫等）的含量有严格的限制。铅锡共晶焊锡膏在焊接电子产品中应用最为广泛，但它具有较高的浸析率，在焊接金、银导体的场合不宜使用。金锡焊料（Au80/Sn20）对镀金导体表面有很好的焊接质量，常用于焊接高密度的 SMT 元器件。在铅锡合金中加入银，可以增加焊料的强度，提高耐热性和润湿性，减少对镀银导线表面的浸析，但不宜用于焊接镀金导体。在铅锡合金中加入铋，既可以提高强度，又可以降低熔点，便于在低温中进行焊接。锡铟焊料有很好的延展性，对镀金导体的浸析率较低，适用于 SMT 元器件和一般电路的焊接。

理想的焊粉应该是粒度一致的球状颗粒。粒度用来描述颗粒状物质的粗细程度，原指筛网在每 1in 长度上有多少个筛孔（目数），单位面积上目数越多，筛孔就越小，能通过的颗粒就越细小。粒度大，即目数大，表示颗粒的尺寸小。粒度的单位是目。国内外销售的焊粉的粒度有 150 目、200 目、250 目、350 目和 400 目等的数种。焊粉的形状、粒度大小和均匀程度，对焊锡膏的性能影响很大：如果印制电路板上的图形比较精细，焊盘的间距比较狭窄，应该使用粒度大的焊粉配制的焊锡膏。焊粉粒度过大或过小都不好，焊粉中的大颗粒会影响焊膏的印刷质量和黏度，微小颗粒在焊接时易生成飞溅的焊料球，导致短路。应该根据焊接对象的具体情况适宜选择。焊粉表面的氧化物含量应该小于 0.5%，最好控制在 8×10^{-5} 以下。

常用焊粉的金属成分对温度特性及焊膏用途的影响见表 3-8。对不同粒度等级的焊粉的质量要求见表 3-9。

表 3-8　常用焊粉的金属成分对温度特性及焊膏用途的影响

合金组分（%）				温度特性（℃）		焊膏用途
Sn	Pb	Ag	Bi	熔点	凝固点	
63	37			183	共晶	适用于焊接普通 SMT 电路板，不能用来焊接电极含有 Ag、Ag/Pa 材料的元器件
60	40			183	188	同上
62	36	2		179	共晶	适用于焊接电极含有 Ag、Ag/Pa 材料的元器件，印制板表面镀层不能是水金
10	88	2		268	290	适用于焊接耐高温元器件和需要两次再流焊的首次焊接，印制板表面镀层不能是水金
96.5		3.5		221	共晶	适用于焊接焊点强度高的 SMT 电路板，印制板表面镀层不能是水金
42			58	138	共晶	适用于焊接 SMT 热敏元件和需要两次再流焊的第二次焊接

表 3-9　对不同粒度等级的焊粉的质量要求

型号	多于80%的颗粒尺寸（μm）	应少于1%的大颗粒尺寸（μm）	应少于10%的微颗粒尺寸（μm）
1 型	75～105	>150	<20
2 型	45～75	>75	
3 型	20～45	>45	
4 型	20～38	>38	

（2）糊状助焊剂

糊状助焊剂把焊粉调和成焊膏。助焊剂在 SMT 焊接中的作用是净化焊接面、提高润湿性、防止焊料氧化、保证工艺优良。适量的助焊剂是组成膏状焊料的关键材料，质量百分含量一般占焊膏的 8%～15%，其主要成分有树脂（光敏胶）、活性剂和稳定剂等。

助焊剂的成分不同，配制成的焊膏具有不同的性质和不同的用途：

① 在向印制电路板上涂覆焊膏时，助焊剂影响焊膏图形的形状、厚度及塌落度。一般，采用模板印刷的焊膏，其助焊剂含量不超过 10%。

② 在贴放元器件时，助焊剂影响黏度，助焊剂的含量高，黏度就小。

③ 在再流焊过程中，助焊剂决定焊膏的润湿性、焊点的形状以及焊料球飞溅的程度。

④ 焊接完成后，助焊剂残留物的性质决定采用免清洗、可不清洗、溶剂清洗或水清洗工艺。免清洗焊膏内的助焊剂含量不得超过 10%。

⑤ 助焊剂的成分影响焊膏的存储寿命。

焊膏中助焊剂的主要成分及其作用见表 3-10。

表 3-10　焊膏中助焊剂的主要成分及其作用

成　分	主　要　材　料	作　用
树脂	松香、合成树脂等	净化焊接面，提高润湿性
黏合剂	松香、松香脂、聚丁烯等	提供贴装元器件所需的焊膏黏性
活化剂	胺、苯胺、联胺卤化盐、硬脂酸等	净化焊接面
溶剂	甘油、乙醇类、酮类等	调节焊膏的工艺特性
其他	触变剂、界面活性剂、消光剂等	调节焊膏的工艺特性，防止分散和塌边

2. 焊膏组成及其技术要求

焊膏是用合金焊料粉末和触变性糊状助焊剂均匀混合的乳浊液。焊膏已经广泛应用在 SMT 的焊接工艺中，可以采用丝网或模板（漏板）印刷等方式自动涂覆，也可以用手工滴涂的方式进行精确的定量分配，便于实现与再流焊工艺的衔接，能满足各种电路组件对焊接可靠性和装配高密度的要求。并且，在再流焊开始之前具有一定黏性的焊膏，能够起到固定元器件的作用，使它们不会在传送和焊接过程中发生移位。由于焊接时熔融焊膏具有较强的表面张力，可以校正元器件相对于 PCB 的微小位移（"自对中效应"）。

对焊膏的技术要求如下：

（1）合金组分尽量达到或接近共晶温度特性，保证与印制电路板表面镀层、元器件焊端或引脚的可焊性好，焊点的强度高。

（2）在存储期间，焊膏的性质应该保持不变，合金焊粉与助焊剂不分层。

（3）在室温下连续印刷涂覆焊膏时，焊膏不容易干燥，可印刷性（焊粉的滚动性）好。

（4）焊膏的黏度满足工艺要求，具有良好的触变性。所谓触变性，是指胶体物质随外力作用而改变黏度的特性。触变性好的焊膏，既能保证用模板印刷时受到压力会降低黏度，使之容易通过网孔、容易脱模，又要保证印刷后除去外力时黏度升高，使焊膏图形不塌落、不漫流，保持形状。涂覆焊膏的不同方法对焊膏黏度的要求见表 3-11。

表 3-11　涂覆焊膏的不同方法对焊膏黏度的要求

涂覆焊膏的方法	丝网印刷	模板（漏板）印刷	手工滴涂
焊膏黏度（Pa·s）	300～800	普通密度 SMD：500～900 高密度、窄间距 SMD：700～1300	150～300

（5）焊料中合金焊粉的颗粒均匀，微粉少，助焊剂熔融汽化时不会爆裂，保证在再流焊时润湿性好，减少焊料球的飞溅。

3. 常用焊锡膏及选择依据

现在国内生产焊锡膏的厂家较多，常见的销售商品见表3-12。

表3-12 焊锡膏品种及适用范围

使用方式	名 称	化学活性等级	适用范围
丝网印刷	无卤素焊锡膏	R	航天及军用电子设备
丝网印刷	轻度活化焊锡膏	RMA	军用及专用电子设备
丝网印刷	活化松香焊锡膏	RA	民用消费产品及电子设备
丝网印刷	常温保存焊锡膏	RMA	专用电子设备
定量分配器	定量分配器用焊锡膏	RMA	定量分配器滴涂

（1）要根据电子产品本身的价值和用途选择焊膏的档次。可靠性要求高的产品应该使用高质量的焊膏。当然，高质量焊膏的价格也高。

（2）根据产品的生产流程、印制电路板的制板工艺和元器件的情况来确定焊膏的合金组分：
- 最常用的焊膏合金组分是 Sn63-Pb37 和 Sn62-Pb36-Ag2；
- 焊端或引脚采用钯金、钯银厚膜电极或可焊性差的元器件，应该选择含银焊膏；
- 印制板焊盘表面是水金镀层的，不要采用含银焊膏。

（3）根据对印制电路板清洁度的要求以及焊接以后的清洗工艺来选择焊膏：
- 采用溶剂清洗工艺时，要选用溶剂清洗型焊膏；
- 采用水清洗工艺时，要选用水溶性焊膏；
- 采用免清洗工艺时，要选用不含卤素和强腐蚀性化合物的免清洗焊膏；焊接 BGA、CSP 封装的集成电路，芯片的焊点处难于清洗，应该选用高质量的免清洗含银焊膏。

需要特别说明：免清洗焊膏减少了清洗剂的处理与排放、降低了生产能耗与成本、有利于环境保护；免清洗工艺已经推广，被现代化电子产品制造企业普遍采用。

（4）根据印制电路板和元器件的库存时间和表面氧化程度选择不同活性的焊膏。
- 焊接一般 SMT 产品，采用活性 RMA 级的焊膏；
- 高可靠性、航天和军工电子产品，可以选择非活性的 R 级焊膏；
- 印制板和元器件存放的时间长，表面氧化严重的，应该采用 RA 级活性的焊膏，焊接以后要清洗。

（5）根据电路板的组装密度选择不同合金焊粉粒度的焊膏，焊接窄间距引脚焊盘的电路板，要采用粒度 3 型（20~45μm）的焊膏。

（6）根据在电路板上涂覆焊膏的方法和组装密度，选择不同黏度的焊膏，高密度印刷工艺要求焊膏的黏度高，手工滴涂要求焊膏的黏度低。

4. 焊膏管理与使用的注意事项

（1）焊膏通常应该保存在 5~10℃ 的低温环境下，可以储存在电冰箱的冷藏室内。即使如此，超过使用期限的焊膏也不得再使用于生产正式产品。

（2）一般应该在使用前至少 2h 从冰箱中取出焊膏，待焊膏达到室温后，才能打开焊膏容器的盖子，以免焊膏在解冻过程中凝结水汽。假如有条件使用焊膏搅拌机，焊膏回到室温只需要 15min。

（3）观察锡膏，如果表面变硬或有助焊剂析出，必须进行特殊处理，否则不能使用；如果焊锡膏的表面完好，则要用不锈钢棒搅拌均匀以后再使用。如果焊锡膏的黏度大而不能顺利通过印刷模板的网孔或定量滴涂分配器，应该适当加入所使用锡膏的专用稀释剂，稀释并充分搅拌以后再用。

（4）使用时取出焊膏后，应及时盖好容器盖，避免助焊剂挥发。

（5）涂覆焊膏和贴装元器件时，操作者应该戴手套，避免污染电路板。

（6）把焊膏涂覆到印制板上的关键是要保证焊膏能准确地涂覆到元器件的焊盘上。如果涂覆不准确，必须擦洗掉焊膏再重新涂覆。擦洗免清洗焊膏不得使用酒精。

（7）印好焊膏的电路板要及时贴装元器件，尽可能在 4h 内完成再流焊。

（8）免清洗焊膏原则上不允许回收使用，如果印刷涂覆的间隔超过 1h，必须把焊膏从模板上取下来并存放到当天使用的单独容器里，不要将回收的锡膏放回原容器。

（9）完成再流焊的电路板，需要清洗的应该在当天完成清洗，防止焊锡膏的残留物对电路板产生腐蚀。

3.3.4 无铅焊料

1. 铅及其化合物带来的污染

铅的性质使它成为人类最早认识、最早利用的金属材料之一。在人类早期的建筑工程、引水工程里，铅被大量使用；铅化合物作为化妆品的主要成分，也有数千年的历史；自从枪炮成为近代战争的主要兵器以来，战争和制造军火消耗掉的铅多得无法计数。现代工业的发展使铅及其化合物的使用量急剧增加，以汽车工业和相关产业为例，制造发动机、蓄电池，生产汽油、漆料、玻璃等，都曾经或依然要大量使用铅。但是，铅及其化合物又是对人体有害的、多亲和性的重金属毒物，它主要损伤神经系统、造血系统和消化系统，对儿童的身体发育、神经行为、语言能力发展产生负面影响，是引发多种重症疾病的因素。并且，铅对水、土壤和空气都能产生污染。

在电子产品制造中采用铅锡合金作为印制电路板和电子元器件引线的表面镀层和焊接材料，更是业内人士熟知的。目前，电子产品带来的铅污染增长在我国主要表现为三种形式：第一，人民对电子产品的消费需求迅速增长，计算机、电视机、手机、音像产品的社会保有量已经占世界第一位，并且每年有数千万台的旧产品以非正常回收的方式淘汰；第二，我国沿海地区已经成为全世界电子产品的加工厂，发达国家纷纷把电子制造企业搬迁到中国；第三，国外的电子垃圾被大量走私进入我国，而现在我们既不能有效地全面遏制这种走私，也缺乏把这些电子垃圾无害化的处理手段。这三种形式都可能加剧铅污染对我国环境和人民健康的危害。

2. 无铅焊接工艺的提出

日本是最早开展无铅焊接研究、首先研制出无铅焊料的国家，各大公司已经把无铅焊接技术应用在电子产品的实际生产中。日本立法规定有铅焊接的终止期为 2003 年年底，从 2004 年开始不允许含铅电子产品进口。

1999 年 7 月 29 日，美国环境保护署修改有害化学物质排放的报告义务基准值，对于铅及其化合物类有害物质，基准值由原来的 10 000 磅减少至 10 磅。2000 年 1 月，美国正式向工业界推荐标准化无铅焊料。

2003 年 2 月 13 日，欧盟 WEEE 和 ROHS 指令正式生效，规定自 2006 年 7 月 1 日起在欧洲市场上销售的电子产品必须是无铅产品；同时各成员国必须在 2004 年 8 月 13 日之前完成相应的立法。

2003年3月，中国信息产业部经济运行司拟定《电子信息产品生产污染防治管理办法》，规定电子信息产品制造者应该保证，从2003年7月1日起实行有毒有害物质的减量化生产措施；自2006年7月1日起投放市场的国家重点监管目录内的电子信息产品不能含有铅、镉、汞、六价铬、聚合溴化联苯或聚合溴化联苯乙醚等。

事实上，电子产品无铅焊接需要解决焊料和焊接两个基本问题，所涉及的是一个范围极其广大的技术领域，焊接设备、焊接材料、助焊剂、焊接工艺、电子元器件都将随之改变。

尽管有国外专家权威性的分析，就全世界电子工业的铅消耗量来说，仅占所有行业铅消耗总量的0.6%，电子产品生产中的铅用量对环境和健康的危害并不明显。但是，在全球经济和环境保护发展的大背景下，无铅焊接已经成为电子制造行业不可逆转的趋势。随着相关法令的颁布实施，除军事、航空航天或某些特定领域的电子产品暂时豁免之外，电子组装技术已进入无铅化时代。

3. 无铅焊料的研究与推广

目前，国际上对无铅焊料的成分并没有统一的标准。通常是以锡为主体，添加其他金属。应该指出，这些焊料中并不是一点铅都没有，规定铅的含量少于0.1%。

（1）对无铅焊料的理想化技术要求如下：

① 无毒性。无铅合金焊料应该无毒或毒性极低，现在和将来都不会成为新的污染源。

② 性能好。电导率、热导率、润湿性、机械强度和抗老化性等，至少相当于当前使用的Sn-Pb共晶焊料；并且，容易检验焊接质量，容易修理有缺陷的焊点。

③ 兼容性好。与现有的焊接设备和工艺兼容，尽可能在不需要更换设备和不需要改变工艺的条件下进行焊接。例如，无铅焊料的共晶点应该比较低、接近当前使用的铅锡共晶焊料，最好在180～220℃之间。这样，要求焊接设备和元器件相应改变得少一些，有利于减少技术改造成本。

④ 材料成本低，所选用的材料能保证充分供应（目前符合技术标准的无铅焊料的售价是铅锡共晶焊料的2～3倍）。

（2）最有可能替代铅锡焊料的无毒合金是以锡（Sn）为主，添加银（Ag）、锌（Zn）、铜（Cu）、锑（Sb）、铋（Bi）、铟（In）等金属元素，通过合金化来改善焊料的性能，提高可焊性。

应该说，到目前为止，尽管有很多品种的无铅焊料还在研制中，一些品种已经在大量实用，但至今还没有哪种无铅焊料在各方面的性质上都优于并可以完全取代Sn-Pb共晶焊料。研究还在沿着三个方向展开。

① 主要重视安全性和可靠性：在Sn里添加Ag或Cu，焊接在高温度区域实现。

② 主要追求焊接温度接近Sn-Pb共晶焊料：在Sn里添加Zn。

③ 重点追求低熔点焊接温度：以上述两个研究方向为基础，在Sn-Ag-Cu合金里添加微量金属Bi可以适当降低焊接温度；在Sn-Zn合金里加大Bi的添加量，可以制成低温焊料。

（3）研究表明，以下列三种合金为主、适量添加其他金属元素的合金成为无铅焊料的选择方案。

① Sn-Ag系焊料：这种焊料的机械性能、拉伸强度、蠕变特性及耐热老化性能比Sn-Pb共晶焊料优越；延展性稍差但很稳定；主要缺点是熔点温度偏高，润湿性差，成本高。现在已经投入使用最多的无铅焊料就是这种合金，配比为Sn96.3-Ag3.2-Cu0.5（美国推荐的配比是Sn95.5-Ag4-Cu0.5，日本推荐的配比是Sn96.2-Ag3.2-Cu0.6），其熔点为217～218℃，市场价格是Sn-Pb共晶焊料的3倍以上。

② Sn-Zn 系焊料：这种焊料的机械性能、拉伸强度比 Sn-Pb 共晶焊料好，可以拉成焊料线材使用；蠕变特性好，变形速度慢，拉伸变形至断裂的时间长；主要缺点是 Zn 极容易氧化，润湿性和稳定性差，具有腐蚀性。

③ Sn-Bi 系焊料：这种焊料在 Sn-Ag 系的基础上，添加适量的 Bi 组成。优点是熔点低，与 Sn-Pb 共晶焊料的熔点相近；蠕变特性好，增大了拉伸强度；缺点是延展性差，硬且脆，可加工性差，不能拉成焊料线材。在 Sn-Zn 系的基础上，添加多量的 Bi，可制成低温焊料。

4．无铅焊料存在的缺陷

现在，无铅焊料已经在国内众多电子制造企业使用，但它确实存在一些缺陷，仅就一般手工焊接来说，主要表现为：

- 扩展能力差：无铅焊料在焊接时，润湿、扩展的面积只有 Sn-Pb 共晶焊料的 1/3 左右。
- 熔点高：无铅焊料的熔点一般比 Sn-Pb 共晶焊料的熔点大约高 34～44℃，对电烙铁设定的工作温度也比较高。这就使烙铁头更容易氧化，使用寿命变短。

因此，使用无铅焊料进行手工焊接必须注意以下几点。

（1）选用热量稳定、均匀的电烙铁：在使用无铅焊料进行焊接作业时，出于对元器件耐热性以及安全作业的考虑，一般应当选择烙铁头温度在 350～370℃以下的电烙铁。

（2）控制烙铁头的温度非常重要：能够调节温度的电烙铁，要根据使用的焊料，选择最合适的烙铁头，设定焊接温度并随时调整。

5．无铅焊料引发的课题

随着无铅焊料的研制，焊料的成分和性能发生了变化，与焊接过程相关的课题还在探讨研究之中。

（1）元器件问题

① 因为多数无铅焊料的熔点都比较高，焊接过程的温度比现在高，这就要求元器件以及各种结构性材料能够耐受更高的加工温度。

② 目前还有部分元器件的焊端或引线表面采用 Sn-Pb 镀层，推广无铅焊接的同时，这些镀层也必须采用无铅材料（假如焊接对象表面是 Sn-Pb 镀层而使用无铅焊料进行焊接，这两种材料之间会逐渐分层脱离）。

（2）印制电路板问题

① 要求印制电路板的板材能够承受更高的焊接温度，焊接以后不产生变形或铜箔脱落。

② 焊盘表面镀层无铅化，与无铅焊料兼容，并且成本低。

（3）助焊剂问题

传统所用的助焊剂不能帮助无铅焊料提高润湿性，必须研制润湿性更好的新型助焊剂，其温度特性应该与无铅焊料的预热温度和焊接温度相匹配，而且满足环境保护的要求。

（4）焊接设备问题

① 要适应更高的焊接温度，再流焊设备要改变温区设置，预热区必须加长或更换新的加热元件；波峰焊设备的焊料槽、焊料波喷嘴和传输导轨的爪钩材料要能够承受高温腐蚀。

② 由于焊料成分不同使熔点及性能不同，焊接温度和设备的控制变得比铅锡焊料复杂。

③ 在焊接高密度、窄间距 SMT 电路板时，有必要采用新的抑制焊料氧化技术或采用惰性气体保护焊接技术。

④ 采用 N_2 气体保护焊接，有利于价格昂贵的无铅焊料减少氧化，但气体的产生、保管、防泄漏、回收问题都需要解决。

⑤ 在已经过去的几年里,为了推广无铅焊接工艺,国内各焊接设备制造厂商纷纷研制、仿造无铅波峰焊设备,目前已经形成很大的规模和水平,成为装备制造业异军突起的领域。无铅焊接设备的售价往往是普通焊接设备的 2~4 倍,外资企业和生产出口产品的企业已经投巨资完成了设备改造,而以内销为主的中小企业购置新设备带来的成本增长回报缓慢。

(5) 工艺流程中的问题

在 SMT 工艺流程中,无铅焊料的涂覆印刷、元器件的贴片、焊接、助焊剂残渣的清洗以及焊接质量的检验都是需要不断改善的问题。

(6) 废料回收问题

从无铅焊料的残渣中回收 Bi、Cu、Ag 金属,也是必须解决的。

(7) 豁免条款问题

事实上,以欧盟为代表的工业发达国家在采用无铅焊接技术方面是存在豁免条款的,即对某些产品及材料允许申请豁免。豁免项目申请需要考虑下面几方面的内容:

① 对含有有毒有害物质的原材料、元器件的描述,有毒有害物质在其中所起的作用,有毒有害物质在单个产品中的实际用量、年用量及其在均质材料中的质量百分比。

② 解释为什么在现有科技水平下通过设计变更、材料变更等方法来实现有毒有害物质的不使用或替代使用尚不可行。

③ 是否已经有符合要求的实用化的替代物质可供商业推广应用。

④ 使用替代物质带来的环境、健康和安全方面的收益和负面影响对比评估等。

欧盟将对申请采取利益相关方咨询、探讨的方式,在网上公开征求意见。

相信在我国在从技术管理方面逐步"与世界接轨"的过程中也将采取相应的措施。

3.4 制造印制电路板的材料——覆铜板

覆铜板是用减成法制造印制电路板的主要材料。覆铜板的全称为覆铜箔层压板,就是经过粘接、热挤压工艺,使一定厚度的铜箔牢固地附着在绝缘基板上的板材。

3.4.1 覆铜板的材料与制造过程

1. 覆铜板的组成

所用基板材料及厚度不同、铜箔与黏合剂不同,制造出来的覆铜板在性能上就有很大区别。铜箔覆在基板一面的,叫做单面覆铜板,覆在基板两面的称为双面覆铜板。

(1) 覆铜板的基板

高分子合成树脂和增强材料组成的绝缘层压板可以作为覆铜板的基板。合成树脂作为黏合剂,常用的有酚醛树脂、环氧树脂、三氯氰胺树脂等。它们是基板的主要成分,决定电气性能;增强材料一般有纸质和布质两种,决定基板的热性能和机械性能,如耐浸焊性、抗弯强度等。近年来,基板的阻燃性已经成为考虑电子产品安全性能的重要指标。这些基板除了可以用来制造覆铜板,本身也是生产材料,可以作为电器产品的绝缘底板。几种常用覆铜板的基板材料及其性质如下。

① 酚醛树脂基板和酚醛纸基覆铜板。用酚醛树脂浸渍绝缘纸或棉纤维板,两面加无碱玻璃布,就能制成酚醛树脂层压基板。在基板一面或两面黏合热压铜箔制成的酚醛纸基覆铜板,价格低廉,但容易吸水。吸水以后,绝缘电阻降低;受环境温度影响大。当环境温度高于 100℃时,板材的机械性能明显变差。这种覆铜板在民用或低档电子产品中广泛使用。酚醛纸基铜箔板的标

准厚度有 1.0mm、1.5mm、2.0mm 等多种，一般优先选用 1.5mm 和 2.0mm 厚的板材。

② 环氧树脂基板和环氧玻璃布覆铜板。纤维纸或无碱玻璃布用环氧树脂浸渍后热压而成的环氧树脂层压基板，电气性能和机械性能良好。环氧树脂用双氰胺作为固化剂的环氧树脂玻璃布板材，性能更好，但价格偏高；将环氧树脂和酚醛树脂混合使用制造的环氧酚醛玻璃布板材，价格降低了，也能达到满意的质量。在这两种基板的一面或两面黏合热压铜箔制成的覆铜板，常用于工作在恶劣环境下的电子产品和高频电路中。两者在机械加工、尺寸稳定、绝缘、防潮、耐高温等方面的性能指标相比，前者更好一些。直接观察两者，前者的透明度较好。这两种板材的厚度规格较多，1.0mm、1.5mm 和 1.6mm 厚的最常用来制造印制电路板。

③ 三氯氰胺树脂基板和三氯氰胺树脂覆铜板。三氯氰胺树脂基板有良好的抗热性和电气性能，用它制成的覆铜板介质损耗小，耐浸焊性和抗剥强度高，适用于制造特殊电子仪器和军工产品的印制电路板。

④ 聚四氟乙烯基板和聚四氟乙烯玻璃布覆铜板。用无碱玻璃布浸渍聚四氟乙烯分散乳液后热压制成的层压基板，是一种高度绝缘、耐高温的材料。把经过氧化处理的铜箔黏合、热压到这种基板上制成的覆铜板，可以在很宽的温度范围（-230～+260℃）内工作，间断工作的温度上限甚至达到 300℃。这种高性能的板材介质损耗小，频率特性好，耐潮湿、耐浸焊性、化学稳定性好，抗剥强度高，主要用来制造超高频（微波）电子产品、特殊电子仪器和军工产品的印制电路板，但它的成本较高，刚性比较差。

此外，常见的覆铜板材还有聚苯乙烯覆铜板和柔性聚酰亚胺覆铜板等品种。

（2）铜箔

铜箔是制造覆铜板的关键材料，必须有较高的导电率及良好的焊接性。铜箔质量直接影响覆铜板的性能。要求铜箔表面不得有划痕、砂眼和皱折，金属纯度不低于 99.8%，厚度误差不大于±5μm。按照行业标准规定，铜箔厚度的标称系列为 18μm、25μm、35μm、50μm、70μm 和 105μm，目前普遍使用的是 35μm 厚度的铜箔。铜箔越薄，越容易蚀刻和钻孔加工，特别适合于制造线路复杂的高密度印制板。铜箔可通过压延法和电解法两种方法制造，后者易于获得表面光洁、无皱折、厚度均匀、纯度高、无机械划痕的高质量铜箔，是生产铜箔的理想工艺。

① 表面铜厚测试仪。

铜箔的厚度测量常采用表面铜厚测试仪，如图 3-28 所示。

图 3-28　表面铜厚测试仪

表面铜厚测试仪是为测量刚性或柔性、单层、双层及多层印制电路板上的表面铜箔厚度设计的仪器。一般采用微电阻和电涡流两种测试方法，能够准确地测量材料表面铜的厚度（包括覆铜板、化学铜和电镀铜板）、穿孔内铜的厚度以及铜的质量。表 3-13 是某型号的铜厚测试仪的技术参数。

表 3-13　某型号的铜厚测试仪的技术参数

准确度	±1%参考标准片（或±0.1μm）	
	非电镀铜	电镀铜
精确度	标准差 0.2%	标准差 0.5%
铜厚测量范围	10～500μin（0.25～12.7μm）	0.1～6mil（2.5～152μm）
	铜厚	分辨率
英制	<1mil	0.001mil
	≥1mil	0.01mil

续表

准确度	±1%参考标准片（或±0.1μm）	
公制	<1μm	0.001μm
	<10μm	0.01μm
	≥10μm	0.1μm
线形铜可测线宽范围	8～250mil（203～6350μm）	
存储量	13 500 条读数	
单位转换	按键自动转换：英制/公制	
显示	4 位 LCD 液晶数码显示	
接口	RS-232 串行接口，波特率可调，用于下载至打印机或计算机	

② 印制板上铜箔重量与铜箔厚度的关系。

按照英制体系计算，用印制板上单位面积铜箔的质量来表示铜箔的平均厚度：1oz（1 盎司≈28.35g）质量的铜箔贴在 1in^2（平方英尺）的面积上，厚度大约是 35μm。

换算成公制：

1in^2 = 929.0304cm^2，铜箔的质量除以铜的密度和表面积即为铜箔厚度。铜的密度为 8.9g/cm^3，设铜箔厚度为 T，则

$$T = \frac{28.35(\text{g})}{8.9(\text{g/cm}^3) \times 929.0304(\text{cm}^2)} = 0.00343(\text{cm}) = 34.3(\mu\text{m})$$

所以，英制中常用 1oz 表示 35μm 的铜箔厚度。

③ 印制板上导线宽度与载流能力的关系。

大部分 PCB 的铜箔厚度为 35μm，乘上导线的宽度就是导线的截面积（把单位换算成平方毫米）。铜导线的电流密度经验值为 15～25A/mm^2。但不能简单地把它乘上印制导线的截面积就得到承载电流的容量。

印制板上导线的载流能力取决于以下因素：导线宽度、导线厚度（铜箔厚度）、容许温升。显然，PCB 走线越宽，载流能力越大；还得考虑导线长度所产生的线电阻所引起的压降。表 3-14 是国外某研究单位给出的数据。

表 3-14 印制导线载流容量

温升	10℃			20℃			30℃		
铜箔厚度（oz/μm）	0.5/17.5	1/35	2/70	0.5/17.5	1/35	2/70	0.5/17.5	1/35	2/70
印制导线宽度（mil）	承载最大电流（A）								
10	0.5	1.0	1.4	0.6	1.2	1.6	0.7	1.5	2.2
15	0.7	1.2	1.6	0.8	1.3	2.4	1.0	1.6	3.0
20	0.7	1.3	2.1	1.0	1.7	3.0	1.2	2.4	3.6
25	0.9	1.7	2.5	1.2	2.2	3.3	1.5	2.8	4.0
30	1.1	1.9	3.0	1.4	2.5	4.0	1.7	3.2	5.0
50	1.5	2.6	4.0	2.0	3.6	6.0	2.6	4.4	7.3
75	2.0	3.5	5.7	2.8	4.5	7.8	3.5	6.0	10.0
100	2.6	4.2	6.9	3.5	6.0	9.9	4.3	7.5	12.5
200	4.2	7.0	11.5	6.0	10.0	11.0	7.5	13.0	20.5
250	5.0	8.3	12.3	7.2	12.3	20.0	9.0	15.0	24.5

印制板上导线载流能力的计算一直缺乏权威的技术方法和公式，经验丰富 CAD 工程师依靠

个人经验能做出较准确的判断，一般取 10mil（0.254mm）线宽载流 1A。

初学者可以参考表 3-14 中的数据。例如，线宽 250mil（6.35mm），查表知载流为 8.3A。

（3）黏合剂

铜箔能否牢固地附着在基板上，黏合剂也是重要因素。覆铜板的抗剥强度主要取决于黏合剂的性能。常用的覆铜板黏合剂有酚醛树脂、环氧树脂、聚四氟乙烯和聚酰亚胺等。

2. 覆铜板的生产工艺流程

铜箔氧化，使零价铜变为二价氧化铜或一价氧化亚铜，可以提高它与基板的黏合力。铜箔氧化后在其粗糙面上胶，然后放入烘箱预固化。玻璃布（或纤维纸）预先浸渍树脂并烘烤，也处于半固化状态。当胶也处于半固化状态时，将铜箔与玻璃布（或纤维纸）对贴，根据基板厚度要求选择玻璃布（或纤维纸）层的数量，按尺寸剪切后进行压制。压制中使用蒸汽或电加热，使半固化的胶彻底固化，铜箔与基板牢固地黏合成一体，冷却后即为覆铜板。覆铜板的生产工艺流程如图 3-29 所示。

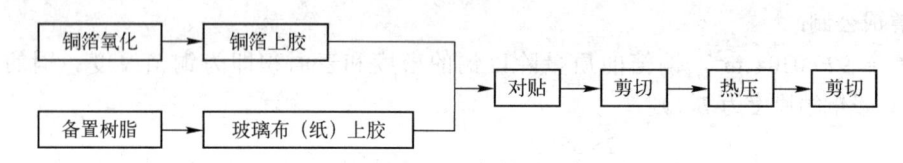

图 3-29 覆铜板的生产工艺流程

3.4.2 覆铜板的指标与特点

1. 覆铜板的非电技术指标

衡量覆铜板质量的主要非电技术标准有如下几项。

（1）抗剥强度

抗剥强度是使单位宽度的铜箔剥离基板所需要的最小力，用来衡量铜箔与基板之间的结合强度，单位为 kgf/cm。在常温下，普通覆铜板的抗剥强度应该在 1.2kgf/cm 以上。国内生产的环氧酚醛玻璃布覆铜板的抗剥强度可达到 2.3kgf/cm。这项指标主要取决于黏合剂的性能、铜箔的表面处理和制造工艺质量。抗剥强度差的印制板，焊盘、线条在焊接加工中易于脱落。

（2）翘曲度

翘曲度指单位长度上的翘曲（弓曲或扭曲）值，这是衡量覆铜板相对于平面的平直度指标。国内各生产厂家的试验、测试方法不同，所取试样的尺寸不同，无统一指标。覆铜板的翘曲度取决于基板材料和板材厚度。目前，环氧酚醛玻璃布覆铜板的质量最好。同样材料的翘曲度，双面覆铜板的比单面板的小，厚的比薄的小。在制作较大面积的印制板时，应该注意这一指标。如果翘曲度大，则不仅印制板的外观不佳，还可能导致严重的问题：把电路板装入电子产品的机壳时，紧固电路板的矫正力会引起电路的插接部分接触不良，甚至使元器件受到机械损伤或使焊接点开焊。

（3）抗弯强度

抗弯强度是表明覆铜板所能承受弯曲的能力，以单位面积所受的力来计算，单位为 kg/cm^2。这项指标主要取决于覆铜板的基板材料及厚度。在同样厚度下，环氧酚醛玻璃布层压板的抗弯强度大约为酚醛纸基板的 30 倍左右。相同材料的板材，厚度越大则抗弯强度越高。在确定印制板的厚度时应考虑这一指标。

（4）耐浸焊性（耐热性、耐焊性）

耐浸焊性指覆铜板置入一定温度的熔融焊料中停留一段时间（大约 10s）后，所能承受的铜箔抗剥能力。这项指标取决于基板材料和黏合剂，对印制电路板的质量影响很大。一般要求覆铜板经过焊接不起泡、不分层。如果耐浸焊性差，印制板在经过多次焊接时，可能使铜箔焊盘或线条脱落。环氧酚醛玻璃布覆铜板能在 260℃ 的熔锡中停放 180～240s 而不出现起泡和分层现象。

（5）阻燃性

阻燃性指覆铜板材料经过燃烧状态必须能够自行熄灭的性质，目前一般电路板所用的耐燃材料等级的代号是 FR-4。

除了上述几项以外，衡量覆铜板质量的非电技术指标还有表面平整度、光滑度、坑深、耐化学溶剂侵蚀等多项。

2. 几种常用覆铜板的性能特点

覆铜板质量的优劣，直接影响印制电路板的质量。衡量覆铜板质量的主要技术指标有电气性能和非电性能两类。电气性能包括工作频率、介电性能（介质损耗）、表面电阻、绝缘电阻和耐压强度等几项；非电技术指标包括抗剥强度、翘曲度、抗弯强度和耐浸焊性等。

表 3-15 给出了几种常用覆铜板的性能特点。

表 3-15　几种常用覆铜板的性能特点

覆铜板品种	标称厚度（mm）	铜箔厚度（μm）	性能特点	典型应用
酚醛纸基	1.0、1.5、2.0、2.5、3.0、3.2、6.4	50～70	价格低，易吸水，不耐高温，阻燃性差	中、低档消费类电子产品，如收音机、录音机等
环氧纸基	同上	35～70	价格高于酚醛纸基板，机械强度、耐高温和耐潮湿较好	工作环境好的仪器仪表和中、高档消费类电子产品
环氧玻璃布	0.2、0.3、0.5、1.0、1.5、2.0、3.0、5.0、6.4	35～50	价格较高，基板性能优于酚醛纸基板且透明	工业装备或计算机等高档电子产品
聚四氟乙烯玻璃布	0.25、0.3、0.5、0.8、1.0、1.5、2.0	35～50	价格高，介电性能好，耐高温，耐腐蚀	超高频（微波）、航空航天和军工产品
聚酰亚胺	0.2、0.5、0.8、1.2、1.6、2.0	35	质量轻，用于制造挠性印制电路板	工业装备或消费类电子产品，如计算机、仪器仪表等

3. 金属芯印制板

采用 SMT 工艺的印制电路基板，适应布线的细密化是主要的技术要求。造成布线细密化的原因有两个：大规模集成电路电极引脚的间距日趋缩小，目前已经接近极限的 0.3mm；元器件在印制板上装配的高度密集使 PCB 的布线越来越密，导线的宽度正向 0.1mm 进展。这些发展都要求基板材料有更好的机械性能、电性能和热性能。

由于元器件在板上的散热量增多，酚醛纸基板或环氧玻璃布基板散热性能差成为明显的缺点，而采用金属芯印制板能够解决这个问题。

金属芯印制板，就是用一块厚度适当的金属板代替环氧玻璃布基板，经过特殊处理以后，电路导线在金属板两面相互连通，而与金属板本身高度绝缘。金属芯印制板的优点是散热性能好，尺寸稳定；所用金属材料具有电磁屏蔽作用，可以防止信号之间相互干扰；并且制造成本也比较低。金属芯印制板材的制造方法有很多种，典型的工艺流程如图 3-30 所示。

金属板冲孔 → 表面绝缘处理 → 表面粘覆铜箔 → 图形制作工序

图 3-30　金属芯印制板材的制造工艺流程

3.5 常用导线与绝缘材料

导线和绝缘材料是安装电子产品必不可少的两种基本原材料。了解这些材料的种类、特点及其选用的基本知识，对于产品的设计、安装具有重要意义。

3.5.1 导线

导线是能够导电的金属线。人们常说的"电线"、"电缆"只是导线中的一部分，工业及民用导线有好几百种，这里仅介绍电子产品装配常用的导线。

1. 导线材料

导线一般由导体（芯线）和绝缘体（外皮）组成，裸线除外。

（1）导体材料

导体材料主要是铜线和铝线，对于电子产品来说，几乎都是使用铜线。纯铜线的表面很容易氧化，大部分导线是在铜线表面镀耐氧化金属。例如：

- 普通导线——镀锡以提高可焊性；
- 高频用导线——镀银以提高电性能；
- 耐热导线——镀镍以提高耐热性能；

因为后两种导线的成本较高，使用不如镀锡导线普遍。

需要特别说明的是，近年来市场上制作铜导线的材料——电解铜的价格剧烈波动，有些不法厂商采用"铜包铝"的方法生产了大量假的铜导线，这种假铜线从导电性能、温升性能、单位电阻等电气性能和抗拉强度、抗反复弯曲强度、剪切强度及耐磨性、柔韧性等机械性能方面都远不如真的铜导线。鉴别的简单方法是把线芯放在火焰上烧一下后再用布擦拭，如果发现线材的颜色发白、线芯变脆，就可能是"铜包铝"的假铜线。

（2）绝缘体

导线绝缘表皮的作用，除了电气绝缘、能够耐受一定电压以外，还有增强导线机械强度，保护导线不受外界环境腐蚀的作用。

绝缘体材料主要有塑料类（聚氯乙烯、聚四氟乙烯等）、橡胶类、纤维类（棉、化纤等）、涂料类（聚酯、聚乙烯漆）。它们可以单独构成绝缘层，也可组合使用。常见的塑料导线、橡皮导线、纱包线、漆包线等，就是以外皮材料区分的。因绝缘材料不同，它们的用途也不相同。

2. 安装导线、屏蔽线

在电子产品生产中常用的安装导线主要是塑料线。其中有屏蔽层的导线称为屏蔽线。屏蔽线能够实现静电（高电压）屏蔽、电磁屏蔽和磁屏蔽的效果。屏蔽线有单芯、双芯和多芯的数种，一般用在工作频率为 1MHz 以下的场合。

选择使用安装导线，要注意以下几点。

（1）导线颜色

塑料安装导线有各种颜色，最常见的有黑、红、黄、绿、蓝等多种单色导线，还有白色底上带这几种颜色花纹和绿色底上带黄色花纹的花色导线。为了便于在电路中区分使用，习惯上经常选择的导线颜色见表 3-16，可供参考。有一种彩色扁平电缆，芯线的颜色就是按照十种色码的顺序排列的（色码顺序见第 2 章介绍）。所以，有经验的技术人员也会按照色码的规则决定彩芯电缆编号的顺序。

表 3-16 选择安装导线颜色的一般习惯

电路种类		导线颜色
交流线路		①白 ②灰
接地线路		①绿 ②绿底黄纹 ③黑
直流线路	+	①红 ②白底红纹 ③棕
	0	①黑 ②紫
	−	①青 ②白底青纹
大功率晶体管的电极引线	发射极	①红 ②棕
	基极	①黄 ②橙
	集电极	①青 ②绿
指示灯		①青
立体声音响电路	右声道	①红 ②橙 ③无花纹
	左声道	①白 ②灰 ③有花纹
有号码的接线端子		1～10 无花纹（10 是黑色） 11～19 有花纹（19 是绿底黄纹）

（2）最高耐压和绝缘性能

随着所加电压的升高，导线绝缘层的绝缘电阻将会下降；如果电压过高，就会导致放电击穿。导线标志的试验电压，是表示导线加电 1min 不发生放电现象的耐压特性。实际使用中，工作电压应该大约为试验电压的 1/3～1/5。

（3）安全载流量

表 3-17 中列出的安全载流量是铜芯导线在环境温度为 25℃、载流芯温度为 70℃的条件下架空敷设的载流量。当导线在机壳内、套管内等散热条件不利的情况下，载流量应该打折扣，取表中数据的 1/2 是可行的。一般情况下，载流量可按 5A/mm² 估算，这在各种条件下都是安全的。

（4）工作环境条件

室温和机内温度不能超过导线绝缘层的耐热温度。

表 3-17 铜芯导线的安全载流量（A/mm²，25℃）

截面积（mm）	0.2	0.3	0.4	0.5	0.6	0.7	0.8	1.0	1.5	4.0	6.0	8.0	10.0
载流量（A/mm²）	4	6	8	10	12	14	17	20	25	45	56	70	85

当导线（特别是电源线）受到机械力作用时，要考虑它的机械强度。对于抗拉强度、抗反复弯曲强度、剪切强度及耐磨性等指标，都应该在选择导线的种类、规格及连线操作、运输等方面进行考虑，留有充分的余量。

（5）要便于连线操作

应该选择便于连线操作的安装导线。例如，带丝包绝缘层的导线用普通剥线钳很难剥出端头，如果不是机械强度的需要，不应选择这种导线作为普通连线。

3．电磁线

电磁线是具有绝缘层的导电金属线，用来绕制电工、电子产品的线圈或绕组。其作用是实现电能和磁能转换：当电流通过时产生磁场；或者在磁场中切割磁力线产生电流。电磁线包括通常所说的漆包线和高频漆包线。表 3-18 中列出了常用电磁线的型号、特点及用途。

在制作电子产品时，其经常要使用电磁线（漆包线或高频漆包线）绕制高频振荡电路中的电感线圈。在模具或骨架上绕线并不困难，但很多初学者在用小刀刮去线端的漆皮时损伤了导线。采用燃烧法去除线端的漆皮是一种简便的方法：将线端放在火上烧一下，使漆皮碳化，然后迅速浸入乙醇中，取出后用棉布即可擦净线端的漆皮。

表 3-18 常用电磁线的型号、特点及用途

型号	名　　称	线径规格ϕ（mm）	主 要 特 点	用　　途
QQ	高强度聚乙烯醇缩醛漆包圆铜线	0.06～2.44	机械强度高，电气性能好	电动机、变压器绕组
QZ	高强度聚酯漆包圆铜线	0.06～2.44	同 QQ 型，且耐热 130℃，抗溶剂性能好	耐热要求 B 级的电动机、变压器绕组
QSR	单丝（人造丝）漆包圆铜线	0.05～2.10	工作温度范围达-60～+125℃	小型电动机、电器和代表绕组
QZB	高强度聚酯漆包扁铜线	(2.00～10.00)×(0.2～2.83)	绕线满槽率高	同 QZ 型，用于大型线圈绕组
QJST	单丝包绞合漆包高频电磁线	0.05～0.20	高频性能好	高频线圈、变压器的绕组

4．安装排线

在数字电路特别是计算机电路中，数据总线、地址总线和控制总线等连接导线往往是成组出现，其工作电平、导线去向都大体一致。这种情况下，使用塑料排线（又叫扁平安装电缆）是很方便的。这种排线与安装插头、插座的尺寸、导线数目相对应，并且不用焊接就能实现可靠的连接，不容易产生导线错位的情况（参见第 2 章中介绍插接件的内容）。

目前使用较多的排线，其单根导线为 7×0.1（7 股直径 0.1mm 的铜线），外皮为聚氯乙烯。常见扁平电缆导线根数为 8、12、16、20、24、28、32、37、40 线等规格。选购扁平电缆安装排线时，一定要注意它的外形尺寸，如图 3-31 所示。

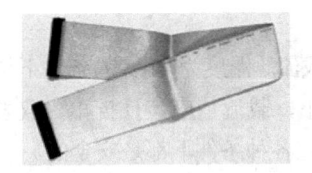

图 3-31 扁平电缆的外形

5．电源软导线

从电源插座到机器之间的电源线是露在外面的，用户经常需要插、拔、移动，所以电源线不同于其他导线，在选用时不仅要符合安全标准，还要考虑到在恶劣条件下能够正常使用。

（1）选择电源线的载流量，要比机器内导线的安全系数大，因为正常的温升也会使用户产生不安全感。

（2）在寒冷的环境中，塑料导线会发硬。要考虑气候的变化，应该经受得住弯曲和移动。

（3）要有足够的机械强度。电源线经常被提拉并可能被重物挤压或缠绕，所以导线的保护层必须能够承受这些外力作用。

6．同轴电缆与馈线

在高频电路中，当电路两侧的特性阻抗不匹配时，就会发生信号反射。为防止这种影响，设计出与频率无关的、具有一定特性阻抗的导线，这就是同轴电缆和馈线。选择时，一定要使电缆（或馈线）的特性阻抗符合电路的要求。

7．高压电缆

高压电缆一般采用绝缘耐压性能好的聚乙烯或阻燃性聚乙烯作为绝缘层，而且耐压越高，

绝缘层就越厚。表 3-19 是耐压与绝缘层厚度的关系，可在选用高压电缆时参考。

表 3-19 耐压与绝缘层厚度的关系

耐压（直流）(kV)	6	10	20	30	40
绝缘层厚度（mm）	0.7	1.2	1.7	2.1	2.5

8．线径的公制、英制表示方法、对应关系

AWG（American Wire Gauge）是美制导线标准的简称，AWG 值是导线直径（以英寸计）的函数。AWG 字母前面的数值表示导线形成最后的直径前所要经过的拉模孔的次数，数值越大，导线拉制的次数（经过的拉模孔）就越多，导线的直径也就越小。例如，常用的电话线直径为 26AWG，约为 0.4mm。导线直径的公制、英制对应关系见表 3-20。

表 3-20 导线直径的公制、英制对应关系

AWG	外径 公制（mm）	外径 英制（in）	截面积（mm²）	电阻值（Ω/km）	AWG	外径 公制（mm）	外径 英制（in）	截面积（mm²）	电阻值（Ω/km）
4/0	11.68	0.46	107.22	0.17	22	0.643	0.0253	0.3247	54.3
3/0	10.40	0.4096	85.01	0.21	23	0.574	0.0226	0.2588	48.5
2/0	9.27	0.3648	67.43	0.26	24	0.511	0.0201	0.2047	89.4
1/0	8.25	0.3249	53.49	0.33	25	0.44	0.0179	0.1624	79.6
1	7.35	0.2893	42.41	0.42	26	0.404	0.0159	0.1281	143
2	6.54	0.2576	33.62	0.53	27	0.361	0.0142	0.1021	128
3	5.83	0.2294	26.67	0.66	28	0.32	0.0126	0.0804	227
4	5.19	0.2043	21.15	0.84	29	0.287	0.0113	0.0647	289
5	4.62	0.1819	16.77	1.06	30	0.254	0.0100	0.0507	361
6	4.11	0.1620	13.30	1.33	31	0.226	0.0089	0.0401	321
7	3.67	0.1443	10.55	1.68	32	0.203	0.0080	0.0316	583
8	3.26	0.1285	8.37	2.11	33	0.18	0.0071	0.0255	944
9	2.91	0.1144	6.63	2.67	34	0.16	0.0063	0.0201	956
10	2.59	0.1019	5.26	3.36	35	0.142	0.0056	0.0169	1 200
11	2.30	0.0907	4.17	4.24	36	0.127	0.0050	0.0127	1 530
12	2.05	0.0808	3.332	5.31	37	0.114	0.0045	0.0098	1 377
13	1.82	0.0720	2.627	6.69	38	0.102	0.0040	0.0081	2 400
14	1.63	0.0641	2.075	8.45	39	0.089	0.0035	0.0062	2 100
15	1.45	0.0571	1.646	10.6	40	0.079	0.0031	0.0049	4 080
16	1.29	0.0508	1.318	13.5	41	0.071	0.0028	0.0040	3 685
17	1.15	0.0453	1.026	16.3	42	0.064	0.0025	0.0032	6 300
18	1.02	0.0403	0.8107	21.4	43	0.056	0.0022	0.0025	5 544
19	0.912	0.0359	0.5667	26.9	44	0.051	0.0020	0.0020	10 200
20	0.813	0.0320	0.5189	33.9	45	0.046	0.0018	0.0016	9 180
21	0.724	0.0285	0.4116	42.7	46	0.041	0.0016	0.0013	16 300

3.5.2 绝缘材料

绝缘材料又称电介质，它在直流电压的作用下，只允许极微小的电流通过。绝缘材料的电

阻率（电阻系数）一般都大于 1000MΩ/cm，在电子工业中的应用相当普遍。这类材料品种很多，要根据不同要求及使用条件合理选用。

1. 绝缘材料的主要性能及选择

（1）抗电强度

抗电强度又叫耐压强度，即每毫米厚度的材料所能承受的电压，它同材料的种类及厚度有关。对一般电子生产中常用的材料来说，抗电强度比较容易满足要求。

（2）机械强度

绝缘材料的机械强度一般是指抗张强度，即每平方厘米所能承受的拉力。对于不同用途的绝缘材料，机械强度的要求不同。例如，绝缘套管要求柔软，结构绝缘板则要求有一定的强度并且容易加工。同种材料因添加料不同，强度也有较大差异，选择时应该注意。

（3）耐热等级

耐热等级是指绝缘材料允许的最高工作温度，它完全取决于材料的成分。按照一般标准，耐热等级可分为七级，参见表 3-21。在一定耐热级别的电动机、电器中，应该选用同等耐热等级的绝缘材料。必须指出的是，耐热等级高的材料，价格也高，但其机械强度不一定高。所以，在不要求耐高温处，要尽量选用同级别的材料。

表 3-21 绝缘材料的耐热等级

级别代号	最高温度（℃）	主要绝缘材料
Y	90	未浸渍的棉纱、丝、纸等制品
A	105	上述材料经浸渍
E	120	有机薄膜、有机瓷漆
B	130	用树脂黏合或浸渍的云母、玻璃纤维、石棉
F	155	用相应树脂黏合或浸渍的无机材料
H	180	耐热有机硅、树脂、漆或其他浸渍的无机物
C	>200	硅塑料、聚氟乙烯、聚酰亚胺及与玻璃、云母、陶瓷等材料的组合

2. 常用绝缘材料

（1）薄型绝缘材料

薄型绝缘材料主要应用于包扎、衬垫、护套等。

① 绝缘纸：常用的有电容器纸、青壳纸、钢板纸等，具有较高的抗电强度，但抗张强度和耐热性都不高。主要用于要求不高的低压线圈。现在，绝缘纸已经被塑料薄膜逐步取代。

② 绝缘布：常用的有黄蜡布、黄蜡绸、玻璃漆布等。它们具有布的柔软性和抗拉强度，适用于包扎、变压器绝缘等。这种材料也可制成各种套管，用做导线护套。

③ 有机薄膜：常用的有聚酯、聚酰亚胺、聚氯乙烯、聚四氟乙烯薄膜。厚度范围是 0.04～0.1mm。其中以聚酯薄膜使用最为普遍，大部分情况下可以取代绝缘纸、绝缘布并提高耐压、耐热性能。性能最卓越的聚四氟乙烯薄膜耐热可达到 C 级，但价格高。

④ 粘带：上述有机薄膜涂上胶粘剂就成为各种绝缘粘带，可以取代传统的"黑胶布"，大大提高了耐热、耐压等级。

⑤ 塑料套管：除绝缘布套管外，大量用在电子装配中的是塑料套管，即用聚氯乙烯为主料制成各种规格、颜色的套管。由于耐热性差（工作温度为-60～+70℃），不宜用在受热部位。还有一种热缩性塑料套管，经常用做电线端头的护套。

（2）绝缘漆

绝缘漆使用最多的地方是浸渍电器线圈和表面覆盖。

常用的绝缘漆有油性浸渍漆（1012）、醇酸浸渍漆（1030）、环氧浸渍漆（1033）、环氧无溶剂浸渍漆（515-1/2）、有机硅漆（1053）、覆盖漆、醇酸磁漆、有机硅磁漆等。其中，有机硅漆能耐受较高的温度（H级），无溶剂漆使用较为方便。

（3）热塑性绝缘材料

这类材料有硬聚乙烯板、软管及有机玻璃板、棒。可以进行热塑加工，但耐热性差。一般只用于不受热、不受力的绝缘部位。例如，作为护套、护罩、仪器盖板等。透明的有机玻璃适用于加工仪器面罩、铭牌等绝缘零件。

（4）热固性层压材料

常用的层压板材（板厚为 0.5～50mm）有酚醛层压纸板（3020～3023）、酚醛层压布板（3025、3027 等）、酚醛层压玻璃布板（3230～3232）、有机硅环氧层压玻璃布板（3250）、环氧酚醛层压玻璃布板（3240）等。上述各类材料都有相应的管材和棒材。棒材的直径从 6mm 到数百毫米，管材的壁厚是 1～9mm。

从黏合剂来看这些材料的性能，环氧优于酚醛，有机硅耐热最佳（达 H 级）。对基板来说，玻璃布最优，布板次之，纸板再次。它们共同的特点是具有良好的电气性能和机械性能，耐潮、耐热、耐油。

（5）云母制品

云母是具有良好的耐热、传热、绝缘性能的脆性材料。将云母用黏合剂黏附在不同的材料上，就构成性能不同的复合材料。常用的有云母带（沥青绸云母带、环氧玻璃粉云母带、有机硅云母等），主要用做耐高压的绝缘衬垫。

3.6 其他常用材料

3.6.1 电子组装小配件

1. 焊片

焊片通常固定在螺钉、接线柱、大功率器件等零部件上，或者用铆钉铆接在印制电路板上，是用来安装元器件、导线的一种导电附件。常见焊片的形状及规格特点见表 3-22。

表 3-22 常见焊片的形状和规格特点

形状				
型号	HP11	HP21	DH1	DH3
名称	单向接线焊片	双向接线焊片	闭口式端套焊片	开口式端套焊片
尺寸(d)(mm)	2.2、2.8、3.2、4.2、5.3、6.3、8.3	2.2、2.8、3.23	3.2、4.2	3.2、4.2
特点	L 随 d 的尺寸变大，有长臂焊片	两端可分别焊接	端臂可焊接或压接	端臂可焊接或压接

焊片一般由表面镀银或镀锌的黄铜片制成，要根据通过的电流、连接件的尺寸决定如何选

用。如果镀层质量低劣，不仅镀层容易开裂，而且影响电气性能。

2. 散热器

为使功率消耗较大的元器件所产生的热量能尽快地释放出去，降低元器件的工作温度，常常在元器件上固定金属翼片，称其为散热器。目前，散热器常用导热良好的铝或铜等金属制造。铝型材更由于其质量轻、价格低廉的特点得到了广泛的应用。

常见散热器的外形如图 3-32 所示。

(a) 用于金属封装元件（如 TO-3 型）的散热器　　(b) 用于塑料封装大中功率器件（如 TO-220）的散热器

图 3-32　常见散热器的外形

3. 压片、卡子

压片和卡子的种类很多，早年常用金属、现在多用塑料制成，主要用来把导线束、电缆或零部件固定在整机的机壳、底板等处，防止在振动时脱落，并使导线布局整齐美观，如图 3-33 所示。塑料制成的尼龙扎紧链常用在电器中捆扎线束。

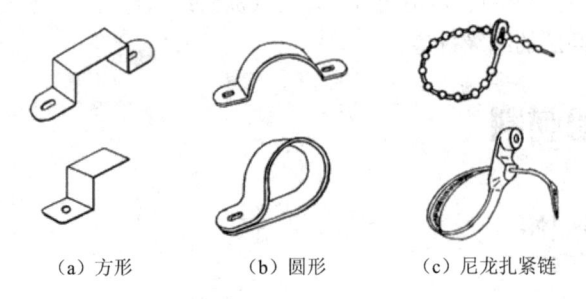

(a) 方形　　(b) 圆形　　(c) 尼龙扎紧链

图 3-33　几种常用压片、卡子

3.6.2　黏合剂

黏合剂的品种繁多，商品黏合剂往往只注明了黏合剂的适用范围。在具体的工程应用中，粘接部位往往有不同的要求和条件，如受力情况、工作温度、工作环境等。要根据这些因素合理地选用不同的黏合剂。

1. 常用黏合剂

（1）快速黏合剂

聚丙烯酸酯胶，即常用的 501、502 胶，其特点是渗透性好、粘接快（几秒至几分钟即可固化，24h 达到最高粘接强度），可以粘接聚乙烯、氟塑料和除了某些合成橡胶以外的几乎所有材料；缺点是接头韧性差、不耐水、不耐碱、不耐热。

（2）环氧类黏合剂

环氧类黏合剂又称环氧树脂，这种胶的品种多，常用的有 911、913、914、J-11、JW-1 等，市场上常见的"哥俩好"黏合剂就属于环氧类。其特点是粘接范围广，具有耐热、耐碱、耐潮、耐冲击等优良性能,但不同的产品各有特点,需要根据条件合理选择。这类黏合剂大多是双组份胶,要随用随配,并且要求有一定温度与时间的固化条件。

2. 电子工业专用胶

(1) 导电胶

这种胶有结构型和添加型两种。结构型指粘接材料本身具有导电性,添加型则是在绝缘的树脂中加入金属导电粉末,例如银粉、铜粉等配制而成。导电胶的电阻率各有不同,大约在 $2\times10\Omega/cm$。导电胶可用于塑料、陶瓷、金属、玻璃、石墨等制品的机械-电气连接,成品有701、711、DAD3~DAD6、三乙醇胺导电胶等。

(2) 导磁胶

导磁胶是在黏合剂中加入一定的磁性材料,使粘接层具有导磁作用。聚苯乙烯、酚醛树脂、环氧树脂等加入铁氧体磁粉或羰基铁粉等,可组成不同导磁性和工艺性的导磁胶。导磁胶主要用于铁氧体零件、变压器、扬声器等的粘接加工。

(3) 热熔胶

热熔胶的物理特性有点类似焊锡,它在室温下为固态,加热至一定温度后成为熔融液态即可以粘接工件,待冷却到室温时就将工件黏合在一起。热熔胶方便存放并可长期反复使用。它的绝缘、耐水、耐酸性能也很好,是一种用途广泛的黏合剂。可粘接的材料包括金属、木材、塑料、皮革、纺织品等。

(4) 压敏胶

压敏胶的特点是在室温下施加一定压力即能产生粘接作用,常用来制成单面、双面胶带使用。例如,制作变压器或捆扎电缆时用来代替捆扎线。

(5) 光敏胶

光敏胶是由光激发而固化(如紫外线固化)的一种黏合剂,由树脂类胶粘剂中加入光敏剂、稳定剂等配制而成。光敏胶具有固化速度快、操作简单、适于流水线生产的特点,可以用于印制电路、电子元器件的连接。光敏胶添加适当焊料配制成焊锡膏,可用于集成电路的安装,特别适用在表面安装工艺中。

3.6.3 SMT 所用的黏合剂(红胶)

黏合剂在电子产品中的应用已经有了长久的历史,但它作为在焊接前把元器件固定在电路基板上的一种手段,却是 SMT 技术创造的新方法。

在传统的 THT 组装方法中,元器件在焊接以前,是把引线插入印制板的通孔,靠引线的弯折或整形产生的弹力固定在板上。而 SMT 则完全不同,电路板在焊接之前,先将定量的绝缘黏合剂涂覆到板上贴放元器件位置的底部或边缘,在把元器件简单地贴放在电路板表面上(贴片),用黏合剂粘贴固定(贴片胶固化),然后把电路板翻转过来(可以插装 THT 元器件),使用波峰焊设备进行焊接。在后续的插件和焊接加工过程中,SMT 元器件位于电路板的下面,被黏合剂牢固地粘贴固定而不会脱落,并与 THT 元器件同时完成焊接。用于粘贴 SMT 元器件的黏合剂,俗称贴片胶或贴装胶。从组装工艺的角度看,贴片胶也可以算做一种焊接材料。

在使用再流焊方法的 SMT 电路板上,一般不需要使用黏合剂,因为漏印在板上的焊锡膏已经可以粘住元器件并且元器件在焊接时位于基板的上面。

1. SMT 工艺对黏合剂的要求

(1) 对应于 SMT 工艺,理想的黏合剂应该具有下列性能。

- 化学成分简单——制造容易；
- 存放期长——不需要冷藏且不易变质；
- 良好的填充性能——能填充电路板与元器件之间的间隙；
- 不导电——不会造成短路；
- 触变性好——滴下的轮廓良好，不流动，不会因流动而污染元器件的焊盘；
- 无腐蚀——不会腐蚀基板或元器件；
- 充分的预固化黏性——当贴装头的吸嘴释放时，靠黏性能从吸嘴上把元器件粘下来；
- 充分的在固化粘接强度——能够可靠地固定元器件；
- 化学性质稳定——与助焊剂和清洗剂不会发生反应；
- 可鉴别的颜色——适合于视觉检查。

（2）从加工操作的角度考虑，黏合剂还应该符合的要求有：
- 使用操作方法简单——点滴、注射、丝网印刷等；
- 容易固化——固化温度低（不超过150~180℃，一般≤150℃）、耗能少、时间短（≤5s）；
- 耐高温——在波峰焊的温度（250±5℃）下不会熔化；
- 可修正——在固化以后，用电烙铁加热能再次软化，容易从电路板上取下元器件。

（3）从环境保护角度出发，黏合剂还要具有阻燃性、无毒性、无气味、不挥发。

2. SMT工艺常用的黏合剂

在现有的许多种黏合剂中，没有哪一种能够完全满足以上要求。但经过多年选择，证实热固性黏合剂最适合自动化SMT贴装工艺。常用品种的构成与特点见表3-23。

表3-23 SMT工艺常用贴片胶的构成与固化方法

贴片胶的基本树脂	特 性	固化方法
环氧树脂	热敏感，必须低温储存才能保持使用寿命（5℃下6个月，常温下3个月），温度升高使寿命缩短，40℃时，寿命和质量迅速下降； 固化温度较低，固化速度慢，时间长； 粘接强度高，电气特性优良； 高速点胶性能不好	单一热固化
丙烯酸酯	性能稳定，不必特殊低温储存，常温下使用寿命12个月； 固化温度较高，但固化速度快，时间短； 粘接强度和电气特性一般； 高速点胶性能优良	双重固化： 紫外光+热

相应地，市场上能够买到的贴片胶也有两大类：

（1）环氧树脂类贴片胶

环氧树脂贴片胶在固化过程中产生的气体对人体有害，应该安装排气系统。
- 单组分环氧树脂贴片胶要求低温保存，在烘箱内进行固化，可以加快聚合反应速度；
- 双组分环氧树脂低温固化型贴片胶，其典型重量比配方为环氧树脂63%、无机填料30%、胺系固化剂4%和无机颜料3%。

（2）聚丙烯类贴片胶

聚丙烯类贴片胶不能在室温下固化，必须采用适当的设备。固化设备应配有通风系统，固化温度约为150℃，时间约为数十秒到几分钟。
- 以丙烯酸酯或甲基丙烯酸酯为基料的UV贴片胶，采用紫外线光照和烘箱加热固化；
- 以环氧丙烯树脂为基料的UVI贴片胶，采用紫外线光照和红外线热辐射结合固化。

3.6.4 常用金属标准零件

在电子整机产品生产制造的过程中,要用到很多金属零件。这些金属零件的质量会直接影响整机的性能和质量。例如,结构是否稳定、活动是否灵便、连接是否牢固、在盐雾或潮湿环境里是否能够承受腐蚀等,都与是否正确选用金属零件有关。

在电子设备中使用的金属零件,比在普通机械设备中使用的应该有更高的要求:尺寸更精密、工艺更精细,材料更精良,特别是它们的表面一般都经过电镀处理:用于电气连接的,为了减小接触电阻,多用黄铜(或铝)制成,表面镀金或镀银;用于机械连接的零件,为了增强抗锈蚀性,多用钢或不锈钢制成,表面镀亮铬、镀镍或镀锌;要求最低的也要经过钝化(发蓝或发黑)处理。

国家规定了金属零件的标准系列,应当尽量采用这些标准件或在标准件的基础上进行改制,从而保证电子产品的技术质量和经济效益。这些知识应该在金工实习中学习掌握,不再赘述。

思考与习题

1. 请总结电子产品装配常用五金工具的种类及用途。
2. (1) 请总结电烙铁的分类及结构。
   (2) 如何合理选用电烙铁?怎样保护长寿命烙铁头?
   (3) 要焊接塑料封装的电子元器件引线,都知道塑料耐热较差,容易因为焊接时间过长受热变形。请决定:如何选择电烙铁的功率,是大些好,还是小些好?怎样焊接才能让塑料部件不会受热变形?
   (4) 如何选择烙铁头的形状?总结选用电烙铁的经验。
   (5) 焊接 SMT 电路板有哪些专用的、特殊的工具?
3. (1) 应该怎样佩戴防静电腕带?
   (2) 请总结:电子产品制造企业对工作服饰有怎样的要求?
4. (1) 小结焊料的种类和选用原则。
   (2) 为什么要使用助焊剂?
   (3) 小结助焊剂的分类及应用。
5. SMT 焊接工艺所用的焊料与焊剂,和传统的焊料与焊剂一样吗?有什么特点?
6. 有哪些常用的覆铜板?FR-4 是什么意思?
7. 请总结常用导线和绝缘材料的类型、用途及导线色别的习惯用法。
8. 请总结电子装配常用的其他配件、零件及材料。
9. SMT 贴片胶和一般的黏合剂相同吗?它是怎样固化的?

第 4 章 印制电路板的设计与制作

印制电路板（PCB，Printed Circuit Board），简称印制板。印制电路板由绝缘底板、连接电路的铜箔导线和装配焊接电子元器件的焊盘组成，具有导电线路和支撑载体的双重作用。它可以实现电路中各个元器件的电气连接，代替复杂的布线，不仅减少了传统方式下的接线工作量，简化了电子产品的装配、焊接、调试；还缩小了整机体积，降低了产品成本，提高了质量和可靠性。印制电路板具有良好的产品一致性，它可以采用标准化设计，有利于在生产过程中实现机械化和自动化；使经过装配调试的电路板作为一个备件，便于整机产品的互换与维修。由于以上优点，印制电路板极其广泛地应用在电子产品的生产制造中。

印制电路板最早使用的材料是单面纸基覆铜印制板。自从半导体晶体管于 20 世纪 50 年代出现以来，对于印制板的需求量急剧上升；特别是集成电路的迅速发展及广泛应用，使电子设备的体积越来越小，电路布线密度及难度越来越大，这就要求印制板设计与制作技术、生产工艺不断更新，品种从单面板发展到双面板、多层板和挠性板，结构及质量发展为超高密度、微型化和高可靠性。目前，计算机辅助设计（CAD）印制电路板的软件已经普及推广，在高等工科院校电子类专业中，学习设计印制电路板的软件成为必修课，使用印制电路板的设计软件成为电子类专业技术人员的重要职业技能。在专门化的印制板生产厂家中，机械化、自动化生产完全取代了手工操作。

印制板设计，是根据设计人员的意图，将电路原理图转换成印制板图、选择材料和确定加工技术要求的过程。它包括选择印制板材质，确定整机结构；考虑电气、机械、元器件的安装方式、位置和尺寸；决定印制导线的宽度、间距和焊盘的直径、孔径；设计印制插头或连接器的结构；根据电路要求设计布线文件；准备印制板生产所必需的全部资料和数据。

在印制电路板设计的历程上，早年是人工设计，现在几乎完全采用计算机辅助设计。无论如何，印制电路板的设计都必须符合原理图的电气连接和产品电气性能、机械性能的要求，并要考虑印制板加工和电子产品装配工艺的基本要求，以及应该符合国家标准和行业标准。

我国在印制板方面制定了很多标准，有国家标准、国家军用产品标准、电子行业标准、航天行业标准、航空行业和邮电行业标准等。早年由国家技术监督局颁发的 GB4588.1～2《印制板技术条件》、GB4677.1～11、GB4825.1～2《印制板测试方法》和 GB5489《印制板制图》等国家标准，现在已经多次升级改版：部分与国际标准接轨，主要是参照、采用 IEC[①]标准；部分参照、采用 IPC[②]标准或 NEMA[③]标准。

4.1 印制电路板的排版设计

印制电路板是实现电子整机产品功能的主要部件之一，其设计是整机工艺设计中重要的一环。印制电路板的设计质量，不仅关系到电路在装配、焊接、调试过程中的操作是否方便，而且

---

① IEC——International Electro technical Commission，"国际电工委员会"。
② IPC——The Institute for Interconnecting and Packaging Electronic Circuits，"电子电路互连与封装协会"或"电子互联行业协会"。
③ NEMA——National Electrical Manufactures Association，"美国电气制造商协会"。

直接影响整机的技术指标和使用、维修性能。

印制电路板的成功之作，不仅应该保证元器件之间准确无误的连接，工作中无自身干扰，还要尽量做到元器件布局合理、装焊可靠、维修方便、整齐美观。

一般说来，印制电路板的设计不像电路原理设计那样需要严谨的理论和精确的计算，布局排版并没有统一的固定模式。对于同一张电路原理图，因为思路不同、习惯不一、技巧各异，每个设计者都可以按照自己风格和个性进行工作。所以，有多少人去设计排版，就可能会有多少种方案，有很大的灵活性。但是，这并不能说印制电路板的设计可以随心所欲、草率从事，因为经过比较发现，尽管有众多的方案可以达到同样的电气指标，但是总能够从中选出更美观、更可靠、更容易装配的最佳设计。例如，评价印制电路板的设计质量，通常考虑下列因素：

- 制板材料的性能价格比是否最佳；
- 板面布局是否合理、美观；
- 电路板的对外引线是否可靠；
- 元器件的排列是否均匀、整齐；
- 电路的装配与维修是否方便；
- 印制板是否适合自动组装设备批量生产；
- 线路的设计是否给整机带来干扰。

显然，不同的设计方案可能给整机带来不同的技术效果。这说明，即使没有固定的方案模式，也存在着一定的规范和原则。

大体上，印制板的种类可以按照板层分类，分为单面板、双面板、多层板和挠性板。目前单面板和双面板的应用最为广泛，这两种印制板的设计制造是本章介绍的主要内容。

4.1.1 设计印制电路板的准备工作

在开始设计印制电路板之前，有很多准备工作要做。设计者应当尽可能掌握更多的技术资料和产品决策信息，创造成功设计的必要前提。

1. 产品等级与印制板设计需求分析

（1）分析产品等级

在有关的 IPC 标准中建立了三个通用的产品等级（class），以反映印制电路板在复杂程度、功能性能和测试/检验方面的要求。设计要求决定等级。在设计时应根据产品等级要求进行设计和选择材料。

- 第一等级，通用电子产品：包括消费产品、某些计算机和计算机外围设备，以及适合于那些可靠性要求不高、外观不重要的电子产品。
- 第二等级，专用服务电子产品：包括那些要求高性能和长寿命的通信设备、复杂的商业机器、仪器和军用设备，并且希望这些设备不间断服务，但允许偶尔的故障。
- 第三等级，高可靠性电子产品：包括那些关键的商业与军事产品设备，要求高度可靠性，因故障停机是不允许的。

这些不同等级的需求，决定了印制电路板所采取的工艺设计与制造过程。

（2）不同的产品决定印制板的种类

① 单面印制电路板。单面印制板是在厚度为 0.2~5.0mm 的绝缘基板上一面覆有铜箔，另一面没有覆铜，通过印制和腐蚀的方法，在铜箔上形成印制电路，无覆铜一面放置元器件，因其只能在单面布线，所以设计难度较双面印制电路板和多层印制电路板的设计难度大。它适用于一般要求的电子设备，如收音机、电视机等。

② 双面印制电路板。0.2~5.0mm 厚的绝缘基板的两面均覆有铜箔，在两面制成印制电路，需要用金属化孔（在小孔内表面涂覆金属层）连通两面的印制导线。它适用于一般要求的电子设备，如电子计算机、电子仪器、仪表等。双面印制电路的布线密度较高，能减小设备的体积。

③ 多层印制电路板。在绝缘基板上制成三层以上印制电路的印制板为多层印制电路板。它是由几层较薄的单面板或双层面板黏合而成的，其厚度一般为 1.2~2.5mm。目前应用较多的多层印制电路板为 4~6 层板。为了把夹在绝缘基板中间的电路引出，多层印制板上安装元件的孔需要金属化。

它的特点是：
- 与大规模集成电路配合使用，可以减小产品的体积与质量；
- 可以增设屏蔽层，提高电路的电气性能；
- 电路连线方便，布线密度高，提高了板面的利用率。

④ 柔性印制板。也称挠性印制板，基材是层状软塑料或其他质软膜性材料，如聚酯或聚亚胺的绝缘材料，其厚度为 0.25~1mm。此类印制板除了质量轻、体积小、可靠性高以外，最突出的特点是具有挠性，能折叠、弯曲、卷绕。它也有单层、双层及多层之分，被广泛用于计算机、笔记本电脑、数码 AV 产品、通信、仪表等电子设备上。

⑤ 平面印制电路板。印制电路板的印制导线嵌入绝缘基板，与基板表面平齐。一般情况下在印制导线上都电镀一层耐磨金属层，通常用于转换开关、电子计算机的键盘等。

2. 印制电路板的设计前提

(1) 进行电路方案试验

一般首先要进行电路方案试验：按照由产品的设计目标（使用功能、电气性能）确定的电路方案，用电子元器件把电路搭出来。通过对电气信号的测量，调整电路元器件的参数，改进设计；根据元器件的特点、数量、大小以及整机的使用性能要求，考虑整机的结构与尺寸；从实际产品的功能、结构及成本，分析方案的适用性。并且，在电路方案试验时，还必须审核考察产品在工业化生产过程中的加工可行性和生产费用，以及产品的工作环境适应性和运行、维修、保养消耗。只有在电路方案取得成功之后，才能设计印制电路板，开始制作实际的电子产品。因此，这种电路方案试验，不仅是原理性和功能性的，同时也应当是工艺性的验证。

最佳原理电路的选择：同样的电气功能，往往可以由很多种不同的电路形式和结构来完成。它们的差异主要表现在这样几个方面：各级电路的配合及带负载能力（输入、输出特性）、频率响应（分布参数效应）、工作状态稳定程度（温度稳定性、时间稳定性、抗干扰能力和机械负荷能力）、输出功率和效率等。

电路方案试验的方法要根据具体情况来确定。当然，对于那些元器件数目比较少的简单电路和成熟电路，通常可以把整个电路一次搭出来，甚至可以跳过试验，根据电路原理直接设计印制电路板，制作出具有实用价值的样机。

对于元器件数目很多的复杂电路，一般是把整个电路分割成若干个功能单元，分别进行电路方案试验，待每块电路都得到验证以后，再把它们连接起来，试验整机的效果。如果整机电路能够分割成若干个电气功能独立的单元，则对于产品的生产、调试、检验、维修都会很有利；慎重选择衔接前后级电路的元器件，使之既能传输信号，又能分离电路。要特别注意大功率电路和高频电路，充分考虑方案试验与实际产品在散热条件及分布参数等方面的差异，尽可能模拟真实条件。否则，电路试验的成功，并不一定能够带来成功的产品。

现在，由于专业制板厂家的制作技术与时间周期都有了明显改善，对于电子产品整机制造厂或科研单位来说，经常是从依据电路原理直接设计印制电路板，制作出实验样机，再根据样机调整的结果再次修改印制板的设计……经过几个周期的循环，完成一个电子产品的设计过程。

(2) 选择电路试验板

进行电路方案试验，通常需要一块电路试验板。电路试验板起到承载、固定、连接各元器件的作用。目前商品化的电路试验板有两类：一类是插接电路试验板，另一类是印制电路试验板。这两种电路试验板都可以买到。它们的共同特点是采用标准的 2.54mm（100mil）为孔间距离，可以插装集成电路和小型电子元器件。

① 插接电路试验板俗称"面包板"，常用于电子技术课程的教学实验，适合学生用来连接简单的低频电子线路或数字逻辑电路。它的主要优点：使用十分方便，进行电路方案试验时不需要焊接，可以随时根据电路的要求改变连线或更换元器件；其布线结构为水平或垂直方向，便于插装集成电路及其他小型元器件；可以组合使用多块试验板，分别试验不同的功能电路，实现整个电路的统调；实验结束以后，可以方便地拆掉板上的元器件及连接导线，几乎全部器材都能够多次重复使用，消耗性成本极小，因而被教学单位普遍采用。但是，它也存在着致命的缺点，即插装元器件的时候电气连接的可靠性很差，特别是当电路比较复杂时，接触不良就更难于检查出来；它的平行引线方式容易产生分布电容，不适合在高频条件下工作，很难模拟真实产品的电路布局和工艺结构。所以在进行真实电子产品的试验性调试中不能使用。

② 印制电路试验板也叫做"通用印制板"，一般有两种形式，如图 4-1 所示。左侧的一种与插接电路板很相似，只能在一个方向上插装集成电路；右侧的一种比较灵活，集成电路和其他元器件的方向比较自由，既能水平放置，也能垂直放置。在进行电路方案试验时，可以把元器件焊接在试验板上，并用导线把各焊点连接起来。元器件的布局和连接比较接近原理图，电路连接可靠。特别是在制作单件电子产品时，使用通用印制电路板可以节省设计时间和制板费用。

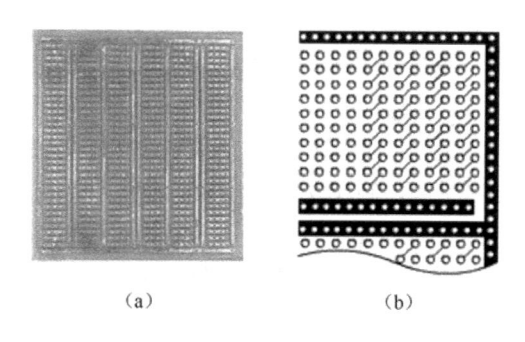

图 4-1 印制电路试验板

但是，经过焊接的通用印制板及元器件难以重复使用，所以消耗性费用较高，常被工科院校学生用来做创新性实验或科研单位调试电子产品的局部电路。

(3) 选用电子元器件

在进行电路方案试验时，要慎重地选用电子元器件。仔细地查阅所用元器件的技术资料，使之工作在合理的状态下。特别是对于集成电路和其他新型元器件，应该在使用前了解它们的各种特性、规格和质量参数，熟悉它们的引脚结构。在试验中，要计算并测量元器件所处的工作条件，使它们承受的工作电压、工作电流及消耗功率处于额定限制之下。考虑到实际产品的工作环境条件（如温度、散热、振动等）可能比电路方案试验时恶劣很多，所以在选用元器件时，工作参数上留有裕量是非常必要的。

要审定电路中是否存在冗余的元器件，每个元器件是否存在多余的功能部分。尽量选用集成电路，去除冗余的元器件，或者用它们多余的功能转换替代其他元器件，使元器件的数量及焊接点的数量最少，使设计最经济、最小型化。

(4) 对电路试验的结果进行分析

对电路的设计思想、工作原理以及整机产品的功能指标等技术资料的分析程度，决定了在印制电路设计过程中的主动性。结合对试验结果的分析和市场调查，应该达到如下目的：

● 熟悉原理图中出现的每个元器件，确定它们的电气参数和机械参数；

- 找出线路中可能产生的干扰源和容易受外界干扰的敏感元器件;
- 了解这些元器件是否容易买到,是否能够保证批量供应。

(5) 确定整机的机械结构、组装结构和使用性能

整机的机械结构、组装结构和使用性能必须确定,便于决定印制电路板的结构、形状、尺寸和厚度。根据产品的原理分析和电路方案试验,使用的电子元器件必须全部选定。掌握每个元器件的外形尺寸、封装形式、引线方式、引脚排列顺序、各引脚的功能及其形状;确定哪些元件因发热而需要安装散热片,并计算散热片面积;考虑哪些元器件应该安装在印制板上,哪些必须安装在板外。

3. 印制电路板的设计目标

因为印制电路板通常需要委托专业厂家生产加工,制板时间对产品的研制周期是不可忽略的。不同的制板要求,决定了加工的复杂程度和费用,也影响到整机的成本。要根据产品的性质,即产品处于预研性试制、设计性试制、生产性试制或批量性生产中的哪个阶段,或对产品未来的市场前景进行预测,决定印制电路板的设计目标。

对于印制电路板的设计目标,通常要从准确性、可靠性、工艺性和经济性四个方面的因素进行考虑。

(1) 准确性

元器件和印制导线的连接关系必须符合产品的电气原理图。例如,由于布线的局限或出于电气性能、机械性能的考虑,有些元器件可能需要放在板外,使印制板上的导线连接与原理图有不一致的地方,必须在电气装配图中把它们标注出来,并在工艺文件中加以说明。否则,印制板上多余或缺少印制导线将会造成返工或报废。

(2) 可靠性

对整机电子产品的质量来说,印制电路板的可靠性是至关重要的。影响印制板可靠性的因素很多,其中有基板材料方面的、制板加工方面和装配连接工艺方面的。例如,从印制板的类型来说,单面板、双面板和多层板的可靠性是由高到低的顺序,板的层数越多,则可靠性越低。单从设计角度考虑,影响印制电路板可靠性的因素首先是印制板的层数。长期使用印制电路板的经验证明,单面板和双面板如果能很好地满足电气性能的要求,则可靠性较高。但对于电路复杂且高组装密度的电子产品中,从抗干扰方面考虑,采用增加地线层和电源层的多层板还是必要的(它既便于布线,又有层间屏蔽作用)。因此,一般在满足电子设备要求的前提下,应尽量将多层板的层数设计得少一些,这样不仅降低制板费用,还有利于提高印制电路板的可靠性。

(3) 工艺性

分析整机结构及机壳内的体积空间,确定印制电路板的面积、形状和尺寸。印制板外形尺寸的确定,应该尽量符合标准化的尺寸系列,形状力求简单,少用异形孔、槽,减少生产模具成本,简化加工程序。在此基础上,考虑装配、调试、维修性能,决定印制板的结构。例如,整机电路功能已经唯一确定了的,应该采用整板结构,即尽可能把全部元器件都安装在一块板上,这样可以减少板间的连线,有效地利用印制板的面积,提高整机电路的可靠性;如果希望功能可以扩展或者希望维修更换方便,就可以采用"积木式"的结构。如果整机有多块电路板,还要对各板之间的电气连接进行考虑:要求固定连接、成本低廉的,采用导线直接焊接;要求变换灵活、连接比较规范的,可以采用带状扁平电缆、针式插头插座或印制板插槽;特殊情况下还可以使用挠性印制电路板进行连接。

根据电路的复杂程度、元器件的数量和机内的空间大小,考虑元器件在印制板上的安装、排列方式及焊盘、走线形式。

(4)经济性

印制板的经济性与前几方面的内容密切相关。复杂的工艺必然增加制造费用。所以，在设计印制电路板时，应该考虑和通用的制造工艺、方法相适应。根据成本分析，从生产制造的角度，选择覆铜板的板材、质量、规格和印制电路板的工艺技术要求。对于相同的制板面积来说，双面板的制造成本是一般单面板的 3～4 倍以上，而层数较少的多层板就至少要贵到 10 倍以上。但是，当布线密度增高到一定程度时，与其把它设计成制造困难、成品率很低的复杂双面板，倒不如选择层数少的简单多层板，这样也能降低成本。此外，应当尽可能采用标准的尺寸结构，选用合适的基板材料，运用巧妙的设计技术来降低成本。通常希望，印制板的制造成本在整机成本中只占有很小的比例。

4. 板材、形状、尺寸和厚度的确定

(1)确定板材

覆铜板是用减成法制造印制电路板的主要材料。其介绍见 3.4 节。

对于设计者来说，自然希望选用各项指标都是上乘的材料，往往忽略不同材质在价格上的差异，容易造成产品质量没有明显提高而成本却大幅度增加的情况。因此，在选用板材时必须考虑性能价格比。确定板材主要依据整机的性能要求、使用条件和销售价格。以袖珍收音机为例，由于机内线路板本身尺寸小，印制线条宽度较大，使用环境良好，整机售价低廉，所以在选材时应主要考虑价格因素，选用酚醛纸质基板即可。又如，在笔记本电脑等高档电子产品中，由于元器件的装配密度高，印制线条细窄，板面尺寸大，线路板的制造费用只在整机成本中占有很小的比例，所以在设计选材时，应该以覆铜板的各项技术性能作为考虑的主要因素，不能片面地要求成本低廉。否则，必然造成整机质量下降，而成本并无明显的降低。

对于印制电路板的种类，一般应该选用单面板或双面板。分立元器件的电路常用单面板，因为分立元器件的引线少，排列位置便于灵活变换。双面板多用于集成电路较多的电路，因为器件引线的间距小而数目多（少则 8 脚，多则几十脚或者更多）。在单面板上布设不交叉的印制导线十分困难，对于比较复杂的电路几乎无法实现。

可见，在印制电路板的选材中，不仅要了解覆铜板的性能指标，还要熟悉产品的特点，才能在确定板材时获得良好的性能价格比。

(2)印制电路板的形状

印制电路板的形状由整机结构和内部空间位置的大小决定。外形应该尽量简单，一般为矩形，避免采用异形板。应该了解，印制板生产厂家的收费标准是根据制板的工艺难度和制板面积（以平方厘米作为计价单位）决定的，要按照整板是矩形来计算制板面积。因为异形板面会增加制板难度和费用成本，即使被剪切掉的部分，也需要照价收费。所以，印制板的最佳形状是矩形（正方形或长方形，长：宽≈3：2 或 4：3）。采用矩形，可以大大简化板边的成形加工量。但是在台式音响、平板电视机等大批量生产的产品中，整机的不同部位上往往需要几块大小不一的印制电路板。为了降低线路板的制作成本，提高自动装配焊接的比例，通常把两三块面积较小的印制板与主电路板拼组成一个大的矩形，制作成一块整板，待装配、焊接以后，再沿着工艺孔或工艺槽掰开，安装到产品中的不同位置上，如图 4-2（a）所示。

还有一种印制电路板的形状被称为"邮票板"，如图 4-2（b）、（c）所示。为了适合自动装配焊接设备的需要，把若干块面积较小的印制电路板拼在一起，制成一块加工了工艺孔或工艺槽的大板，整块印制板看起来就像一整版邮票。

拼板的注意事项：

● 各小块印制板的参数和层数必须相同；

- 拼板后的尺寸范围控制在 350mm×300mm 以内，外形应为长方形。

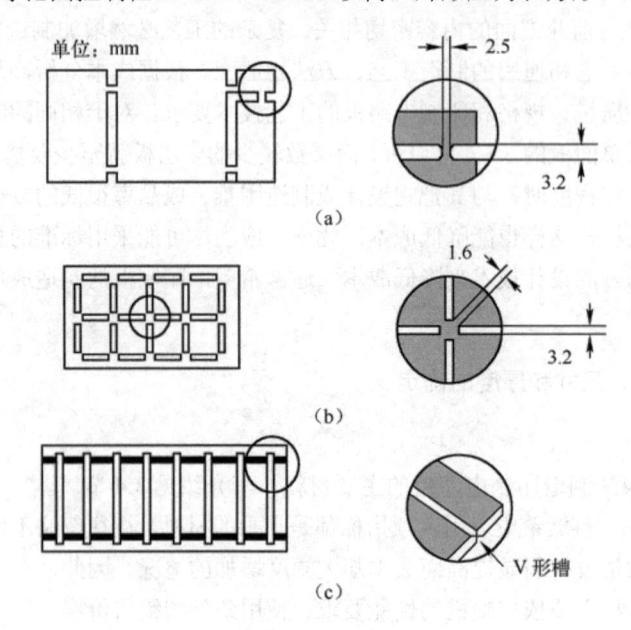

图 4-2　几块印制板的拼板

关于拼板，在后面介绍 SMT 印制板工艺的部分还要进一步讲解。

(3) 印制板尺寸

印制板的尺寸应该接近标准系列值，要考虑整机的内部结构和板上元器件的数量、尺寸及安装、排列方式来决定。元器件之间要留有一定间隔，特别是在高压电路中，更应该留有足够的间距；在考虑元器件所占用的面积时，要注意发热元器件安装散热片的尺寸；在确定了板的净面积以后，还应当向外扩出 5～10mm，这条扩展的边叫着工艺边，它的作用是在生产过程中被各种组装设备夹持，还能在整机装配时把印制板固定在机壳中。

如果印制板的面积较大、元器件较重或在振动环境下工作，应该采用边框、加强筋或多点支撑等形式加固；当整机内有多块印制板，特别当这些印制板是通过导轨和插座固定时，应该使每块板的尺寸整齐一致，有利于它们的固定结构统一起来。

(4) 印制板的厚度

在确定板的厚度时，主要考虑对元器件的承重和振动冲击等因素：如果板的尺寸过大或板上的元器件过重（如大容量的电解电容器或大功率器件等），都应该适当增加板的厚度或对电路板采取加强措施，避免电路板翘曲。按照电子行业标准，覆铜板材的标准厚度有 0.2mm、0.5mm、(0.7mm)、0.8mm、(1.5mm)、1.6mm、2.4mm、3.2mm、6.4mm 等多种（括号内的数值为非首选）。另外，当线路板对外通过插座连接（见图 4-3）时，必须注意插座槽的间隙一般为 1.5mm。若板材过厚则插不进去，过薄则容易造成接触不良。

图 4-3　印制板经插座对外连接

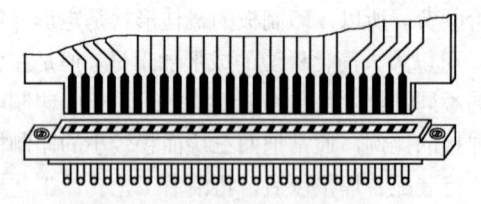

5. 印制板对外连接方式的选择

通常，印制板只是整机的一个组成部分，必然存在对外连接的问题。例如，印制板之间、印制板与板外元器件、印制板与设备面板之间，都需要电气连接。当然，这些连线的总数要尽量少，并根据整机结构选择连接方式，总的原则应该使连接可靠，安装、调试、维修方便，成本低廉。

（1）导线焊接方式

导线焊接是一种最简单、廉价的连接方式，不需要任何接插件，只要用导线将印制板上的对外连接点与板外的器件或其他部件直接焊牢即可。这种方式的优点是成本低，可靠性高，可以避免因接触不良造成的故障，缺点是维修不够方便。这种方式一般适用于对外引线较少的场合，如音响、电视机、小型仪器等。采用导线焊接方式应该注意如下几点：

① 电路板的对外焊点尽可能引到整板的边缘，并按照统一尺寸排列，以利于焊接与维修，如图4-4所示。

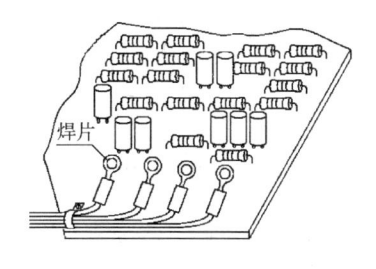

图4-4 导线焊接式对外引线应该靠近板边

② 为提高导线连接的机械强度，避免因导线受到拉扯将焊盘或印制线条拽掉，应该在印制板上焊点的附近钻孔，让导线从线路板的焊接面穿绕过通孔，再从元器件面插入焊盘孔进行焊接，如图4-5所示。

③ 将导线排列或捆扎整齐，通过线卡或其他紧固件将线与板固定，避免导线因移动而折断，如图4-6所示。

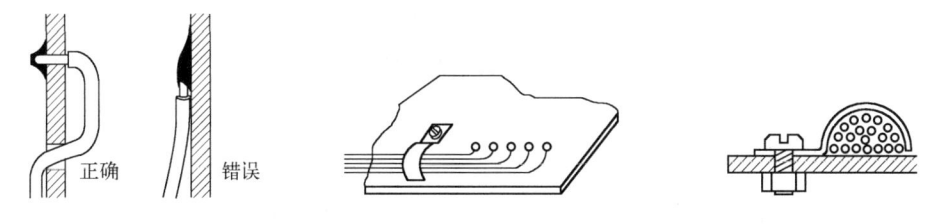

图4-5 线路板对外引线焊接方式

图4-6 用紧固件将引线固定在板上

（2）插接件连接

插接件连接是指通过接插件将印制电路板上的连接点与板外元器件进行连接。其优点是插拔方便，缺点是因接触点多，可靠性较差。

在比较复杂的仪器设备中，经常采用接插件连接方式。这种"积木式"的结构不仅保证了产品批量生产的质量，降低了最小系统的成本，并且为调试、维修提供了方便。在一台大型设备中，常常有好几块甚至几十块印制电路板。当整机发生故障时，维修人员不必检查到元器件级（即检查导致故障的原因，追根溯源直至具体的元器件或芯片。这项工作需要一定的检验设备并花费相当多的时间），只要判断是哪一块板不正常就立即更换，在最短的时间内排除故障，缩短停机时间，这对于提高设备的利用率十分有效。替换下来的线路板可以在充裕的时间内进行维修，修好以后作为备件。

接插件的品种繁多，下面介绍几种，供设计时选择参考。

① 印制板插件（见图2-30（c））：把印制板的一端作为插头，插头部分按照插座的尺寸、接点数、接点距离、定位孔的位置等进行设计。设计中严格控制引线间距，保证与插座引线的间距一致。在制板时，板端插头部分的铜箔需要镀金处理，减小接触电阻并提高耐磨性能。这种方式装配简单、维修方便，但可靠性稍差，常因插头部分被氧化或插座簧片老化而接触不良。为了提高对外连接的可靠性，可以把同一条引出线通过电路板上同侧或两侧的接点并联引出，如图4-7所示。

② 其他插接件：有很多种插接件可以用于印制电路板的对外连接。例如，在小型仪器中采用插针式接插件（见图2-30（e）），将插座装焊在印制板上，如图4-8所示。又如，随着大规模集成电路技术与微型计算机的发展，带状电缆接插件（见图2-31）已经得到广泛的应用。如果

印制板上有大电流信号对外连接，可以采用矩形接插件（见图 2-30（b））。

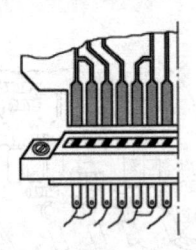

图 4-7　提高印制板插座对外连接的可靠性　　　图 4-8　插针式接插件与印制板的连接

4.1.2　印制电路板的排版布局

印制电路板设计的主要内容是排版设计。把电子元器件在一定的制板面积上合理地布局，是设计印制板的第一步。

排版设计，不单纯是按照电路原理把元器件通过印制线条简单地连接起来。如果元器件及其连接在印制板上布局不合理，就有可能出现各种干扰，以至合理的原理方案不能实现或使整机技术指标下降。有些排版设计虽然能够达到原理设计的技术参数，但元器件的布局、排列疏密不匀、杂乱无章，不仅影响美观，也会给装配和维修带来不便。这样的设计当然也不能算是合理的。这里将介绍排版与布局的一般原则，力求使设计者掌握普通印制板的设计知识，使排版设计尽量合理。

1．按照信号流走向的布局原则

对整机电路的布局原则：把整个电路按照功能划分成若干个电路单元，按照电信号的流向，逐个依次安排各个功能电路单元在板上的位置，使信号流尽可能保持一致的方向，便于信号流通。在多数情况下，信号的流向安排成从左到右（左输入、右输出）或从上到下（上输入、下输出）。与输入、输出端直接相连的元器件应当放在靠近输入、输出接插件或连接器的地方。以每个功能电路的核心元件为中心，围绕它来进行布局。例如，一般是以三极管或集成电路等作为核心器件，根据它们各电极的位置，排布其他元器件。要考虑每个元器件的形状、尺寸、极性和引脚数目，以连线最短为目的，调整它们周边元器件的位置及方向。

2．优先确定特殊元器件的位置

电子整机产品的干扰问题比较复杂，它可能由电、磁、热、机械等多种因素引起。所以在着手设计印制板的板面、决定整机电路布局时，应该分析电路原理，首先确定特殊元器件的位置，然后再安排其他元器件，采取措施尽量避免可能产生干扰的因素，使印制板上可能产生的干扰得到最大限度的抑制。

所谓特殊元器件，是指那些根据操作要求而固定位置，或者可能从电、磁、热、机械强度等几方面对整机性能产生影响的元器件。

3．操作性能对元件位置的要求

（1）印制电路板是电子产品整机的一个组成部分，电路板在机箱（或机壳）中的位置和安装形式，必须服从整机功能的设计与要求。对于那些由产品用户直接操作、调节的键盘、按钮和开关，电位器、可变电容器的旋钮等，要符合产品的工业设计和整机结构的安排。与外围电路连接的接插件、可变电感线圈等调节元件，如果是在机外插接或调节，其在印制板上的位置要与机箱所规定的位置相适应；如果是机内调节（微调），则应当放在印制板上方便调谐的地方。电子工程师应当理解：更改机箱（或机壳）的结构设计，往往比改变印制板的设计要复杂得多，不仅费用更高，加工周期也更长。

（2）为了保证使用、调试、维修的安全，特别要注意带高电压的元器件（如显示器的阳极高压电路元件），尽量布置在用户不可能触及、生产者不容易触及的地方。

4．防止电磁干扰的考虑

电磁干扰是在整机工作和调试中经常发生的现象，其原因也是多方面的，除了外界因素（如空间电磁波）造成干扰以外，印制板布线不合理，元器件安装位置不恰当等，都可能引起干扰。这些干扰因素，如果在排版设计中予以重视，则完全可以避免。相反，如果在设计中考虑不周，便会出现干扰，使设计失败。这里，就印制板设计方案可能造成的几种电磁干扰及其抑制方法进行讨论。

（1）相互可能产生影响或干扰的元器件应当尽量分开或采取屏蔽措施。要设法缩短高频部分元器件之间的连线，减小它们的分布参数和相互之间的电磁干扰（如果需要对高频部分使用金属屏蔽罩时，还应该在板上留出屏蔽罩占用的面积）。易受干扰的元器件不能离得太近。强电部分（或高电压供电的部分）和弱电部分（低电压供电或小信号处理的部分）、输入级和输出级的元件应当尽量分开。直流电源引线较长时，要增加滤波元件，防止50Hz或100Hz的频率干扰。

扬声器、电磁铁、永磁式仪表等元件会产生恒定磁场，电感线圈、高频变压器、继电器等会产生交变磁场。这些磁场不仅对周围元器件产生干扰，同时对附件的印制导线也会产生影响。这类干扰要根据情况区别对待，一般应该注意如下几点：
- 减少印制导线对磁力线的切割；
- 两个电感类元件的位置，应该使它们的磁场方向相互垂直，减少彼此间的磁力线耦合；
- 对干扰源进行磁屏蔽，屏蔽罩应该良好接地。
- 使用高频电缆直接传输信号时，电缆的屏蔽层应该一端接地。

（2）由于某些元器件或导线之间可能存在较高电位差，应该加大它们的距离，以免因放电、击穿引起意外短路。金属外壳的元器件要避免相互触碰。

5．抑制热干扰的设计

温度升高造成的干扰，在印制板设计中也应该引起注意。例如，大功率晶体管和大规模集成电路对温度比较敏感，容易受环境温度的影响而改变工作状态，在排版设计印制板时，应该首先分析、区别哪些是发热元器件，哪些是温度敏感元件。

（1）装在板上的发热元器件（如功耗大的电阻）应当布置在靠近外壳或通风较好的地方，利用机壳上的通风孔散热；尽量不要把几个发热元器件放在一起；假如发热量较大、温升较高，应当考虑使用散热器或小风扇帮助散热。大功率器件可以直接固定在机壳上，利用金属外壳传导散热；如果必须安装在印制电路板上，要特别注意不能将它们紧贴在板上安装，并配置足够大的散热片，还应该同其他元器件保持一定距离，避免发热元器件对周围元器件产生热传导或热辐射。

（2）对温度敏感的元器件，如晶体管、集成电路和其他热敏元件、大容量的电解电容器等，不宜放在热源附近或设备内的上部。在电路长期工作的机箱内，上部的温度通常都比较高。

6．增加机械强度的考虑

（1）要注意整个电路板的重心平衡与稳定。对于那些又大又重、发热量较多的元器件（如电源变压器和带散热片的大功率晶体管等），一般不要直接安装固定在印制电路板上。应当把它们固定在机箱底板上，使整机的质心靠下，容易稳定。否则，这些大型元器件不仅要占据印制板上大量的有效面积和空间，而且在固定它们时，往往可能使印制板扭曲变形，使其他元器件受到机械损伤，还会引起对外连接的接插件接触不良。质量在 15g 以上的大型元器件，如果必须安装在印制电路板上，不能只靠焊盘焊接固定，应当采用支架或卡子等辅助固定措施。

（2）当印制电路板的板面尺寸大于 200mm×150mm 时，考虑到电路板所承受重力和振动产生的机械应力，应该采用机械边框对它加固，以免变形。在板上留出固定支架、定位螺钉和连接插座所用的位置。

7. 一般元器件的安装与排列

（1）元器件的安置布局

在印制板的排版设计中，元器件布设是至关重要的，它决定了板面的整齐美观程度和印制导线的长短与数量，对整机的可靠性也有一定的影响。布设元器件应该遵循如下的几条原则，这里先从传统的插装元器件布局说起：

① 元器件在整个板面上分布均匀、疏密一致。

② 元器件不要占满板面，注意板边四周要留有一定空间。留空的大小要根据印制板的面积和固定方式来确定，位于印制电路板边上的元器件，距离印制板的边缘至少要大于 2mm。电子仪器内的印制板四周，一般每边都留有 5~10mm 空间。

③ 一般来说，插装式元器件应该布设在印制板的一面（这一面叫印制板的"元件面"或"顶面"），并且每个元器件的引出脚要单独占用一个焊盘。

④ 元器件的布设不能上下交叉（见图 4-9）。相邻的两个元器件之间，要保持一定间距。间距不得过小，避免相互碰接。如果相邻元器件的电位差较高，则应当保持安全距离。一般环境中的间隙安全电压是 200V/mm。

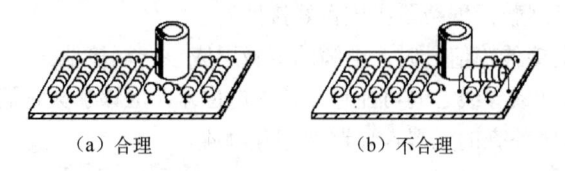

(a) 合理　　　　(b) 不合理

图 4-9　元器件的布设

⑤ 元器件的安装高度要尽量降低，一般元件体和引线离开板面不要超过 5mm，过高则承受振动和冲击的稳定性变差，容易倒伏或与相邻元器件碰接。近年来，印制板阻焊材料的质量与阻焊层制作技术不断提高，除非是高电压电路，贴板插装已经成为主流工艺。

⑥ 对于那些体积、质量较大的元器件，要确定它们的轴线方向。根据印制板在整机中的安装位置及状态，在印制板上摆放元器件时，应该使体积、质量较大的元器件的轴线方向在整机中处于竖直状态。这样可以提高元器件在板上固定的稳定性，如图 4-10 所示。

体积、质量较大的元器件

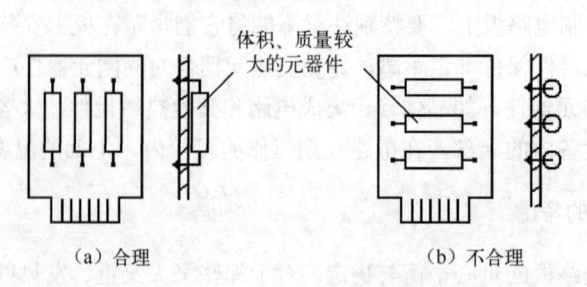

(a) 合理　　　　(b) 不合理

图 4-10　元器件布设的方向

⑦ 元器件两端焊盘的跨距应该稍大于元器件本体的轴向尺寸，如图4-11所示。引线不能齐根弯折，弯脚时应该留出一定距离（至少1mm），以免损坏元件。

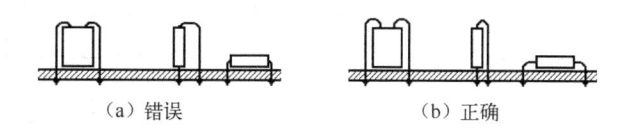

（a）错误　　　　　（b）正确

图4-11　元器件装配

（2）元器件的安装固定方式

在印制板上，元器件有立式、卧式与贴片式三种安装固定的方式，如图4-12所示。卧式是指元器件的轴线方向与印制板面平行，立式则是垂直的。

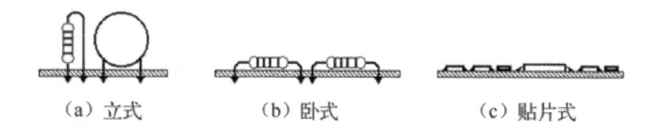

（a）立式　　　（b）卧式　　　（c）贴片式

图4-12　插装元器件的安装固定方式

① 立式安装（见图4-12（a））。容易看出，在印制板上立式安装固定元器件，占用面积小，单位面积上容纳元器件的数量多，有利于提高装配密度。这种安装方式适合于元器件排列紧凑密集的产品，如小型收音机、助听器或比较简单的电子仪表等。立式固定元器件的质心高，过大、过重的元器件不宜立式安装。否则，整机的机械强度变差，耐受振动的能力降低，元器件容易晃动、倒伏甚至相互触碰，造成焊点损伤。

② 卧式安装（见图4-12（b））。卧式安装的元器件占用板面比立式安装大50%左右，但质心低很多，具有机械稳定性好、耐受振动的能力强、板面排列整齐等优点。卧式固定使元器件的跨距加大，容易从两个焊点之间走线，这对于布设印制导线十分有利。

③ 在SMT电路的印制板上，元器件采用贴片式安装固定方式，并且，元器件的焊点和元器件在印制板的同一面上。贴片式元器件体积小、质心低、连线短、安装的密度高、耐受振动的性能更好，如图4-12（c）所示。

在设计印制板时，可根据实际情况，灵活选用这几种安装方法，但总的原则是耐受振动性能好、安装维修方便、板面排列疏密均匀、有利于印制导线的布设。近年来，印制板的质量已经大大改善，元器件的体积与质量已经极大减小，采用立式安装方式的印制板已经很少了，只见于低端电子产品。

（3）元器件的排列格式

元器件应当均匀、整齐、紧凑地排列在印制电路板上，尽量减少和缩短各个单元电路之间以及每个元器件之间的引线和连接。元器件在印制板上的排列格式，有不规则与规则的两种方式。这两种方式在印制板上可以单独采用，也可能同时出现。

① 不规则排列。如图4-13所示，元器件的轴线方向彼此不一致，在板上的排列顺序也没有一定规则。用这种方式排列元器件，看起来显得杂乱无章，但由于元器件不受位置与方向的限制，使印制导线布设方便，并且可以缩短、减少元器件的连线，大大降低了电路板上印制导线的总长度。这对于减少线路板的分布参数、抑制干扰很有好处，对于高频电路极为有利。这种排列方式一般还在立式安装固定元器件时被采纳。

② 规则排列。元器件的轴线方向排列一致，并与板的四边垂直、平行，如图4-14所示。除了高频电路之外，一般电子产品中的元器件都应当尽可能平行或垂直地排列，卧式安装固定元器

件时，更要以规则排列为主。这不仅是为了板面美观整齐，还可以方便装配、焊接、调试，易于生产和维护。规则排列的方式特别适用于板面相对宽松、元器件种类相对较少而数量较多的低频电路。电子仪器中的元器件常采用这种排列方式。但由于元器件的规则排列要受到方向或位置的一定限制，所以印制板上导线的布设可能复杂一些，导线的总长度也会相应增加。

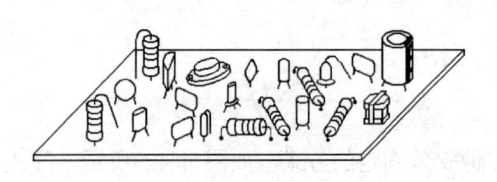

图 4-13 元器件不规则排列　　　　图 4-14 元器件规则排列

（4）元器件焊盘的定位

元器件的每根引线都要在印制板上占据一个焊盘，焊盘的位置随元器件的尺寸及其固定方式而改变。对于立式固定和不规则排列的板面，焊点的位置可以不受元器件尺寸与间距的限制；对于规则排列的板面，要求每个焊点的位置及彼此间的距离应该遵守一定标准。无论采用哪种固定方式或排列规则，焊盘的中心（即引线孔的中心）距离印制板的边缘不能太近，一般距离应在 2.5mm 以上，至少应该大于板的厚度。

目前，在国内能够买到的集成电路等半导体器件基本上都是进口的或是国内企业按照国外标准封装的产品，在 IEC 标准中，直插式集成电路引脚间距的基本单位是 2.54mm（=0.1in=100mil）。在设计印制板时，在板面布局图的平面上按照 2.54mm 的间距设定正交网格就很有意义（见图 4-15），在摆放集成电路的位置时，引脚的焊盘以正交网格的交点为参照（一般放在网格的交点上），不容易出错，元器件的间距也容易比较均匀。

以前，我国标准曾建议画印制板底图时参照 2.5mm 的正交网格标准格距，这个建议现在已经不适合了。事实上，除了直插式集成电路的引脚以外，其他元器件焊盘的位置可以不受 2.54mm 格距的严格约束。但在板面设计中，焊盘位置应该尽量使元器件排列整齐一致，尺寸相近的元件，其焊盘间距应该力求统一（焊盘中心距不得小于板的厚度）。这样，不仅整齐、美观，而且便于在批量生产中采用自动化设备加工元器件引线弯脚和自动装配（特别是在 SMT 印制板上设置自动测试点的位置时，最好放在 2.54mm 网格的交点上）。当然，所谓整齐一致也是相对而言的，灵活排列也能取得好的效果，如图 4-16 所示。

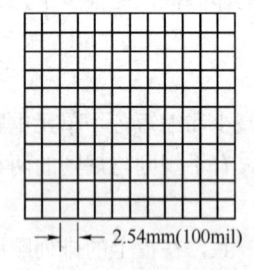

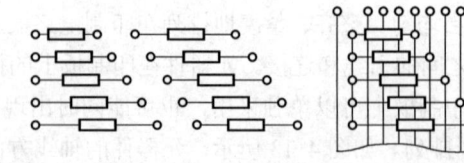

图 4-15 正交网格　　　　图 4-16 规则排列中的灵活性

图 4-17 是两个初学者早年设计的一个两级三极管放大电路的布局实例，其中图（a）是电路原理图。虽然在今天看来，这个电路很简单，手工画板的方法已经过时，但仍可以看出，图（b）的布局比较好，而图（c）是不太好的布局，它的形状使得很难增加其他元器件，不利于与前后级电路的连接，并且板面形状复杂。

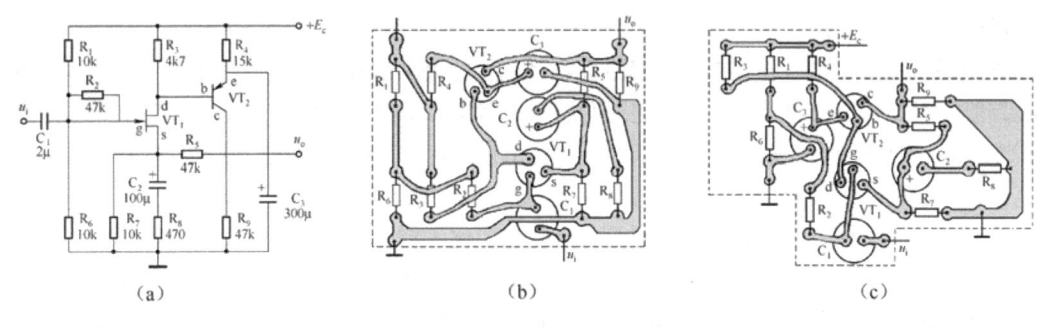

图 4-17 两级三极管放大电路的布局实例

4.2 印制电路板上的焊盘及导线

元器件在印制板上的固定，是靠电极引线焊接在焊盘上实现的（体积较大的元器件有时要辅助机械加固；SMT 技术还增加了用黏合剂粘贴元器件的固定方法）。元器件彼此之间的电气连接，依靠印制导线。本节主要介绍设计焊盘与印制导线的方法和注意事项。在图 4-18 中，以双面板印制板为例，展示了印制板的基本结构：基板、焊接固定元器件的焊盘、构成电气连接的铜箔导线等。图中还给出了最常见到的印制板的一些基本尺寸。

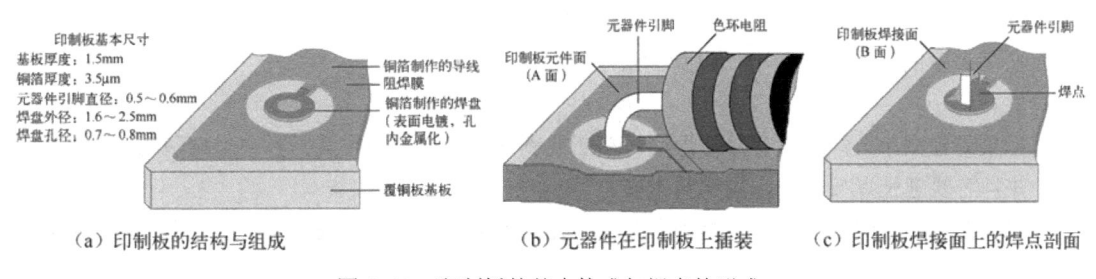

图 4-18 印制板的基本构成与焊点的形成

4.2.1 焊盘

传统元器件的引脚插装在引线孔里，用焊锡焊接固定在印制板上，印制导线把焊盘连接起来，实现元器件在电路中的电气连接。引线孔及其周围的铜箔称为焊盘。与此对应，SMT 电路板上的焊盘是指形成焊点的铜箔。

1. 引线插孔和过孔的直径

插装元器件的引线孔钻在焊盘中心，孔径应该比元器件引线的直径略大一些，才能方便地插装元器件；但孔径也不能太大，否则在焊接时不仅用锡量多，并且容易因为元器件的活动而造成虚焊，使焊点的机械强度变差。

假设引线孔的直径为 d_O，元器件引线的直径为 d_I，d_O 应比 d_I 大 0.2mm 左右，即

$$d_O \approx d_I + 0.2\text{mm}$$

统计数据与经验表明，两者直径差距 0.2mm 左右是恰当的，如果差距减小（如减小到 0.1mm），将会使批量生产时插装速度降低；反之，如果差距加大（如加大到 0.3mm），将会使焊点强度降低，"虚焊"增多。

在同一块电路板上，孔径的尺寸规格应当少一些，优先采用 0.6mm、0.8mm、1.0mm 和 1.2mm 等尺寸。要尽可能避免异形插孔，以便降低加工成本。双面印制板两面的导线或焊盘需要连通时，

可以通过金属化孔实现。

在双面或多层印制板上还有一种经过孔金属化工艺处理的孔,叫做"过孔"。过孔不是用来插装元器件引脚的,只起到从电气上连通两层(或多层)铜箔的作用。过孔看起来和普通焊盘的样子差不多,但孔的直径较小。为降低孔金属化工艺的困难,过孔的直径通常应该大于板厚的三分之一,一般取 0.5~0.6mm(还可以更小,但应该大于等于 0.2mm)。

在双面和多层印制电路板的制造过程中,孔金属化工艺是一道必不可少的工序。它是利用化学镀技术,即用氧化-还原反应在孔的内壁产生金属镀层。其基本步骤是先使孔壁上沉淀一层催化剂金属(如钯)作为在化学镀铜中铜沉淀的结晶核心,然后浸入化学镀铜溶液中,使印制板表面和孔壁上产生一层很薄的铜,这层铜不仅薄而且附着力差,一擦即掉,只能起到导电的作用,然后进行电镀,使孔壁的铜层加厚并附着牢固。

孔金属化的方法很多,它与双面板、多层板的整个制作工艺相关,大体上,有板面电镀法、图形电镀法、反镀漆膜法、堵孔法、漆膜法等。但无论采用哪种方法,在孔金属化过程中都需要的环节是钻孔、孔壁处理、化学沉铜、电镀铜加厚。

2. 焊盘的外径

(1)在单面板上,焊盘的外径一般应当比插线孔的直径大 1.3mm 以上,即如果焊盘的外径为 D,引线孔的孔径为 d,应有

$$D \geqslant d + 1.3\text{mm}$$

在高密度的单面电路板上,焊盘的最小直径可以是

$$D_{\min} \geqslant d + 1\text{mm}$$

如果外径太小,焊盘就容易在焊接时粘断或剥落;但也不能太大,否则影响印制板的布线密度,并且需要延长焊接时间,用锡量太多。

(2)在双面电路板上,由于焊锡在金属化孔内也形成浸润,提高了焊接的可靠性,所以焊盘可以比单面板的略小一些。应有

$$D_{\min} \geqslant 2d$$

3. 焊盘的形状

设计印制电路板的 EDA 软件,在元器件封装库中给出了一系列大小和形状不同的焊盘。选择元器件的焊盘类型,要综合考虑该元器件的形状、大小、布局形式、振动和受热情况、受力方向等因素。一般情况下,要选择库里推荐的焊盘。如有特殊要求,可做适当修正。各种形式的焊盘如图 4-19 所示。

(1)岛形焊盘

由图 4-19(a)可见,焊盘与焊盘之间的连线合为一体,像水中的小岛一样,故称为岛形焊盘。岛形焊盘常用于元件的不规则排列,特别是当元器件采用立式不规则固定时更为普遍。早年的电视机、收录机等家用电器产品中,大多采用这种焊盘形式。岛形焊盘适合于元器件密集固定,并可减少印制导线的总长度与数量,能在一定程度上抑制分布参数对电路的影响。此外,焊盘与印制导线合为一体以后,铜箔的面积加大,使焊盘和印制导线的抗剥离强度增加,所以能降低所选用覆铜板的档次,降低材料成本。

(2)圆形焊盘

由图 4-19(b)中可见,焊盘与引线孔是同心圆。焊盘的外径一般为孔径的 2~3 倍。设计时,如果板面的密度允许,焊盘就不宜过小,因为太小的焊盘在焊接时容易受热脱落。在同一块板上,除个别大元件需要大孔以外,一般焊盘的外径应取为一致,这样显得美观一些。圆形焊盘多在元

件规则排列方式中使用，双面印制板也多采用圆形焊盘。

(a) 岛形焊盘　　(b) 圆形焊盘　　(c) 方形焊盘

(d) 椭圆形焊盘　　(e) 泪滴形焊盘　　(f) 灵活设计的焊盘　　(g) 大面积铜箔上的焊盘

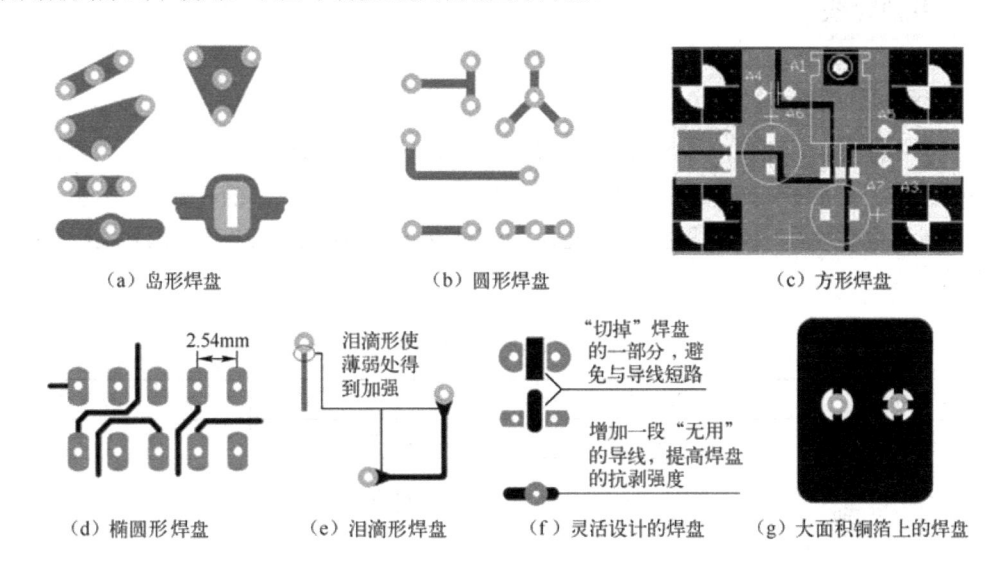

图 4-19　各种形式的焊盘

(3) 方形焊盘

由图 4-19 (c) 可见印制板上元器件体积大、数量少且线路简单时，多采用方形焊盘。这种形式的焊盘设计制作简单，精度要求低，容易实现。在一些手工制作的印制板中，常用这种方式，因为只需用刀刻断并撕掉一部分铜箔即可。在一些大功率的印制板上也用这种形式，它可以获得较大的载流量。在 SMT 电路板上的焊盘也采用方形焊盘的形式。

(4) 椭圆形焊盘

一般 DIP 封装的集成电路两引脚的间距为 2.54mm，如此小的间距里要走线，还要保证不能与相邻的焊盘短路，只好将圆形焊盘拉长，改成椭圆形的长焊盘。这种焊盘已经成为一种标准形式，如图 4-19 (d) 所示。在布线密度很高的印制板上，椭圆形焊盘之间往往通过 1 条甚至 2 条信号线。

(5) 泪滴形焊盘

在单面板上，当焊盘与细导线连接时，由于焊接受热以及元器件受到的振动，两者的连接处比较脆弱，容易发生焊盘脱落或导线断裂等损伤。对这样的焊盘，可以设计成"泪滴状"。采用泪滴形焊盘可以有效地减少这种损伤，如图 4-19 (e) 所示。

(6) 灵活设计的焊盘

在设计印制电路时，不必拘泥于统一形式的焊盘，要根据实际情况灵活变换。在图 4-19 (f) 中，由于线条过于密集，焊盘与邻近导线有短路的危险，因此可以改变焊盘的形状，以确保安全。

(7) 大面积铜箔上的焊盘

对于特别宽的印制导线上或为了减少干扰而采用的大面积接地覆铜上的焊盘，俗称"热焊盘"。因为大面积铜箔的热容量大且热量散发快，若加热时间不足够长，就容易造成虚焊，若焊接时受热过多，又可能引起铜箔鼓胀或翘起。所以，对热焊盘的形状要进行如图 4-19 (g) 所示"十字花形"的特殊处理，这是出于保证焊接质量的考虑。多层板的过线孔在内层接地处也要这样处理。

(8) 组装方式对焊盘形状、方向的影响

在大批量生产中，SMT 印制板上元器件焊盘的形状和方向，要根据所采用的焊接设备和方法（波峰焊或再流焊）进行调整。见本章后面的叙述。

4.2.2 印制导线

1. 印制导线的载流量

大部分印制板的铜箔厚度为 35μm，乘以导线的宽度就是导线的截面积。铜导线的电流密度经验值为 15～25A/mm^2，还要考虑容许温升等因素，才能决定印制导线的载流量。显然，印制导线越宽，载流量就越大；但导线越长，线电阻所引起的压降也越大。表 4-1 是国外某研究机构给出的数据。

表 4-1 印制导线的载流量

铜箔厚度（μm）		17.5	35	70	17.5	35	70	17.5	35	70
温升		10℃			20℃			30℃		
印制导线宽度		最大载流量（A）								
公制（mm）	英制（mil）									
0.25	10	0.5	1.0	1.4	0.6	1.2	1.6	0.7	1.5	2.2
0.38	15	0.7	1.2	1.6	0.8	1.3	2.4	1.0	1.6	3.0
0.5	20	0.7	1.3	2.1	1.0	1.7	3.0	1.2	2.4	3.6
0.63	25	0.9	1.7	2.5	1.2	2.2	3.3	1.5	2.8	4.0
0.76	30	1.1	1.9	3.0	1.4	2.5	4.0	1.7	3.2	5.0
1.27	50	1.5	2.6	4.0	2.0	3.6	6.0	2.6	4.4	7.3
1.9	75	2.0	3.5	5.7	2.8	4.5	7.8	3.5	6.0	10.0
2.54	100	2.6	4.2	6.9	3.5	6.0	9.9	4.3	7.5	12.5
5.08	200	4.2	7.0	11.5	6.0	10.0	11.0	7.5	13.0	20.5
6.3	250	5.0	8.3	12.3	7.2	12.3	20.0	9.0	15.0	24.5

初学者可以参考表 4-1 中的数据确定印制导线的载流量。例如，线宽 5mm，查表知载流量为 7.0A。

2. 印制导线的宽度

印制导线的宽度不仅由流过导线的电流强度来决定，铜箔与绝缘基板之间的黏附强度也是决定因素。并且，线宽应该与整个板面及焊盘的大小相符合，宽窄适度；有时候，尽管电流很小，导线也不要太细，因为还要考虑制板厂的加工质量和产品的工作可靠性。

现在国内专业制板厂家的技术水平，已经有能力保证线宽和间距在 0.2mm 以下的高密度印制板的质量。

所以，就一般电子产品而言，导线的宽度选在 0.3～2.5mm（12～100mil）之间，完全可以满足电路的要求。对于集成电路的信号线，导线宽度可以选在 0.3mm 以下甚至 0.25mm。只要板上的面积及线条密度允许，应该尽可能采用较宽的导线；特别是电源线、地线及大电流的信号线，更要适当加大宽度，达到 5mm 甚至更宽也是可以的。

国内工程师的经验是铜箔厚度为 35μm 时，1mm 宽的印制导线允许通过 1A 电流。这可以作为初学者的依据：导线宽度的毫米数即等于载荷电流的安培数。

3. 印制导线的间距

导线之间距离的确定，应当考虑在最坏的工作条件下，导线之间的绝缘电阻和击穿电压的要求。印制导线越短，间距越大，则绝缘电阻按比例增加。实验证明，导线之间的距离在 1.5mm 时，其绝缘电阻超过 10MΩ，允许的工作电压可达到 300V 以上；间距为 1mm 时，允许电压为 200V。印制导线的间距通常采用 1~1.5mm。另外，如果两条导线间距很小，信号传输时的串扰就会增加。所以，为了保证产品的可靠性，应该尽量争取导线间距不要小于 1mm。如果板面线条较密而布线困难，只要绝缘电阻及工作电压允许，导线间距也可以进一步减小，但这在业余条件下自制电路板就很难做到了。

4．避免导线的交叉

在设计板图时，应该尽量避免导线的交叉。这一点，对于双面电路板比较容易实现，对单面板就要困难很多。由于单面印制板最便宜，所以简单电路应该尽量选择单面板的方案。在设计单面板时，有时可能会遇到导线绕不过去而不得不交叉的情况，可以用金属导线制成"跳线"跨接交叉点，不过这种跨接线应该尽量少。注意："跳线"也是一个独立的元件，在批量生产时，对"跳线"也要安排备料、整形、插装的工序和工时；在设计电路板时，必须为"跳线"安排版面上的位置、标注和焊盘，一般，"跳线"的长度不得超过 25mm。

5．印制导线的走向与形状

关于印制导线的走向与形状，在设计时应该注意下列几点，见表 4-2。

表 4-2　印制导线的走向与形状

	导线拐弯	焊盘与导线连接	导线穿过焊盘	其他形状
合理				
不合理				

（1）印制导线的走向不能有急剧的拐弯和尖角，拐角不得小于 90°。这是因为很小的内角在制板时难于腐蚀，而在过尖的外角处，铜箔容易剥离或翘起。最佳的拐弯形式是平缓的过渡，即拐角的内角和外角最好都是圆弧。

（2）导线通过两个焊盘之间而不与它们连通时，应该与它们保持最大而相等的间距；同样，导线与导线之间的距离也应当均匀地相等并且保持最大。

（3）导线与焊盘的连接处的过渡也要圆滑，避免出现小尖角。

（4）焊盘之间导线的连接：当焊盘之间的中心距小于一个焊盘的外径 D 时，导线的宽度可以和焊盘的直径相同；如果焊盘之间的中心距比 D 大时，则应减小导线的宽度；如果一条导线上有三个以上焊盘，它们之间的距离应该大于 $2D$。

6．导线的布局顺序

在印制导线布局时，应该先考虑信号线，后考虑电源线和地线。因为信号线一般比较集中，布置的密度也比较高，而电源线和地线比信号线宽很多，对长度的限制要小一些。接地在模拟电路板上普遍应用,有些元器件使用大面积的铜箔地线作为静电屏蔽层或散热器(不过散热量很小)。

4.2.3　印制导线的抗干扰和屏蔽

1．地线布置引起的干扰

几乎任何电路都存在一个接地点（未必是真正的大地），把这一点作为电位参考点，表示零

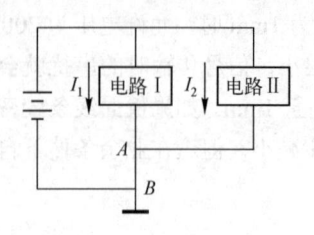

图 4-20 地线产生的干扰

电位，其他各点的电位均相对于这一点而言。但在实际的印制电路板上，地线并不能保证是绝对的零电位，往往存在一个很小的非零电位值。由于电路中放大器的作用，这小小的电位便可能产生影响电路性能的干扰。在讨论如何克服这种干扰以前，先结合电路讨论干扰产生的原因：在图 4-20 中，电路Ⅰ与电路Ⅱ共用地线 A-B 段，虽然从原理上说 A 点与 B 点同为电位 0 点，但如果在实际电路中的 A、B 两点之间有导线存在，就必然存在一定阻抗。假设印制导线 A-B 的长度为 100mm，宽度为 1.5mm，铜箔厚度为 0.035mm，则根据

$$R = \rho \cdot L/S$$

可得 $R=0.026\Omega$。这个电阻并不算大，但当有较大电流通过时，就要产生一定压降。此压降经过放大，会产生足以影响电路性能的干扰；又如，在这个电路中，当通过回路的电流频率高达 30MHz 时，A-B 间的感抗可高达 16Ω，如此大的感抗，即使流经的电流很小，在 A-B 间产生的信号也足以造成不可忽视的干扰。可见，造成这类干扰的主要原因在于两个或两个以上的回路共用同一段地线。

为克服这种由于地线布设不合理而造成的干扰，在设计印制电路时，应当尽量避免不同回路的电流同时流经某一段共用地线。特别是在高频电路和大电流回路中，更要讲究地线的接法。有经验的设计人员都知道，把"交流地"和"直流地"分开，是减少噪声通过地线串扰的有效方法。

在布设印制电路板地线时，首先要处理好各级电路的内部接地，同级电路的几个接地点要尽量集中。这称为"一点接地"，可以避免其他回路中的交流信号窜入本级或本级中的交流信号窜到其他回路中去。然后，再布设整个印制板上的地线，防止各级之间的互相干扰。下面介绍几种接地方式。

（1）并联分路式

把印制板上几部分的地线，分别通过各处的地线汇总到线路板的总接地点上，如图 4-21（a）所示。

（a）并联分路式接地　　（b）大面积覆铜接地

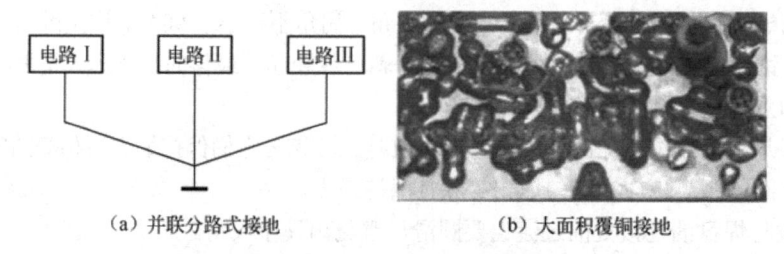

图 4-21 两种减小干扰的接地方式

（2）大面积覆铜接地

在高频电路中尽量扩大印制板的地线面积，可以有效地减小地线中的感抗，从而削弱在地线上产生的高频信号。同时，大面积接地还可以对电场干扰起到屏蔽的作用。图 4-21（b）是一块高频信号测试电路的印制板，它就采用了大面积覆铜接地的办法。

在各种印制板设计软件中，都有"敷铜"的功能——在印制板上指定的区域内敷设大面积铜箔（覆铜），但现在企业生产多采用自动焊接设备，必须考虑大面积铜箔热容量太大可能带来的问题：一是可能让热焊盘虚焊，前面已经给出了"十字花形"的处理方案；二是受热过多可能导致覆铜鼓胀或翘起，解决的方案将在后面讲解。

2. 电源产生的干扰与对策

任何电子仪器（包括其他电子产品）都需要电源供电，并且绝大多数直流电源是由交流市电通过降压、整流、稳压后供出的。供电电源的质量会直接影响整机的技术指标。除了原理设计的

问题以外，电源的工艺布线或印制板设计不合理，也都会引起电源的质量不好，特别是交流电源对直流电源的干扰。例如，图 4-22 是早年两个初学者用刀刻法制作的稳压电路印制板，都出现了电压纹波大、工作不稳定的现象。有经验的老师指出：图（a）中整流管接地过远，图（b）中交流回路的滤波电容与直流电源的取样电阻共用一段接地导线，都是布线不合理的地方，导致交、直流回路彼此相连，交流信号对直流电路产生干扰，使电源的质量下降。为避免这种干扰，应该在设计电源印制板时谨慎地处理这些现象。

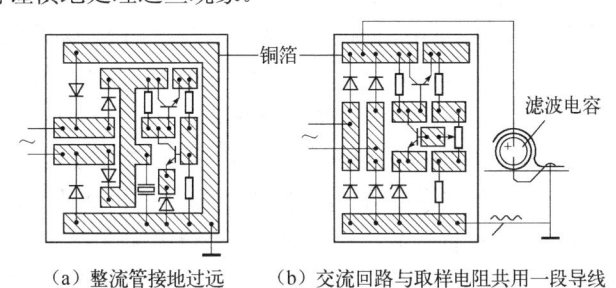

图 4-22 电源布线不当产生的干扰

直流电源的布线不合理，也会引起干扰。布线时，电流线不要走平行大环形线，电源线与信号线不要靠得太近，并避免平行。

3. 磁场的干扰与对策

元器件安装紧凑、连线密集，这一特点无疑是印制板设计者希望的。然而，如果设计不当，紧凑密集的特点也会给电路带来麻烦。例如，印制板分布参数造成的干扰、元器件相互之间的磁场干扰等，如同其他干扰一样，在排版设计中必须引起重视。

（1）避免印制导线之间的寄生耦合

两条相距很近的平行导线，它们之间的分布参数可以等效为相互耦合的电感和电容，当信号从一条线中通过时，另一条线内也会产生感应信号。感应信号的大小与原始信号的频率及功率有关，感应信号便是分布参数产生的干扰源。为了抑制这种干扰，排版前要分析原理图，区别强弱信号线，使弱信号线尽量短，并避免与其他信号线平行靠近。不同回路的信号线，要尽量避免相互平行布设，双面板两面的印制导线走向要相互垂直，尽量避免平行布设。这些措施都可以减少分布参数造成的干扰。

（2）印制导线屏蔽

有时，某些信号线密集地平行，无法摆脱较强信号的干扰。为了抑制干扰，在这种情况下可以采用图 4-23 所示的印制导线屏蔽的方法，将弱信号屏蔽起来，其效果与屏蔽电缆相似，使之所受的干扰得到抑制。

（3）减小磁性元件对印制导线的干扰

扬声器、电磁铁、永磁式仪表等产生的恒定磁场和高频变压器、继电器等产生的交变磁场，对周围的印制导线也会产生影响。要排除这类干扰，一般应该注意分析磁性元件的磁场方向，减少印制导线对磁力线的切割。

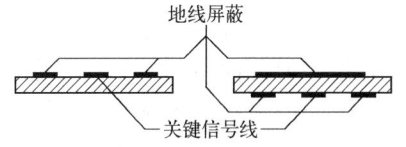

图 4-23 印制导线屏蔽

4.2.4 印制电路表面镀层与涂覆

1. 图形铜箔上的金属镀层

为提高印制电路的导电、可焊、耐磨、装饰性能，延长印制板的使用寿命，提高电气连接的可靠性，可以在印制板图形铜箔上镀覆一层金属。金属镀层的材料有金、银、锡、铅锡合金等。

镀覆方法可用电镀或化学镀两种。

电镀法可使镀层致密、牢固、厚度均匀可控，但设备复杂、成本高，用于要求高的印制板和镀层，如插头部分镀金等。

化学镀虽然设备简单、操作方便、成本低，但镀层厚度有限且牢固性差，因而只适用于改善可焊性的表面镀覆，如板面铜箔图形镀镍金（水金）、镀银等。

为提高印制板的可焊性，浸银是镀层的传统方式。但由于银层容易发生硫化而发黑，往往反而降低了可焊性和外观质量。实际较多采用浸锡或镀铅锡合金的方法，特别是把铅锡合金镀层经过热熔处理后，使铅锡合金与基层铜箔之间获得一个铜锡合金过渡界面，大大增强了界面结合的可靠性，提高焊盘的可焊性和外观质量。各制板厂普遍采用的印制板浸镀铅锡合金-热风整平工艺代替电镀铅锡合金工艺，可以简化工序，防止污染，降低成本，提高效率。经过热风整平的镀铅锡合金印制板具有可焊性好、抗腐蚀性好、长期放置不变色等优点。

镀铅锡合金的工艺也有不足之处，在采用 SMT 技术的电路板上，由于芯片的电极引脚密集，要求焊盘的平整度很好，这是镀铅锡合金工艺难以保证的；另外，焊盘上镀铅锡合金有可能在焊接时带来麻烦：假如再流焊所用的焊锡膏与镀层材料的配方不同，会导致焊料浸润不良，引起虚焊。

近年来的"绿色制造"理念要求改用无铅焊料制作焊盘表面镀层，但镀层的光亮度和平整度比用铅锡合金热风整平要差一些。

在高密度的 SMT 印制电路板生产中，大部分采用浸镀镍金（俗称水金）工艺，这种工艺的优点是焊盘可焊性良好、平整度好、镀层不易氧化、印制板可以长时间存放；当然，制板价格也要高一些。

2. 印制板表面的阻焊层

阻焊层是由涂覆在印制电路板表面上的绝缘阻焊剂（涂料或薄膜）形成的。除了焊盘和元器件引脚插孔裸露以外，印制板的其他部位均覆盖在阻焊层之下。阻焊剂是耐高温的涂料。阻焊层的作用是限定焊接区域，防止铜箔导线在焊接时上锡，发生搭焊、桥连造成的短路，改善焊接的准确性，减少虚焊；保持绝缘，防护机械损伤，减少潮湿或有害气体对板面的侵蚀。

在高密度的镀铅锡合金、镀镍金印制板和采用自动焊接工艺的印制板上，为使板面得到保护并确保焊接质量，均需要涂覆阻焊层。

在 EDA/CAD 软件中为板面敷设阻焊层时，软件会默认在敷设范围内的焊盘、金属化过孔处让阻焊层开窗。焊盘处开窗的直径比焊盘直径约大 0.2mm，使铜箔焊盘露出来以便焊接。

涂覆阻焊剂的工艺顺序与铜箔表面的镀层材料有关。镀镍金的印制板先镀镍金，后涂覆阻焊剂，阻焊层对金属镀层起保护作用。而镀铅锡合金的印制板必须先涂覆阻焊层，然后对裸露在阻焊层之外的焊盘镀铅锡合金。这是因为，假如阻焊层下面也镀了铅锡合金，在自动焊接设备内，熔点低的铅锡合金熔化就会破坏阻焊层。

就涂覆后固化的方法分类，阻焊剂有光固化、热固化和电子辐射固化等几种。光固化的光敏阻焊剂使用最多，其主要成分是环氧丙烯酸树脂、光敏引发剂、触变剂和颜料。阻焊剂配入的颜料，使印制电路板表面呈现不同的颜色。最常见的阻焊剂颜色是绿色、蓝色和品色，这些颜色可以让印在板面上的白色图形字符更加醒目。

印制板上的导线一般按照 1mm 宽度允许通过 1A 电流设计，但在某些低端电子产品中，安装密度高却必须采用单面印制电路板，不允许导线的宽度过大。这时可以采用如图 4-24 所示的办法增加导线的电流容量：在设计阻焊层时，让需要大电流通过的导线裸露出来，不覆盖阻焊层；在生产过程中，浸焊或波峰焊设备在焊接电路板上其他焊点的同时，给这些需要通过大电流的导线均匀镀上一层焊料，增加了印制导线的厚度和截面积，从而允许导线通过更大的电流。

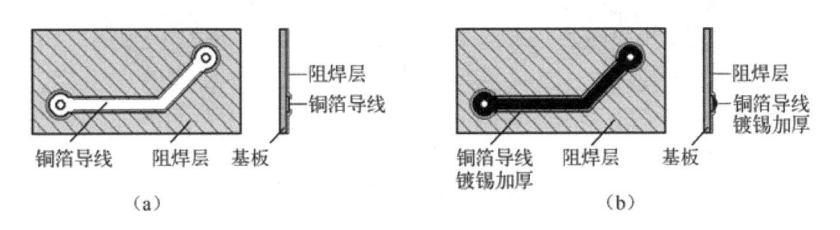

图 4-24　用镀锡增加导线的截面积

3．板面上的字符丝印层

为指导电子产品组装生产，在印制板的一面或两面（顶层/底层）还有一层用来印刷元器件的图形符号和位号、技术说明、产品商标等标识的丝印层。

一般情况下，需要在丝印层标出元器件的图形，包括元器件的电气符号、位号、极性、集成电路起始引脚（1号脚）的标志。若电路板是高密度、窄间距时，可以采用简化符号，特殊情况下可省去元器件的位号。

注意：整机产品制造厂一般对板上的元器件只印制图形符号及它在电路中的位号（图号），不会印制它的具体参数与型号，这不仅是因为技术保密，还有利于材料采购、产品升级、原理更新。

4．焊盘喷涂助焊剂

在制作完成的焊盘表面上喷涂助焊剂（如未制作阻焊层，也可在整个板面上喷涂助焊剂，但这种板子不能采用自动焊接方法），既可以保护镀层不被氧化，又能提高可焊性。对助焊剂的基本要求是：

- 在常温下稳定，在焊接过程中具有高活化性，表面张力小，能够迅速而均匀地流动；
- 腐蚀性小，绝缘性能好；
- 容易清除焊接后的残留物；
- 不产生刺激性气味和有害气体；
- 材料来源丰富，成本低，配制简便。

酒精松香水是最常用的助焊剂，除非用户特殊指出不要涂覆助焊剂，专业制板厂家已经把板面喷涂酒精松香水作为常规工艺。

4.3　SMT 印制电路板的设计

早期和较简单的电子产品，"手工插件＋手工焊接"是印制电路板的基本工艺过程，因而对 PCB 的设计要求也十分简单。随着表面安装技术的引入，制造工艺逐步融于设计技术之中，对 PCB 板的设计要求就越来越苛刻，越来越需要统一化、规范化。产品开发人员在设计之初，除了要考虑电路原理设计的可行性，同时还要统筹考虑印制板的设计和板上布局、工艺工序流程的先后次序及合理安排。

与传统的 THT（插装工艺）相比较，采用 SMT 工艺的电路板上，元器件的体积更小而组装更密，对焊盘的精度和焊接的质量要求更高。图 4-25 是 SMT 元件在印制板上的组装示意图。

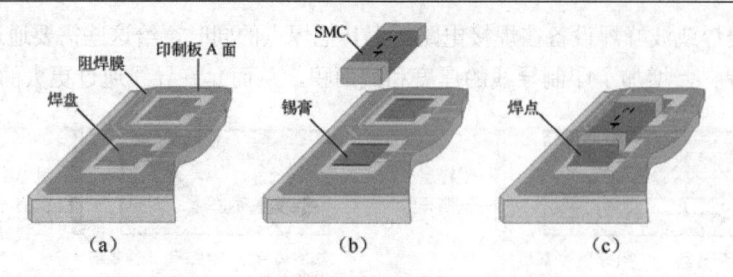

图 4-25　SMC 元件在印制板上的组装示意图

4.3.1　SMT 印制电路板的设计内容

随着 SMT 工艺的进步,出现了一些新型的基板材料。在设计采用 SMT 工艺的印制电路板时,除了部分沿用通孔插装式电路板的设计规范以外,还要遵循一些根据 SMT 工艺特点制定的要求。在设计印制板时,要更加重视"可制造性"和"可靠性"要求,对焊盘和元器件布局做出相应的处理,在设计阶段就充分考虑产品的组装质量。

设计 SMT 印制电路板包含的内容见表 4-3。

总之,SMT 印制板设计对产品生产质量、生产效率等起着至关重要的作用。若设计不当,生产根本无法实施或效率很低。由于设计原因所引起的产品质量问题,在生产中是很难克服的。所以,PCB 设计工程师必须了解基本的 SMT 工艺特点,根据不同的工艺要求进行印制板设计。正确的设计可以把组装缺陷降到最低。

表 4-3　SMT 印制电路板的设计内容

设计工作	基板材料选择	
	元器件选择	
	印制板电路设计	布局
		焊盘
		测试点
		导线、通孔
		焊盘与导线的连接
		阻焊
		散热、电磁干扰等
	工艺性(可生产性)设计	
	可靠性设计	
	降低成本	

1. 可制造性设计 DFM 规范与实施

DFM(Design For Manufacturability)是"可制造性设计"的意思,它主要是研究产品本身的特点与制造系统各部分之间的相互关系,并把它用于产品设计中,以便将整个制造系统融合在一起进行总体优化,使之更规范,以便降低成本、缩短生产时间、提高产品可制造性和工作效率。DFM 是国际潮流的现代设计理念。

(1) 可制造性设计(DFM)方法

这是一套完整地描述 SMT 印制板设计的规范性文件。DFM 规范文件的内容包括:

- 印制板的组装形式;
- 加工工艺流程;
- 元器件选择标准;
- PCB 外形和尺寸设计;
- SMC/SMD 焊盘设计;
- 通孔插装元器件的焊盘设计;
- 布线设计;
- 焊盘与印制导线连接的设置;
- 导通孔、测试点的设置;
- 阻焊层、印字层的设置;
- 元器件整体布局的设置;

- 再流焊与波峰焊贴片元件的排列方向设计；
- 元器件的间距设计；
- 定位基准标志设计；
- PCB 板定位孔和夹持边的设计；
- 拼板设计；
- 散热设计；
- 高频及抗电磁干扰设计。

编制可制造性设计（DFM）规范文件时，可参考 IPC、EIA、SMEMA 等国际标准或电子行业标准 SJ/T10670《表面组装工艺通用技术要求》，以及元器件供应商提供的相关材料。但这些材料都是指导性的。所以，编制 DFM 规范文件时，应该让对 SMT 有全面了解的人员进行编写。当 SMC/SMD、工艺材料或制造工艺发生变化时，要及时修改、补充 DFM 规范文件。

（2）可制造性设计的实施

SMT 印制板可制造性设计的实施程序如下：
- 首先确定电子产品的功能、性能指标、成本及整机外形尺寸等总体目标；
- 电原理及机械结构设计，根据整机结构确定 SMT 印制板的尺寸及结构形状；
- 确定工艺方案；
- 根据产品功能、性能指标以及产品的档次选择材料和电子元器件；
- 设计印制电路板；
- 编制表面贴装生产需要的三个文件；
- 设计完成后，经过自检、校对，进行可制造性审核，审批后送印制板加工厂；
- 对印制板加工厂商提出要求；
- 进行样机制作和试生产。

2．SMT 印制板的特点

由于 SMT 元器件采用贴装在板上的安装形式，所以 SMT 印制板与通孔插装式印制板相比，有很多不同之处，其主要特点有：

（1）SMT 印制板上的焊盘小，布线区域加大，元器件的焊盘无通孔，板上的通孔只起到连接不同层面上电路的作用（通常叫"过孔"）。

（2）印制导线的间距缩小，目前能达到 0.15mm（6mil）以下。由于过孔只起连接作用，所以过孔的直径也可以缩小（但不得小于板厚的 2/5）。

（3）由于元器件在板的表面贴装，印制板对焊区尺寸的要求比较严格，在焊盘、焊点的设计上与传统的印制板有较大区别。

（4）制造通孔插装式印制板时，可以在锡铅合金层上套印阻焊膜；而 SMT 印制板要将锡铅合金层去掉以后再套印阻焊膜，这样就不会在再流焊时发生起泡现象。

3．组装设备对 SMT 印制板的约束

（1）位置尺寸网格化

SMT 印制板上所有的孔、测试点、引出脚或引出端区域，以及整块板的外形尺寸都采用网格化标准，服从自动组装设备的定位体系。网格参数可以采用英制和公制两套系统。在英制系统中，多以 0.050in、0.025in 或 0.005in（50mil、25mil 或 5mil，约合 1.27mm、0.62mm 或 0.127mm）的整倍数作为网格参数；公制系统中以 2.5mm、2.0mm、1.0mm、0.5mm 或 0.1mm 的整倍数作为网格参数。采用哪套网格参数系统，应该由所用元器件的引出脚或引出端中心距的尺寸系统而定。

即，如果绝大部分元器件采用英制系统，则网格参数也采用英制系统。对于一些引出脚或引出端中心距的尺寸不符合上述标准的特殊元器件，也可以不按网格进行设计。

（2）孔的坐标公差

孔的位置都由从原点算起的坐标网格定义，其尺寸公差为±0.05mm（2mil）。

（3）制造工艺允许公差

单层或双层板重合套印的尺寸公差应该控制在±0.10mm（4mil）以内；多层板重合套印的尺寸公差应该控制在±0.05mm（2mil）以内。

（4）SMT 印制板外形设计

SMT 印制板的外形和尺寸是由贴装设备对印制板的传送方式、贴装范围决定的。

如果 SMT 印制板定位在工作台上，通过工作台移动传送板子时，对板子的外形没有特别的要求。

如果设备采用导轨夹持传送印制板（如采用波峰焊）时，板的外形应该是矩形。如果有效的板面是异形的，必须设计工艺边使板子的外形成为矩形。板上的一些边缘区域内不能有缺槽，避免印制板在 SMT 组装设备由传感器定位或检测时出现错误，具体的区域位置会因组装设备的不同而有所变化。

（5）工艺边（夹持边、传送边）

必要时，在 SMT 印制板 X、Y 两个方向都留工艺边。这个工艺边的宽度一般为 5mm（不小于 3.8mm），在此范围内不允许布放元器件和焊盘、通孔、走线，如图 4-26 所示。如高密度板无法留边，可把工艺边用 V 形槽或长槽孔与原板相连，焊接后去除。

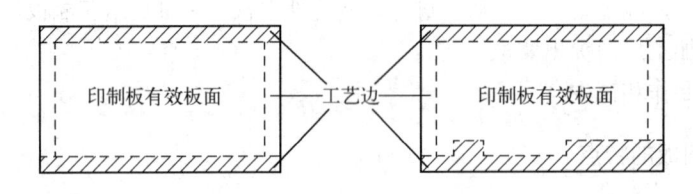

图 4-26　SMT 电路板的工艺边

（6）SMT 印制板的尺寸设计

SMT 印制板的最大（最小）尺寸是由贴装设备的工作范围决定的：取决于贴装设备的最大（最小）贴装尺寸。

板材厚度：不同产品的厚度可以在 0.5~4mm，推荐采用 1.5~2mm。

4.3.2　SMT 印制板的设计过程

1. 选用 SMT 印制板板材的原则

根据 SMD 的组装形式，对印制板的覆铜板材性能有以下几点要求：

（1）外观要求。外观应光滑平整，不可有翘曲或高低不平，铜箔表面不得出现裂纹、伤痕、锈斑等不良。

（2）热膨胀系数。SMT 的组装形态，会由于基板受热后的胀缩应力对元器件产生影响，如果热膨胀系数不均匀，这个应力会更大，造成元件接合部电极的剥离，英制 1206 系列以下的一般元件尺寸较小，遭受应力的影响小，大于 1206 系列的元器件就必须注意这个问题。

（3）导热系数。SMT 贴装过程中以及今后产品运行期间，产生的热量主要通过基板扩散，对贴装密集、元器件发热量大的产品，基板的导热系数必须较高。

(4）耐热性。由于表面贴装工艺要求，一块印制板从组装开始到结束的过程中，可能要经过数次焊接。通常要求基板耐热能承受 10s/260℃。

（5）铜箔的黏合强度。表面贴装元件的焊区比传统插装元器件的焊盘小，所以要求基板与铜箔具有良好的黏合强度，一般应达到 1.5kgf/cm^2 以上。

（6）弯曲强度。贴装以后，由于元器件的质量和外力作用，印制板可能产生扭曲，这将给元器件的焊点或接触点增加应力，甚至使元器件产生裂痕。因此，要求板材的抗弯强度达到 25kgf/cm^2 以上。

（7）要求 SMT 印制板的翘曲度一律小于 0.75%。无论从哪个方向，向上翘曲（鼓胀）的绝对值不得超过 0.5mm，向下翘曲（下凹）的绝对值不得超过 1.2mm。

（8）电性能。由于电信号高速传输，要求基板的介电常数高，损耗小；随着布线密度的提高，基板的绝缘性能必须达到规定的要求。

2. 根据组装过程设计 SMT 印制板

焊点的可靠连接，一方面由生产过程的工艺工程师决定，即取决于焊料成分、焊接温度曲线、锡膏印刷质量、贴片质量等要素；另一方面，焊点的可靠性也是由产品设计工程师和印制板设计所决定的。

印制板的设计，首先应该确定的就是产品的组装形式。不同的组装形式对应不同的工艺流程。SMT 元件组装到印制板上去，一般可以采用再流焊和波峰焊两种焊接方式，但是二者是有区别的：再流焊几乎适用于所有贴装元件的焊接，波峰焊则只适用于焊接矩形片状元件、圆柱形元器件或较小的 SOP、SOT 集成电路（引脚数少于 28 个，脚间距 1mm 以上）。设计印制板时，应当考虑产品加工时可能采用的焊接方式，保证生产的可操作性，是否能最大限度地减少工序流程。这样不但可以降低生产成本，而且能提高产品质量。因此，必须慎重分析产品和企业的实际情况，优选表 4-4 中所列出的一种组装形式。

表 4-4 SMT 印制板组装形式

组装形式	示意图	特征
（a）		单面全部贴装 SMD，采用再流焊
（b）		双面全部贴装 SMD，采用再流焊
（c）		单面混装，既有 SMD 又有 THC，先用再流焊，后用波峰焊
（d）		A 面插装 THC，B 面仅贴装简单 SMD，全部采用波峰焊
（e）		A 面混装，采用再流焊；B 面仅贴装简单 SMD，采用波峰焊

在上述几种组装形式中，混装电路板的组装形式较为复杂，典型的有几种：
- 单面 SMT 混装方式一，印制板的顶面（A 面）上既有插装元器件也有贴片元件，如表 4-4 中图（c）所示。这时应采取的工艺过程是 A 面锡膏印刷→贴片→再流焊，先安装好贴片元器件，然后在 A 面插装元器件，再用波峰焊的方式在 B 面完成焊接。此方式必须采用双面印制板。

- 单面 SMT 混装方式二,如表 4-4 中图(d)所示。印制板 A 面插装元器件,B 面放置贴片元器件。若所有贴片元器件都满足波峰焊接的条件,可以采取的工艺过程是 B 面点胶→贴片→固化,再回 A 面插装 THT 元件,然后用波峰焊的方式在 B 面完成焊接。此方式采用单面印制板即可。
- 双面混装方式,如表 4-4 中图(e)所示。印制板 A 面既有贴装元器件又有插装元器件,B 面放置适合于波峰焊的贴片元器件。这种方式的工艺过程最复杂,以个人计算机(PC)主板或摄像机主板为例,可以设计如图 4-27 所示的生产工艺流程。

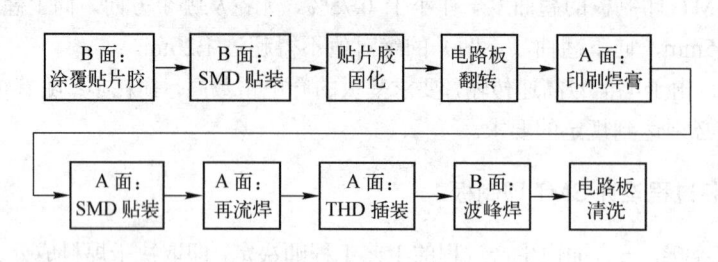

B 面:涂覆贴片胶 → B 面:SMD 贴装 → 贴片胶固化 → 电路板翻转 → A 面:印刷焊膏 → A 面:SMD 贴装 → A 面:再流焊 → A 面:THD 插装 → B 面:波峰焊 → 电路板清洗

图 4-27 双面混装方式工艺流程

3. SMT 印制板的定位

(1) 机械定位孔

为了保证印制板能准确、稳定地固定在 SMT 组装设备的夹具上,需要在板上设置机械定位孔:在印制板的四个角上,各设置一个定位孔(至少有三个角各有一个);机械定位孔的中心一般距离板边 5mm±0.1mm(为了定位迅速,其中一个孔可以设计成椭圆形状);孔径一般取 5mm,也可以根据组装、测试设备来决定,孔径公差应保持在±0.08mm 之内;在定位孔周围 1mm 范围内不能有元器件。机械定位孔将在生产过程中作为设备在印制板上涂覆焊膏和贴装元器件的初始基准,如图 4-28 所示。

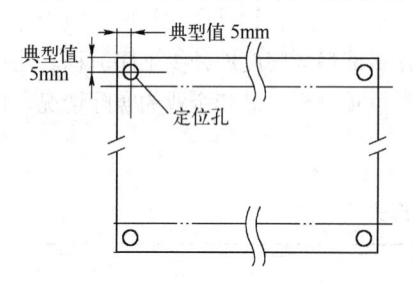

图 4-28 SMT 电路板的机械定位孔设置

(2) 光学定位基准点

为了带有自动光学定位系统的高精度表面组装设备能够精密地贴装或自动插装元器件,要在印制板上设置用于光学定位的基准图形(基准点,MARK)。如果印制板的两面都有元器件,则两面都要加基准点。

要求每一块印制板在贴装元器件板面上的三个角(至少两角)各安排一个基准点(称为板级基准或全局基准,Global Fiducials)。基准点在电路板或拼板上应该位于对角线的相对位置,并尽可能分开距离。对一些重要的、大尺寸的、引脚间距小于 25mil(0.65mm)的、需要精密贴装的器件,要求在芯片对角设置两个附加基准点(称为局部基准,Local Fiducials);如果空间有限,可把一个点设置在器件图案中心,作为中心参考点。光学定位基准图形及在印制板上的设置如图 4-29 所示。

光学定位基准点有两个主要作用:

① 在 SMT 生产中,锡膏印刷机、贴片机都会以 MARK 点为基准,计算印刷锡膏或贴装元件焊盘的位置,光学基准点为设备提供公共测量依据。对于 SMT 设备来说,没有 MARK 点就无法准确定位。在贴装 BGA 和一些引脚密集的器件时,还要根据专用的 MARK 点再一次校正定位。

② 识别产品的种类。SMT 设备工作的第一个动作，都是判断 MARK 点。机器的光学系统（相机）可以分辨出 MARK 的形状。如果两个机型的印制板的形状完全一致时，机器就能根据不同形式的基准标志识别并发出警告，帮助操作人员发现错误。

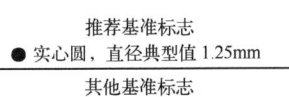

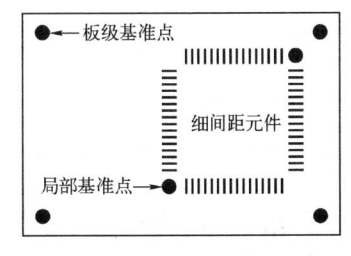

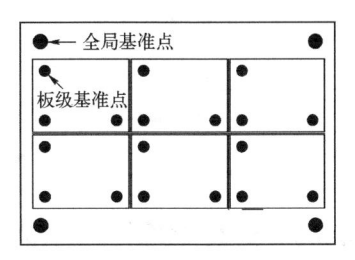

（a）光学定位基准类型　　（b）SMT 印制板上光学定位基准设置　　（c）拼板的光学定位基准点

图 4-29　光学定位基准图形及在印制板上的设置

在印制板上设置光学定位基准点时，要注意以下问题：
- 基准点是贯穿组装工艺的基准，每台组装设备都要依它来精确地定位电路图形。
- 当 SMT 印制板电路以拼板的形式生产时，每块板子的全局基准点作为局部基准点。
- 设置基准点标记，距离印制板边缘至少 200mil（5.0mm）。标记的最小直径为 20mil（0.5mm），最大直径是 120mil（3mm）。在同一块印制板上，基准点标记的尺寸应保持一致，变化不得超过 1mil（0.025mm）。圆形基准点的推荐直径为 50mil（1.25mm）。
- 基准点上不得覆盖阻焊膜，允许是裸铜、镀镍、镀锡或热风整平的焊锡层，平面度好，表面亮度均匀，无玷污。
- 基准点相对于背景有较大的反差：考虑到阻焊层材料颜色与环境的反差，在基准标志的周边应有 1~2mm 的无阻焊区。
- 基准点空旷度要求：半径 2 倍距离内不能设置其他焊盘或印制导线。特别注意，不要把基准点设置在电源或大面积铺地的网格上。

（3）编号和版本号

应该将印制板的编号和版本号印制在板子的元器件面上。

4．SMT 印制板的拼板

对 SMT 印制板的拼板，有以下几点要求：

（1）拼板的尺寸要大小适当，应以制造、装配和测试过程中便于加工、不产生较大变形为宜。一般，拼板后的尺寸范围控制在 350mm×300mm 以内，外形为长方形。

（2）拼板的工艺夹持边和机械定位孔应由印制板的制造和组装工艺来确定。

（3）每块拼板上应有基准标志，让机器将每块拼板当做单板看待。

（4）拼板可采用邮票孔或双面对刻 V 形槽技术，如图 4-30 所示。在采用邮票版时，应注意搭边均匀分布在每块拼板的四周，避免焊接时由于印制板受力不均导致变形，还要防止分离时对元器件造成损坏。在采用双面对刻的 V 形槽时，槽的深度应在板厚的 1/6~1/8 左右。

（5）采用再流焊的双面贴装印制板，可采用双数拼板、正反面各半，两面图形按相同的方式排列，可以提高设备利用率（在中、小批量生产条件下设备投资可减半），节约生产准备费用和时间。

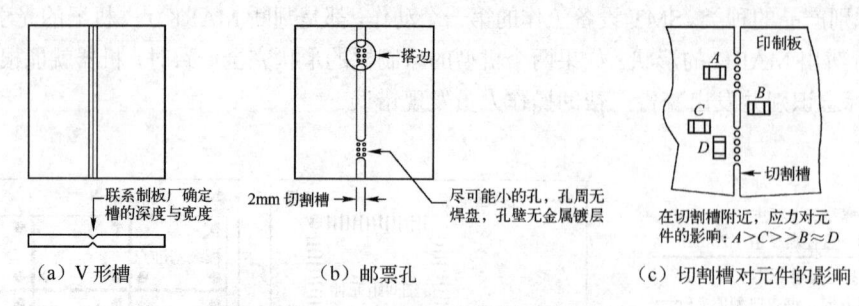

(a) V 形槽　　　　　(b) 邮票孔　　　　　(c) 切割槽对元件的影响

图 4-30　印制板拼板的 V 形槽和邮票孔

4.3.3　SMT 印制板上元器件的布局与放置

1. SMT 印制板上元器件的位置

在 SMT 电路板上布局与放置元器件，要注意以下几点：

（1）元器件在印制板上尽可能均匀排放，避免轻重不均。离板边 3mm 内不能布线，离边 5mm 内不能放置元器件。

（2）考虑维修时方便拆卸，元器件间距不得太小。

（3）在高密度组装印制板上，为了焊接后人工或自动检验，元器件周围应留出视觉空间，特别是在 QFP、PLCC 器件周围不要有较高的器件。大质量的元器件热容量较大，如果布局过于集中，再流焊时容易造成局部温度低而导致假焊；大型器件周边要留一定的维修空隙（保证返修设备加热头能够进行操作），如图 4-31 所示。

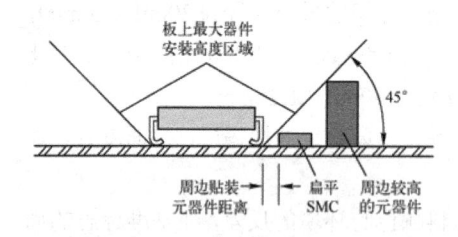

图 4-31　元器件之间的位置关系

（4）大功率器件应均匀地放置在印制板边缘或机箱内的通风位置上，把大功率器件分散开，可以避免电路工作时印制板上局部过热产生应力，影响焊点的可靠性。

（5）采用如表 4-4 中图（c）所示单面混装时，应把贴装和插装元器件放置在 A 面；采用如表 4-4 中图（d）所示双面波峰焊混装时，应把大的贴装和插装元器件布放在 A 面，并且两面的大器件要尽量错开放置；采用如表 4-4 中图（e）所示 A 面再流焊、B 面波峰焊混装时，应把大的贴装和插装元器件布放在 A 面（再流焊面），把适合于波峰焊的矩形、圆柱形片式元件和较小的 SO 器件（引脚数小于 28，引脚间距 1mm 以上）布放在 B 面（波峰焊板面）。波峰焊板面上不能安放四边有引脚的器件，如 QFP、PLCC 等。

（6）波峰焊板面上的元器件，封装必须能承受较高的焊接温度并是全密封型的。

（7）贵重元器件不要放置在印制板的边缘、四角，或靠近接插件、安装孔、槽、拼板的切割、豁口和拐角等处，以上这些位置是印制板的高应力区，容易造成焊点和元器件的开裂或损伤，如图 4-32 所示。

（8）在 SMT 电路板上，有极性的表面贴装元器件，要尽量以统一的极性方向放置；同类或类型相似的元器件，也应该以相同的方向排列在板上，如图 4-33 所示。这样做，不仅是出于美观的考虑，还让元器件的贴装、焊接和检查更容易。

2. 焊接工艺对印制板上元器件方向的要求

（1）采用波峰焊工艺的 SMT 印制板

波峰焊适合于插装元器件、片式阻容元件、SOT 和引脚间距不小于 1mm 的 SOP 的焊接，但不能用于 QFP、PLCC、BGA 或引脚间距小于 1mm 的 SOP 的焊接。

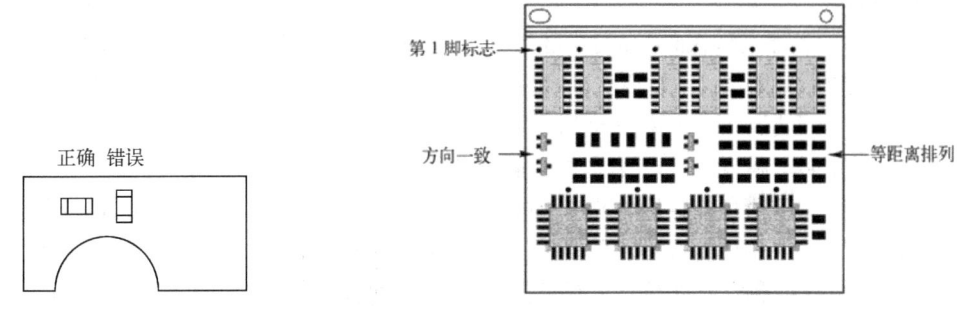

图 4-32　片状元器件在印制板豁口附近的配置方向

图 4-33　相似元器件的排列

在采用波峰焊的 SMT 印制板焊接面上,为使板子在离开焊锡波峰时得到的焊点质量最好,该面元器件放置的首选方向如图 4-33 所示。在排列放置元器件的方向时,应当尽量做到:

① 所有无源元件的长轴要相互平行,且垂直于板子进入波峰的方向(即波峰焊接机传送带的运动方向),尽量保证元件两端的焊点同时接触焊料波峰。

② 所有 SO 集成电路的长轴要平行于板子进入波峰的方向,并在锡流方向最后两个焊脚处设置"窃锡"焊盘(每边各 1 个),能够有效地防止连焊,如图 4-34(a)所示。

③ QFP、PLCC 集成电路,应转 45°排放在印制板上。

④ 当尺寸相差较大的片状元器件相邻排列且间距很小时,较小的元器件应当排列在前面,先进入焊料波峰。否则,尺寸较大的元器件会遮蔽其后尺寸较小的元器件,形成"阴影"效应,造成虚焊和漏焊。这种遮蔽效应对大小相等、交错排列的元器件也是适用的。波峰焊板面上的大、小 SMT 元器件不要排成一条直线,应该错开位置。

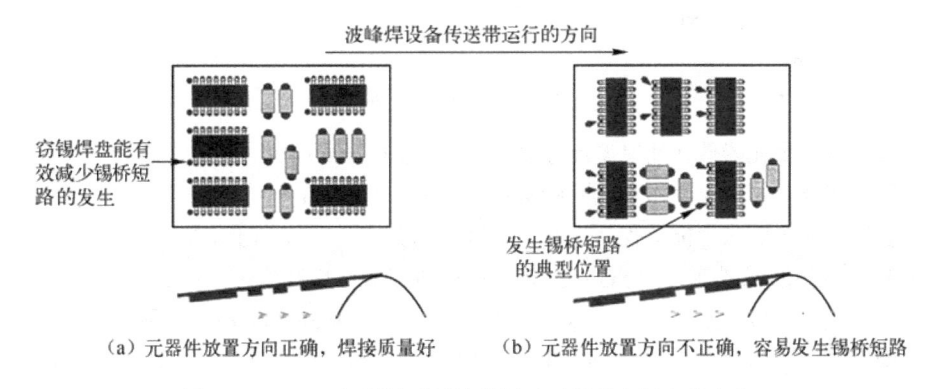

图 4-34　SMT 印制板采用波峰焊时元器件在板上的方向

(2) 采用再流焊工艺的 SMT 印制板

在采用再流焊的 SMT 印制板上,元器件的长轴应该与传送带运行的方向垂直。这样,把电路板放到回流焊炉的传送带上通过炉内不同温区时,可以降低板上元器件前后两端的温差,避免在焊接过程中出现元器件在板上漂移或"竖碑"的现象。

4.3.4　SMT 印制板的电气要求

1. SMT 印制板上的焊盘

焊盘是 SMT 印制板极其关键的部分,它确定了元器件在印制板上的焊接位置,而且对焊点的可靠性、焊接过程中可能出现的焊接缺陷，板子的可清洗性、可测试性和检修工作量等，有着决定性的影响。

（1）SMD 焊盘与较大面积的导电区如地、电源等平面相连时，应通过一根长度不小于 0.635mm 的较细导线进行热隔离；除非受电荷容量、印制板加工极限等因素的限制，这种细导线的最大宽度为 0.4mm 或不超过较小焊盘宽度的一半，如图 4-35（a）所示。粗导线与焊盘之间也要用细导线连接，并用阻焊膜覆盖粗导线，如图 4-35（b）所示。与此类似，过孔与焊盘之间也应采用细导线连接，并且要避免在距焊盘 0.635mm 以内设置过孔和盲孔，如图 4-35（c）所示。

（2）在两个互相连接的元器件之间，要避免采用单个大焊盘直接连接。因为焊接时大焊盘上熔融的焊锡将把两元器件拉向中间。正确的做法是，把两个元器件的焊盘分开，在两个焊盘中间用较细的导线连接；如果要求通过较大的电流，可并联几根导线，导线上覆盖阻焊膜，如图 4-35（d）所示。

（3）印制导线应避免呈一定角度与焊盘相连。只要可能，印制导线应从焊盘的长边的中心处与之相连，如图 4-35（e）所示。

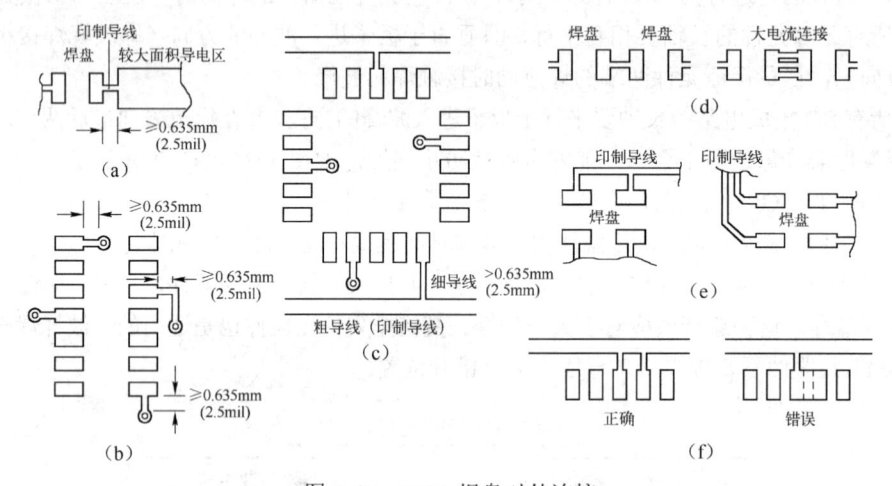

图 4-35　SMD 焊盘对外连接

（4）对于同一个元器件，凡焊盘是对称的（如片状电阻、电容、SOIC、QFP 等），设计焊盘时应严格保持其全面的对称性，即焊盘图形的形状与尺寸应完全一致。这样可以保证焊料熔融时，作用于所有焊点的表面张力能够保持平衡（即其合力为零），以利于形成理想的焊点。

（5）凡多引脚的元器件（如 SO、QFP 等集成电路），引脚焊盘之间的短接处不允许直通，应由焊盘加引出互连线之后再短接，以免产生桥接，如图 4-36（f）所示。另外还应尽量避免在其焊盘之间穿越互连线（特别是细间距的引脚器件），凡穿越相邻焊盘之间的连线，必须覆盖阻焊膜。

（6）焊盘内不允许印有字符和图形标记，标志符号离焊盘边缘距离应大于 0.5mm。凡没有外引脚的器件（如 LCCC 等），其焊盘之间不允许有过孔，以保证清洗质量。

（7）采用再流焊时 SMT 印制板焊盘设计要点如图 4-36 所示。

采用再流焊接工艺的 SMT 印制电路板，由于不使用黏合剂固定元器件，在焊接过程中，当焊料处于熔融状态时，表面张力可能使元器件产生漂浮移位，这是必须特别注意的。

① 图 4-36（a）所示，如果焊盘太宽，元器件可能发生旋转；如果焊盘太长，元器件可能会漂移到一边去；大小合适的焊盘，应当是在焊点冷却以后，使元器件恰好处于两端焊盘的中间位置。经验证明，焊盘的宽度等于或略大于元器件电极的宽度时，焊接效果最好。

② 图 4-36（b）所示，在两个互相连接的元器件之间，要避免采用单个的大焊盘，因为大焊盘上的焊锡张力将把两个元器件拉向中间。正确的做法是把两个元器件的焊盘分开，在两个焊盘

中间用较细的导线连接；如果要求导线通过较大的电流，可以并联两根或几根导线。

③ 同样，元器件也不能靠得太近，焊盘之间要留有足够的距离，有助于防止元器件在再流焊过程中漂浮移动，如图 4-36（c）所示。焊盘之间的距离不得小于 0.6mm（24mil），一般应在 1.2mm（48mil）以上。假如印制板上的元器件必须特别密集，使得间距不能满足上述要求时，也可以考虑在元器件下面采用贴片胶固定。

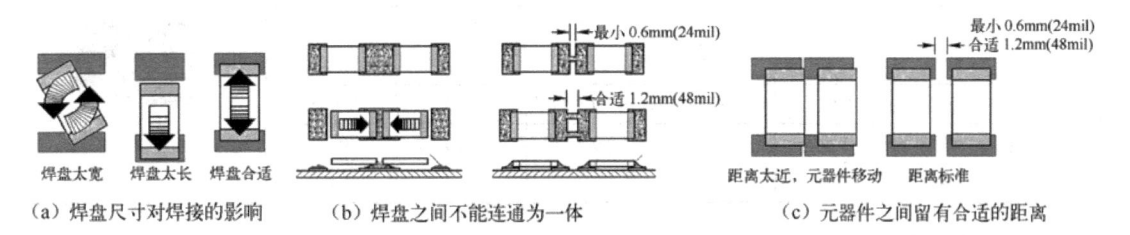

图 4-36 采用再流焊时 SMT 印制板的焊盘

（8）采用波峰焊时 SMT 印制板焊盘设计要点如图 4-37 所示。

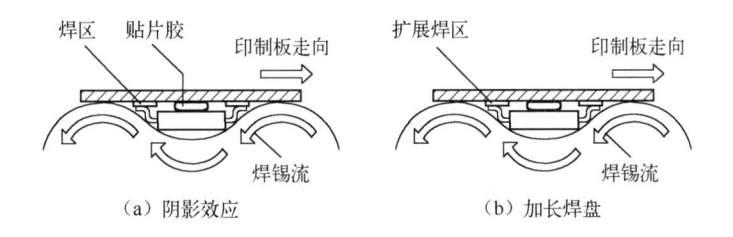

图 4-37 采用波峰焊时 SMT 印制板的焊盘

当印制板从焊锡波峰上通过时，因为元器件本身的阻挡和焊锡液的表面张力，会产生阴影效应，导致焊点漏焊或虚焊。为避免这种情况，除了采用双波峰焊设备以外，还要对矩形元件和 SOT、SOP 器件的焊盘长度进行如下处理：

① 可以沿着焊接设备的传动方向（也就是焊锡流的方向），适当加长元器件的焊盘（如 SOT23 的焊盘可加长 0.8～1mm），保证焊点在焊锡波峰里充分浸润。

② 对 SOP 最外侧的两对焊盘加宽，吸附多余的焊锡。

③ 小于英制 1206 系列的矩形元器件，可在焊盘两侧做 45°的倒角处理。

SMT 元器件的焊盘图形见表 4-5 和表 4-6。

表 4-5 SMC 元器件的焊区图形

名称与型号		元件尺寸（mm）			焊区尺寸（mm）			焊区示意图
		长 L	宽 W	厚 T	A	B	C	
片状电阻	0402	1.0	0.5	0.35	1.5～1.7	0.5～0.6	0.5～0.6	
	0603	1.6	0.8	0.45	2.4～3.0	0.7～1.1	0.6～1.0	
	0805	2.0	1.25	0.6	3.2～3.8	1.0～1.4	0.9～1.4	
	1206	3.2	1.6	0.6	4.4～5.0	2.0～2.4	1.2～1.8	
片状电容	0402	1.0	0.5	0.5	1.5	0.5	0.6	
	0603	1.6	0.8	0.8	2.0～2.6	0.8～1.0	0.8～1.0	
	0805	2.0	1.25	1.25	2.4～3.2	0.8～1.2	1.0～1.2	
	1206	3.2	1.6	1.25	3.8～4.8	1.8～2.4	1.2～1.6	
柱状电阻		1.6	ϕ1.0	—	2.6～3.6	1.0	0.7～1.2	
			ϕ1.25	—	3.0～4.0	1.2	0.9～1.2	
			ϕ1.35	—	4.0～5.5	2.3	1.0～1.4	

表 4-6 SMD 的焊区图形

SMD 种类	引脚数	引脚焊区尺寸（mm）			阻焊图尺寸（mm）		焊区示意图
		间距 a	宽度 b	间隙 c	宽 d	间隙 e	
SOP/PLCC	8～28	1.27	0.5～0.6	0.77～0.67	0.37～0.57	0.1～0.15	
			0.6～0.7	0.67～0.57	0.27～0.47	0.1～0.15	
QFP	64	1.0	0.6	0.4	0.2	0.135	
	80	0.8	0.5	0.3	0.13	0.085	
	100	0.65	0.35	0.3	0.13	0.085	
	48	0.5	0.3	0.2	0.10	0.05	
	224	0.4	0.22	0.18	0.08	0.05	

2. SMT 印制板上的过孔

（1）在 SMT 印制板上，通孔不再插装元器件的引脚，金属化的通孔只起到连接基板各层电路图形的作用，孔的直径可以减小，使板上的布线密度提高。但是，过孔的直径太小会增加钻孔和金属化的难度。钻小孔，要求细小钻头的硬度高、转速快，增加了工艺的难度；并且，细孔内壁金属化的质量也不容易保证。一般制板厂希望印制板上的最小孔径是 0.5mm。在确定过孔的直径时，要考虑"通孔形状比"（即电路板的厚度与通孔的直径之比）一般不得大于 2.5，即孔径不小于板厚的 2/5。

（2）作为测试点的过孔，在布局时就要充分考虑不同直径的探针在进行自动在线测试时的最小间距。

（3）采用再流焊时印制板的过孔设计规则：

① 孔径一般不小于 0.5mm。同时，金属化的过孔应该全部被阻焊膜覆盖。

② 除 SOIC、QFP、PLCC 等集成电路器件以外，不能在其他贴片元器件下面打导通孔。否则，将会给以后进行电气检查和维修带来困难。

③ 避免在 SMT 焊盘以内（包括焊盘的延长部分上或焊盘的角上）或在距焊盘 0.635mm 以内设置过孔。否则在再流焊过程中，焊盘上的锡膏熔化后会沿着过孔流走，不仅将产生虚焊、缺锡，还可能流到板的另一面造成短路。如果实在无法避免，须用阻焊层把焊料流失的通道阻断。

④ 导通孔和焊盘之间应该有一段细线相连，细线的长度一般应大于 0.5mm，宽度应大于 0.4mm，线上要覆有阻焊膜。

⑤ 采用波峰焊时印制板的过孔设计规则：导通孔应设置在焊盘中或靠近焊盘的地方，这样有利于排出助焊剂挥发的气体。

3. SMT 印制板上的布线

（1）布线密度

在 SMT 印制板上，只要组装密度许可，为提高可制造性，应当尽量选用低密度布线。推荐采用以下三种布线密度：

① 一级密度布线，适用于组装密度低的印制板。特征：组装通孔和测试点焊盘设置在 100mil（2.54mm）的网络上，通孔之间允许两条印制导线，最小布线宽度和线间隔为 9mil（0.225mm），如图 4-38（a）所示。

② 二级密度布线，适用于表面贴装器件多的印制板。特征：组装通孔和测试焊盘设置在 1.27mm 的网络上。在器件引脚通孔和测试焊盘 50mil（1.27mm）的中心距之间，可有一条 6mil（0.15mm）的印制导线，如图 4-38（b）所示。

(a) 一级布线密度　　　　　(b) 二级布线密度

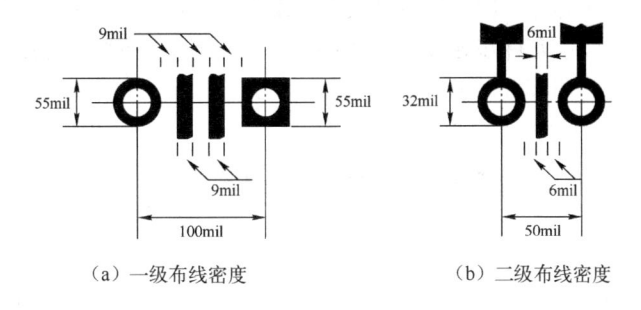

图 4-38　布线密度

③ 三级密度布线，适用于表面贴装器件多、密度高的印制板。特征：组装通孔和测试点焊盘设置在 1.27mm 的网络上。在器件引脚通孔和测试焊盘 50mil（1.27mm）的中心距之间可有一条 6mil（0.15mm）的印制导线；在 100mil（2.54mm）中心距插装通孔之间可有三条 6mil（0.15mm）的印制导线。焊盘与焊盘、焊盘与线、线与线的最小间隔和最小导线宽度大于等于 0.15mm。

（2）线路环绕最小规则与屏蔽

信号线与其回路构成的环绕面积要尽可能小，如图 4-39 所示。环绕面积越小，对外的辐射和接收外界的干扰也就越少。针对这一规则，用地线平面分割单元电路时，要考虑到地线平面与重要信号导线的分布，防止由于地平面不连通（开槽）等带来的问题。在双层板中，在为电路单元留下足够空间的情况下，应该将留下的板面敷设地线（覆铜），并增加一些必要的过孔，将板子两面的地线有效连接起来。对一些关键信号尽量采用地线隔离屏蔽，如图 4-24 所示。对一些频率较高的产品，需特别考虑其地线平面信号回路问题，建议采用多层板。

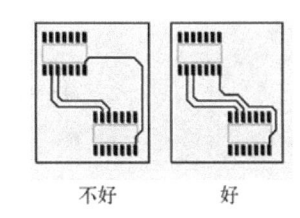

图 4-39　线路环绕

（3）过孔与测试通孔的最小直径

导通过孔的最小孔径为 0.2mm，可不放在网格上。作为测试点的通孔必须放在网格上，最小孔径为 0.3mm，其焊盘的最小直径为 0.8mm。

（4）大面积印制导线或覆铜地线

印制板上大面积宽导线或覆铜地线，应该设计成网格状，如图 4-40 所示。这样做可以防止焊接中受热过多引起铜箔鼓胀或印制板变形。

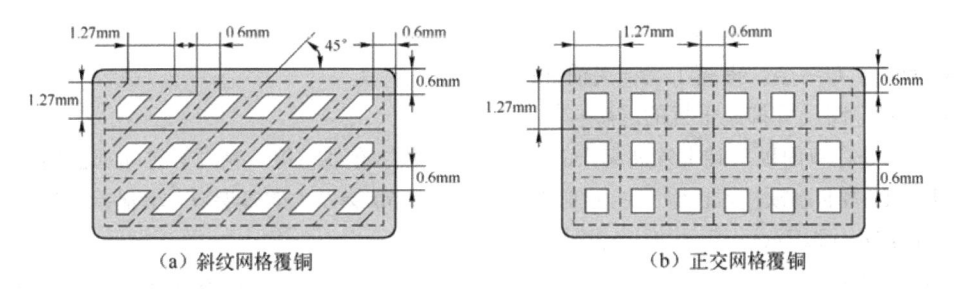

(a) 斜纹网格覆铜　　　　　(b) 正交网格覆铜

图 4-40　网格状大面积覆铜

4．SMT 印制板上的阻焊层

（1）印制板的阻焊层上相对应每个焊盘的窗口，其宽度和长度分别应比焊盘尺寸大 2～10mil（0.05～0.25mm），一般取 3mil 间隔，视焊盘间距而定。既要防止阻焊剂污染焊盘，又要避免焊膏印刷时连印、焊接时连焊。

（2）必须注意：除了焊盘上的铜箔可以镀上铅锡合金以外，阻焊膜下面的导线必须是裸铜箔或是耐高温的金属镀层，不允许在导线铜箔表面镀有铅锡合金。否则，导线上的铅锡合金会在采用再流焊的过程中熔化，阻焊膜将被彻底破坏。

（3）阻焊层的厚度不得大于焊盘的厚度。

（4）如果阻焊层的制作分辨率达不到细间距焊盘的要求时，则该芯片焊盘图形范围内不应有阻焊层。

（5）当焊盘之间无导线时，焊盘之间可以不用阻焊膜；如果两个焊盘之间穿过印制导线，因为绝缘需要，导线上必须覆盖宽度超出导线宽度 3～5mil（0.08～13mil）的阻焊膜。SMT 焊盘周围的阻焊膜图形如图 4-41 所示。

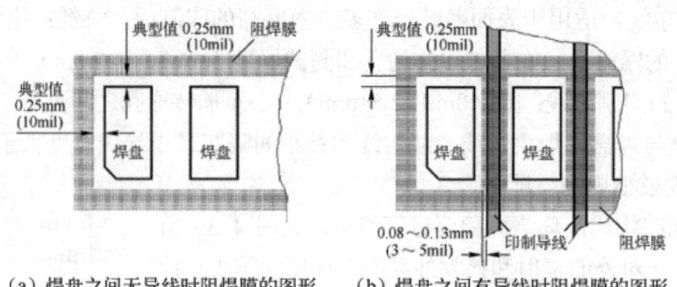

（a）焊盘之间无导线时阻焊膜的图形　　（b）焊盘之间有导线时阻焊膜的图形

图 4-41　SMT 焊盘周围的阻焊膜图形

4.3.5　SMT 多层印制板

1. 多层印制板的结构

随着微电子技术的发展，大规模集成电路日趋广泛应用，为适应一些特殊应用场合，如导弹、遥测系统、航天、航空、通信设备、高速计算机、微型计算机等产品对印制电路不断提出的新要求，多层印制电路板在近几年得到了迅速推广。多层印制电路板也称多层板，它有三层以上相互连接的导电图形层，再层间用绝缘材料相隔、经黏合后形成。多层印制板的制板费用虽然昂贵，但高密度、高精度的产品要求使其应用越来越广泛。

多层板具有如下特点：
- 装配密度高、体积小、质量轻、可靠性要求高；
- 增加了布线层，提高了设计灵活性；
- 可对电路设置抑制干扰的屏蔽层等。

多层板是在双面板基础上发展起来的，在布线层数、布线密度、精度等方面都得到了迅速的提高。目前国内的制板技术已经有能力制造板层数高达 50 层以上的多层板，印制导线的宽度及间距可达到 0.2mm 以下。

多层印制板是一个立体结构，如图 4-42 所示。可在多层印制电路板的内层设置地网、电源网、信号传输网等，适应了某些电路在实际应用中的特殊要求，方便了电路原理的实现。

2. 多层板设计中的几个问题

多层板的工艺设计比普通单、双面板要复杂得多。首先，在设计前必须了解制板厂家的工艺过程、技术条件及生产能力，以便符合厂家的工艺要求。一般来说，设计多层板需要确定下列要求：
- 成品板的形状及尺寸；

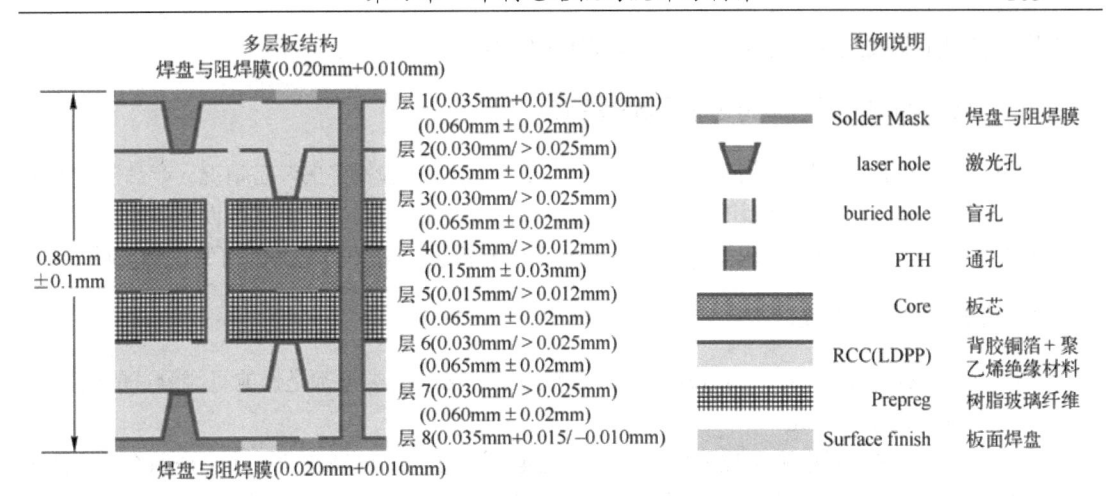

图 4-42 多层板的结构

- 焊盘内外直径、导线宽度；
- 各层布线图；
- 层数、板材及板的最终厚度；
- 铜箔厚度、电镀层厚度等。

由于多层板的几个电路层通过金属化孔实现相互之间的电气连接，因此在设计中，各层定位孔的设置、各个图形尺寸的公差都要求严格准确。在不同平面的电路层上，都应该参考专门的设计手册，确保定位孔与各焊盘、导线之间的尺寸公差，这是产品质量的关键保证。

在采用计算机 EDA 和 CAD 软件设计多层板时，要求各部分的绘图精度保证误差在 0.05mm 以内。

4.3.6 挠性印制电路板

电子产品的装配密集度、可靠性和小型化，正在以极快的速度不断提高，与 SMT 有着密切关系的挠性印制电路板应运而生。已经普及的双面板金属化通孔技术和产品尺寸容量及材料规格的进步，都为挠性印制电路板的发展奠定了良好的基础。现在，挠性电路板被多种产品广泛应用。特别是高档电子产品，如笔记本电脑、消费类数码产品和通信设备、军事仪器设备及汽车仪表电路，都使用了挠性电路板。挠性电路板未来的应用范围和发展前景是无可限量的。

挠性印制电路板又称软性印制板或柔性印制板（FPC），如图 4-43 所示。与一般印制板相同，挠性电路板也分为单面板、双面板和多层板，它的显著优点包括下列数点：软性材料电路板能够弯曲、卷缩、折叠，可以沿着 x、y 和 z 三个平面移动或盘绕，可以伸缩自如而不断裂；能够连接活动部件，在三维空间里实现立体布线；它的体积小、质量轻、散热好，装配方便，比使用其他线路板更加灵活；容易按照电路要求成形，提高了装配密度和板面利用率。

挠性印制板的基材有氟塑料、聚酯、聚酰亚胺及其复合材料。目前国内外应用较多的是聚酰亚胺薄膜，这种材料的优点是在耐热、绝缘、抗老化、尺寸稳定等方面具有良好的性能；缺点是稍脆，在缺口处容易撕裂。

图 4-43 挠性印制电路板

挠性板的铜箔与普通印制板的相同，用和挠性材料黏合力强、耐折叠的黏合剂压制在基材上。挠性印制电路制好以后，表面用涂有黏合剂的薄膜覆盖。覆盖层能使电路不受玷污，防止电路和外界接触引起短路或绝缘性能下降，并能起到加固作用。

4.3.7　SMT 印制电路板的可测试性要求

　　SMT 印制板的可测试性要求，主要是针对目前 ICT（在线检测）的装备情况。产品制造的测试问题，在电路和 SMT 印制板的设计阶段时就应当考虑进去。提高可测试性设计，要考虑工艺设计和电气设计两个方面的要求。这里主要介绍在印制板设计时要考虑到的可测试性问题。

1. 可测试性的工艺要求

　　SMT 印制板定位的精度、制造程序、板面的大小、探针的类型都是影响可靠测试的因素。
　　（1）精确的机械定位孔
　　① 对于测试前需要精确定位的印制板，应在角落设置三个机械定位孔（至少两个），且相互距离越远越好。如果印制板是拼板制造后再分开测试，则主板及每块拼板上都要设置机械定位孔。
　　② 机械定位孔推荐直径为 3.2mm、公差+0.1mm。定位孔内壁不能金属化，避免因焊锡镀层的厚度而超差。
　　③ 机械定位孔周围不能有元器件或测试点，留出空间：采用密封技术 ICT 的测试夹具留出 125mil（3.2mm），以确保真空密封性；采用针床技术 ICT 的测试夹具留出 375mil（9.5mm）。
　　（2）对测试点位置及结构的要求
　　① 测试点焊盘距离 PCB 边至少 75mil（2mm），与板子的机械定位孔间距应不小于 200mil（5mm），特别注意不要设置在 PCB 边 5mm 的范围内，这个空间是留给 ICT 设备用来夹持的。
　　② 测试点焊盘的直径不小于 40mil（1mm），与相邻测试点的间距最好在 100mil（2.54mm）以上，不要小于 1.27mm。
　　③ 在测试面不能放置高度超过 64mm 的元器件，过高的元器件将导致在线测试夹具探针对测试点接触不良。
　　④ 测试点和其他元器件保持一定距离，周围 1.0mm 内不能有元器件或焊盘，避免探针和元器件撞击损伤。
　　⑤ 所有测试点焊盘表面最好镀锡或选用质地较软、易贯穿、不易氧化的金属层，以保证可靠接触，延长探针的使用寿命。
　　⑥ 测试点焊盘不要被阻焊剂或印字油墨覆盖，否则将会缩小测试点的接触面积，降低测试的可靠性。

2. 对测试点的电性能要求

　　（1）测试点最好都设置在印制板的同一面（焊接面）上，尽量把元件面的测试点从过孔引到焊接面，过孔直径应大于 1mm。这样能使在线测试设备采用单面针床，简化测试夹具的制作，降低在线测试的成本。
　　（2）每个电气节点（或每条电气网络）都必须设置一个测试点，每片集成电路必须有 POWER 及 GROUND 的测试点，且尽可能靠近这个芯片，最好在 100mil（2.54mm）距离的范围内。
　　（3）设置测试点的印制导线可将局部放宽到 40mil。
　　（4）测试点要均匀地分布在整个印制板上，最大密度为 30 个/in²。如果探针集中在某一局部，测试设备较高的压力会使待测印制板或针床变形，可能进一步造成某些探针不能接触到测试点。
　　（5）元器件的引脚、连接器的引脚及印制导线的过孔都可用做测试点（但一般过孔是不良测试点）。对于 SMD 器件，最好设置专用的测试焊盘作为测试点。

（6）电路板上的供电线路应当分区域设置测试断点，以便于电源去耦电容或电路板上的其他元器件出现对电源短路时，查找故障点更为快捷准确。选择测试断点的位置，应考虑恢复断点后的功率承载能力。

图 4-44 为测试点设置方案示例。通过延伸线，在元器件焊盘附近设置测试焊盘或利用过孔焊盘作为测试点，是好的方案。测试点不要选在元器件的焊端上，这可能使虚焊点在探针压力下挤压到理想位置，从而使虚焊故障被掩盖；还可能因探针定位误差引起的偏晃，使探针直接作用在元器件的焊端或引脚上而造成元器件损坏。

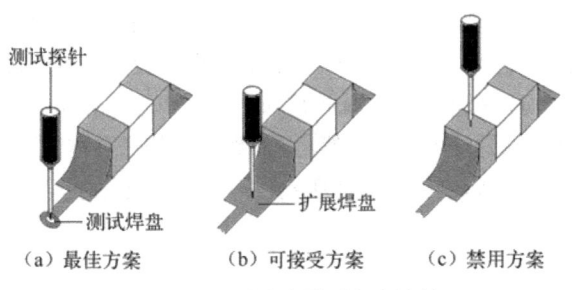

图 4-44 测试点设置方案比较

4.4 制板技术文件

目前国内的电子整机产品制造企业均把印制电路板交由专业制板厂家生产。这是因为不仅制板过程要用到很多专用设备，还涉及一系列化学腐蚀、电镀过程，必须采取严格的环保处理。专业化的生产制造，不仅可以提高印制板的生产工艺水平，提高专用设备的利用率和经济效益，也有利于环境保护，减少酸、碱及其他有毒、有害化学物质的污染。作为电子工程技术人员，在完成了印制板设计之后，在委托专业厂家制板时，应该提供制板的技术文件。印制板制作的技术文件通常包括板面的 CAD 设计文件以及有关技术要求的说明。

4.4.1 板图设计

所谓板图，是指能够准确反映元器件在印制板上的位置与连接的设计图，是专业制板厂家加工的依据。在板图中，要求焊盘的位置及间距、焊盘间的相互连接、印制导线的走向及形状、整板的外形尺寸等均按照印制板的实际尺寸（或按一定比例）绘制出来。在板图设计完成之后，送到专业制板厂家，由那里的技术人员按照它完成后续生产过程。

电子工程技术人员应该全面掌握设计印制板的原则，才能成功地完成印制板的设计。现在，采用计算机 EDA 设计印制电路板已经非常普及，直接在计算机屏幕上设计"所见即所得"的印制板，虽然不再像过去那样在图纸上设计板图，但设计的一般原则仍然要体现在 EDA 软件的应用过程中。

1. 板图设计的原则

完成前面介绍的印制板设计准备工作以后，就可以开始绘制板图。除了应该注意处理各类干扰并解决接地问题以外，电路板排版设计的基本原则是保证印制导线不交叉地连通。要做好这一点并不容易，板图设计的主要工作量也在于实现电路不交叉地单线连接。

在绘制原理图时，一般只要表现出信号的流程及元器件在电路中的作用，便于分析与阅读电路原理，从来不用去考虑元器件的尺寸、形状以及电极引线的排列顺序。因此，原理图中走线交叉的现象很多，这对读图毫无影响。而在印制电路板上，导线在同一平面上的交叉现象是不能允许的。所以，在板图设计时，首先要保证不交叉地单线连接。

通过重新排列元器件的位置，使元器件在同一平面上按照电路接通，并且彼此之间的连线不能交叉。如果遇到交叉，就要重新调整元器件的排列位置与方向，来解决或避免这种情况。总之，在设计过程的开始阶段，不要过早地固定每个元器件在板面上的摆放位置和方向。对于比较复杂的电路的连线，有时想在同一平面上完全不交叉是困难的。如果为了保证两条引线不交叉，让其中的一条线拐弯抹角拉得很长，也是不恰当的，在设计中要尽量避免。因为这不仅增加了印制导线的密度，而且很可能因为导线过长而产生干扰。

排除导线在同一平面上的交叉过程，是一个产品设计决策问题：简单地说，采用双面板或多层板肯定可以避免导线的平面交叉，但这样做必然提高印制板的成本；假如采用双面板可以有效地减小印制板的面积，又可以抵消因为增加板层而提高的费用。假如不希望增加板层，就可以在单面板上采用"跳线"来解决这个问题。当然，这种跨接导线只有在迫不得已的情况下偶然使用，如果"跳线"过多，便会影响印制板的设计质量，不能算是成功之作。

2. 板图设计的要求

（1）根据元器件的位置及尺寸，在确定的制板面积上实际排定印制导线，应当尽量做到短、少、疏。通常需要多次调整元器件位置或方向，几经反复才能达到满意的结果。

（2）印制板的设计图，要求板面尺寸、焊盘位置、印制导线的连接与走向、板上各孔的尺寸及位置等，都要与实际板面相同，在设计时就要准确地赋予参数。

4.4.2 制板技术文件及其审核

在委托专业厂家制作印制电路板时，要向厂家提交印制板的技术文件。这些技术文件不仅要作为与厂家签订合同的附件，成为厂家决定收费标准、安排生产计划、制定制板工艺过程的依据，也将作为双方交接的质量认定标准。在整机生产厂里，这些制板技术文件还将作为产品设计文件的一部分永久存档保管。

1. SMT 印制板的设计图纸及文件

（1）SMT 印制板的设计工作
- 电路原理和印制板结构设计；
- EDA 绘图工作；
- 工艺设计。

（2）SMT 印制板的主要设计图纸和文件

① EDA/CAD 设计的光绘电子文件，其中包括顶视图、底视图、内层图（多层板）、字符丝印图、阻焊图、打孔图、元器件汇总表和明细表；

② 电路原理图；

③ PCB 板图（1:1 的装配图，如果是两面贴片，要提供两张装配图）。

2. SMT 印制板的设计审核

（1）审图程序

图纸及文件形成确定后，要进行设计审核，然后归档入库。审图程序如图 4-45 所示。

EDA 技术人员自审 → 设计审查 → 负责人签字 → 标准化审核 → 出图、文件存档 → 编制生产工艺文件

图 4-45 印制板设计审图程序

(2) 审核图要求
- 必须认真看完图纸以后再签字；
- 图纸如有问题，可以更改；
- 送交制板厂的电子文件与送审资料必须完全一致。

审图必须认真，要在制板之前将错误改正，如果制板后才发现问题，损失将会很大。

3. 印制电路板外加工的文件

一般需要转交专业制板厂家的技术文件包括：

(1) 可同时由 EDA 软件输出的光绘（GERBER）文件和钻孔文件。钻孔文件要区分各种孔的特征，金属化孔、非金属化孔（对装配孔，要特别说明为非金属化孔）和异形孔以及它们的位置。

(2) 外形尺寸与公差图（包括定位孔尺寸及位置要求）。

(3) 制板的工艺要求，应该用说明文件准确、清晰、条理地标明加工工艺要求，主要内容包括：
- 基板的材质、层数、厚度，铜箔厚度，是否拼板等；
- 印制导线和焊盘的镀层要求（指镀金、银、铅锡合金等）；
- 板面阻焊层的材料、厚度与颜色；
- 板面印字层油墨的材料与颜色；
- 板面喷涂助焊剂的品种与性质；
- 其他特殊要求。

采用计算机设计印制板，可以把绘图文件的电子文档交给专业制板厂家，并经双方确认文件正常有效；相关的制板工艺要求，除以电子文档的形式提交外，通常还要准备纸面文件的形式供双方签订合同。

现在，很多专业制板厂还培养了技术人员，能够在开始生产之前审定、修改客户提交的设计板图和制板文件，甚至可以接受客户的要求代为设计产品的印制板。

4. 印制电路板组装生产前需要的文件

在产品开始生产之前，设计者应向生产管理部门提交的文件有印制电路板的 EDA/CAD 文件、BOM 表、电路原理图、组装焊接要求等。

4.5 印制电路板的制造工艺简介

电子工业的发展，特别是微电子技术的飞速发展，对印制电路板的制造工艺和精度、质量也不断提出新的要求。印制板的品种从单面板、双面板发展到多层板和挠性板；印制线条越来越细、间距也越来越小。目前，不少厂家都可制造线宽和间距在 0.2mm 以下的高密度印制板。但现阶段应用最为广泛的还是单、双面印制板，本节将重点介绍这类印制板的制造工艺。有关制板材料的一些知识也是印制电路板设计者需要了解的内容。

4.5.1 印制电路板制造过程的基本环节

不同类型和不同要求的印制板要采用不同的制造工艺，但在这些不同的工艺流程中，有许多必不可少的基本环节是类似的。

1. 板图胶片

在印制板的生产过程中，需要使用符合质量要求的、与实际板面 1∶1 的板图胶片。获得板图胶片的基本途径：以前是从人工绘制的黑白底图经过照相制板得到，现在全部由计算机 EDA 设计文件驱动光学绘图机直接绘制出来。光绘法制作的板图胶片精度高，质量好，容易保证印制板两面的图形尺寸完全吻合。光绘法已经取代了传统的照相制板法。

激光光绘机绘制板图的胶片，一般是 175μm 厚的 PET（聚对苯二甲酸乙二醇酯）材料，要求平整、无划伤、无折痕，并在保质期内。对光绘胶片的质量要求是：

- 符合设计板图的技术要求；
- 电路图形准确；
- 黑白反差大；
- 导线齐整、无变形；
- 经过拼板的图形无变形、无失真；
- 黑度均匀一致，无针孔、缺口、毛边、划伤等缺陷；
- 透明部分无黑点及其他杂质。

以上任意一项不符合要求的，在进行图形转移时将会制作不良，造成印制板加工不良甚至报废。

2．图形转移

把板图胶片上的印制电路图形转移到覆铜板上，称为图形转移。具体方法有丝网漏印法、直接感光法、光敏干膜法等。

（1）丝网漏印法

丝网漏印法在覆铜板上印制电路图形，与油印机在纸上印刷文字相类似，如图 4-46 所示。

在丝网上涂覆、黏附一层感光胶膜，然后按照印制电路板图胶片在丝网上制出镂空图形。经过制膜、曝光、显影、去膜等工艺过程，即可制成用于漏印的电路图形丝网。漏印时，只需将覆铜板在设备底座上定位，使丝网与覆铜板直接接触，将印料倒入固定丝网的框内，刮压或滚压印料，即可在覆铜板上形成由印料组成的图形。漏印后需要烘干、图形修整。

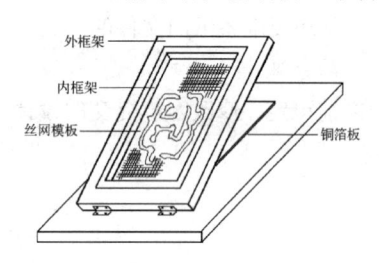

图 4-46 简易丝网漏印

漏印机所用丝网材料有真丝绢、合成纤维绢和金属丝三种，丝网的规格以目为单位。常用绢为 150～300 目，即 150～300 个/in^2 网孔。绢目数越大，则印出的图形越精细。丝网漏印多用于批量生产，印制单面板的导线、焊盘或板面上的阻焊层和文字符号。这种工艺的优点是设备简单、价格低廉、操作方便。缺点是精度不高。

丝网漏印的工艺过程与质量要求如下：

- 在丝网漏印前，覆铜板表面必须经过处理，通常使用机械、化学联合处理的磨板生产线，去除板面的氧化层及杂物；
- 漏印材料（油墨）在铜箔上有良好的附着力，并能够耐受蚀刻工序的化学腐蚀。
- 丝印后要对基板进行烘干。
- 丝印环境要求无尘，防止杂物落入丝印板面，影响精细图形的质量。

在简易的印制板制板工艺中，还可以用助焊剂或阻焊涂料作为漏印材料：即先用助焊剂漏印焊盘，再用阻焊材料套印焊盘之间的印制导线。待漏印材料干燥以后进行腐蚀，腐蚀掉覆铜板上不要的铜箔后，助焊剂随焊盘、阻焊涂料随印制导线均留在板上。

（2）直接感光法（光化学法之一）

直接感光法也叫"湿膜法"，适用于生产品种多、批量小的印制电路板，它的尺寸精度高，工艺简单，对单面板或双面板都能应用。直接感光制板法的主要工艺流程如图 4-47 所示。

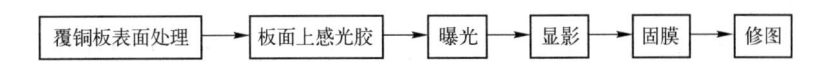

覆铜板表面处理 → 板面上感光胶 → 曝光 → 显影 → 固膜 → 修图

图 4-47　直接感光制板法的主要工艺流程

① 表面处理：用有机溶剂去除覆铜板表面上的油脂等有机污物，用酸去除氧化层。通过表面处理，可以使感光胶在铜箔表面牢固地黏附。

② 上胶：在覆铜板表面涂覆一层感光胶。上感光胶的方法有手工涂覆、滚涂、浸蘸、喷涂和离心式甩胶等。无论采用哪种方法，都应该使胶膜厚度均匀，否则会影响曝光效果。胶膜还必须在一定温度下烘干。

③ 曝光（晒版）：将板图胶片置于上胶烘干后的覆铜板上，置于光源下曝光。光线通过胶片，使感光胶膜发生理化性能的变化。曝光时，应该注意胶片与覆铜板的定位，特别是双面印制板，定位更要严格，否则两面图形将不能吻合。

④ 显影：曝光后的板在显影溶液中显影后，再浸入染色溶液中，将感光部分的胶膜染色硬化，显示出印制板图形，便于检查线路是否完整，为下一步做图形修整提供方便。未感光部分的胶膜可以在水中溶解、脱落。

⑤ 固膜：显影后的感光胶并不牢固，容易脱落，应使之固化，即将染色后的板浸入固膜溶液中停留一定时间。然后用水清洗并置于 100～120℃ 的恒温烘箱内烘干 30～60min，使感光膜进一步得到硬化与强化。

⑥ 修图：在化学蚀刻前，对固膜后的板面图形进行修整，以便修正图形上的粘连、毛刺、断线、砂眼等缺陷。修补所用材料必须耐腐蚀。

（3）光敏干膜法

光敏干膜法简称"干膜法"，也是一种光化学法，但感光材料不是液体感光胶，而是一种由聚酯薄膜、感光胶膜、聚乙烯薄膜三层材料组成的薄膜类光敏干膜，如图 4-48 所示。干膜法的主要流程如下：

① 覆铜板表面处理：清除表面油污，以便干膜可以牢固地粘贴在板上。

② 贴膜：揭掉聚乙烯保护膜，把感光胶膜贴在覆铜板上，一般使用滚筒式贴膜机。

③ 曝光：以定位孔位置作基准，将板图胶片准确地覆在贴膜后的覆铜板上，进行曝光，曝光时应控制光源强弱、曝光时间和温度。

④ 显影：曝光后，先揭去感光胶膜上的聚酯薄膜，再把板浸入显影液中，显影去除板面残留的感光胶膜。显影时，也要控制显影液的浓度、温度及显影时间。

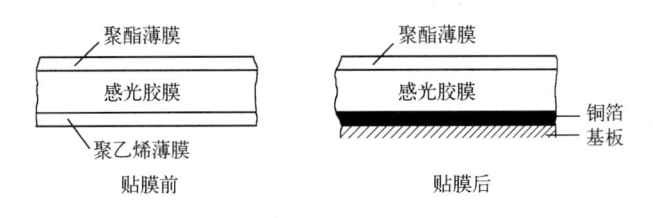

图 4-48　光敏干膜的构成

3. 化学蚀刻

蚀刻在生产线上俗称"烂板"。它是利用化学方法去除板上不需要的铜箔，留下组成焊盘、印制导线及字符等的图形。为确保质量，蚀刻过程应该严格按照操作步骤进行，在这一环节中造成的质量事故将无法挽救。

(1) 蚀刻溶液

印制板蚀刻溶液有酸性和碱性两大类。常用的蚀刻溶液有三氯化铁（$FeCl_3$）、酸性氯化铜（$CuCl_2$-NaCl-HCl）、碱性氯化铜（$CuCl_2$-NH_4Cl-NH_3H_2O）、过氧化氢-硫酸（H_2O_2-H_2SO_4）等。目前国内双面板主要应用碱性蚀刻溶液。

① 用三氯化铁溶液蚀刻印制板，是应用最长久的方法。蚀刻溶液是将固体的三氯化铁用水溶解而形成，适用于丝网漏印油墨抗蚀剂和液体感光胶抗蚀层印制板的蚀刻。它蚀刻速度快，质量好，溶铜量大，溶液稳定，价格低廉。蚀刻机理为氧化-还原反应。方程式如下：

$$2FeCl_3+Cu \rightarrow 2FeCl_2+CuCl_2$$

但是，由于三氯化铁很难再生，污染严重，废水处理麻烦，这种制板方法在专业制板厂已经被淘汰，只适用于在实验室中少量加工。

② 酸性氯化铜蚀刻液，采用氯化铜、盐酸、氯化钠或氯化铵所配成的蚀刻液。它具有回收与再生方法简单、减少污染、操作方便等特点。主要用于单面板、孔掩蔽的双面板以及多层板内层的蚀刻。

③ 碱性氯化铜蚀刻液，是以氯化铜、氯化铵、氨水所配成，并加入补助成分如氯化钴、氯化钠、碳酸铵或其他含硫化合物等配成的蚀刻液。它的特点是蚀刻速度快也容易控制，维护方便（通过补充氨水或氨气维持 pH 值）以及成本低廉等，广泛用于电镀锡铅合金的双面板和多层板外层的蚀刻加工。

④ 过氧化氢-硫酸是一种新的蚀刻液，它的特点是蚀刻速度快，溶铜量大，铜的回收方便，无须废水处理等。

大量使用蚀刻液时，应注意环境保护，要采取措施处理废液并回收废液中的金属铜。

(2) 蚀刻方式

① 浸入式：将板浸入蚀刻液中，用排笔轻轻刷扫即可。这种操作方法简便易行，但效率低，对金属图形的侧腐蚀严重，常用于数量很少的手工制板。侧腐蚀示意图如图 4-49 所示，是指铜箔图形在蚀刻过程中发生的边缘内侧腐蚀。侧腐蚀使印制导线的过流能力下降，严重的会导致断线。

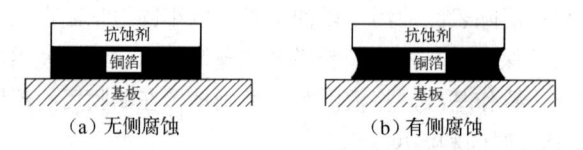

（a）无侧腐蚀　　（b）有侧腐蚀

图 4-49　铜箔图形在蚀刻过程中的侧腐蚀

② 泡沫式：以压缩空气为动力，将蚀刻液吹成泡沫，对覆铜板进行腐蚀。这种方法工效高，质量好，适用于小批量制板。

③ 泼溅式：利用离心力作用将蚀刻液泼溅到覆铜板上，达到蚀刻目的。这种方式的生产效率高，但只适用于单面板。

④ 喷淋式：用塑料泵将蚀刻液压送到喷头，呈雾状微粒高速喷淋到由传送带运送的覆铜板上，可以进行连续蚀刻。这种方法是技术比较先进的蚀刻方式。

(3) 蚀刻后的清洗

蚀刻后的清洗，目前有流水冲洗与中和清洗两种办法。

① 流水冲洗法：把腐蚀后的板子立即放在流水中清洗 30min。若有条件，可采用冷水—热水—冷水—热水这样的循环冲洗过程。

② 中和清洗法：把腐蚀后的板子用流水冲洗一下后，放入 82℃、10%的草酸溶液中处理，拿出来后用热水冲洗，最后再用冷水冲洗。也可用 10%的盐酸处理 2min，水洗后用碳酸钠中和，

4. 其他基本环节

印制电路板制造过程的基本环节还包括孔金属化、板面铜箔的金属镀覆与涂覆、板面涂覆阻焊剂与助焊剂。这些内容已经在前面讲解过。

4.5.2 印制板生产流程

在印制板的生产过程中，虽然都需要上述各个环节，但不同印制板具有不同的工艺流程。在这里，主要介绍最常用的几种印制板的工艺流程。

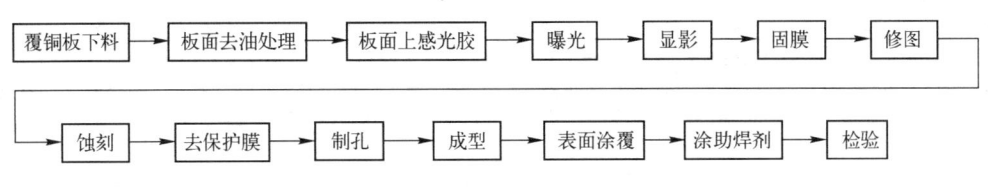

1. 单面印制板的生产流程

单面印制板的生产流程如图 4-50 所示。

覆铜板下料 → 板面去油处理 → 板面上感光胶 → 曝光 → 显影 → 固膜 → 修图 → 蚀刻 → 去保护膜 → 制孔 → 成型 → 表面涂覆 → 涂助焊剂 → 检验

图 4-50 单面印制板的生产流程

需要对制孔和成型工序进一步说明：凡大批量制作的单面板，专业制板厂家会根据用户的设计文件制作模具，在冲床上一次完成制孔和板边成型的工序；若是小批量单面板，只能采用人工钻孔、铣床（或手工）加工成型。

2. 双面印制板的生产流程

双面板与单面板的主要区别在于增加了孔金属化工艺，即实现两面印制电路的电气连接。由于孔金属化的工艺方法较多，相应双面板的制作工艺也有多种方法。概括分类可有先电镀后腐蚀和先腐蚀后电镀两大类。先电镀的方法有板面电镀法、图形电镀法、反镀漆膜法；先腐蚀的方法有堵孔法和漆膜法。常用的堵孔法和图形电镀法工艺介绍如下。

（1）堵孔法

堵孔法是比较传统的生产工艺，制作普通双面印制板可采用此法。工艺流程如图 4-51 所示。

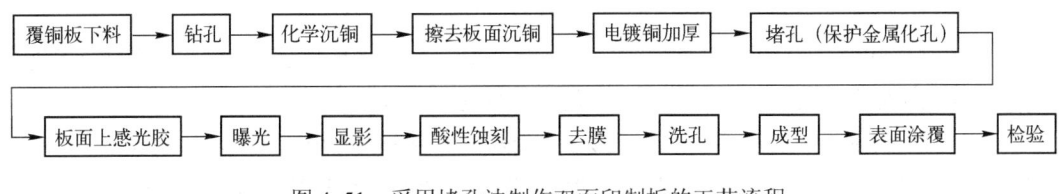

覆铜板下料 → 钻孔 → 化学沉铜 → 擦去板面沉铜 → 电镀铜加厚 → 堵孔（保护金属化孔）→ 板面上感光胶 → 曝光 → 显影 → 酸性蚀刻 → 去膜 → 洗孔 → 成型 → 表面涂覆 → 检验

图 4-51 采用堵孔法制作双面印制板的工艺流程

可以用松香酒精混合物堵孔。各道工序示意图如图 4-52 所示。

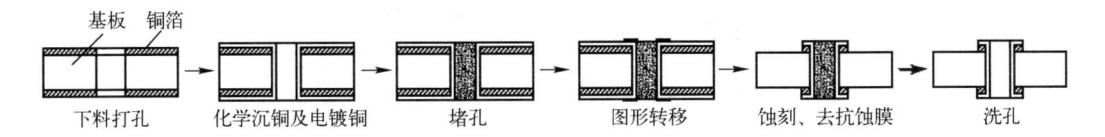

下料打孔 → 化学沉铜及电镀铜 → 堵孔 → 图形转移 → 蚀刻、去抗蚀膜 → 洗孔

图 4-52 堵孔法工艺示意图

（2）图形电镀法

图形电镀法是比较先进的制作工艺，特别是在生产高精度和高密度的双面板中更能显示出优越性。它与堵孔法的主要区别在于采用光敏干膜代替感光液、表面镀铅锡合金代替浸银、腐蚀液采用碱性氯化铜溶液取代酸性三氯化铁。采用这种工艺可制作线宽和间距在 0.2mm 以下的高密度印制板。目前大量使用的 SMT 印制板大都采用这种生产工艺。图形电镀法的工艺流程如图 4-53 所示，各道工序示意图如图 4-54 所示。

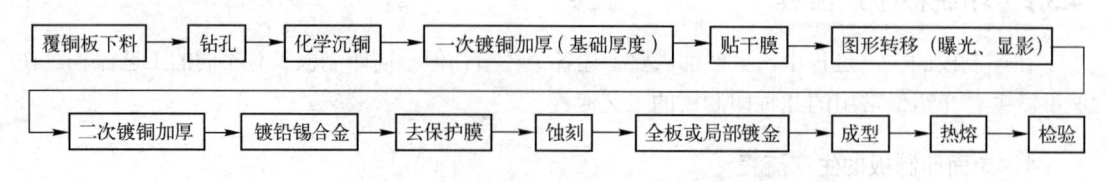

覆铜板下料 → 钻孔 → 化学沉铜 → 一次镀铜加厚（基础厚度）→ 贴干膜 → 图形转移（曝光、显影）→ 二次镀铜加厚 → 镀铅锡合金 → 去保护膜 → 蚀刻 → 全板或局部镀金 → 成型 → 热熔 → 检验

图 4-53 图形电镀法制作印制板的工艺流程

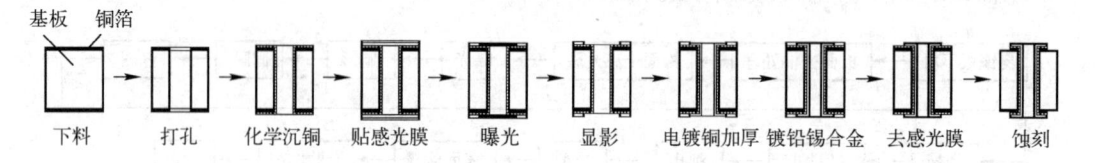

下料 → 打孔 → 化学沉铜 → 贴感光膜 → 曝光 → 显影 → 电镀铜加厚 → 镀铅锡合金 → 去感光膜 → 蚀刻

图 4-54 图形电镀法工艺示意图

3. 多层印制电路板的制作工艺过程

多层板的制作过程中，不仅金属化孔和定位精度比一般双面印制板有更加严格的尺寸要求，而且增加了内层图形的表面处理、半固化片层压工艺及孔的特殊处理。图 4-55 列出了多层印制板的制作过程。

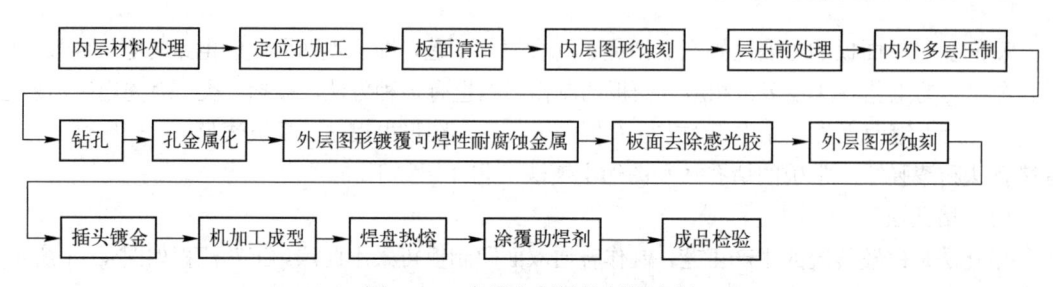

内层材料处理 → 定位孔加工 → 板面清洁 → 内层图形蚀刻 → 层压前处理 → 内外多层压制 → 钻孔 → 孔金属化 → 外层图形镀覆可焊性耐腐蚀金属 → 板面去除感光胶 → 外层图形蚀刻 → 插头镀金 → 机加工成型 → 焊盘热熔 → 涂覆助焊剂 → 成品检验

图 4-55 多层印制板的制作流程

在整个制作过程中，"层压"是一道重要工序。必须保证成品厚度、粘接强度和精确的定位精度。"孔金属化"是另一道重要工序，工艺质量的关键是钻孔，它要求孔的内层铜环干净，无环氧树脂玷污，内壁光滑，尺寸精度高。为此，必须使用数控高速钻床配备硬质合金钻头。孔金属化前，还要对孔进行特殊处理，即使用一种特制溶液对孔壁进行凹蚀处理（见图 4-56）。处理后，使孔壁铜环相对突出，以便消除铜环表面的环氧树脂，使孔金属化后各层良好地互相连接。

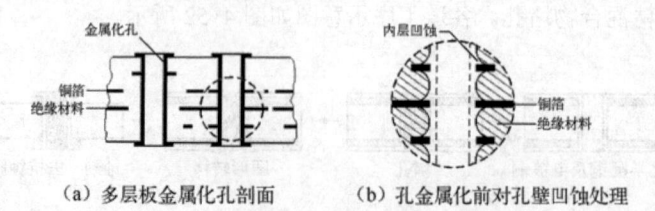

(a) 多层板金属化孔剖面　　(b) 孔金属化前对孔壁凹蚀处理

图 4-56 多层板孔金属化前的孔壁凹蚀处理

4. 挠性印制板的制作工艺过程

在如图 4-57 所示的挠性印制电路板的制作过程中，与制造其他板的主要不同之处是压制覆盖膜。

挠性覆铜板 → 钻孔 → 孔金属化 → 图形蚀刻 → 板面清洁处理 → 板面加覆盖膜 → 压制覆盖膜 → 机加工成型 → 成品检验

图 4-57 挠性印制电路板的制作过程

4.5.3 印制板检验

印制板作为基本的重要电子部件，制成后必须通过检验，才能进入装配工序。尤其是批量生产中对印制板进行检验，是产品质量和后续工序顺利进展的重要保证。

1. 目视检验

目视检验简单易行，借助一般工具如直尺、卡尺、放大镜等，就可以对工艺简单的印制板进行质量检验。主要内容如下：

- 板厚是否合乎要求，板面是否平整、无翘曲等。
- 板面外形尺寸是否在规定的范围内，特别是与插座、导轨配合的尺寸。
- 导电图形是否完整、清晰，有无桥接短路和断路、毛刺等。
- 表面质量，印制导线和焊盘上有无凹痕、划伤、针孔或表面粗糙。
- 焊盘孔及其他孔的位置，有无漏打或打偏；孔径是否符合尺寸要求。
- 焊盘镀层质量：镀层是否牢固、平整、光亮，无凸起缺损。
- 涂层质量：阻焊剂是否均匀牢固，位置准确；助焊剂是否喷涂均匀。
- 字符标记清晰、干净、无渗透、划伤、断线。

2. 一般电气性能检验

（1）连通性能

一般可以使用万用表对导电图形的连通性能进行检验，重点是双面板的金属化孔和多层板的连通性能。对于大批量生产的印制板，制板厂会在出厂前采用专门的工装、仪器进行检验。

（2）绝缘性能

检测同层或不同层导线之间的绝缘电阻，确认印制板的绝缘性能。检测时应在一定温度和湿度下，按照印制板标准进行。

3. 一般工艺性能检验

（1）可焊性

检验焊料对导电图形的润湿性能。

（2）镀层附着力

检验镀层附着力，可以采用简单的胶带试验法。将质量好的透明胶带粘到要测试的镀层上，按压均匀后快速掀起胶带一端扯下，镀层无脱落为合格。

此外，还有铜箔抗剥离强度、镀层成分、金属化孔抗拉强度等多项指标，应该根据对印制板的要求选择检测内容。

4. 金属化孔检验

金属化孔的质量对双面、多层印制电路板是至关重要的。在整机中，许多故障的原因出自金属化孔。因此，对金属化孔的检验应予重视。检验内容一般包括如下几方面。

- 外观：孔壁金属层应完整、光滑、无空穴、无堵塞。
- 电性能：金属化孔镀层与焊盘的短路与断路；孔与导线间的孔线电阻值。
- 孔的电阻变化率：环境例行试验（高低温冲击、浸锡冲击等）后不得超过 5%～10%。
- 机械强度（拉脱强度）：即孔壁与焊盘的结合力应超过一定值。
- 金相剖析试验：检查孔的镀层质量、厚度与均匀性、镀层与铜箔之间的结合质量等。

对金属化孔的检验，包括人工检验与设备检验。人工检验是视觉直接观察：拿起成品印制板对着灯光看，凡金属内壁完整光滑的孔，都能反射灯光，呈现一个光亮的环；而存在堵塞、空断等缺陷的孔都明显不够亮。批量检验印制板的电气性能，要采用在线检测（ICT，In Circuit Test）方法。有条件的企业都配备了自动化设备：小批量印制板的金属化孔，用"飞针检测仪"检测；大批量印制板的金属化孔，则定制专用的"针床"进行检验。

5. 多层印制板的可靠性检验

多层印制板通常用于具有特殊要求的场合，因此对其质量及可靠性的检测也必然十分严格。检测内容包括导体电阻、金属化孔电阻、内层短路与开路、同层及各层线路之间的绝缘电阻、镀层结合强度、粘接强度、可焊性、耐热冲击、耐机械振动冲击、耐压、电流强度等多项指标。各项指标均使用专用仪器及专门手段进行检测。

4.6 印制电路板的计算机辅助设计

印制电路板的设计与制作是电子行业技术人员和业余爱好者都应该掌握的一项基本能力。手工设计印制板的传统方法只能适用于一些比较简单的电路。曾经用手工设计印制板底图的人都可能有这样的体会：一张稍微复杂的设计图纸接近完工时，常常会感到剩余的部分电路难以连通，或者会发现经已经画好的局部电路不够合理，只好前功尽弃而重新另画整张图纸。所以用手工设计板图时，总要小心谨慎地瞻前顾后。

计算机的普及和计算机辅助设计印制电路板 EDA 软件的发展，为印制电路的设计与生产开辟了新的途径。操作键盘调动光标，在计算机屏幕上绘图，与在纸上用笔绘图或用胶条贴图比较，便于修改保存是最显著的优点之一。使用计算机绘图软件，可以随心所欲地按照自己的初步设想去直接布局、连线，有了初稿以后，再统观全局，酌情修改。只需要按几个键即可删除一条线段或一个焊盘，远比用橡皮擦除图纸上的笔迹快捷干净。这样，可以很方便地将电路原理图转换成印制电路的布线图，并可通过光绘机直接绘制成制版使用的板图胶片。根据需要，还可以通过计算机编制数控钻床的打孔程序。

4.6.1 用 EDA 软件设计印制板的一般步骤

由于软件的功能不同，用计算机设计印制板图的操作方法及方便程度也有很大差异，但一般软件的操作步骤大体如下：

（1）向计算机输入电路原理图，由计算机根据原理图生成电路的连接逻辑网络。

（2）在计算机上确定元器件的物理封装，即确定每个元器件在印制板上占用的体积大小和引线焊盘的位置、大小、孔径（孔径应比引线的实际直径大约 0.2mm）。

（3）为电路原理图中每个元器件的逻辑符号指定它的物理封装。

（4）根据整机的结构和元器件的数量，确定印制板的尺寸和形状，同时规定导线之间及线与焊盘之间的最小距离。

（5）把已经生成的电路连接逻辑网络加载到印制板设计图上，元器件的封装与它们的逻辑网络一起出现在屏幕上。如果上述步骤都正确无误，这时每一个元器件的引脚都应该带有网络标号。

（6）根据板面的布局设计摆放每一个元器件的位置，根据逻辑网络的提示调整元器件的位置与方向，使网络提示代表的连接导线最短。

（7）大多数 EDA 软件都具有自动布线的功能，根据连接逻辑网络进行不交叉排线。如果是单面板，在焊接面根据逻辑网络的提示连接印制导线；如果是双面板，在焊接面和元件面同时布线，两面的导线用过线孔（制板时加工成金属化孔）连接。现在自动布线的布通率一般都能够达到 95%以上，但不经过人工干预达到线路完全布通、设计成功的不多，计算机自动布线的结果只能作为参考。这是因为，每一个具体产品都有自身的特性，作为设计者和软件的使用者，很难把设计的约束条件和边界条件完全准确地告诉计算机。

（8）布线后，审查走线的合理性，并在屏幕上对不理想的布线进行修改（包括改变印制导线的方向、路径、宽度等）。大多数 EDA 软件都具有自动查错的功能：由印制板布局图生成印制导线的连接逻辑网络，然后用来和原理图已经生成的连接逻辑网络进行比较；根据设计者规定的导线最小间距、导线与焊盘的最小间距，对布线的合理性进行判断；产生查错报告。

4.6.2 设计印制板的典型 EDA 软件

印制电路板 EDA 设计软件有多种，常用的软件主要有 Protel、PADS、ORCAD 和 Workbench 等几种，国内以 Protel 系列应用最为广泛。

1. 几种 EDA 软件里印制板各层定义及描述的通用词汇

印制电路板是一个分层结构，按照几种 CAD 软件里的通用词汇，各层的定义及描述如下。

（1）顶层布线层（TOP LAYER）：印制板的顶层。如为单面板，该层是安装元器件的层面，没有铜箔；若为双面板或多层板，则是铜箔导线布局的层面。

（2）底层布线层（BOMTTOM LAYER）：印制板底层，一般双面板的焊接层，有底层铜箔导线。底层布线通过金属化孔与顶层布线连通。

（3）通孔层（MULTI LAYER）：通孔焊盘层。

（4）钻孔定位层（DRILL GUIDE）：焊盘及过孔的钻孔中心定位坐标层。

（5）钻孔描述层（DRILL DRAWING）：焊盘及过孔的钻孔直径描述层。

（6）顶层/底层阻焊层（TOP/BOTTOM SOLDER）：顶层/底层涂覆阻焊膜的层面。

（7）顶层/底层丝印层（TOP/BOTTOM OVERLAY）：在板面的最外层，用来印制各种企业标识、品牌商标以及板上元器件的图形符号和位号等，在人工生产时，指导元器件插装位置。

（8）机械层（MECHANICAL LAYERS）：印制板机械加工层，默认 LAYER1 为外形层。其他 LAYER2/3/4 等层，可作为机械尺寸标注或者特殊用途（如某些印制板需要制作导电碳油电阻时，可以使用 LAYER2/3/4 等，但必须在同层标识清楚其用途）。

（9）中间信号层（MID LAYERS）：多用于多层板的中间层布线，也可作为特殊用途层，但是必须在同层标识清楚其用途。

（10）内电层（INTERNAL PLANES）：用于多层板。

（11）禁止布线层（KEEPOUT LAYER）：禁止布线层，也可以用做 PCB 机械外形，但当 MECHANICAL LAYER1 已经用来标识外形层时，不得使用禁止布线层。

（12）顶层/底层锡膏层（TOP/BOTTOM PASTE）：该层一般用于贴片元器件的 SMT 回流焊过程时控制锡膏印刷机，和印制板专业厂家无关。

2. Protel 简介

目前，使用印制电路板的 EDA 设计软件成为电子类专业技术人员的重要职业技能，在高等工科院校电子类专业中，学习设计印制电路板的软件成为必修课。据了解，教学中使用最多还是 Protel 系列的 99SE 版本。

Protel 99SE 是 Protel Technology 公司的产品。对一般用户来说，最常用到的是其中 Schematic（原理图设计）模块和 PCB（板面设计）模块，其他还有三个模块 Route（自动布线）、PLD（可编程逻辑设计）和 SIM（仿真组件）。实际上，后三个模块是为前两个模块服务的，电路设计的最终目的是为了获得原理图和 PCB 图，而原理图又是为 PCB 图服务的。可以说，在 Protel 99SE 中，原理图设计和 PCB 设计是最基本的组件。

对这些印制板 EDA 设计软件的进一步讲解，已经超出了本书的范围。

3. 对使用 EDA 软件设计印制板的体会

在这里，有几点经验和体会需要进一步说明。

（1）尽管 Protel 99SE 等 EDA 软件具有很强的自动元件布局和自动布线功能，而且自动布线的"成功率"（实际是"全部连通的比例"）在理论上接近 100%，但实际的电路产品却很难依靠自动布局和自动布线功能实现成功的设计。

（2）实现布线连通，并不意味着布局和布线合理，产品的特点、结构、导线的长度、宽度、走向、过线孔数量以及它们带来的分布参数和频率响应问题，很难完全依靠计算机自动解决。

（3）增加板材的层数，显然有利于提高电路的布通率，但产品的成本控制不允许这样做。

（4）绘制正确的电路原理图，是使用 Protel 设计印制板的基础；由原理图生成的连接网络表，是指导 PCB 设计的灵魂。特别是在人工干预、手工布线的情况下，随时用 Protel 的网络查错功能保证布线的正确性，是极其重要的。

（5）建议：初学者在设计印制板时，最好采用原理图网络表支持下的手工布线方法。在遇到困难时，可以使用某种自动布线的方法，例如选定网络布线、两点之间布线或指定元件布线的方法，把自动布线的效果作为参考。

（6）Protel 99SE 和其他 EDA/CAD 软件一样，只是设计印制板的工具，如果电子工艺技术的实践经验不足，仅靠功能强大的软件不能帮助你成为优秀的电路设计师。

4.7 自制印制板的简易方法

在电子产品样机尚未设计定型的试验阶段，或当电子技术爱好者进行业余制作时，经常只需要制作一两块供分析测试使用的印制电路板。按照正规的工艺步骤，要设计出印制板图以后，再送到专业制板厂去加工。这样制出的板子当然是高质量的，但往往因加工周期太长而耽误时间，并且从经济费用考虑也不太合算。因此，学会几种在非专业条件下手工自制印制电路板的简单方法是必要的。

4.7.1 几种手工制板方法

1. 漆图法

漆图法是"原始而古老"的方法，曾是电子业余爱好者三十年前流行的 DIY 活动。印制板面上的图形靠漆或其他抗蚀涂料描绘而成，虽然简单易行，但描绘质量很难保证，往往是焊盘大小不均，印制导线粗细不匀，现在已经很少有人这样做了。用漆图法自制印制电路板的主要步骤如图4-58所示。

下料 → 拓图 → 打孔 → 描漆图 → 腐蚀 → 去漆膜 → 清洗 → 涂助焊剂

图4-58 漆图法自制印制电路板的主要步骤

2. 图形贴膜法

图形贴是一种市场上可以买到的薄膜图形，几微米厚，具有抗蚀能力，有几十种印制板上常见的图形，如各种焊盘、接插件、集成电路引线和各种符号等。

这些图形贴在一块透明的塑料软片上，使用时，用刀尖把图形从软片上挑下来，转贴到覆铜板上。焊盘和图形贴好后，再用各种宽度的抗蚀胶带连接焊盘，构成印制导线。整个图形贴好以后即可进行腐蚀。用这种方法制作的印制板效果比漆图法好一些。

3. 铜箔粘贴法

铜箔粘贴法是手工制作印制电路板最简捷的方法，既不需要描绘图形，也不需要腐蚀。只要把各种所需的焊盘及一定宽度的导线粘贴在绝缘基板上，就可以得到一块印制电路板。具体方法与图形贴膜法很类似，只不过所用的贴膜不是抗蚀薄膜，而是用铜箔制成的各种电路图形。铜箔背面涂有压敏胶，使用时只要用力挤压，就可以把铜箔图形牢固地粘贴在绝缘板材上。这种制作印制板的方法属于"加成法"，显著的特点在于不需要化学蚀刻。国内已有一些厂商出售这种铜箔图形，但因只能制作简单电路板，且价格较高，使用并不广泛。

4. 刀刻法

对于一些电路简单，线条少的印制板，可以用刀刻法来制作。在进行布局排版设计时，要求导线形状尽量简单，一般把焊盘与导线合为一体，形成多块矩形。由于平行的矩形图形具有较大的分布电容，所以刀刻法制板不适合高频电路。

制板时，先按照拓在覆铜板上的图形，用硬且韧的刀沿钢尺刻划铜箔，使刀刻深度把铜箔划透；然后，把不要保留的铜箔的边角用刀尖挑起，再用钳子夹住把它们撕下来。

4.7.2 数控雕刻机制作印制板

近年来，职业技术教育迅速发展，学习设计印制板的EDA/CDA软件成为电子类专业技能的必修课，建设实训基地，创建实训环境，购置实训设备，改善实训条件，成为各工科院校的重要工作。印制板设计人员是电子行业供不应求的技能型人才。

据了解，建有电子工艺类实训基地的高职院校大多购置了印制板数控雕刻机（见图4-59），作为印制板设计课程的实训装备。用雕刻机制板的周期短，一般仅需几个小时即可完成。学生实训设计的印制板制作数量少、种类多、形式多变，不利于转发专业制板厂批量加工，采用雕刻机实现简易制作，不失为一种可以接受的方法。

1. 数控雕刻机的组成与一般工作流程

印制板雕刻机由计算机、雕刻机控制器和雕刻机主机三部分组成。其工作原理是：通过计算机内配置的专用雕刻软件，把印制板设计的信息传送给雕刻机控制器，再由控制器把这些信息转化成能驱动步进电动机或伺服电动机旋转的大功率脉冲信号，控制雕刻机主机生成X、Y、Z三个方向轴的雕刻走刀路径。同时，雕刻机上的高速旋转雕刻头通过加工刀具，对固定在主机工作台上的覆铜板材进行切削，即可雕刻出在计算机中设计的印制板图形。

(a) PCB 数控雕刻机外观　　(b) 用雕刻机制作的 PCB

图 4-59　印制板数控雕刻机

数控雕刻机的一般工作流程如下：

(1) 把覆铜板材安装在工作台上，打开相应的电源，调整好加工原始位置，就可以开始在计算机的控制下开始雕刻（操作细节见具体产品说明书）。

(2) 计算机根据设计好的 PCB 文件自动计算刀具运行的最佳路线，转换分解成相应的一条条指令，通过通信接口把指令传送给雕刻机。

(3) 主控电路根据计算机的指令，通过雕刻机内主处理器运算，输出精确的步进脉冲，协调控制三个方向的步进电动机旋转，通过同步齿条带动主轴、工作台运动，使刀具相对覆铜板运动。

(4) 主轴电动机高速旋转，刀具沿雕刻路线切削板材表面的覆铜，根据所设计的印制板图形文件的要求，把多余的铜箔雕刻掉，余下部分再经过自动钻孔、加工外形及异形槽孔、切边，就制成了成品印制电路板。

(5) 配合雕刻机的辅助设备，还可以实现孔金属化、镀铅锡合金等工序，获得质量不错的印制板。

2. 数控雕刻机的典型技术指标

表 4-7 是数控雕刻机的典型技术参数。

表 4-7　数控雕刻机的典型技术参数

项　目	参　数	项　目	参　数
最小印制导线宽度	4～6mil	电源	AC210V～240V 50Hz
重复精度	0.015mm	操作系统	Windows 98/2000/XP
工作速度	60～80mm/s	内存最小配置	512MB
通信方式	RS-232	体积	700mm×780mm×600mm
主轴转速	60 000r/min	质量	60kg
主轴功率	150W	PCB 最大尺寸	300mm×400mm

思考与习题

1. (1) 什么叫印制电路板？它有什么作用和优点？

　　(2) 请简述印制板的制造和设计的历史沿革。

　　(3) 关于印制板的国家技术标准有哪些？

2. 评价印制板的设计质量，通常需要考虑哪些因素？

3. （1）设计印制板首先要做哪些准备工作？
   （2）印制板的设计目标应兼顾哪些因素？
   （3）请列举覆铜板的种类。如何选择板材？怎样考虑印制板的形状、尺寸、厚度？
   （4）总结印制板对外连接的方式。
4. （1）什么是印制板"按信号流走向的布局原则"？
   （2）什么样的元件可算做"特殊元件"？如何布局它？
   （3）在印制板布局时，如何防止电磁干扰和热干扰？
   （4）请总结印制板排版布局时应该一揽子考虑的诸多问题及排版的对策。为什么要采用这样的对策？
5. （1）印制板上焊盘的大小及引线的孔径如何确定？
   （2）对印制导线宽度、导线间距、交叉、走向、形状、布局顺序应当如何考虑？
   （3）请分析总结印制导线的干扰形式及对策。印制导线的屏蔽有哪些方法？
6. 请总结印制板板图设计的原则。
7. 如何绘制印制板图？有哪些步骤？
8. 制板工艺文件包括哪些内容？
9. （1）请总结印制板制造过程的基本环节及方法。
   （2）简述孔金属化的工艺过程。
10. 请总结单面及双面印制板的生产工艺流程。
11. （1）多层板工艺设计中应考虑哪些问题？
    （2）总结多层板制作工艺过程及可靠性检测项目。
12. 什么叫挠性印制电路板？其制作工艺过程是怎样的？
13. （1）用 CAD 软件设计印制板应遵循哪些步骤？
    （2）你学习了哪种印制板设计软件？有什么体会？
14. （1）大作业：制作一个直流电源，它能将 220V、50Hz 交流电变为 ±15V 直流电，输出纹波小于 200mV，每路输出 2A 电流。先进行方案设计与试验，然后设计制作印制电路板。
    （2）请制作红外防盗报警器。要求如下：
        ① 查找技术文献，决定方案和器材，要求成本低；
        ② 购买电子元器件并进行电路方案试验；
        ③ 进行整机调试并测量技术参数；
        ④ 设计制作它的印制电路板。
15. 试说明几种 SMT 装配方案及其特点。
16. SMT 印制板有哪些结构特征？
17. （1）SMT 印制板与传统印制板有哪些主要区别？
    （2）在 SMT 印制板上元器件布局，有哪些特殊的要求？
    （3）举例说明，为什么设计 SMT 印制板上焊盘和焊点的形状尺寸时，应该与焊接方式相适应？
    （4）试说明 SMT 印制板上金属化孔的尺寸如何选择。

第 5 章 装配焊接及电气连接工艺

电子产品的电气连接，是通过对元器件、零部件的装配与焊接来实现的，安装与连接是按照设计要求制造电子产品的主要生产操作环节。应该说，和电子工程技术的其他内容比较起来，安装与连接技术并不复杂，但是，产品的装配过程是否合理，焊接质量是否可靠，对整机性能指标的影响是很大的。一些精密复杂的仪器往往因为一个焊点的虚焊、一个螺钉的松动而不能正常工作，甚至由于搬运、振动使某个部件脱落造成整机报废。以 SMT 为代表的新一代组装工艺，主要特征表现在装配焊接环节，由它引发的材料、设备和方法的改变，使电子产品的制造工艺发生了根本性革命。所以，掌握正确的安装工艺与连接技术，对于电子产品的设计和研制、使用和维修都具有重要的意义。实际上，对于一个电子产品来说，通常只要打开机箱，看一看它的装配焊接质量，就可以立即判定它的性能优劣，也能够判断出生产单位的技术力量和工艺水平。焊接操作是考核电子装配技术工人的主要项目之一；对于电子工程技术人员来说，观察他能否正确地进行装配、焊接操作，也可以作为评价他的工作经验及其基本动手能力的依据。

5.1 安装

制造电子产品，可靠与安全是两个重要因素，而零件的安装对于保证产品的安全可靠是至关紧要的。任何疏忽都可能造成整机工作失常，甚至导致更为严重的后果。

5.1.1 安装的基本要求

1. 保证导通与绝缘的电气性能

电气连接的通与断，是安装的核心。这里所说的通与断，不仅是在安装以后电路是否接通，或是简单地使用万用表测试的结果，而且要考虑在振动、长期工作、温度、湿度等工作条件变化的环境中，都能保证通者恒通、断者恒断。这样，就必须在安装过程中充分考虑各方面的因素，采取相应措施。图 5-1 所示是两个安装示例。

图 5-1（a）所示为一台仪器机壳为接地保护螺钉而设置的焊片组件。安装中，靠紧固螺钉并通过弹簧垫圈的止退作用保证电气连接。如果安装时忘记装上弹簧垫圈，虽然在一段时间内仪器能够正常工作，但使用中的振动会使螺母逐渐松动，导致连接发生问题。这样，通过这个组件设置的接地保护作用就可能失效。

图 5-1（b）所示为用压片将电缆固定在机壳上。安装时应该注意，一要检查压片表面有无尖棱毛刺，二要给电缆线套上绝缘套管。因为此处严格要求电缆线同机壳之间的绝缘。金属压片上的毛刺或尖角，可能刺穿电缆线的绝缘层，导致机壳与电缆线相通。这种情况往往会造成严重的安全事故。

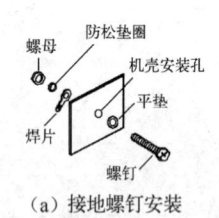

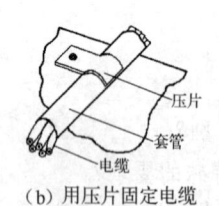

图 5-1 电气安装示例

实际的电子产品千差万别，有经验的工艺工程师应该根据不同情况采取相应的措施，保证可靠的电气连接。

2. 保证机械强度

在第 4 章关于印制电路板排版布局的有关内容里，已经考虑了对于那些大而重的元器件的装配问题，这里还要对此做出进一步的说明。

电子产品在使用的过程中，不可避免地需要运输和搬动，会发生各种有意或无意的振动、冲击，如果机械安装不够牢固，电气连接不够可靠，都有可能因为加速运动的瞬间受力使安装受到损害。

例如，把变压器等较重的零部件安装在塑料机壳上，图 5-2（a）所示的办法是用自攻螺钉固定。由于塑料机壳的强度有限，容易在振动的作用下，使塑料孔的内螺纹被拉坏而造成设备的损伤。所以，这种固定方法常常用在受力不大的场合。显然，图 5-2（b）所示的方法将大大提高机械强度，但安装效率比前一种稍低，且成本也要略高一些。

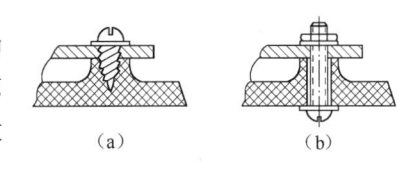

图 5-2 结构安装的机械强度

又如图 5-3 所示，对于大容量的电解电容器来说，早期产品的体积很大，一般不能安装在印制电路板上，必须加装卡子（见图 5-3（a）），或把电容器用螺钉安装在机箱底板上（见图 5-3（b）、（c））。近年来，电解电容器的制造技术不断进步，使比率电容（即电容量与电容器的单位体积之比）迅速增大，小型化的大容量电容器已经普遍直接安装到印制板上。但是，与同步缩小体积的其他元器件相比较，大容量的电解电容器仍然是印制板上体积最大的元器件。考虑到机械强度，图 5-3（d）所示的状态是不可靠的。无论是电容器引线的焊接点，还是印制板上铜箔与基板的粘接，都有可能在受到振动、冲击时因为加速运动的瞬间受力而被破坏。为解决这种问题，可以采取多种办法。在电容器与印制板之间垫入橡胶垫（见图 5-3（e））或聚氯乙烯塑料垫（见图 5-3（f）），减缓冲击。使用热熔性黏合剂把电容器粘接在印制板上（见图 5-3（g）），使两者在振动时保持同频、同步的运动。或者用一根固定导线穿过印制板，绕过电容器把它压倒绑住，固定导线可以焊接在板上，也可以绞结固定（见图 5-3（h）），这在小批量产品的生产中是一种可取的简单办法。从近几年国内外电子新产品的情况来看，采用热熔性黏合剂固定电容器的比较多见。而固定导线多用于固定晶体振荡器，这根导线是裸线，往往还要焊在晶体的金属外壳上，同时起到电磁屏蔽的作用（见图 5-3（i））。对晶体振荡器来说，更简单的屏蔽兼固定的方法，是把金属外壳直接焊接在印制板上，如图 5-3（j）所示。

3. 保证传热的要求

在安装中，必须考虑某些零部件在传热、电磁方面的要求。因此，需要采取相应的措施。

第 3 章里介绍了常用的散热器标准件，不论采用哪一种款式，其目的都是为了使元器件在工作中产生的热量能够更好地传送出去。大功率晶体管在机壳上安装时，利用金属机壳作为散热器的方法如图 5-4（a）所示。安装时，既要保证绝缘的要求，又不能影响散热的效果，即希望导热而不导电。如果工作温度较高，应该使用云母垫片；低于 100℃时，可以采用没有破损的聚酯薄膜作为垫片。并且，在器件和散热器之间涂抹导热硅脂，能够降低热阻、改善传热的效果。穿过散热器和机壳的螺钉也要套上绝缘管。紧固螺钉时，不要将一个拧紧以后再去拧另一个，这样容易造成管壳同散热器之间贴合不严（见图 5-4（b）），影响散热性能。正确的方法是把两个（或多个）螺钉轮流逐渐拧紧，可使贴合严密并减小内应力。

4. 安装时接地与屏蔽要充分利用

接地与屏蔽的目的：一是消除外界对产品的电磁干扰；二是消除产品对外界的电磁干扰；三

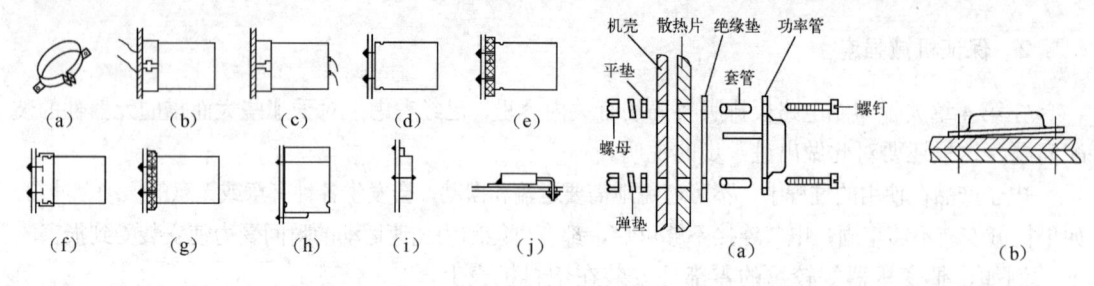

图 5-3 电子装配的机械强度

图 5-4 功率器件散热器在金属机壳上的安装

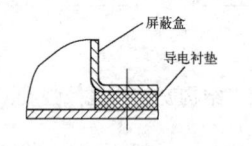

图 5-5 金属屏蔽盒采用导电衬垫防止电磁泄漏

是减少产品内部的相互电磁干扰。接地与屏蔽在设计中要认真考虑，在实际安装中更要高度重视。一台电子设备可能在实验室工作很正常，但到工业现场工作时，各种干扰可能就会出现，有时甚至不能正常工作，这绝大多数是由于接地、屏蔽设计安装不合理所致。例如，如图 5-5 所示的金属屏蔽盒，为避免接缝造成的电磁泄漏，安装时在中间垫上导电衬垫，则可以提高屏蔽效果。衬垫通常采用金属编织网或导电橡胶制成。

5.1.2 集成电路的安装

根据集成电路不同的封装方式，安装也有不同的方法和要求。在传统的集成电路中，以塑封双列直插式（DIP 型）和塑封功率电路（TO-220 型）两种应用较为普遍。

1. 双列直插式集成电路的安装

双列直插式（DIP 型）器件可以采用插座安装，装配和焊接的规范程度，主要取决于印制板设计、制作的精度，因此比较容易掌握。当然，这种集成电路也能直接插焊在印制板上。直接插焊法虽然牺牲了可更换性，但却增加了可靠性并降低了成本。采用插座虽然方便，但增加了插座的成本，并且接触的可靠性较差。

市场上，国产插座的质量良莠不齐，某些厂家生产的集成电路插座性能较差，插座内簧片的弹性不足，往往插拔一两次以后就会出现接触不良，以至使用者往往误判为集成电路损坏。

插拔双列直插式集成电路一定要注意方法。插入时，如果插脚间距与插座不符，可以用平口钳小心地矫正引脚，如图 5-6 所示（注意：B_1 的尺寸略大于 B_2 是有道理的，在自动设备插装时，机械手夹持器件的两列引脚，不容易掉落）。将所有引脚都对准插座以后，再均匀地用力插入。拔出时，应该使用专用的集成电路起拔器（参见第 3 章）。如果手头一时没有这种工具，可以用小螺丝刀轮流从两端轻轻撬起来。切勿只从一边猛撬，导致引脚变形甚至折断。

2. 功率器件的安装

功率器件，一般是指消耗功率较大的器件，通常是指功率在 1W 以上的器件。不论是功率晶体管还是功率集成电路，在工作中都会发热。为保证电路内部不致因温度过高而损坏，安装时都要配有相应的散热器。一个耗散功率为 100W 的晶体管，如果未装有相应面积的散热器，并设法使装配中的热阻尽可能小，则只能承受一半或更小的功率。

功率器件的安装典型方式如图 5-7 所示。必须注意，在把大功率管固定到散热片上之前，不要忘记在器件与散热器之间涂抹导热硅脂。

图 5-7 中的安装方式，在实际整机产品中又分成两种具体形式。一种是直接将器件和散热片用螺钉固定在印制板上，像其他元器件一样在板的另一面进行焊接。这种方法的优点是连线较短，

可靠性高，缺点是拆焊困难，不适合功率较大的器件。另一种是将功率器件及散热器作为一个独立部件安装在设备中便于散热的地方，如机箱（机壳）的后面板或侧面板上，器件的电极通过安装导线同印制板电路相连。其优点是安装灵活且便于散热，缺点是增加了连接导线。

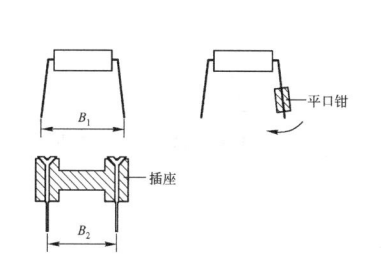

图 5-6 双列直插式器件引脚的校正

图 5-7 典型功率器件的安装

对于不能依靠引线支持自身和散热片重量的塑封功率器件，应该采用卧式安装或固定散热器的办法固定器件，如图 5-8 所示。

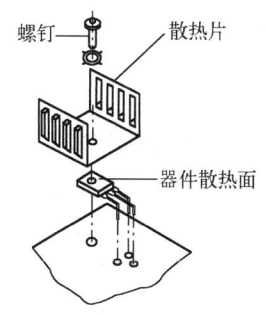

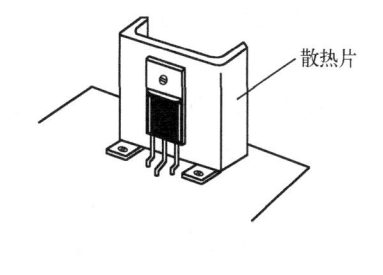

（a）功率器件水平安装在印制板上　　（b）功率器件垂直安装在印制板上

图 5-8 塑封功率器件的安装

5.1.3 印制电路板上元器件的安装

元器件在印制板上的固定，可以分为卧式安装与立式安装两种方式。这两种方式的特点，已经第 4 章中做了介绍，这里仅补充与装配、焊接操作有关的内容。

在电子产品开始装配、焊接以前，除了要事先做好对于全部元器件的测试筛选以外，还要进行两项准备工作：一是要检查元器件引线的可焊性，若可焊性不好，就必须进行镀锡处理；二是要根据元器件在印制板上的安装形式，对元器件的引线进行整形，使之符合在印制板上的安装孔位。如果没有完成这两项准备工作就匆忙开始装焊，很可能造成虚焊或安装错误，带来麻烦。

1. 元器件引线的弯曲成型

为使元器件在印制板上的装配排列整齐并便于焊接，在安装前通常采用手工或专用机械把元器件引线弯曲成一定的形状，如图 5-9 所示。

在这几种元器件引线的弯曲形状中，图 5-9（a）比较简单，适合于手工装配；图 5-9（b）适合于机械成型和自动插装焊接，特别可以避免元器件在设备夹持或焊接过程中从印制板上脱落；图 5-9（c）虽然对某些怕热元器件在焊接时的散热有利，但因为加工比较麻烦，现在已经很少采用。

无论采用哪种方法，都应该按照元器件在印制板上孔位的尺寸要求，使其弯曲成型的引线能够方便地插入孔内。为了避免损坏元器件，成型必须注意以下两点：

（1）引线弯曲的最小半径不得小于引线直径的 2 倍，不能生硬地打弯或"打死弯"。

（2）引线弯曲处距离元器件本体至少在 2mm 以上，绝对不能从引线的根部开始弯折。对于那些容易崩裂的玻璃封装的元器件，引线成型时尤其要注意这一点。

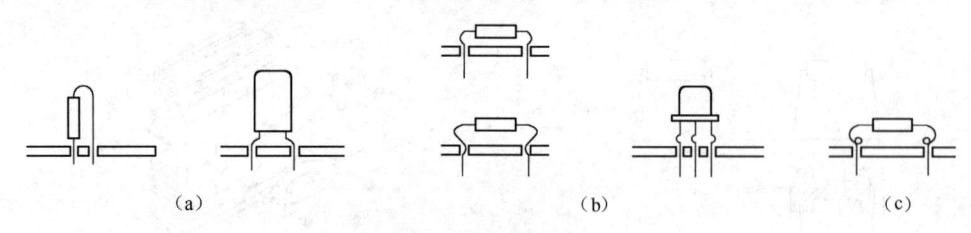

图 5-9 元器件引线弯曲成型

2．元器件的插装

元器件插装到印制电路板上，无论是卧式安装还是立式安装，这两种方式都应该使元器件的引线尽可能短一些。在单面印制板上卧式装配时，小功率元器件总是平行地紧贴板面；在双面板上，元器件则可以离开板面约 0.5～1mm，避免因元器件发热而削弱铜箔对基板的附着力，并防止元器件的裸露部分同印制导线短路。

插装元器件还要注意以下原则：

（1）装配时，应该先安装那些需要机械固定的元器件，如功率器件的散热器、支架、卡子等，然后再安装靠焊接固定的元器件。否则，就会在机械紧固时，使印制板受力变形而损坏其他元器件。

（2）各种元器件的安装方向，应该使它们的标记（用色码或字符标注的数值、精度等）朝上或朝着易于辨认的方向，注意标记的读数方向一致（从左到右或从上到下）；卧式安装的元器件，尽量使两端引线的长度相等对称，把元器件放在两孔中央，排列要整齐，如图 5-10 所示。有极性的元器件，插装时要保证方向正确。

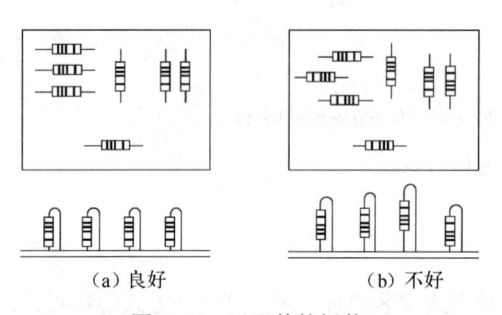

图 5-10 元器件的插装

（3）当元器件在印制电路板上立式装配时，单位面积上容纳元器件的数量较多，适合于机壳内空间较小、元器件紧凑密集的产品。但立式装配的机械性能较差，抗振能力弱，如果元器件倾斜，就有可能触碰到临近的元器件而造成短路。立式装配方式需要手工操作，除了那些成本低廉的民用小产品之外，在档次较高的电子产品中不会采用。

（4）在非专业化条件下批量制作电子产品时，通常是安装元器件与焊接同步进行操作。应该先装配焊接那些比较耐热的元器件，如接插件、小型变压器、电阻、电容等；然后再装配焊接那些比较怕热的元器件，如各种半导体器件及塑料封装的元件。

5.2 手工焊接技术

焊接是制造电子产品的重要环节之一，如果没有相应的工艺质量保证，任何一个设计精良的电子装置都难以达到设计指标。在科研开发、设计试制、技术革新的过程中，制作实验性样板、试验新的技术方案时，不可能也没有必要采用自动焊接设备，经常需要手工装焊；在对新产品进行调试、对生产过程中带有缺陷的产品进行维修，也是以手工焊接为主。可以说，手工焊接的水平能够反映技术人员的动手能力，表现技术工人的技能素质。

5.2.1 焊接分类与锡焊的条件

1. 焊接的分类

焊接技术在电子工业中的应用是非常广泛的，表 5-1 列出了现代焊接技术的主要类型。在电子工业中，几乎各种焊接方法都要用到，但使用最普遍、最有代表性的是锡焊方法。锡焊是焊接的一种，它是将焊件和熔点比焊件低的焊料共同加热到锡焊温度，在焊件不熔化的情况下，焊料熔化并浸润焊接面，依靠二者的扩散形成焊件的连接。其主要特征有以下三点：

（1）焊料熔点低于焊件；

（2）焊接时将焊料与焊件共同加热到锡焊温度，焊料熔化而焊件不熔化；

（3）焊接的形成依靠熔化状态的焊料浸润焊接面，由毛细作用使焊料进入焊件的间隙，形成一个合金层，从而实现焊件的结合。

除了含有大量铬、铝等元素的一些合金材料不宜采用锡焊焊接外，其他金属材料大都可以采用锡焊焊接。锡焊方法简便，只需要使用简单的工具（如电烙铁）即可完成焊点整修、元器件拆换、重新焊接等工艺过程。此外，锡焊还具有成本低、易实现自动化等优点，在无线电工程中，它是使用最早、最广、占比重最大的焊接方法。

表 5-1 现代焊接技术的主要类型

大类	中类	小类	细分
加压焊（加热或不加热）	不加热	冷压焊	
		超声波焊	
		爆炸焊	
	加热到塑性	电阻焊	
		储能焊	
		脉冲焊	
		高频焊	
		扩散焊	
	加热到局部熔化	接触焊	对焊
			点焊
			缝焊
		锻焊	
		摩擦焊	
熔焊（母材熔化）		电渣焊	
		等离子焊	
		电子束焊	
		电弧焊	手工焊
			埋弧焊
			气体保护焊
		激光焊	
		热剂焊	
		气焊	
钎焊（母材不熔化，焊料熔化）注：软钎焊：焊料熔点<450℃ 硬钎焊：焊料熔点>450℃		锡焊	手工烙铁焊
			浸焊
			波峰焊
			再流焊
		火焰钎焊	铜焊
			银焊
		碳弧钎焊	
		电阻钎焊	
		高频感应钎焊	
		真空钎焊	

2. 锡焊必须具备的条件

进行锡焊，必须具备的条件有以下几点。

（1）焊件必须具有良好的可焊性

可焊性是指在适当温度下，被焊金属材料与焊锡能良好结合形成合金的性能。不是所有的金属都具有良好的可焊性，有些金属如铬、钼、钨等的可焊性就非常差；有些金属的可焊性又比较好，如紫铜、黄铜等。在焊接时，由于高温使金属表面产生氧化膜，影响材料的可焊性。为了提高可焊性，一般采用表面镀锡、镀银甚至镀金等措施来防止表面的氧化。

（2）焊件表面必须保持清洁

为了使焊锡和焊件达到良好的结合，焊接表面一定要保持清洁。即使是可焊性良好的焊件，由于储存或被污染，都可能在焊件表面产生有害的氧化膜和油污。在焊接前务必把污膜清除干净，否则无法保证焊接质量。金属表面轻度的氧化层可通过焊剂作用来清除，氧化程度严重的金属表面，则应采用机械或化学方法清除，如刮除或酸洗等。

（3）要使用合适的助焊剂

助焊剂的作用是清除焊件表面的氧化膜。不同的焊接工艺，应该选择不同的助焊剂，如镍铬合金、不锈钢、铝等材料，没有专用的特殊焊剂是很难实施锡焊的。在焊接电子线路板等精密电子产品时，为使焊接可靠稳定，通常采用松香助焊剂。一般是用酒精将松香溶解成松香水使用。

（4）焊件要加热到适当的温度

焊接时，热能的作用是熔化焊锡和加热被焊金属，使锡、铅原子获得足够能量渗透到被焊金属表面的晶格中而形成合金。焊接温度过低，对焊料原子渗透不利，无法形成合金，极易形成虚焊；焊接温度过高，会使焊料处于非共晶状态，加速焊剂分解和挥发速度，使焊料品质下降，严重时还会导致印制电路板上的焊盘脱落。

需要强调的是，不但焊锡要加热到熔化，而且应该同时将焊件加热到能够熔化焊锡的温度。

（5）合适的焊接时间

焊接时间是指在焊接全过程中，进行物理和化学变化所需要的时间。它包括被焊金属达到焊接温度的时间、焊锡的熔化时间、助焊剂发挥作用及生成金属合金的时间几个部分。当焊接温度确定后，就应根据被焊件的形状、性质、特点等来确定合适的焊接时间。焊接时间过长，易损坏元器件或焊接部位；过短，则达不到焊接要求。一般，每个焊点焊接一次的时间最长不超过 5s。

5.2.2 焊接前的准备

1. 可焊性处理——镀锡

为了提高焊接的质量和速度，避免虚焊等缺陷，应该在装配以前对焊接表面进行可焊性处理——镀锡。没有经过清洗并涂覆助焊剂的印制电路板，要按照前面介绍过的方法进行处理。在电子元器件的待焊面（引线或其他需要焊接的地方）镀上焊锡，是焊接之前一道十分重要的工序，尤其是对于一些可焊性差的元器件，镀锡更是至关紧要的。专业电子生产厂家都备有专门的设备进行可焊性处理。

镀锡，实际就是液态焊锡对被焊金属表面浸润，形成一层既不同于被焊金属又不同于焊锡的结合层。由这个结合层将焊锡与待焊金属这两种性能、成分都不相同的材料牢固连接起来。

镀锡有以下工艺要点：

（1）待镀面应该清洁

有人认为，既然在锡焊时使用焊剂助焊，就可以不注意待焊表面的清洁，这是错误的想法。因为这样会造成虚焊之类的焊接隐患。实际上，助焊剂的作用主要是在加热时破坏金属表面的氧化层，但它对锈迹、油迹等并不能起作用。各种元器件、焊片、导线等都可能在加工、存储的过程中带有不同的污物。对于较轻的污垢，可以用酒精或丙酮擦洗；严重的腐蚀性污点，只有用刀刮或用砂纸打磨等机械办法去除，直到待焊面上露出光亮的金属本色为止。

在非专业条件下进行装配焊接，首先要仔细观察元器件的引线原来是哪种镀层，按照不同的方法进行清洁。一般引线上常见的镀层有银、金和铅锡合金等几种材料：镀银引线容易产生不可焊接的黑色氧化膜，必须用小刀轻轻刮去，直到露出导线的紫铜表面；如果是镀金引线，因为其基材难于镀锡，要注意不能把镀金层刮掉，可以用绘图用的粗橡皮擦去引线表面的污物；镀铅锡合金的引线可以在较长的时间内保持良好的可焊性，所以新购买的正品元器件（铅锡合金或无铅焊料镀层在可焊性合格的期限内），可以免去对引线的清洁和镀锡工序。

然后，对经过清洁的元器件引线浸涂助焊剂（酒精松香水）。对那些用小刀刮去氧化膜的引线，还要进行镀锡。

（2）温度要足够

被焊金属表面的温度应该接近焊锡熔化时的温度，才能与焊锡形成良好的结合层。要根据焊件的大小，使用相应的焊接工具，供给足够的热量。由于元器件所承受的温度不能太高，所以必须掌握恰到好处的加热时间。

（3）要使用有效的助焊剂

在焊接电子产品时，广泛使用酒精松香水作为助焊剂。这种助焊剂无腐蚀性，在焊接时去除氧化膜，增加焊锡的流动性，使焊点可靠美观。正确使用有效的助焊剂，是获得合格焊点的重要条件之一。

注意：松香经过反复加热就会炭化失效，松香发黑是失效的标志。失效的松香是不能起到助焊作用的，应该及时更换。否则，反而会引起虚焊。

2. 小批量生产中的元器件镀锡

在小批量生产中，可以按照图 5-11 所示的操作步骤，使用锡锅进行镀锡。还有一种专用锡锅是利用感应加热的原理制成的。无论使用哪一种，都要注意保持锡的合适温度，不能太低，但也不能太高，否则锡的表面将被很快氧化。焊锡的温度可根据液态金属的流动性做出大致的判定：温度高，则流动性好；温度低，则流动性差。电炉的电源可以通过调压器供给，以便于调节锡锅的最佳温度。在使用过程中，要不断刮去锡锅里熔融焊锡表面的氧化层和杂质。

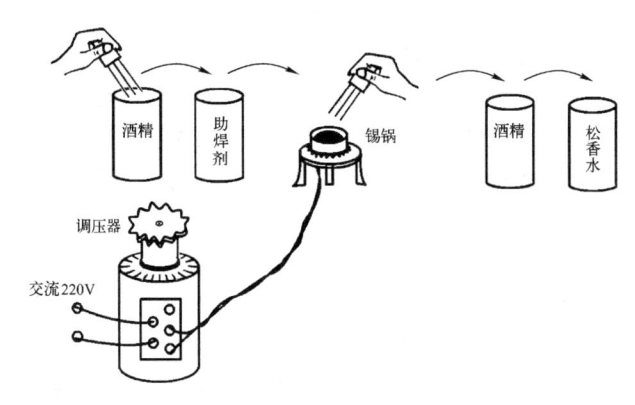

图 5-11　锡锅镀锡操作示意图

在业余条件下，一般不可能用锡锅镀锡。也可以用蘸锡的电铬铁沿着浸蘸了助焊剂的引线加热，要注意使引线上的镀锡层薄而均匀。

待焊件（电子元器件的引线等焊接面）在经过镀锡以后，良好的镀层表面应该均匀光亮，没有颗粒及凹凸点。如果镀后立即使用，可以免去浸蘸助焊剂的步骤。假如原来焊件表面污物太多，要在镀锡之前采用机械办法预先去除。

在大规模生产中，从元器件清洗到镀锡，都由自动生产线完成。中等规模的生产亦可使用搪锡机给元器件镀锡。还可以用化学方法去除焊接面上的氧化膜。

研究表明，国产元器件引线的可焊性已经取得了较大的进步，元器件在存储 15 个月以后，引线上的锡铈镀层仍然具有良好的可焊性。对于此类元器件，在规定期限内完全可免去镀锡的工序。现在市场上常见的元器件大多是采用这种方法处理过的，为保证表面镀锡层的完好，在焊接前不要用刀、砂纸等机械方法或化学方法打磨表面。也有一些元器件是早年生产的，引脚表面大多氧化，在使用前必须做好处理，以保证焊接质量。

3. 多股导线镀锡

在一般电子产品中，用多股导线进行连接还是很多的。连接导线的焊点发生故障是比较常见的，这同导线接头处理不当有很大关系。对导线镀锡，要把握以下几个要点。

（1）剥去绝缘层不要伤线

使用剥线钳剥去导线的绝缘层，若刀口不合适或工具本身质量不好，容易造成多股线头中有少数几根断掉或者虽未断离但有压痕，这样的线头在使用中容易断开。

（2）多股导线的线头要很好绞合

剥好的导线端头，一定要先将其绞合在一起，否则在镀锡时就会散乱。一两根散线也很容易造成电气故障。

（3）涂助焊剂镀锡要留有余地

通常在镀锡前要将导线头浸蘸松香水。有时，也将导线搁在放有松香的木板上，用电烙铁给导线端头涂覆一层焊剂，同时也镀上焊锡。要注意，不要让锡浸入导线的绝缘皮中，最好在绝缘皮前留出1～3mm的间隔，使这段没有镀锡。这样镀锡的导线，在穿管时很好用，也便于检查导线有无断股。

5.2.3　手工电烙铁焊接基本技能

使用电烙铁进行手工焊接，掌握起来并不困难，但却有一定技术要领。提高焊接的质量，要从四个方面入手：材料、工具、方法、操作者。

其中最主要的当然还是人的技能。没有经过相当时间的焊接实践和体验，就不能很好掌握技术要领；即使是从事焊接工作较长时间的技术工人，也不能保证每个焊点的质量完全一致。只有充分了解焊接原理再加上用心实践，才有可能在较短的时间内学会焊接的基本技能。

对于初学焊接的人，应该注意这样几点：
- 稳定情绪，有耐心，一定要克服急于求成的愿望；
- 认真踏实，一丝不苟，不能把焊接质量问题留到整机电路调试时再去解决；
- 勤于练习，熟能生巧，通过一定时间的练习，操作技艺肯定会不断提高。

下面介绍的一些具体方法和注意要点，都是实践经验的总结，是初学者迅速掌握焊接技能的捷径。

1．焊接操作的正确姿势

焊接操作时会产生烟雾，这些烟雾对人体是有害的，在长期进行焊接的场所，应该配备良好的通风设施。为减少助焊剂加热时挥发出的化学物质对人的危害，减少有害气体的吸入量，一般情况下，电烙铁到鼻子的距离通常以30cm为宜，至少应该多于20cm。掌握正确的焊接操作姿势，可以保证操作者的身心健康，减轻劳动伤害。

一般情况下，学生参加电子工艺实训时，可以按照图5-12（a）的方法，右手像握笔一样手持电烙铁，左手拿焊锡丝，这种方法适合在工作台上焊接普通电路板上的元器件。假如焊接对象不同，应该调整操作手法：使用大功率的电烙铁，焊接面位于操作者的下方，可以采用如图5-12（b）所示的反握法，这种方法动作稳定，长时间操作不易疲劳；若焊点位于操作者前方的竖直面上，可以用如图5-12（c）所示的正握法手持电烙铁进行操作，这种方法也适合于操作中功率电烙铁或带弯头的电烙铁；在连续焊接时，左手拿焊锡丝的方法也可以变为图5-12（d）的形式。

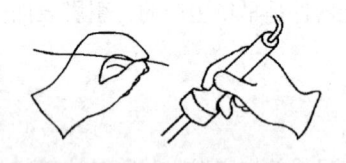

（a）焊接一般电子产品时的手法　　（b）反握法手持电烙铁　　（c）正握法手持电烙铁　　（d）手持焊锡丝连续焊接

图5-12　焊接操作的正确手法

注意：锡铅焊锡丝中含有对人体有害的铅，在操作时最好戴手套并在操作以后洗手，避免吸入或食入铅尘。无铅焊锡丝也可能含有一定的有毒物质。

电烙铁使用以后，一定要稳妥地插放在烙铁架上，并注意导线等物不要碰到烙铁头，以免烫伤导线，造成漏电等事故。

2. 焊接操作的基本步骤

掌握好电烙铁的温度和焊接时间，选择恰当的烙铁头和焊点的接触位置，才可能得到良好的焊点。正确的焊接操作过程可以分成五个步骤，如图 5-13 所示。

（1）步骤一：准备施焊

左手拿焊丝，右手握电烙铁，进入备焊状态。要求烙铁头保持干净，无焊渣等氧化物，并在表面镀有一层焊锡。

（2）步骤二：加热焊件

烙铁头靠在两焊件的连接处，加热整个焊件全体，时间大约为 1~2s。对于在印制板上焊接元器件来说，要注意使烙铁头同时接触焊盘和元器件的引线。例如，图 5-13（b）中的导线与焊盘、导线与接线柱要同时均匀受热。

（3）步骤三：送入焊丝

焊件的焊接面被加热到一定温度时，焊锡丝从电烙铁对面接触焊件。注意：不要把焊锡丝送到烙铁头上！

（4）步骤四：移开焊丝

当焊丝熔化一定量后，立即向左上 45°方向移开焊丝。

（5）步骤五：移开电烙铁

焊锡浸润焊盘和焊件的施焊部位以后，向右上 45°方向移开电烙铁，结束焊接。从步骤三开始到步骤五结束，时间大约也是 1~2s。

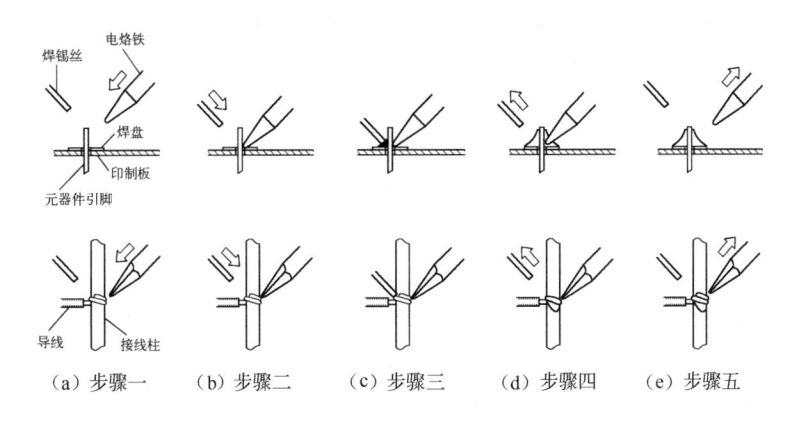

（a）步骤一　（b）步骤二　（c）步骤三　（d）步骤四　（e）步骤五

图 5-13　锡焊五步操作法

对于热容量小的焊件，例如印制板上较细导线的连接，可以简化为三步操作。

① 准备：同上步骤一。

② 加热与送丝：烙铁头放在焊件上后即放入焊锡丝。

③ 去丝移电烙铁：焊锡在焊接面上扩散达到预期范围后，立即拿开焊锡丝并移开电烙铁，并注意移去焊锡丝的时间不得滞后于移开电烙铁的时间。

对于吸收低热量的焊件而言，上述整个过程不过 2~4s，各步骤时间的节奏控制，顺序的准确掌握，动作的熟练协调，都是要通过大量实践并用心体会才能解决的问题。有人总结出了在五步骤操作法中用数秒的办法控制时间：烙铁接触焊点后数一、二（约 2s），送入焊丝后数三、四，移开烙铁，焊锡丝熔化量要靠观察决定。此办法可以参考，但由于电烙铁功率、焊点热容量的差别等因素，实际掌握焊接火候并无定章可循，必须具体条件具体对待。试想，对于一个热容量较大的焊点，若使用功率较小的烙铁焊接时，在上述时间内,可能温度还不能使焊锡熔化，那么还谈什么焊接呢？

3. 焊接温度与加热时间

在介绍锡焊机理和条件时已经讲过，适当的温度对形成良好的焊点是必不可少的。这个温度究竟如何掌握呢？当然，根据有关数据，可以很清楚地查出不同的焊件材料所需要的最佳温度，得到有关曲线。但是，在一般的焊接过程中，不可能使用温度计之类的仪表来随时检测，而是希望用更直观明确的方法来了解焊件温度。

经过试验得出，烙铁头在焊件上停留的时间与焊件温度的升高是正比关系。同样的电烙铁，加热不同热容量的焊件时，想达到同样的焊接温度，可以通过控制加热时间来实现，但在实践中又不能仅仅依此关系决定加热时间。例如，用小功率电烙铁加热较大的焊件时，无论烙铁头停留的时间多长，焊件的温度也上不去，原因是烙铁的供热容量小于焊件和电烙铁在空气中散失的热量。此外，为防止内部过热损坏，有些元器件也不允许长期加热。

加热时间对焊件和焊点的影响及其外部特征是什么呢？如果加热时间不足，使焊料不能充分浸润焊件，会形成松香夹渣而虚焊。反之，过量的加热，除有可能造成元器件损坏以外，还有如下危害和外部特征：

（1）焊点外观变差。如果焊锡已经浸润焊件以后还继续过量加热，将使助焊剂全部挥发完，造成熔态焊锡过热而降低流动性，当电烙铁离开时容易拉出锡尖，同时焊点表面发白，出现粗糙颗粒，失去光泽。

（2）高温造成所加松香助焊剂分解炭化。松香一般在 210℃开始分解，不仅失去助焊剂的作用，而且造成焊点夹渣而形成缺陷。如果在焊接中发现松香发黑，肯定是加热时间过长所致。

（3）过量受热会破坏印制板上铜箔的黏合层，导致焊盘剥落。因此，在适当的加热时间里，准确掌握加热火候是优质焊接的关键。

4. 焊接操作的具体手法

在保证得到优质焊点的目标下，具体的焊接操作手法可以因人而异，但下面这些前人总结的方法，对初学者的指导作用是不可忽略的。

（1）保持烙铁头的清洁

焊接时，烙铁头长期处于高温状态，又接触助焊剂等弱酸性物质，其表面很容易氧化并沾上一层黑色杂质。这些杂质形成隔热层，妨碍了烙铁头与焊件之间的热传导。因此，要注意随时用烙铁架上的树脂海绵蹭去烙铁头上的杂质。用一块湿布或湿海绵随时擦拭烙铁头，也是常用的方法之一。对于普通烙铁头，在污染严重时可以使用锉刀锉去表面氧化层；对于长寿命烙铁头，就绝对不能使用这种方法了。

（2）靠增加接触面积来加快传热

加热时，应该让焊件上需要焊锡浸润的各部分均匀受热，而不能仅仅加热焊件的一部分，更不要通过烙铁对焊件增加压力，以免造成损坏或不易觉察的隐患。有些初学者企图加快焊接，用烙铁头对焊接面施加压力，这是不对的。正确的方法是，要根据焊件的形状选用不同的烙铁头，或者自己修整烙铁头，让烙铁头与焊件形成面的接触而不是点或线的接触。这样，就能大大提高效率。在图 5-13（b）的基础上，对电烙铁接触焊接面的位置做进一步分析，如图 5-14 所示。

（3）加热要靠焊锡桥

在非流水线作业中，焊点形状是多种多样的，不大可能不断更换烙铁头。要提高加热的效率，需要有进行热量传递的焊锡桥。所谓焊锡桥，就是在烙铁头上保留少量焊锡，作为加热时烙铁头与焊件之间传热的桥梁。由于金属熔液的导热效率远远高于空气，使焊件很快就被加热到焊接温度。应该注意，作为焊锡桥的锡量不可保留过多，以免造成焊点误连。

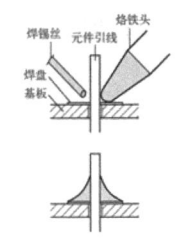

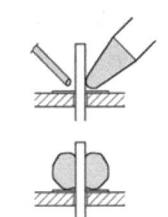

(a) 烙铁头同时加热焊盘和引线，形成合格的焊点　　(b) 烙铁头只加热了引线，形成不合格的焊点；焊锡只包裹了引线　　(c) 烙铁头只加热了焊盘，形成不合格的焊点；焊锡只覆盖了焊盘

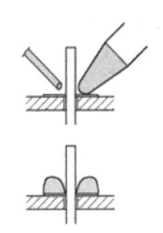

图 5-14　烙铁头接触焊接面的位置图示

（4）电烙铁撤离有讲究

电烙铁的撤离要及时，而且撤离时的角度和方向与焊点的形成有关。图 5-15 所示为电烙铁不同的撤离方向对焊点大小的影响。

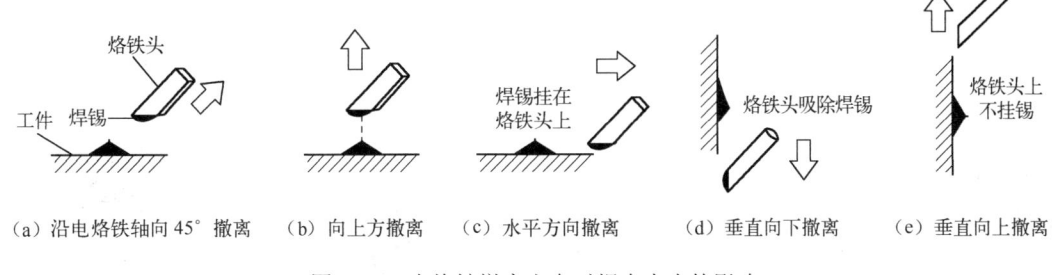

(a) 沿电烙铁轴向 45°撤离　　(b) 向上方撤离　　(c) 水平方向撤离　　(d) 垂直向下撤离　　(e) 垂直向上撤离

图 5-15　电烙铁撤离方向对焊点大小的影响

（5）在焊锡凝固之前不能动

切勿使焊件移动或受到振动，特别是用镊子夹住焊件时，一定要等焊锡凝固后再移走镊子，否则极易造成虚焊。

（6）焊锡用量要适中

手工焊接常使用管状焊锡丝，内部已装有松香和活化剂制成的助焊剂。焊锡丝的直径有 0.5mm、0.8mm、1.0mm、…、5.0mm 等多种规格，要根据焊点的大小选用。一般，应使焊锡丝的直径略小于焊盘直径。

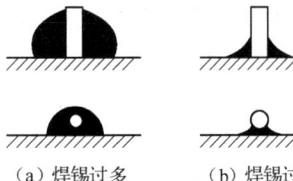

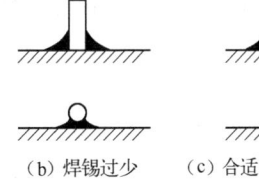

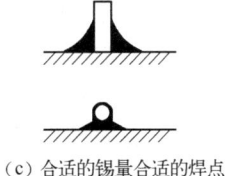

图 5-16 所示过量的焊锡不但无必要地消耗了焊料，而且还增加焊接时间，降低工作速度。更为严重的是，过量的焊锡很容易造成不易觉察的短路故障。焊锡过少也不能形成牢固的结合，同样是不利的。特别是焊接印制板引出导线时，焊锡用量不足，极容易造成导线脱落。

(a) 焊锡过多　　(b) 焊锡过少　　(c) 合适的锡量合适的焊点

图 5-16　焊锡量的掌握

（7）助焊剂用量要适中

适量的助焊剂有利于焊接。过量使用松香助焊剂，焊接以后必须擦除多余的助焊剂，并且延长了加热时间，降低了工作效率。当加热时间不足时，又容易形成"夹渣"的缺陷。焊接开关、接插件时，过量的助焊剂容易流到触点处，会引起接触不良。合适的助焊剂量，应该是仅能润湿将要形成的焊点，不会透过印制板流到元件面或插孔里。对使用松香芯焊丝的焊接来说，不需要再涂松香水。目前，印制板生产厂在板子出厂前大多在板面上喷涂过酒精松香水，无需再加助焊剂。

（8）不要把烙铁头作为运载焊料的工具

有人习惯用烙铁尖沾上焊锡再去焊接，结果造成焊料的氧化。这是一种错误的方法，因为烙铁头的温度一般都在 300℃以上，焊锡丝中的助焊剂会在"运载"过程中分解失效，焊锡过热氧化，也处于低质量状态。

5.2.4 手工焊接技巧

1. 有机注塑元件的焊接

现在，大量有机玻璃、聚氯乙烯、聚乙烯、酚醛树脂等有机材料广泛应用在电子元器件、零部件的制造中。通过注塑工艺，它们可以被制成各种形状复杂、结构精密的开关和插接件等，成本低、精度高、使用方便，但缺点是不能承受高温。在焊接这类元件的接点时，如果不注意控制加热时间，极容易造成有机材料的热变形，导致零件失效或降低性能，造成隐患。图 5-17 是钮子开关结构示意图以及由于焊接不当造成失效的例子，图中所示的失效原因为：

① 图（b）为施焊时侧向加力，使接线片变形，导致开关不通。
② 图（c）为焊接时垂直施力，使接线片 2 垂直位移，导致开关闭合时接线片 1 不能导通。
③ 图（d）为焊接时加助焊剂过多，沿接线片浸润到接点上，导致接点绝缘或接触电阻过大。
④ 图（e）为镀锡时间过长，使开关下部塑壳软化，接线片因自重移位，导致簧片无法接通。

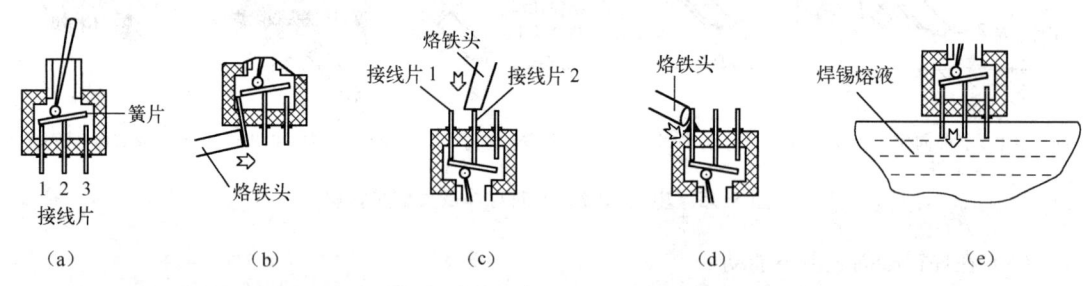

图 5-17 钮子开关结构示意图及焊接不当导致失效的例子

正确的焊接方法应当是：
（1）焊前处理，在元件预处理时清理好焊接点，一次镀锡成功，特别是将元件放在锡锅中浸镀时，更要掌握好浸入深度及时间。
（2）焊接时，要选择尖一些的烙铁头，以便在焊接时不碰到相邻接点。
（3）非必要时，尽量不使用或少用助焊剂，防止助焊剂浸入机电元件的触点。本书作者在调研中发现，有些电子工艺实训中心为追求低成本，所选择的产品可焊性很差，特别是印制电路板基本上不沾锡，这就应该进行预处理，在焊接前为电路板涂抹助焊剂，以免在焊接时不恰当地使用助焊剂。
（4）烙铁头在任何方向上都不要对接线片施加压力，避免接线片变形。
（5）在保证润湿的情况下，焊接时间越短越好。实际操作中，在焊件可焊性良好时，只需要用沾锡的烙铁头轻轻一点即可。焊接后，不要在塑料壳冷却前对焊点进行牢固性试验。

2. 焊接簧片类元件的要领

簧片类元件如继电器、波段开关等，其特点是在制造时给接触簧片施加了预应力，使之产生适当弹力，保证电接触的性能。安装焊接过程中，不能对簧片施加过大的外力和热量，以免破坏接触点的弹力，造成元件失效。所以，簧片类元件的焊接要领是：
- 可焊性预处理；
- 加热时间要短；
- 不要对焊点任何方向加力；
- 焊锡用量宜少而不宜多。

3. MOSFET 和集成电路的焊接

MOSFET，特别是绝缘栅型场效应器件，由于输入阻抗很高，如果不按规定采取防静电措施，操作过程很可能使内部电路击穿而失效。

双极型集成电路不像 MOS 集成电路那样娇气，但由于内部集成度高，通常管子的隔离层都很薄，一旦过热也容易损坏。一般，无论哪种电路管芯都不要承受高于 200℃的温度，焊接时必须非常小心。

焊接这类器件时应该注意：

（1）引线如果采用镀金处理或已经镀锡的，可以直接焊接。不要用刀刮引线，最多只需要用酒精擦洗就可以了。

（2）焊接 CMOS 电路，应当对电烙铁采取防静电措施。如果事先已将芯片的各引线短路，焊前不要拿掉短路线。

（3）在保证浸润的前提下，尽可能缩短焊接时间，一般每个焊点不要超过 2s。

（4）注意保证电烙铁良好接地。必要时，还要采取人体接地的措施（佩戴防静电腕带、穿防静电工作鞋）。

（5）使用低熔点的焊料，熔点一般不要高于 183℃。

（6）工作台面铺上防静电胶垫。如果铺有其他橡胶、塑料等易于积累静电的材料，则器件及印制板等不宜放在台面上，以免静电损伤。

（7）使用电烙铁，内热式的功率不超过 20W，外热式的功率不超过 30W，且烙铁头应该尖一些，防止焊接一个端点时碰到相邻端点。

（8）集成电路若不使用插座而是直接焊到印制板上，安全焊接的顺序是地端→输出端→电源端→输入端。

现代的元器件在设计、生产的过程中，都认真地考虑了静电及其他损坏因素，只要按照规定操作，一般不会损坏。在操作时也不必如临大敌、过分担心。

4. 导线连接方式

导线同接线端子、导线同导线之间的连接有三种基本形式，如图 5-18 所示。

（1）绕焊（见图 5-18（a））

导线和接线端子的绕焊，是把经过镀锡的导线端头在接线端子上绕一圈，用钳子拉紧缠牢后进行焊接。在缠绕时，导线一定要紧贴端子表面，绝缘层不要接触端子。一般取 $L=1\sim 2$mm 为宜。

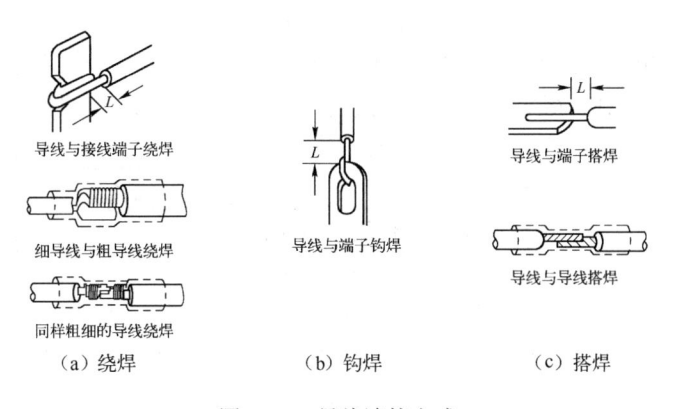

图 5-18 导线连接方式

导线与导线的连接以绕焊为主，操作步骤如下：

① 去掉导线端头一定长度的绝缘皮；

② 导线端头镀锡，并给导线套上合适的热缩套管；

③ 两条导线绞合，焊接；

④ 趁热把套管推到接头焊点上，用热风或用电烙铁烘烤热缩套管，套管冷却后应该固定并紧裹在接头上。这样能够保证连接的可靠性。

（2）钩焊（见图 5-18（b））

将导线弯成钩形，钩在接线端子上，用钳子夹紧后再焊接。其端头的处理方法与绕焊相同。这种方法的强度低于绕焊，但操作简便。

（3）搭焊（见图 5-18（c））

搭焊连接最方便，但强度及可靠性最差。把经过镀锡的导线搭到接线端子上进行焊接，仅用在临时连接或不便于缠、钩的地方以及某些接插件上。

对调试或维修中导线的临时连接，也可以搭接。这种搭焊连接不能用在正规产品中。

5．杯形焊件焊接法

尺寸较大的接线柱和接插件散热较快，如果焊接时间不足，容易造成"冷焊"，在焊接时应该选用功率较大的电烙铁。这种焊件一般是和多股软线连接，焊前要先对导线进行处理，绞紧各股软线，然后镀锡，对杯形件也要进行处理。操作方法如图 5-19 所示。

（1）往杯形孔内滴助焊剂。若孔较大，用脱脂棉签蘸助焊剂在孔内均匀擦一层。

（2）用电烙铁加热并将锡熔化，靠浸润作用流满内孔。

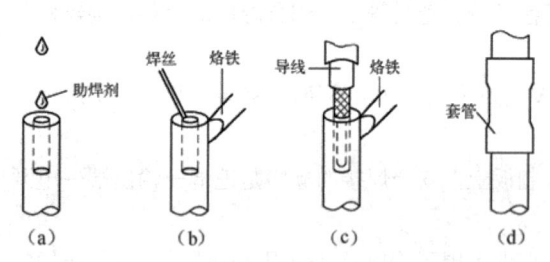

图 5-19 杯形接线柱焊接方法

（3）维持电烙铁加热，将导线垂直插入到孔的底部，看到导线已经被焊锡充分润湿后才能移开电烙铁。在焊锡凝固前，切不可移动导线。

（4）焊锡完全冷却凝固后立即套上热缩套管，使套管紧紧包裹接线柱和导线的连接处。

6．平板件和导线的焊接

如图 5-20 所示，在金属板上焊接的关键是往板上镀锡。一般金属板的表面积大，吸热多而散热快，要用功率较大的电烙铁。根据板的厚度和面积的不同，选用 50~300W 的电烙铁为宜。若板的厚度在 0.3mm 以下时，也可以用 20W 电烙铁，但要适当增加焊接时间。

对于紫铜、黄铜、镀锌板等材料，只要表面清洁干净，使用少量的助焊剂，就可以镀上锡。如果要使焊点更可靠，可以先在焊区用力划出一些刀痕再镀锡。

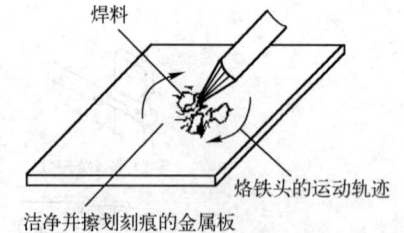

图 5-20 金属板表面的焊接

因为铝板表面在焊接时很容易生成氧化层，且不能被焊锡浸润，采用一般方法很难镀上焊锡。但事实上，铝及其合金本身却是很容易"吃锡"的，镀锡的关键是破坏铝的氧化层。可先用刀刮干净待焊面并立即加上少量助焊剂，然后用烙铁头适当用力在板上做圆周运动，同时将一部分焊锡熔化在待焊区。这样，靠烙铁头破坏氧化层并不断地将锡镀到铝板上。铝板镀上锡后，焊接就比较容易了。当然，也可以使用酸性助焊剂（如焊油），只是焊接后要及时彻底清洗干净。

5.2.5 手工焊接 SMT 元器件

1. SMT 手工焊接的要求与条件

检修 SMT 电路板的主要工作是更换性能失效或连接错误的元器件，恢复电路的功能。要完成检修工作，必须使用有效的检测和修理工具，才能准确判断和更换发生故障的元器件而不损坏电路的其他部分。在生产企业里，焊接 SMT 元器件主要依靠自动焊接设备，但在维修电子产品或者研究单位制作样机时，检测、焊接 SMT 元器件都可能需要手工操作。

在高密度的电路板上，越来越多地使用了微型贴片元器件，如 BGA、CSP、倒装芯片等，完全依靠手工难以完成焊接，有时必须借助半自动的维修设备和工具。

（1）手工焊接贴片元器件与焊接 THT 元器件的不同

① 焊接材料。焊锡丝更细，一般要使用直径 0.5～0.8mm 的活性焊锡丝，也可以使用膏状焊料（焊锡膏）；但要使用腐蚀性小、无残渣的免清洗助焊剂。

② 工具设备。使用更小巧的专用镊子，最好使用恒温电烙铁，功率不超过 20W，烙铁头是尖细的锥状；若使用普通电烙铁，电烙铁的金属外壳应该接地，防止感应电压损坏元器件。如果提高要求，最好备有热风工作台、SMT 维修工作站和专用工装。

SMC、SMD 器件对温度比较敏感，焊接时间不能太长，一般不超过 4s，焊锡熔化即抬起烙铁头。由于片状元器件的体积小，其焊接面与烙铁头接触的面积更小。焊接时更要注意：

- 焊接前要将烙铁尖擦干净。焊接过程中烙铁头不要碰到其他元器件。
- 对被焊件镀锡时，先将烙铁尖接触待镀锡处 1s，然后再放焊料，焊锡熔化后立即撤回电烙铁。
- 焊接完毕后，要用带照明的 2～5 倍放大镜，仔细检查焊点是否牢固、有无虚焊现象。

③ 要求操作者熟练掌握 SMT 的检测、焊接技能，积累一定工作经验。

④ 要遵循严格的操作规程。

（2）电烙铁的焊接温度设定

焊接时，对电烙铁的温度设定非常重要。最适合的焊接温度，是让焊点上的焊锡温度比焊锡的熔点高 50℃左右。由于焊接对象的大小、电烙铁的功率和性能、焊料的种类和型号不同，在设定烙铁头的温度时，还要在上述温度的基础上增加 100℃。

① 焊接或拆除下列元器件时，电烙铁的温度设定为 250～270℃或 250℃±20℃。

- 1206 系列（英制）以下所有 SMC 电阻、电容、电感元器件；
- 所有电阻排、电感排、电容排元器件；
- 面积在 5mm×5mm（包含引脚长度）以下并且少于 8 脚的 SMD 芯片。

② 除上述元器件，焊接温度设定为 350～370℃或 350℃±20℃。在检修 SMT 电路板时，假如不具备好的焊接条件，也可用银浆导电胶粘接元器件的焊点。这种方法避免元器件受热，操作简单，但连接强度较差。

2. 用电烙铁焊接 SMT 元器件

由于片状元器件的体积小，烙铁头尖端的截面积应该比焊接面小一些。焊接时要注意随时擦拭烙铁尖，保持烙铁头洁净；焊接时间要短，一般不要超过 2s，看到焊锡开始熔化就立即抬起烙铁头；焊接过程中烙铁头不要碰到其他元器件；焊接完成后，要用带照明灯的 2～5 倍放大镜，仔细检查焊点是否牢固、有无虚焊现象；假如焊件需要镀锡，先将烙铁尖接触待镀锡处约 1s，然后再放焊料，焊锡熔化后立即撤回电烙铁。

(1) 焊接两端元器件

参见图 5-21，焊接电阻、电容、二极管一类 SMT 两端元器件时，先在一个焊盘上镀锡后，电烙铁不要离开焊盘，保持焊锡处于熔融状态，立即用镊子夹着元器件推放到焊盘上，先焊好一个焊端，再焊接另一个焊端。

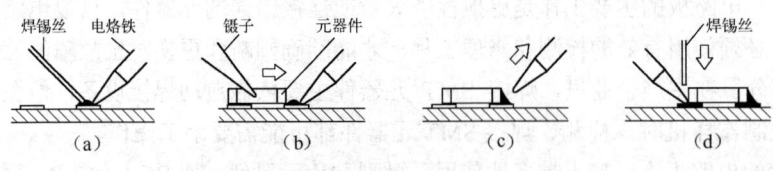

图 5-21 手工焊接 SMT 两端元器件

另一种焊接方法是，先在焊盘上涂覆助焊剂，并在基板上点一滴不干胶，再用镊子将元器件粘放在预定的位置上，先焊好一脚，后焊接其他引脚。安装钽电解电容器时，要先焊接正极，后焊接负极，以免电容器损坏。

(2) 焊接 QFP 封装的集成电路

焊接 QFP 封装的集成电路，先把芯片放在预定的位置上，用少量焊锡焊住芯片角上的 3 个引脚（见图 5-22（a）），使芯片被准确地固定，然后给其他引脚均匀涂上助焊剂，逐个焊牢（见图 5-22（b））。焊接时，如果引脚之间发生焊锡粘连现象，可按照图 5-22（c）所示的方法清除粘连：在粘连处涂抹少许助焊剂，用烙铁尖轻轻沿引脚向外刮抹。

有经验的技术工人会采用"拖焊"方法——沿着 QFP 芯片的引脚，把烙铁头快速向后拖——能得到很好的焊接效果，如图 5-22（d）所示。

焊接 SOT 晶体管或 SO、SOL 封装的集成电路与此相似，先焊住两个对角，然后给其他引脚均匀涂上助焊剂，逐个焊牢。

如果使用含松香芯或助焊剂的焊锡丝，也可一手持电烙铁另一手持焊锡丝，电烙铁与锡丝尖端同时对准欲焊接器件引脚，在锡丝被熔化的同时将引脚焊牢，焊前可不必涂助焊剂。

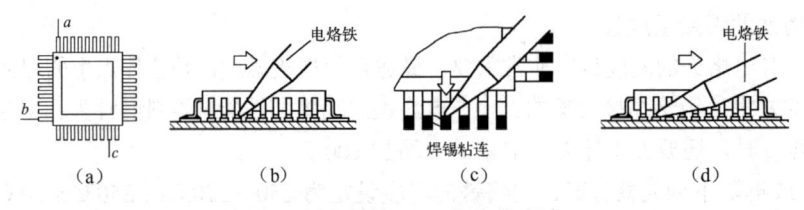

图 5-22 焊接 QFP 芯片的手法

(3) SMT 的理想焊点

焊接 SMT 元器件，无论采用哪种焊接方法，都希望得到如图 5-23 所示的理想焊点形状。其中，图（a）是无引线 SMD 元件的焊点，焊点主要产生在电极外侧的焊盘上；图（b）是翼形电极引线器件 SO/SOL/QFP 的焊点，焊点主要产生在电极引线内侧的焊盘上；图（c）是 J 形电极引线器件 PLCC 的焊点，焊点主要产生在电极引线外侧的焊盘上。良好的焊点非常光亮，其轮廓应该是微凹的漫坡形。

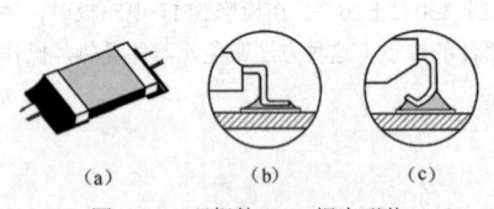

图 5-23 理想的 SMT 焊点形状

5.2.6 无铅手工焊接

近年来，无铅焊接成为电子工业制造的热门话题，世界各国纷纷展开了关于无铅焊接材料、无铅焊接设备、无铅焊接技术的研制与开发。手工焊接作为一种最基础的焊接方法，在当今的电子组装中仍然起着不可缺少的作用,怎样在手工条件下实现高质量的无铅焊接就成为关注的焦点之一。

1. 无铅焊料的定义

一般认为,当铅的含量小 0.1%~0.2%(质量百分比)时,才可以算是无铅焊料。传统的有铅焊料,多为 Sn63/Pb37,铅的百分比为 37%。由于铅对环境有较大的污染,我国从 2006 年 6 月开始推行无铅焊接。目前,在生产中使用无铅焊料有多种,设计专利技术的有 1000 种以上,有关的理论分析与测试分析文章非常多,观点也不一样。这里对几种主要的无铅焊料进行介绍。

在焊接工艺方面,首要因素就是熔点。如果按照熔点分类,可以将当前的无铅焊料分为三大类。

(1)高熔点无铅焊料(熔点在 205℃以上)
- Sn/Ag/Cu(锡-银-铜)焊料,熔点 217℃;
- Sn/Cu(锡-铜)焊料,熔点 227℃;
- Sn/Ag(锡-银)焊料,熔点 221℃;
- Sn/Ag/Cu/Bi(锡-银-铜-铋)焊料,熔点 217℃。

(2)中熔点无铅焊料(熔点在 180℃以上)
- Sn/Ag/Cu/Bi(锡-银-铜-铋)焊料,熔点 200~216℃;
- Sn/Zn(锡-锌)焊料,熔点 199℃。

(3)低熔点无铅焊料(熔点在 180℃以下)

Sn/Bi(锡-铋)焊料,熔点 138℃。

目前高熔点无铅焊料被普遍应用,又以 Sn/Ag/Cu 焊料使用最广泛,多个国际著名厂商都选用它。有人预言,Sn/Ag/Cu 将会成为无铅焊料的主要产品,但也有人持相反的观点,认为将来低熔点无铅焊料会成为主导产品。因为技术都还不是特别成熟,二者之间的焊接性能差异也不是非常明显,所以谁将成为主流,目前还没有定论。

2. 选择无铅焊料的主要因素

(1)熔点

熔点的高低决定了相关的工艺条件。虽然中低熔点无铅焊料的熔点比较低,但是它的沾锡性比较差,焊接强度不理想,不耐高温,而且价格高,大多数厂家仍会选用高熔点无铅焊料。客户在使用无铅焊料时,首先需要准确了解的是熔点,这与客户的后续使用有最直接的关系。

(2)可焊接特性

无铅焊料的可焊接特性都不如有铅焊料。但比较不同无铅焊料的可焊接特性,还是有好差之分,客户需要区别。

(3)可靠性

有些无铅焊料在 200℃以下可靠性比较好,而在高温时的可靠性比较差。一般来说,家用电器类产品,200℃以下的温度就可以了,但是对于很多需要进行返工的产品,必须经受 200℃以上的高温。所以客户在选择无铅焊料时,应该考虑这一因素。

(4)价格

含银或者含铋等贵重元素的无铅焊料的价格都比较贵,含银的比例越高,价格越高。例如,与普通有铅焊锡的价格相比,上面介绍的 Sn/Ag/Cu、Sn/Ag、Sn/Ag/Bi 类焊料的价格为 2.5 倍,Sn/Cu 类焊料的价格为 1.5 倍。

(5)是否有专利保护

有些品种的无铅焊料虽然价格高一点,但已经注册专利,电子生产厂家采用它,以后不会遇到法律问题,所以欧美、日本等电子生产厂商更愿意选用此类焊料。

3. 无铅焊接的主要技术难点

(1) 无铅焊料的焊接温度较高,这是公认的技术难点。

一般认为,无铅焊接的温度应该比熔点大约高 40℃。上面介绍的无铅焊料,熔点最高的是 227℃,再增加 40℃,也就是 267℃。

其实,在手工焊接时,温度到底要高多少度,和操作者使用什么样的电烙铁有关。如果使用的是无铅焊接专用电烙铁,温度高的幅度可以少一点,因为它的热量传递速度,在同等条件下最快。如果使用其他电烙铁,温度高的幅度就要多一点。

研究表明,使用无铅焊接专用电烙铁,可以比使用传统电烙铁时的温度低 20~30℃左右。所以,对于手工无铅焊接,不能简单地以为,传统电烙铁需要多少温度,无铅焊接专用电烙铁也需要设置到什么温度。

(2) 无论使用哪种电烙铁进行焊接,必须保证无铅焊料在该温度下保持一定的时间,才能充分润湿。

(3) 助焊剂的选择正确与否,也是影响到焊接温度是否合适的一个重要因素。

所以,焊接效果好不好,不能单纯地认为烙铁头的温度越高越好。其实,要保证手工无铅焊接的质量,除了烙铁头的温度要合适以外,还有一个重要的条件是烙铁头传给焊点的热量也要合适。因为,焊点接触面上金属合金层形成的速率与焊接温度和焊接时间有关。如果电烙铁提供的热量过大,会增加焊点合金层的厚度,这是一种脆性合金,太厚将导致焊点结合脆弱易开裂;提供的热量过小,会使焊点熔化不足。

热量传递与烙铁头温度的关系可以用一个公式说明:

$$Q = T \cdot A \cdot t \cdot W$$

式中,Q 是烙铁头向焊点传递的热量;T 是烙铁头与焊点之间的温度差;A 是烙铁头与焊点之间的接触面积;t 是烙铁头与焊点的接触时间;W 是烙铁头与焊点之间的传热系数。

显然,如果要保证足够的热量 Q,必须:

① 烙铁头与焊点之间的温度差 T 不要过小(即烙铁头的温度不要过低)。注意,传统电烙铁采用电阻发热,温度下降后恢复较慢,在烙铁头接触焊接面的瞬间 T 的值会下降,需要稍长的时间后,才能恢复到设定的值。而无铅焊接专用电烙铁采用感应加热的方式,温度几乎在瞬间就能恢复,焊铁头接触到焊点后,T 值基本不变化。所以,无铅焊接专用电烙铁的 T 值比传统电烙铁低一点,也可以达到同样的传热效果。

② 烙铁头与焊点之间的接触面积 A 不能过小,过于尖细的烙铁头不容易熔化焊料。按需要选择烙铁头的形状。对于大的焊点,尽量选用宽的烙铁头,就是这个原因。

③ 烙铁头与焊点之间需要一定的接触时间 t,一般在 3s 左右。注意,如果采用传统电烙铁,为了保证 Q 不会太少,可能采用过高的温度,使 T 过高,如果焊接时间 t 也过高,提供的焊接热量 Q 就过大,出现焊接废品的概率大增。其实,温度过高时,操作者根本无法根据 T 的变化找到合适的焊接时间 t。这也是不提倡采用传统电烙铁进行无铅焊接的原因。

④ 烙铁头与焊点之间的传热系数 W 与助焊剂的使用有关。如果焊接面上有氧化膜或者助焊剂的活化作用减弱,传热系数 W 就会降低。

4. 无铅焊锡的问题点及其改善方法

(1) 无铅焊锡的主要问题
- 熔点高、焊锡丝不容易熔化;
- 烙铁头氧化变快;

- 焊点的浸润性、延展性变差；
- 焊点容易出现锡尖、短路等现象。

(2) 无铅化以后，选择电烙铁时的三大要点
- 选择热容量大的烙铁头、加热器，温度设定在 350℃ 左右；
- 选择焊接作业时温度下降幅度小的电烙铁；
- 选择沾锡良好、不容易被锡侵蚀的烙铁，也可以只更换烙铁头的类型，这样比较经济。

(3) 电烙铁的温度调节
- 无铅锡丝的熔点与共晶锡丝的 183℃ 相比、要高 25~35℃（Sn/Cu 焊锡为 227℃；Sn/Ag/Cu 焊锡为 218~219℃）；
- 如果感觉电烙铁的热容量不够，最好不要提高设定温度，而是增加加热器的能力；
- 烙铁头的温度可设定在比熔点高 100~150℃ 范围；
- 烙铁头的温度为 350℃ 左右最恰当，再高也不要超过 380℃；
- 由于烙铁头渗镀的铁镍合金层会被焊锡侵蚀（腐蚀、熔解），容易造成烙铁头损耗，所以应选择不易消耗的高品质烙铁头。
- 无铅焊料附着在烙铁头上的时间越长，烙铁头的消耗就越快，所以，当电烙铁暂时不用时，应该经常关闭电源、清洗烙铁头。

5.2.7 焊点质量及检验

对焊点的质量要求，应该包括电气接触良好、机械结合牢固和美观三个方面。保证焊点质量最关键的一点，就是必须避免虚焊。

1. 虚焊产生的原因及其危害

所谓虚焊点，是指那些看起来似乎焊好了，但实际上没有焊接牢固的焊点。虚焊主要是由待焊金属表面的氧化物和污垢造成的，它使焊点成为有接触电阻的连接状态，导致电路工作不正常，出现时好时坏的不稳定现象，噪声增加而没有规律性，给电路的调试、使用和维护带来重大的隐患。此外，也有一部分虚焊点在电路开始工作的一段较长时间内，保持接触尚好，因此不容易发现。但在温度、湿度和振动等环境条件的作用下，接触表面逐步被氧化，接触慢慢地变得不完全起来。虚焊点的接触电阻会引起局部发热，局部温度升高又促使不完全接触的焊点情况进一步恶化，最终甚至使焊点脱落，电路完全不能正常工作。这一过程有时可长达一两年，其原理可以用"原电池"的概念来解释：当焊点受潮使水汽渗入间隙后，水分子溶解金属氧化物和污垢形成电解液，虚焊点两侧的铜和铅锡焊料相当于原电池的两个电极，铅锡焊料失去电子被氧化，铜材获得电子被还原。在这样的原电池结构中，虚焊点内发生金属损耗性腐蚀，局部温度升高加剧了化学反应，机械振动让其中的间隙不断扩大，直到恶性循环使虚焊点最终形成断路。

据统计数字表明，在电子整机产品的故障中，有将近一半是由于焊接不良引起的。然而，要从一台有成千上万个焊点的电子设备里，找出引起故障的虚焊点来，实在不是一件容易的事。所以，虚焊是电路可靠性的一大隐患，必须严格避免。进行手工焊接操作时，尤其要加以注意。

一般来说，造成虚焊的主要原因是：
- 焊锡质量差；
- 助焊剂的还原性不良或用量不够；
- 被焊接处表面未预先清洁好，镀锡不牢；
- 烙铁头的温度过高或过低，表面有氧化层；
- 焊接时间掌握不好，太长或太短；

● 焊接中焊锡尚未凝固时，焊接元器件松动。

2. 对焊点的质量要求

（1）可靠的电气连接

焊接是电子线路从物理上实现电气连接的主要手段。锡焊连接不是靠压力，而是靠焊接过程形成的牢固连接的 $Cu_6\text{-}Sn_5$ 合金层达到电气连接的目的。如果焊锡仅仅是堆在焊件的表面或只有少部分形成合金层，也许在最初的测试和工作中不会发现焊点存在问题，但随着条件的改变和时间的推移，接触层氧化，脱离出现了，电路时通时断或者干脆不工作，而这时观察焊点外表，依然连接如初。这是电子产品使用中最头疼的问题，也是制造过程中必须十分重视的关键。

（2）足够的机械强度

焊接不仅起到电气连接的作用，同时也是固定元器件、保证机械连接的手段。这就有个机械强度的问题。作为锡焊材料的铅锡合金，本身强度是比较低的，常用铅锡焊料抗拉强度约为 3～4.7kgf/cm，只有普通钢材的 10%。要想增加强度，就要有足够的连接面积。如果是虚焊点，焊料仅仅堆在焊盘上，自然就谈不到强度了。另外，利用折弯元器件焊脚，实行钩接、绞合、网绕后再焊，也是增加机械强度的有效措施。

常见的缺陷是焊锡未流满焊点或焊锡量过少而造成强度较低；还可能因为焊接过程中，焊接温度过低或焊接时间太短，焊料尚未凝固就使焊件振动而引起的焊点结晶粗大（像豆腐渣状）或有裂纹，从而影响机械强度。

（3）光洁整齐的外观

良好的焊点要求焊料用量恰到好处，外表有金属光泽，没有拉尖、桥接等现象，并且不伤及导线的绝缘层及相邻元件。良好的外表是焊接质量的反映。

注意：表面有金属光泽是焊接温度合适、生成合金层的标志，这不仅是外表美观的要求。

3. 焊点的形成及其典型外观

（1）在单面和双面（多层）印制电路板上，焊点的形成是有区别的（见图5-24（a））：在单面板上，焊点仅形成在焊接面的焊盘上方；但在双面板或多层板上，熔融的焊料不仅浸润焊盘上方，还会渗透到金属化孔内，焊点形成的区域包括焊接面的焊盘上方、金属化孔内和元件面上的部分焊盘。

无论采用设备焊接还是手工焊接双面印制电路板，焊料都可能通过金属化孔流向元器件面：在手工焊接时，双面板的焊接面朝上，熔融的焊料浸润焊盘后，焊料会由于重力的作用沿着金属化孔流向元器件面；采用波峰焊时，双面板的焊接面朝下，喷涌的波峰压力和插线孔的毛细作用也会使焊料流向元器件面。焊料凝固后，孔内和元器件面焊盘上的焊料有助于提高电气连接性能和机械强度。所以，设计双面印制板的焊盘，直径可以小一些，从而提高了双面板的布线密度和装配密度。不过，流到元器件面的焊锡不能太多，以免在元器件面上造成短路。

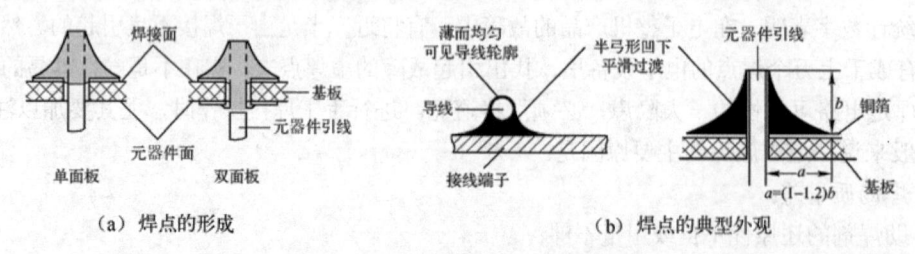

（a）焊点的形成　　　　　　　　　　　　（b）焊点的典型外观

图5-24　焊点的形成及其典型外观

（2）焊点的典型外观要求如图5-24（b）所示。

① 形状为近似圆锥而表面微凹呈漫坡状（以焊接导线为中心，裙形对称拉开）。虚焊点表

面往往呈凸形，可以鉴别出来，如图 5-25 所示。

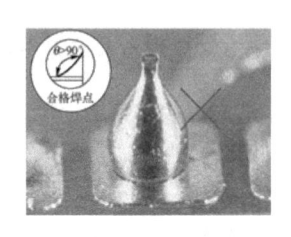

② 焊料的连接面呈半弓形凹面，焊料与焊件交界处平滑，接触角尽可能小。

③ 表面有光泽且平滑。

④ 无裂纹、针孔、夹渣。

焊点的外观检查，除用目测（或借助放大镜，显微镜观测）焊点是否合乎上述标准以外，还包括从以下几个方面对整块印制电路板进行焊接质量的检查：

图 5-25　不合格焊点的形状

- 漏焊；
- 焊料拉尖；
- 焊料过多引起焊点间短路（即所谓"桥接"）；
- 导线及元器件绝缘的损伤；
- 焊料飞溅。

检查时，还要用指触、镊子拨动、拉线等办法检查有无导线断线、焊盘剥离等缺陷。

对于双面印制电路板，焊接合格的判断依据为：通孔内被焊料填充 100%，焊接面的焊盘被焊锡覆盖 100%，元器件面的焊盘被焊锡覆盖的角度大于 270°，被焊锡覆盖的面积大于 3/4。图 5-26 中，图（a）是判断通孔内焊料填充的照片，图（b）是从电路板元器件面判断合格焊点的照片。

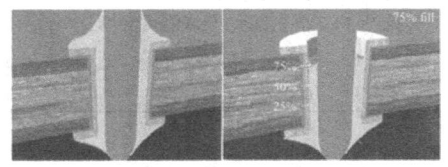

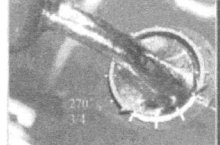

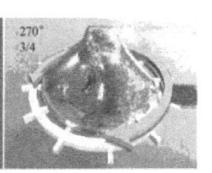

(a) 从孔内焊锡量判断焊点质量　　(b) 从元器件面焊盘焊锡覆盖与润湿判定焊点质量

图 5-26　从通孔和元器件面判定焊点质量

4．通电检查

在外观检查结束以后认为连线无误，才可进行通电检查，这是检验电路性能的关键。如果不经过严格的外观检查，板上存在明显的短路或虚焊，不仅无法通电检查，而且可能损坏设备仪器，造成安全事故。例如电源线虚焊，通电时就会发现设备加不上电，当然无法检查。

通电检查可以发现许多微小的缺陷，例如用目测观察不到的电路桥接，但对于内部虚焊的隐患就不容易觉察。所以根本的问题还是要提高焊接操作的技艺水平，不能把问题留给检验工作去完成。

通电检查的结果及原因分析见表 5-2。

表 5-2　通电检查的结果及原因分析

通电检查结果		原　因　分　析
元器件损坏	失效	过热损坏、电烙铁漏电
	性能降低	电烙铁漏电
导通不良	短路	桥接、焊料飞溅
	断路	焊锡开裂、松香夹渣、虚焊、插座接触不良等
	时通时断	导线断丝、焊盘剥落等

5. 常见焊点缺陷及分析

造成焊接缺陷的原因很多，在材料（焊料与焊剂）和工具（电烙铁、夹具）一定的情况下，采用什么样的方式方法以及操作者是否有责任心，就是决定性的因素了。表 5-3 列出了各种焊点缺陷的外观、特点及危害，并分析了产生的原因；在接线端子上焊接导线时常见的缺陷如图 5-27 所示，供检查焊点时参考。

表 5-3　常见焊点缺陷及分析

焊点缺陷	外观特点	危　害	原　因　分　析
虚焊	焊锡与元器件引线和铜箔之间有明显黑色界限，焊锡向界限凹陷	不能正常工作	1. 元器件引线未清洁好、未镀好锡或锡氧化 2. 印制板未清洁好，喷涂的助焊剂质量不好
焊料堆积	焊点呈白色、无光泽，结构松散	机械强度不足，可能虚焊	1. 焊料质量不好 2. 焊接温度不够 3. 焊接未凝固前元器件引线松动
焊料过多	焊点表面向外凸出	浪费焊料，可能包藏缺陷	焊丝撤离过迟
焊料过少	焊点面积小于焊盘的80%，焊料未形成平滑的过渡面	机械强度不足	1. 焊锡流动性差或焊锡撤离过早 2. 助焊剂不足 3. 焊接时间太短
松香焊	焊缝中夹有松香渣	强度不足，导通不良，可能时通时断	1. 助焊剂过多或已失效 2. 焊接时间不够，加热不足 3. 焊件表面有氧化膜
过热	焊点发白，表面较粗糙，无金属光泽	焊盘强度降低，容易剥落	电烙铁功率过大，加热时间过长
冷焊	表面呈豆腐渣状颗粒，可能有裂纹	强度低，导电性能不好	焊料未凝固前焊件抖动
浸润不良	焊料与焊件交界面接触过大，不平滑	强度低，不通或时通时断	1. 焊件未清理干净 2. 助焊剂不足或质量差 3. 焊件未充分加热
不对称	焊锡未流满焊盘	强度不足	1. 焊料流动性差 2. 助焊剂不足或质量差 3. 加热不足
松动	导线或元器件引线移动	不导通或导通不良	1. 焊锡未凝固前引线移动造成间隙 2. 引线未处理好（不浸润或浸润差）
拉尖	焊点出现尖端	外观不佳，容易造成桥接短路	1. 助焊剂过少而加热时间过长 2. 电烙铁撤离角度不当
桥接	相邻焊点连接	电气短路	1. 焊锡过多 2. 电烙铁撤离角度不当

续表

焊点缺陷	外观特点	危害	原因分析
针孔	目测或低倍放大镜可见焊点有孔	强度不足，焊点容易腐蚀	引线与焊盘孔的间隙过大
气泡	引线根部有喷火式焊料隆起，内部藏有空洞	暂时导通，但长时间容易引起导通不良	1. 引线与焊盘孔间隙大 2. 引线浸润性不良 3. 双面板堵通孔焊接时间长，孔内空气膨胀
铜箔翘起	铜箔从印制板上剥离	印制板已被损坏	焊接时间太长，温度过高
剥离	焊点从铜箔上剥落（不是铜箔与印制板剥离）	断路	焊盘上金属镀层不良

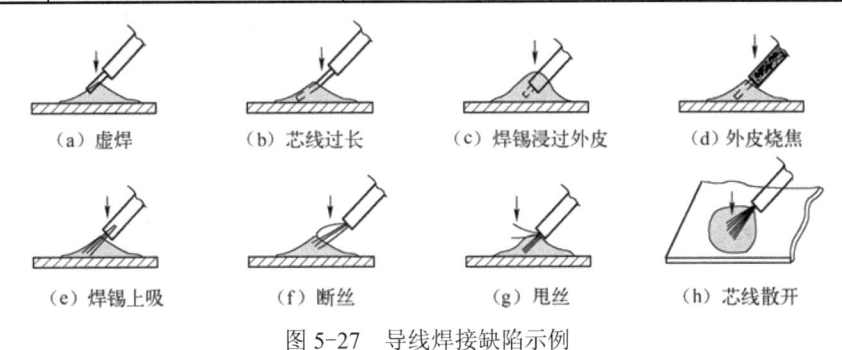

(a) 虚焊　　(b) 芯线过长　　(c) 焊锡浸过外皮　　(d) 外皮烧焦

(e) 焊锡上吸　　(f) 断丝　　(g) 甩丝　　(h) 芯线散开

图 5-27　导线焊接缺陷示例

6. SMT 焊点检验与缺陷分析

SMT 焊点检验的参数如图 5-28 所示。

（1）焊端焊点宽度检验标准（见图 5-29）

最佳焊端焊点宽度：$C = W$ 或 $C = P$。

合格判据：$C \geqslant 0.75W$ 或 $C \geqslant 0.75P$。

不合格：$C < 0.75W$ 或 $C < 0.75P$。

SMT 焊点检验参数：
W—元件焊端宽度
C—焊端焊点宽度
P—PCB 焊盘宽度
T—元器件焊端长度
D—焊端焊点长度
H—元器件焊端高度
G—焊料厚度（实测值，在图中无法标注）
B—焊缝高度
E—最大焊缝高度
F—最小焊缝高度

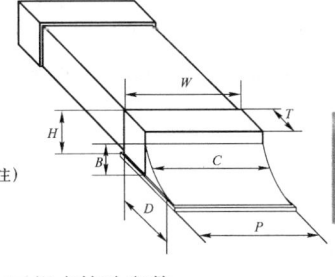

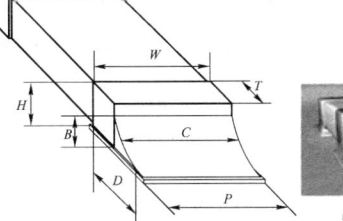

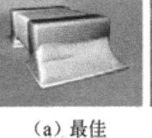

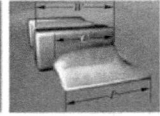

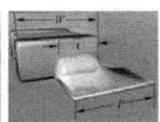

图 5-28　SMT 焊点检验参数

(a) 最佳　　(b) 合格　　(c) 不合格

图 5-29　焊端焊点宽度检验

（2）焊端焊点长度检验标准（见图 5-30）

最佳焊端焊点长度：$D = T$。

合格：$D \geqslant T$。

不合格：$D < T$。

（3）最大焊缝高度检验标准（见图 5-31）

最佳焊缝高度：$F < B < E$。

合格判据：最大焊缝高度 E 可以悬出焊盘或延伸到元器件焊端的顶上；但焊料不得延伸到元器件体上。

不合格：焊缝延伸到元器件体上。

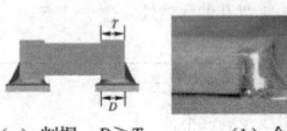

(a) 判据：$D \geqslant T$　　(b) 合格

图 5-30　焊端焊点长度检验

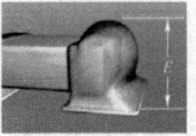

(a) 最佳　　(b) 合格　　(c) 不合格

图 5-31　最大焊缝高度检验

（4）最小焊缝高度检验标准（见图 5-32）

合格判据：$F > G + 0.25H$ 或 $F > G + 0.5\text{mm}$。

不合格：$F < G + 0.25H$，即焊料不足，通俗的说法是"缺锡"。

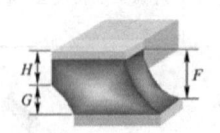

(a) 判据：$F > G + 0.25H$　　(b) 合格　　(c) 不合格（缺锡）

图 5-32　最小焊缝高度检验

5.3　手工拆焊技巧

5.3.1　拆焊传统元器件

在调试、维修电子设备的工作中，经常需要更换一些元器件。更换元器件的前提当然是要把原先的元器件拆焊下来。如果拆焊的方法不当，就会破坏印制电路板，也会使换下来但并没失效的元器件无法重新使用。

对于一般电阻、电容、二极管这样两个引脚、且每根引线能够相对活动的元器件，可以用电烙铁直接拆焊。方法是先将印制板竖起来固定，一边用电烙铁加热元器件的焊点至焊料熔化，同时用镊子或尖嘴钳夹住元器件的引线，轻轻地拉出来。

重新焊接时，必须保证拆掉元器件的焊孔是通的，才能把新的元器件引线插进去进行焊接。假如在拆焊时焊孔被锡堵住，就要在电烙铁加热熔化焊锡的情况下，用锥子或针头再次穿通焊孔。需要指出的是，这种方法不宜在一个焊点上多次使用，原因在于，印制导线和焊盘经过反复加热、拆焊、补焊以后很容易脱落，印制板将被损坏。在可能需要多次更换元器件的情况下，可以采用图 5-33（a）所示的断线法。

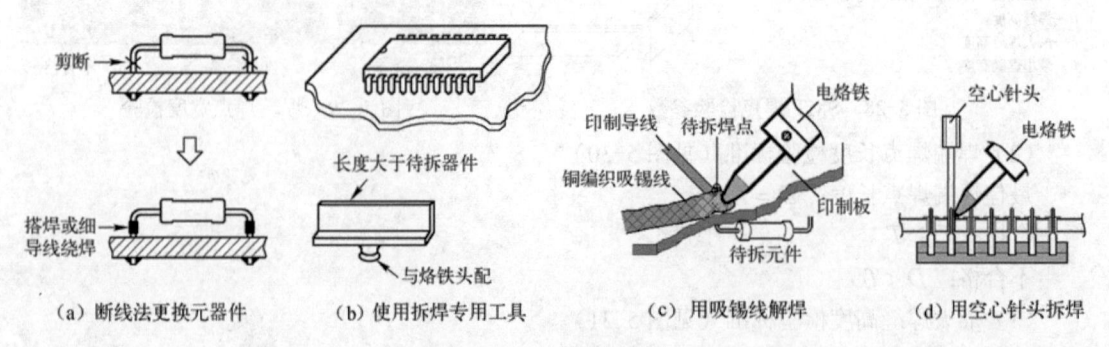

(a) 断线法更换元器件　　(b) 使用拆焊专用工具　　(c) 用吸锡线解焊　　(d) 用空心针头拆焊

图 5-33　常用拆焊方法

1. 常用拆焊方法简介

当需要拆下有多个焊点且引线较硬的元器件时，以上方法就不行了。例如，拆卸多个引脚的集成电路或像半导体收音机里的中周这类元器件时，一般有以下三种方法：

（1）采用专用工具

采用如图 5-33（b）所示的拆焊专用烙铁头等工具，可将所有焊点同时加热熔化后取出插孔内的引线。这种方法速度快，但需要制作专用工具，并要使用较大功率的电烙铁；同时，拆焊后的焊孔容易堵死，重新焊接时还必须清理；对于不同的元器件，需要不同种类的专用工具，有时并不是很方便。

（2）采用吸锡泵、吸锡烙铁或吸锡器

在第 3 章中已经介绍了吸锡电烙铁，这种工具对于拆焊元器件是很有用的，既可以拆下待换的元器件，又能够不使焊孔堵塞，并且不受元器件种类的限制。但它必须逐个焊点除锡，效率不高，而且应该及时清除吸入的锡渣。

在对金属化孔中的元件引线进行拆焊时，使用一般的吸锡器并不方便，有时甚至无法使用。这是因为，双面印制电路板上的金属化孔内，是焊点形成的重要部分，而使用一般吸锡器拆焊时，要用电烙铁进行加热，小功率电烙铁的热容量不足以让孔内的焊锡完全熔化，很容易在拆焊时损伤金属化孔。所以，在拆焊金属化孔时，应该使用吸锡泵或吸锡电烙铁，它们的热容量大，吸锡的空气压力也比较强，能够让孔内的焊锡完全熔化并被吸出来。如果没有这样的设备条件，可以采用前面介绍过的断线法。

（3）用吸锡材料

可用做吸锡材料的，除了专用的吸锡线以外，还可以使用屏蔽线编织层、细铜网以及多股铜导线等。将吸锡材料浸上松香水贴到待焊点上，用烙铁头加热吸锡材料，通过吸锡材料将热传到焊点上熔化焊锡。熔化的焊锡因"毛细作用"沿着吸锡材料上升，焊点上的焊锡被吸锡材料吸附走后，焊点被拆开，如图 5-33（c）所示。这种方法简便易行，且不易烫坏印制板，在没有专用工具和吸锡电烙铁时，是一种值得推荐的拆焊单面印制板的好办法。其缺点是拆焊后的板面较脏，需要用酒精等溶剂擦洗干净。

（4）用空心针头拆焊

将医用针头用钢锉锉平，作为拆焊的工具：一边用电烙铁熔化焊点，一边把针头套在被焊的元器件引线上，直至焊点熔化后，将针头迅速插入印制电路板的孔内，使元器件的引线与印制电路板的焊盘脱开，如图 5-33（d）所示。

2. 拆焊注意事项

拆焊是一件细致的工作，不能马虎从事，否则将造成元器件损坏、印制导线断裂甚至焊盘脱落等不应有的损失。为保证拆焊顺利进行，应该注意以下两点：

（1）烙铁头加热被拆焊点时，焊料一熔化，就应及时按垂直印制板的方向拔出元器件的引线。不管元器件的安装位置如何，是否容易取出，都不要强拉或扭转元器件，以避免损伤印制电路板和其他元器件。

（2）在新更换的元器件插装之前，必须把焊盘插线孔内的焊料清除干净，否则在插装新元器件引线时，将造成印制电路板的焊盘翘起。

5.3.2 SMT 组件的拆焊与返修

与其他产品一样，虽然 SMT 组件在元器件筛选、制造过程控制等方面都有严格的要求，但要达到 100%的成品率仍然是不现实的。所以，要对未达到标准的产品进行返修，修理 SMT 部件的主要工作也是要将损坏的元器件从电路板上取下来并更换新的元器件。拆焊成为最重要的操作技能之一。

1. 用电烙铁拆焊 SMT 元器件

和通孔插装部件相比，似乎拆焊表面安装元器件相对容易一些，因为不需要把元器件引脚从插孔中取出来，损坏电路板的可能小一些。但 SMT 电路板上元器件的密度要高很多，在检测和维修的时候容易损坏相邻的元器件。

如图 5-34 所示，只要焊接技艺纯熟，用一般电烙铁也能拆焊电阻、电容等两端元件或二极管、三极管等引脚少的 SMT 元器件。要点是动作快，手法稳定，当电烙铁把元器件引脚上的焊锡充分熔化时，用镊子把元器件夹起来，或者两把电烙铁一起把元器件"抬"起来。初学者需要特别注意：这样的方法很容易损坏印制板上的焊盘或导线并且拆解下来的元器件一般已经受到损伤，不要再焊回到板上。

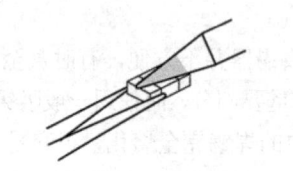

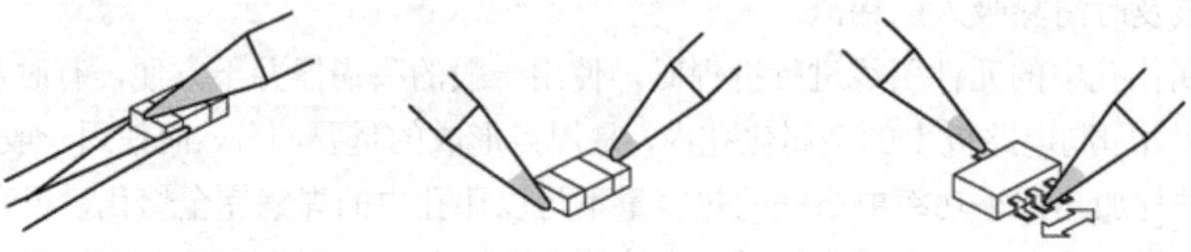

(a) 用电烙铁和镊子拆焊元件　(b) 用两把电烙铁拆焊元件　(c) 用两把电烙铁拆焊晶体管

图 5-34　用电烙铁拆焊 SMT 元器件

2. 用加热头拆焊元器件

在热风工作台普及之前，仅使用电烙铁拆焊 SMT 元器件是很困难的。想拆焊晶体管和集成电路，要使用专用加热头。

采用长条加热头可以拆焊翼形引脚的 SO、SOL 封装的集成电路，操作方法如图 5-35（a）所示。将加热头放在集成电路的一排引脚上，按图中箭头方向来回移动加热头，以便将整排引脚上的焊锡全部熔化。注意当所有引脚上的焊锡都熔化并被吸锡铜网（线）吸走、引脚与电路板之间已经没有焊锡后，用专用起子或镊子将集成电路的一侧撬离印制板。然后用同样的方法拆焊芯片的另一侧引脚，集成电路就可以被取下来。但是，用长条加热头拆卸下来的集成电路，即使电气性能没有损坏，一般也不再重复使用，这是因为芯片引脚的变形比较大，把它们恢复到电路板上的焊接质量不能保证。

S 型、L 型加热头配合相应的固定基座，可以用来拆焊 SOT 晶体管和 SO、SOL 封装的集成电路。头部较窄的 S 型加热片用于拆卸晶体管，头部较宽的 L 型加热片用于拆卸集成电路，操作方法如图 5-35（b）、（c）所示。使用时，选择两片合适的 S 型或 L 型加热片用螺钉固定在基座上，然后把基座接到电烙铁发热芯的前端。先在加热头的两个内侧面和顶部加上焊锡，再把加热头放在器件的引脚上面，约 3~5s 后，焊锡熔化，然后用镊子轻轻将器件夹起来，如图 5-35（b）、（c）所示。

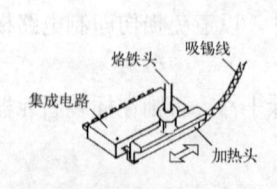

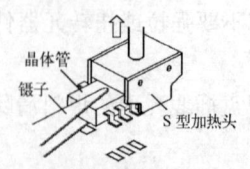

(a) 用长条加热头拆焊　　(b) 用 S 型加热头拆焊晶体管　(c) 用 L 型加热头拆焊　　(d) 用专用加热头拆焊
　　SO 集成电路　　　　　　　　　　　　　　　　　　　　　SO 集成电路　　　　　　QFP 集成电路

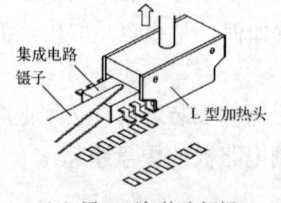

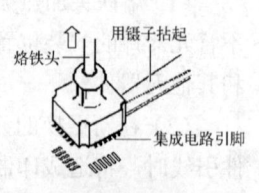

图 5-35　用加热头拆焊元器件

使用专用加热头拆卸 QFP 集成电路，根据芯片的大小和引脚数目选择不同规格的加热头，将电烙铁头的前端插入加热头的固定孔。把加热头靠在集成电路的引脚上，约 3～5s 后，在镊子的配合下，把集成电路轻轻拈起来，如图 5-35（d）所示。

3. 用热风工作台焊接或拆焊 SMT 元器件

近年来，越来越多地采用高精度微型元器件，如 BAG、倒装芯片等，直接使用手工返修几乎无法满足要求，因此必须借助半自动化或全自动化返修设备。现在，国产热风工作台已经在电子产品维修行业普及。用热风工作台拆焊 SMT 元器件很容易操作，比使用电烙铁方便得多，能够拆焊的元器件种类也更多。

（1）用热风工作台拆焊

按下热风工作台的电源开关，就同时接通了吹风电动机和电热丝的电源，调整热风工作台面板上的旋钮，使热风的温度和送风量适中。这时，热风嘴吹出的热风就能够用来拆焊 SMT 元器件。热风工作台的热风筒上可以装配各种专用的热风嘴，用于拆卸不同尺寸、不同封装方式的芯片。图 5-36 是用热风工作台拆焊集成电路的示意图，其中，图（a）是拆焊 PLCC 封装芯片的热风嘴，图（b）是拆焊 QFP 封装芯片的热风嘴，图（c）是拆焊 SO、SOL 封装芯片的热风嘴，图（d）是一种针管状的热风嘴。针管状的热风嘴使用比较灵活，不仅可以用来拆焊两端元件，有经验的操作者也可以用它来拆焊其他多种集成电路。

使用热风工作台拆焊元器件，要注意调整温度的高低和送风量的大小：温度低，熔化焊点的时间过长，让过多的热量传到芯片内部，反而容易损坏器件；温度高，可能烤焦印制板或损坏器件；送风量大，可能把周围的其他元器件吹跑；送风量小，加热的时间则明显变长。初学者使用热风台，应该把"温度"和"送风量"旋钮都置于中间位置（"温度"旋钮刻度"4"左右，"送风量"旋钮刻度"3"左右）；如果担心周围的元器件被吹走，可以把待拆芯片周边的元器件粘贴上胶带，用胶带把它们保护起来；必须特别注意：全部引脚的焊点都已经被热风充分熔化以后，才能用镊子拈取元器件，以免印制板上的焊盘或线条受力脱落。在图 5-36 中，用针管状的热风嘴拆焊集成电路时，箭头描述了热风嘴沿着芯片周边迅速移动并同时加热全部引脚的焊点。

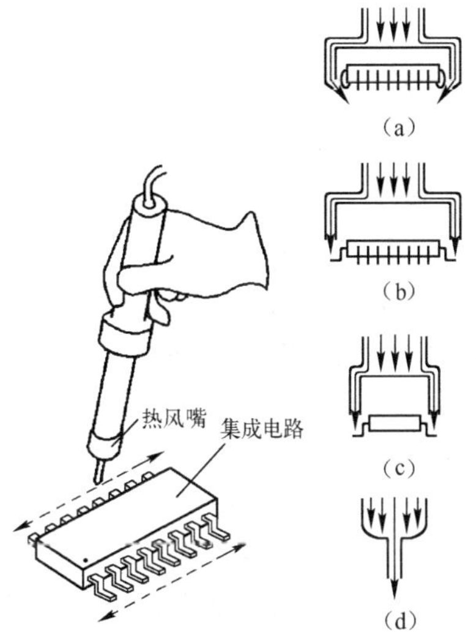

（2）用热风台焊接

使用热风工作台也可以焊接集成电路，不过，焊料最好使用焊锡膏，不要使用焊锡丝。可以先用手工点涂的方法往焊盘上涂覆焊锡膏，贴放元器件以后，用热风嘴沿着芯片周边迅速移动，均匀加热全部引脚焊盘，就可以完成焊接。

图 5-36　用热风工作台拆焊 SMT 元器件

假如用电烙铁焊接时，发现有引脚"桥接"短路或者焊接的质量不好，也可以用热风工作台进行修整：往焊盘上滴涂免清洗助焊剂，再用热风加热焊点使焊料熔化，短路点在助焊剂的作用下分离，让焊点表面变得光亮圆润。

使用热风枪要注意以下几点。

① 热风喷嘴应距欲焊接或拆除的焊点 1～2mm，不能直接接触元器件引脚，亦不要过远，并保持稳定；

② 焊接或拆除元器件一次不要连续吹热风超过 20s，同一位置使用热风不要超过 3 次；

③ 针对不同的焊接或拆除对象，可参照设备生产厂家提供的温度曲线，通过反复试验，优选出适宜的温度与风量设置。

5.3.3 BGA、CSP 集成电路的修复性植球

由于 BGA、CSP 芯片在整机电子产品的电路中起到核心元器件的作用，所以产品的电路故障大多数均与它们有关。SMT 电路板在装配焊接过程中存在的缺陷，特别是产品在工作过程中因为散热不良而导致的热应力，使 BGA、CSP 芯片损坏引发的整机故障是常见的。并且，在已经损坏的 BGA、CSP 芯片中，电路逻辑上真正损坏的极少，绝大多数是芯片与电路板的连接被破坏，即电路板故障是由于 BGA、CSP 芯片虚焊或开焊引起的。

1. BGA 芯片损坏的机理和修复性植球的意义

BGA 芯片的热变形发源于集成电路的片芯。片芯在集成电路封装的中心，可以将这一点假设为坐标原点 $O(0,0)$，封装上每一个焊盘的坐标为 $P(x,y)$。当电路板通电开始工作以后，片芯会因功率消耗而迅速发热，导致集成电路本体热膨胀，热量也会传导到整机的电路板上，引起 PCB 的热膨胀变形。由实验可知，在达到热平衡之前，集成电路封装及其下部的电路板的发热变形在同一时刻是不相同的，这不同的热变形必然引起 BGA 芯片焊盘上每一个锡球承受剪切力。与此相同，当电路板断电后，集成电路本体及其下部的电路板也会冷却收缩，BGA 芯片焊盘上的每一个锡球也将承受因为热变形导致的剪切力。如图 5-37 所示，分布在 BGA 下面的每一个锡球，所受剪切力的方向和大小各不相同，但都是沿着此锡球与坐标原点的连线 OP 方向推拉，并且，这种剪切力的最大值发生在集成电路芯片下面最外边沿的锡球上。

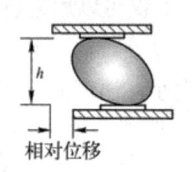

图 5-37 BGA 芯片锡球承受的剪切力

就大规模集成电路的焊点承受因为变形导致的剪切力来说，QFP 方式封装的芯片应该优于 BGA 方式封装的芯片。QFP 方式封装的翼形引脚可以把这种剪切力主要转化为弹性形变，而 BGA 方式封装的球状（珠状）电极引脚把这种剪切力主要转化为范性形变。可以肯定，是范性形变导致 BGA 焊点的疲劳性损伤。

分析近年来维修计算机主板的统计数据，BGA 焊接缺损引发的故障占有较大的比例。更换 BGA 芯片——使用加热设备把不能正常工作的 BGA 芯片拆下来，并把好的 BGA 芯片焊接到电路板原来的位置上——是修复此类电子整机产品的重要环节。并且，在那些被更换下来的 BGA 芯片中，集成电路本身电路逻辑上真正损坏的极少，绝大多数是芯片与电路板的连接被破坏，即电子整机产品的故障是由于 BGA 芯片虚焊或开焊引起的。但是，由于现代电子产品更新换代极快，相应的大规模集成电路一般不能兼容互换，因此，为维修电路板而购买原品牌、原型号的 BGA 芯片，从进货渠道和价格方面考虑，实际上往往非常困难。假如能够修复那些逻辑上没有损坏的 BGA 芯片，则这些芯片将能够作为好的器件再次使用在原来的电路板上。这对于提高电路板的修复率、降低维修成本，具有重要的意义。

修复那些逻辑上没有损坏的 BGA 芯片的主要手段是为芯片植球（也称植珠）：在修理电路板过程中，原来固定在 BGA 芯片上用于电气连接的锡球也被熔化，如果能为这些芯片重新焊接上新的锡球（锡珠），即把新的锡球更新到原来锡球已经损坏的 BGA 芯片上，这些芯片就能够修复。

2. BGA 芯片的植球装置

对于植球的修复过程，国外进口的装置和设备价格非常昂贵，BGA 植球装置一般作为焊接设备的附件，不仅需要另外订购，而且必须在高精度的光学定位系统的支持下使用。

图 5-38 是获得国家发明专利的 BGA 芯片植球装置,它由本体、芯片定位架、植球模板和模板架组成。它不需要借助光学定位系统,可以在非常简单的条件下实现锡球在 BGA 芯片的焊盘上定位,仅使用廉价的焊接设备,就能够高质量地完成 BGA 芯片的植球,修复那些锡球损坏了的大规模集成电路。这种 BGA 植球装置的优点是:

(1) 与其他进口的装置不同,它在植球过程中始终保持 BGA 芯片的焊盘向上,不仅使焊盘与锡球的定位关系能够用人眼直接看到而不需要通过光学系统及显示器间接观察,并且已经定位的锡球不容易发生移位或脱落。

(2) 巧妙地利用了焊料在浸润状态下表面张力的作用,可以实现锡球自动对中,在植球过程中,从原理上就能够降低锡球与焊盘的定位精度,因此,仅需要依靠集成电路的外部尺寸定位来保证植球的精度。

(3) 成本低廉,不需要高精度的定位系统支持。可以和多种加热设备配合使用,把锡球焊接到芯片的焊盘上。

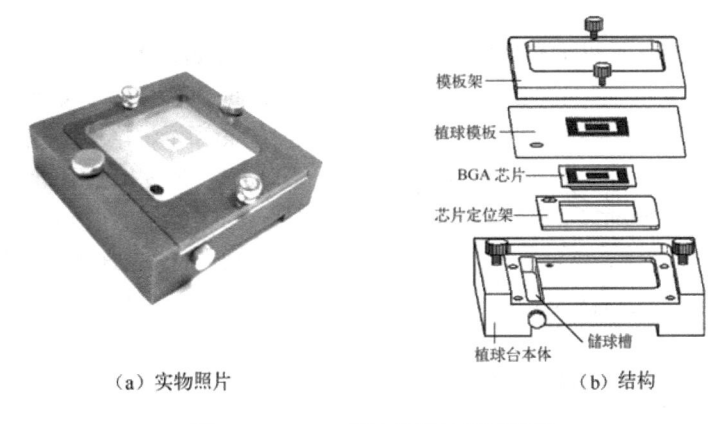

图 5-38　BGA 芯片的简易植球装置

3. CSP 芯片的简易植球

目前,在民用电子产品中使用 CSP 芯片最多的是移动电话(手机)。CSP 芯片焊接损伤是手机的常见故障。图 5-39 描述了简易修复 CSP 芯片的过程。CSP 芯片的锡球很小,植球困难,但采用这种办法能为芯片恢复半球形的电极引脚。用热风工作台可以再把芯片焊回到电路板上,虽然半球形的引脚使芯片比原来"矮"了一些,却能大大降低设备成本和芯片费用,保证电气连通,可靠工作。

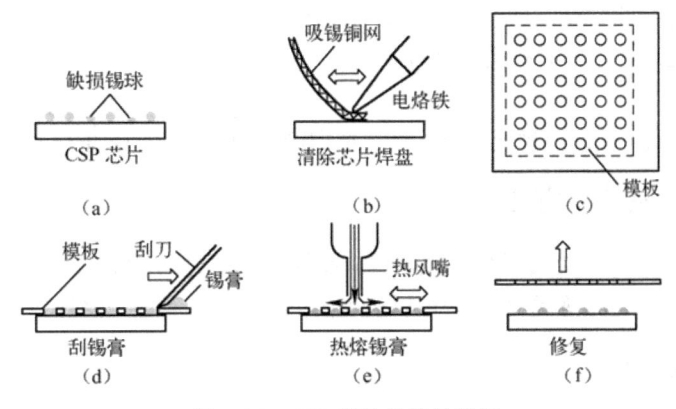

图 5-39　CSP 芯片的简易修复

5.4 绕接技术

绕接是不使用助焊剂、焊料而直接将导线缠绕在接线柱上，形成电气和机械连接的一种连接技术。绕接在电子、通信等领域，特别是要求高可靠性的设备中得到使用，成为电子装配中的一种基本工艺。

在国外的高等院校实验室里，通用印制电路板仍被广泛使用，不过一般不用焊接，大多采用绕接作为电气连接方式。绕接的连接可靠，并且多数器材可以重复使用。但在绕接方式下，印制电路试验板的主要作用是承载元器件，板上的焊盘和线条几乎已经失去了电气连接的意义。

5.4.1 绕接机理及其特点

1. 绕接机理

绕接通常用于接线端子和导线的连接中。接线端子（或称接线柱、绕线杆）一般由铜或铜合金制成，截面一般为正方、矩形等带棱边的形状，如图5-40所示。导线则一般采用单股铜导线。

绕接一般使用专用的绕接器，将导线按照规定的圈数密绕在接线柱上，靠导线与接线柱的棱角形成紧密连接的接点。这种连接属于压力连接，由于导线以一定的压力同接线柱棱边相互挤压，使表面氧化物压破，两种金属紧密接触，从而达到电气连接的目的。绕接质量的好坏，是同绕接材料的接触压力紧密相关的。

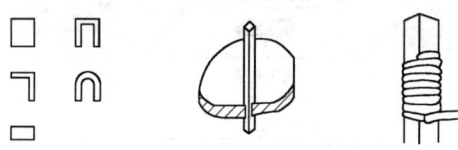

(a) 绕线柱截面形状　(b) 绕线柱与支撑板　(c) 绕线点形式

图5-40　绕接材料及形式

2. 绕接特点

（1）同锡焊相比，绕接的优点
- 可靠性高，理论上绕接点的可靠性是焊接的10倍，且不存在虚焊及焊剂腐蚀的问题；
- 工作寿命长，具有抗老化、抗振特性，工作寿命达40年之久；
- 工艺性好，操作技术容易掌握，不存在烧坏元器件、材料等问题；
- 可以实现高密度装配，实现产品小型化；
- 节约有色金属，降低生产成本。

（2）绕接存在的缺点
- 对接线柱有特殊要求，且走线方向受到限制；
- 多股线不能绕接，单股线又容易折断；
- 效率较低。

具体到电子产品中使用何种连接方法，要根据产品的要求及工艺条件来确定。

5.4.2 绕接工具及使用方法

一般说来，绕接需要使用专用的绕接工具。在批量生产电子产品的条件下，通常使用电动绕接器；在制作单件产品或实验条件下，可以使用简单的手动工具——绕杆。

1. 电动绕接器的使用

电动绕接器也称绕枪，外形如图5-41所示，它由电动机驱动机构和绕线机构（绕头、绕套等）

组成。绕头有大小不同的规格，要根据接线柱不同的尺寸和接线柱之间的距离，选用适当规格的绕头。

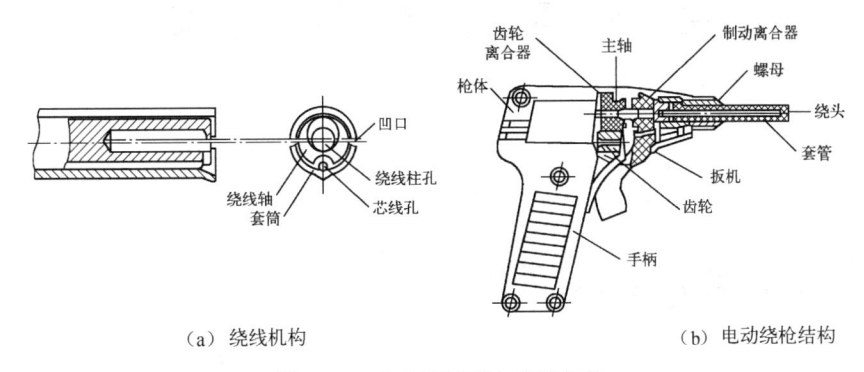

（a）绕线机构　　　　　　　　　　　（b）电动绕枪结构

图 5-41　电动绕接器与绕线机构

绕接的操作，要求先选择好适当的绕头及绕套，准备好导线并剥去一定长度的绝缘皮。将导线插入导线槽，并将导线弯曲嵌在绕线缺口后，即可将绕枪对准接线柱，开动绕线驱动机构（电动或手动），绕头即旋转，将导线紧密绕接在接线柱上，如图 5-42 所示。整个绕线过程仅需 0.1～0.2s。

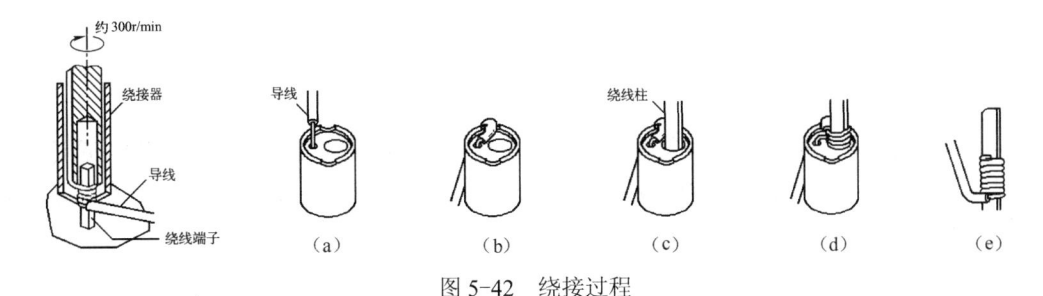

图 5-42　绕接过程

2．用手工绕杆进行绕接

手工绕杆的外形与结构如图 5-43（a）所示。整个绕杆可以分为三段，中段是六棱柱状的手握部分，上有一个镶着狭缝的小刀片，可以方便地用来剥去单股细导线的绝缘皮；另外两段分别在两端：绕线端的中心有小孔，可以在接线柱上旋转；绕线端的边沿还有一个卡线孔，在绕线时用来把导线的端头固定在接线柱上。绕杆的另一端是拆线端，只比绕线端少了卡线孔；把拆线端套在接线柱上反方向旋转，可以把绕好的线拆下来。

如图 5-43（b）所示，使用手工绕杆绕线时，先用绕杆中间的剥线孔剥掉导线的绝缘皮约 2cm，再把线端插入绕杆绕线端的卡线孔里，带着导线用绕线端的中心孔套住接线柱，左手拉紧导线，右手旋转绕杆约五、六圈，就可以把导线绕接在接线柱上。

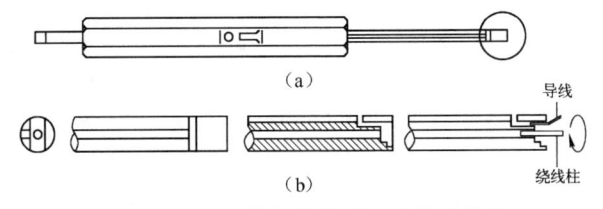

图 5-43　手工绕杆的外形、结构及使用

5.4.3　绕接点的质量

绕接点要求导线紧密排列，不得有重绕、断绕，导线不留尾。图 5-44 所示的是不合格的接头外形。

(a) (b) (c) (d) (e) (f) (g) (h)

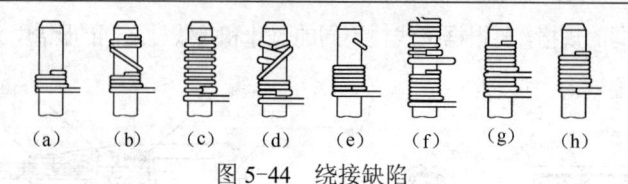

图 5-44　绕接缺陷

如果因绕接点不合格或线路变动需要退绕时,可以使用专门的退绕器。由于绕接时导线已产生刻痕,再次使用时容易疲劳断裂,所以退绕后的导线端头不能重复使用。

5.5　导线的加工与线扎处理

在电子设备的组装工作里,导线的加工、连接与线扎处理,对产品质量的影响很大。处理不好,机箱内导线和电缆散乱,连接不可靠,还会产生大量电磁干扰;处理得好,机箱内导线合电缆整齐美观,屏蔽良好。因此,下面介绍的知识也是技术工人的重要技能之一。

5.5.1　屏蔽导线及电缆的加工

1. 屏蔽导线端头处理

(1) 端头切除屏蔽层的长度

屏蔽导线是在导线外再加上金属屏蔽层而构成的。在对屏蔽导线进行端头处理时,应注意切除的屏蔽层不能太长,否则会影响屏蔽效果。一般切除的长度为 10～20mm;如果工作电压很高(超过 600V)时,可去除 20～30mm。

(2) 屏蔽导线屏蔽层接地端的处理

屏蔽导线的屏蔽层一般都要接到电路的接地端,才能产生更好的屏蔽效果。屏蔽层的接地线制作通常有以下几种方法,如图 5-45 所示。

(a) 用屏蔽层制作地线　　(b) 在屏蔽层上绕制镀银铜线制作地线　　(c) 焊接绝缘导线加套管制作地线

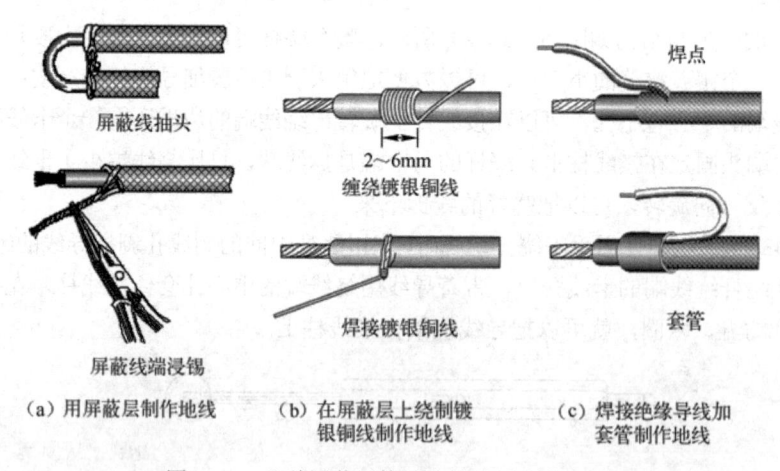

图 5-45　几种屏蔽层接地线的常用制作方法

① 直接用屏蔽层制作。

在屏蔽导线端部附近把屏蔽层开一小孔,挑出绝缘线,然后把剥脱的屏蔽层线整形并浸锡,如图 5-45(a)所示。注意,浸锡时要用尖嘴钳夹住,否则会向上渗锡,形成很长的硬结。

② 在屏蔽层上绕制镀银铜线制作。

在屏蔽层上绕制镀银铜线制作地线有两种方法,如图 5-45(b)所示。

一种方法是在剥离出的屏蔽层下面缠绸布 2～3 层,再用直径为 0.5～0.8mm 的镀银铜线的一端密绕在屏蔽层端头的绸布上,宽度为 2~6mm。然后将镀银铜线与屏蔽层焊牢(应焊一圈),焊接时间不宜过长,以免烫坏绝缘层。最后,将镀银铜线空绕一圈并留出一定的长度用于接地。

有时,剥脱的屏蔽层长度不够,需加焊接地导线,这时可用第二种方法:把一段直径为 0.5~0.8mm 的镀银铜线的一端绕在已剥脱并经过整形搪锡处理的屏蔽层上绕 2~3 圈并焊牢。

③ 焊接绝缘导线加套管制作。

有时并不剥脱屏蔽层,而是在剪除一段金属屏蔽层之后,选取一段长度适当、导电良好的导线焊牢在金属屏蔽层上,再用套管或热塑管套住焊接处,保护焊点,如图 5-45(c)所示。

2. 电缆与插头、插座的连接

(1)非屏蔽电缆在插头、插座上的安装

低频电缆有不同的线数,常作为电子产品中各部件的连接线,用于传输低频信号。低频电缆可通过插头和插座与电路相连接,因此须将电缆与插头或插座连接在一起。

非屏蔽电缆与屏蔽电缆在外形上很相似,其结构上的差别是没有屏蔽电缆的屏蔽层,一般用一层棉纱层取而代之。

加工非屏蔽电缆时,应先将电缆外层的棉纱套剪去适当一段,用棉线绑扎,并涂上清漆,再套上橡皮圈,如图 5-46(c)所示。

拧开插头上的螺钉,拆开插头座,把插头座后环套在电缆上,将电缆的每一根导线套上绝缘套管,再将导线按顺序焊到各焊片上,然后将绝缘套管推到焊片上,如图 5-46(b)所示。最后安装插头座外壳,拧紧螺钉,旋好后环。

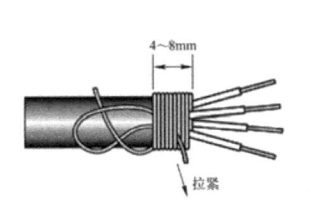

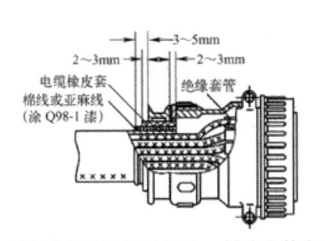

(a)非屏蔽电缆的线端处理　　(b)非屏蔽电缆在插头、插座上的安装

图 5-46　非屏蔽电缆与插头、插座连接

(2)屏蔽电缆在插头、插座上的安装

将电缆的屏蔽层剪去适当一段,用浸蜡棉线或亚麻线绑扎,并涂上清漆,如图 5-47(a)所示。拧开插头上的螺钉,拆开插头座,把插头座后环套在电缆上,然后将一金属圆垫圈套过屏蔽层,并把屏蔽层均匀地焊到圆垫圈上。

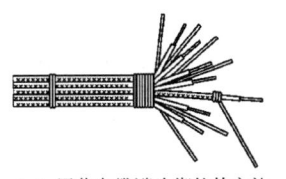

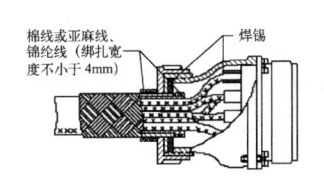

(a)屏蔽电缆端头绑扎的方法　　(b)屏蔽电缆在插头、插座上的安装

图 5-47　屏蔽电缆与插头、插座连接

再将电缆的每一根导线套上绝缘套管,将导线按顺序焊到各焊片上,然后将绝缘套管推到焊片上。接下来安装插头座外壳,拧紧螺钉,旋好后环,最后在后环外缠棉线或亚麻线,并涂上清漆,如图 5-47(b)所示。

5.5.2 线扎制作

电子产品的电气连接主要依靠各种规格的导线来实现，较复杂的电子产品的连线很多，应把它们合理分组（分组的原则是尽量减小线与线之间的干扰，这要根据线内的信号与线的种类来判别，如输入线与输出线就不仅不能分到一组，并且应当尽可能远离），扎成各种不同的线扎（也称线束），不仅美观，占用空间少，还保证了电路工作的稳定性，更便于检查、测试和维修。

1．线扎制作常识

（1）线扎制作应严格按照工艺文件要求进行。

（2）走线要求：制定工艺文件或在工艺文件上没有明确要求时，应考虑以下因素：

① 输入、输出线不要排在一个线把内，并与电源线分开，防止信号受到电源干扰。若必须排在一起时，应使用屏蔽导线。

② 传输高频信号的导线不要排在线把内，以防止其干扰线把里其他导线中的信号。

③ 接地点要尽量集中在一起，以保证它们是可靠的同电位。

④ 导线束不要形成环路，防止产生电磁干扰。

⑤ 线把应远离机箱内的发热体，注意不要在这些元器件上方走线，以免破坏导线绝缘层，增加更换元器件的困难。

⑥ 扎制的导线长短要合适，排列要整齐。从线把分支处到焊点之间应当留有一定余量。若太紧，则振动时可能会把导线或焊盘拉断；若太松，不仅浪费，而且将造成机箱内空间凌乱。

⑦ 尽量走最短距离的连线，拐弯处取直角，尽量在同一个平面内连线。

⑧ 每一线把中至少要留有两根备用导线。应选线把中长度最长、线径最粗的导线作为备用导线。

2．几种常用的扎线方法

（1）用线绳捆扎

捆扎用线有棉线、尼龙线和亚麻线等。为增强导线的摩擦系数，防止松动，捆扎前可放到石蜡中浸一下。线把的具体捆扎方法如图 5-48 所示。

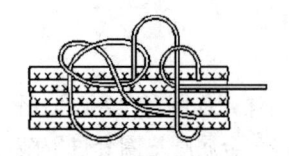

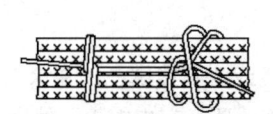

(a) 起始线扣　　(b) 绕两圈的中间线扣　　(c) 绕一圈的中间线扣　　(d) 终端线扣

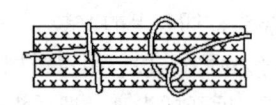

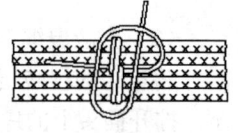

图 5-48　几种常用的线扣

另外，线把绑好后，应用清漆涂覆，以防止松脱。对于带有分支点的线把，应将线绳在分支拐弯处多绕几圈加固，如图 5-49 所示。

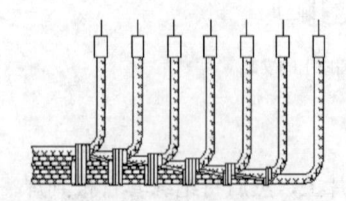

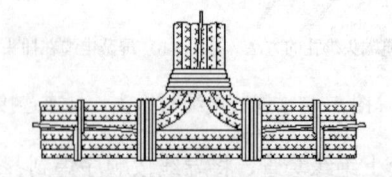

(a) 捆扎向接线板去的分支线　　(b) 捆扎分支线合并后的拐弯处　　(c) 捆扎一分支线的拐弯处

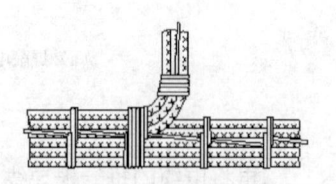

图 5-49　带分支的扎线方法

(2) 用线扎搭扣捆扎

线扎搭扣如图 5-50 所示。由于线扎搭扣使用非常方便，所以现在的电子产品生产中常用线扎搭扣捆扎线把。用线扎搭扣捆扎应注意，不要拉得太紧，否则会弄伤导线，且线扎搭扣拉紧后，应剪掉多余的部分。线扎搭扣的种类很多。

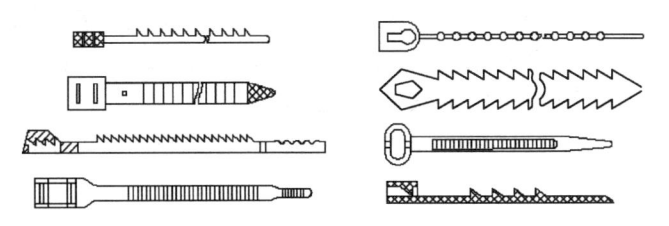

图 5-50　线扎搭扣的形状

(3) 用胶粘剂黏合线扎

线数较少时，可用胶粘剂黏合成线把，如图 5-51 (a) 所示。因胶粘剂易挥发，所以涂抹要迅速，且涂完后不要马上移动，经过约 2min，待胶粘剂凝固后再移动。

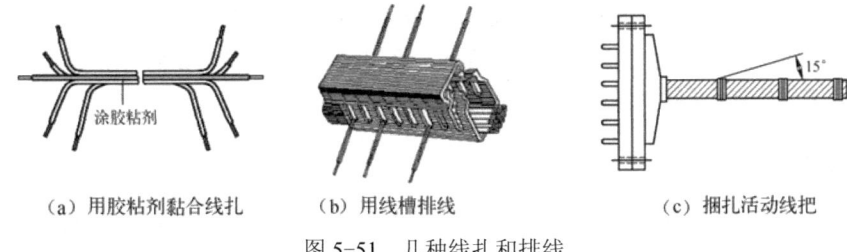

(a) 用胶粘剂黏合线扎　　(b) 用线槽排线　　(c) 捆扎活动线把

图 5-51　几种线扎和排线

(4) 用塑料线槽排线

目前，较大型的电子产品往往需要制作机柜，为使机柜内走线整齐，便于查找和维修，常用塑料线槽排线。线槽固定在机箱里，槽的上下左右有很多出线孔，只要将不同走向的导线依次排入槽内，盖上线槽盖即可，无需捆扎，如图 5-51 (b) 所示。

(5) 活动线把的捆扎

在电子产品中常有需要活动的线把，如读盘用的激光头线把。为使线把在弯曲时每根导线受力均匀，应将线把按 15°方向拧成后再捆绑，如图 5-51 (c) 所示。

用线绳捆扎比较经济，但工作耗时，效率较低；用线扎搭扣捆扎方便，但线扎搭扣只能一次性使用；线槽更方便，但较贵，也不适宜电子小产品；胶粘剂黏合较经济，但不适宜导线较多的情况，且换线非常不便。应根据实际情况酌情选择。

3. 线把的保护

线把捆扎后，有时还要加防护层，尤其是对活动线把，为了防止磨损，通常在线把外再缠绕一层绝缘材料。一般选用宽度为 10～20mm 的聚氯乙烯或尼龙带，缠绕时，绝缘带前后搭边宽度不少于带宽的一半，末端用胶粘剂粘牢或用线绳捆扎。

还可以用套管，如聚氯乙烯套管、尼龙编制套管、热缩套管等保护线把。套管内径应与线把直径相匹配，两端用棉丝绳扎紧，并涂上胶粘剂。

5.6　其他连接方式

在电子产品中，还有一些其他常用的连接方式。例如，粘接能够实现机械连接，铆接和螺钉连接既可以实现机械连接,又可以实现电气连接。

5.6.1 粘接

粘接也称胶接,在电子工业中有广泛的用途。

粘接是为了连接特殊材料而经常使用的。例如,对陶瓷、玻璃、塑料等材料,采用焊接、螺钉和铆接都不能实现。在一些不能承受机械力、热影响的地方(如应变片),粘接更有独到之处。在电子设备的研制、实验和维修中,也会常常用到粘接。

粘接的三要素包括适宜的黏合剂、粘接表面的处理以及正确的固化方法。忽视了哪一点,都不能获得牢固的连接。

1. 粘接机理

由于物体内存在分子、原子之间的作用力,所以当种类不同的两种材料紧密地靠在一起时,能够产生黏合(或称黏附)作用。这种黏合作用又可以分为本征黏合和机械黏合两种作用。本征黏合表现为黏合剂与被粘工件表面之间分子的吸引力;机械黏合则表现为黏合剂渗入被黏合工件表面的孔隙内,黏合剂固化后被机械地镶嵌在孔隙中,从而实现被粘工件的连接。

也可以认为,机械黏合是扩大了黏合接触面的本征黏合作用,类似于锡焊中的浸润作用。为了实现黏合剂与工件表面的充分接触,要求黏合面必须清洁。因此,粘接的质量与黏合面的表面处理紧密相关。

2. 黏合表面的处理

一般看来是很干净的黏合面,其表面不可避免地存在着杂质、氧化物、水分等污染物质。黏合前对表面的处理是获得牢固粘接的关键之一。任何高性能的黏合剂,只有在适当的表面上才能形成良好的粘接层。

对黏合表面的处理有下列几种。

(1)一般处理

对要求不高或比较干净的表面,用酒精、丙酮等溶剂把油污清洗掉,待清洗剂挥发以后即可进行粘接。

(2)化学处理

有些金属在粘接以前,应当进行酸洗。例如,铝合金必须进行氧化处理,使表面形成牢固的氧化层后,再进行粘接。

(3)机械处理

有时,为增大接头的接触面积,需要用机械方式形成粗糙的表面。

3. 粘接头设计

虽然不少黏合剂都可以达到或超过粘接材料本身的强度,但接头毕竟是一个薄弱点。在采用粘接时,通常要对粘接头做出设计,并且接头设计应该考虑一定的裕度。图 5-52 是几个接头设计的例子。

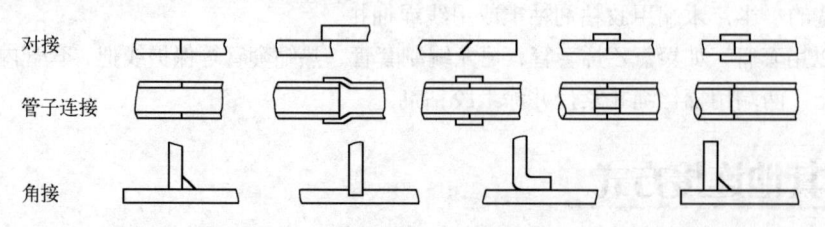

图 5-52 几种粘接头的形状

4. 黏合剂的选择使用

在具体进行粘接操作以前,要根据所粘接材料的性质,参照第 3 章里已经介绍过的黏合剂的特性,选择最适用的黏合剂。例如,在粘接小的塑料齿轮时,一般可以使用 502 等黏合剂;粘接 ABS 工程塑料、有机玻璃等高分子材料制成的物品时,可以使用有机溶剂,让材料直接溶合粘接,也可以选用 501、502 等;粘接金属时,采用 701 胶;等等。

粘接中使用的有机溶剂,一般是三氯甲烷、丙酮等。应当尽量采用溶解速度快,污染小、毒性小、对人体刺激小的试剂。

在使用前,要详细阅读所用黏合剂的说明书,按照指明的方式、方法去使用,才能保证粘接质量,事半功倍。

5.6.2 铆接

现在,铆接作为一种电子产品生产中的加工方式,使用得已经不多了,但作为一种灵活连接的方式,仍不失其实用价值。目前,有些零件及产品中仍然在使用铆接作为连接方式,所以有必要了解其基本知识和技巧。

1. 空心铆钉

在电子产品的装配中使用最多的电气连接铆钉是空心铆钉。空心铆钉一般由黄铜或紫铜制成,为增强导电性能及可焊性,有些空心铆钉的表面镀银。在实际选用时,要考虑接点电流、被铆接的板材厚度等因素。

2. 空心铆钉的铆接

采用空心铆钉进行铆接,要点是在铆接材料上钻出大小合适的孔并使用合适的工具。选择铆钉外径及长度的原则是:

$$铆钉外径 D \leqslant 焊片孔径;$$

铆钉长度 $L \geqslant$ 焊片厚度 δ_1 + 印制板厚度 δ_2 + $0.8 \times$ 铆钉外径 D。

例如,将孔径为 $\varphi 3.2mm$ 的焊片铆接在厚度为 2.5mm 的印制电路上。因为铆钉孔一般等于或小于铆钉外径,所以此处选用 $\varphi 3mm \times 6$ 的空心铆钉。用 $\varphi 3mm$ 钻头在印制板上打孔,打孔后用直径较大的钻头或小刀清除孔沿的飞边及毛刺,然后进行铆接。方法及操作过程如图 5-53 所示。

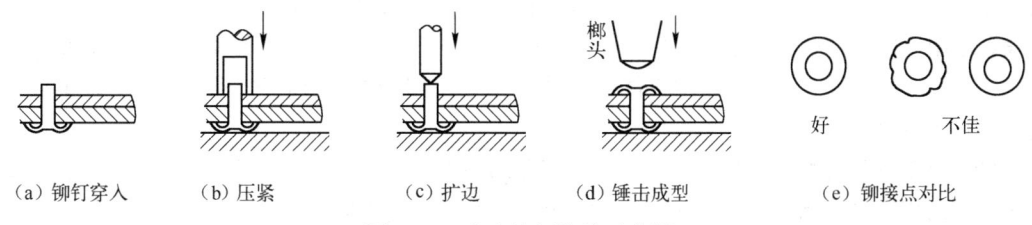

(a) 铆钉穿入　　(b) 压紧　　(c) 扩边　　(d) 锤击成型　　(e) 铆接点对比

图 5-53　空心铆钉铆接示意图

图 5-53 中所示的工具都很简单,能够自制。压紧冲可用铜或铁棒料在其中心打一个 $\varphi 3.5mm$ 左右的孔(根据所用铆钉的孔)。图(c)中涨孔扩边的工具,可用样冲或一段棒料,甚至大一点的螺钉,在砂轮上磨出约 60° 夹角的光滑锥面即可。需要指出的是,图中(b)、(c)、(d)几个步骤的操作都要用力适当,切忌乱敲猛击。图(e)是从轴向观察铆钉接点的好坏。铆钉焊片不能松动,应该事先固定好焊片的方向。

图 5-54　热铆接机

3. 热铆接

热铆接机能够对穿孔凸起的空心铆柱进行翻边铆接，实现塑料件表面质感弹性与电路板的刚性完美结合。适用于热铆塑料类的产品外壳或零件，包括塑料与塑料热黏合或塑料铆焊五金片件。

热铆接机适用于热铆 PDA、手机、钟表、微型塑料电动机、继电器触点铜片、MP3、MP4、CD 机等，可以一次同时铆合多个产品，是节省人力及提升产品质量的"良机"。

5.6.3 螺纹连接

无论是制作样机还是设计整机，都免不了使用各种螺钉、螺母等连接件。有关这方面的详细资料可参见机械零件手册。这里仅就一般电子仪器设计制造中常用的螺纹连接进行介绍，这对于从事电子产品设计的技术人员来说，基本上可以满足要求了。

1. 螺钉的选用

螺钉类型的主要区别是螺钉头部的形状和螺纹的种类。在大多数对连接表面没有特殊要求的情况下，都可以选用圆柱头或半圆头螺钉。其中，圆柱头螺钉特别是球面圆头螺钉，因为槽口较深，改锥用力拧紧时一般不容易损坏槽口，因此比半圆头螺钉更适用于需要较大紧固力的部位或改锥不能垂直加压力的部位，如图 5-55（a）所示。

根据螺钉螺丝刀口的不同，螺钉又分为十字头螺钉和一字头螺钉。通常情况下，十字头螺钉的刀口相对不易损坏，所以使用较为广泛。

如图 5-55（b）所示，当需要连接面平整时，应该用沉头螺钉；当沉头孔合适时，可以使螺钉与平面保持等高并且使连接件准确定位。因为这种螺钉的槽口较浅，一般不能承受较大的紧固力。为解决这一问题，在某些时候可使用内六角螺钉，它具有同沉头螺钉一样的特性，且不易在拧紧过程中脱扣。在使用内六角螺钉紧固时，要使用专用的内六角扳手。

自攻螺钉一般用于薄铁板与薄铁板、薄铁板与塑料件、塑料件与塑料件之间的连接，

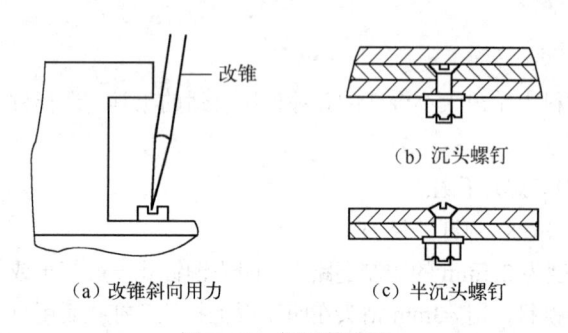

图 5-55 螺钉的选用

它的特点是不需要预先攻制螺纹。显然，这种螺钉不能作为经常拆卸或承受较大扭力的连接。自攻螺钉适用于固定那些质量小的部件，而像变压器、铁壳电容器等相对质量较大的零部件，绝不可以使用自攻螺钉固定。过去，塑料件与塑料件之间的连接常使用预埋螺母的工艺，近年来大都使用自攻螺钉替代。

紧定螺钉和特殊螺钉的使用不如上述螺钉普遍，根据结构和使用要求不难确定种类。其中，滚花螺钉适用于经常用手拧动的部位，这类螺钉中也不用加垫防松垫圈。

2. 螺钉的尺寸与受力

在一般情况下，电子产品中的螺钉所承受的机械力不会很大。因此，实际制作中可以采用简单的类比法来确定螺钉的尺寸和数量。所谓类比法，就是对比已有的仪器、设备，类推到新设计的产品中去。当然，对于某些受力较大的地方，特别是反复受到剪切力的部位，还是需要进行适当的核算。

表 5-4 列出了几种常用小螺钉的抗拉强度，供选用时参考。

表 5-4　几种常用小螺钉的抗拉强度（kgf）

	M2	M2.5	M3	M4	M5	M6	M8
钢	83	135	200	350	570	800	1460
黄铜	70	115	170	300	480	685	1240

3. 螺钉长度

螺钉的长度要根据被连接零件的尺寸确定。估算螺钉长度的一般方法如图 5-56 所示，可以在选用螺钉时参考。

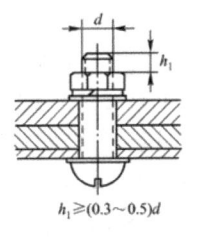

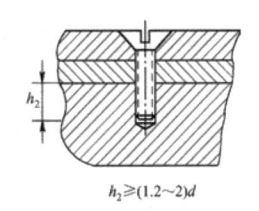

4. 螺钉材料及表面选择

图 5-56　螺钉长度的确定

一般仪器中的连接螺钉，都可以选用成本较低的镀锌钢制螺钉。面板上使用的螺钉，为增加美观并防止生锈，可使用镀亮铬、镀镍或表面发蓝的螺钉；紧定螺钉由于埋在元件内部，所以在选择时只需要考虑连接强度等技术要求即可。对于某些要求导电性能高的情况，例如当做电气连接的接点时，可考虑选用黄铜螺钉、镀银螺钉。由于这种螺钉的价格高且不易买到，因此要慎重选用。螺钉连接的导电性能参见表 5-5。

表 5-5　黄铜导电螺钉的电流载荷能力

电流范围（A）	<5	5～10	10～20	20～50	50～100	100～150
选用螺钉	M 3～4	M 4	M 5	M 6	M 8	M 10

5. 防止螺钉松动

在受到振动和冲击力时，拧紧的螺钉很容易松动。电子仪器中一般采用增加各种垫圈的办法防止螺钉松动。

平垫圈可以防止拧紧时螺钉与连接件的相互作用，但不能起到防松作用。

弹簧垫圈使用最为普遍且防松效果好，但这种垫圈经过多次拆卸后，防松效果就会变差。因此，应该在结构调整完毕时的最后工序再紧固它。

波形垫圈的防松效果稍差，但所需的拧紧力较小且不会吃进金属表面，常用于螺纹尺寸较大且连接面不希望有伤痕的部位。

齿形垫圈也是一种所需压紧力较小的垫圈，但其齿能咬住连接件的表面；特别是在涂漆表面上的防松垫，在电位器类的元件中使用较多。

止动垫圈的防振作用靠耳片固定六齿螺母，仅适用于靠近连接件的边缘但不需要拆卸的部位，一般不常使用。

6. 螺纹连接工艺要点

（1）合理选择紧固件组合。

（2）合理选用改锥，拧紧时不打滑，不损伤螺钉头。

（3）多个螺接点旋紧时应遵循用力均匀、交叉对称、分布拧紧的步骤，以免造成连接件歪斜或应力集中损坏。

（4）用扳手上紧六角螺钉时，不可用大扳手拧小螺钉，也不可用力过大，以免损坏螺钉或连接件。

思考与习题

1. 安装的基本要求有哪些？如何实现？
2. （1）集成电路有哪些封装形式？分别如何安装？
   （2）功率器件典型的安装方式有哪些？
3. （1）印制板通孔安装方式中，元器件引线的弯曲成型应当注意什么？具体说，引线的最小弯曲半径及弯曲部位有何要求？
   （2）元器件插装时，应该注意哪些原则（提示：至少总结出4条）？
4. （1）试总结焊接的分类及应用场合。
   （2）锡焊必须具备哪些条件？
   （3）焊点上用锡越多，焊接越牢固吗？如何保证焊接良好？
5. 如何进行焊接前镀锡？有何工艺要点？
6. （1）试叙述焊接操作的正确姿势。
   （2）焊接操作的五个基本步骤是什么？如何控制焊接时间？请通过焊接实践进行体验：焊接 1/8W 电阻；焊接 7805 三端稳压器；焊接万用表笔线的香蕉插头；用 $\varphi 1$ 铁丝焊接一个边长 1.5cm 的正立方体（先切成等长度的 12 段，平直后再施焊）；用 $\varphi 4mm$ 镀锌铁丝焊一个金字塔，边长 5cm；发挥你的想象力和创造性，用铁丝焊接一个实物的立体造型（必要时，自己设计被焊构件的承载工装）。
   （3）总结焊接温度与加热时间如何掌握。时间不足或过量加热会造成什么有害后果？
   （4）总结焊接操作的具体手法（提示：共8条）。
7. （1）什么叫虚焊？产生虚焊的原因是什么？有何危害？
   （2）对焊点质量有何要求？简述不良焊点常见的外观以及如何检查。
   （3）什么时候才可以进行通电检查？为什么？
   （4）熟记常见焊点缺陷及原因分析。在今后的焊接工作中，如何避免这些缺陷的发生（提示：参见表5-3）？
8. （1）手工焊接技巧有哪几项？
   （2）列举有机注塑元件的焊接失效现象及原因，并指出正确的焊接方法。
   （3）说明簧片类元件的焊接技巧。
   （4）列举 FET、MOSFET、集成电路的焊接注意事项。
   （5）请总结导线连接的几种方式及焊接技巧。
   （6）请总结杯形焊件的焊接方法，并焊一件香蕉插头表笔线。
   （7）请总结平板件和导线的焊接要点，并将一片铝片与铜导线锡焊在一起。
9. 请叙述拆焊方法及专用工具。请练习电阻、三极管的拆焊。
10. （1）装卸表面安装元器件，一般需要哪些专用工具？
    （2）自动恒温电烙铁的加热头有哪些类型？如何正确选用？
    （3）装卸片状元器件时，对焊接温度和焊接时间有什么要求？
    （4）装卸片状元器件应注意哪些问题？卸下来的片状元器件为什么不能再用？
11. （1）什么叫绕接？
    （2）绕接有哪些特点？
    （3）叙述常见的绕接工具及使用方法，绕接点的质量如何保证？
12. （1）请总接粘接工艺的原理及方式。
    （2）请总结铆接工艺及注意事项。
    （3）请总结螺纹连接的注意事项。

第6章　电子组装设备与组装生产线

6.1 电子工业生产中的焊接

在现代电子产品制造企业中大批量组装电路板，大多数焊接作业都采用自动焊接方式，手工焊接只在生产某些特殊产品中使用，对大多数产品仅起到补焊与修整的辅助性作用。与手工焊接技术相比，自动焊接具有明显的优点：节省电能和人力，减少人为因素的影响，提高效率，降低成本，提高了外观质量、可靠性与一致性。

自动焊接方法可分为流动焊接与再流焊接两大类。

在工业化生产过程中，THT 工艺常用的自动焊接设备有浸焊机和波峰焊机，从焊接技术上说，这类焊接属于流动焊接，是熔融流动的液态焊料和焊件对象做相对运动，实现湿润而完成焊接。

再流焊接是 SMT 时代的焊接方法。它使用膏状焊料，通过模板漏印或点滴的方法涂覆在电路板的焊盘上，贴上元器件后经过加热，焊料熔化再次流动，湿润焊接对象，冷却后形成焊点。焊接 SMT 电路板，也可以使用波峰焊。采用波峰焊所用的贴片胶和采用再流焊所用的焊锡膏是 SMT 特有的工艺材料。SMT 焊接工艺的典型设备是再流焊炉以及锡膏印刷机、贴片机等组成的焊接流水线。

自动焊接还要用到助焊剂自动涂覆设备、清洗设备等其他辅助装置。自动焊接的一般工艺流程如图 6-1 所示。

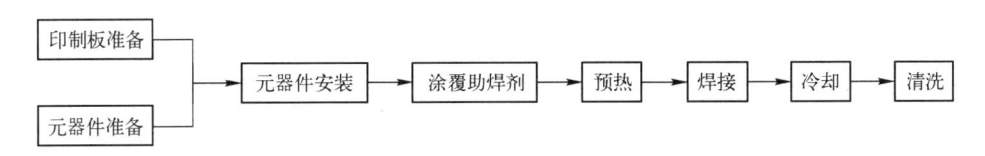

```
┌─────────┐
│ 印制板准备 │─┐
└─────────┘ │   ┌───────┐   ┌───────┐   ┌────┐   ┌────┐   ┌────┐   ┌────┐
            ├──▶│元器件安装│──▶│涂覆助焊剂│──▶│ 预热 │──▶│ 焊接 │──▶│ 冷却 │──▶│ 清洗 │
┌─────────┐ │   └───────┘   └───────┘   └────┘   └────┘   └────┘   └────┘
│ 元器件准备 │─┘
└─────────┘
```

图 6-1　一般自动焊接工艺流程

在自动生产线上的整个生产过程，都是通过传送装置连续进行的。在浸焊和波峰焊工艺中，涂覆助焊剂一般采用喷涂法或发泡法，即用气泵将助焊剂熔液泡沫化或雾化后均匀地喷涂或蘸覆在印制板上；预热，是在电路板进入焊锡槽前的加热工序，可以使助焊剂干燥并达到活化点，可以是热风加热，也可以用红外线加热；冷却一般采用风扇强迫降温。

6.1.1 浸焊

1. 浸焊机工作原理

浸焊是最早应用在电子产品批量生产中的焊接方法，如图 6-2 所示，图（a）是普通浸焊设备的焊锡槽，图（b）是一种改进型的半自动浸焊机，图（c）是技术工人在操作浸焊机的工作照。

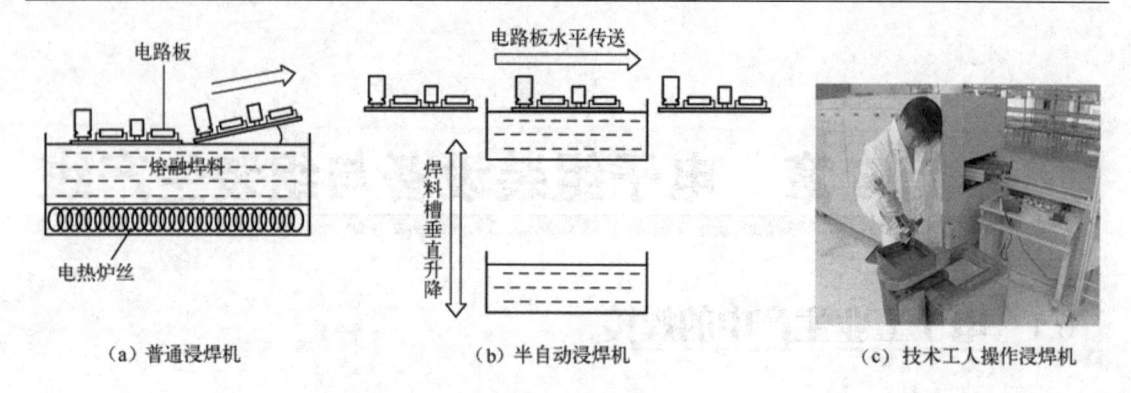

(a) 普通浸焊机　　(b) 半自动浸焊机　　(c) 技术工人操作浸焊机

图 6-2　浸焊设备的工作原理

浸焊设备的工作原理是让插好元器件的印制电路板水平接触熔融的铅锡焊料，使整块电路板上的全部元器件同时完成焊接。印制板上的导线被阻焊层阻隔，不需要焊接的焊点和部位，要用特制的阻焊层（或胶布）贴住，防止不应焊接的部位（如印制板的插头）挂上焊锡。浸焊设备价格低廉，从 20 世纪 80 年代中期开始广泛应用，现在还在一些小型企业中使用，有经验的操作者同样可以获得良好的焊接质量。

浸焊的优点：结构简单，由温度、时间与浸入深度三个因素控制焊料，由焊盘的大小和元器件引脚的粗细决定可焊面积而形成焊点。只要使电路板设计、焊盘引脚可焊性、工艺参数控制几方面配合得当，就能保证焊接质量。

浸焊的缺点在空气的作用下，焊料槽内的熔融焊料容易形成漂浮在表面的氧化残渣，不及时刮除残渣会严重影响焊点质量。因此，在每浸焊一次电路板的间隔中，必须从焊料表面刮去氧化残渣，浪费很大。另外，电路板在浸入焊料时，还会因为热冲击大而翘曲变形。

2. 操作浸焊机工艺要点

（1）焊料温度控制。接通浸焊机的电源，先选择快速加热，当焊料熔化后，改用保温挡进行小功率加热。这样，既避免由于温度过高加速焊料氧化，保证浸焊质量，也比较省电。

（2）焊接前，让电路板浸蘸助焊剂，应该保证助焊剂均匀涂覆到焊接面各处。有条件的，最好使用助焊剂发泡装置，有利于均匀涂覆。

（3）在焊接时，要特别注意电路板面与锡液完全接触，保证板上各部分同时完成焊接，焊接的时间应该控制在 2~3s。电路板浸入锡液时，应该使板面水平地接触锡液平面，让板上的全部焊点同时进行焊接；离开锡液时，最好让板面与锡液平面保持向上倾斜的夹角，在图 6-2（a）中，$\delta\approx10°\sim20°$，这样不仅有利于焊点内的助焊剂挥发，避免形成夹气焊点，还能让多余的焊锡流下来。

（4）在浸锡过程中，为保证焊接质量，要随时清理、刮除掉漂浮在熔融锡液表面的氧化物、杂质和焊料废渣，避免废渣进入焊点造成夹渣焊。

（5）根据焊料使用消耗的情况，及时补充焊料。

3. 浸焊机种类

常用的浸焊机有两种，一种是普通浸焊机，另一种是超声波浸焊机。

（1）普通浸焊机

普通浸焊机是在锡锅的基础上，增加锡液滚动装置和温度调节装置构成的。先将待焊工件浸蘸助焊剂，再浸入浸焊机的锡槽，由于槽内熔融焊料在持续加热的作用下不停滚动，改善了焊接效果。

(2) 超声波浸焊机

超声波浸焊机是通过向锡锅内辐射超声波来增强浸锡效果的，适于一般浸锡较困难的元器件焊接。超声波浸焊机一般由超声波发生器、换能器、水箱、焊料槽、加温设备等几部分组成。有些浸焊机还配有带振动头的夹持印制板的专用装置，振动装置使电路板在浸锡时振动，让焊料能与焊接面更好地接触浸润。超声波浸焊机和带振动头的浸焊机在焊接双面印制电路板时，能使焊料浸润到焊点的金属化孔里，使焊点更加牢固，还能振动掉粘在板上的多余焊料。

6.1.2 波峰焊

1. 波峰焊机结构及其工作原理

波峰焊机是在浸焊机的基础上发展起来的自动焊接设备，两者最主要的区别在于设备的焊锡槽。波峰焊是利用焊锡槽内的机械式或电磁式离心泵，将熔融焊料压向喷嘴，形成一股向上平稳喷涌的焊料波峰并源源不断地从喷嘴中溢出。装有元器件的印制电路板以平面直线匀速运动的方式通过焊料波峰，在焊接面上形成浸润焊点而完成焊接。图 6-3（a）是波峰焊机的焊锡槽示意图。

与浸焊机相比，波峰焊设备具有如下优点：

（1）熔融焊料的表面漂浮一层抗氧化剂隔离空气，只有焊料波峰暴露在空气中，减少了氧化的机会，可以减少氧化渣带来的焊料浪费。

（2）电路板接触高温焊料时间短，可以减轻翘曲变形。

（3）浸焊机内的焊料相对静止，焊料中不同比重的金属会产生分层现象（下层富铅而上层富锡）。波峰焊机在焊料泵的作用下，整槽熔融焊料循环流动，使焊料成分均匀一致。

（4）波峰焊机的焊料充分流动，有利于提高焊点质量。

现在，我国能够制造性能优良的波峰焊设备，波峰焊成为应用最普遍的一种焊接电路板的工艺方法。这种方法适宜成批、大量地焊接一面装有分立元件和集成电路的印制电路板。凡与焊接质量有关的重要因素，如焊料与助焊剂的化学成分、焊接温度、速度、时间等，在波峰焊机上均能得到比较完善的控制。图 6-3（b）是一般波峰焊机的内部结构示意图。

(a) 波峰焊机的焊锡槽　　　　(b) 波峰焊机的内部结构示意图

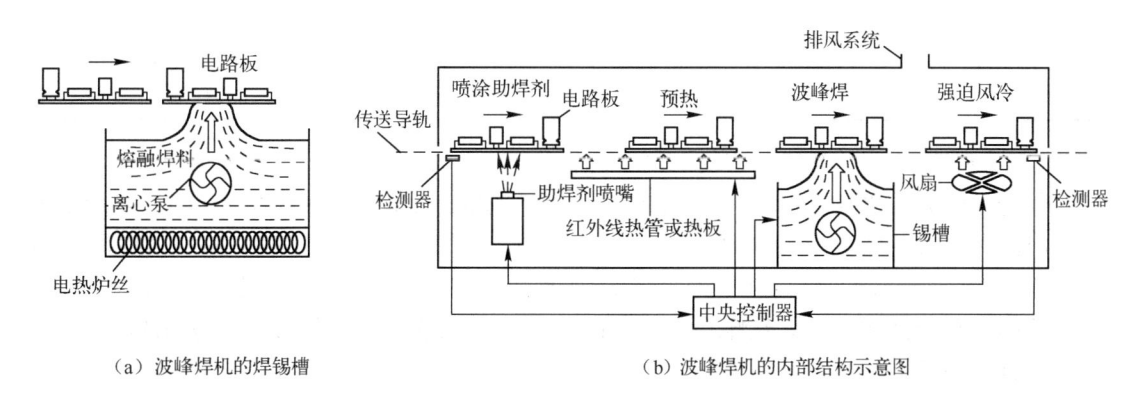

图 6-3　波峰焊机的工作原理与内部结构示意图

在波峰焊机内部，锡槽被加热使焊锡熔融，机械泵根据焊接要求工作，使液态焊锡从喷口涌出，形成特定形态的、连续不断的锡波；已经完成插件工序的电路板放在导轨上，以匀速直线运动的形式向前移动，顺序经过涂覆助焊剂和预热，电路板的焊接面在通过焊锡波峰时进行焊接，焊接面经冷却后完成焊接过程，被送出来。冷却方式大都为强迫风冷，正确的冷却温度与冷却速度，有利于改进焊点的外观与可靠性。

助焊剂喷嘴既可以实现连续喷涂，也可以被设置成检测到有电路板通过时才喷涂的经济模式。预热装置由热管组成，电路板在焊接前被预热，可以减小温差、避免热冲击。预热温度在 90～120℃之间，预热时间必须控制得当。预热使助焊剂干燥（蒸发掉其中的水分）并处于活化状态。焊料熔液在锡槽内始终处于流动状态，使喷涌的焊料波峰表面无氧化层。由于印制板和波峰之间处于相对运动状态，所以助焊剂容易挥发，焊点内不会出现气泡。

为了获得良好的焊接质量，焊接前应做好充分的准备工作，如保证产品的可焊性处理（预镀锡）等；焊接后的清洗等步骤也应按规定进行操作。

图 6-4 是国产波峰焊机的外观和电路板在波峰焊机内焊接的照片。

图 6-4　国产波峰焊机的外观和电路板在波峰焊机内焊接的照片

2．调整波峰焊工艺因素

在波峰焊机工作的过程中，焊料和助焊剂被不断消耗，需要经常对这些焊接材料进行监测。

（1）焊料

在无铅焊接技术推广之前，波峰焊一般采用 Sn63/Pb37 的共晶焊料，熔点为 183℃。Sn 的含量应该保持在 61.5%以上，并且 Sn/Pb 两者的含量比例误差不得超过±1%，主要金属杂质的最大含量范围见表 6-1。

表 6-1　波峰焊焊料中主要金属杂质的最大含量范围（‰）

金属杂质	铜 Cu	铝 Al	铁 Fe	铋 Bi	锌 Zn	锑 Sb	砷 As
最大含量范围	0.8	0.05	0.2	1	0.02	0.2	0.5

应该根据设备的使用频率，每周至 1 个月定期检测焊料的 Sn/Pb 比例和主要金属杂质含量。如果不符合要求，应该更换焊料或采取其他措施。例如，当锡的含量低于标准时，可以添加纯锡以保证含量比例。需要注意的是，波峰焊机在工作时，假如印制板上的元器件不慎脱落掉入焊锡槽，将会使焊料发生杂质污染，操作者必须经常检查锡槽内的焊料是否纯净，必要时应当更换整槽焊料。

焊料的温度与焊接时间、波峰的形状与强度决定焊接质量。焊接时，Sn/Pb 焊料的温度一般设定为 245℃左右，焊接时间 3s 左右。

随着无铅焊料的应用以及高密度、高精度组装的要求，新型波峰焊设备需要在更高的温度下进行焊接，焊料槽部位也将根据需要实行氮气保护。

（2）助焊剂

波峰焊使用的助焊剂，要求表面张力小，扩展率大于 85%；黏度小于熔融焊料，容易被置换；一般助焊剂的比重为 0.82～0.84g/mL，可以用相应的溶剂来稀释调整，焊接后容易清洗。

假如采用免清洗助焊剂，要求比重小于 0.8g/mL，固体含量小于 2.0wt%，不含卤化物，焊接后残留物少，不产生腐蚀作用，绝缘性好，绝缘电阻大于 100GΩ。

应该根据电子产品对清洁度和电性能的要求选择助焊剂的类型：卫星、飞机仪表、潜艇通信、微弱信号测试仪器等军用、航空航天产品或生命保障类医疗装置，必须采用免清洗助焊剂（要考虑清洗剂与助焊剂匹配）；通信设施、工业装置、办公设备、计算机等，可以采用免清洗助焊剂，或者用清洗型助焊剂，焊接后进行清洗；一般要求不高的消费类电子产品，可以采用中等活性的松香助焊剂，焊接后不必清洗，当然也可以使用免清洗助焊剂。

应该根据设备的使用频率，每天或每周定期检测助焊剂的比重，如果不符合要求，应更换助焊剂或添加新助焊剂保证比重符合要求。

（3）焊料添加剂

在波峰焊的焊料中，还要根据需要添加或补充一些辅料。防氧化剂可以减少高温焊接时焊料的氧化，不仅可以节约焊料，还能提高焊接质量。防氧化剂由油类与还原剂组成，要求还原能力强，在焊接温度下不会碳化。锡渣减除剂能让熔融的铅锡焊料与锡渣分离，起到防止锡渣混入焊点、节省焊料的作用。

另外，波峰焊设备的传送系统，即传送链/带的速度也要依据助焊剂、焊料等因素与生产规模综合选定与调整。传送链/带的倾斜角度在设备制造时是根据焊料波形设计的，但有时也要随产品的改变而进行微量调整。

3. 几种波峰焊机

以前，旧式的单波峰焊机在焊接时容易造成焊料堆积、焊点短路等现象，用人工修补焊点的工作量较大。并且，在采用一般的波峰焊机焊接 SMT 电路板时，有两个技术难点：

- 气泡遮蔽效应。在焊接过程中，助焊剂或 SMT 元器件的黏合剂受热分解所产生的气泡不易排出，遮蔽在焊点上，可能造成焊料无法接触焊接面而形成漏焊；
- 阴影效应。印制板在焊料熔液的波峰上通过时，较高的 SMT 元器件对它后面或相邻的较矮的 SMT 元器件周围的死角产生阻挡，形成阴影区，使焊料无法在焊接面上漫流而导致漏焊或焊接不良。

为克服这些 SMT 焊接缺陷，除了采用再流焊等焊接方法以外，已经研制出许多新型或改进型的波峰焊设备，有效地排除了原有的缺陷，创造出空心波、组合空心波、紊乱波等新的波峰形式。新型的波峰焊机按波峰形式分类，可以分为单峰、双峰、三峰和复合峰四种波峰焊机。

（1）斜坡式波峰焊

这种波峰焊机的传送导轨可以调整为一定角度的斜坡方式，如图 6-5（a）所示。这样的好处是增加了电路板焊接面与焊锡波峰接触的长度。假如电路板以同样速度通过波峰，等效增加了焊点浸润的时间，从而可以提高传送导轨的运行速度和焊接效率；不仅有利于焊点内的助焊剂挥发，避免形成夹气焊点，还能让多余的焊锡流下来。

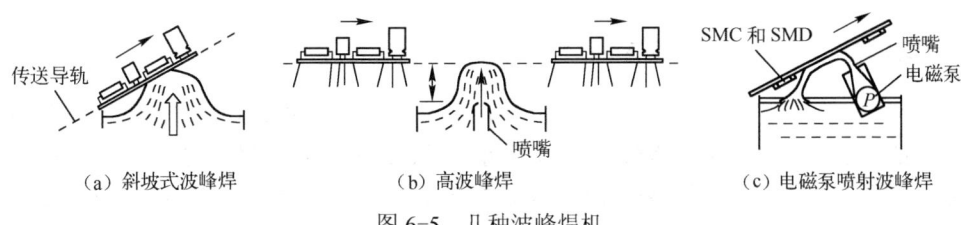

（a）斜坡式波峰焊　　（b）高波峰焊　　（c）电磁泵喷射波峰焊

图 6-5　几种波峰焊机

（2）高波峰焊

高波峰焊机适用于 THT 元器件"长脚插焊"工艺，它的焊锡槽及其锡波喷嘴如图 6-5（b）所示。其特点是，焊料离心泵的功率比较大，从喷嘴中喷出的锡波高度比较高，并且其高度 h 可以调节，保证元器件的引脚从锡波里顺利通过。一般，在高波峰焊机的后面配置剪腿机（也叫砍腿机或切脚机），用来剪短元器件的引脚。

（3）电磁泵喷射波峰焊

在电磁泵喷射空心波焊接设备中，通过调节磁场与电流值，可以方便地调节特制电磁泵的压差和流量，从而调整焊接效果。这种泵控制灵活，每焊接完成一块电路板后，自动停止喷射，减少了焊料与空气接触的氧化作用。这种焊接设备多用在焊接贴片/插装混合组装的电路板中，图 6-5（c）是它的原理示意图。

（4）双波峰焊

双波峰焊机是随 SMT 发展起来的改进型波峰焊设备，特别适合焊接那些 THT 和 SMT 混合元器件的电路板。双波峰焊机的焊料波形如图 6-6 所示，使用这种设备焊接印制电路板时，THT 元器件要采用"短脚插焊"工艺。电路板的焊接面要经过两个熔融的铅锡焊料形成的波峰：这两个焊料波峰的形式不同，最常见的波形组合是"紊乱波"+"宽平波"，"空心波"+"宽平波"的波形组合也比较常见；焊料熔液的温度、波峰的高度和形状、电路板通过波峰的时间和速度这些工艺参数，都可以通过计算机伺服控制系统进行调整。

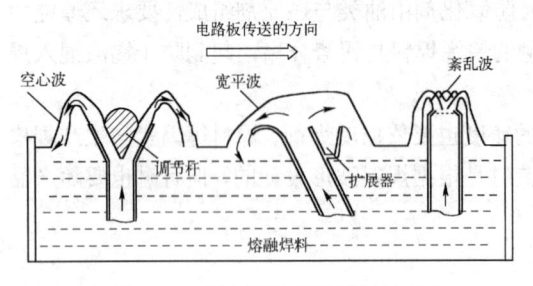

图 6-6　双波峰焊机的焊料波形

① 空心波。空心波的特点是在熔融铅锡焊料的喷嘴出口设置了指针形调节杆，让焊料熔液从喷嘴两边对称的窄缝中均匀地喷流出来，使两个波峰的中部形成一个空心的区域，并且两边焊料熔液喷流的方向相反。由于空心波产生的流体力学效应，它的波峰不会将元器件推离基板，相反使元器件贴向基板。空心波的波形结构可以从不同方向消除元器件的阴影效应，有极强的填充死角、消除桥接的效果。它能够焊接 SMT 器件和引线元器件混合装配的印制电路板，特别适合焊接极小的元器件，即使是在焊盘间距为 0.2mm 的高密度 PCB 上，也不会产生桥接。空心波焊料熔液喷流形成的波柱薄、截面积小，使 PCB 基板与焊料熔液的接触面减小，不仅有利于助焊剂热分解气体的排放，克服了气体遮蔽效应，还减少了印制板吸收的热量，降低了元器件损坏的概率。

② 紊乱波。在双波峰焊接机中，用一块多孔的平板去替换空心波喷口的指针形调节杆，就可以获得由很多小的子波构成的紊乱波。看起来像平面涌泉似的紊乱波，也能很好地克服一般波峰焊的遮蔽效应和阴影效应。

③ 宽平波。在焊料的喷嘴出口处安装了扩展器，熔融的铅锡熔液从倾斜的喷嘴喷流出来，形成偏向宽平波（也叫片波）。逆着印制板前进方向的宽平波的流速较大，对电路板有很好的擦洗作用；在设置扩展器的一侧，熔液的波面宽而平，流速较小，使焊接对象可以获得较好的后热效应，起到修整焊接面、消除桥接和拉尖、丰满焊点轮廓的效果。

4．选择焊与选择性波峰焊设备

近年来，SMT 元器件的使用率不断上升，在某些混合装配的电子产品里已经占到 95% 左右，按照以往的思路，对电路板 A 面进行再流焊、B 面进行波峰焊的方案已经面临挑战。在以集成电路为主的高密度组装产品中，很难保证在 B 面上只贴装 SMC 元件、不贴装 SMD，但集成电路承受高温的能力较差，可能因波峰焊导致损坏；假如用手工焊接的办法对少量 THT 元件实施焊接，又感觉焊点的一致性难以保证。因此，选择焊的工艺方法和选择性波峰焊设备应运而生。选择焊的工作原理：在由印制板设计文件转换的程序控制下，小型波峰焊锡槽和喷嘴移动到电路板需要补焊的位置，顺序、定量喷涂助焊剂并喷涌焊料波峰，进行局部焊接，如图 6-7（a）、（b）所示。

在进行选择焊时，每一个焊点的焊接参数都可以"量身定制"，通过足够的工艺调整空间，把每个焊点的焊接条件（助焊剂的喷涂量、焊接时间和焊接波峰高度）调至最佳，缺陷率由此降低，甚至有可能做到通孔器件焊接的零缺陷。选择焊技术是焊接工艺进步的重要标志之一。

选择焊的显著特点是：

（1）只针对需要焊接的点喷涂助焊剂，线路板的清洁度因此大大提高，离子污染量大大降低。在传统的波峰焊工艺中，助焊剂喷涂在整个印制板的焊接面上，如果焊接后不进行清洗，残留在板面上的 Na^+ 离子和 Cl^- 离子会与空气中的水分子结合，生成腐蚀性的盐，长时间后将造成印制板上的焊点开路。所以，传统生产方式往往需要对焊接后的线路板进行清洁。而选择焊仅在有限的位置喷涂助焊剂，有效地解决了线路板被污染的问题。

（2）选择焊与浸焊的根本不同之处在于，浸焊是将线路板浸在焊锡槽中，依靠焊料的表面张力自然爬升完成焊接。对于热容量大的印制板或多层板，浸焊很难达到透锡要求（透锡：焊锡在元器件插线通孔内浸润）。选择性波峰焊喷嘴中冲出来的是动态的锡波，这个波的动态强度会直接帮助通孔内垂直透锡。特别是对于无铅焊接来说，因为焊料的润湿性差，更需要动态强劲的锡波。并且，流动强劲的波峰上不容易残留氧化物，对提高焊接质量也很有帮助。

（3）选择焊能够根据不同情况，对不同焊点的焊接时间、焊接位置和波峰高度进行个性化的焊接参数设定，这让操作工程师有足够的空间来进行工艺调整从而使每个焊点的焊接效果达到最佳。有的选择焊甚至还能通过控制焊点的形状来达到避免桥接的效果。

选择性波峰焊如图 6-7（c）所示。

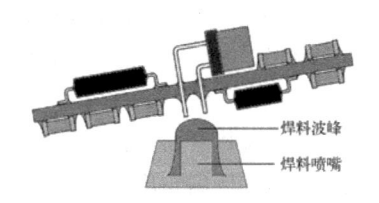

（a）选择焊示意图　　（b）从印制板下方观察选择焊　　（c）焊点形状控制

图 6-7　选择性波峰焊

5. 波峰焊的温度曲线及工艺参数控制

理想的双波峰焊的焊接温度曲线如图 6-8 所示。从图中可以看出，整个焊接过程被分为三个温度区域：预热、焊接、冷却。实际的焊接温度曲线可以通过对设备的控制系统编程进行调整。

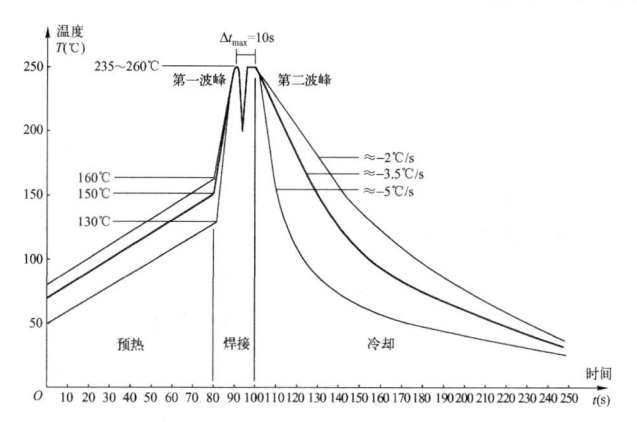

图 6-8　理想的双波峰焊的焊接温度曲线

在预热区内，喷涂到电路板上的助焊剂中的水分和溶剂被挥发，可以减少焊接时的气体产生。同时，松香和活化剂开始分解活化，去除焊接面上的氧化层和其他污染物，并且防止金属表面在高温下再次氧化。印制电路板和元器件被充分预热，可以有效地避免焊接时急剧升温产生的热应力损坏。电路板的预热温度及时间，要根据印制板的大小、厚度、元器件的尺寸和数量，以及贴装元器件的多少而确定。在PCB表面测量的预热温度应该在90～130℃，多层板或贴片元器件较多时，预热温度取上限。预热时间由传送带的速度来控制。如果预热温度偏低或预热时间过短，助焊剂中的溶剂挥发不充分，焊接时就会产生气体，引起气孔、锡珠等焊接缺陷；如预热温度偏高或热时间过长，焊剂被提前分解，使焊剂失去活性，同样会引起毛刺、桥接等焊接缺陷。为恰当控制预热温度和时间，达到最佳的预热温度，可以参考表6-2内的数据，也可以从波峰焊前涂覆在PCB底面的助焊剂是否有黏性来进行经验性判断。

表6-2 不同印制电路板在波峰焊时的预热温度

PCB类型	元器件种类	预热温度（℃）
单面板	THC+SMD	90～100
双面板	THC	90～110
双面板	THC+SMD	100～110
多层板	THC	110～125
多层板	THC+SMD	110～130

焊接过程是焊接金属表面、熔融焊料和空气等之间相互作用的复杂过程，同样必须控制好焊接温度和时间。如焊接温度偏低，液体焊料的黏性大，不能很好地在金属表面浸润和扩散，就容易产生拉尖和桥接、焊点表面粗糙等缺陷；如焊接温度过高，容易损坏元器件，还会由于焊剂被碳化失去活性、焊点氧化速度加快，焊点就会失去光泽、不饱满。测量铅锡焊料的波峰表面温度，一般应该在250℃±5℃的范围之内。因为热量、温度是时间的函数，在一定温度下，焊点和元件的受热量随时间而增加。波峰焊的焊接时间可以通过调整传送系统的速度来控制，传送带的速度，要根据不同波峰焊机的长度、预热温度、焊接温度等因素统筹考虑，进行调整。以每个焊点接触波峰的时间来表示焊接时间，一般焊接时间约为2～4s。

综合调整控制工艺参数，对提高波峰焊质量非常重要。焊接温度和时间是形成良好焊点的首要条件。焊接温度和时间与预热温度、焊料波峰的温度、导轨的倾斜角度、传输速度都有关系。双波峰焊的第一波峰一般调整为235～240℃/1s左右，第二波峰一般设置在240～260℃/3s左右。

适用于SMT焊接的波峰焊机的主要技术指标有焊剂容量6～10L（最高18L）、焊料质量10～1000kg、链条带速度0～6m/min、链条带宽度300～450mm、一般预热温度70～90℃，预热时间约为40s、锡槽焊料温度220～250℃、焊接时间3～4s、印制电路板与焊料波峰的倾角可调范围6°。

6.1.3 再流焊

1. 再流焊工艺概述

再流焊也叫回流焊，是伴随微型化电子产品的出现而发展起来的锡焊技术，主要应用于各类表面组装元器件的焊接。这种焊接技术的焊料是焊锡膏。先在电路板的焊盘上涂覆适量和适当形式的焊锡膏，再把SMT元器件贴放到相应的位置；焊锡膏具有一定黏性，使元器件固定；然后让贴装好元器件的电路板进入再流焊设备。传送系统带动电路板通过设备里各个设定的温度区域，焊锡膏经过干燥、预热、熔化、润湿、冷却将元器件焊接到印制板上。再流焊的核心环节是利用外部热源加热，使焊料熔化而再次流动浸润，完成电路板的焊接过程。

再流焊操作方法简单，效率高、质量好、一致性好，节省焊料（仅在元器件的引脚下有很薄的一层焊料），是一种适合自动化生产的电子产品装配技术。再流焊工艺是 SMT 电路板组装技术的主流。

再流焊工艺的一般流程如图 6-9 所示。

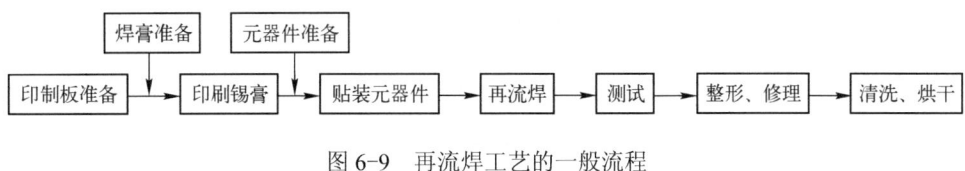

图 6-9 再流焊工艺的一般流程

2．再流焊工艺的特点与要求

（1）与波峰焊技术相比，再流焊工艺具有以下技术特点：

① 元件不直接浸渍在熔融的焊料中，所以元件受到的热冲击小（由于加热方式不同，有些情况下施加给元器件的热应力也会比较大）。

② 能在前导工序里控制焊料的施加量，减少了虚焊、桥接等焊接缺陷，所以焊接质量好，焊点的一致性好，可靠性高。

③ 假如前导工序在 PCB 上施放焊料的位置正确而贴放元器件的位置有一定偏离，在再流焊过程中，当元器件的全部焊端、引脚及其相应的焊盘同时浸润时，由于熔融焊料表面张力的作用会产生自定位效应（也叫"自对中效应"），能够自动校正偏差，把元器件拉回到近似准确的位置。

④ 再流焊的焊料是商品化的焊锡膏，能够保证正确的组分，一般不会混入杂质。

⑤ 可以采用局部加热的热源，因此能在同一基板上采用不同的焊接方法进行焊接。

⑥ 工艺简单，返修的工作量很小。

在再流焊工艺过程中，首先要将由铅锡焊料、助焊剂、黏合剂、抗氧化剂组成的糊状焊膏涂覆到印制板上，可以使用自动或半自动丝网印刷机，如同油墨印刷一样将焊膏漏印到印制板上，也可以用手工涂覆。然后，同样也能用自动机械装置或手工，把元器件贴装到印制板的焊盘上。将焊膏加热到再流温度，可以在再流焊炉中进行，少量电路板也可以用手工热风设备加热焊接。当然，加热的温度必须根据焊膏的熔化温度准确控制（有些无铅焊膏的熔点为 223℃，则必须加热到这个温度）。

（2）控制与调整再流焊设备内焊接对象在加热过程中的时间-温度参数关系（常简称为焊接温度曲线），是决定再流焊效果与质量的关键。各类设备的演变与改善，其目的也是更加便于精确调整温度曲线。

再流焊的加热过程可以分成预热、焊接（再流）和冷却三个最基本的温度区域，主要有两种实现方法：一种是沿着传送系统的运行方向，让电路板顺序通过隧道式炉内的各个温度区域；另一种是把电路板停放在某一固定位置上，在控制系统的作用下，按照各个温度区域的梯度规律调节、控制温度的变化。

再流焊的理想焊接温度曲线如图 6-10 所示。

典型的温度变化过程通常由四个温区组成，分别为预热区、再流区与冷却区。

① 预热区：焊接对象从室温逐步加热至 183℃左右的区域，包括升温区、保温区、快速升温区，缩小与再流焊的温差，焊膏中的溶剂被挥发。

② 保温区：温度维持在 150～160℃，焊膏中的活性剂开始作用，去除焊接对象表面的氧化层。

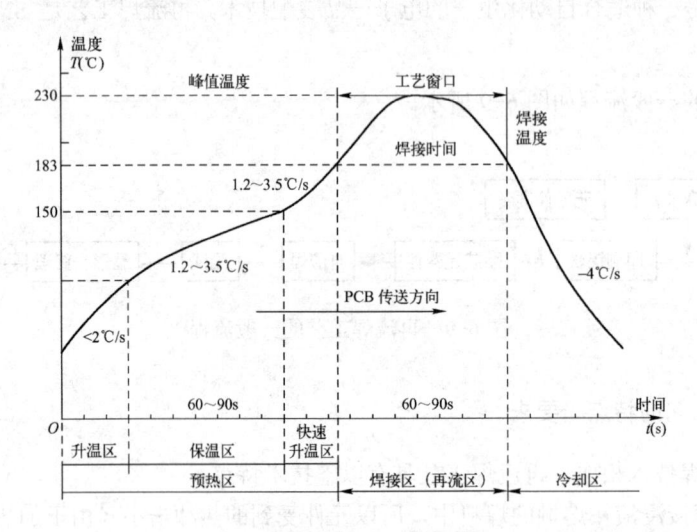

图 6-10 再流焊的理想焊接温度曲线

③ 再流区：温度逐步上升，超过焊膏熔点温度 30%~40%（一般 Sn-Pb 焊锡的熔点为 183℃，比熔点高约 47~50℃），峰值温度达到 220~230℃的时间短于 10s，焊膏完全熔化并湿润元器件焊端与焊盘。这个范围一般被称为工艺窗口。

④ 冷却区：焊接对象迅速降温，形成焊点，完成焊接。

由于元器件的品种、大小与数量不同以及电路板尺寸等诸多因素的影响，要获得理想而一致的曲线并不容易，需要反复调整设备各温区的加热器，才能达到最佳温度曲线。

为调整最佳工艺参数而测定焊接温度曲线是通过温度测试记录仪进行的。这种记录测试仪，一般由多个热电偶与记录仪组成。5~6 个热电偶分别固定在小元件、大器件、BGA 芯片内部、电路板边缘等位置，连接记录仪，一起随电路板进入炉膛，记录时间-温度参数。在炉子的出口处取出后，把参数送入计算机，用专用软件描绘曲线。

(3) 再流焊的工艺要求有以下几点：

① 要设置合理的温度曲线。再流焊是 SMT 生产中的关键工序，假如温度曲线设置不当，会引起焊接不完全、虚焊、元件翘立（"竖碑"现象）、锡珠飞溅等焊接缺陷，影响产品质量。

② SMT 电路板在设计时就要确定回流焊时在设备中的运行方向（叫做"焊接方向"），并应当按照设计的方向进行焊接。一般，应该保证主要元器件的长轴方向与电路板的运行方向垂直。

③ 在焊接过程中，要严格防止传送带振动。

④ 必须对第一块印制电路板的焊接效果进行判断，实行首件检查制。检查焊接是否完全、有无焊膏熔化不充分、虚焊或桥接的痕迹、焊点表面是否光亮、焊点形状是否向内凹陷、是否有锡珠飞溅和残留物等现象，还要检查 PCB 的表面颜色是否改变。在批量生产过程中，要定时检查焊接质量，及时对温度曲线进行修正。

3. 再流焊炉的主要结构和工作方式

再流焊炉主要由炉体、上下加热源、PCB 传送装置、空气循环装置、冷却装置、排风装置、温度控制装置以及计算机控制系统组成。

再流焊的核心环节是将预覆的焊料熔融、再流、浸润。再流焊对焊料加热有不同的方法，就热量的传导来说，主要有辐射和对流两种方式；按照加热区域，可以分为对 PCB 整体加热和局部加热两大类；整体加热的方法主要有红外线加热法、气相加热法、热风加热法、热板加热法；局部加热的方法主要有激光加热法、红外线聚焦加热法、热气流加热法。

再流焊炉的结构主体是一个热源受控的隧道式炉膛，涂覆了膏状焊料并贴装了元器件的电路板随传动机构直线匀速进入炉膛，顺序通过预热、再流（焊接）和冷却这三个基本温度区域。在预热区内，电路板在 100～160℃ 的温度下均匀预热 2～3min，焊膏中的低沸点溶剂和抗氧化剂挥发，化成烟气排出；同时，焊膏中的助焊剂浸润，焊膏软化塌落，覆盖了焊盘和元器件的焊端或引脚，使它们与氧气隔离；并且，电路板和元器件得到充分预热，以免它们进入焊接区因温度突然升高而损坏。在焊接区，温度迅速上升，比焊料合金的熔点高 20～50℃，膏状焊料在热空气中再次熔融，浸润焊接面，时间大约 30～90s。当焊接对象从炉膛内的冷却区通过，焊料冷却凝固以后，全部焊点同时完成焊接。

再流焊设备可用于单面、双面、多层电路板上 SMT 元器件的焊接，以及在其他材料的电路基板（如陶瓷基板、金属芯基板）上的再流焊，也可以用于电子器件、组件、芯片的再流焊，还可以对印制电路板进行热风整平、烘干，对电子产品进行烘烤、加热或固化黏合剂。再流焊设备既能够单机操作，也可以连入电子装配生产线配套使用。

再流焊设备还可以用来焊接电路板的两面：先在电路板的 A 面漏印焊膏，粘贴 SMT 元器件后入炉完成焊接；然后在 B 面漏印焊膏，粘贴元器件后再次入炉焊接。这时，电路板的 B 面朝上，在正常的温度控制下完成焊接；A 面朝下，受热温度较低，已经焊好的元器件不会从板上脱落下来。这种工作状态如图 6-11 所示。

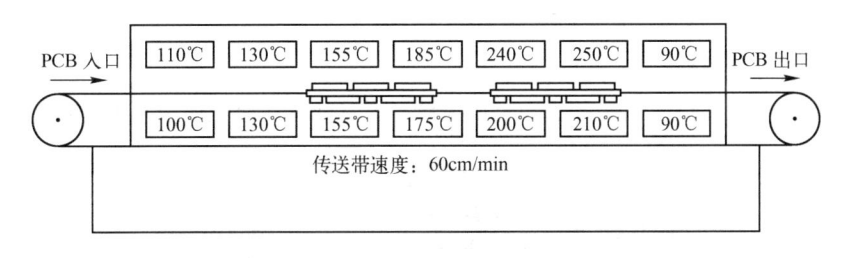

图 6-11 再流焊时电路板两面的温度不同

4．再流焊设备的种类与加热方法

经过近四十年的发展，再流焊设备的种类及加热方法经历了气相法、热板传导、红外辐射、全热风等几种。近年来新开发的激光束逐点式再流焊机，可实现极其精密的焊接，但成本很高。

（1）气相再流焊

这是美国西屋公司于 1974 年首创的焊接方法，曾经在美国的 SMT 焊接中占有很高比例。其工作原理是：加热传热介质氟氯烷系溶剂，使之沸腾产生饱和蒸气；在焊接设备内，介质的饱和蒸气遇到温度低的待焊电路组件，转变成为相同温度下的液体，释放出汽化潜热，使膏状焊料熔融浸润，电路板上的所有焊点同时完成焊接。这种焊接方法的介质液体需要较高的沸点（高于铅锡焊料的熔点），有良好的热稳定性，不自燃。美国 3M 公司配制的介质液体见表 6-3。

表 6-3 3M 公司配制的介质液体

介质	FC-70（沸点 215℃）	FC-71（沸点 253℃）
用途	Sn/Pb 焊料的再流焊	纯 Sn 焊料的再流焊
全称	$(C_5F_{11})_3N$ 全氟戊胺	

注：为了减少焊接时介质蒸气的耗散，还要采用二次保护蒸气 FC-113 等。

　　气相法的特点是整体加热，饱和蒸气能到达设备里的每个角落，热传导均匀，可形成与产品形状无关的焊接。气相再流焊能精确控制温度（取决于溶剂沸点），热转化效率高，焊接温度均匀，不会发生过热现象；并且，蒸气中含氧量低，焊接对象不会氧化，能获得高精度、高质量的焊点。气相再流焊的缺点是介质液体及设备的价格高，介质液体是典型的臭氧层损耗物质，在工作时会产生少量有毒的全氟异丁烯（PFIB）气体，因此在应用上受到极大限制。图 6-12 是气相再流焊设备的工作原理示意图。溶剂在加热器作用下沸腾产生饱和蒸气，图中，电路板从左往右进入炉膛，受热进行焊接。炉子上方与左右都有冷凝管，将蒸气限制在炉膛内。

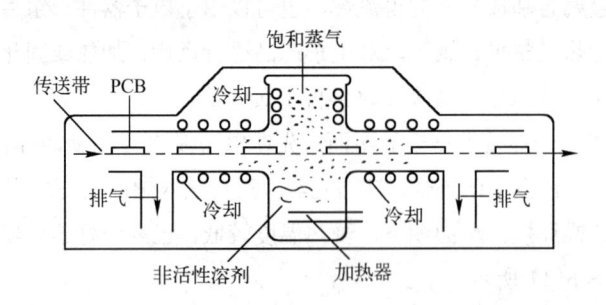

图 6-12 气相再流焊的工作原理示意图

（2）热板传导再流焊

利用热板传导来加热的焊接方法称为热板再流焊，其工作原理如图 6-13 所示。

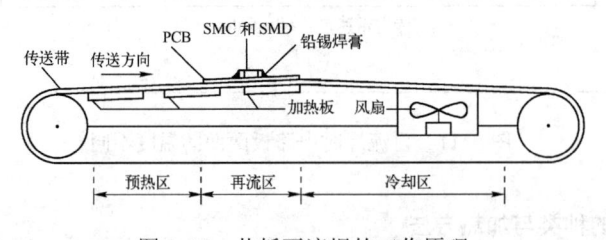

图 6-13 热板再流焊的工作原理

　　热板传导再流焊的发热器件为板型，放置在薄薄的传送带下，传送带由导热性能良好的聚四氟乙烯材料制成。待焊电路板放在传送带上，热量先传送到电路板上，再传至铅锡焊膏与 SMC/SMD 元器件，焊膏熔化以后，再通过风冷降温，完成电路板焊接。这种再流焊的热板表面温度不能大于 300℃，早期用于导热性好的高纯度氧化铝基板、陶瓷基板等厚膜电路单面焊接，随后也用于焊接初级 SMT 产品的单面电路板。其优点是结构简单，操作方便；缺点是热效率低，温度不均匀，电路板若导热不良或稍厚就无法适应，对普通覆铜箔电路板的焊接效果不好，故很快被取代。

（3）红外线辐射再流焊

红外线辐射再流焊的主要工作原理是：在设备内部，通电的陶瓷发热板（或石英发热管）辐射出远红外线，电路板通过数个温区，接受辐射转化为热能，达到再流焊所需的温度，焊料浸润，然后冷却，完成焊接。红外线辐射加热法是最早、最广泛使用的 SMT 焊接方法之一。

使用远红外线辐射作为热源的加热炉，叫做红外线再流焊炉（IR），其原理示意图如图 6-14 所示。这种设备成本低，适用于低组装密度产品的批量生产，调节温度范围较宽的炉子也能在点胶贴片后固化贴片胶。有远红外线与近红外线两种热源。一般，前者多用于预热，后者多用于再流加热。整个加热炉可以分成几段温区，分别控制温度。

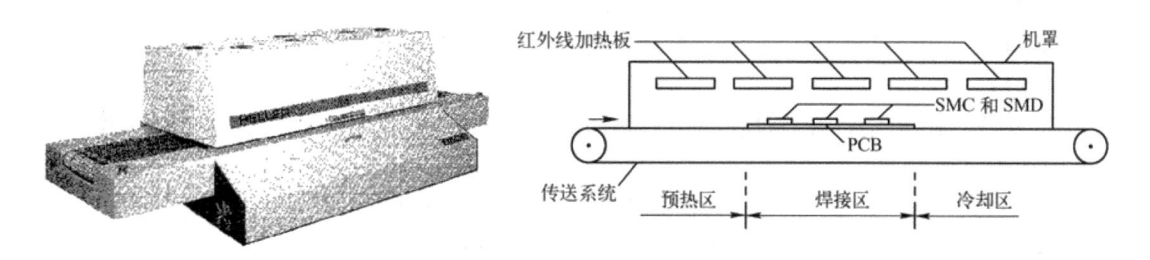

图 6-14　红外线辐射再流焊的原理示意图

红外线辐射再流焊炉的优点是热效率高，温度变化梯度大，温度曲线容易控制，焊接双面电路板时，上、下温度差别大。缺点是电路板同一面上的元器件受热不够均匀，温度设定难以兼顾周全，阴影效应较明显：当元器件的颜色深浅、材质差异、封装不同时，各焊点所吸收的热量不同；体积大的元器件会对小元器件造成阴影使之受热不足。

（4）热风对流再流焊

单纯热风对流再流焊是利用加热器与风扇，使炉膛内的空气不断加热并强制循环流动，焊接对象在炉内受到炽热气体的加热而实现焊接，其工作原理如图 6-15 所示。这种再流焊设备的加热温度均匀但不够稳定，焊接对象容易氧化，电路板上、下的温差以及沿炉长方向的温度梯度不容易控制，一般不单独使用。

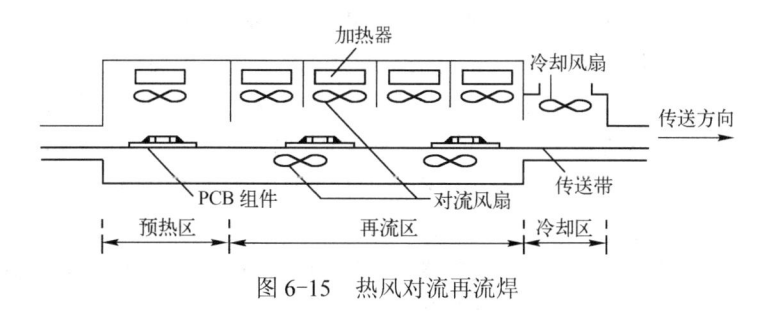

图 6-15　热风对流再流焊

（5）激光再流焊

激光再流焊是利用激光束良好的方向性及功率密度高的特点，通过光学系统将 CO_2 或 YAG 激光束聚集在很小的区域内，在很短的时间内使焊接对象形成一个局部加热区。图 6-16 是激光加热再流焊的工作原理示意图。

激光再流焊的加热具有高度局部化的特点，不产生热应力，热冲击小，热敏元器件不易损坏；但是设备投资大，维护成本高。

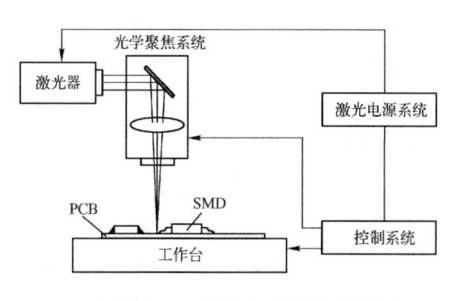

图 6-16　激光再流焊示意图

5. 再流焊的品质分析

(1) 再流焊的品质受诸多因素的影响，最重要的因素是再流焊炉的温度曲线及锡膏的成分参数。现在常用的高性能再流焊炉，已能比较方便地精确控制、调整温度曲线。相比之下，在高密度与小型化的趋势中，焊膏的印刷就成了再流焊质量的关键，有焊膏、模板与印刷三个因素影响焊膏印刷。

① 焊膏：窄间距器件的焊接质量与焊膏合金粉末的颗粒形状有关，焊膏的黏度与成分也必须选用适当。另外，焊膏一般冷藏储存，取用时待恢复到室温后，才能开盖。要特别注意避免因温差使焊锡膏混入水汽，在使用之前应该用搅拌机搅匀锡膏。

② 模板：锡膏模板的开孔设计、模板厚度与模板加工制作方式，将对焊膏印刷的外形质量起决定作用。

③ 印刷：印刷用刮刀的材质与形状，刮印的速度、压力与模板的间隙以及模板的清洗，都会影响印刷质量。

(2) 有时，再流焊设备的传送带振动过大，也是影响焊接质量的因素之一。

(3) 在排除了锡膏印刷工艺与贴片工艺的品质异常之后，再流焊工艺本身导致的品质异常的主要因素有以下几种。

① 冷焊：通常是再流焊温度偏低或再流区的时间不足。

② 锡珠：预热区温度爬升速度过快（一般要求，温度上升的斜率小于 3℃/s）。

③ 连焊：电路板或元器件受潮，含水分过多易引起锡爆产生连焊。

④ 裂纹：通常是降温区温度下降过快（一般有铅焊接的温度下降斜率要求小于 4℃/s）。

6. 新一代再流焊设备及工艺

(1) 红外线热风再流焊机

20 世纪 90 年代后，元器件进一步小型化，SMT 的应用不断扩大。为使不同颜色、不同体积的元器件（如 QFP、PLCC 和 BGA 封装的集成电路）能同时完成焊接，必须改善再流焊设备的热传导效率，减少元器件之间的峰值温度差别，在电路板通过温度隧道的过程中维持稳定一致的温度曲线，设备制造商纷纷开发新一代再流焊设备，改进加热器的分布、空气的循环流向、增加温区划分，使之能进一步精确控制炉内各部位的温度分布，便于温度曲线的理想调节。

在对流、辐射和传导这三种热的传导机制中，只有前两者容易控制。红外线辐射加热的效率高，而强制对流可以使加热更均匀。先进的再流焊技术结合了热风对流与红外线辐射两者的优点，用波长稳定的红外线（波长约 8μm）发生器作为主要热源，利用对流的均衡加热特性以减少元器件与电路板之间的温度差别。

改进型的红外线热风再流焊是按一定热量比例和空间分布，同时混合红外线辐射和热风循环对流加热的方式，也叫热风对流红外线辐射再流焊。目前多数大批量 SMT 生产中的再流焊炉都是采用这种大容量循环强制对流加热的工作方式，国内企业已经能够制造这种设备。在炉体内，热空气不停流动，均匀加热，有极高的热传递效率，并不依靠红外线直接辐射加温。这种方法的特点是，各温区独立调节热量，减小热风对流，还可以在电路板下面采取制冷措施，从而保证加热温度均匀稳定，电路板表面和元器件之间的温差小，温度曲线容易控制。红外热风再流焊设备的生产能力高，操作成本低。

现在，随着温度控制技术的进步，高档的强制对流热风再流焊设备的温度隧道更多地细分了不同的温度区域，例如，把预热区细分为升温区、保温区和快速升温区等。在国内设备条件好的企业里，已经能够见到 10 个以上温区的再流焊设备。当然，再流焊接炉的强制对流加热方式和加热器形式，也在不断改进，使传导对流热量给电路板的效率更高，加热更均匀。图 6-17 是红外线热风再流焊设备的照片。

（2）简易红外线再流焊机

图 6-18 是简易红外线热风再流焊设备的照片。它是内部只有一个温区的小加热炉，能够焊接的电路板最大面积为 400mm×400mm（小型设备的有效焊接面积会小一些）。炉内的加热器和风扇受计算机控制，温度随时间变化，电路板在炉内处于静止状态，连续经历预热、再流和冷却的温度过程，完成焊接。这种简易设备的价格比隧道炉膛式红外线热风再流焊设备的价格低很多，适用于生产批量不大的小型企业。

图 6-17　红外线热风再流焊设备的照片　　　图 6-18　简易红外线热风再流焊设备

（3）充氮气的再流焊炉

为适用无铅环保工艺，一些高性能的再流焊设备带有加充氮气和快速冷却的装置。惰性气体可以减少焊接过程中的氧化。采用氮气保护的焊接工艺已有很长的时间，常用于加工要求较高的产品。采用氮气保护，可以使用活性较低的焊膏，这对于减少焊接残留物和免清洗是重要的；氮气可以加大焊料的表面张力，使企业选择超细间距器件的余地更大；在氮气环境中，电路板上的焊盘与线路的可焊性得到较好的保护，快速冷却可以增加焊点表面的光亮度。采用氮气保护的问题主要是氮气的成本、管理与回收。所以，焊膏制造厂家也在研究改进焊膏的化学成分，以便回流焊工艺中不必再使用氮气保护。

（4）通孔再流焊工艺

通孔再流焊（也称插入式或带引针式再流焊）工艺在一些生产线上也得到应用，它可以省去波峰焊工序，尤其在焊接 SMT 与 THT 混装的电路板时会用到它。这样做的好处是可以利用现有的再流焊设备来焊接通孔式的接插件。通孔式接插件与表面贴装式的接插件相比，焊点的机械强度往往更好。同时，在较大面积的电路板上，由于平整度问题，表贴式接插件的所有引脚不容易焊接得都很牢固。通孔再流焊在严格的工艺控制下，焊接质量能够得到保证，存在的不足是焊膏用量大，随之造成的助焊剂残留物也会增多；另外，有些通孔接插件的塑料结构难以承受再流焊的高温。

（5）无铅再流焊工艺

在无铅焊接时代，使用无铅锡膏使再流焊的焊接温度提高、工艺窗口变窄，除了要求再流焊炉的技术性能进一步提高之外，还必须通过自动温度曲线预测工具结合实时温度管理系统，进行连续的工艺过程监测，精确控制通过再流焊炉的温度传导。

7．各种再流焊设备及工艺性能比较

（1）各种再流焊工艺主要加热方法的优缺点（见表 6-4）

表 6-4　再流焊各种加热方法的主要优缺点

加热方式	原理	优点	缺点
气相	利用惰性溶剂的蒸气凝聚时释放的潜热加热	① 加热均匀，热冲击小 ② 升温快，温度控制准确 ③ 在无氧环境下焊接，氧化少	① 设备和介质费用高 ② 不利于环保

续表

加热方式	原理	优点	缺点
热板	利用热板的热传导加热	① 减少对元器件的热冲击 ② 设备结构简单，操作方便，价格低	① 受基板热传导性能影响大 ② 不适用于大型基板、大型元器件 ③ 温度分布不均匀
红外	吸收红外线辐射加热	① 设备结构简单，价格低 ② 加热效率高，温度可调范围宽 ③ 减少焊料飞溅、虚焊及桥接	元器件材料、颜色与体积不同，热吸收不同，温度控制不够均匀
热风	高温加热的气体在炉内循环加热	① 加热均匀 ② 温度控制容易	① 容易产生氧化 ② 能耗大
激光	利用激光的热能加热	① 聚光性好，适用于高精度焊接 ② 非接触加热 ③ 用光纤传送能量	① 激光在焊接面上反射率大 ② 设备昂贵
红外+热风	强制对流加热	① 温度分布均匀 ② 热传递效率高	设备价格高

（2）再流焊设备的主要技术指标
- 温度控制精度（指传感器灵敏度）：应该达到±0.1～0.2℃。
- 温度均匀度：±1～2℃，炉膛内不同点的温差应该尽可能小。
- 传输带横向温差：要求±5℃以下。
- 温度曲线调整功能：计算机控制的温度曲线采集器，能够实现温度精确调整。
- 最高加热温度：一般为 300～350℃，温度更高的无铅焊接或金属基板焊接，最高加热温度350℃以上。
- 加热区数量和长度：加热区数量越多、长度越长，越容易调整和控制温度曲线。一般中小批量铅锡焊接，可以选择 4～5 个温区，加热长度 1.8m 左右的设备；无铅焊接设备的温区要多达 7～10 个温区，加热区长度在 2～3m 甚至更长。
- 焊接工作尺寸：根据传送带宽度确定，一般为 30～400mm。

（3）SMT 焊接设备与工艺性能比较

用波峰焊与再流焊设备焊接 SMT 电路板的有关工艺要求、焊接设备结构及各种加热焊接方法等内容，已经在前面进行介绍，这里结合 SMT 电路板的组装方式做进一步比较。一般情况下，波峰焊适用于混合组装（见表 4-3 中图（c）、（d）、（e）），再流焊适用于全贴片组装（见表 4-3 中图（a）、（b））。表 6-5 比较了各种设备焊接 SMT 电路板的性能。最近十年以来，我国电子制造业进入生产设备高速更新阶段，显然，新型的红外线热风再流焊在计算机的控制下强制对流加热，可以对各温区的温度进行更精细的调节，获得更好的焊接质量，已经被广泛购置。

表 6-5 各种设备焊接 SMT 电路板的性能比较

焊接方法		初始投资	生产费用	生产效率	温度稳定性	工作适应性				
						温度曲线	双面装配	工装适应性	温度敏感元件	焊接误差率
再流焊	气相	中-高	高	中-高	极好	注①	能	很好	会损坏	中等
	热板	低	低	中-高	好	极好	不能	差	影响小	很低
	红外	低	低	中	取决于吸收	尚可	能	好	要屏蔽	注②
	热风	高	高	高	好	缓慢	能	好	会损坏	很低
	激光	高	中	低	要精确控制	实验确定	能	很好	极好	低
波峰焊		高	高	高	好	难建立	注③	不好	会损坏	高

注：① 调整温度曲线，停顿时改变温度容易，不停顿改变温度困难；
② 经适当夹持固定后，焊接误差率低；
③ 一面插装普通元件，SMC 在另一面。

(4) 其他焊接方法

除了上述几种焊接方法以外，在微电子器件组装中，超声波焊、热超声金丝球焊、机械热脉冲焊都有各自的特点。例如，近来迅速发展的激光焊，能在几微秒的时间内将焊点加热到熔化而实现焊接，热应力影响小，可以同锡焊相比，是一种很有潜力的焊接方法。

随着计算机技术的发展，在电子焊接中使用微处理器控制的焊接设备已经普及。例如，微机控制电子束焊接已在我国研制成功。还有一种光焊技术，已经应用在 CMOS 集成电路的全自动生产线上，其特点是采用光敏导电胶代替焊剂，将电路芯片粘在印制板上用紫外线固化焊接。

随着电子工业的不断发展，传统的方法将不断改进和完善，新的高效率的焊接方法也将不断涌现。

6.1.4 SMT 电路板维修工作站

对采用 SMT 工艺的电路板进行维修，或者对品种变化多而批量不大的产品进行生产时，SMT 维修工作站能够发挥很好的作用。维修工作站实际是一个小型化的贴片机和焊接设备的组合装置，但贴片、焊接元器件的速度比较慢。大多维修工作站装备了高分辨率的光学检测系统和图像采集系统，操作者可以从监视器的屏幕上看到放大的电路焊盘和元器件电极的图像，使器件能够高精度地定位贴片。高档的维修工作站甚至有两个以上摄像镜头，能够把从不同角度摄取的画面叠加在屏幕上。操作者可以看着屏幕仔细调整贴装头，让两幅画面完全重合，实现多引脚的 SOJ、PLCC、QFP、BGA、CSP 等器件在电路板上准确定位。

SMT 维修工作站都备有与各种元器件规格相配的红外线加热炉、电热工具或热风焊枪，不仅可以用来拆焊那些需要更换的元器件，还能熔融焊料，把新贴装的元器件焊接上去。

目前，国内企业中常见的 SMT 维修工作站大多是进口设备，德国 ERSA 公司和美国 OK 公司制造的机型是知名品牌的维修工作站。图 6-19 是 ERSA 公司的 IR 系列维修工作站。

图 6-19 ERSA 公司的 IR 系列维修工作站

6.2 SMT 电路板组装工艺方案与组装设备

电子产品制造从通孔插装方式到表面安装方式的工艺技术转换，是一个相当长时间的、不平衡的逐步发展过程。在全世界各国制造的电子产品中，目前已经有多数产品全部采用了 SMT 元器件，但还有相当一部分是采用所谓的"混装工艺"，即在同一块印制电路板上，既有插装的传统 THT 元器件，又有表面安装的 SMT 元器件。这样，在应用 SMT 技术的电子产品中，电路的组装结构就有很多种。

SMT 电路板组装焊接的典型设备有锡膏印刷机、贴片机和已在前面介绍过再流焊炉等。

6.2.1 SMT 印制板的组装结构及装焊工艺流程

1. 三种 SMT 组装结构

所谓三种 SMT 组装结构，已经在第 4 章中讲解印制板设计与组装工艺的关系时介绍过（见表 4-3），这里做进一步分析。

（1）第一种组装结构：全部采用 SMT 工艺

印制板上没有 THT 元器件，各种 SMD 和 SMC 被贴装在电路板的一面或两侧，如图 6-20（a）、（b）所示。

(2) 第二种组装结构：单面或双面混合组装

在印制电路板的元件面（"顶面"，A 面），既插装 THT 元器件，又贴装 SMT 元器件，如图 6-20（c）所示。

在印制板的 A 面既插装 THT 元器件，又贴装 SMT 元器件；在 B 面只贴装体积较小的 SMD 晶体管和 SMC 元件，如图 6-20（d）所示。

(3) 第三种组装结构：顶面插装，底面贴装，两面分别组装

在印制板的 A 面上只插装 THT 元器件，B 面贴装小型的 SMT 元器件，如图 6-20（e）所示。

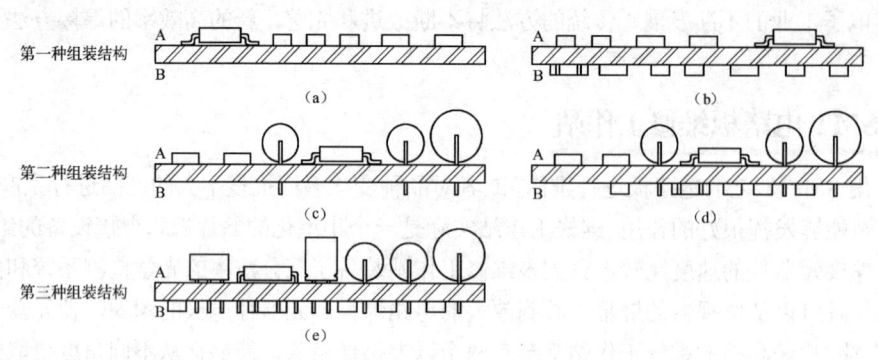

图 6-20　三种 SMT 组装结构示意图

第一种组装结构能够充分体现出 SMT 的技术优势，这种印制电路板体积最小。后两种混合组装结构的优势在于不仅发挥了 SMT 贴装的优点，也解决某些元件至今不能做成表面贴装形式的问题。

从印制电路板的装配焊接工艺来看，第三种装配结构除了要增加点胶工艺，将 SMT 元器件粘贴在印制板底面上以外，其余和传统的通孔插装方式的区别不大，特别是可以利用波峰焊设备进行焊接，工艺技术上也比较成熟；而前两种装配结构都需要添加一系列 SMT 生产焊接设备。

2. SMT 印制板波峰焊工艺流程

在上述第二、第三种 SMT 装配结构下（见图 6-20（d）、(e)），在 B 面贴有 SMT 元器件的印制板所采用波峰焊的工艺流程如图 6-21 所示。

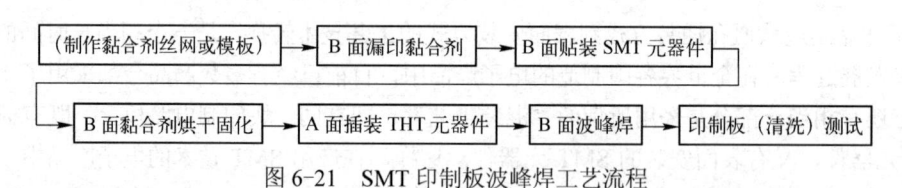

图 6-21　SMT 印制板波峰焊工艺流程

(1) 制作黏合剂丝网或模板

按照 SMT 元器件在印制板上的位置，制作用于漏印黏合剂的丝网或模板。早期的 SMT 组装间距比较大，采用丝网漏印就能满足组装精度；近年来 SMC 小型化、SMC 引脚高密度使组装精度的要求不断提高，丝网印刷已经难以适应，用薄钢板或薄铜板制作的刚性模板更多被使用。

(2) 漏印黏合剂（又称点胶过程）

把丝网或模板覆盖在印制电路板 B 面上，漏印黏合剂。要精确保证黏合剂漏印在元器件的中心，尤其要避免黏合剂污染元器件的焊盘。如果采用点胶机或手工点涂黏合剂，则这前两道工序要相应更改。

(3) 贴装 SMT 元器件

把 SMT 元器件贴装到印制板 B 面上，使它们的电极准确定位于各自的焊盘。

(4) 固化黏合剂

用加热或紫外线照射的方法,使黏合剂烘干、固化,把 SMT 元器件比较牢固地固定在印制板上。

(5) 插装 THT 元器件

把印制电路板翻转 180°,在 A 面插装传统的 THT 引线元器件。

(6) 波峰焊

与普通印制板的焊接工艺相同,用波峰焊设备在 B 面进行焊接。在印制板焊接过程中,SMT 元器件浸没在熔融的锡液中。可见,SMT 元器件应该具有良好的耐热性能。假如采用双波峰焊接设备,则焊接质量会好很多。

(7) 印制板(清洗)测试

先对经过焊接的印制板进行清洗,去除残留的助焊剂残渣(如果已经采用免清洗助焊剂,除非是特殊产品,一般不必清洗),然后进行电路检验测试。

3. SMT 印制板再流焊工艺流程

印制板装配焊接采用再流焊工艺,涂覆焊料的典型方法之一是用丝网或模板印刷焊锡膏,其流程如图 6-22 所示。

(制作焊锡膏丝网或模板) → 漏印焊锡膏 → 贴装 SMT 元器件 → 再流焊 → 印制板(清洗)测试

图 6-22 印刷焊锡膏的再流焊工艺流程

(1) 制作焊锡膏丝网或模板

按照 SMT 元器件在印制板上的位置及焊盘的形状,制作用于漏印焊锡膏的丝网或模板。

(2) 漏印焊锡膏

把焊锡膏丝网或模板覆盖在印制电路板上,漏印焊锡膏,要精确保证焊锡膏均匀地漏印在元器件的电极焊盘上。

注意:这两道工序所涉及的"制作焊锡膏丝网或模板"和"漏印焊锡膏",与 SMT 印制板波峰焊工艺漏印黏合剂相似,只不过把漏印的材料换成焊锡膏,具体概念将在后面介绍印刷机时进一步说明。

(3) 贴装 SMT 元器件

把 SMT 元器件贴装到印制板上,有条件的企业采用不同档次的贴装设备,在简单的条件下也可以手工贴装。无论采用哪种方法,关键是使元器件的电极准确定位于各自的焊盘。

(4) 再流焊

用再流焊设备进行焊接,还要在后面介绍有关概念。

(5) 印制板(清洗)测试

根据产品要求和工艺材料的性质,选择印制板清洗工艺或免清洗工艺,然后对电路板进行检查测试。

4. 针对 SMT 组装结构制订的工艺流程

事实上,不仅产品的复杂程度各不相同,各企业的设备条件也有很大差异,针对图 6-20 所示的三种 SMT 组装结构,可以选择多种工艺流程,如图 6-23 所示。例如,对图 6-20(d)所示的第二种 SMT 装配结构(双面混合装配),即在印制板的 A 面(元件面)上同时还装有 SMT 元器件,则 A 面肯定要经过贴装和再流焊工序。但在印制板的 B 面(焊接面),既可以用黏合剂粘贴 SMD,并在 A 面插装 THD 后,执行波峰焊工艺流程,也可以在 B 面用贴装和再流焊工序,少量的引线元器件采用手工插装。

用再流焊：

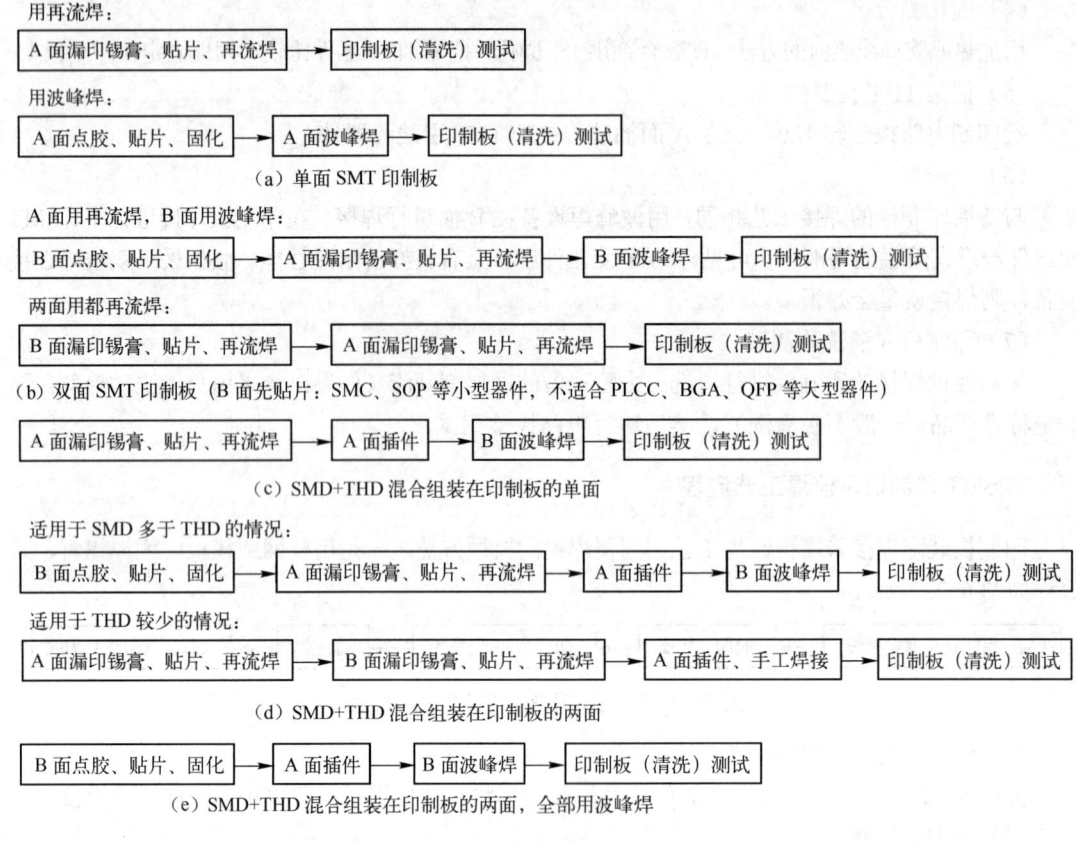

A面漏印锡膏、贴片、再流焊 → 印制板（清洗）测试

用波峰焊：

A面点胶、贴片、固化 → A面波峰焊 → 印制板（清洗）测试

(a) 单面SMT印制板

A面用再流焊，B面用波峰焊：

B面点胶、贴片、固化 → A面漏印锡膏、贴片、再流焊 → B面波峰焊 → 印制板（清洗）测试

两面用都再流焊：

B面漏印锡膏、贴片、再流焊 → A面漏印锡膏、贴片、再流焊 → 印制板（清洗）测试

(b) 双面SMT印制板（B面先贴片：SMC、SOP等小型器件，不适合PLCC、BGA、QFP等大型器件）

A面漏印锡膏、贴片、再流焊 → A面插件 → B面波峰焊 → 印制板（清洗）测试

(c) SMD+THD混合组装在印制板的单面

适用于SMD多于THD的情况：

B面点胶、贴片、固化 → A面漏印锡膏、贴片、再流焊 → A面插件 → B面波峰焊 → 印制板（清洗）测试

适用于THD较少的情况：

A面漏印锡膏、贴片、再流焊 → B面漏印锡膏、贴片、再流焊 → A面插件、手工焊接 → 印制板（清洗）测试

(d) SMD+THD混合组装在印制板的两面

B面点胶、贴片、固化 → A面插件 → B面波峰焊 → 印制板（清洗）测试

(e) SMD+THD混合组装在印制板的两面，全部用波峰焊

图6-23 针对SMT组装结构制订的工艺流程

5. 完整的SMT组装工艺总流程

在企业实际生产中，在SMT工艺流程的每一个阶段完成之后，都要进行质量检验。完整的工艺总流程（包含质检环节）如图6-24所示。

6.2.2 锡膏涂覆工艺和锡膏印刷机

1. 再流焊工艺焊料供给方法

在再流焊工艺中，将焊料施放在焊接部位的主要方法有焊膏法、预覆焊料法和预形成焊料法。

（1）焊膏法

焊膏法将焊锡膏涂覆到PCB焊盘图形上，这是再流焊工艺中最常用的方法。焊膏涂覆方式有两种：注射滴涂法和印刷涂覆法。注射滴涂法主要应用在新产品的研制或小批量产品的生产中，可以手工操作，速度慢、精度低但灵活性高，省去了制造模板的成本。印刷涂覆法又分直接印刷法（也叫模板漏印法或漏板印

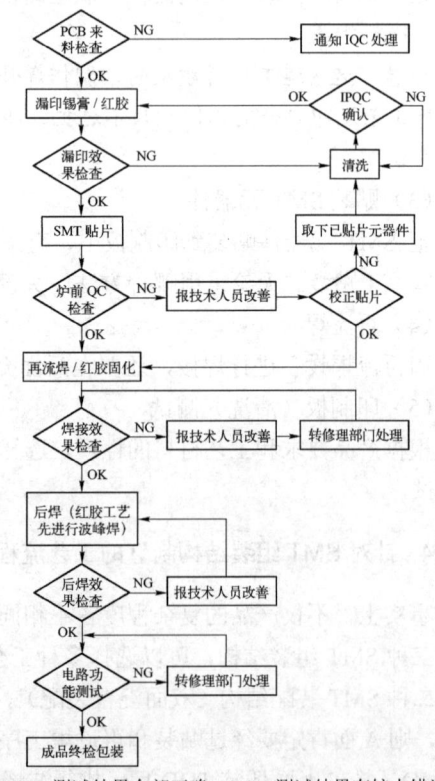

OK：测试结果全部正确。NG：测试结果有较大错误

图6-24 完整的SMT工艺总流程（包含质检环节）

刷法）和非接触印刷法（也叫丝网印刷法）两种类型，直接印刷法是目前高档设备广泛应用的方法。

（2）预覆焊料法

预覆焊料法也是再流焊工艺中经常使用的施放焊料的方法。在某些应用场合，可以采用电镀法和熔融法，把焊料预覆在元器件电极部位的细微引线上或是PCB的焊盘上。在窄间距器件的组装中，采用电镀法预覆焊料是比较合适的，但电镀法的焊料镀层厚度不够稳定，需要在电镀焊料后再进行一次熔融。经过这样的处理，可以获得稳定的焊料层。

（3）预形成焊料法

预形成焊料是将焊料制成各种形状，如片状、棒状、微小球状等预先成形的焊料，焊料中可含有助焊剂。这种形式的焊料主要用于半导体芯片中的键合部分、扁平封装器件的焊接工艺中。

2．锡膏印刷机及其结构

图 6-25 是锡膏印刷机的照片，它是用来印刷焊锡膏或贴片胶的，其功能是将焊锡膏或贴片胶正确地漏印到印制板相应的位置上。

SMT 印刷机大致分为三个档次：手动、半自动和全自动印刷机。半自动和全自动印刷机可以根据具体情况配置各种功能，以便提高印刷精度。例如：视觉识别功能、调整电路板传送速度功能、工作台或刮刀 45°角旋转动能（适用于窄间距元器件），以及二维、三维检测功能等。

无论是哪一种印刷机，都由以下几部分组成：

- 夹持 PCB 基板的工作台。包括工作台面、真空夹持或板边夹持机构、工作台传输控制机构。

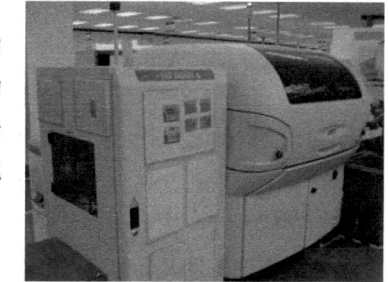

图 6-25　锡膏印刷机的照片

- 印刷头系统。包括刮刀、刮刀固定机构、印刷头的传输控制系统等。
- 漏印模板（或丝网）及其固定机构。
- 为保证印刷精度而配置的其他选件。包括视觉对中系统、擦板系统和二维、三维测量系统等。

3．印刷涂覆法的模板及丝网

在印刷涂覆法中，直接印刷法和非接触印刷法的共同之处是，其原理与油墨印刷类似，主要区别在于印刷焊料的介质，即用不同的介质材料来加工印刷图形：无刮动间隙的印刷是直接（接触式）印刷，采用刚性材料加工的金属漏印模板；有刮动间隙的印刷是非接触式印刷，采用柔性材料丝网或金属掩模。刮刀压力、刮动间隙和刮刀移动速度是保证印刷质量的重要参数。

高档 SMT 印刷机一般使用不锈钢薄板制作的漏印模板，这种模板的精度高，但加工困难，制作费用较高，适合于大批量生产的高密度 SMT 电子产品；手动操作的简易 SMT 印刷机可以使用薄铜板制作的漏印模板，这种模板容易加工，制作费用低廉，适合于小批量生产的电子产品，但长期使用后模板容易变形而影响印刷精度。非接触式丝网印刷法是传统的方法，制作丝网的费用低廉，印刷锡膏的图形精度不高，适用于大批量生产的一般 SMT 电路板。

4．漏印模板印刷法的基本原理

漏印模板印刷法的基本原理如图 6-26 所示。

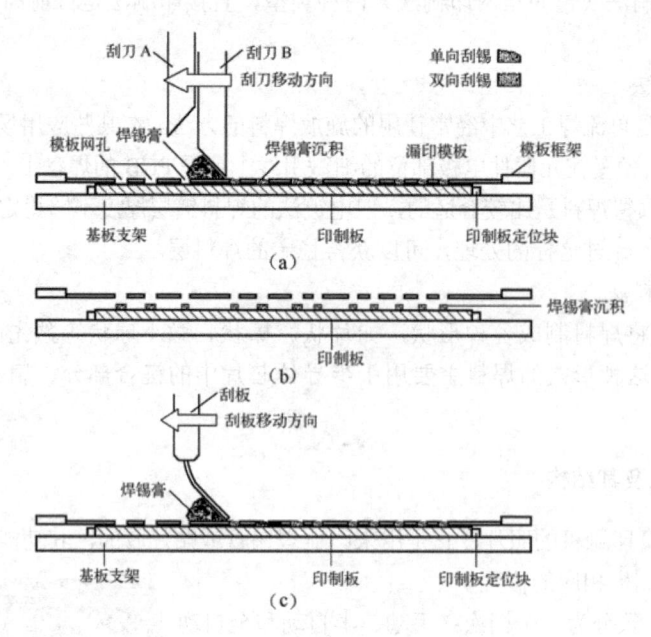

图 6-26 漏印模板印刷法的基本原理

如图 6-26（a）所示，将 PCB 放在工作台面上，由真空泵或机械方式固定，把已加工有印刷图形的漏印模板在金属框架上绷紧，模板与 PCB 表面接触，镂空图形网孔与 PCB 上的焊盘对准，把焊锡膏放在漏印模板上，刮刀（亦称刮板）从模板的一端向另一端推进，同时压刮焊膏通过模板上的镂空图形网孔印刷（沉积）到 PCB 的焊盘上。假如刮刀单向刮锡，沉积在焊盘上的焊锡膏可能会不够饱满；而刮刀双向刮锡，锡膏图形就比较饱满。高档的 SMT 印刷机一般有 A、B 两个刮刀：当刮刀从右向左移动时，刮刀 A 上升，刮刀 B 下降，B 压刮焊膏；当刮刀从左向右移动时，刮刀 B 上升，刮刀 A 下降，A 压刮焊膏。两次刮锡后，PCB 与模板脱离（PCB 下降或模板上升），如图 6-26（b）所示，完成锡膏印刷过程。

图 6-26（c）描述了简易 SMT 印刷机的操作过程，漏印模板用薄铜板制作，将 PCB 准确定位以后，手持不锈钢刮板进行锡膏印刷。

焊锡膏是一种膏状流体，其印刷过程遵循流体动力学的原理。漏印模板印刷的特征是：
- 模板和 PCB 表面直接接触；
- 刮刀前方的焊膏颗粒沿刮刀前进的方向滚动；
- 漏印模板离开 PCB 表面的过程中，焊膏从网孔转移到 PCB 表面上。

图 6-27 是高档锡膏印刷机在工作的照片。

图 6-27 高档锡膏印刷机在工作

5. 印刷机的主要技术指标

- 最大印刷面积：根据最大的 PCB 尺寸确定。
- 印刷精度：根据印制板组装密度和元器件引脚间距的最小尺寸确定，一般要求达到 ±0.025mm。
- 重复精度：一般为 ±10μm。
- 印刷速度：根据产量要求确定。

6. 丝网印刷涂覆法的基本原理

用乳剂涂覆到丝网上，只留出印刷图形的开口网目，就制成了非接触式印刷涂覆法所用的丝网。丝网印刷涂覆法的基本原理如图 6-28 所示。

将 PCB 固定在工作支架上，将印刷图形的漏印丝网绷紧在框架上并与 PCB 对准，将焊锡膏放在漏印丝网上，刮刀从丝网上刮过去，压迫丝网与 PCB 表面接触，同时压刮焊膏通过丝网上的图形印刷到 PCB 的焊盘上。

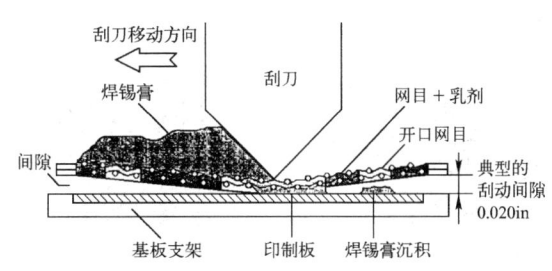

图 6-28 丝网印刷涂覆法的基本原理

丝网印刷具有以下 3 个特征：

- 丝网和 PCB 表面隔开一小段距离；
- 刮刀前方的焊膏颗粒沿刮板前进的方向滚动；
- 丝网从接触到脱开 PCB 表面的过程中，焊膏从网孔转移到 PCB 表面上。

6.2.3 SMT 元器件贴片工艺和贴片机

在 PCB 上印好焊锡膏或贴片胶以后，用贴片机（也叫贴装机）或人工的方式，将 SMC/SMD 准确地贴放到的 PCB 表面相应位置上的过程，叫做贴片（贴装）工序。目前在国内的电子产品制造企业里，主要采用自动贴片机进行自动贴片。在维修或小批量的试制生产中，也可以采用手工方式贴片。

由于控制精度的问题，我国目前还不能独立制造自动贴片机。常见的贴片机以日本和欧美的品牌为主，主要有 FUJI（富士）、SIEMENS（西门子）、UNIVERSAL（环球）、PHILIPS（飞利浦）、PANASONIC（松下）、YAMAHA（雅马哈）、CASIO（卡西欧）、SONY（索尼）等。根据贴装速度的快慢，可以分为高速机（通常贴装速度在 5 片/s 以上）与中速机，一般高速贴片机主要用于贴装各种 SMC 元件和较小的 SMD 器件（最大约 25mm×30mm）；而多功能贴片机（又称为泛用贴片机）能够贴装大尺寸（最大 60mm×60mm）的 SMD 器件和连接器（最大长度可达 150mm）等异形元器件。

要保证贴片质量，应该考虑三个要素：贴装元器件的正确性、贴装位置的准确性和贴装压力（贴片高度）的适度性。

1. 贴片机的工作方式和类型

按照贴装元器件的工作方式，贴片机有四种类型：顺序式、同时式、流水作业式和顺序-同时式。它们在组装速度、精度和灵活性方面各有特色，要根据产品的品种、批量和生产规模进行选择。目前国内电子产品制造企业里，使用最多的是顺序式贴片机。

流水作业式贴片机是指由多个贴装头组合而成的流水线式的机型，每个贴装头负责贴装一种或在电路板上某一部位的元器件，如图 6-29（a）所示。这种机型适用于元器件数量较少的小型电路。

顺序式贴片机（见图 6-29（b）），由单个贴装头顺序地拾取各种片状元器件。固定在工作台上的电路板由计算机进行控制在 X-Y 方向上的移动，使板上贴装元器件的位置恰位于贴装头的下面。

同时式贴片机，也叫多贴装头贴片机，它有多个贴装头，分别从供料系统中拾取不同的元器件，同时把它们贴放到电路基板的不同位置上，如图 6-29（c）所示。

顺序-同时式贴片机，则是顺序式和同时式两种机型功能的组合。片状元器件的放置位置，可以通过电路板在 X-Y 方向上的移动或贴装头在 X-Y 方向上的移动来实现，也可以通过两者同时移动实施控制，如图 6-29（d）所示。

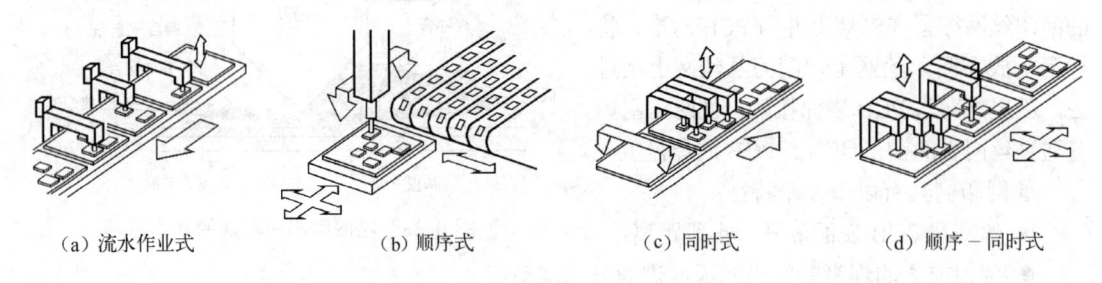

(a) 流水作业式　　　　(b) 顺序式　　　　(c) 同时式　　　　(d) 顺序-同时式

图 6-29　SMT 元器件贴片机的类型

在选购贴片机时，必须考虑其贴片速度、贴片精度、重复精度、送料方式和送料容量等指标，使它既符合当前产品的要求，又能适应近期发展的需要。如果对贴片机性能有比较深入的了解，就能够在购买设备时获得更高的性能价格比。例如，要求贴装一般的片状阻容元件和小型平面集成电路，则可以选购一台多贴装头的贴片机，速度快但精度要求不高；如果还要贴装引脚密度更高的 PLCC/QFP 器件，就应该选购一台具有视觉识别系统的贴装精度更高的泛用贴片机和一台用来贴装片状阻容元件的普通贴片机，配合起来使用。供料系统可以根据使用的贴片元器件的种类来选定，尽量采用盘状纸带式包装，以便提高贴片机的工作效率。

如果企业生产 SMT 电子产品刚刚起步，应该选择一种由主机加上很多选件组成的中、小型贴片机系统。主机的基本性能好，价格不太高，可以根据需要选购多种附件，组成适应不同产品需要的多功能贴片机。

2. 自动贴片机的主要结构

自动贴片机相当于机器人的机械手，能按照事先编制好的程序把元器件从包装中取出来，并贴放到电路板相应的位置上。国外生产贴片机的厂家很多，有多种规格型号的设备，但它们的基本结构都相同。贴片机的基本结构包括设备本体、片状元器件供给系统、电路板传送与定位装置、贴装头及其驱动定位装置、贴片工具（吸嘴）、计算机控制系统等。为适应高密度超大规模集成电路的贴装，比较先进的贴片机还具有光学检测与视觉对中系统，保证芯片能够高精度地准确定位。图 6-30 是多功能贴片机正在工作时的照片。

（1）设备本体

贴片机的设备本体是用来安装和支撑贴片机的底座，一般采用质量大、振动小、有利于保证设备精度的铸铁件制造。

（2）贴装头

图 6-30　多功能贴片机在工作

贴装头也叫吸-放头，是贴片机上最复杂、最关键的部分，它相当于机械手，它的动作由拾取-贴放和移动-定位两种模式组成。第一，贴装头通过程序控制,完成三维的往复运动,实现从供料系统取料后移动到电路基板的指定位置上。第二,贴装头的端部有一个用真空泵控制的贴装工具(吸嘴)。不同形状、不同大小的元器件要采用不同的吸嘴拾放:一般元器件采用真空吸嘴拾放,异形元件(如没有吸取平面的连接器等)用机械爪结构拾放。当换向阀门打开时,吸嘴的负压把 SMT 元器件从供料系统(散装料仓、管状料斗、盘状纸带或托盘包装)中吸上来;当换向阀门关闭时,吸嘴把元器件释放到电路基板上。贴装头通过上述两种模式的组合,完成拾取-贴放元器件的动作。贴装头还可以用来在电路板指定的位置上点胶,涂覆固定元器件的黏合剂。

贴装头的 $X\text{-}Y$ 定位系统一般用直流伺服电动机驱动、通过机械丝杠传输力矩,磁尺和光栅定位的精度高于丝杠定位,但后者容易维护修理。

(3) 供料系统

适合于表面组装元器件的供料装置有编带、管状、托盘和散装等几种形式。供料系统的工作状态,根据元器件的包装形式和贴片机的类型而确定。贴装前,将各种类型的供料装置分别安装到相应的供料器支架上。随着贴装进程,装载着多种不同元器件的散装料仓水平旋转,把即将贴装的那种元器件转到料仓门的下方,便于贴装头拾取;纸带包装元器件的盘装编带随编带架(Feeder)垂直旋转,直立料管中的芯片靠自重逐片下移,托盘料斗在水平面上二维移动,为贴装头提供新的待取元件。

(4) 电路板定位系统

电路板定位系统可以简化为一个固定了电路板的 $X\text{-}Y$ 二维平面移动的工作台。在计算机控制系统的操纵下,电路板随工作台,沿传送轨道移动到工作区域内并被精确定位,使贴装头能把元器件准确地释放到一定的位置上。精确定位的核心是"对中",有机械对中、激光对中、激光加视觉混合对中及全视觉对中方式。

(5) 计算机控制系统

计算机控制系统是指挥贴片机进行准确有序操作的核心,目前大多数贴片机的计算机控制系统采用 Windows 界面。可以通过高级语言软件或硬件开关,在线或离线编制计算机程序并自动进行优化,控制贴片机的自动工作步骤。每个贴片元器件的精确位置都要编程输入计算机。具有视觉检测系统的贴片机,也是通过计算机实现对电路板上贴片位置的图形识别。

3. 贴片机的主要指标

衡量贴片机的三个重要指标是精度、速度和适应性。

(1) 精度

精度是贴片机主要的技术指标之一。不同厂家制造的贴片机,使用不同的精度体系。精度与贴片机的"对中"方式有关,其中以全视觉对中的精度最高。一般来说,贴片的精度体系应该包含三个项目:贴片精度、分辨率、重复精度,三者之间有一定的相关关系。

① 贴片精度是指元器件贴装后相对于 PCB 上标准位置的偏移量大小,被定义为元器件焊端偏离指定位置的综合误差的最大值。贴片精度由两种误差组成,即平移误差和旋转误差,如图 6-31 (a)、(b) 所示。平移误差主要因为 $X\text{-}Y$ 定位系统不够精确,旋转误差主要因为元器件对中机构不够精确和贴装工具存在旋转误差。定量地说,贴装 SMC 要求精度达到±0.01mm,贴装高密度、窄间距的 SMD 至少要求精度达到±0.06mm。

(a) 平移误差

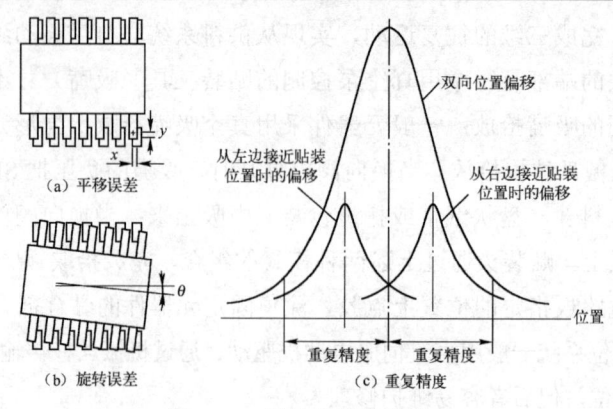

(b) 旋转误差

(c) 重复精度

图 6-31　贴片机的贴装精度

② 分辨率是贴片机分辨空间连续点的能力，表明贴片机能够分辨的最近两点之间的距离，是用来度量贴片机运行时的最小增量，衡量机器本身精度的重要指标。贴片机的分辨率取决于两个因素：一是由定位驱动电机的分辨率，二是传动轴驱动机构上的旋转位置或线性位置检测装置的分辨率。例如，丝杠的每个步进长度为 0.01mm，那么该贴片机的分辨率为 0.01mm。但是，实际贴片精度包括所有误差的总和。因此，描述贴片机性能时很少使用分辨率，一般在比较不同贴片机的性能时才使用它。

③ 重复精度是贴装头重复返回标定点的能力。通常采用双向重复精度的概念，它定义为"在一系列试验中，从两个方向接近任一给定点时，离开平均值的偏差"，如图 6-31（c）所示。

（2）贴片速度

有许多因素会影响贴片机的贴片速度，例如 PCB 的设计质量、元器件供料器的数量和位置等。一般高速机的贴片速度高于 5 片/s，目前最快的贴片速度已经达到 20 片/s 以上；高精度、多功能贴片机一般都是中速机，贴片速度为 2~3 片/s 左右。贴片机的速度主要用以下几个指标来衡量。

① 贴装周期。指完成一个贴装过程所用的时间，它包括从拾取元器件、元器件定位、检测、贴放和返回到拾取元器件的位置这一过程所用的时间。

② 贴装率。指在 1h 内完成的贴片周期。测算时，先测出贴片机在 50mm×250mm 的电路板上贴装均匀分布的 150 只片状元器件的时间，然后计算出贴装一只器件的平均时间，最后计算出 1h 贴装的元器件数量，即贴装率。目前高速贴片机的贴装率可达每小时数万片。

③ 生产量。理论上每班的生产量可以根据贴装率来计算，但由于实际的生产量会受到许多因素的影响，与理论值有较大的差距。影响生产量的因素有生产时停机、更换供料器或重新调整电路板位置的时间等因素。

（3）适应性

适应性是贴片机适应不同贴装要求的能力，包括以下内容。

① 能贴装的元器件种类。贴装元器件种类广泛的贴片机，比仅能贴装 SMC 或少量 SMD 类型的贴片机的适应性好。决定贴装元器件类型的主要因素是贴片精度、贴装工具、定位机构与元器件的相容性，以及贴片机能够容纳供料器的数目和种类。一般，高速贴片机主要可以贴装各种 SMC 元件和较小的 SMD 器件（最大约 25mm×30mm）；多功能机可以贴装从 1.0mm×0.5mm～54mm×54mm 的 SMD 器件（目前可贴装的元器件尺寸已经达到最小 0.6mm×0.3mm，最大 60mm×60mm），还可以贴装连接器等异形元器件，连接器的最大长度可达 150mm 以上。

② 贴片机能够容纳供料器的数目和种类。贴片机上供料器的容纳量，通常用能装到贴片机上的 8mm 编带供料器的最多数目来衡量。一般高速贴片机的供料器位置大于 120 个，多功能贴

③ 贴装面积。由贴片机传送轨道以及贴装头的运动范围决定。一般可贴装的电路板尺寸，最小为 50mm×50mm，最大应大于 250mm×300mm。

④ 贴片机的调整。当贴片机从组装一种类型的电路板转换到组装另一种类型的电路板时，需要进行贴片机的再编程、供料器的更换、电路板传送机构和定位工作台的调整、贴装头的调整和更换等工作。高档贴片机一般采用计算机编程方式进行调整，低档贴片机多采用人工方式进行调整。

4. 贴片工序对贴装元器件的要求

（1）元器件的类型、型号、标称值和极性等特征标记，都应该符合产品装配图和明细表的要求。

（2）被贴装元器件的焊端或引脚至少要有厚度的 1/2 浸入焊膏，一般元器件贴片时，焊膏挤出量应小于 0.2mm；窄间距元器件的焊膏挤出量应小于 0.1mm。

（3）元器件的焊端或引脚都应该尽量和焊盘图形对齐、居中。再流焊时，熔融的焊料使元器件具有自对中（或"自定位"）效应，允许元器件的贴装位置有一定的偏差。

5. 元器件贴装偏差及贴片压力（贴装高度）

（1）矩形元器件允许的贴装偏差范围

如图 6-32 所示，图（a）的元器件贴装优良，元器件的焊端居中位于焊盘上。图（b）表示元件在贴装时发生横向移位（规定元器件的长度方向为"纵向"），合格的标准是焊端宽度的 3/4 以上在焊盘上，即 D_1>焊端宽度的 75%，否则为不合格。图（c）表示元器件在贴装时发生纵向移位，合格的标准是焊端与焊盘必须交叠，即 D_2>0，否则为不合格。图（d）表示元器件在贴装时发生旋转偏移，合格的标准是 D_3>焊端宽度的 75%，否则为不合格。图（e）表示元器件在贴装时与焊锡膏图形的关系，合格的标准是元件焊端必须接触焊锡膏图形，否则为不合格。

（2）小封装晶体管（SOT）允许的贴装偏差范围

允许有旋转偏差，但引脚必须全部在焊盘上。

（3）小封装集成电路（SOIC）允许的贴装偏差范围

允许有平移或旋转偏差，但必须保证引脚宽度的 3/4 在焊盘上，如图 6-33（a）所示。

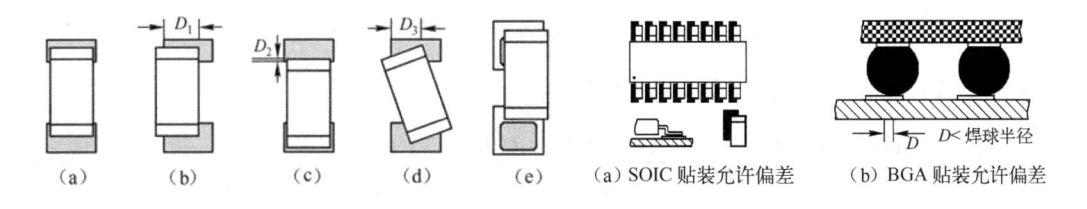

图 6-32 矩形元件贴装偏差

图 6-33 集成电路贴装偏差

（4）四边扁平封装器件和超小型器件（QFP，包括 PLCC 器件）允许的贴装偏差范围

要保证引脚宽度的 3/4 在焊盘上，允许有旋转偏差，但必须保证引脚长度的 3/4 在焊盘上。

（5）BGA 器件允许的贴装偏差范围

焊球中心与焊盘中心的最大偏移量小于焊球半径，如图 6-33（b）所示。

（6）元器件贴片压力（贴装高度）

元器件贴片压力要合适，如果压力过小，元器件焊端或引脚浮放在焊锡膏表面，焊锡膏就不能粘住元器件。在电路板传送和焊接过程中，未粘住的元器件可能移动位置。

如果元器件贴装压力过大，焊膏挤出量过大，容易造成焊锡膏外溢，使焊接时产生桥接，同时也会造成器件的滑动偏移，严重时会损坏器件。

6. 手工贴装 SMT 元器件

手工贴装 SMT 元器件，俗称手工贴片。除了因为条件限制需要手工贴片焊接以外，在具备自动生产设备的企业里，假如元器件是散装的或有引脚变形的情况，也可以进行手工贴片，作为机器贴装的补充手段。

（1）手工贴片之前，需要先在电路板的焊接部位涂抹助焊剂和焊膏。可以用刷子把助焊剂直接刷涂到焊盘上，也可以采用简易印刷工装进行手工印刷锡膏或手动滴涂焊膏。

（2）采用手工贴片工具贴放 SMT 元器件。手工贴片的工具有不锈钢镊子、吸笔、3～5 倍台式放大镜或 5～20 倍立体显微镜、防静电工作台、防静电腕带。

（3）手工贴片的操作方法。

① 贴装 SMC 片状元件：用镊子夹持元件，把元件焊端对齐两端焊盘，居中贴放在焊膏上，用镊子轻轻按压，使焊端浸入焊膏。

② 贴装 SOT：用镊子夹持 SOT 元件，对准方向，对齐焊盘，居中贴放在焊膏上，确认后用镊子轻轻按压元件，使浸入焊膏中的引脚不小于引脚厚度的 1/2。

③ 贴装 SOP、QFP：器件第 1 脚或前端标志对准印制板上的定位标志，用镊子夹持或吸笔吸取器件，对齐两端或四边焊盘，居中贴放在焊膏上，用镊子轻轻按压器件封装的顶面，使浸入焊膏中的引脚不小于引脚厚度的 1/2。贴装引脚间距在 0.65mm 以下的窄间距器件时，可在 3～20 倍的放大镜或显微镜下操作。

④ 贴装 SOJ、PLCC：与贴装 SOP、QFP 的方法相同，只是由于 SOJ、PLCC 的引脚在器件四周的底部，需要把印制板倾斜 45°角来检查芯片是否对中、引脚是否与焊盘对齐。

贴装元器件以后，用手工、半自动或自动的方法进行焊接。

（4）在手工贴片前必须保证焊盘清洁。

新电路板上的焊盘都比较干净，但返修的电路板在拆掉旧元件以后，焊盘上就会有残留的焊料。贴换元器件到返修位置上之前，必须先用手工或半自动的方法清除残留在焊盘上的焊料。当然能使用电烙铁、吸锡线、手动吸锡器或用真空吸锡泵把焊料吸走。但要特别小心，在组装密度越来越大的情况下，操作比较困难并且容易损坏其他元器件及电路板。

6.2.4 SMT 涂覆贴片胶工艺和点胶机

与传统的 THT 技术在焊接前把元器件插装到电路板上不同，SMT 技术是在焊接前把元器件贴装到电路板上。显然，采用再流焊工艺流程进行焊接，依靠焊锡膏就能够把元器件粘贴在电路板上传递到焊接工序；但对于采用波峰焊工艺焊接双面混合装配、双面分别装配（第二、三种装配方式）的电路板来说，由于元器件在焊接过程中位于电路板的下方，所以必须在贴片时用黏合剂进行固定。用来固定 SMT 元器件的黏合剂叫做贴片胶。

1. 涂覆贴片胶的方法

把贴片胶涂覆到电路板上的工艺俗称"点胶"。常用的方法有点滴法、注射法和印刷法。

（1）点滴法

点滴法说来简单，是用针头从容器里蘸取一滴贴片胶，把它点涂到电路基板的焊盘之间或元器件的焊端之间。点滴法只能手工操作，效率很低，要求操作者非常细心，因为贴片胶的量不容易把握，还要特别注意避免把胶涂到元器件的焊盘上导致焊接不良。

（2）注射法

注射法既可以手工操作，又能够使用设备自动完成。手工注射贴片胶是把贴片胶装入注射器，靠手的推力把一定量的贴片胶从针管中挤出来。有经验的操作者可以准确地掌握注射到电路板上的胶量，取得很好的效果。在贴片胶装入注射器后，应排空注射器中的空气，避免胶量大小不匀，甚至空点。

大批量生产中使用的由计算机控制的自动点胶机如图6-34所示。图（a）是根据元器件在电路板上的位置，通过针管组成的注射器阵列，靠压缩空气把贴片胶从容器中挤出来，胶量由针管的大小、加压的时间和压力决定。图（b）是把贴片胶直接涂到被贴装头吸住的元器件下面，再把元器件贴装到电路板指定的位置上。

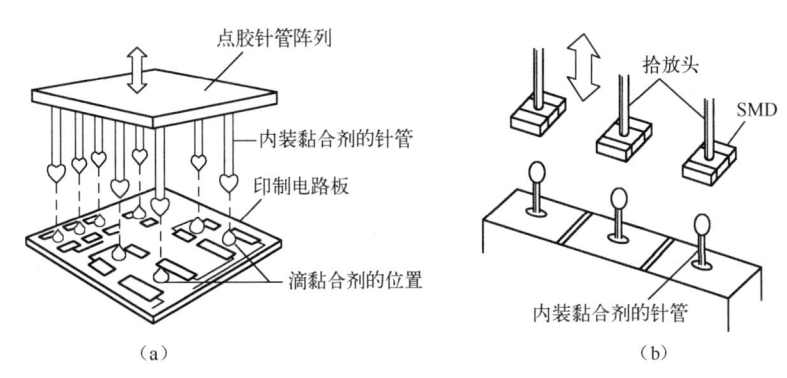

图 6-34　自动点胶机的工作原理示意图

点胶机的功能可以用SMT自动贴片机来实现：把贴片机的贴装头换成内装贴片胶的点胶针管，在计算机程序的控制下，把贴片胶高速逐一点涂到印制板的焊盘上。

图6-35是高速点胶机在工作的照片。

（3）贴片胶印刷法

用漏印的方法把贴片胶印刷到电路基板上，这是一种成本低、效率高的方法，特别适用于元器件的密度不太高、生产批量比较大的情况。和印刷锡膏一样，可以使用不锈钢薄板或薄铜板制作的模板或采用丝网来漏印贴片胶。

图 6-35　高速点胶机在工作

需要注意的关键是，电路板在印刷机上必须准确定位，保证贴片胶涂覆到指定的位置上，要特别避免贴片胶污染焊接面。

2. 贴片胶的固化

在涂覆贴片胶的位置贴装元器件以后，需要固化贴片胶，把元器件固定在电路板上。固化贴片胶可以采用多种方法，比较典型的方法有三种：

（1）用电热烘箱或红外线辐射（可以用再流焊设备），对贴装了元器件的电路板加热一定时间。

（2）在黏合剂中混合添加一种硬化剂，使粘接了元器件的贴片胶在室温中固化，也可以通过提高环境温度加速固化。

（3）采用紫外线辐射固化贴片胶。

3. 装配流程中的贴片胶涂覆工序

在元器件混合装配结构的电路板生产中，涂覆贴片胶是重要的工序之一，它与前后工序的关系如图6-36所示。其中，图（a）是先插装引线元器件，后贴装SMT元器件的方案；图（b）是先贴装SMT

元器件，后插装引线元器件的方案。比较这两个方案，后者更适合用自动生产线进行大批量生产。

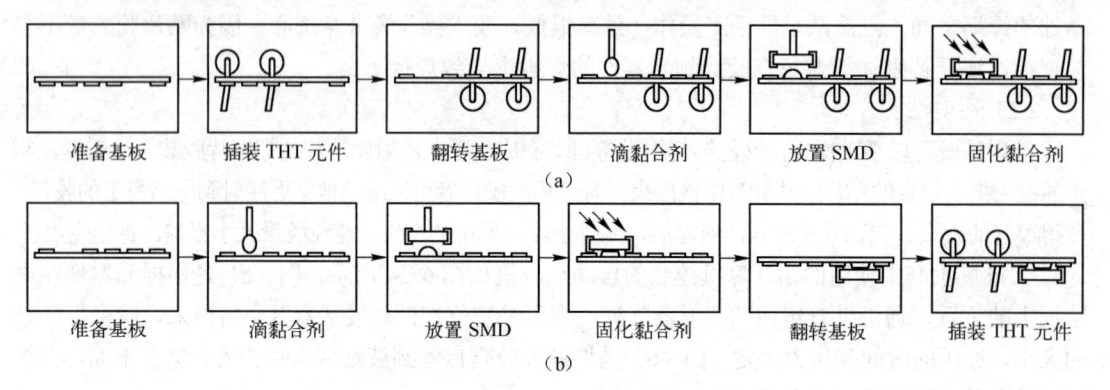

准备基板　插装THT元件　翻转基板　滴黏合剂　放置SMD　固化黏合剂
(a)

准备基板　滴黏合剂　放置SMD　固化黏合剂　翻转基板　插装THT元件
(b)

图 6-36　混合装配结构生产过程中的贴片胶涂覆工序

4. 涂覆贴片胶的技术要求

有通过光照固化或加热方法固化的两类贴片胶，光固型和热固型贴片胶的涂覆技术要求也不相同。如图 6-37 所示，图（a）表示光固型贴片胶的位置，因为贴片胶至少应该从元器件的下面露出一半，才能被光照射而实现固化；图（b）是热固型贴片胶的位置，因为采用加热固化的方法，所以贴片胶可以完全被元器件覆盖。

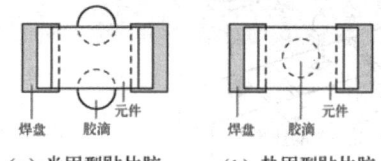

(a) 光固型贴片胶　　(b) 热固型贴片胶

图 6-37　贴片胶的点涂位置

贴片胶滴的大小和胶量，要根据元器件的尺寸和质量来确定，以保证足够的粘接强度：小型元件下面一般只点涂一滴贴片胶，体积大的元器件下面可以点涂多个胶滴或一个比较大的胶滴；胶滴的高度应该保证贴装元器件以后能接触到元器件的底部；胶滴也不能太大，要特别注意贴装元器件后不要把胶挤压到元器件的焊端和印制板的焊盘上，造成妨碍焊接的污染。

6.2.5　与 SMT 焊接有关的检测设备与工艺方法

SMT 电路的小型化和高密度化，使检验的工作量越来越大，依靠人工目视检验的难度越来越高，判断标准也不能完全一致。目前，生产厂家在大批量生产过程中检测 SMT 电路板的焊接质量，广泛使用自动光学检测（AOI）或自动 X 射线检测（AXI）技术及设备。这两类检测系统的主要差别在于对不同光信号的采集处理方式的差异。

1. 自动光学检测设备（AOI）

AOI 的工作原理与贴片机、锡膏印刷机所用的光学视觉系统的原理相同，基本有设计规则检测（DRC）和图形识别两种方法。

DRC 法是用给定的设计规则来检查电路图形，它能从算法上保证被检测电路的正确性，统一评判标准，帮助制造过程控制质量，并具有高速处理数据、编程工作量小等特点，但它对边界条件的确定能力较差。

图形识别法是用已经储存在计算机里的数字化设计图形与实际产品的图形相比较，按照完好的电路样板或计算机辅助设计（CAD 或 EDA）时编制的检查程序进行比较，检查的精度取决于光学系统的分辨率和检查程序设定的参数。这种方法用设计数据代替 DRC 方法中预定的设计原则，具有明显的优越性，但其采集的数据量较大，对系统的实时性反映能力有较高的要求。

AOI 系统用可见光（激光）或不可见光（X 射线）作为检测光源，光学部分采集需要检测的电路板图形，由图像处理软件对数据进行处理、分析和判断，不仅能够从外观上检查电路板和元器件的质量，也可以在贴片焊接工序以后检查焊点的质量。AOI 的工作原理模型如图 6-38 所示。

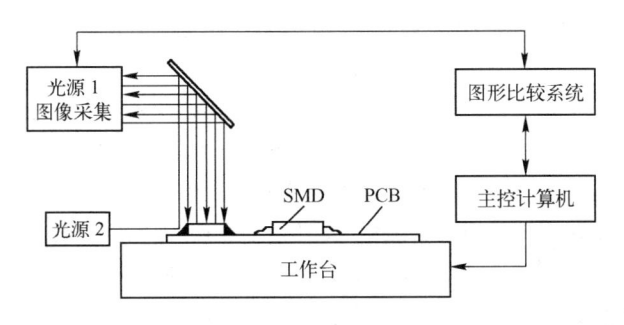

图 6-38 AOI 的工作原理模型

在印制电路板生产厂，AOI 可以用来与设计图纸比较，检查基板上的印制导线是否存在缺陷。AOI 被安排在电路板组装工艺过程中的不同位置，能够完成不同的功能：

① 将 AOI 系统放在锡膏印刷机后面，可以用来检测锡膏印刷的形状、面积甚至包括锡膏的厚度。

② 把 AOI 系统放在高速贴片机之后，可以发现元器件的贴装缺漏、种类错误、外形损伤、极性方向错误，包括引脚（焊端）与焊盘上锡膏的相对位置。

③ 将 AOI 系统放在多功能贴片机后面，可以检查窄间距、多引脚的集成电路贴片误差，甚至从元器件表面印制的标记识别集成电路的品种是否正确。

④ 将 AOI 系统放在再流焊之后，可以检查焊接品质，发现有缺陷的焊点。

显然，在上述每一工位都设置 AOI 是不现实的，AOI 最常见的位置是在再流焊之后。

AOI 系统允许正常的产品通过，发现电路板装配焊接的缺陷后，在记录缺陷类型和特征的同时向操作者发出信号，或者触发执行机构自动取下不良部件送回返修系统。AOI 系统还能对缺陷进行分析和统计，为调整制造过程的工艺参数提供依据。AOI 系统使用方便、调整容易。目前市场上出售的 AOI 系统，可以完成的检查项目一般包括元器件缺漏检查、元器件识别、SMD 方向检查、焊点检查、引线检查、反接检查等。一套 AOI 系统能够完成的检查内容与售价有关，有些只能完成上述项目中的两三项。

AOI 系统的不足之处是只能进行图形的直观检验，检测的效果依赖光学系统的分辨率，它不能检测不可见的焊点和元器件，也不能从电性能上定量地进行测试，电子产品制造企业更多装备了在线测试（ICT）设备。AOI 系统的另一个缺点是价格昂贵，不同功能的设备报价大约在 0.6 万～17 万美元之间。

2．X 射线检测设备（AXI）

AXI 是近十几年来兴起的新型测试技术。组装有 PLCC、SOJ、BGA、CSP 和 FC 等集成电路的电路板，在焊接完成以后，由于焊点在芯片的下面，依靠人工目检或 AOI 系统都无从发现焊接缺陷，因此，用 X 射线检测就成为判断这些器件焊接质量的主要方法，国内条件好的企业已经装备了 X 射线检测仪（X 光机）。

这种设备采用密封微焦 X 射线管与高分辨率增强显示屏组合的结构，用 X 射线非破坏性地透视检查，用于电子零件内部缺陷检测以及 BGA、CSP 等集成电路焊接质量的最优化检测，能够实时观察到清晰的图片。另外，采用强大的软件测量功能，可用于研究分析的测量工具标准配置，使检查效率大大提高。

典型 AXI 检查设备的技术指标如下。

X 光管类型：密封反射型。焦点尺寸：5μm。X 光管功率：130keV。最高输出功率：39W。几何放大倍率：120（综合放大倍率：960）。可检测面积：380mm×508mm。软件界面：Windows XP Pro，配合可编程工作台可以实现自动检测。样件夹具：360°旋转，±90°内倾斜。X 射线泄漏：小于 $2.5×10^{-4}$ 伦琴/小时（国际标准为 0.1 伦琴/小时）。

电路板沿导轨进入 AXI 机器后，上方有 X 射线发射管，X 射线穿过电路板后被置于下方的探测器接收，由于焊料中含有铅，铅可以大量吸收 X 射线，因此，与穿过玻璃纤维、铜、硅等其他材料的 X 射线相比，照射在焊点上的 X 射线被吸收，在屏幕上的图像中呈现黑点，使对焊点的检测变得直观而简单，利用图像分析算法便可自动且可靠地发现焊接缺陷。图 6-39 为 AXI 设备的照片。

现在的 X 射线检测设备大致可以分成以下三种：

（1）X 射线传输（2D）测试系统。适用于检测单面贴装了 BGA 等芯片的电路板，缺点是不能区分垂直重叠的焊点。

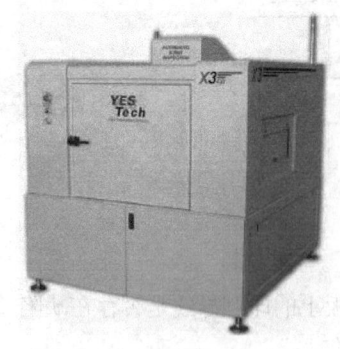

图 6-39　AXI 设备的照片

（2）X 射线断面测试或三维（3D）测试系统。它克服了上述缺点，可以进行分层断面检测，相当于工业 CT 机。X 射线光束聚焦到任何一层并将相应图像投射到一个高速旋转的接受面上。由于接受面高速旋转，使位于焦点处的图像非常清晰，而其他层的图像则被消除。所以，3D 检验法可对电路板两面的焊点独立成像。X 射线 3D 检测技术除了可以检验双面贴装的 SMT 电路板外，还能对那些不可见焊点进行多层图像"切片"检测，即对 BGA 焊点的顶部、中部和底部进行彻底检验。同时，利用此方法还可以检测通孔（THT）焊点，检查通孔中的焊料是否充实，从而及时发现焊接缺陷，极大地改善焊点的连接质量。

（3）X 射线和 ICT 结合的检测系统。用 ICT 在线测试补偿 X 射线检测的不足之处，适用于高密度、双面贴装 BGA 等芯片的电路板。

3. 飞针测试仪

飞针测试仪是一种高精度的移动探针测试设备，通常用在专业印制板生产厂检测多层板的金属化孔质量，或在电子产品制造厂检测高密度组装的 SMT 产品焊接质量。作为小批量产品的高端检测设备，它的工作原理是，在固定在测试架上的印制板两侧，用快速移动的成对探针同时移动到同一位置上，测量电路的连接状态（电阻）。

飞针测试仪采用真值比较定位算法，能对测试过程和机器故障进行实时监控，保证了测试的准确性。遇到有问题的 PCB，能以文字和图形作为提示，并准确提供质量参数，方便检测人员分析出现问题的原因，加快了处理问题的速度，避免了为小批量产品制作昂贵的在线测试针床以及效率低下的人工检测。

图 6-40 是有四个探头的飞针测试机，每个探头由三台步进电动机以同步轮或同步带驱动，组成三维运动。X 轴和 Y 轴运动精度可达 2mil，足以测试目前国内最高密度的 PCB，Z 轴探针与板之间的距离从 160～600mil 可调，可适应 0.6～5.5mm 厚度的各类 PCB。整体机件精密细致，结构合理紧凑，运动畅顺，观察动作一目了然。检测速度明显快于伺服式测试机，每对探针一秒可测检测 3～5 个测试点。飞针测试机可测试 N-Tai 模板、碳油板、沉金板、沉锡板等各种特殊工艺的 PCB。

图 6-40　飞针测试机

4. 清洗工艺、清洗设备和免清洗焊接方法

(1) 清洗工艺和清洗设备

电路板在焊接以后，其表面或多或少会留有各种残留污物。为防止由于腐蚀而引起的电路失效，应该通过清洗去除残留污物。但是，清洗工艺要消耗能源、人力和清洗材料，特别是清洗材料带来的废气、废水排放和环境污染，已经成为必须重视的问题。近年来，清洗设备和清洗工艺有淡出电子制造企业的趋势。在大多数电子产品制造企业中，采用免清洗助焊剂进行焊接已经成为主流工艺。现在，除非是制造航天、航空类高可靠性、高精度产品，一般电子产品的生产过程中，都改用了免清洗材料（主要是免清洗助焊剂）和免清洗工艺，为降低生产成本和保护环境做出了有益的尝试。在这里，对清洗材料和清洗工艺的介绍，仅供研制生产高可靠性、高精度电子产品的技术人员参考。

清洗设备有机械式及超声波式的两类。超声波清洗机由超声波发生器、换能器及清洗槽三部分组成，主要适合于使用一般方法难于清洗干净或形状复杂、清洗不便的元器件清除油类等污物。其主要效应是利用了超声波压力的迅速变化，在液体中产生许多充满气体或蒸气的空穴，空穴崩溃能产生强烈的冲击波，作用于被清洗的零件。强烈的冲击波渗透到污垢膜与零件基体表面之间，足以削弱污垢或油类的附着力，使它们脱离零件表面，达到清洗的目的。

(2) 残留污物的种类

分析焊接后电路板上的残留污物，一般可以分为三大类。

① 颗粒性残留污物，包括灰尘、絮状物和焊料球。灰尘、絮状物会吸附环境中的潮气和其他污物导致电路腐蚀；焊接时飞溅的焊料球在设备振动时可能聚集在一起，造成电路短路。

② 极性残留污物，包括卤化物、酸和盐，它们来自助焊剂里的活化剂。极性残留污物会降低导体的绝缘电阻，并可能导致印制电路导线锈腐。

③ 非极性残留污物，包括油脂、蜡和树脂残留物。非极性残留物的特性是绝缘的，虽然它们不会引起电路短路，但在潮湿的环境中会使电路板出现粉状或泡状腐蚀。

颗粒性残留污物，可以采用高压喷射或超声波等机械方式清除；而极性和非极性残留污物，应该使用溶剂在清洗设备中将其去除。

(3) 溶剂的种类和选择

清除极性和非极性残留污物，要使用清洗溶剂。清洗溶剂分为极性和非极性溶剂两大类：极性溶剂包括有酒精、水等，可以用来清除极性残留污物；非极性溶剂包括有氯化物和氟化物两种，如三氯乙烷、F-113 等，可以用来清除非极性残留污物。由于大多数残留污物是非极性和极性物质的混合物，所以，实际应用中通常使用混合后的溶剂进行清洗，混合溶剂由两种或多种溶剂组成。混合溶剂能直接从市场上购买，产品说明书会说明其特点和适用范围。

选择溶剂，除了应该考虑与残留污物类型相匹配以外，还要考虑一些其他因素：去污能力、性能、与设备和元器件的兼容性、经济性和环保要求。

(4) 溶剂清洗设备

溶剂清洗设备用于清除电路板上的残留污物，按使用的场合不同，可分为在线式清洗器和批量式清洗器两大类，每一类清洗器中都能加入超声波冲击或高压喷射清洗功能。

这两类清洗设备的清洗原理是相同的，都采用冷凝-蒸发的原理清除残留污物。主要步骤是：将溶剂加热使其产生蒸气，将较冷的被清洗电路板置于溶剂蒸气中，溶剂蒸气冷凝在电路板上，溶解残留污物，然后，将被溶解的残留污物蒸发掉，被清洗电路板冷却后再置于溶剂蒸气中。循环上述过程数次，直到把残留污物完全清除。

在线式清洗器用于大批量生产的场合。它的操作是全自动的，它有全封闭的溶剂蒸发系统，

能够做到溶剂蒸气不外泄。在线式清洗器可以加入高压倾斜喷射和扇形喷射的机械去污方法，特别适用于 SMT 电路板的清洗。

批量式清洗器适用于小批量生产的场合，如在实验室中应用。它的操作是半自动的，溶剂蒸气会有少量外泄，对环境有影响。

（5）水溶液清洗

水是一种成本较低且对多种残留污物都有一定清洗效果的溶剂，特别是在目前环保要求越来越高的情况下，有时只能使用水溶液进行清洗。水对大多数颗粒性、非极性和极性残留污物都有较好的清洗效果，但对硅脂、树脂和纤维玻璃碎片等电路板焊接后产生的不溶于水的残留污物没有效果。在水中加入碱性化学物质，如肥皂或胺等表面活性剂，可以改善清洗效果，除去水中的金属离子，将水软化，能够提高这些添加剂的效果并防止水垢堵塞清洗设备。因此，清洗设备中一般使用软化水。

（6）免清洗焊接技术

传统的清洗工艺中通常要用到 CFC 类清洗剂，而 CFC 对大气的臭氧层有破坏作用，所以被逐渐禁用。这样，免清洗焊接技术就成为解决这一问题的最好方法。对于一般电子产品，采用免清洗助焊剂并在制造过程中减少残留污物，例如保持生产环境的清洁、工人戴手套操作避免油污、水汽沾染元器件和电路板、焊接时仔细调整设备和材料的工艺参数，就能够减除清洗工序，实现免清洗焊接。但对于高精度、高可靠性产品，上述方法还不足以实现免清洗焊接，必须采取进一步的技术措施。

有两种技术可以实现免清洗焊接，一种是惰性气体焊接技术，另一种是反应气氛焊接技术。

① 惰性气体焊接技术。在惰性气体中进行波峰焊或再流焊，使 SMT 电路板上的焊接部位和焊料的表面氧化被控制到最低限度，形成良好的焊料润湿条件，再用少量的弱活性助焊剂就能获得满意的效果。常用的惰性气体焊接设备，有开放式和封闭式两种。

开放式惰性气体焊接适用于采用通道式结构的波峰焊和再流焊设备。用氮气（N_2）降低通道中的氧气含量，从而降低氧化程度，提高焊料润湿性能，提高焊接的可靠性。但开放式惰性气体焊接设备的缺点是要用到甲酸物质，会产生有害气体；并且其工艺复杂，成本高。

封闭式惰性气体焊接设备也采用通道式结构，只是在通道的进出口设置了真空腔。在焊接前，将电路板放入真空腔，封闭并抽真空，然后注入氮气，反复抽真空、注入氮气的操作，使腔内氧气浓度小于 5×10^{-6}。由于氮气中原有氧气的浓度也小于 3×10^{-6}，所以腔内总的氧气浓度小于 8×10^{-6}。然后让电路板通过预热区和加热区。焊接完毕后，电路板被送到通道出口处的真空腔内，关闭通道门后，取出电路板。这样，整个焊接在全封闭的惰性气体中进行，不但可以获得高质量的焊接，而且可以实现免清洗。

封闭式惰性气体焊接可用于波峰焊或红外线热风再流焊，由于在氮气中焊接，减少了焊料氧化，使润湿时间缩短，润湿能力提高，提高了焊接质量而且很少产生飞溅的焊料球，电路极少污染和氧化。由于采用封闭式系统，能有效地控制氧气及氮气浓度。在封闭式惰性气体焊接设备中，风速分布和送风结构是实现均匀加热的关键。

② 反应气氛焊接技术。反应气氛焊接是将反应气氛通入焊接设备中，从而完全取消助焊剂的使用。反应气氛焊接技术是目前正在研究和开发中的技术。

6.2.6 SMT 生产线的设备组合与计算机集成制造系统（CIMS）

1. 中、小型 SMT 自动生产流水线设备配置

SMT 生产线的主要设备包括锡膏印刷机、点胶机、贴片机和再流焊炉和波峰焊机；辅助设备有检测设备、返修设备、清洗设备、干燥设备和物料存储设备等。按照自动化程度，SMT 生产线可以分为全自动和半自动生产线；按照生产规模的大小，又可以分为大型、中型和小型生产线。

全自动生产线是指整条生产线的设备都是全自动设备，通过电路板自动装载机（上板机）、缓冲连接线和自动卸板机，将所有生产设备连接成一条自动生产线；半自动生产线主要因为印刷机是半自动的，需要人工印刷或人工装卸电路板，使生产设备线不能自动连接或没有完全连接起来。

大型生产线具有较大的生产能力，单面贴装生产线上的贴装设备由一台多功能贴片机和多台高速贴片机组成；靠自动翻板机把两条单面贴装生产线连接起来，就构成了双面贴装生产线。

适合中小企业和研究单位使用的中、小型 SMT 生产线，可以是全自动或半自动线，满足多品种或单一品种的要求。如果生产量不大，其中的贴装设备一般选用较高速度的中、小型多功能贴片机；如果有一定的生产量，则由一台多功能贴片机和两台高速贴片机组成。中、小型 SMT 自动生产流水线设备配置平面图如图 6-41 所示。

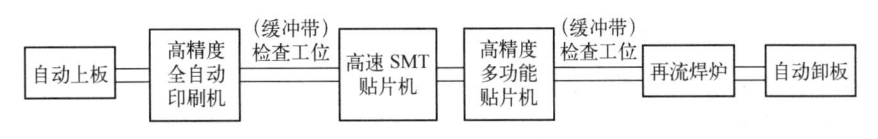

自动上板 → 高精度全自动印刷机 →（缓冲带）检查工位 → 高速 SMT 贴片机 → 高精度多功能贴片机 →（缓冲带）检查工位 → 再流焊炉 → 自动卸板

图 6-41　中、小型 SMT 自动生产流水线设备配置平面图

2. 电子产品的计算机集成制造系统（CIMS）示例

计算机集成制造系统（CIMS，Computer Integrated Manufacturing System）是将设计工程、管理工程、生产工程有机地连接到一起的系统工程，也叫做计算机综合生产系统。它是利用现代的信息技术、自动化技术与制造技术，通过计算机软硬件，将企业的经营、管理、计划、产品设计、加工制造、销售服务等环节和人力、财力、设备等生产要素有机地集成起来，以形成适用于小批量、多品种生产需求并能实现总体高效益的智能化制造系统。

CIMS 是 20 世纪 70 年代由美国的约瑟夫·哈林顿博士首先提出来的，由于受到当时国际社会的经济条件所局限，计算机的应用尚未普及，这一概念并没有引起足够的重视。最近几十年以来，人们对自动化的需求越来越高，市场竞争也日趋激烈，CIMS 开始得到世界发达国家的大力推崇，纷纷制定具体政策，将发展 CIMS 作为提高本国工业竞争力、占领世界市场的战略目标。例如，美国将其列为影响国家经济命运和地位的 22 项关键技术之一；欧共体在欧洲信息技术发展战略计划中专门制订了 CIMS 推广计划。中国从 1986 年起也将 CIMS 列入高科技发展（即"863"）计划之中。按照"效益驱动、总体规划、重点突破、分步实施、推广应用"的二十字方针，全面付诸实施。十年以来，中国在 CIMS 技术的研究和应用方面都取得了令人满意的成果，有些已经达国际先进水平。

应用 CIMS，是电子产品制造系统的新的思路。对于电子产品来说，市场需求多样化、个性化、高功能化和寿命周期的缩短，经营要求环境分散、多级结构化，社会环境要求改善组装工人的劳动条件、减少工作时间，技术环境要求产品向微型、多功能的方向发展，生产环境向网络化发展，实现小规模自主分散系统的网络连接，有效利用社会资源，进行多品种、小批量、变种变性的柔性化生产。20 世纪 90 年代以来，国内外已经把 CIMS 用于 SMT 生产线中，使之更加适应日益增长的需求。图 6-42 是一个 SMT 的 CIMS 的示例模型。

在 CIMS 系统中，各部分的功能及配置如下：

（1）设计工程。通过利用各厂家的设计环境，实现从设计到生产的系统工程，需要配置设计用的 CAD 系统、数据站系统、情报管理系统。

（2）管理工程。这是中间层，它通过控制网络及数据网络与生产工程相连，一方面收集、统计生产工程中的各种数据，同时要将各种管理数据提供给生产工程，控制其运作。它要配置主机、通信网接口机、数据站接口机及软件包（包括 CAD 数据、图形、测试程序）；管理工程还要随时与设计工程联络，接收新的设计方案，并将生产工程的情况调集给设计工程，供设计人员改善设计之用。

(3) 生产工程。计算机控制的组装流水线。它的入口是元器件、印制板、生产辅料等的物流和设计、管理层来的信息流；它的出口是组装后的合格成品物流及提供给设计、管理层的反馈信息流。

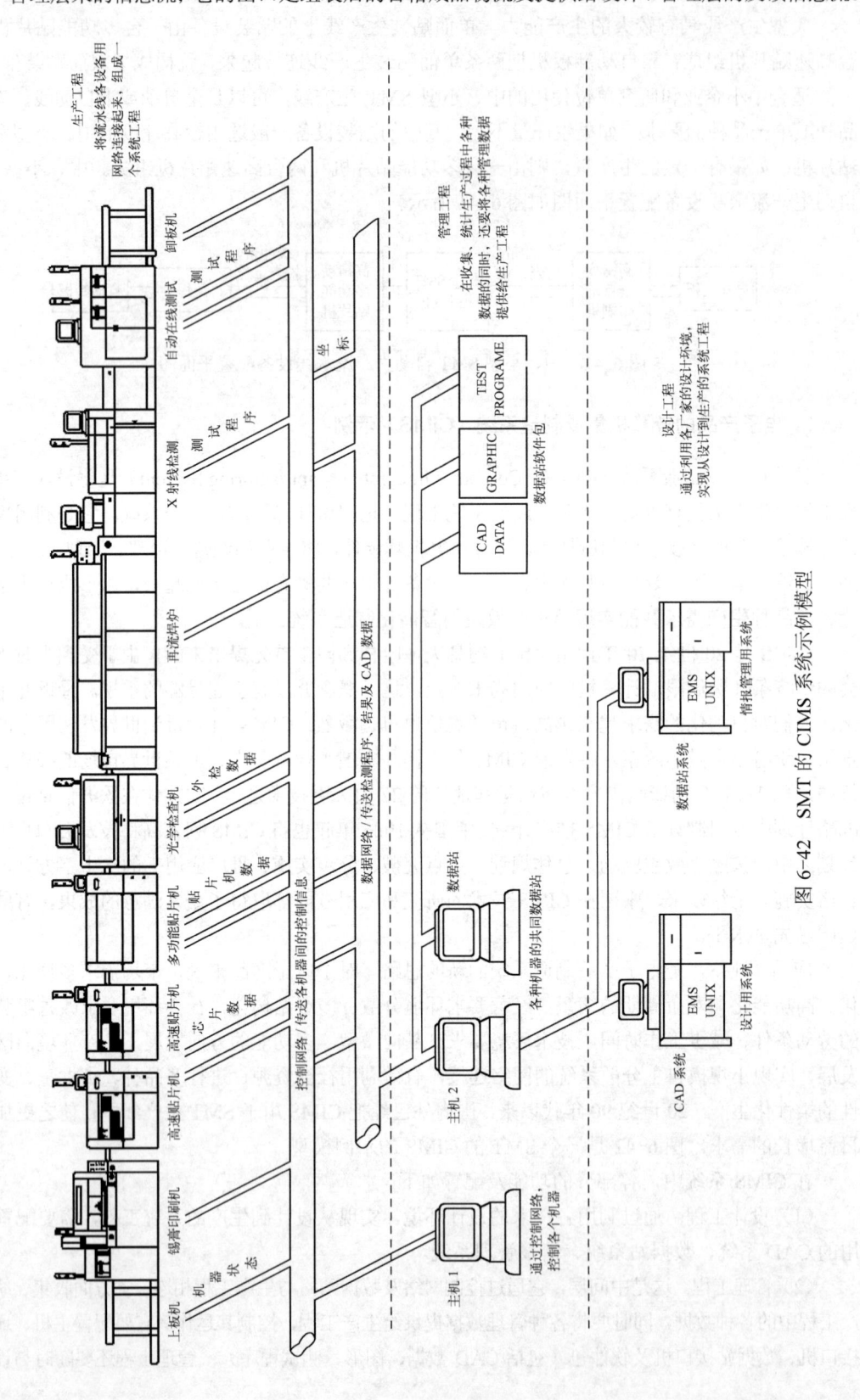

图 6-42 SMT 的 CIMS 系统示例模型

(4) 以上三个层次,均有人机对话功能,既均有人流接口功能,可以将董事、经理、设计师、采购员、销售员、生产操作人员、维修技师、用户等人流的信息输入进去。各种人流的权利不一样,只能在相应的权利下去影响 CIMS 的运作,使得制造过程更加合理,产品的性能-价格比更高,更新换代更快,真正地实现多、快、好、省。

6.3 SMT 工艺品质分析

SMT 的工艺品质,主要是以元器件贴装的正确性、准确性、完好性以及焊接完成之后元器件焊点的外观与焊接可靠性来衡量。

SMT 的工艺品质与整个生产过程的每一环节都有密切关联。例如,SMT 生产工艺流程的设置、生产设备的状况、生产操作人员的技能水平与责任心、元器件的质量、电路板的设计与制造质量、锡膏与黏合剂等工艺材料的质量、生产环境(温湿度、尘埃、静电防护)等,都会影响 SMT 工艺品质的水平。

分析 SMT 的工艺品质,要用系统的眼光,可以采用如图 6-43 所示的因果分析法(鱼刺图),按照人员、机器、物料、方法、环境等各个因素去系统全面地检讨分析。

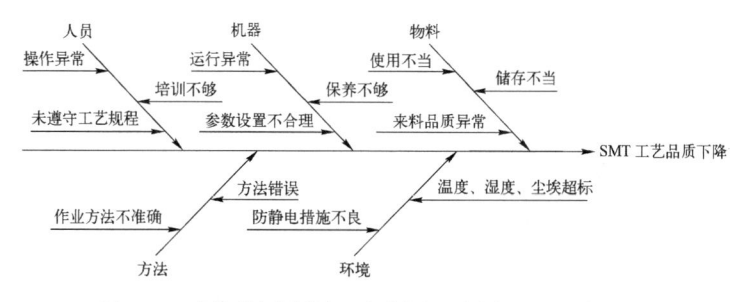

图 6-43 用因果分析法(鱼刺图)分析 SMT 工艺品质

(1) 人员:是否有操作异常,是否按照工艺规程作业,是否得到足够培训。
(2) 机器:机器设备(包括各种配件,如印刷网板、上料架等)的运作是否有异常、各项参数设置是否合理、保养是否按照要求执行。
(3) 物料:来料(含元器件、PCB、锡膏、黏合剂等)是否有品质异常、储存与使用方法是否按规定执行。
(4) 方法:作业方法是否含糊、不够清晰甚至有错误。
(5) 环境:作业环境是否满足要求,温度、湿度、尘埃是否合乎规定,防潮湿、防静电是否按照要求执行。

以下主要针对锡膏印刷、贴片两个主要工艺过程的常见品质问题进行简要分析。对再流焊的工艺品质分析见本章 6.1.3 节的"5.再流焊的品质分析"。

6.3.1 锡膏印刷品质分析

由锡膏印刷不良导致的品质问题常见有以下几种。

锡膏不足(局部缺少甚至整体缺少)——将导致焊接后元器件焊点锡量不足、元器件开路、元器件偏位、元器件竖立;

锡膏粘连——将导致焊接后电路短接、元器件偏位;

锡膏印刷整体偏位——将导致整板元器件焊接不良,如少锡、开路、偏位、竖件等;

锡膏拉尖——易引起焊接后短路。

1. 导致锡膏不足的主要因素

可以考虑以下几个方面：
- 印刷机工作时，没有及时补充添加锡膏；
- 锡膏品质异常，其中混有硬块等异物；
- 以前未用完的锡膏已经过期，被二次使用；
- 电路板质量问题，焊盘上有不显眼的覆盖物，例如被印到焊盘上的阻焊剂（绿油）；
- 电路板在印刷机内的固定夹持松动；
- 锡膏漏印网板薄厚不均匀；
- 锡膏漏印网板或电路板上有污染物（如 PCB 包装物、网板擦拭纸、环境空气中漂浮的异物等）；
- 锡膏刮刀损坏、网板损坏；
- 锡膏刮刀的压力、角度、速度以及脱模速度等设备参数设置不合适；
- 锡膏印刷完成后，被人为因素不慎碰掉。

2. 导致锡膏粘连的主要因素

可以考虑以下几个方面：
- 电路板的设计缺陷，焊盘间距过小；
- 网板问题，镂孔位置不正；
- 网板未擦拭洁净；
- 网板问题使锡膏脱模不良；
- 锡膏性能不良，黏度、坍塌不合格；
- 电路板在印刷机内的固定夹持松动；
- 锡膏刮刀的压力、角度、速度以及脱模速度等设备参数设置不合适；
- 锡膏印刷完成后，被人为因素挤压粘连。

3. 导致锡膏印刷整体偏位的主要因素

可以考虑以下几个方面：
- 电路板上的定位基准点不清晰；
- 电路板上的定位基准点与网板的基准点没有对正；
- 电路板在印刷机内的固定夹持松动，定位顶针不到位；
- 印刷机的光学定位系统故障；
- 锡膏漏印网板开孔与电路板的设计文件不符合。

4. 导致印刷锡膏拉尖的主要因素

可以考虑以下几个方面：
- 锡膏黏度等性能参数有问题；
- 电路板与漏印网板分离时的脱模参数设定有问题；
- 漏印网板镂孔的孔壁有毛刺。

6.3.2 SMT 贴片品质分析

SMT 贴片常见的品质问题有漏件、侧件、翻件、偏位、损件等。

在企业中，对 SMT 贴片的品质有严格的检验标准，例如，某企业在 X 方向和 Y 方向的贴片检验标准如图 6-44 所示。

X 方向：图（a）为理想状态，此时，片状元件恰好座落在焊盘的中央且未发生偏出，所有金属焊端都能完全与焊盘接触。图（b）为不合格状态，元件已横向超出焊盘，大于元件宽度的 50%。

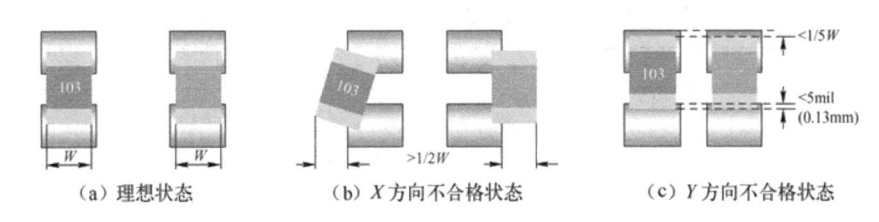

（a）理想状态　　（b）X 方向不合格状态　　（c）Y 方向不合格状态

图 6-44　某厂的贴片检验标准

Y 方向：图 6-44（a）仍为理想状态，必须完全对正。图（c）为 Y 方向的不合格状态，零件纵向偏移，焊盘没有连接到它上面的焊端宽度的 20%。SMT 元件的金属焊端纵向滑出焊盘，盖住焊盘不足 5mil（0.13mm），不能保证元件与焊盘之间的可靠连接，被检验标准认定为不合格。

1. 导致贴片漏件的主要因素

可以考虑以下几个方面：

- 元器件供料架（FEEDER）送料不到位；
- 元件吸嘴的气路堵塞、吸嘴损坏、吸嘴高度不正确；
- 设备的真空气路故障，发生堵塞；
- 印制板进货不良，产生变形；
- 电路板的焊盘上没有锡膏或锡膏过少；
- 元器件质量问题，同一品种的厚度不一致；
- 贴片机调用程序有错漏，或者编程时对元器件厚度参数的选择有误；
- 人为因素不慎碰掉元器件。

2. 导致 SMC 电阻器贴片时翻件、侧件的主要因素

可以考虑以下几个方面：

- 元器件供料架（FEEDER）送料异常；
- 贴装头的吸嘴高度不对；
- 贴装头抓料的高度不对；
- 元件编带的装料孔尺寸过大，元件因震动翻转；
- 散料放入编带时的方向相反。

3. 导致元器件贴片偏位的主要因素

可能的原因是：

- 贴片机编程时，元器件的 X-Y 轴坐标不正确；
- 贴片吸嘴原因，使吸料不稳。

4. 导致元器件贴片时损坏的主要因素

可能的原因是：

- 定位顶针过高，使电路板的位置过高，元器件在贴装时被挤压；
- 贴片机编程时，元器件的 Z 轴坐标不正确；
- 贴装头的吸嘴弹簧被卡死。

6.3.3 SMT 再流焊常见的质量缺陷及解决方法

表 6-6 给出了 SMT 再流焊常见的质量缺陷及解决方法。

表 6-6 SMT 再流焊常见的质量缺陷及解决方法

序号	缺 陷	原 因	解 决 方 法
1	元器件移位	（1）贴片位置不对 （2）焊膏量不够或贴片的压力不够 （3）焊膏中焊剂含量太高，在焊接过程中焊剂流动导致元器件移位	（1）校正定位坐标 （2）加大焊膏量，增加贴片压力 （3）减少焊膏中焊剂的含量
2	焊膏不能再流，以粉状形式残留在焊盘上	（1）加热温度不合适 （2）焊膏变质 （3）预热过度，时间过长或温度过高	（1）改造加热设施，调整再流焊温度曲线 （2）注意焊膏冷藏，弃掉焊膏表面变硬或干燥部分
3	焊点锡量不足	（1）焊膏不够 （2）焊盘和元器件焊接性能差 （3）再流焊时间短	（1）扩大漏印丝网和模板的孔径 （2）改用焊膏或重新浸渍元器件 （3）加长再流焊时间
4	焊点锡量过多	（1）漏印丝网或模板孔径过大 （2）焊膏黏度小	（1）扩大漏印丝网和模板孔径 （2）增加焊膏黏度
5	元器件竖立，出现"立碑"现象	（1）贴片位置移位 （2）焊膏中的焊剂使元器件浮起 （3）印刷焊膏的厚度不够 （4）加热速度过快且不均匀 （5）焊盘设计不合理 （6）采用 Sn63/Pb37 焊膏 （7）元件可焊性差	（1）调整印刷参数 （2）采用焊剂含量少的焊膏 （3）增加锡膏印刷厚度 （4）调整再流焊温度曲线 （5）严格按规范进行焊盘设计 （6）改用含 Ag 或 Bi 的焊膏 （7）选用可焊性好的焊膏
6	焊料球	（1）加热速度过快 （2）焊膏受潮吸收了水分 （3）焊膏被氧化 （4）PCB 焊盘污染 （5）元器件贴片压力过大 （6）焊膏过多	（1）调整再流焊温度曲线 （2）降低环境湿度 （3）采用新的焊膏，缩短预热时间 （4）换 PCB 或增加焊膏活性 （5）减小贴片压力 （6）减小模板孔径，降低刮刀压力
7	虚焊	（1）焊盘和元器件可焊性差 （2）印刷参数不正确 （3）再流焊温度和升温速度不当	（1）加强对 PCB 和元器件的检验 （2）减小焊膏黏度，检查刮刀压力及速度 （3）调整再流焊温度曲线
8	桥接	（1）焊膏塌落 （2）焊膏太多 （3）在焊盘上多次印刷 （4）加热速度过快	（1）增加焊膏金属含量或黏度、换焊膏 （2）减小丝网或模板孔径，降低刮刀压力 （3）改用其他印刷方法 （4）调整再焊温度曲线
9	塌落	（1）焊膏黏度低触变性差 （2）环境温度高	（1）选择合适焊膏 （2）控制环境温度
10	可洗性差，在清洗后留下白色残留物	（1）焊膏中焊剂的可清洗性差 （2）清洗剂不匹配，清洗溶剂不能渗入细孔隙 （3）不正确的清洗方法	（1）采用可清洗性良好的焊剂配制焊膏 （2）改进清洗溶剂 （3）改进清洗方法

6.4 芯片的绑定工艺

6.4.1 绑定（COB）的概念与特征

1. 绑定的概念

通常见到的集成电路是用陶瓷、环氧树脂（塑料）等材料封装好引脚的商品化通用产品，可以根据电路的设计要求装配焊接到印制板上。如果是没有封装的 IC 管芯，叫做"裸片"。把体积微小的 IC 裸片直接组装到 PCB 上，用很细的金属丝（多用金丝或铝丝）把芯片的电极逐一连接到印制板上的金手指上，连接引线、实现电气与机械连接的工艺过程，叫做绑定（bounding）。在微电子技术中，这种封装方式叫做 COB（Chips On Board）。其实，绑定也叫做"软封装",采用标准封装的集成电路叫做"硬封装"。绑定工艺广泛应用在那些对成本控制比较严格的廉价产品中,可以省掉 IC 封装的成本(显然,如果芯片损坏或者绑定工艺存在缺陷,IC 是无法通过常规手段更换的,这是绑定工艺的不足之处)。芯片绑定示意如图 6-45 所示。

事实上,绑定工艺所实现的连接也是一种焊接,它与一般的锡焊不同,是由绑定机把金属细丝一端连在"裸片"的电极触点上,另一端连到 PCB 引脚焊盘(金手指)上,属于局部加热到熔化的接触焊。在显微镜下可以看到焊点的形状:铝线的焊点为椭圆形,金线的焊点为球形。焊点的长度在金属丝线径的 1.5~5.0 倍之间,焊点的宽度在线径的 1.2~3.0 倍之间。图 6-46 是 IC 绑定机的图片。

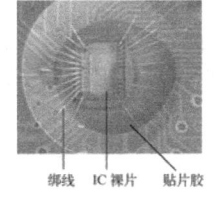

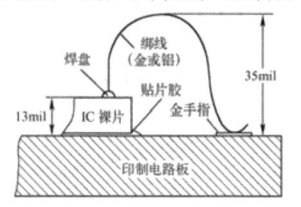

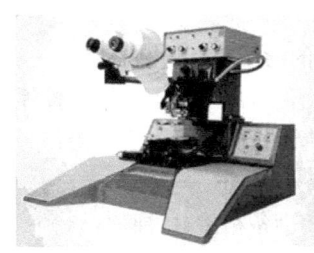

图 6-45 绑定芯片示意图

(a)绑定机外观　　(b)绑定机在工作

图 6-46 绑定机

2. 绑定工艺的主要特征

绑定工艺不能手工操作,由绑定机完成;绑定的对象是微小的 IC 裸片;绑定用的 PCB,一般在铜箔表面镀金或镀亚金(镍金,水金),不能镀锡;裸片组装到印制板上的位置(衬底)一般是 GND,也有小部分是 VCC;绑定工艺会有一定的次品率:一般不超过 2%;绑定一旦出现故障,无法更换 IC,只能换掉整个印制板。

在绑定工艺的术语中,IC 裸片上的可焊接位置叫做 Pad,也称为焊盘;PCB 上的焊接位置叫做金手指。绑定是实现焊盘与金手指连接的过程。图 6-47 是几幅绑定的照片。

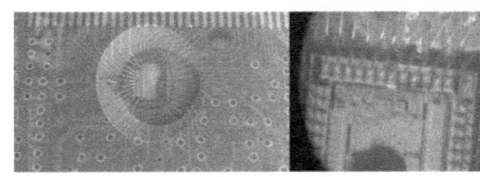

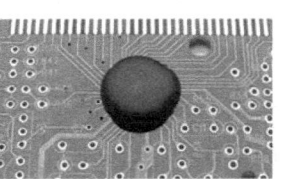

(a)绑定完成(封胶前)　　(b)绑定线与焊点特写　　(c)绑定完成(封胶后)

图 6-47 几幅绑定的照片

6.4.2　COB 技术及流程简介

1. 绑定工艺流程图

绑定的工艺流程如图 6-48 所示。

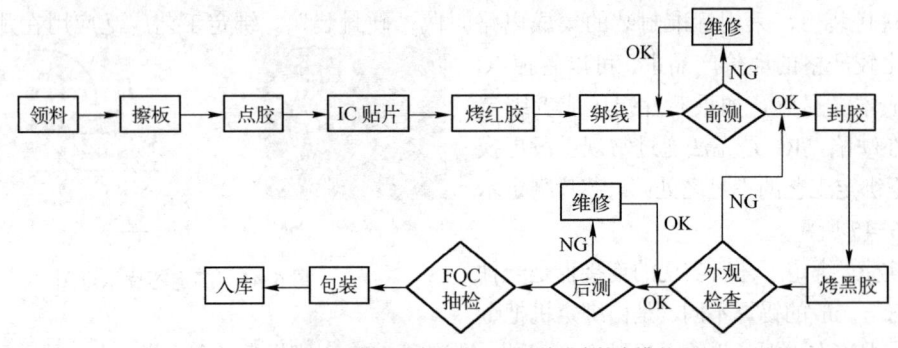

领料 → 擦板 → 点胶 → IC贴片 → 烤红胶 → 绑线 → 前测 →(OK)→ 封胶 → 烤黑胶 → 外观检查 →(OK)→ 后测 →(OK)→ FQC抽检 → 包装 → 入库

OK：测试结果全部正确。NG：测试结果有较大错误

图 6-48 绑定工艺流程图

2. 绑定工艺流程解释

（1）擦板

作用：清洁印制板，去除 PCB 及金手指表面的污渍及氧化物。

方法：用擦板机自动擦拭，先用橡皮擦拭板面，再用防静电刷子刷掉板面的残留物。

注意事项：操作者在放板上料时，手不能靠绑定机头太近，避免受伤。

（1）点胶

作用：在印制板面上规定位置（衬底）点胶，准备粘接 IC 裸片。

方法：根据 IC 裸片的大小，把适量的胶点涂在印制板规定的位置上（用点胶筒，也可用医用小针筒）。胶的品种分为导电银胶、缺氧胶（红胶）和黑胶，视产品需要选择；红胶是最常用的胶。

注意事项：要佩戴防静电腕带操作。

（3）粘 IC 裸片（贴片）

方法：根据产品型号、随工任务单号、加工数量，确认 IC 裸片的型号和粘接方向进行贴片。

注意事项：

- 操作者要佩戴防静电腕带；
- 建议用防静电吸笔拈取裸片，也可用尖端粘上双面胶的竹签，胶的强度以刚好把 IC 粘起来为宜。贴片的力度要适当，避免压伤 IC。
- 吸取 IC 裸片，轻轻放在已点好胶的 PCB 上，尽量一次放正，不能贴歪或贴反。然后用吸笔头轻压裸片，使之粘接牢固。
- 防静电吸笔的金属头不可外露，以免刮伤裸片，半小时检查一次。
- 每种 IC 型号批量贴片前，必须确认贴装方向正确。

（4）烤红胶（固化）

作用：使胶固化，牢固粘接裸片。

表 6-7 绑定贴片胶烘烤参数

胶 型	温度（℃）	烘烤时间（min）
缺氧胶（红胶）	90	10
银浆	120	90
黑胶	120	30

注意事项：选择的胶不同，烘烤的时间和温度不同，见表 6-7。

（5）绑线

作用：连接裸片焊盘和 PCB 上相应的金手指，形成电气连接。

方法：根据需要，调整绑定机和印制板夹具，编写加工产品的绑定程序，设定的参数要通过检查首件焊点质量确认。

注意事项：

- 操作者需佩戴防静电腕带；
- 确认生产机型、产品程序与基板，检查夹具是否松动；
- 绑线时，排除 IC 来料缺陷或红胶不干现象；
- 在绑线过程中轻拿轻放物料，对点要准确，操任人员应用显微镜观察绑线过程，若有断线、卷线、偏位、冷热焊、起铝等到不良现象，立即停在操作，通知技术管理人员处理。
- 在正式生产之前，指定专人首检并两小时核查一次操作的正确性，避免绑错、少绑、漏绑等现象。

（6）前测

作用：检验产品绑线后的合格情况。

方法：根据不同的产品要求，加电检测或使用测试工具进行检测。交接班或更换产品型号时，首先保证电源电压正确，并用万用表校准。为避免电流直接冲击烧坏 IC，检测时，将待测的电路板放入测试架后，才能打开电源开关。测试后，先关闭电源开关再取板，并将已测好的板平放于铝盒里，绑定好的板不能叠放。

品质控制：绑线工序的次品率要控制在 0.6% 以内。

注意事项：

- 需佩戴防静电腕带操作；
- 已绑好的线不能碰触任何物体；
- 不可用手接触线弧，避免压弯线弧；
- 检测前，应判断检验工具是否处于正常状态；
- 加电前，先检验电压等参数是否正常；
- 注意设备保养，不要敲打或用硬物刮探针。

（7）前修

作用：修好前测中发现的坏板。

方法：根据修理报表，先检测问题所在，借助一定的工具修好坏板。

注意事项：

- 修板前，确保修板工具、工作电压、电流等都处于正常状态；
- 测出坏品后要在 1h 内修完，当天出现的坏板，尽量当天修完；
- 若前修报废率超过 0.6%，尽快分析出原因并及时上报技术管理人员。

（8）封胶

作用：把绑定在印制板上的 IC 用黑胶覆盖起来，对裸片和焊线起保护作用。

方法：平稳取板，封胶时轻拿轻放。采用自外而内画圆的方式，以最少量的胶盖住芯片及绑线。不同产品对黑胶的高度及宽度有所不同，严格按要求作业。

① 冷胶封胶。选择适当的胶嘴，使黑胶的流出量适中。采用从外向内画圆圈的方式封胶。控制胶的流量，使封胶面积不超出底板上规定的范围；黑胶高度不超过 3mm。调整真空气压，胶的流出压力在 0.1~0.4MPa 范围可调，使黑胶的流量均匀快速，且不会压坏铝线。右手像握毛笔一样握住针管，针尖离铝线保持在 10~15mm 距离，踩脚踏开关，以便排出铝线下方的气体，保护黑胶表面没有气泡。

② 热胶封胶。严格按操作指示的要求，控制封胶炉的温度与烘烤时间，异常时通知技术管理人员做出调整。将绑好线的 PCB 放在加热台上，先加热的先点胶。PCB 直接加热不得超过 2min，置于托盘内加热的不超过 5min，以免影响封胶品质。其他步骤与冷胶作业相同。

注意事项：
- 不要急速加真空，防止真空将液料吸入导气管；
- 切勿横放或翻转针筒，避免液料流入机内；
- 检查有无溢胶、铝线外露等现象，有则及时修补。

（9）烘烤

作用：使黑胶固化，达到保护芯片及焊线的效果。

方法及注意事项：
- 操作员按工艺要求控制炉温及气压，条件不一样的板（如纤维板与纸板）不能同炉烘烤。
- 严格按操作指示要求控制烘烤炉的温度与烘烤时间，异常时应做出调整。特别留意纸基板与 0.8mil 及 1.0mil 铝线的烘烤温度和时间。

（10）后测

作用：方法同绑线后的前测工序，检验固化后的产品有无不良现象。后测员按质量管理的操作指示进行全功能测试。首先根据 COB 检验规程描述外观缺陷，选出外观不良（如芯片、铝线或衬底外露，有气孔等）的板，退回封胶组补胶。如发现封胶有气泡，应及时通知封胶组控制。测出的坏板要在印制板上注明编号，封胶过高的也要返回后修工序。

（11）后修

作用：修补后测工序发现的坏板，方法同前修。

注意事项：
- 及时处理后测发现的次品，当天的次品尽量在当天修完；
- 经返工修理后的产品，总体报废率不允许超过 1.6%（正常情况下，报废率不得超过 1%，即封胶前 0.7%，封胶后 0.3%）。否则，尽快分析出原因并及时上报工序负责人。

（12）QC 抽检和出货

产品抽检，周转流程。

绑定机的操作比较复杂，读者所接触的绑定机品牌和类型有所不同，请认真参考设备说明书进行操作，或者接受绑定机生产厂家的技术培训。

6.5 电子产品组装生产线

随着电子工业的飞速发展和人民生活水平的不断提高，社会对电子设备、家用消费类电器产品的品种和数量需求都在与日俱增。产品批量大、品种更新快、生产周期短、质量上乘、可靠性高、价格便宜是这类产品的共同特点。电子工业从来都既是技术密集型，又是劳动密集型的行业。生产线是最适合生产电子产品的工艺装备，生产线的设计、制造水平直接影响到产品的质量及企业的经济效益。高水平的生产线为企业参与市场竞争奠定了坚实的基础，制造电子生产设备的装备制造业，成为各大产业集团争相投资的领域。提高生产线的设计水平已经成为有关专家和工程技术人员研究的对象。针对不同电子产品的特点，利用生产线组织生产，更是电子工艺工作者的基本能力。

6.5.1 生产线的总体设计

1. 生产线的总体设计是一项系统工程设计

任何现代工程项目都是一个具有相当规模和复杂程度的系统，是由许多相互作用、相互制约和相互依赖的分系统组合而成的有机整体。电子产品的生产线系统，一般是由插件线、调试线、组装线等若干条功能各异、相对独立的生产线以及焊接机、提升机、包装机等自动化专用机械组成的。每条生产线又是由机械系统、计算机系统、电控系统、气动系统、工具工装系统、仪器仪表系统等分系统组成。每个分系统又可分为几个子系统,如机械系统由线体单元、动力装置、传输装置、张紧装置等组成;电控系统由动力供电、控制电路、可编程控制器等硬件及相应的软件所组成。因此,生产线的建设是一项系统工程。

建设生产线系统,不仅要按照产品的工艺要求及其相应的约束条件,合理安排生产过程的不同阶段、环节、工序,使其在时间、空间上平衡衔接、紧密配合,构成一个协调的整体,生产出社会需要的产品,同时还应该满足有关安全性、可行性、可靠性、可维修性等的一系列目标。这是一项综合技术的创造性工作,需要进行总体的协调、综合的优化和有条不紊的组织管理,才能完成这项工作。运用系统工程的原理和方法,对于合理规划、设计和管理生产线系统建设的全过程,是十分必要的。

设计是工程活动的核心。生产线的设计工作绝不等同于设计某些零件或部件,而是设计由硬件、软件和人员等要素组成的、能完成特定功能作用的现代工程系统。所以,生产线的设计是一项系统工程设计,设计的过程就是实施系统工程的主要过程。

科学地考察工程系统设计研制过程的客观规律,一般可以把全部工作分成三个阶段,即方案设计阶段、初步设计阶段和详细设计阶段。这三个阶段的任务见表 6-8。通常,方案设计阶段和初步设计阶段又合称为总体设计阶段。

表 6-8 生产线系统设计各阶段的任务

总 体 设 计	方 案 设 计	任务、要求及约束条件
		要求及条件的分析
		确定系统基本方案
	初 步 设 计	功能分析
		技术要求分配
		确定系统总体方案
详 细 设 计		分系统的设计
		子系统及零部件设计
		样机的试制试验

整个设计过程要分解为彼此相互衔接的一系列程序和步骤,每个步骤的设计工作都要根据一定的信息或数据输入,进行某项特定内容的设计,得到不同的输出结果;再对结果进行评定,以便核实该结果是否满足要求;若不能满足,则应当进行修改。这种迭代改进的过程要一直进行下去,直到得出满意的结果为止。生产线系统的设计工作应该遵循这一规律。

2. 生产线总体设计过程的研究

生产线系统是一个机电一体化系统。由于现代工程技术的复杂性和外部条件的频繁变化,用传统方法及个人经验已经很难完成工程系统的设计任务。运用系统工程的方法进行生产线的设计,具有研究方法上整体化和技术应用上综合化的特点,无疑是提高生产线设计水平的有效途径。

生产线设计的关键在于总体设计。总体设计合理,即使局部结构设计或某台设备、仪器有问题,总可以在使用过程中逐步改进和完善。若总体设计不合理,将会长期影响企业的生产和管理,甚至影响到厂房设计和动力设计的合理性,从而造成难以挽回的人力、物力和财力的损失。所以,总体设计的结果从质的方面决定了生产线设计的固有水平,是生产线设计中最重要的环节。

在生产线系统总体设计的过程中,最本质的工作是分析与综合。分析是把整个系统分解为若干个便于处理的单元,按照一定的逻辑推理顺序,得到对系统全面的描述;综合则是经过多目标决策和多方案优选,按照一定条件确定整个系统各个单元的最佳组合。

3. 生产线方案设计阶段的工作

在这一阶段，以某种社会需求提出的任务要求和相应的约束条件作为系统的输入，而输出是经过处理后的系统技术性能参数和基本方案。在方案设计阶段，重点工作是对影响生产线方案设计的诸因素之间的关系加以详尽的分析权衡，并按照一定的逻辑推理顺序综合出最优的方案。

（1）明确任务要求和约束条件

电子产品生产线的任务要求是工程建设方针、产品大纲、产品流程等，约束条件是投资总额、环境、能源条件等。不同的生产线系统，其任务要求和约束条件的具体内容各不相同。

（2）分析任务要求和约束条件

① 工程建设方针。

电子产品生产线的工程建设方针，依据工程规模、投资总额、建设周期、自动化程度及企业的长远规划等要素确定。

工程规模——通常用电子产品的年产量来衡量生产线的工程规模，要依据产品的市场情况、投资数量、元器件供应、建筑面积、动力容量、技术力量等因素确定。

投资总额——它是总体设计中考虑的首要因素，并对其他因素起到制约的作用。要"量财办事"，事实上，对于当前国内电子产品生产线的建设来说，投资不足往往是最大的问题。

建设周期——目前，在我国投产一条大型显示器生产线，若产品畅销，一般半年就可以从该线所产生的利润中收回全部投资。所以，要分析影响建设周期的各种因素，力争缩短时间。

自动化程度——自动化程度标志着生产线的水平。自动化程度高，不仅可以节省人力，而且是提高产量、保证质量的重要途径。自动化程度要受到投资总额和建设周期的约束。

长远规划——从适应产品发展的角度出发，要求生产线的适应能力越广越好，但不适当地扩大适应能力，又会造成经济上的浪费、生产周期的延长和技术上的困难。要把当前需要、市场预测以及企业的发展方向结合起来，统筹考虑。

② 产品大纲。

根据产品的品种及产量确定产品大纲。

产品品种——包括产品的型号、尺寸和规格。选择合适的对象产品，是保证生产线实用性和先进性的重要环节。如果产品的工艺落后且不具有普遍性和代表性，设计出来的生产线就不可能具有先进性和适用性。产品尺寸决定了生产线的基础设计尺寸。

产品产量——年产量、日产量、班制、有效工作时间等，是计算生产节拍的依据。

③ 产品流程。

产品流程包括工艺流程和材料流程。

工艺流程——生产线服务于产品工艺，它首先要满足产品的工艺要求，并在这个前提下扩大适应能力，增加通用性。生产线的设计者应该详细了解产品的工艺过程，并绘制产品的工艺流程图，以它作为设计的主要依据。

材料流程——这是设计成套部件供给线、成品入库线等辅助输送线的依据。

④ 环境条件。

建设生产线的环境条件，不仅包括厂房条件（面积、形状和厂房所在的地理位置），还要考虑生产过程可能出现的对环境的污染及其治理。

厂房条件——这是限制产品产量的重要因素。为有效地利用厂房面积，合理布置生产线，要同时考虑厂房的形状。例如，窄长的厂房适合于布置直线或平行排列的线体，短而宽的厂房适合于布置环状绕行的线体,多层厂房适合于布置垂直升降、立体排列的线体等。另外,厂房地板、天花板结构,楼板的承载能力,各种预埋管线的位置,电梯位置、尺寸、吨位等也直接影响生产线的安装。厂房内的水源、厕所、更衣室等设施与生产作业人员有关,这些都是在设计生产线时必须考虑的因素。电子装配生产线对厂房的地理位置没有特殊要求,可以建设在人口稠密的城市街区。但若昼夜连续开工,夜深人静之际,空气压缩机和排风装置所产生的噪声也会"扰民"。

环境污染及其治理——对于建设电子装配生产线来说,可能产生的工业污染较小,但也必须注意焊接过程产生的废气排放、清洗设备产生的废水回收。

⑤ 能源条件。

建设生产线的能源条件是指市政水、电供应及生产线所需的动力条件。在当前城市用水及供电都很紧张的情况下,申请供水及电力的增容都需要一定的过程和手续。

动力条件——生产线的动力主要包括电力及压缩空气,应该对所需电量、气量进行估算,考虑供电、供气的实际条件。如果根据生产线系统的工艺方案新建厂房,则必须提出一整套与之相应的土建和动力规划。

(3) 确定系统的初步方案

通过对任务要求及约束条件的分析,最终应当把任务要求用一组可以量化的技术术语或具体的工艺要求表示出来。以生产线的节拍时间、高度、宽度等基本设计尺寸及产品工艺流程图、材料流程图等来确定生产线系统的功能目标。对满足功能目标的若干个可行性方案,进行性能、费用、进度等方面的权衡研究,从中找出最优的基本方案,确认生产线系统的基本组成。图 6-49 表示了某计算机厂生产线系统的基本方案,它是由四条流水作业线和五台自动化专用机械构成的。

4. 生产线初步设计阶段的工作

在这一阶段,以功能流程图形式表示的生产线系统的基本方案和技术参数作为系统的输入,把可供施工使用的生产线系统的平面布置图以及各条线、各台专用机械的技术要求作为系统的输出。工作的重点内容是对提出的设计准则和功能要求加以进一步的修订和补充,并针对使用方案进行各项设计参数的权衡研究,使继续进行详细设计的方案更加具体、完整、精确。

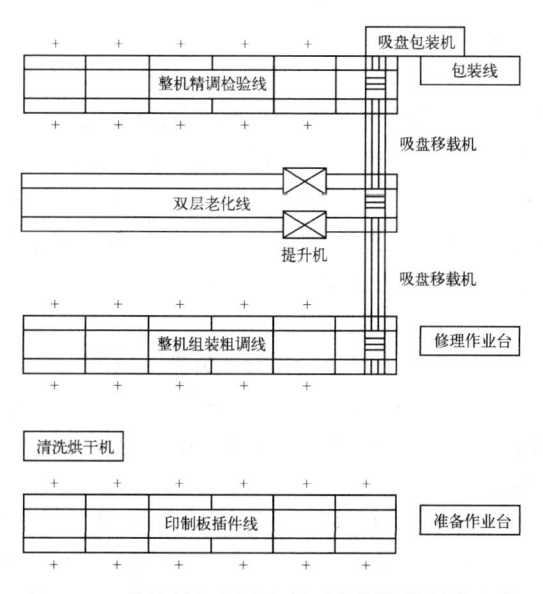

图 6-49 某计算机厂生产线系统设计的基本方案

(1) 功能分析

① 分析各线的功能。

生产线的功能与它所完成的工艺内容密切相关，为完成工艺内容所采取的不同工艺顺序与方法，将直接影响生产线的布局。

插装线与插件、焊接工艺——在插装、焊接、元器件剪腿及成型的工艺安排上，有长插、短插两种形式。长插的工艺是先插件、后剪腿、再焊接，短插的工艺是元件引脚预成型后再插件、焊接。"短插"因成型的元器件带有定位弯及张紧弯，能够保证焊接质量，具备不需要切腿设备、便于和自动插件机配合的优点。

调试线与调试工艺——此工序在生产线设计中是难点，原因是调试时间长、节拍难以控制。目前电子产品的调试方法可以分为两种。一种是单板调试法，属于下线操作，传送带仅起传输作用，作业人员在线两侧布置的调试桌上工作。这种调试线的适应性强、投资少，但调试速度慢。另一种为机芯调试法，属于上线操作。此种方式占地面积少，调试速度快，但设备复杂、投资大。

老化线与老化工艺——电子产品老化的时间、温度和方式，受品种、元器件质量、工艺设备能力等因素的影响。国内外不同厂家的特点各异，相差很大。老化工艺直接影响生产线的布局。百分之百产品的高温老化是大流水生产的障碍，它给生产线的布局和安全防火带来很多困难，并增加了占地面积和建线投资。

② 分析各线、专机与系统功能之间的关系。

组成生产线系统的每台专用机械都应该有一个统一的节拍。生产线的节拍有三种不同的方式，即完全自由节拍、强制节拍及相对自由节拍。这三种节拍有各自不同的操作方式和特点，要根据对象产品、投产数量、人员素质、生产条件等因素选取。由于相对自由节拍既有一定的强制性，又有一定的机动余地，它消除了作业人员的紧张情绪，有利于提高产品的产量及质量，是近年来生产线上应用较多的一种节拍形式。不同的节拍方式，决定了生产线传输系统的不同结构。

(2) 技术要求分配

① 确定标准时间、工位数量及线长。

用测定法、计算法、经验法及统计法等方法，科学地确定完成一台整机或一道工序所需要的标准时间，再根据标准时间和节拍来计算工位数量；同时，根据产品的长度和储备长度，决定工位间距。工位数量和工位间距决定线长。生产线的实际长度大于计算长度，这是因为备用工位及动力装置、张紧装置等也要占用一定的空间。

② 确定生产线的传输形式。

为了保证总体方案在结构上实施的可行性，必须根据每条线的工艺使用要求、节拍方式、投资数量来确定生产线的传输形式。例如，插装线的种类繁多，就其造价来说，可以分为三档：手推无动力和简单链传动型为低档插装线；微型滚轮链和直板链传动型为中档插装线；多动力研磨链传动型和自带料盒的插装线为高档插装线。要设计出既符合使用要求，在结构上又容易实现的总体方案，必须积累大量典型结构，了解各种结构在技术上的难易程度及造价高低，以便设计时选用。

③ 确定专机和空间位置。

根据分配给每台专用机械的技术参数，对元器件引脚成型机、自动焊接机、自动外包装机等设备，进行选型配置；对提升机、移载机、自动内包装机等设备，按照技术要求购置或自行设计。所有专用机械必须和线体在空间和时间上相互协调衔接，构成一个统一的整体。

④ 电力分配、气路分配。

电力分配包括厂房配电和生产线电路设计两部分。厂房配电，是按照设计要求，把动力电输送到生产线主配电盘上；生产线电路设计，主要是确定控制电路、线体照明电路、仪器稳压电路、单机设备的供电电路，以及编制可编程序控制器的相应软件程序。

气路分配包括厂房布气及生产线气路设计两部分。厂房布气，是按照设计要求把压缩空气从空压站输送到生产线入口的室内外空气管路系统；生产线气路设计，是确定线体内部及各种单机设备的气路系统。

在生产线的总体设计中，还应该考虑到技术力量、工人素质、管理水平、环境保护、防火防盗、材料供应、仓库条件、起重运输、加工安装等种种因素的影响，在此不作进一步的讨论。

（3）系统综合，提出总体方案

通过分析影响总体方案的各种因素，为了在一定条件下实现产品节奏性生产的整体功能，还要经过系统综合，确定总体方案。综合的过程，是权衡分析和优化的过程。这一阶段的综合，应该集中在更为合用的系统配置方式的选择以及实现系统方案的技术途径的选择上。综合的结果，是以生产线系统平面布置图来描述确定的系统和各组成单元的性质、配置和结构形式。某计算机厂生产线系统平面布置简图如图 6-50 所示。

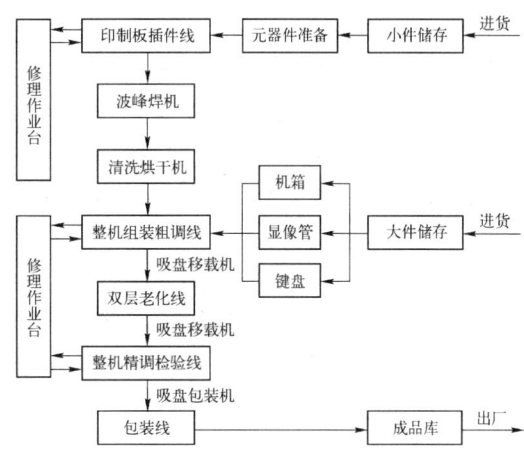

图 6-50 某计算机厂生产线系统平面布置简图

5. 几种典型生产线

（1）图 6-51 是中小企业常见的手工插装生产线，印制电路板排放在工人面前的导轨上，工人每插装完一块 PCB，用手推送印制板右移，这种情况属于生产线的自由节拍。一般情况下，插装流水线上的工人座位，安全距离应该在 1m 以上；每位工人插装的元器件不要多于五种，数量不要多于 20 个。高水平的插装工人应该掌握双手插装的技能：一只手往印制板上插件，另一只手到元件盒里抓取元件，两手交替工作。

若导轨下安装了驱动装置，印制板按一定节拍自动右移，则变成强制节拍的生产线。

（2）图 6-52 为波峰焊生产线，在国内条件较好的电子产品制造企业中都能见到。左侧（近端）是手工插装线，传送印制板的导轨带有驱动装置，运行速度可以调整（改变生产节拍）。根据产品的特征设计导轨的长度，如果插装元器件数量较多的产品，还可以增加"拐弯"装置，变成 U 形或环形生产线。

图 6-51 手工插装生产线　　图 6-52 波峰焊生产线

波峰焊机套装在生产线中，插装完成的电路板沿导轨被送入波峰焊机。以波峰焊机的长度为 4m、每块板子通过波峰焊机内要 4min 计算，可知插装线的传送速度应该为 1m/min，这样就能确定安排插装工位的人数以及每个工人需要插装的元器件数量。

在波峰焊机的右侧，可以看到自动切脚机的轮廓。印制板在波峰焊机内完成焊接后，沿导轨进入切脚机，把元器件的多余引脚切掉，保证板上的焊点等高。切脚机内有一水平安装的盘状切刀，切刀距离印制板焊接面大约 1.5～2mm，切刀高速旋转，即能切除已经焊接在板上的元器件的引脚。

在图 6-52 的右侧（更远端）是一台双波峰焊机，已经切脚的印制板要再次焊接，用"宽平波+紊乱波"对焊点进行修正，使焊点饱满丰盈，光亮一致。

（3）图 6-53 为小型产品组装、调试生产线，这种生产线的传送带在线体中部，待组装的产品零部件、配件和机箱放在工人身边，每个工人负责一道组装工序，把传送带送来的半成品拉倒自己面前，在生产线两侧的固定台面上进行组装，工序完成后的半成品又被推到传送带上，被下一道工序的操作者接收继续组装……在生产线的末端，得到已经组装完成、经过调试与检验的成品，甚至已经完成包装。

（4）图 6-54 为大型产品组装生产线，用来组装空调、电冰箱、洗衣机、电视机等体积较大的产品。由于产品的机箱和部件大而重，半成品摆放在缓缓移动的生产线台面上，架在半空的悬挂式传送带输送各种零部件和配件到每个工位的上方，由各工位的操作者取下来安装到产品上。这种组装生产线一般长达数百米，材料库在另一楼层上，组成立体的组装生产线。

（a）工人在小型产品组装线上操作　　　　（b）小型产品组装线

图 6-53　小型产品组装、调试生产线

图 6-54　大型产品组装生产线

6.5.2　电子整机产品制造与生产工艺过程举例

当人们已经从影视中对现代化电子工业有所了解时，说到电子产品制造，自然地会联想到生产线、自动化的设备和流水作业,但这还不够全面。因为电子产品的生产可以分为两种类型,一种是单一品种、大批量的类型,另一种是多品种、小批量的类型。显然,对于后者来说,就不适宜采用高效率的、高速的自动生产线和固定工位的流水作业。迄今为止,在那些最发达的工业国家,仍然存在手工装配和人工焊接。所以,问题的关键在于怎样针对具体产品,有序地组织和管理生产过程。对于那些需要一定操作技能的工作,本书已经在前面的章节中做出介绍,希望读者能够通过生产实习掌握熟悉;对于那些技术性较强的工作所涉及的基础理论,是电类工科学生在其他专业基础科、专业课、实验课和实训环节的学习内容。

1. 整机组装的特点及方法

(1) 组装特点

在电气上,电子设备的组装是以印制电路板为支撑主体的电子元器件的电路连接,在结构上是以组成产品的钣金硬件和模型壳体,通过紧固件由内到外按一定顺序的安装。电子产品属于技术密集型产品,组装电子产品的主要特点是:

① 组装工作是由多种基本技术构成的。

② 装配操作质量难以分析。在多种情况下,都难以进行质量分析,如焊接质量的好坏通常以目测判断,刻度盘、旋钮等的装配质量多以手感鉴定等。

③ 装配工作人员必须进行训练和挑选,不可随便上岗。

(2) 组装方法

生产过程中,组装在要占用大量时间,对于给定的任务和生产条件,必须研究几种可能的方案,并在其中选取最佳方案。目前,电子设备的组装方法从组装原理上可以分为:

① 功能法。将电子设备的一部分放在一个完整的结构部件内,该部件能完成变换或形成信号的局部任务(某种功能)。

② 组件法。制造出一些外形尺寸和安装尺寸都统一的部件,这时部件的功能完整性退居次要地位。

③ 功能组件法。兼顾功能法和组件法的特点,制造出既有功能完整性又具有规范化的结构尺寸和组件。

2. 整机组装的顺序和基本要求

(1) 整机装配顺序与原则

按组装级别来分,整机装配按元件级、插件级、插箱板级和箱柜级顺序进行,如图6-55所示。

① 元件级:是最低的组装级别,其特点是结构不可分割。

② 插件级:用于组装和互连电子元器件。

③ 插箱板级:用于安装和互连的插件或印制电路板部件。

④ 箱柜级:主要通过电缆及连接器互连插件和插箱,并通过电源电缆送电,构成独立的有一定功能的电子仪器、设备和系统。

整机装配的一般原则:先轻后重,先小后大,先铆后装,先装后焊,先里后外,先下后上,先平后高,易碎易损件后装,上道工序不得影响下道工序。

(2) 整机装配的基本要求

① 不得安装未经检验合格的装配件(零、部、整件),已检验合格的装配件必须保持清洁。

② 认真阅读工艺文件和设计文件,严格遵守工艺规程。装配完成的整机应符合图纸和工艺

文件的要求。

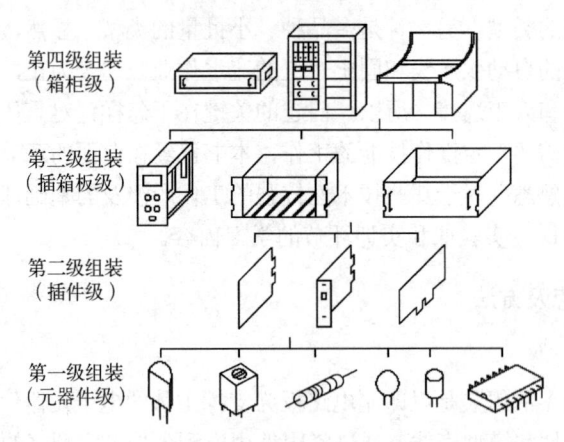

图 6-55 整机装配顺序

③ 严格遵守装配的一般顺序，防止前后顺序颠倒，注意前后工序衔接。
④ 装配过程不得损伤元器件，避免碰坏机箱和元器件上的涂覆层，保证绝缘性能。
⑤ 熟练掌握操作技能，保证质量，严格执行三检（自检、互检和专职检验）制度。

3. 某厂生产电视机的整机组装流程示例

该电视机厂分为四个车间，分别完成准备作业、机芯组装、整机组装和整机包装。在这里列出的各道生产工序，有些是简单劳动，有些则需要一定操作技能，还有一些是技术性较强的工作。

（1）准备作业

准备作业车间的职责是对整机中的全部元器件和零部件进行准备性加工，根据产品的特点，共分为 17 个加工工序。

各工序的任务是，对外购元器件和材料进行分类存放，根据生产任务单和工序工艺卡片进行检验、筛选、整形加工，然后存放制品。每一工序并行独立作业，工位人数由工作量决定，以手工操作为主，分别配备不同的仪器和加工设备。

（2）机芯组装

机芯组装车间的任务是对电视机的机芯（印制电路板采用邮票板方式）进行组装性加工，采用流水作业方式，流水线分为四个工段，共 25 个工序。

① 小件自动插装采用三台自动插装机（AI），顺序对主印制板分别插装轴向引线、径向引线元器件和方形接线端子（见图 6-56）。在前两台自动插装机工序，附设有对元器件编码和对自动插装机软件编程的工序。在对主印制板的自动插装前后，分别设有检验工位，保证印制板的质量及自动插装的质量。

② 小件半自动装配焊接主要由一条半自动手工插装生产线和波峰焊接机组成。在半自动手工插装生产线的前端，安排有检验工位，确认前面工段转来的已经过自动插装的印制板的质量，然后为印制板安装使之能够在流水线上传动的工装架。半自动手工插装生产线采用气动（或电动）控制工艺节拍，23 个工位顺序分区插装不能自动插装的元器件，组成手工插装工序。再经过由 6 个检验工位组成的插装质量检验工序，送到波峰焊接工序。印制电路板在波峰焊接机上自动焊接，通过焊接质量检验工位以后，传到印制板下架工序（拆去工装架）。在这个工

图 6-56 自动插装机（AI）

段里，波峰焊接是质量管理和质量保证的关键工序。

③ 部件装配焊接工段分成 12 个工序，完成对印制板的部件装配焊接。在前 9 个工序的出口，是 3 个部品（这时的加工对象叫做部品）检验工位及一个总检验工位；部品修理工序并行于上述 9 个工序，随时接收并修理不合格的部品。部品调试在本工段是重要工序。对于调试中发现的生产工艺缺陷，送往调试工序附设的修理工序，修理后还要经过检验工位的认定。

④ 单元装配分成 7 个工序，顺序完成机芯上各单元电路的装配、连接与紧固。

（3）整机组装

整机组装车间分成两个工段：总装和总调。

① 总装工段工段有两条流水线：主线是总装线，辅线是显像管整备线。总装线分成 8 道工序，总装通电检验（与前道工序之间有布线检验和总装结构检验工位）是本工段的重要工序，附设有修理工序，排除通电检验发现的故障；显像管整备线流水完成 5 道工序，出口处设有检验工位。

② 总调工段共有 9 个工序，顺序完成电视整机的调试、检测和老化。

（4）整机包装

整机包装车间流水完成从包装到仓储的工序，有两条生产线：纸箱整备（4 道工序）和整机包装（9 道工序）。

6.6 电子制造过程中的静电防护简介

6.6.1 静电的产生、表现形式与危害

大量的电子电荷驻留在非导体和导体的表面，形成一个电场，这就是静电。静电是很容易产生的，摩擦、电磁感应、导电等方法都有可能产生静电，静电与地线之间的电压，几十伏几百伏都是可能的，像下雨时的雷声和闪电，云层中的电压甚至高达数万伏。

在干燥的季节脱衣服（尤指化纤衣服）时，可能听到轻微的噼啪声，并在黑暗中看到瞬间迸发的闪光，甚至有麻手的感觉，这也是静电放电的现象；又如，电视机的屏幕特别容易吸附灰尘，这是因为电视屏集聚的电子形成了一个较强的静电场，使周围的灰尘极化并吸附到屏幕上。

人体是良好的导体，同时也是"静电荷"的携带者，由于静电荷储有能量，对电子设备及元器件的破坏性极大。

静电荷集聚在导体或非导体表面时，若接通导线形成回路，静电荷发生流动，产生强电流冲击；或者，静电场足够大时，使附近的导体产生感应电流，可能在接触的瞬间发生放电，出现电火花。上述这些未受控的静电现象一旦发生，就有可能引起爆炸燃烧、火灾，对电子产品和电子元器件构成损伤（过压、过流而被烧毁或击穿）。

静电在受到控制的情况下是非常有用的，复印机、吸尘器和存储记录等技术领域都用到静电技术，但是无意识的、偶然产生的静电现象却有可能形成危害，甚至造成灾难。

6.6.2 静电的防护

静电使人体与地面形成电位差，如果佩戴了防静电装备（导电体），让人体静电荷通过这个导体而输送到零电位点，静电荷就避开了电子元器件，不会形成破坏。

1. 用接地线防静电

接地线也称为地线母线，防静电地线专供工程器具和人体泄放静电荷。注意，防静电地线不得接在电源零线上，不得与防雷电地线共用，防静电接地线与大地之间的接触电阻应小于 10Ω。

2. 人体防静电装备

为了防止静电对生产过程的危害以及对材料、元器件的损伤，电子产品制造企业中所有可能发生静电的场合与人员都应该采取防静电措施，特别是生产第一线的工人，应当配备防静电装备，如图 6-57 所示。

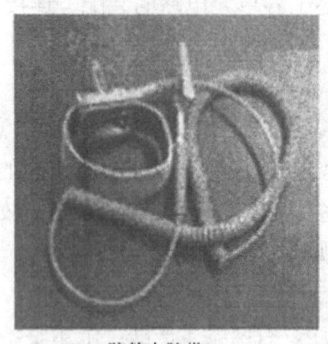

(a) 防静电腕带　　(b) 防静电工作服、帽、鞋

图 6-57　人体防静电装备

3. 工作台防静电的接地方法

电子产品制造企业中的工作台应当采取如图 6-58 所示的防静电措施。

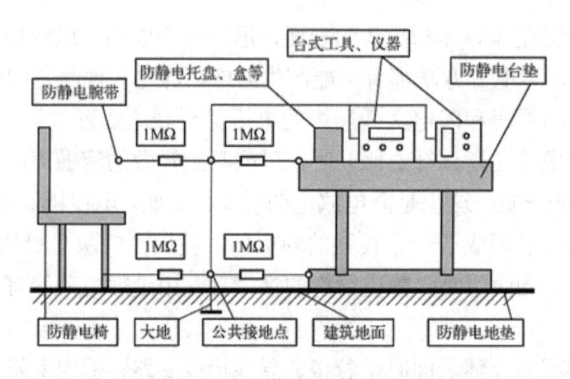

图 6-58　工作台防静电措施

4. 常用防静电器材

这里所指的防静电器材包括工作台胶垫、工作椅，储放元器件或材料、半成品、成品的零件盒、托盘、周转箱、周转车、包装袋，工人操作中配备的工具、毛刷，工人穿着的工衣、工鞋、帽、手套、手指套等。

6.7　电子组装技术简介

电子组装技术是按照需要将电子元器件连接、固定的技术。实际应用中的电子组装技术，按技术及工艺分类，可分为两大类：常规电子组装技术和新一代电子组装技术。

常规电子组装技术是指通孔插装式印制电路板组装技术。

新一代电子组装技术是目前发展迅速的组装技术，主要包括多种新的组装技术及工艺，见表 6-9。

表 6-9 电子组装技术及工艺

电子组装技术	常规电子（THT）组装技术	
	新一代电子组装技术	表面安装技术
		厚/薄膜集成电路技术
		多芯片组件技术
		半导体集成技术

各种新一代电子组装技术中又包括许多内容，如半导体集成技术中包括有板载芯片（COB）技术、带自动键合（TAB）技术等。

电子组装技术按组装后产品的形式，可分为从小到大的几个级别，如图 6-59 所示。可见，前文所说的整机装配顺序与此类似。并且，本书讲述的内容主要是"电路级"组装技术。

芯片级 → 元器件级 → 电路级 → 插件级 → 分机级 → 机柜级

图 6-59 电子组装技术由小到大的级别

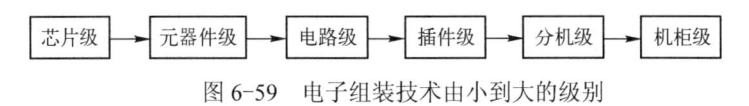

表面安装技术大大缩小了印制电路板的面积，提高了电路的可靠性，为了获得更高的板面效率，组装技术已向元器件级、芯片级深入。下面对几种主要的新一代组装技术进行简单介绍。

6.7.1 基片

基片是在电子部件内部提供互连功能的材料，基片在部件的封装方面起着关键作用。目前常用的有陶瓷基片、约束芯板基片、塑性层基片、环氧玻璃基片等几种。

（1）陶瓷基片

陶瓷基片由氧化铝（99%或 96%）、氧化铵等材料采用薄膜或厚膜技术制成。陶瓷基片的热膨胀系数（CTE，Coefficient of Thermal Expansion）与陶瓷封装相同，不会出现热膨胀系数失配问题，非常适用于存在未封装裸片的混合电路中。其缺点是尺寸较小，介电常数和成本较高。

（2）约束芯板基片

约束芯板基片由 42 号合金、包钢钼、瓷化殷钢等材料制成。其特点依所用材料不同而有较大差异，总体上说，约束芯板基片具有强度大、体积小的特点。

（3）塑性层基片

塑性层基片采用增加塑性层的方法制成，在环氧玻璃基片上涂上环氧树脂层。塑性层基片的可靠性好，目前以塑性层为基片封装的器件已经通过了 1200 次无失效热循环试验（即–55～+125℃，浸入时间 15min，两种温度之间的转移时间小于 5min）和 2000 次的通/断电试验。此外，塑性层基片的价格较低。但塑性层基片在制作和装配过程中，也存在环氧树脂层容易受到所用化学用品溶解的问题。

（4）环氧玻璃基片

环氧玻璃基片由环氧树脂和玻璃纤维组成的复合材料制成。环氧玻璃基片依制造工艺的不同，性质有一定差异。总体上说，由于玻璃纤维质地坚硬、环氧树脂塑性好，所以环氧玻璃基片具有强度高的特点。

6.7.2 厚/薄膜集成电路技术

厚/薄膜集成电路，是以膜的形态在绝缘基板上形成的一种集成电路，膜集成电路与半导体集成电路不同，它只能集成无源元件。按膜的厚度和形成工艺的不同，分为厚膜集成电路和薄膜集成电路两种。

厚/薄膜集成电路具有如下主要特点：
- 厚/薄膜集成电路的组装密度比常规印制电路要高得多，而且高频性能好，散热性能好，高温稳定性好。
- 厚/薄膜基板一般采用氧化铝，其热导率比环氧玻璃布印制板高两个数量级，故有较大的功率密度。
- 厚/薄膜电路的组装密度比印制电路高，但制造成本也高，且基板尺寸做不大。

厚/薄膜工艺已应用于微波混合集成电路、多芯片组件（MCM）的设计中，在实际应用中取得了良好的效果。

（1）厚膜工艺是用丝网印刷、烧结工艺形成膜及图形。其膜厚大约几微米～几十微米。厚膜工艺分干法和湿法两种。

① 干法工艺是在氧化铝基板（或其他基板）上丝网印刷厚膜导体（或电阻）浆料，再用高温烧结，形成所需的导体或电阻，随即印刷介质浆料后高温烧结，形成带通孔的绝缘层，然后再印刷第2层导体。此时，上层导体浆料流入通孔与下层导体相连，经过高温烧结，就形成上下层互连的实心通孔。如此印刷、烧结多次，就能制成所需的厚膜多层基板。干法的导体层数一般为3～5层。

② 湿法工艺是在陶瓷生坯片上，分别冲出各层的互连孔，印刷导体图形，然后多层对准叠压，一次高温烧结成型。

（2）薄膜工艺是在绝缘基板上用真空蒸发或溅射 Au、Al、Cu，然后光刻腐蚀出所需的导体图形，由于淀积的导体层很薄（约为几十微米至几百微米），故能蚀刻出精细的线条。绝缘层一般采用聚酰亚胺光敏胶，在上面蒸发 NiCr 或溅射钽形成氮化钽电阻。其工艺流程如图 6-60 所示。

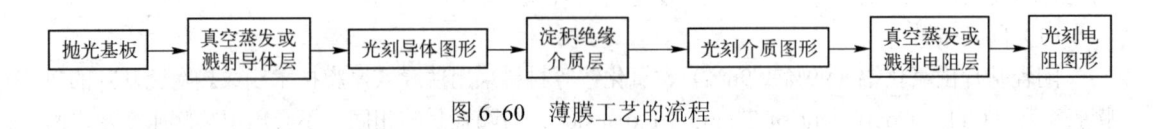

抛光基板 → 真空蒸发或溅射导体层 → 光刻导体图形 → 淀积绝缘介质层 → 光刻介质图形 → 真空蒸发或溅射电阻层 → 光刻电阻图形

图 6-60 薄膜工艺的流程

6.7.3 载带自动键合（TAB）技术

与板载芯片（COB）技术相同，载带自动键合（TAB，Tape Automated Bonding）技术也是将 IC 裸片贴到基片上。图 6-61 是 TAB 的示意图。

与 COB 相比，TAB 技术的主要优点是它在印制板上的断面形状比较低。TAB 所用引线较短，引线电感比 COB 大约小 20%以上，这就使 TAB 在电气性能方面，尤其是在高频下优于 COB。

TAB 还是一种快速度组装工艺，因为其引线可以组合键合。组合键合是典型的内引线键合工艺，外引线一般单独键合，或者同时键合一边或四边。组合键合缩短了键合时间，并减少了费用。TAB 的组装密度比 COB 高；当 IC 裸片封装在单个载体上时，TAB 技术可使器件在装配前进行预测试和老化处理，这样能减少返工，可以提高产品的可靠性并使成本下降。

6.7.4 倒装芯片（FC）技术

倒装芯片（FC，flip chip）技术，是将芯片倒置后直接安装在基片上，互连介质是芯片和基片上的焊区，图 6-62 是具有代表性的基片上倒装芯片的示意图。

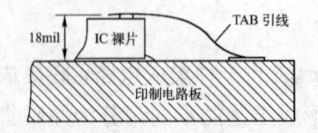

图 6-61 TAB（载带自动键合）示意图　　图 6-62 FC（倒装芯片）示意图

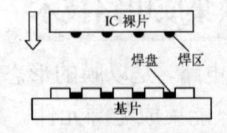

消除了键合引线和封装，倒装芯片技术的组装密集比 COB 和 TAB 都高。由于焊区可以做在芯片的任何部位，所以芯片的尺寸利用率很高。倒装芯片技术对生产环境要求较高，与半导体器件的生产环境相似，所以，倒装芯片工艺只能在半导体制造公司中才能看到。

6.7.5 大圆片规模集成电路（WSI）技术

将电路板、子系统乃至整个系统的电路集成在一片大面积硅基片上，无疑是最理想的组装技术。大圆片规模集成电路（WSI，Wafer Scale Integration）正是基于这种设想而诞生的一种多芯片组件组装技术。它主要采用冗余设计、激光修整以及混合集成等方法来达到组装要求。WSI 技术的发展非常迅速，它与另一种先进的组装技术——三维（3D）叠装技术相结合，在神经网络计算机的研究领域中发挥了重要的作用。要模拟人脑的神经系统，普通单片微处理器不能胜任，所以必须将众多微处理器集成在一起，WSI 技术就能够担当此重任。另外，WSI 技术还在海量存储器、高速在线信号处理器的研制方面发挥着重要作用。

思考与习题

1. （1）叙述什么叫浸焊，什么叫波峰焊？
   （2）操作浸焊机时应注意哪些问题？
   （3）浸焊机是如何分类的？它们的特点是什么？
   （4）画出自动焊接工艺流程图。
   （5）什么叫再流焊？主要用在什么元器件的焊接上？
   （6）请总结再流焊的工艺特点与要求。
   （7）请列举其他焊接方法。
2. （1）试说明三种 SMT 装配方案及其特点。
   （2）试叙述 SMT 印制板波峰焊接的工艺流程。
   （3）试叙述 SMT 印制板再流焊的工艺流程。
3. （1）请说明 SMT 中元器件贴片机的主要结构。
   （2）请对贴片机的四种工作类型进行分析和对比。
   （3）根据 SMT 在中国的发展水平，应选何种贴片机？
   （4）试叙述 SMT 维修工作站的配置及用途。
4. （1）什么叫气泡遮蔽效应？什么叫阴影效应？SMT 采用哪些新型波峰焊接技术？
   （2）请说明双波峰焊接机的特点。
   （3）请叙述红外线热风再流焊的工艺流程和技术要点。
5. （1）在 SMT 印制板上元器件布局，有哪些特殊的要求？
   （2）举例说明，为什么设计 SMT 印制板上焊盘和焊点的形状尺寸时，应该与焊接方式相适应？
6. （1）SMT 再流焊中使用的膏状焊料含有什么成分？有哪些品种？
   （2）如何保存和正确使用焊锡膏？
7. （1）SMT 工艺对黏合剂有何要求？
   （2）试说明黏合剂的涂覆方法和固化方法。
   （3）试说明 SMT 装配过程中黏合剂涂覆工序在工艺流程中的位序。
8. （1）什么叫 AOI 检测技术？AOI 检测技术有哪些优点？
   （2）AXI 检测设备有哪些种类？它为什么能检验 BGA 等集成电路的焊接质量？

9. （1）请说明焊接残留污物的种类，以及每种残留污物可能导致的后果。

（2）请说明清洗溶剂的种类。选择清洗溶剂时应该考虑哪些因素？

（3）免清洗焊接技术有哪两种？请详细说明。

10. （1）什么叫绑定？它有什么特征？

（2）绑定的主要工艺流程有哪些？

（3）绑定操作过程中有主要哪些注意事项？

11. 为什么说生产线的总体设计是一项系统工程设计？

12. （1）生产线总体设计分为几个阶段？

（2）如何开展生产线的方案设计？

（3）如何进行生产线的初步设计？

（4）试剖析一条表面安装生产线的功能、配置及生产过程。

（5）请描绘一下电子产品的计算机集成制造系统的构成及远景。

第 7 章　电子产品的整机结构与技术文件

现代社会的飞速发展，使电子产品在各行各业得到日益广泛的应用，已经成为每一个家庭日常生活的质量标志。电子产品的种类也越来越丰富，它既包括用于工业生产的大型设备、仪器，又包括人们熟悉的各种消费类电器。虽然应用领域不同，复杂程度各异，工作原理千差万别，但作为工业产品，它们大多数都是机电合一的整机结构，制造过程就要涉及多学科、多工种的工艺技术。本章将简要介绍电子产品的整机结构和整机的生产过程，使读者站在总体设计的高度，理解这些基本原则和应该注意的问题，以及如何把设计目标转换成生产过程中的操作控制文件。

7.1　电子产品的整机结构

电子产品不仅要有良好的电气性能，还要有可靠的总体结构和牢固的机箱外壳，才能经受各种环境因素的考验，长期安全地使用。特别是民用消费类电子产品，更应该具有美观大方的造型与色彩，具有工艺美术品的审美价值，与家庭生活的气氛相适应。因此，从整机结构的角度来说，对电子产品的一般要求是操作安全、使用方便、造型美观、结构轻巧、容易维修与互换。这些要求在电子产品设计研制之初就应该明确，是贯彻始终的原则。

在产品的设计方案确定以后，整机的工艺设计是十分重要的。整机工艺设计，就是根据产品的功能、技术要求、使用环境等因素，结合生产条件而进行的制造过程设计。近年来，集成电路的广泛使用和各类元器件质量的不断提高，使生产工艺的优劣对整机性能的影响更为突出。合理的工艺设计应该达到如下目的：

- 实现原设计的各项功能，达到相应的技术指标；
- 在允许的环境条件下，保证产品运行的可靠性；
- 批量生产的效率高、装配简单、互换性强、调试维修方便；
- 成本低，性能-价格比高。

把电子零部件和机械零部件通过一定的结构组织成一台整机，才可能有效地实现产品的功能。所谓结构，应该包括外部结构和内部结构两个部分。外部结构是指机柜、机箱、机架、底座、面板、外壳、底板、外部配件和包装等；内部结构是指零部件的布局、安装、相互连接等。要使产品的结构设计合理，必须对整机的原理方案、使用条件与环境因素、整机的功能与技术指标都非常熟悉。在此基础之上，才能进行下一步的设计。

在研制电子产品的开始阶段，就应该同时设计它的整机结构。仅就设计工作量和制造成本而言，对电子产品整机结构方面的投入，往往会高于电路或电气结构本身。

在研制单件或小批量生产的电子产品时，出于降低费用的目的或限于设计加工的条件，经常会购买商品化的标准机箱。一般是下面两种情况：一是先设计验证内部的电路，使之能够完成预定的电气功能，然后根据电路板的结构尺寸再设计制作或选购机箱；二是根据现有的机箱及其规定的空间，设计内部电路并选择元器件，使给定的空间体积得到充分的利用。显然，前者在设计电路时的自由度要大一些。

在设计整机结构时，要遵循如图 7-1 所示的一般电子设备的结构设计流程图进行工作。

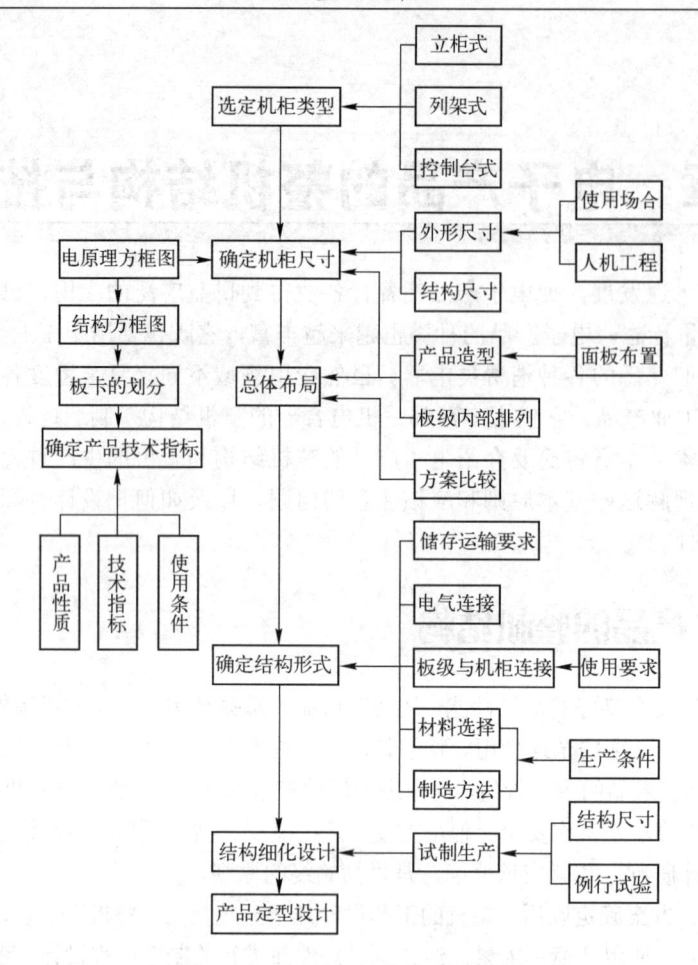

图 7-1　电子设备的结构设计流程

首先选定机柜的类型,然后确定机柜的尺寸,再根据具体的尺寸,对内部结构实施布局,接着根据确定的结构形式,进行详细设计,最后再结构定型。

具体设计细项在后面详细描述。

7.1.1　机箱结构的方案选择

整机的使用方式和组成零部件的体积与数量,决定了机箱结构的方案选择。就电子整机产品来说,常见的机柜、机箱形式一般有立式、台式、壁挂式和便携式几种。

1. 立式机箱

立式机箱常见有立柜式和琴柜式两种,如图 7-2 所示。这两种机箱均适合于体积、外形较大的设备。为了便于使用及运输,有些产品的机箱设计成立柜式和琴柜式组合的结构:在运输、存放时为立柜式,操作时拉下前板,成为琴柜式。

(1) 立柜式机箱

立柜式机箱便于操作人员在走动或站立的姿势下进行操作。通常,这种机箱适用于机械设备的控制柜或者不需要经常操作的设备,例如电加工机床的控制电器柜、通信程控交换机柜等。根据对人体视平角高度和操作动作生理的分析要求,机柜的高度一般不要超过 2m,门宽及深度一般不要超过 0.6m。

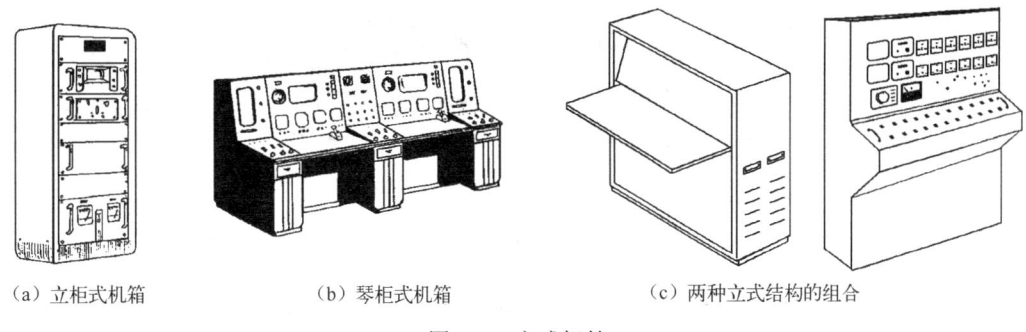

(a) 立柜式机箱　　　　　(b) 琴柜式机箱　　　　(c) 两种立式结构的组合

图 7-2　立式机箱

（2）琴柜式结构

琴柜式结构便于操作人员坐姿操作，适用于需要经常性频繁操作或读取数据的大型设备，如中心控制台、实验台等。在设计这种机柜时，应该充分考虑人体生理机能的要求。因为坐姿是人们最常用的工作休闲姿态，大多数办公室工作人员、脑力劳动者都是长时间地坐着工作。随着工业自动化程度的不断提高，越来越多的体力劳动者也将会采取坐姿工作。但长期坐姿工作容易产生疲劳感觉，可能对人体造成生理损害。如果在设计中没有注意到这一特点，就可能引发职业病，导致综合效益的下降。

在选择琴柜式机箱时，要参考有关人体坐姿生理的研究数据进行设计。坐姿对人体的影响程度，是随着时间的增长而加大的。即使设计不合理的座具，短时间也不会给人带来多少不良影响；但对于长时间坐着工作的劳动者来说，不正确的姿势会给身体造成无法恢复的永久性损坏，产生不良影响的主要部位有腿部、臀部、背部和颈部。目前减缓坐姿对人体造成损伤的办法是：设法使人坐在椅子上时，能让躯干交替地处于两种姿态。可见，这是一个非常复杂的问题，在设计机柜时要根据工作活动、人体生理确定设计目标和具体数据。

在分析了坐姿数据以后，再根据这些数据确定在操作台上工作的参数，包括手臂、腿脚的活动范围，座椅和操作台的相对位置，眼睛的观察范围，敏感信号的显示区域等。因为这部分内容属于工业设计学的研究范围，这里仅介绍一些基本思想，具体设计时请参阅有关书籍和标准。

2. 台式机箱

大量电子产品采用台式机箱的结构，如各种电子仪器、实验设备、台式计算机等。这类电子产品适合于放置在工作台上操作使用。台式机箱通常是六面体的，即它的每一面都是长方形或正方形的；前、后面板比较适宜的长、宽比例为 $1:(0.6\sim0.7)$ 左右。体积较大或很少移动的电子设备，机壳的深度可以大一些，以便增加稳定性。根据机壳的大小及机械强度的要求，机壳可以是金属材料制成的（多用铝板、铝型材或薄钢板制作，也可以选购成品），也可以是塑料制品。根据生产批量的大小，台式产品的机箱可采用标准机箱或专用机箱。

标准机箱加工简单、通用性强、经济实用，而且侧面板、上下盖板都可以拆下来，对于整机安装、调试都很方便。

在单台或小批量生产的电子产品中广泛采用的标准机箱，有用工程塑料注塑的和用铝型材加工制作的两类。塑料机箱重量轻，结构简单，装配方便，适合于一般电子产品。铝型材金属机箱的特点是采用拼装结构，加工容易，散热和电磁屏蔽性能好，适合于要求较高的电子仪器或无线电发射机等产品。这两种台式机箱的外形如图 7-3 所示。

台式机箱要有足够的机械强度，耐振动、质量轻、拆装方便、美观防尘。箱体侧板和底板上往往开有通风窗孔。为了防尘，箱体的上盖板一般不开通风孔。大型机箱要安装供搬运使用的把手，底部要有防振底脚。

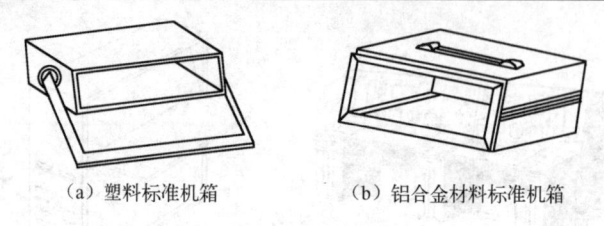

(a) 塑料标准机箱　　　　(b) 铝合金材料标准机箱

图 7-3　通用型台式机箱

对于大批量生产或有特殊要求的台式电子产品，通常使用专用的机壳。为降低成本，突出产品特点，大多数机箱采用专门设计的模具注塑制成，例如常见的收录机、电视机、计算机显示器等家用电器产品的外壳。

3. 壁挂式机箱

壁挂式机箱与台式机箱相似，通常也是长方形六面体的形式，适合安装在垂直的平面上。这种机箱有两种安装方式，悬挂式和支架式。悬挂安装方式，采用固定螺栓将壁挂式机箱固定在垂直的平面上。固定方式也有很多种：例如，在壁挂式机箱后面打孔用螺栓直接固定，也可采用先将倒卜型五金配件固定在垂直的平面上后，将壁挂式机箱挂上去。一般要求，壁挂式机箱安装面的面积大于上、下两面及两个侧面。支架安装方式，是先将支架固定在垂直的平面上，然后将机箱固定在支架上。支架有多种形式，最常用的是三角形支架。支架式安装与台式机箱的放置方式相似，但在机箱与支架间应加装固定螺栓等固定零件。当整机质量较大时，无论壁挂式机箱的形状如何，多采用支架安装方式。

壁挂式机箱不占用地面空间，特别适合安装在狭小的空间里。例如，在建筑物的电气竖井内多采用壁挂式机箱；人们生活中熟悉的室内空调机，其控制机的机箱在室内采用壁挂悬挂方式安装；制冷机的机箱多在室外采用壁挂支架方式安装。

壁挂式机箱有长、宽、高三个体积参数，标准化机箱对这三个参数的比例是有要求的，可以参考相应的国家标准。设计尺寸不符合国家标准的机箱叫非标准机箱，非标准机箱不能在市场上买到，需要订做。壁挂式机箱的制作材料多为金属材料。

4. 便携式机箱

那些元器件数量少或体积小巧、需要经常移动的电子产品，通常设计成便携外壳。便携式电子产品的品种最多，功能各异，特点不同，又往往被人们随身携带，因此对于外壳的造型和结构有更高的性能要求和美学要求，而且应该耐振动、耐碰撞，一般需要制造专用的注塑模具成型。这些模具大都经过科学的设计，使产品的机壳具有合理的操作位置和灵活的结构方式，是工业化大生产的结果。最常用的注塑材料是 **ABS** 工程塑料，对一些军用或民用高级产品，例如档次较高的照相机或笔记本电脑等，也使用高成本的碳纤维材料或钛铝合金制造。便携式机壳如图 7-4 所示。

图 7-4　几种通用便携式机壳

7.1.2 操作面板的设计与布局

几乎任何产品都需要面板,通过面板安装固定开关、控制元件、显示和指示装置,实现对整机的操作与控制。此外,还可以通过面板实现对整机的装饰作用。

1. 符合操作习惯及审美要求的原则

产品的外观,通常是根据产品的特点和使用对象等诸多因素设计的。而面板对于产品的外观是决定设计成败的关键。无论如何,面板上控制旋钮、调节开关等部件的安装,应该根据工业设计的有关原则进行设计,既要满足操作者的使用习惯,又要满足人们的审美感受。表 7-1 所列例子是常见的安装问题,其中"正确装法"符合人们的操作习惯,而"错误装法"则不符合一般的操作习惯。在一些自制设备或样机中,由于没有标注指示操作的字符,就更容易导致错误的操作。

表 7-1 面板控制调节部件的安装习惯

元器件类型	合理的安装方式	不好的安装方式
按键开关		
船形开关		
钮子开关		
拨动开关		
旋钮开关		
电位器旋钮		
直滑电位器		

各种开关、旋钮要能经受得住反复操作的考验。例如,电位器不能在旋转几次后就整个活动了;波段开关不能扳动一段时间以后就错位等。因此,安装时必须有足够的紧固力及定位措施,例如在紧固螺钉上加装弹簧垫圈或橡胶垫圈等。

另外,也要考虑美观的要求。如图 7-5 所示,当代电子产品的典型如摩托罗拉的翻盖手机系列,曾被描述成晴空中翩翩起舞的蝴蝶;苹果公司的 iPhone 手机以其精致高雅的外观,成为高品位生活的象征。表 7-2 是近一百年来收音机面板零件安装的美观性对比。

(a) 摩托罗拉公司早年的翻盖手机　　(b) 当代的时尚经典 iPhone 手机

图 7-5　经典的手机外观

表 7-2　面板零件安装的美观性对比

名　称　型　号	简　要　介　绍	局　部　说　明	外　观　特　征
1924 年出品的伯恩戴伯特（Burndept）牌无线电收音机	大多数早期生产的收音机，完全是技术器械的组合，没有经过多少设计	开关局部放大	
1934 年出品的艾可（Ekco）AD65 型收音机	山威尔斯·考提斯设计，第一次使艾可收音机打破了箱式外形，其频道调谐、音量控制等功能分明清晰	调谐旋钮局部放大	
20 世纪 50 年代末国产"美多"牌电子管收音机	外形简洁，旋钮少，功能划分明确清晰。外壳为木质材料粘接	调谐旋钮局部放大	
20 世纪 70 年代末 TANDBERG 牌收音机	整机扁平，利于叠放，具有大量外形统一的旋钮和按键，体现出功能强大和技术进步	简洁、易于大批量生产的按键与旋钮造型	
20 世纪 80 年代的 Philips AE3095 型收音机	超薄折叠的外形和规则的按钮排列，体现出一种现代技术之美	按键的内部结构	

2. 面板设计

常见的电子产品机箱的面板，分为前面板和后面板。前面板上主要安装操作和指示器件，如电源开关、选择开关、调节旋钮、指示灯、电表、数码管、示波管、显示屏、输入或输出插座和接线柱等。机箱后面板上主要安装和外部连接的器件，如电源插座、与其他设备连接的输入/输出装置、保险丝盒、接地端子等，后面板上还可以开有通风散热的窗孔。

在面板设计中应注意下述几点：

（1）无论是立姿还是坐姿操作，都应该使面板上的表头、显示器、度盘等垂直于操作者的视线，并使指示数据的位置落在操作者的水平视线区内，不要让操作者仰视或俯视采读数据，以免造成读数误差。这一点，在柜式面板的设计中需要更加注意。

（2）表头、显示器的排列应该保持水平，并按照采读和操作的顺序，从左到右依次排列。

（3）不需要随时或同时采读的表头及显示器应当尽可能合并，通过开关转换实现一表多用，这不仅使面板布局宽松清晰，便于采读数据，而且能降低成本。

（4）指示和显示器件的安装位置应该和与之相关的开关、旋钮等操作元件上下对应，复杂面板上的相关内容可以通过不同颜色或用线条划分区域，便于操作，给使用者带来方便，如图7-6所示。

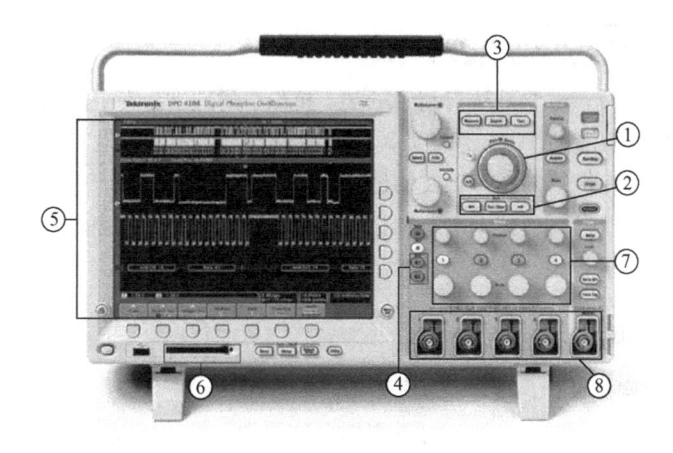

图7-6 面板分区设计

（5）指示灯应当尽量选用同种型号，便于更换，并要降压使用，提高寿命。指示灯的颜色与指示内容可以参照下列规则：

- 红色——电源接通、报警、危险、高压等；
- 绿色——工作正常、低压、适当等；
- 黄色——警告、注意、参数已到极限等。

（6）度盘标数的写法，应当根据度盘是否转动而区别，见表7-3。

表7-3 度盘标数方案的比较

优	劣	说　明
		当指针在度盘上转动时，标数应该是正方向。右边的标数方法使读数困难
		指针固定在上方，当度盘转动时，指针处的标数应该是正方向。右边的标数方法使读数困难
		标数应当放在刻度线外侧（如左图）。不要把标数放在指针同侧（如左图），避免被指针遮挡

(7) 开关等控制元件应该安装在表头、显示器的下方,并易于操作。

(8) 不需要经常调整的电位器,轴端不应露出面板,可通过面板上的小孔进行调节;需要旋转调节的元件如电位器、波段开关等,应当在面板上加工定位孔,防止调节时元件本体转动。

(9) 为适应人们的操作习惯,那些最经常调整的旋钮应该尽可能安装在面板的右侧,左侧放置那些调整机会比较少的旋钮。

(10) 面板上所有的调整元件,其功能应当用文字、符号标明;标注的内容要准确、明了,字迹要清晰,颜色与面板底色的反差大;标注的位置安排在相应元件的下方。

(11) 面板上的元件布置应当均匀、和谐、整齐、美观。

(12) 面板颜色应与机箱颜色配合,既协调一致,又显著突出。

7.1.3 电子产品机箱的内部结构

机箱的内部结构安排,主要是从有利于散热、抗振、耐冲击、安全的角度,提高装配、调试、运行、维修的安全和可靠性进行考虑。例如,最典型的安全问题是对电气绝缘的处理,防止触电:高电压元器件应该放置在机箱内不易触及的地方,并与金属箱体保持一定距离,以免高压放电。高、低压电路之间要采取隔离措施。电源线穿过箱体时,电源线上要加护套,金属箱壁的孔内应放置绝缘胶圈。

1. 内部结构的连接

产品内部结构的连接设计,要考虑如下因素:

(1) 便于整机装配、调试、维修。可以根据工作原理,把比较复杂的产品分成若干个功能电路;每个功能电路作为一个独立的单元部件,在整机装配前均可单独装配与调试。这样不仅适合于大批量的生产,维修时还可通过更换单元部件及时排除故障。

(2) 零部件的安装布局要保证整机的质心靠下并尽量落在底层的中心位置;彼此需要相互连接的部件应当比较靠近,避免过长和往返的连线;易损坏的零部件要安装在更换方便的位置;零部件的固定要满足防振的要求(参见第4章的有关内容);印制板通过插座连接时,应当装有长度不小于印制板2/3长度的导轨,印制板插入后要有紧固措施。

(3) 印制电路板在机箱内的位置及其固定连接方式,不仅要考虑散热和防振动,还要注意维修是否方便。通常,在维修时总希望能同时看到印制板的元件面和焊接面,以便检查和测量。对于多块印制电路板,可以采用总线结构,通过插接件互相连接并向外引出。拔掉插头,就能使每块电路分离,把印制板拿出来测量检查,有利于维修与互换。对于大面积的单块印制电路板,可以采用铰链合页或抽槽导轨固定,以便在维修时翻起或拉出印制板,就能同时看到两面,如图7-7所示。

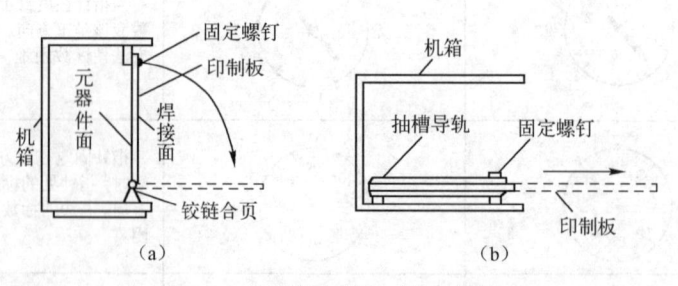

图7-7 印制板用绞链或导轨固定

2. 内部连线

大型设备整机内部的连线往往比较复杂,不仅有印制板之间的连接、印制板与设备机箱上元器件的连接，还有这些面板元器件之间的连接。

（1）电路部件相互连线的常用方式有插接式、压接式、焊接式三种，如图 7-8 所示。它们各自的特点如下：

① 插接式：如图 7-8（a）所示，这种连接方式对于装配、维修都很方便，更换时不易接错线。它适用于小信号、引线数量多的场合。有多种形式的插接件可以选择，已经在第 2 章里做过介绍。

② 压接式：如图 7-8（b）所示，通过接线端子实现电路部件之间的连接，接线端子规格型号见第 2 章。这种连接方式接触好，成本低，适用于大电流连接，在柜式产品中应用比较广泛。

③ 焊接式：如图 7-8（c）所示，把导线端头装上焊片与部件相互连接，或者把导线直接焊接到部件上，这是一种廉价可靠的连接方式，但装配维修不够方便，适合于连线少或便携式的产品中。采用这种方式时，要注意导线的固定，防止焊头折断。

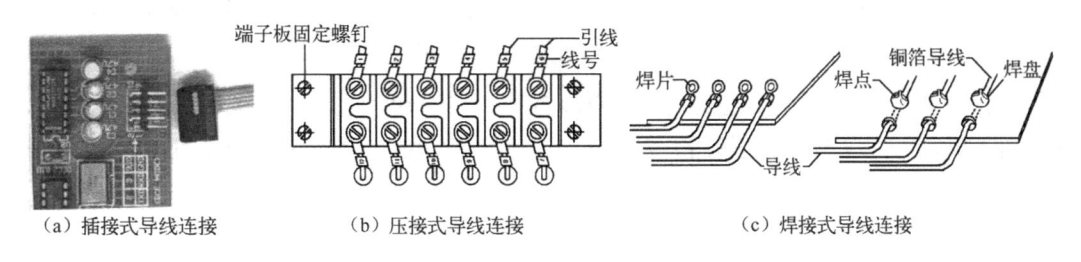

图 7-8　导线连接

（2）连接同一部件的导线应该捆扎成把，捆绑线扎时，要使导线在连接端附近留有适当的松动量，保持自由状态，避免拉得太紧而受力。

（3）线扎要固定在机架上，不得在机箱内随意跨越或交叉；当导线需要穿过底座上的孔或其他金属孔时，孔内应装有绝缘护套；线扎沿着结构件的锐边转弯时，应加装保护套管或绝缘层。

（4）关于导线颜色的选择推荐如下：
- 红色——高压、正电压；
- 蓝色——负电压；
- 黄白色——信号线；
- 黑色——零线、地线。

（5）参见第 3 章中关于导线的内容，注意导线的载流量，选用适当规格的导线。

7.1.4　环境防护设计

要使产品可靠地运行，必须适应和克服周围环境对它的影响。为达到这个目的，应该进行环境防护设计。环境防护设计的内容包括对热量的排散，对电磁场干扰的抑制，防振动措施以及防潮、防腐措施等。

1. 散热设计

任何电子元器件受热以后，参数都会发生变化，可能给整机性能带来不良影响；温度超出一定范围，还将造成元器件损坏，使整机出现故障。散热设计的内容，就是要分析热源及工作环境，针对不同情况采取相应的措施，以便排出热量，控制温升，达到产品稳定运行的目的。

从自然散热的角度考虑，应当把印制电路板水平放置（元器件面朝上）或垂直放置，使机箱内的空气有自由循环的通路，把发热量大的元器件放在机箱内的上部或空气流通途径的出口处。在保证电气绝缘的情况下，可以把大功率器件直接安装在金属机箱的侧板或后面板上，让金属箱板起到散热器的作用。

根据热力学原理，热量的传递有对流、传导、辐射三种形式。热设计就是要根据不同产品的特点，采用多种形式，加速散热。具体的散热措施有如下几种。

(1) 通风孔

在机壳的底板、背板、侧板上开凿通风孔，使机内空气对流，通风孔的各种孔形如图 7-9 所示。为了提高对流换热作用，应当使进风孔尽量低，出风孔尽量高，孔形要灵活美观。在批量生产中，机箱上的通风孔均用模具冲制加工。

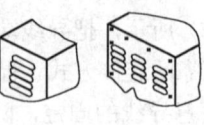

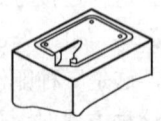

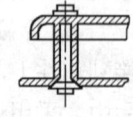

(a) 各种冲制通风孔　　(b) 用金属网盖住的通风孔　　(c) 百叶窗　　(d) 用盖板盖住的通风孔

图 7-9　机壳上的通风孔

在通风孔的位置选择上还必须考虑安全问题，即应该考虑外部坠物如水珠、金属物件等从通风孔落入机箱内，造成电路的短路。为避免上述情况的发生，一般采用如下措施：

- 将通风孔开在机箱的垂直面上。在金属材料机箱上，为防外部坠物掉入，还可以把条状通风孔上方冲成遮阳伞状。
- 如有可能，将通风孔开在机箱内侧的上部。
- 通风孔的开设位置，尽量避开机箱内电路板的上方。

(2) 散热片

电路中的功率器件在运行中都将产生热量，如果不进行散热，就会影响器件的性能。为使器件温升限制在额定的范围内，可以采用散热片。散热片的种类很多，选用时应当根据器件的功耗、封装形式确定。关于散热器的内容，在本书第 3 章里已做过简单的介绍，选用安装时请查阅有关资料手册及其计算方法。需要特别注意的是，为器件加装散热片时，一定要在器件与散热片之间涂抹足够的导热硅脂。

(3) 强迫风冷

这是一种常用的整机散热方式，在发热元件多、温升高的大型设备装置中常被采用。通过风扇吹风或抽风，加速机箱内的空气流动，达到散热目的。风扇的位置应与通风孔的位置相配合，使机箱内不存在死角。人们熟悉的计算机机箱内就安装了风扇，对电路中的元器件（特别是 CPU 和大规模集成电路）进行强迫风冷。

(4) 散热表面涂黑处理

辐射是热传导的方式之一。实验表明，内外表面全部涂黑的密封金属壳与内外浅色光亮而在两侧开通风孔的金属壳相比，前者的散热效果比后者要好。可见，在机箱内外涂上黑颜色有利于散热，一般使用的散热片都应当经过发黑处理。

(5) 半导体致冷器件

新型的半导体致冷器件也叫做冷源器件，它可以把材料一端的热量传送到另一端。失去热量的一端是致冷端，安装在设备里的致冷端使机内温度降低；另一端安装在金属机箱上，通过机箱把热量排放出去。这种器件的成本较高，目前还未得到广泛使用。

(6) 热管

热管是一种新型高效的传热元件。它是一个抽成真空的密闭容器，容器内壁设有与内壁形状一致的毛细管芯，管芯中充满工质液（水、丙酮或氨等液体）。工质液受热后开始蒸发，蒸气带着汽化潜热被输送到管的另一端冷凝，释放出汽化潜热，然后依靠毛细泵的作用将冷凝液送到热端（器件的固定端），完成一个循环。利用这种方法，把热能从一端送到另一端，实现对器件的冷却作用。这种散热方式的效率高、质量轻、体积小，但成本较高，在一般产品中应用较少，在高档次的笔记本电脑中可以见到。

(7) 液体冷却

液体的导热效率和比热都比空气大得多，利用液体冷却，可以大大提高冷却效果。目前，大功率无线电发射机中的发射管、采用变流技术的大功率晶闸管等常使用液体冷却。这种散热方式需要设计一套冷却系统，所以费用较高，维修也比较复杂。

2. 屏蔽设计

半导体器件的广泛使用和微电子技术的飞速发展，使整机体积日趋小型化。因此机内零部件之间产生的各类干扰也会增加，同时也更容易受到各种外界场的干扰。为使整机正常工作，采用屏蔽来抑制各类干扰是行之有效的方法。屏蔽可分为三种：电屏蔽、磁屏蔽和电磁屏蔽。

(1) 电屏蔽

由于两个系统之间存在分布电容，通过耦合就会产生静电干扰。用良好接地的金属外壳或金属板将两个系统隔离，是抑制静电干扰的有效方法。金属材料以导电良好的铜、铝为宜。

(2) 磁屏蔽

采用屏蔽罩，可以对低频交变磁场及恒定磁场产生的干扰起到抑制作用。屏蔽罩把磁力线限制在屏蔽体内，防止磁力线扩散到外部空间，如图7-10所示。屏蔽罩应当选用导磁率较高的金属材料，如钢、铁、镍合金等。铜、铝材料对磁屏蔽的效果极差。

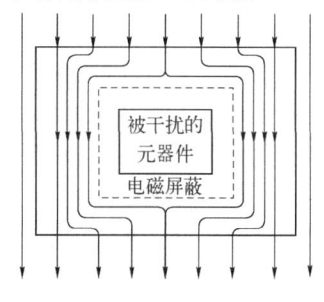

(3) 电磁屏蔽

采用完全封闭的金属壳，可以对高频磁场（即辐射磁场）

图 7-10 磁屏蔽

产生抑制作用，起到良好的电磁屏蔽效果。但封闭的金属壳不利于散热，外壳上有通风孔使电磁屏蔽的效果变差。为解决这一矛盾，可以在通风孔处另加金属网。

在整机工艺设计中，应该根据整机特点、使用环境等因素，灵活运用上述三种屏蔽措施。显然，采用金属机箱的电子设备，屏蔽问题比较容易解决。近年来，非金属材料金属化的工艺技术普遍采用，对用塑料注塑成型的机箱采用真空镀膜技术，在内壁上蒸发沉着一层金属膜，可以使塑料机箱的电磁屏蔽效果得到明显的改善。

(4) 机内外的微弱信号或高频信号在传输过程中也需要进行屏蔽，可以使用屏蔽线。屏蔽线的规格与选用，参看本书第3章的有关内容。

需要特别注意：使用屏蔽线时，必须将屏蔽层良好接地，如图7-11所示。假如屏蔽层未接地或者接地不良，就可能产生寄生耦合作用，对导线引入比不用屏蔽线还要严重的干扰。

3. 防潮、防腐设计

在潮湿环境中工作的电子产品，必须进行防潮、防腐设计，采取适当的措施。特别是在海洋船舶上使用的电子设备，由于海上湿度大、海水的腐蚀性很强，连空气中都有浓度很高的盐雾成分，如果没有很好的防潮、防腐措施，

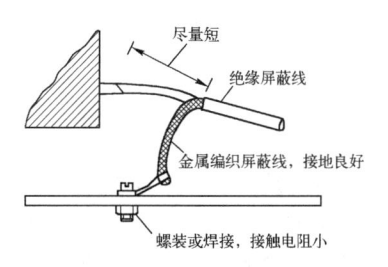

图 7-11 屏蔽线的屏蔽层必须良好接地

电子设备很难连续正常工作一个月以上。在野外工作的电子设备，可能受到雨水的浇灌，加上野外的温差较大，很容易因为潮湿空气浸入机箱引起元器件或电路板的腐蚀或霉变。

(1) 防潮措施

湿度如同温度一样，对元器件的性能将产生不良影响，特别是对绝缘和介电参数的影响较大。可以对电路板采用浸渍、灌封防潮涂料，对金属零件涂覆防锈涂料，对机箱进行密封等措施，使机箱内的零部件与潮湿环境隔离，起到防潮效果。在机箱内部可以放入硅胶吸潮剂，使电路板和元器件保持干燥。

(2) 防腐措施

整机的防腐措施，主要是指针对包括金属箱体本身的全部金属部件（如机壳、底板、面板和机内其他金属零件）采取的防止锈蚀的方法。有对金属进行化学处理或油漆涂覆等几种防腐的具体手段。

① 发黑：不需要导电的钢制零件（如螺钉等）可以进行发黑处理，以便在金属表面生成一层黑色氧化膜。为提高抗蚀能力，常在发黑处理以后再涂一层防锈油。钢制品表面防腐处理，除了发黑以外，还有发蓝（又称烧蓝、烤蓝）及磷化处理。

② 铝氧化：铝虽然能在空气中自行氧化，氧化膜也能对内部组织起到保护作用，但由于膜层薄、孔隙大，因此不能得到有效的防腐效果。利用阳极氧化法，可以使铝的表面生成一层几十到几百微米的氧化膜。氧化时还能添加颜料，使表面带有各种颜色，不仅抗蚀，还能起到装饰作用。

③ 镀锌或镀铬：对铁制底板、铁框架或其他金属零件，还可以进行电镀处理。一般金属部件采用镀锌工艺，高档电子产品机壳外面的金属零件可以镀铬。电镀虽比发黑处理的成本高，但镀层牢固，抗蚀性和导电性能都好。

④ 大面积防腐：可对金属机柜、机箱表面喷漆。油漆种类很多，涂覆工艺也有很多种。除喷漆外，在金属板上喷涂塑料是近几年推出的一种新工艺。喷塑工艺的推广使金属表面更加美观、装饰性更强。由于塑料的独特性能，使得喷塑处理后的金属板具有更强的抗蚀能力。

4. 防振设计

机械振动与冲击对产品的危害是严重的，然而振动与冲击又是不可避免的，特别是在运输过程中的颠簸振动，对设备的机械结构强度是严峻的考验。一台设计精良的产品必须具备一定的抗振能力。只有如此，才能保证开箱后的完好与运行中的长期稳定。

(1) 振动对整机造成的危害

如果产品的防振设计不良，经过运输或长时间运行以后，可能造成如下结果：

- 接插件的插头插座分离或接触不良，印制板从插座中脱落；
- 较大型元件（如电解电容器等）的焊点脱落或引线折断；
- 机内零部件松动或脱落；
- 紧固螺钉松动或脱落；
- 面板上的各种开关、电位器等旋转控制的元器件松动，转动旋钮后将接线扭断；
- 指示仪表损坏或失灵；
- 运输后开箱验机不正常，或指标下降，或完全不能运行。

(2) 通常采用的防振措施：

① 机柜、机箱结构合理、坚固、具有足够的机械强度；在结构设计中要尽量避免采用悬臂式、抽屉式的结构。如果必须采用这些结构，则应该拆成部件运输或在运输中采用固定装置。

② 任何接插件都要采取紧固措施，插入后锁紧；印制板插座应增加固定、锁紧装置。

③ 体积大或超过一定质量的元器件（一般定为10g）不宜只靠焊接固定在印制电路板上，应该把它们直接装配在箱体上或另加紧固装置，如压板、卡箍、卡环等；也可以用胶，将电容器等大型元件粘固在印制板上再进行焊接。

④ 合理选用螺钉、螺母等紧固件，正确进行装配连接（参见第5章）。

⑤ 机内零部件合理布局，尽量降低整机的质心。

⑥ 整机应安装橡皮垫脚；机内易碎、易损件要加装减振垫，避免刚性连接。

⑦ 靠螺纹紧固的元件，如电位器、波段开关等，为了防止振动脱落，螺丝钉在固定时要加弹簧垫圈或齿形垫圈（有时也使用橡胶垫圈）并拧紧。

⑧ 灵敏度高的指针式仪表，如微安表，应该在装箱运输前将表头的两输入端短接，这样在振动中对表针可以起到阻尼作用（在开箱验收或使用说明书中必须明确注明）。

⑨ 产品的出厂包装必须采用足够的减振材料，不准使产品外壳与包装箱硬性接触。对产品包装的结构应该通过试验进行验证。

7.1.5　外观及装潢设计

作为产品，不仅在功能上要满足使用者的要求，在外观造型上也要适应人的生理和心理特点，让使用者感到方便、舒适。

产品的外形，必须在满足技术要求的条件下设计得尽量美观。所谓美观，也是相对而言的，不同的时代、不同的应用场合，美学的要求也不相同。在产品的外观设计中，企图找到一种满足美学要求的统一方案是不现实的，正如不能把室内的某种布局或装饰推荐成为标准一样。事实上，产品的外观与装潢很难使所有人都满意，但成功的设计应能得到多数人的赞赏。

1. 产品的造型与装潢设计

在产品造型与外观的设计中，应该考虑如下因素：

- 技术上合理，经济上合算；
- 外形简单，表意明白，功能突出；
- 局部设计与整体设计的风格统一；
- 外形尺寸比例适宜，避免过分扁平、瘦长、高耸的形状；
- 注意色彩与明暗，一般产品的面板与机身的颜色要深浅区分，使面板突出，便于操作人员集中注意力。

根据人的生理特点，常把颜色分为冷色、暖色和中性色，它们的视觉效果见表7-4。

表7-4　各种颜色的视觉效果

性　质	颜　色	效　果
冷色	蓝、浅蓝、绿	平静、凉爽、开阔、轻松
暖色	红、橙、黄	兴奋、温暖、紧张
中性色	灰	不易引起视觉疲劳

2. 产品的包装

电子产品，特别是民用消费类电子产品的包装质量，是一个关系到市场销售及售后服务的重大问题。包装材料、包装箱表面的文字、图形和色彩、包装箱里的内容等，对用户购买产品、使用产品都会产生影响。应该说，我国产品的包装比较国外同类产品，长期处于落后的状态，近年来虽然已经引起重视并取得进步，但仍有很大的差距。关于产品的包装，至少可以涉及以下几方面的问题，这里只进行简单的介绍。

（1）包装材料。材料的质地及结构，直接影响包装的强度和产品的质量。电子产品的包装一般由内、外两部分组成：内包装通常使用塑料薄膜；外包装通常使用瓦楞纸板，少量大型设备也有使用木料制造的箱体；这两者之间填充了减振材料。板卡类电子产品的内包装塑料袋，应该用防静电塑料薄膜制作。外包装箱所用的瓦楞纸板，有A、B、C、D、E五种规格，分别表示纸板不同的厚度和瓦楞的大小。A棱纸板最厚，瓦楞也最大，常用来制作大型纸箱；E棱纸板最薄，瓦楞最细密，用于制作小型纸箱。纸箱还可以分成有钉包装箱和无钉包装箱两种。有钉包装箱用金属钉把折叠好的纸板装订而成，制造成本低，常用于包装低档产品；技术先进的无钉包装箱，是用模具把纸板冲压成型以后拼插而成的，结构精致巧妙，制造成本较高，一般用于包装高档产品。

（2）外包装箱上，一般用单色或套色印刷了突出产品特点的图形及文字说明。高档产品的外包装箱都经过工艺美术师的设计，瓦棱纸板表面还要粘压一层喷塑的白板纸或铜板纸，上面有印刷精美的图案或产品照片、产品的品牌和企业标志，并印上防潮、易碎、叠层限制等标志。

（3）电子产品的包装箱内应该装有使用说明书、合格证及保修证。为指导用户正确操作、保证安全，说明书应该简明、准确、易懂，突出重点。

（4）为方便用户，包装箱内应该装有必要的附件、易损件和简单的专用工具等。

7.2 电子产品的技术文件

现代工业产品制造最显著的特点是，生产过程由企业团队完成。除了深入生产现场指导以外，产品的设计者和工艺技术人员还必须提供详细准确的技术资料给生产一线、计划、财务、采购等部门，这些资料就是技术文件。技术文件是企业内信息交流与信息保存的重要内容，它的种类繁多，除了技术图纸、技术说明、关键元器件清单、合格供应商名录等设计与采购文件之外，还包括控制计划、作业指导书、检验指导书、试验方法等工艺文件。

随着技术进步，现代电子产品的设计和工艺越来越复杂，现代化的大生产需要遵循复杂严密的技术文件——设计文件和工艺文件进行操作。什么是设计文件和工艺文件？设计文件和工艺文件是电子产品加工过程中需要的两个主要技术文件。设计文件表述了电子产品的电路和结构原理、功能及质量指标；工艺文件则是电子产品加工过程必须遵照执行的指导性文件。通俗地说，前者是做什么，后者是怎样做。

设计文件一般包括电路图（电路原理图）、功能说明书、元器件材料表、零件设计图（印制电路板也可以看作是一个零件）、装配图、接线图、制板图、关键元器件清单、合格供应商名录等。工艺文件用来指导产品的加工，如采用什么样的工艺流程（用工艺流程图或者是工序表来描述）、有多少条生产线、每条生产线多少个工人（设计多少个工位）、每个工人做什么工作（用作业指导书详细规定）、物料消耗、工时消耗（劳动定额）等，都在工艺文件中有详细的描述和规定。

设计文件与工艺文件都是把设计目标转换成生产过程中的操作控制文件，在生产中有极其重要的指导作用。电子制造行业的设计者和生产技术人员要能够写出符合规范的设计文件和工艺文件，作为生产的管理者，必须能够读懂这两类文件。

7.2.1 电子产品的技术文件简介

在产品研发设计过程中形成的反映产品功能、性能、构造特点及测试试验等要求，并在生产中必需的图纸和说明性文件，统称为电子产品技术文件。因为电子产品技术文件主要用图的形式来表达，所以也常被称为电子工程图。

电子产品技术文件用符合规范的"工程语言"描述产品的设计内容、表达设计思想、指导生产过程。其"词汇"就是各种图形、符号及记号，其"语法"则是有关符号的规则、标准及表达形式的简化方式等。

1. 电子产品技术文件的基本要求

语言不合规范，表达不合语法，就无法达到交流的目的。所谓标准语言，就是在语言、语法这两个方面都符合标准的规定。对于电子产品技术文件来说也是如此，国家标准已经对有关的图形、符号、记号、连接方式、签名栏等图纸上所有的内容都做出了详细的规定：

- GB/T 4728.1～GB/T 4728.13　　《电气简图用图形符号》；
- GB 7159　　《电气技术中的文字符号制定通则》。

在编写产品技术文件时，一般有下列要求：

① 应该文字简明，条理性强，字体清晰，幅面大小符合规定。

② 每个文件必须赋予文件编号，文件中所涉及的设备及产品部件也要附有文件索引号，以便互相参照。图、表及文字说明所用到的项目代号、文字代号、图形符号及技术参数等，均应相互一致。

③ 全部技术文件（包括图、表及文字说明），均应严格执行编制、校对、审核、批准等手续。

2．电子产品技术文件的标准化

电子产品的种类繁多，但其表达形式和管理办法必须通用，也就是说，产品的技术文件（电子工程图）必须标准化。标准化是企业制造产品的法规，是确保产品质量的前提，是实现科学管理、提高经济效益的基础，是信息传递、联合交流的纽带，是产品进入国际市场的重要保证。只有政府或指定部门才有权制定、发布、修改或废止标准。

在专业化的生产中，电子产品技术文件的种类很多，依照行业标准 SJ 207.1～4《设计文件管理制度》的规定，仅设计文件就有二十多种；对工艺文件也颁布了 SJ/T 10320《工艺文件格式》和 SJ/T 10324《工艺文件的成套性》作为电子行业标准。

我国电子制造企业依照的标准分为三级：国家标准（GB）、专业标准（ZB）和企业标准：

- 国家标准是由国家标准化机构制定、全国统一的标准，主要包括：重要的安全和环境保证标准；有关互换、配合、通用技术语言等方面的重要基础标准；通用的试验和检验方法标准；基本原材料标准；重要的工农业产品标准；通用零件、部件、元件、器件、构件、配件和工具、量具的标准；被采用的国际标准。
- 专业标准也称行业标准，是由专业化标准主管机构或标准化组织（国务院主管部门）批准、发布，在全国各专业范围内执行的统一标准。专业标准不得与国家标准相抵触。
- 企业标准是由企业或其上级有关机构批准、发布的标准。企业正式批量生产的一切产品，假如没有国家标准、专业标准的，必须制定企业标准。为提高产品的性能和质量，企业标准的指标一般都高于国家标准和专业标准。

电子产品技术标准的主要内容有电气性能、技术参数、外形尺寸、安装尺寸、使用环境及适用范围等。技术标准要按国家标准、专业标准和企业标准制定，并通过主管部门审批后颁布，是指导产品生产的技术法规，体现对产品质量的技术要求。任何电子产品都必须严格符合有关标准，确保质量。

为保证电子产品技术文件的完备性、正确性、一致性和权威性，要实行严格的授权管理。

- 完备性，是指文件成套且签署完整，即产品的技术文件以明细表为单位，齐全并完全符合标准化规定。
- 正确性，是指文件编制方法、文件内容以及贯彻实施的相关标准是准确的，不能"张冠李戴"。
- 一致性，是指同在一个产品项目的技术文件中，填写、引证、依据方法相同，并与产品实物及其生产实际一致。
- 权威性，是指技术文件在产品生产过程中发挥作用，要按照技术管理标准来操作。经过生产定型或大批量生产的产品技术文件，从拟制、复核、签署、批准到发放、归档，要统一管理。通过审核签署的文件不得随意更改，即便发现错误或是临时更改，也不允许生产操作人员自主改动，必须及时向技术管理部门反映，办理更改流程。操作人员要保持技术文件的清洁，不得在图纸上涂抹、写画。

3. 电子产品技术文件的计算机处理与管理

计算机的广泛应用，使技术文件的制作、管理已经全部电子文档化。掌握电子产品技术文件的计算机辅助处理方法及过程是十分必要的。

（1）电子产品制造企业常用的计算机软件

可以用来绘制电子工程图的计算机辅助处理软件有：
- 通用的计算机辅助设计软件，如 AUTO CAD 等；
- 电路自动设计软件 EDA、辅助设计软件 CAD 等。

目前国内电子企业用来编制电子产品技术文件使用最为广泛的是通用办公自动化软件 Microsoft Office 等，它们的基本功能有：
- 用文字处理软件编写各种企业管理和产品管理文件；
- 用表格处理软件制作各种计划类、财务类表格；
- 用数据库管理软件处理企业运作的各种数据；
- 编制上述各种文档的电子模板，使电子文档标准化。

（2）电子产品技术文件的安全与管理问题

用计算机处理、存储电子工程文件，省去了传统的描图、晒图，减少了存储、保管的空间，修改、更新、查询都非常容易，但正因为电子文档太容易修改且不留痕迹，误操作和计算机病毒的侵害都可能导致错误，带来严重的后果。

所以，应当建立适宜的文件管理程序文件，其内容包括：
- 必须认真执行电子行业标准 SJ/T 10629.1～6《计算机辅助设计文件管理制度》，建立 CAD 设计文件的履历表，对每一份有效的电子文档签字、备案；
- 定期检查、确认电子文档的正确性，存档备份等。
- 文件发放、领用、更改等应按程序办理审批签署手续，并进行记录。

企业技术文件的管理对企业的发展至关重要，管理的好坏直接关系到企业能否及时给顾客提供满意产品，关系到企业的经济效益，关系到企业在激烈的市场竞争中能否占有一席之地。技术文件的管理不规范，会让各部门随时到技术部门去复制文件，文件上没有"受控"标识，使得企业的机密很容易外泄。另外，文件管理混乱，将使不同批次产品的文件混在一起，文件的更改也不可能彻底，这些将给企业生产带来很多麻烦，甚至因为使用错误的指导文件而造成批量报废。

产品质量监督部门对企业技术文件管理主要审查下列内容是否符合要求：

① 企业是否具备产品实施细则规定的产品标准及相关标准。若是企业标准，应当经当地质量技术监督部门备案。

② 是否有完整的设计文件。

③ 是否有原材料的产品标准或验收标准。

④ 是否有生产工艺文件及关键工序作业指导书。

⑤ 是否有各岗位操作规程及工艺考核办法。

⑥ 是否有专门部门或专（兼）职人员负责企业的质量及技术文件管理。

7.2.2 电子产品的设计文件

1. 电子产品分类

按照结构特征及用途，电子产品可以分为若干等级。

(1) 零件

对于电子整机产品制造企业来说，零件是组成产品的基本单元，是指那些由一定材料制成、具有一定名称和型号、不需要再进行装配加工的产品。例如，各种电子元器件、印制板或一定长度的导线。整机产品制造厂一般靠外购或订货得到零件。

(2) 部件

在整机产品制造厂里，部件由零件或材料构成，是通过装配工序组成的部分连接、不具有独立用途的中间产品，例如，产品的机壳、组装了部分元件的面板、焊接了导线的组合开关等。部件的来源，可以是外加工，也可以由本企业组织生产。

(3) 整件

通过装配工序完成连接、具有独立结构、独立用途和一定通用性的产品（某些部件也可以作为整件）。例如，完成装配、焊接、调试的电路板组件（PCBA）或通信系统中的接收器、发射器、放大器等，个人计算机（PC）中的声卡、显卡或多媒体音响的卫星箱，在整机厂里也属于整件。

(4) 成套设备（整机）

整机是由一定基本功能的整件连接构成，能够完成某项完整功能的产品；若干台整机又能组成成套设备。整机和成套设备一般不需要制造厂用装配工序连接起来，必须在使用环境下进行安装与连接。民用产品如计算机、多媒体音响等，专用设备如稳压电源、示波器等都属于这一类。

2．设计文件的分类编号

为了对产品进行标准化管理，对设计文件必须分类编号。行业标准规定，电子产品的设计文件采用十进制的文件编号（传统称为"图号"）。具体方法是：把全部产品的设计文件，按照产品的种类、功能、用途、结构、材料和制造工艺等技术特征，分为 10 级，每级又分 10 类，每类分 10 型，每型分 10 种（代码均为 0~9）。使用者拿到设计文件，看编号就能知道它是哪一级产品的文件。设计文件的编号如图 7-12 所示。

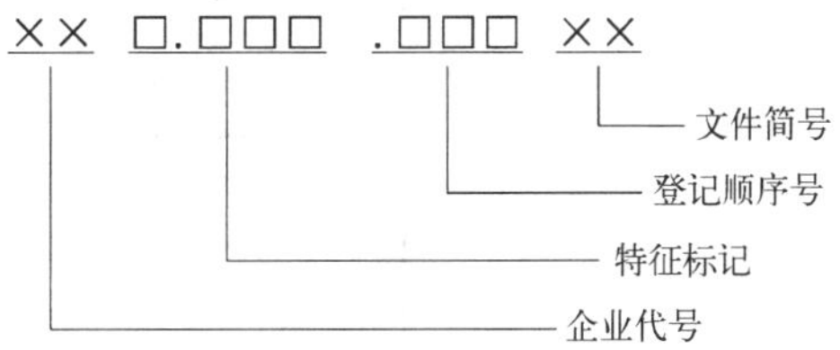

(1) 企业代号由两位汉语拼音字母组成，由企业的上级主管部门给定。本企业标准产品的文件，在企业代号前要加"Q/"。

(2) 特征标记用四位十进制的数字表示产品的级、类、型、种，在"级"的数字后有小数点。1 级表示成套设备；2、3、4 级表示整件；5、6 级表示部件；7、8 级表示零件。

图 7-12 设计文件编号示例

(3) 三位或四位数字的登记顺序号由本企业技术管理（标准化）部门统一编排，前面有小数点与特征标记分开。

(4) 文件简号用汉语拼音字母表示产品设计文件中的各种组成文件。例如，MX 表示明细表，SS 表示使用说明书，DL 表示电原理图。

例如：Q/CJ3.848.001DL 是某生产多媒体音响企业的技术文件（电原理图）的编号，CJ 是企业代号，前面的 Q/表示这是一种大批量生产的标准产品，特征标记 3 表示声学整件。

3．说明书

无论是工程说明书、产品说明书，还是单元设计说明书，均表现了总体设计思路、设计的内容、设计的框架，以及如何实现产品的硬件、软件、调试等方面的要点，是指导设计人员、工艺人员的主要指导性文件。

（1）说明书的对象：单位用户或特定用户

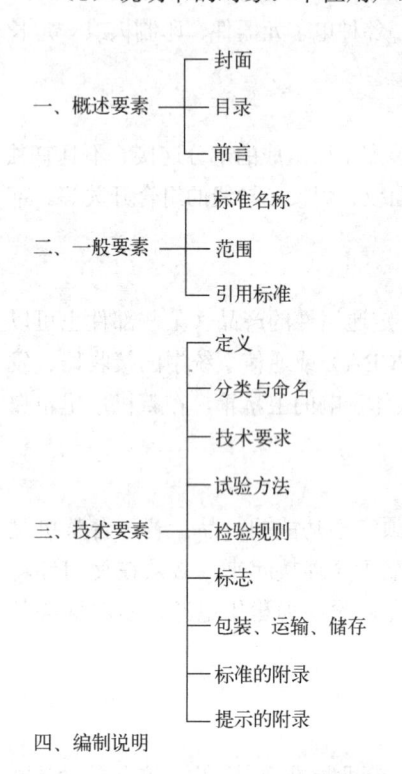

说明书是说明产品用途和适用范围、性能参数、工作原理和使用维护等内容的技术文件，供熟悉、研究、使用、维护本产品。说明书不仅为用户提供正确的使用知识，还提供拆装、维护、保养、修理、校正等方面的知识，使用户能自行维护产品。

（2）说明书内容构成
- 产品概述；
- 技术特性；
- 工作原理；
- 结构特征；
- 安装、调整、调试（内容复杂时，可单独编写安装手册）；
- 使用和操作（内容复杂时，可单独编写操作手册）；
- 故障分析与排除（内容较多时，可单独编写故障分析手册）；
- 维护和保养（复杂设备需单独编写维护手册）
- 产品的成套与配套。

4．产品标准

产品标准是针对产品的要求而编写的，其典型构成如图 7-13 所示。

```
一、概述要素 ── 封面
            ── 目录
            ── 前言

二、一般要素 ── 标准名称
            ── 范围
            ── 引用标准

三、技术要素 ── 定义
            ── 分类与命名
            ── 技术要求
            ── 试验方法
            ── 检验规则
            ── 标志
            ── 包装、运输、储存
            ── 标准的附录
            ── 提示的附录

四、编制说明
```

图 7-13　产品标准的典型构成

5．设计文件的组成与成套性

表 7-5 是电子产品设计文件的组成示意，其中有▲标记的，是任何一种电子产品都必备的图纸资料。

表 7-5　电子产品设计文件的组成

原理图	功能图	方框图
		电原理图▲
	逻辑图	
	说明书▲	
	明细表	整件汇总表
		元器件材料表▲
工艺图	印制板图▲	
	装配图	印制板装配图
		实物装配图
		安装工艺图
	布线图	接线图▲
		接线表
	面板图	机壳底板图
		机械加工图
		制板图▲

设计文件的成套性，是指针对某一大批量生产的具体产品为单位编制的设计文件应符合需要。成套性随产品的复杂程度、生产特点而不同。成套设备（整机）的设计文件成套性见表 7-6。

表 7-6 成套设备（整机）的设计文件成套性

序号	文件名称	文件简号	产品 成套设备 1级	产品 整机 1级	产品的组成部分 整件 2、3、4级	产品的组成部分 部件 5、6级	产品的组成部分 零件 7、8级
1	产品标准	—	●	●			
2	零件图	—					●
3	装配图	—		●	●	●	
4	外形图	WX	○	○	○	○	○
5	安装图	AZ	○	○			
6	总布置图	BL	○				
7	频率搬移图	PL	○	○			
8	方框图	FL	○	○	○		
9	信息处理流程图	XL	○	○	○		
10	逻辑图	LJL			○		
11	电原理图	DL	○				
12	接线图	JL				○	
13	线缆连接图	LL	○	○			
14	机械原理图	YL	○	○	○	○	
15	机械传动图	CL				○	
16	其他图	T	○	○			
17	技术条件	JT			○	○	○
18	技术说明书	JS	●	●			
19	使用说明书	SS	○	○			
20	表格	B	○	○	○	○	
21	明细表	MX	●	●	●		
22	整体汇总表	ZH	○	○			
23	备附件及工具汇总表	BH					
24	成套运用清单	YQ	○	○			
25	其他文件	W	○	○	○		

注：●表示必须编制的文件；○表示根据产品性质、生产和使用的需要而决定编制的文件。

7.2.3 电子工程图中的图形符号

1. 电子图形符号的特点

电子工程图中的图形符号具有下列特点：

（1）变化很快。随着电子科学技术的发展，不断有新的元件、器件和组件涌现出来。因此，不断会有新的名词、符号和代号出现。

（2）采用象征符号。集成电路，特别是 LSI、VLSI 及 MCM 器件等技术的出现和应用，使一片芯片能够实现原来要用成千上万个分立元器件才能达到的功能。所以，传统的象形符号已经不足以表达其结构与功能。象征符号被大量采用，这已成为现代电子工程图的重要特点。

（3）以电路图为主。除了一部分图纸具有机械工程图（如机壳图、结构装配图、印制板加工图等）的特点以外，大部分电子工程图以描述元器件、部件和各部分电路之间的电气连接及其相互关系为主，它们在实际产品中或在空间里的距离和位置则是次要的；并且，越是复杂产品的电路图，实际画出的连接导线越少，元器件（特别是大规模集成电路）之间往往采用网络标号表示连接。在这一点上，电子工程图与其他图纸有很大的区别。

（4）简化。在不造成误解的前提下，电子产品技术文件，特别是图纸应该追求尽量简化。

工程技术人员，应该培养严谨的科学作风和良好的工作习惯，不仅应该在研制电路、设计产品工作中采取正确的步骤和方法，还要求使用国家规定的标准图形、符号、标志及代号来绘制工程图纸。特别应该注意的是，要杜绝采用那些在小范围内通行、但不符合国家标准或国际标准的"土标准"。

但是，由于国外技术的引进，非国标的图形符号不仅在译著中大量可见，而且出现在专业的报刊书籍中。语言本身不可能一成不变，特别是电子技术的飞速发展必然要求我们适应这种变革的局面。特别是在我国飞速发展的电子制造业中，外资独资企业、与外商合资的企业占有相当的比例，为国外厂商"OEM"加工的产品、直接出口到世界其他国家或地区的产品占有很大的比重，因此，在电子产品制造工艺的发展过程中，还要允许非国标的图形、符号及绘图规则出现。在学习编制电子工程文件时，有这样几个问题：

第一，作为一种能力，要求我们培养的职业技术人才能够读懂各种国外产品的图纸来理解产品的原理和其他技术信息、维修进口电子电气设备，包括能够理解国外资料中的一些虽然不规范但已"约定俗成"的内容。

第二，以元器件行业为例，近年来生产企业大多进行元器件的来料封装加工，所引进的生产线和生产设备一般采用英制标准，似乎出现了以英制尺寸标注系统为主流的倾向；并且，目前国内流行的 EDA 电路仿真软件和印制电路板设计软件大都采用英制标注系统。

第三，在国内电子制造业与国际接轨的过程中，国家有关技术标准也在不断适应调整，进行新的修订。

2. 常用图形符号的使用

（1）图形符号的画法

在实际应用图形符号时，只要不会发生误解，总是希望尽量简化，一些过去常见的简化符号现在已经成为国家标准所承认的画法。例如，晶体管省去圆圈、接地简化成一小段粗实线、电解电容、电池的负极用细实线。

- 在工程图中，符号所在的位置及其线条的粗细并不影响含义。
- 符号的大小不影响含义，可以任意画成一种和全图尺寸相配的图形。在放大或缩小图形时，其各部分应该按相同的比例放大或缩小。
- 在一般元器件符号的端点加上"○"不影响符号原义；在开关元件中，"○"表示触点，一般不能省去。在逻辑电路的元件中，"○"具有一定的逻辑定义，不得随意增减。
- 符号之间的连线画成直线或斜线，不影响符号本身的含义，但表示符号本身的直线和斜线不能混淆。

（2）元器件代号

在电路中，代表各种元器件的符号旁边，一般都标上字符记号，这是该元器件的标志说明，不是元器件符号的一部分。同样，在计算机辅助设计电路板软件中，每个元件都必须有唯一的字符作为该元件的名称，也是该元件的说明，称为元件名。在同一电路图中，不应出现同种元器件使用不同代号，或者一个代号表示一种以上元器件的现象。实际上，国家和行业标准管理部门也为元器件代号制定了标准，但企业大多按照自己的习惯规定元器件的代号。例如，表 7-7 是某外资的计算机制造企业规定的元器件代号。

表 7-7 某外资企业规定的部分元器件代号

名 称	代 号	名 称	代 号
电阻	R	三极管	Q
电容	C	集成电路	U
电感	L	连接器	J
二级管	D	熔断器	F

3. 下脚标码问题

① 同一电路图中，下脚标码表示同种元器件的序号，如 R_1、R_2、…、Q_1、Q_2、…。

② 电路由若干单元电路组成，可以在元器件名的前面缀以标号，表示单元电路的序号。例如有两个单元电路，

$1R_1$、$1R_2$、…，$1Q_1$、$1Q_2$、… 表示单元电路 1 中的元器件；
$2R_1$、$2R_2$、…，$2Q_2$、$2Q_2$、… 表示单元电路 2 中的元器件。

或者，对上述元器件采用 3 位标码表示它的序号以及所在单元电路，例如：

R_{101}、R_{102}、…，Q_{101}、Q_{102}、… 表示单元电路 1 中的元器件；
R_{201}、R_{202}、…，Q_{201}、Q_{202}、… 表示单元电路 2 中的元器件。

③ 下脚标码字号小一些的标注方法，如 $1R_1$、$1R_2$、…，常见于电路原理性分析的书刊，但在实际工程图里这样的标注不好：第一，采用小字号下标的形式标注元器件，为制图增加了难度，计算机 CAD 电路设计软件中一般不支持这种形式；第二，工程图上小字号的下脚标码容易被模糊、污染，可能导致混淆。所以，一般采用下脚标码平排的形式，如 1R1、1R2、…或 R101、R102、…，这样就更加安全可靠。

④ 一个元器件有几个功能独立的单元时，在标码后面再加附码。例如，多刀开关 S_1 同时控制几个电路，则这几个"刀"分别用 S_{1A}、S_{1B}、S_{1C} 来表示。

4．电子工程图中的元器件标注

在一般情况下，对于实际用于生产的正式工程图，通常不把元器件的参数直接标注出来，而是另附文件详细说明。这不仅使标注更加全面准确，避免混淆误解，同时也有利于生产管理（材料采购、材料更改）和技术保密。

在说明性的电路图纸中，则要在元器件的图形符号旁边标注出它们最主要的规格参数或型号名称。标注的原则主要是根据以下几点确定的：

（1）图形符号和文字符号共同使用，尽可能准确、简捷地提供元器件的主要信息。例如，电阻的图形符号表示了它的电气特性和额定功率，图形符号旁边的文字标注出了它的阻值；电容器的图形符号不仅表示出它的电气特性，还表示了它的种类（有无极性和极性的方向），用文字标注出它的容量和额定直流工作电压；对于各种半导体器件，则应该标注出它们的型号名称。在图纸上，文字标注应该尽量靠近它所说明的那个元器件的图形符号，避免与其他元器件的标注混淆。

（2）应该减少文字标注的字符串长度，使图纸上的文字标注既清楚明确，又只占用尽可能小的面积；同时，还要避免因图纸印刷缺陷或磨损破旧而造成的混乱。在对电路进行分析计算时，人们一般直接读（写）出元器件的数值，如电阻 47Ω、1.5kΩ，电容 0.01μF、1000pF 等，但把这些数值标注到图纸上去，不仅五位、六位的字符太长，而且假如图纸打印（复印）质量不好或经过磨损以后，字母"Ω"的下半部丢失，就可能把 47Ω 误认为 470，小数点丢失，就可能把 1.5kΩ 误认为 15kΩ。为此，采取一些相应的规定，在工程图纸的文字标注中取消小数点，小数点的位置上用一个字母代替，并且数字后面一般不写表示单位的字符，使字符串的长度不超过四位。

（3）对常用的阻容元件进行标注，一般省略其基本单位，采用实用单位或辅助单位。电阻的基本单位 Ω 和电容的基本单位 F，一般不出现在元器件的标注中。如果出现了字符，则是用它代替了小数点。

电阻器的实用单位有 mΩ、kΩ、MΩ 和 GΩ，分别记作 m、k、M 和 G：

$1\text{m}\Omega = 10^{-3}\Omega$，即 $1\Omega = 10^3\text{m}\Omega$（mΩ 比较少见）；

$1\text{k}\Omega = 10^3\Omega$；

$1\text{M}\Omega = 10^6\Omega$，即 $1\text{M}\Omega = 10^3\text{k}\Omega$；

$1\text{G}\Omega = 10^9\Omega$，即 $1\text{G}\Omega = 10^6\text{k}\Omega = 10^3\text{M}\Omega$。

所以，对于电阻器的阻值，应该把 0.56Ω、5.6Ω、56Ω、560Ω、5.6kΩ、56kΩ、560kΩ 和 5.6MΩ，分别标注为 R56、5R6、56、560、5k6、56k、560k 和 5M6。

电容器的实用单位有 pF、μF，分别记作 p 和 μ：

$1pF = 10^{-12}F$；

$1μF = 10^{-6}F$，即 $1μF = 10^{6}pF$。

例如，对于电容器的容量，应该把 4.7pF、47pF、470pF 分别记作 4p7、47、470，把 4.7μF、47μF、470μF 分别记作 4μ7、47、470。因为大容量的电容器一般是电解电容，所以在电解电容器的图形旁边标注 47，是不会把 47μF 当成 47pF 的；同样，在一般电容图形符号旁边标注 47，是不会把 47pF 当成 47μF 的（在某些容易混淆的地方，还需要注出 p 或 μ，例如在无极性电容器符号旁注出 1p 或 1μ）。为了便于表示容量大于 1000pF、小于 1μF 以及大于 1000μF 的电容，采用辅助单位 nF 和 mF：

$1nF = 10^{-9}F$，即 $1nF = 10^{3}pF = 10^{-3}μF$；

$1mF = 10^{-3}F$，即 $1mF = 10^{3}μF$。

所以，1n、4n7、10n、22n、100n、560n、1m、3m3 分别表示容量为 1000pF、4700pF、0.01μF、0.022μF、0.1μF、0.56μF、1000μF 和 3300μF。

另外，对于有工作电压要求的电容器，文字标注要采取分数的形式：横线上面按上述格式表示电容量，横线下面用数字标出电容器的额定工作电压。

也有一些电路图中，所用某种相同单位的元件特别多，则可以附加注明。例如，某电路中有 100 只电容，其中 90 只是以 pF 为单位的，则可将该单位省去，并在图上添加附注："所有未标电容均以 p 为单位"。

由于 SMT 元器件特别细小，一般采用 3 位或 4 位数字在元件上标注其参数。例如，电阻上标注 101 表示其阻值是 100Ω（3 位数字，±5%），1001 表示其阻值是 1kΩ（4 位数字，±2%或±1%），电容器上标注 474 表示其容量是 0.47μF。这一点已经在前面的章节里进行过介绍。现在，这种方法也开始应用于图纸的标注，应该引起初学者的注意。

7.2.4 产品设计图

产品设计图是设计文件的主要组成部分，是描述设计方案和设计思想的图形方式。

1. 电原理图

电原理图用来表示设备的电气工作原理，它使用各种图形符号，按照一定的规则，表示元器件之间的连接以及电路各部分的功能。图 7-14 是电子产品的电路原理图示例。

电原理图不表示电路中各元器件的形状或尺寸，也不反映这些器件的安装、固定情况。所以，一些整机结构和辅助元件如紧固件、接线柱、焊片、支架等组成实际产品必不可少的东西，在原理图中都不要画出来。

(1) 电路原理图中的连线

在各元器件之间的电气连接，是通过符号之间的连线来表达的，为使条理清楚，表达无误，应该遵循下列规则：

- 连线要尽可能画成水平或垂直的，斜线不代表新的含义。
- 相互平行线条的间距不要太小，一般不小于 1.6mm；较长的连线应按功能分组画出，功能组之间应留出两倍的线间距离，如图 7-15（a）所示。
- 一般不要从一点上引出多于三根的连线，如图 7-15（b）所示。
- 线条粗细如果没有说明，不代表电路连接的变化。
- 连线可以任意延长或缩短。

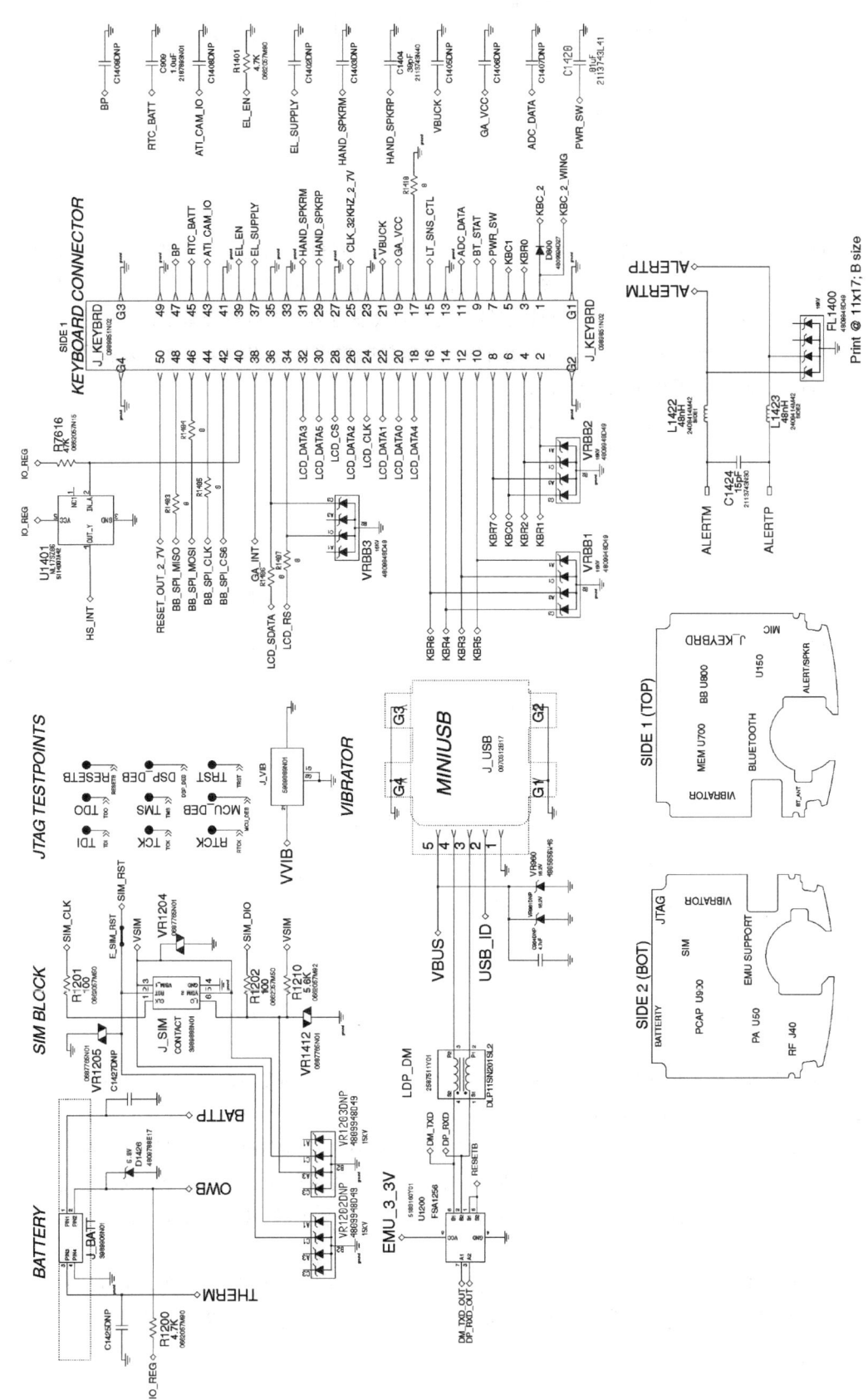

第7章 电子产品的整机结构与技术文件

图7-14 电子产品电路原理图示例（摩托罗拉 V3 手机）

（a）两组直线的间距　　（b）线的连接

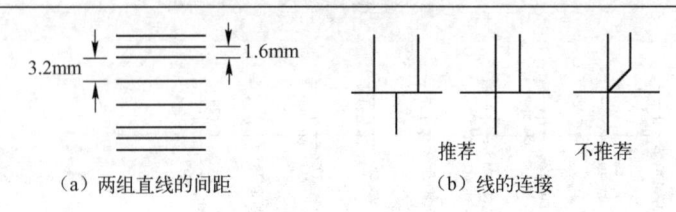

图 7-15　连接线画法

（2）电原理图中的虚线

在电原理图中，虚线一般是作为一种辅助线，没有实际电气连接的意义。它的辅助作用如下：

① 表示两个或两个以上元件的机械连接，如图 7-16（a）所示。带开关的电位器，常用在音量控制电路中，调整 W 可以改变输入音频信号的大小而改变音量，当调整音量至最小时，开关 K 断开电源；两个同步调谐的电容器常用在超外差无线电接收机里，C_1 和 C_2 分处在高放回路和本振回路，同步调谐保证两回路的差频不变。

② 表示屏蔽，如图 7-16（b）所示。

③ 表示一组封装为一体的元器件，如图 7-16（c）所示。

（a）虚线表示机械连接

（b）虚线表示屏蔽

（c）虚线表示封装为一体

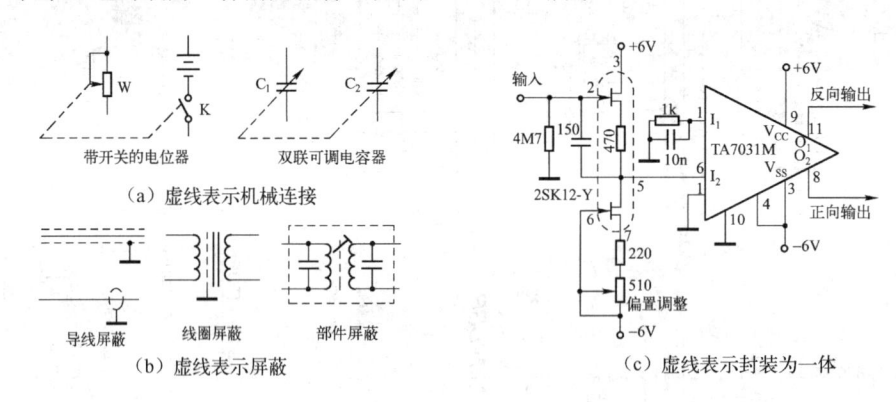

图 7-16　原理图中虚线的意义

④ 其他作用：一个复杂电路划分成若干个单元或印制电路分为几块小板，可以用虚线表示划分的界限等，一般需要附加说明。

（3）原理图中的省略

在那些比较复杂的电路中，如果将所有的连线和接点都画出来，图形就会过于密集，线条太多反而不容易看清楚。因此，人们采取各种办法简化图形，很多省略方法已被公认，使画图、读图都很方便。

① 线的中断。在图中距离较远的两个元器件之间的连线（特别是成组连线），可以不必画到最终去处，可采用中断的办法表示，会大大简化图形，如图 7-17（a）所示。

在这种线的断开处，一般应该标出去向或来源（在 CAD 设计软件中，用网络标号标明）。

② 同种元器件图形的省略。在数字电路中，有时重复使用某种元器件，其电路功能也完全相同。对于这种情况，可以采用图 7-17（b）中的简化画法，其中从 R_1 到 R_{21} 的 21 只电阻，从阻值到它们在图中的几何位置都相同。

③ 同类电路省略。在复杂电路图特别是在数字电路图中，常常会遇到从形式到功能都相同的电路部分。数码管的接线就是一个典型的例子：可以只标出其中一路，其他部分采用简略画法或干脆完全省去。图 7-17（b）中数码管的接线，就属于简化型表示法。这种情况，应该确认不会发生误解，必要时加写附注。

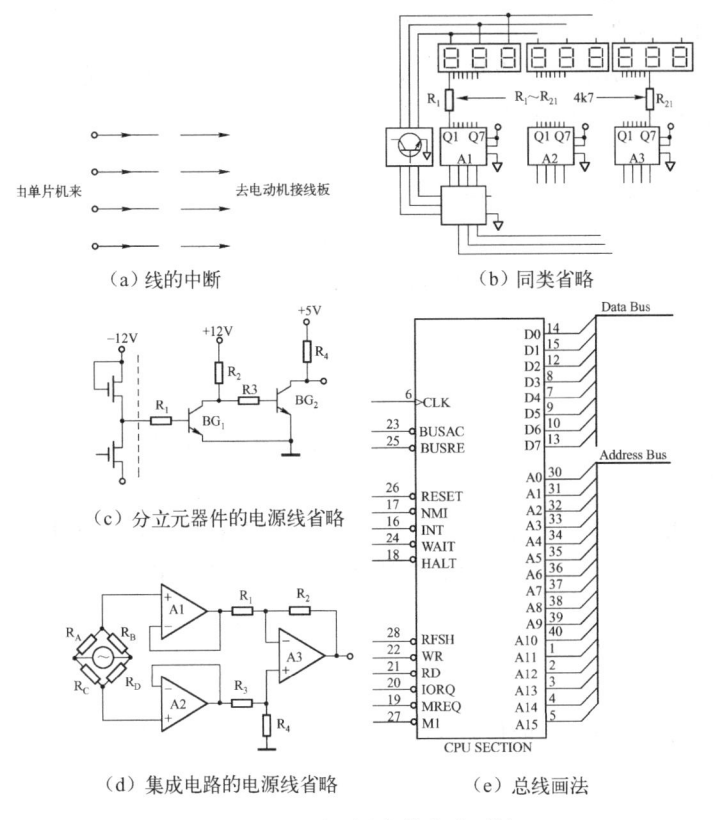

图 7-17 原理图中的省略画法

④ 电源线省略。在分立元器件电路中,电源接线可以省略,只需标出接点,如图 7-17(c)所示。

对于集成电路,由于引脚及工作电压都已固定,所以往往也把电源接点省略掉,如图 7-17(d)所示。

⑤ 总线画法。需要在电路图中表示两点之间用一组线连接时,可以使用总线(BUS)来表示。在不引起误解的条件下,手工绘图可省略网络标号;但在使用计算机绘图软件时,必须使用网络标号,如图 7-17(e)所示。

(4) 电原理图的绘制

绘制电原理图时,要注意做到布局均匀,条理清楚。

① 在正常情况下,采用电信号从左到右、自上而下的顺序,即输入端在图纸的左上方,输出端在右下方。

② 每个图形符号的位置,应该能够体现电路工作时各元器件的作用顺序以及电信号的流向。在图 7-18 中,运放 A4 作为反馈电路,将输出信号反馈到输入端,故它的方向与 A1、A2、A3 不同。

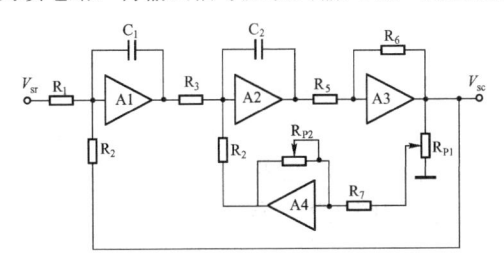

图 7-18 图形位置要反映电信号的流向

③ 把复杂电路分割成单元电路进行绘制时,应该标明各单元电路信号的来龙去脉,并遵循

从左至右、自上而下的顺序。

④ 串联的元件最好画到一条直线上；并联时，各元器件符号的中心对齐。

⑤ 根据图纸的使用范围及目的需要，设计者可以在电原理图中附加以下并非必须的内容：
- 导线的规格和颜色；
- 某些元器件的外形和立体接线图；
- 某些元器件的额定功率、电压、电流等参数；
- 某些电路测试点上的静态工作电压和波形；
- 部分电路的调试或安装条件；
- 特殊元器件的说明。

（5）安全关键部件

电子产品中，总会有某些部件是产品安全的关键，对于这样的零件、元器件、材料和部件，必须在电原理图上做出明显的标志，如图 7-19 所示。在电子产品接受产品认证时，安全关键部件是考察的重点。类似的，在生产现场的生产设备中，凡对产品质量及其安全性能具有重要作用的，也应当粘贴安全关键标志。

图 7-19 安全关键标志

2．方框图和流程图

方框图是一种使用非常广泛的说明性图形，它用简单的"方框"代表一组元器件、一个部件或一个功能模块，用它们之间的连线表达信号通过电路的途径或电路的动作顺序。方框图具有简单明确、逻辑清晰、一目了然的特点。图 7-20 为某电子产品的电路方框图示例。

方框图对于了解电路的工作原理非常有用。一般，比较复杂的电路原理图都附有方框图作为说明。

绘制方框图，要在方框内使用文字或图形注明该方框所代表电路的内容或功能，方框之间一般用带有箭头的连线表示信号的流向。在方框图中，也可以用一些符号代表某些元器件，例如天线、电容器、扬声器等。

方框图往往也和其他图组合起来，表达一些特定的内容。

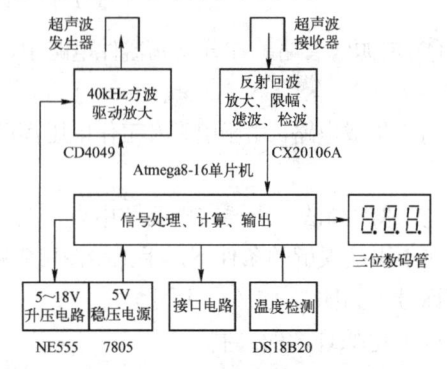

图 7-20 电子产品的电路方框图示例（超声波测距仪）

对于复杂电路，方框图可以扩展为流程图。在流程图里，"方框"成为广义的概念，代表某种功能而不管具体电路如何，"方框"的形式也有所改变。流程图实际是信息处理的"顺序结构"、"选择结构"和"循环结构"以及这几种结构的组合。

3．逻辑图

在数字电路中，用逻辑符号表示各种具有逻辑功能的单元电路。在表达逻辑关系时，采用逻辑符号来表示电路的工作原理，不必考虑器件的内部电路。由于集成电路的飞速发展，特别是大规模集成电路的广泛使用，绘制器件内部详细的电原理图已经成为烦琐而不必要的事情。实际工作中，数字电路原理图一般都用逻辑图代替。换句话说，通常所说的电路图实际上是由电路原理图和逻辑图混合组成的。

（1）常用逻辑符号

逻辑符号和触发器的图形符号应该符合国家标准 GB/T4728 的规定，要特别注意逻辑电路元件上符号"○"的作用。在输出端上,"○"表示"非"、"反相"的意思;在输入端上,加"○"表示信号对输入端起作用时的状态。具体地说,根据逻辑元件不同,"○"可以表示输入低电平有效、负脉冲起作用或电平下跳变时的下降沿产生响应。

(2) 逻辑图的绘制方法

同电原理图一样,绘制逻辑图要求层次清楚,布局均匀,便于读图。尤其是中大规模集成电路组成的逻辑图,图形符号简单而连线很多,布局不当容易造成读图困难,产生误解。

绘制逻辑图的基本规则如下:

- 要注意符号统一。在同一张图内,同种电路不得出现两种符号。应当尽量采用符合国家标准的符号,但大规模集成电路的引脚名称一般保留外文字母标注,如图 7-21 所示。

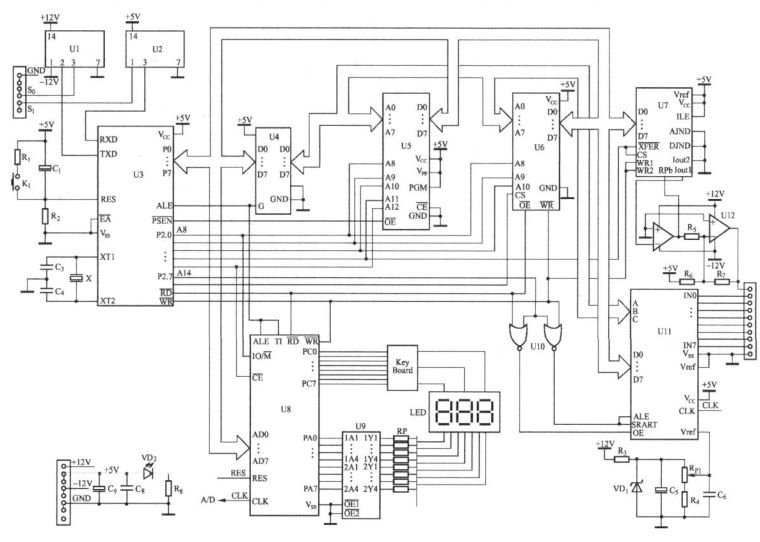

图 7-21 逻辑图例(8031 单片机开发系统接口)

- 信号流的出入顺序,一般要从左至右,自下而上(这一点与其他电原理图有所不同)。凡有与此不符者,要用箭头表示出来。
- 连线要成组排列。逻辑图中很多连线的规律性很强,应该将功能相同或关联的线排在一组,并与其他线保持适当距离,例如计算机电路中的数据线、地址线等。
- 引脚名称和引脚标号,对于中、大规模集成电路来说,标出两者同样重要。但有时为了图上不太拥挤,可以只标出其中一种而用另一张图详细表示该芯片的引脚排列及功能。对于多只相同的集成电路,可以只标注其中的一只。例如,图 7-22 中的 U42 和 U43,只标注了 U42 的引脚名称及标号。

(3) 逻辑图的简化方法

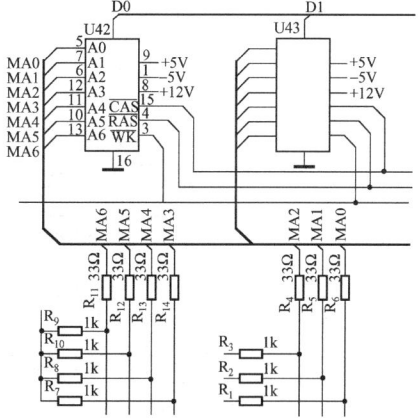

图 7-22 逻辑图简化示例

前面介绍的简化电原理图的方法,都适用于逻辑图。此外,由于逻辑图的连线多而有规律,可以采用一些特殊的简化方法。

- 同组省略法。在同组的连线里,只画出第一条线和最后一条线,把中间线号的线省略掉。逻辑图的专业性很强,不会发生误解。
- 断线表示法。对规律性很强的连线,在两端写上名称而省略中间线段。
- 总线表示法。对于成组排列的连线,可以用较粗的线表示连接总线,用总线分支及网络标

4. 各种电原理图的灵活运用

电子工程图是表达设计思想、指导生产过程的工具。方框图（流程图）、功能图、原理图、逻辑图等，各有不同的作用与侧重。在实际工作中，往往单用一种图不能表达完全，甚至用多张图也不能很好地描述清楚。但是将几种图结合在一起灵活运用，就能比较完整地表达设计思想。特别是在技术交流、教学演示等介绍性用图中，常常是原理图中画有实物，方框图中套有元器件的接线图。图 7-23 就是这样的例子。由于绘图目的和读图对象不同，实际运用综合图形并没有一定之规，只能以清楚表达设计意图、方便读图、有利交流作为原则。

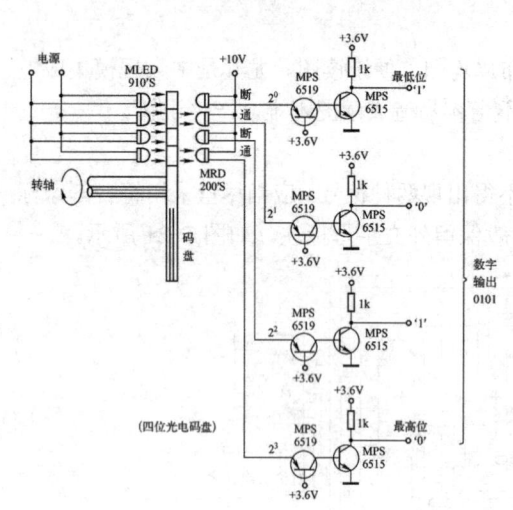

图 7-23 各种图的灵活运用举例

5. 机壳图、底板图

机壳图、底板图用来表达机壳、底板的安装位置，应当按照机械制图的标准进行绘制。图 7-24 是某电子产品的底板图示例。

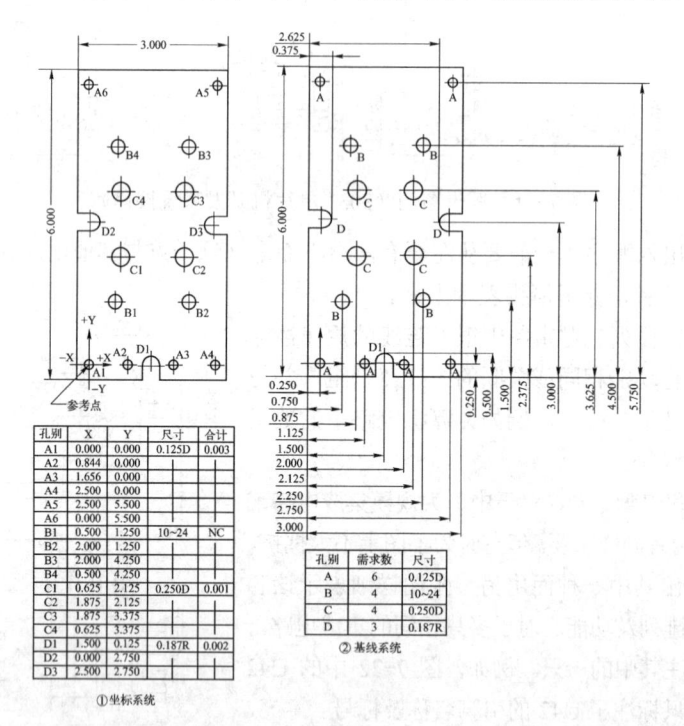

图 7-24 某电子产品的底板图示例

电子产品的印制电路板大多安装在机壳（机箱）的底板上，印制板的尺寸和底板的尺寸往往密切相关，印制板的设计者应该对底板图中的尺寸了然于胸。

对于机壳、面板的尺寸，应当尽可能采用标准尺寸系列。这在行业标准 SJ147《电子设备主要结构尺寸》中已经做出了规定。在电子仪器外壳图的表达方法中，常常采用一种等轴图，它可以对整个机壳的外形一目了然，起到视图表达的补充及说明作用，如图 7-25 所示。其特

点是:
- 实物的平行线在等轴图上也是平行的,这同摄影图的透视关系不一样。
- 等轴图上 X、Y、Z（长、宽、高）三个方向的线长都等于实物长度。
- 实物的 Z 方向（垂直）与等轴图相同,而 X、Y 方向则变成同水平线方向成 30°角的线。

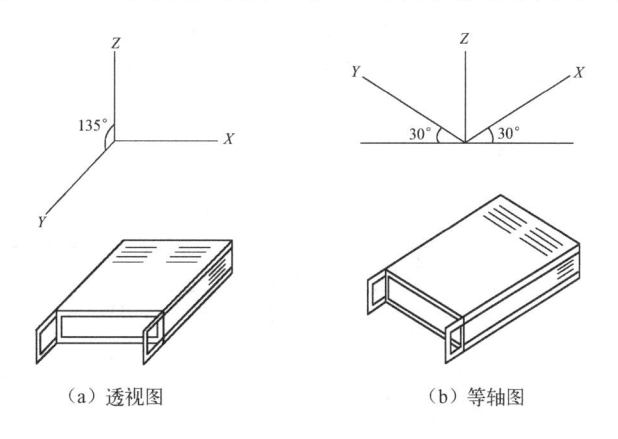

(a) 透视图　　　　　(b) 等轴图

图 7-25　机壳等轴图表示法

6．面板图

面板图是工艺图中要求较高、难度较大的图。应该在满足人机工程学要求的基础上,既能实现操作要求,还要讲究美观悦目。只有将工程技术人员的严谨科学态度同工艺美术人员的审美观点结合起来,才能使设计出来的面板图达到上述要求。

面板图形的美学设计,属于平面设计的范畴,这里不再讨论。下面介绍如何绘制出合乎加工要求的面板加工图。

面板图包含两方面内容。一个内容是表达面板上所安装的仪表、零部件、控制件等的装配关系,以及面板本身同机壳的连接关系。这里应该用严格的机械加工图的要求来进行绘制。另一个内容是面板上文字、图形、符号表述的各种操作、控制信息。它要兼顾操作习惯和外形美观等问题。在一般小批量生产中,也可以将此二图合一。

比较复杂的面板或在大批量生产中,要求将上述两方面的内容分别用图纸表达出来。面板的机械加工图应当按照有关的规定绘制。

面板加工图应当说明的内容包括:
- 面板材料、规格和外形尺寸;
- 安装孔尺寸、机械加工要求以及其他需要说明的内容,例如某孔需要配打,所附配件等;
- 表面处理工艺及要求、颜色;
- 文字及符号位置、字体、字高、涂色。

7．元器件清单和材料汇总表

电子产品在设计完成以后,必须提交产品中所使用的全部元器件的资料。对于非生产用图纸,将元器件的型号、规格等参数标注在电原理图中,并加以适当的说明即可。而对于生产工程图纸来说,就需要另外附加元器件清单和材料汇总表。

（1）元器件清单

元器件明细表用来指导生产,作为组装生产线在组织领料、备料、插装时的依据,它应该包括:

- 元器件的名称及型号；
- 元器件的规格和档次；
- 使用数量；
- 有无代用型号及规格。
- 根据元器件的重要程度注明其分类（要求实行 ABC 分类法时）。

电路设计 CAD 软件能够在绘图完成后输出一份产品电路中涉及的全部元器件的简略清单，叫做 BOM 表。

表 7-8 是一个明细表的实例。

表 7-8　元器件清单

序号	名称	位号	型号与规格	备注	序号	名称	位号	型号与规格	备注
1	电阻	1R1	RJ0.5-6k2-±5%	—	9	电容器	1W1	WX10-56	—
2	电阻	1R2	RJ0.5-6k2-±5%	—	10	电容器	2W1	WX10-56	—
3	电阻	2R1	RJ0.5-6k2-±5%	—	11	三极管	2Q1	9014	$h_{FE} \geqslant 80$
4	电容器	1C1	CL11-63-104-K	—	12	三极管	2Q2	9014	$h_{FE} \geqslant 80$
5	电容器	1C2	CL11-63-104-K	—	13	三极管	3Q1	9014	$h_{FE} \geqslant 80$
6	电容器	2C1	CL11-63-104-K	—	14	三极管	3Q2	9014	$h_{FE} \geqslant 80$
7	电容器	2C2	CL11-63-104-K	—	15	运算放大器	3U1	LM221	国家半导体公司
8	电容器	3C1	CL11-63-104-K	—	16	…	…	…	…

（2）材料汇总表

这里所说的材料汇总表通常是指整机材料汇总表，它是提供企业管理（财务、计划、采购、物流）人员使用的，是核算产品成本、制订生产计划、安排材料采购、仓库存放储运的依据。必须注意，因为使用这些表的人并不明确设计者的思路，他们只是照单管理，所以表内数据应当尽量详细。材料汇总表中，除了上述电子元器件以外，还应该包括产品所用到的全部其他材料，包括：

- 机壳、底板、面板；
- 机械加工件、外购部件；
- 电路板及电子元器件；
- 标准件（如螺钉、螺母等）；
- 导线、绝缘材料等；
- 备件、附件及工具等；
- 技术文件；
- 包装材料，包括内外包装、填料等。

表中应当注明的信息有：

- 材料的名称及型号；
- 材料的规格和档次；
- 使用数量；
- 参考价格；
- 备注，例如，有无代用型号及规格，是否指定品牌、生产厂家、分类情况、是否按样品采购等。

表 7-9 是一个材料汇总表的实例。

表 7-9 材料汇总表

序号	名称	型号与规格	数量	位号	参考单价	备注
1	电阻	RJ0.5-6k2-±5%	3	1R1、1R2、2R1	—	元件三厂
2	电容器	CL11-63-104-K	5	1C1、1C2、2C1、2C2、3C1	—	元件十厂
3	电位器	WX10-56	2	1W1、2W1	—	元件六厂，按样品
4	三极管	9014	4	2Q1、2Q2、3Q1、3Q2	—	器件四厂，$h_{FE} \geqslant 80$
5	运算放大器	LM221	1	3U1	—	国家半导体公司
6	…	…	…	…	…	…

7.3 电子产品的工艺文件

与原理图更加注重说明设计意图、解释工作原理相比，工艺图和工艺文件则是指导操作者生产、加工、操作的依据。看着工艺图，操作者应该能够知道产品是什么样子，怎样把产品做出来，但不需要对于它的工作原理过多关注。下面介绍几种工艺图。

7.3.1 产品工艺流程图

产品工艺流程图用来描述产品对象形成的工艺过程。它详细规定了产品的加工工序，并描述了质量控制（QC）和质量保证（QA）所发挥的作用。图 7-26 给出了当前国内生产条件最好的计算机主板制造厂的工艺流程。

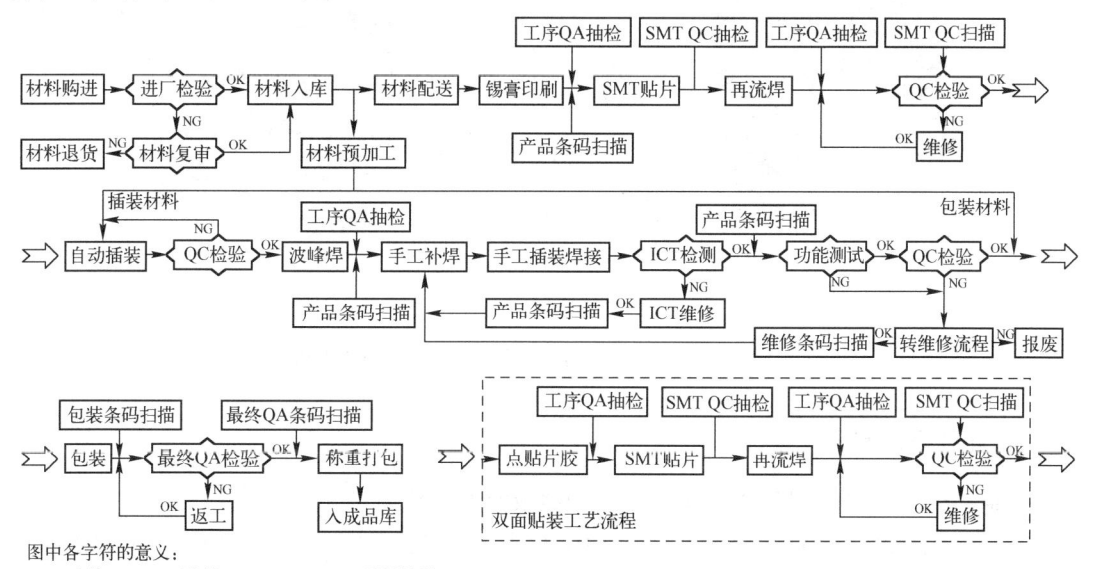

图中各字符的意义：
OK—合格；NG—不合格(No Good)；QC—质量控制(Quality Control)；
QA—质量保证(Quality Assurance)；ICT—在线测试(In Circuit Test)

图 7-26 某计算机主板制造厂的工艺流程图

7.3.2 产品加工工艺图

1. 实物装配图

实物装配图是工艺图中最直观的图，它以实际元器件的形状及其相对位置为基础，画出产品的装配关系。

如图 7-27 所示的简单产品的实物装配图一般只用于教学说明或指导初学者制作入门。例如，某仪器中的波段开关接线,由于采用实物画法,把装配细节表达得很清楚,使用时一目了然,不易出错。

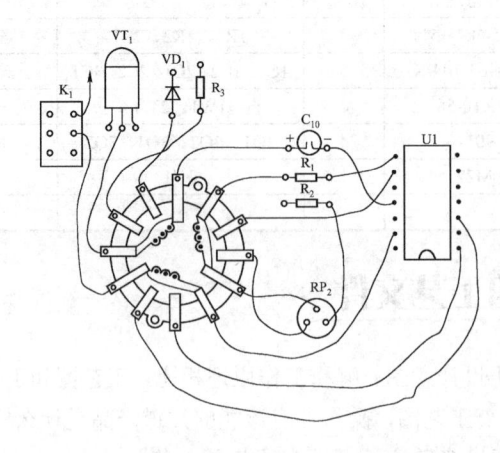

图 7-27 简单产品的实物装配图(指针式万用表拨盘)

与此同类性质的局部实物图在产品生产装配中仍有使用,特别是那些比较复杂的电子产品,实物装配图有助于技术培训以及产品的调试与维修,如图 7-28 所示。

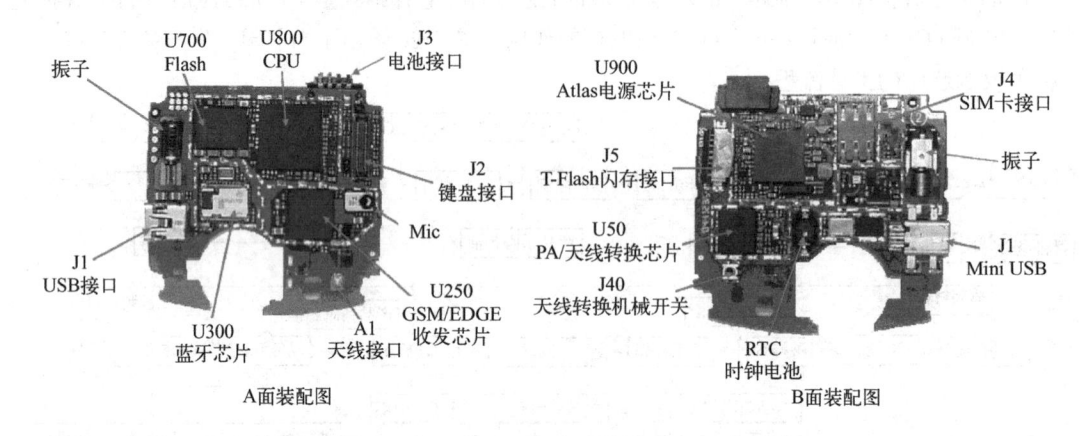

图 7-28 复杂产品的实物装配图(摩托罗拉 V3 手机)

2. 印制板装配图

印制板装配图是用于指导装配焊接印制电路板的工艺图。

现在一般都使用 CAD 软件设计印制电路板,设计结果通过打印机或绘图仪输出。在输出图纸时,仅打印电路板顶层标注层,就可以作为印制板装配图,在生产线上指导工人进行插装焊接、安排工序。

图 7-29 是一种分立元器件的电路板装配图,为让工人对照标注层图纸装配不发生误解,绘制这种装配图时,要注意以下几点:

- 元器件全部用标准图形符号表示,也可以画出实物示意图样,最好能表现清楚元器件的外形轮廓和装配位置,不必画出细节。特殊情况下还可以混合使用两者。
- 有极性的元器件要按照实际排列标出极性和安装方向。例如,二极管、三极管、电解电容、集成电路等元器件,表示极性、引脚顺序和安装方向标志的半圆平面或色环不能画错,且其大小要和实物成比例。
- 一般在每个元器件旁边标出代号,也可以直接标出参数、型号。
- 对某些规律性较强的器件,如数码管等,也可以采用简化表示方法。

- 需要特别说明的工艺要求,例如焊点的大小、焊料的种类、焊接以后的保护处理等,应该加以注明。

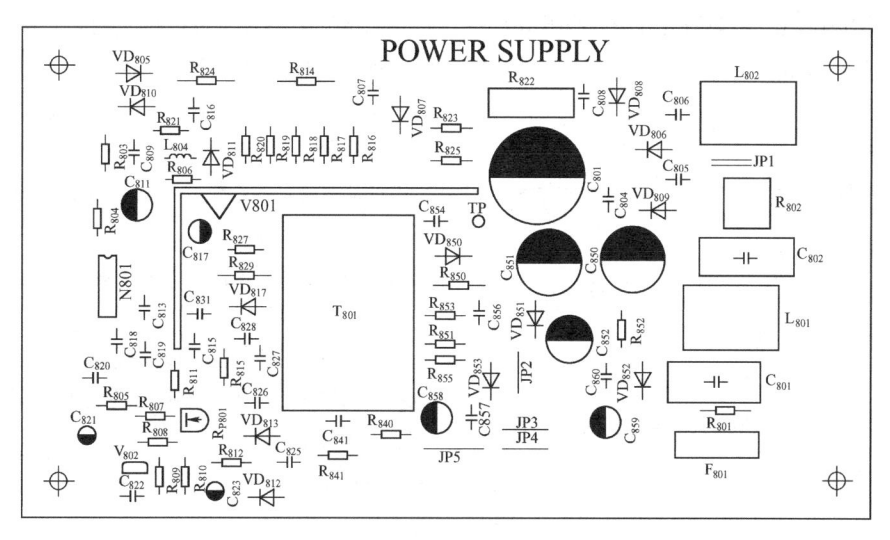

图 7-29 印制板装配图一(分立元器件开关电源)

图 7-30 是集成度高、模块化的电子产品装配图。这类产品肯定采用自动生产设备装配,它在生产线上作为组装正确性的监督依据。

3. 布线图

布线图是用来表示各零部件之间相互连接情况的工艺接线图,是整机装配时的主要依据。常用的布线图有直连型接线图、简化型接线图和接线表等,其主要特点及绘制方法如下。

(1) 直连型接线图

如图 7-31 所示,这种接线图类似于实物图,将各个零部件之间的接线用连线直接画出来,对于简单电子产品既方便又实用。

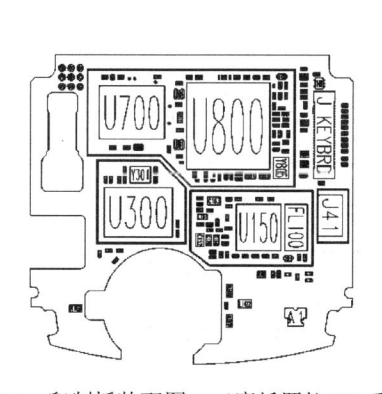

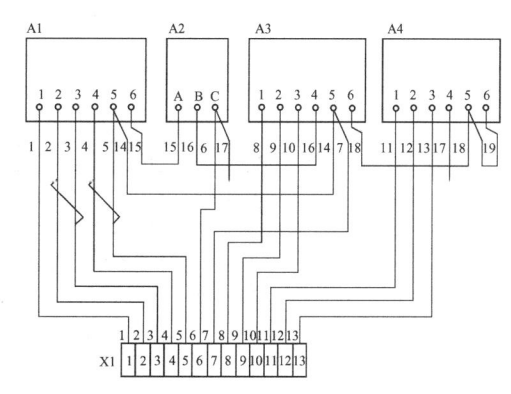

图 7-30 印制板装配图二(摩托罗拉 V3 手机)　　图 7-31 直线型接线图示例

① 由于接线图主要是把接线关系表示出来,所以图中各个零件主要画出接线板、接线端子等与接线有关的部位,其他部分可以简化或者省略。同时,也不必拘泥于实物的比例,但各零件的位置及方向等一定要同实际产品相对应。

② 连线可以用任意的线条表示,但为了图形整齐,大多数情况下都采用直线表示。

③ 在布线图中应该标出各条导线的规格、颜色及特殊要求,同色线应标出排列编号。如果没有标注,表示由制作者任意选择。

(2) 简化接线图

直连型接线图虽有读图方便、使用简明的优点，但对于复杂产品来说，不仅绘图非常费时，而且连线太多并互相交错，容易看错。在这种情况下，可以使用简化接线图。简化接线图的主要特点如下：

① 零部件以结构的形式画出来，即只画出简单轮廓，不必画出实物。元器件可以用符号表示，导线用单线表示，与接线无关的零部件无需画出来。

② 导线汇集成束时，可以用单线表示，结合部位用圆弧或45°线表示。用粗线表示线束，其形状及走向与实际产品相似。

③ 每根导线的两端，应该标明端子的号码；如果采用接线表，还要给每条线编号。

在简化接线图中，也可以直接标出导线的规格、颜色等要求。图 7-32 是一个控制实验装置的简化接线图。

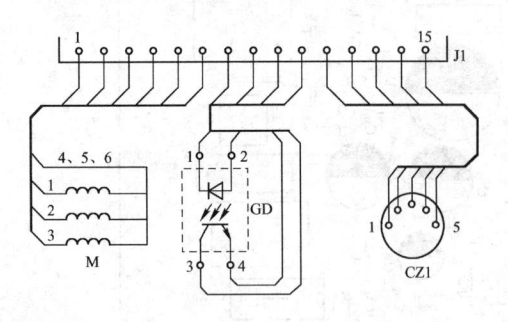

图 7-32 简化型接线图（步进电动机实验装置）

(3) 接线表

上述接线图也可以用接线表来表示。例如在图 7-32 中，先将各零部件标以代号或序号，再编出它们的接线端子的序号，采用如表 7-10 所示的表格，把编好号码的线依次填写进去。这种方法在大批量生产中使用较多。图 7-33 是企业所用的接线表。

线缆号	线号	连接点Ⅰ 项目代号	连接点Ⅰ 端子代号	连接点Ⅱ 项目代号	连接点Ⅱ 端子代号	导线电缆型号及规格	长度(mm)	备注	
	1	X1	1	A1	1	安装线 VAR0.5mm² YE	200		A
	2	X1	2	A1	2	VAR0.5mm² RD	200	绞合	
	3	X1	3	A1	3	VAR0.5mm² BU	200	绞合	
	4	X1	4	A1	4	VAR0.5mm² GN	200	绞合	
	5	X1	5	A1	5	VAR0.5mm² BN	200	绞合	
	6	X1	6	A2	C	VAR0.5mm² BK	250		B
	7	X1	7	A3	5	VAR0.5mm² BN	300		
	8	X1	8	A3	1	VAR0.5mm² GY	300		
	9	X1	9	A3	2	VAR0.5mm² WH	300		
	10	X1	10	A3	3	VAR0.5mm² RD	300		
	11	X1	11	A4	1	VAR0.5mm² GN	220		
	12	X1	12	A4	2	VAR0.5mm² YE	220		
	13	X1	13	A4	3	VAR0.5mm² RD	220		C
	14	A1	5	A3	4	VAR0.5mm² BN	300		
	15	A1	6	A2	A	VAR0.5mm² WH	100		
	16	A2	B	A3	4	VAR0.5mm² GY	200		
	17	A2	C	A4	4	VAR0.5mm² BK	200		
	18	A3	6	A4	5	VAR0.5mm² BU	150		
	19	A4	5	A4	6	安装线 VAR0.5mm² BU	20		D

序号	代号	名称	数量	备注	
8	SJ2086—82	安装线 VAR0.5mm² GY	500		
7	SJ2086—82	VAR0.5mm² WH	400		
6	SJ2086—82	VAR0.5mm² BK	450		
5	SJ2086—82	VAR0.5mm² BN	800		E
4	SJ2086—82	VAR0.5mm² GN	420		
3	SJ2086—82	VAR0.5mm² BU	370		
2	SJ2086—82	VAR0.5mm² RD	720		
1	SJ2086—82	安装线 VAR0.5mm² YE	420		

××装置
单元接线图（表）

第1张　共1张

图 7-33 企业所用的接线表

表 7-10 接线表示例

序号	线号	导线规格	颜色	导线长度/(mm)			连接点	
				全长 L	剥端 A	剥端 B	I	II
1	1-1	AVR0.1×28	红	325	5	6	JI1	M6
2	…	…	…					
…	…							

4. 线缆图

线缆图是指导制作线缆的设计图,包含技术要求,说明所使用的线材、接插件规格、长度、套管以及线缆制作要求,如压接、焊接等,如图 7-34 所示。

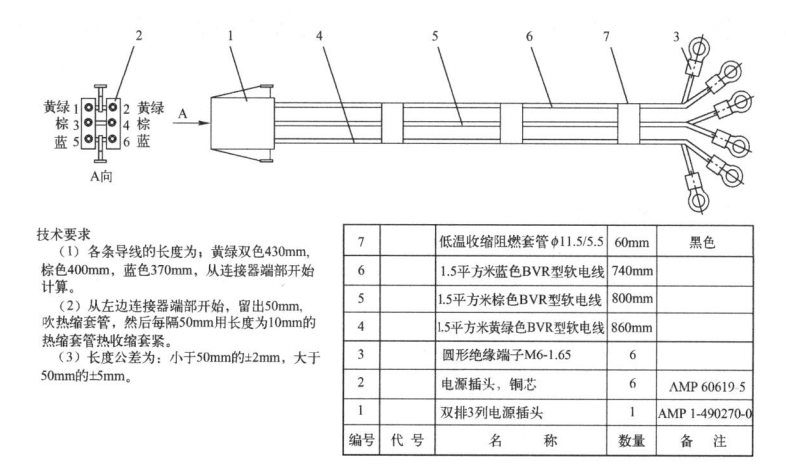

图 7-34 线缆图示例

7.3.3 工艺文件

1. 工艺文件的定义

按照一定的条件选择产品最合理的工艺过程(即生产过程),将实现这个过程的程序、内容、方法、工具、设备、材料和每一个环节应该遵守的技术规程,用文字和图表的形式表示出来,称为工艺文件。

极端的说法是,只要企业掌握了工艺文件,即使更换所有操作者,也能按照文件制造出同样的产品。这既说明了工艺文件应起的作用,也是对工艺文件内容的要求。

2. 工艺文件的作用

工艺文件的主要作用如下:
- 组织生产,建立生产秩序;
- 指导技术,保证产品质量;
- 编制生产计划,考核工时定额;
- 调整劳动组织;
- 安排物资供应;
- 工具、工装、模具管理;

- 经济核算的依据；
- 执行工艺纪律的依据；
- 历史档案资料；
- 产品转厂生产时的交换资料；
- 各企业之间进行经验交流。

对于组织机构健全的电子产品制造企业来说，上述工艺文件的作用也正是各部门的职责与工作依据：

① 为生产部门提供规定的流程和工序，便于组织有序的产品生产；按照文件要求组织工艺纪律的管理和员工的管理；提出各工序和岗位的技术要求和操作方法，保证生产出符合质量要求产品。

② 质量管理部门检查各工序和岗位的技术要求和操作方法，监督生产符合质量要求的产品。

③ 为生产计划部门、物料供应部门和财务核算部门确定工时定额和材料定额，控制产品的制造成本。

④ 资料档案管理部门对工艺文件进行严格的授权管理，记载工艺文件的更新历程，确认生产过程使用有效的文件。

3. 电子产品工艺文件的分类

按照规定，工艺文件通常可以分为基本工艺文件、指导技术的工艺文件、统计汇编资料和管理工艺文件用的格式四类。

根据电子产品的特点，工艺文件主要包括产品工艺流程、岗位作业指导书、通用工艺文件和管理性工艺文件几大类：

- 组织产品生产必须的工艺流程；
- 参与生产的每个员工、每个岗位都必须遵照执行的岗位作业指导书和操作指南；
- 适用于多个工位和工序的通用工艺文件，如设备操作规程、焊接工艺要求等；
- 管理性工艺文件如现场工艺纪律、防静电管理办法等。

（1） 基本工艺文件

基本工艺文件是供企业组织生产、进行生产技术准备工作的最基本的技术文件，它规定了产品的生产条件、工艺路线、工艺流程、工具设备、调试及检验仪器、工艺装备、工时定额。一切在生产过程中进行组织管理所需要的资料，都要从中取得有关的数据。

基本工艺文件应该包括：

- 零件工艺过程；
- 装配工艺过程。

（2）指导技术的工艺文件

指导技术的工艺文件是不同专业工艺的经验总结，或者是通过试生产实践编写出来的用于指导技术和保证产品质量的技术条件，主要包括：

- 专业工艺规程；
- 工艺说明及简图；
- 检验说明（方式、步骤、程序等）。

（3）统计汇编资料

统计汇编资料是为企业管理部门提供的各种明细表，作为管理部门规划生产组织、编制生产计划、安排物资供应、进行经济核算的技术依据，主要包括：

- 专用工装；

- 标准工具；
- 材料消耗定额；
- 工时消耗定额。

（4）管理工艺文件用的格式

管理工艺文件用的格式包括：
- 工艺文件封面；
- 工艺文件目录；
- 工艺文件更改通知单；
- 工艺文件明细表。

4．工艺文件的成套性

电子工艺文件的编制不是随意的，应该根据产品的生产性质、生产类型、产品的复杂程度、重要程度及生产的组织形式等具体情况，按照一定的规范和格式编制配套齐全，即应该保证工艺文件的成套性。

电子行业标准 SJ/T10324 对工艺文件的成套性提出了明确的要求，分别规定了产品在设计定型、生产定型、样机试制或一次性生产时的工艺文件成套性标准。

产品设计性试制的主要目的是考验设计是否合理、能否满足预定的功能、各种技术指标及工艺可行性。当然，也应该考虑在产品设计定型以后是否已经具备了进入批量生产的主要条件（如关键零部件、元器件、整机加工工艺是否已经过关等）。通常，整机类电子产品在生产性试制定型时至少应该具备下列几种工艺文件：
- 工艺文件封面；
- 工艺文件明细表；
- 装配工艺过程卡片；
- 自制工艺装备明细表；
- 材料消耗工艺定额明细表；
- 材料消耗工艺定额汇总表。

需要指出的是，自制工艺装备（含相关软件）的文件在齐套时常被忽视。实际上，工装一般多包含企业的技术诀窍（know how），属独门绝技，其重要性不言而喻。对此文件的齐套、归档应给予足够重视。

产品生产定型后，该产品即可转入正式大批量生产。因此，工艺文件就是指导企业加工、装配、生产路线、计划、调度、原材料准备、劳动组织、质量管理、工模量具管理、经济核算等工作的主要技术依据。所以，工艺文件的成套性在产品生产定型时尤其应该加以重点审核。

7.3.4　插件线工艺文件的编制方法

1．插件线装配工艺

插件线是将整形好的元器件按要求插装到印制板上，经焊接固定插好的元器件。绝大多数电子产品生产企业都配备了电路板插件线。在不具备 SMT 或 AI 设备的企业里，所有的元器件都在插件线上完成插装；在有 SMT 或 AI 设备的企业，也有因电路板上部分元器件不适应机插、机贴，必须由插件线来完成组装。

在安排插件线插装前，先要熟悉产品对象（需生产的电路板），了解产品的构成、复杂程度、印制板的尺寸形状、使用哪些元器件等。然后，根据插件线人数的多少、员工的操作技能与熟练程度和生产量的多少,确定每个员工的插装数量。一般情况下,每个工位插装元器件的数量以 4~7 个为宜。避免因为数量或种类太多导致插装错误。在安排各工位插装的元器件时,要遵循下列原则:

(1) 安排插装的顺序时,先安排体积较小的跳线、电阻、瓷片电容等,后安排体积较大的继电器、电解电容、安规电容(一种大容量、高耐压的电容器)、电感线圈等。

(2) 插装印制板上元器件的位置,应安排先插装上方、后插装下方,以免前道工序已经插装的元器件妨碍后道工序的插装。

(3) 带极性的元器件如二极管、三极管、集成电路、电解电容等,要特别注意明确标志方向,以免插装错误。

(4) 要用波峰焊或浸焊炉焊接的,要考虑到240℃以上的焊接温度对元器件的损伤。因此,如果电路板上有怕高温、助焊剂容易浸入的元器件,要格外小心。可以安排对特殊元器件进行手工插装并补焊。

(5) 有容易被静电击穿的集成电路时,要采取相应措施防止元器件损坏。

2. 岗位操作作业指导书的编制

岗位操作作业指导书是指导员工进行生产的工艺文件,下面以图 7-35 为例,说明作业指导书的编制方法。编制作业指导书,要注意以下几方面。

	××××电子有限公司		总装作业指导书		产品名称	YYYY 微波炉	产品型号	ZZ-E(G)XAHU(D3)	编号
					工序号	2	工位号	2-8	工作内容	插件	08
元器件									
名称	规格型号		位号	数量					
碳膜电阻	1/6W-20kΩ-±5%		$R_{34},R_{47},R_{32},R_{30},R_{36}$	5					
整流二极管	1N4007		D_6,D_7	2					
设备、工装夹具、辅助材料									
设备、工装夹具名称、型号、数量			辅助材料名称、规格、数量						
					技术要求:				
					1. 将元器件插到图中对应的位号上。				
					2. 元器件要插到位,尽量贴近板面。				
					3. 整流二极管封装上白色一端表示负极,与丝印方向的一竖相对应插入。				
标记	处数	更改文件号	签名	日期					
发文号			共1页 第1页						
编制/日期					审核/日期			审核/日期	

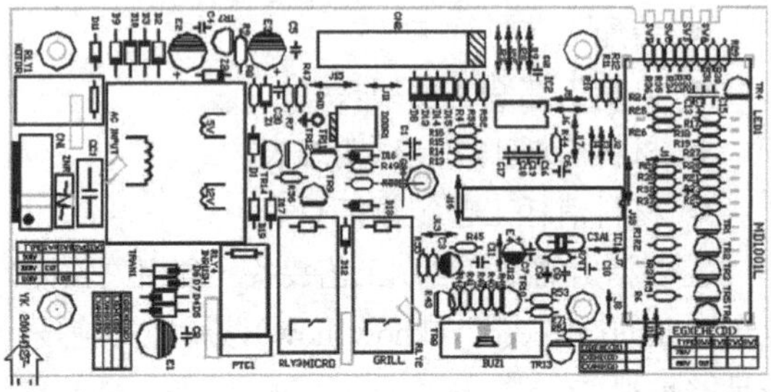

图 7-35 插装作业指导书

（1）为便于查阅、追溯质量责任，作业指导书必须写明产品名称、规格、型号、该岗位的工序号以及文件编号。

（2）必须说明该岗位的工作内容。图7-35是"插件"工序的作业指导书。

（3）写明本工位工作所需要的原材料、元器件和设备工具以及相应的规格、型号及数量。图7-35的工位需要安装5个1/6W电阻和2个1N4007整流二极管，并且说明了装配在什么位置。

（4）有图纸或实物样品加以指导，图7-35画出了印制板实物丝印图供本工位员工对照阅读。

（5）有说明或技术要求告诉员工怎样具体操作以及注意事项。

（6）工艺文件必须有编制人、审核人和批准人签字。

一般，一件产品的作业指导书不止一张，有多少工位就有多少张作业指导书，因此，每一产品的作业指导书汇总在一起，装订成册精心保管，以便生产时多次使用。

这里仅以插件作业指导书为例，对工艺文件的编制和要求进行了介绍，其他的工艺文件与此类似。工艺文件用于指导生产，其图文一定要清楚、准确、具体、易懂，便于工人使用，不能含混不清。

7.3.5 工艺文件范例

以下为某电子整机厂生产S753台式收音机的工艺文件，作为初学者编制工艺文件的范例。

- 图7-36 工艺流程简图；
- 图7-37 材料消耗定额表；

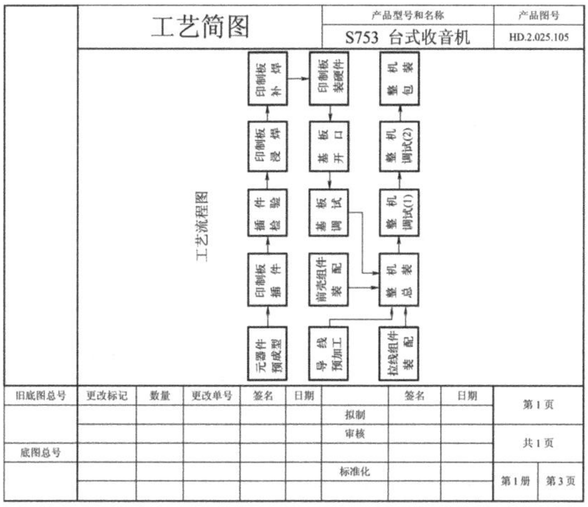

图7-36 工艺流程简图

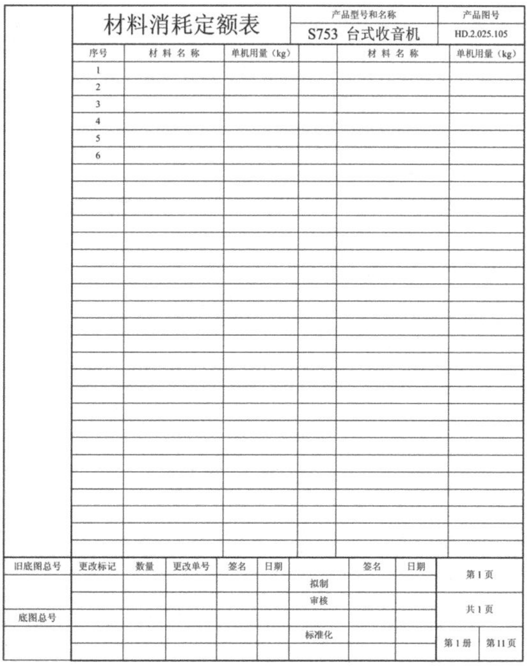

图7-37 材料消耗定额表

- 图7-38 配套明细表；
- 图7-39 仪器仪表明细表；
- 图7-40 工位器具明细表；
- 图7-41 装配工艺卡片；
- 图7-42 元器件预成型工艺卡片；
- 图7-43 导线及线扎加工表；

配套明细表	产品型号和名称	产品图号
	S753 台式收音机	HD.2.025.105

序号	名　称	型号、规格、编码	数量	位号	装入何处
1	自制零件				
2	调谐杆	HD5.557.017	1		
3	支架	HD8.667.030	1		基板
4	支架	HD8.667.031	1		基板
5	转盘	HD8.667.032	1		基板
6	刻度板	HD8.667.033	1		基板
7	指针	HD8.667.034	1		基板
8	压片	HD8.045.008	3		整机
9	支柱	HD8.045.010	1		整机
10	夹板	HD8.045.007	1		整机
11	夹簧	HD8.045.013	1		整机
12	旋钮	HD8.667.080	2		整机
13	弹簧	HD8.045.020	2		基板
14	窗板	HD8.667.037	1		整机
15	前壳	HD6.116.058	1		整机
16	后盖	HD6.116.060	1		整机
17	嵌条	HD8.667.058	2		整机
18	装饰板	HD8.667.060	1		整机
19					
20	线圈	HD5.557.045	1		基板
21	跨接线	跨距 10mm	4		基板
22	电池套		1		整机
23	说明书		1		整机
24	防振袋		1		整机
25	合格证		1		整机
26					
27					
28					
29					

旧底图总号	更改标记	数量	更改单号	签名	日期		签名	日期	第3页
						拟制			
						审核			共4页
底图总号						标准化			第1册　第7页

图 7-38　配套明细表

仪器仪表明细表	产品型号和名称	产品图号
	S753 台式收音机	HD.2.025.105

序号	型　号	名　称	数　量	备　注
1		高频信号发生器	4	
2		示波器	4	
3		3V 稳压电源	4	
4		真空管毫伏表	6	
5		500 型万用表	1	
6		数字万用表		

旧底图总号	更改标记	数量	更改单号	签名	日期		签名	日期	第1页
						拟制			
						审核			共1页
底图总号						标准化			第1册　第11页

图 7-39　仪器仪表明细表

工位器具明细表	产品型号和名称	产品图号
	S753 台式收音机	HD.2.025.105

序号	型　号	名　称	数　量	备　注
1	SL-A 型 60W	60W 手枪烙铁	10	
2	SL-A 型 60W	烙铁芯	10	
3	SL-A 型 60W	烙铁头	10	
4		25W 内热式电烙铁	10	
5		烙铁芯	10	
6		长寿命烙铁头	10	
7		气动剪刀	3	
8		气动剪刀头	3	
9		气动螺丝刀	10	
10		十字气动螺丝刀头	10	
11		4"一字螺丝刀	20	
12		4"十字螺丝刀	20	
13		锋钢剪刀	10	
14		不锈钢镊子	20	
15		125mm 尖嘴钳	20	
16		125mm 偏口钳	5	
17		500mm 钢板尺	2	
18		150mm 钢板尺	2	
19		电子秒表	1	
20		0.82～0.87 密度计	4	
21		密度计玻璃吸管	4	
22		1～2L 塑料量杯	2	
23		80×120mm 方盒	2	
24		塑料点漆壶	1	
25		元器件料盒	300	
26	480×260×120	塑料存放箱	10	
27		不锈钢汤勺	1	
28				
29				

旧底图总号	更改标记	数量	更改单号	签名	日期		签名	日期	第1页
						拟制			
						审核			共2页
底图总号						标准化			第1册　第9页

图 7-40　工位器具明细表

装配工艺卡片	工序名称	产品名称
		小型台式收音机
	插件（4）	产品型号
		S753

位号	装入件及辅助材料代号、名称、规格	数量	工艺要求	工具工装名称
R5	电阻器 RT11-0.25W-470Ω	1	（1）插入位置见"插件工艺简图"（第8页）第4部分； （2）插入工艺要求见通用工艺"插件工艺规范"。	镊子
R8	电阻器 RT11-0.25W-470Ω	1		剪刀
C2	电容器 CC1-63V-0.22μ	1		
C9	电容器 CC1-63V-0.22μ	1		
C10	电容器 CD11-16V-4.7μ	1		
C11	电容器 CD11-16V-4.7μ	1		
Q4	三极管 3DG201（S11）	1		

指示插装位置的印制板装配图
（略）

旧底图总号	更改标记	数量	更改单号	签名	日期		签名	日期	第4页
						拟制			
						审核			共8页
底图总号						标准化			第1册　第19页

图 7-41　装配工艺卡片

图 7-42 元器件预成型工艺卡片

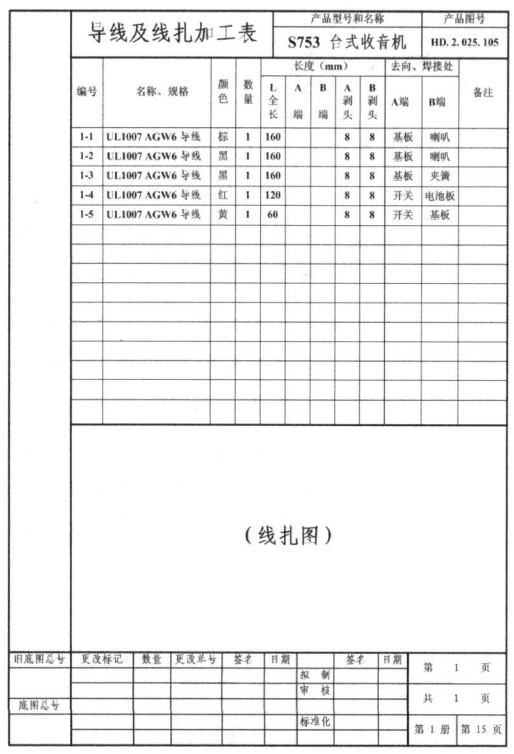

图 7-43 导线及线扎加工表

- 图 7-44 螺装工艺说明；
- 图 7-45 总装工艺卡片。

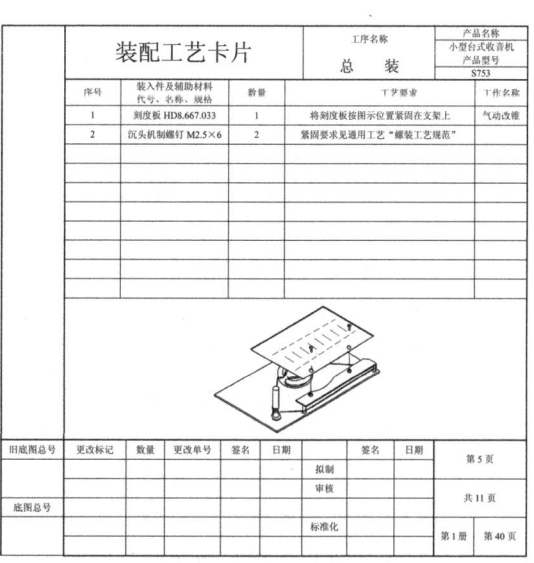

图 7-44 螺装工艺说明

图 7-45 总装工艺卡片

思考与习题

1. （1）产品工艺设计应该达到什么目标？（提示：有四条）
   （2）产品总体工艺方案设计包括哪些内容？（提示：有三条）
2. 产品整机结构包含哪两个部分？具体内容各是什么？
3. （1）试分析立式机箱的类别和结构，并以实物例子描述。
   （2）试总结台式机箱的要求和特点，并以实物为例进行描述。
   （3）试总结便携式机箱的外观特点，并以实物作例证。
   （4）试总结壁挂式机箱的种类和特点，并举实物为例。
4. （1）操作面板的设计原则是什么？举例说明好的方案的特点。
   （2）请列举面板设计的注意要点。
5. （1）机箱内部结构安排应考虑哪些问题？
   （2）内部结构的连接设计应考虑哪些因素？举实例分析其是否合乎设计原则。
   （3）内部连线上有哪些可供选择的方案？连线的工艺应注意什么？导线色别应如何选取？请以实物为例分析其是否合乎这些要求，若不合乎要求，提出改进意见。
6. （1）环境防护设计包括哪些内容？
   （2）为什么要有散热设计？散热措施有哪几种？分别举实例印证。
   （3）屏蔽分为哪三种？分别如何实施？如何正确使用屏蔽线？试举实例分别印证。
   （4）试列举防潮的具体措施和实例。
   （5）请列举防腐的具体措施和实例。
   （6）振动对整机会造成哪些危害？常用的防振措施有哪些？
7. （1）产品的造型与外观设计中应考虑哪些因素？
   （2）产品的包装上应注意什么问题？
8. （1）电子工程图有哪些基本要求和标准？
   （2）电子工程图有哪些特点？
   （3）请简述电子工程图的分类。
9. （1）请熟悉和记牢常用的图形符号，做到会识别、会使用。
   （2）请自己到图书馆索阅电子类期刊杂志，练习和巩固图形符号的识别能力。
   （3）举例总结并说明电子工程图中元器件的标注原则。请说明下面这些文字代表什么元件，什么规格参数：
   R：　10，6　8，75，360，3k3，47k，820k，4M7
   CJ 型：5p6，56，560
   CD 型：5　6，56，560
   CBB 型：1n，4n7，10n，22n，220n，470n
   CD 型：1m，2m2/50
10. （1）绘制电原理图中的连线，应遵循什么原则？
    （2）电原理图中的虚线有哪些辅助作用？
    （3）电原理图中允许做哪些省略画法？
    （4）电原理图的绘制有哪些注意事项？
    （5）请说明方框图的作用及绘制方法。
    （6）什么叫逻辑图？请熟记各种标准的常用逻辑符号，并熟练掌握逻辑图的绘制方法。

（7）请熟悉各种电原理图的灵活运用方法，并查阅书刊杂志，找出几例灵活运用的实例加以印证。

11. （1）工艺图包括哪几种图？分别举例说明这些图的作用、画法和工艺要求（提示：它们是实物装配图、印制板图、印制板装配图、布线图、机壳图、底板图、面板图等）。

（2）如何开列元器件明细表及整机材料汇总表？

12. （1）什么叫技术文件的电子文档化？技术文件的电子文档有哪两类？

（2）工艺文件的电子文档化要注意哪些问题？怎样处理工艺文件电子文档的安全问题？

（3）请叙述计算机辅助处理电子工程图的基本过程。

（4）电子工程图的计算机辅助处理软件有哪几类？

13. （1）什么叫工艺文件？工艺文件在生产中起什么作用？

（2）怎样区分设计文件和工艺文件？

（3）工艺文件分哪几类？

（4）工艺文件的类别和成套性是怎样规定的？

14. 尝试做一种电子产品生产工艺流程和插件的工艺文件。

第 8 章　电子产品制造企业的质量控制与认证

产品质量是企业的生命，质量控制是企业生产活动中的生命线。在很多情况下，检验、调试与试验，这三个名词带有相近的含义，但它们在电子产品制造过程中的概念又是有所区别的：检验不仅是对具体产品的质量检查，还能判定生产过程或某一具体加工环节（如组装、焊接等）的工作质量；调试包括调整与测试——产品电路、元器件参数的离散性要求通过对某些元器件的参数进行调整，使电路整体参数匹配，实现特定功能，测试对调整做出认定；试验通常是生产企业模拟产品的工作条件，对产品整体参数进行验证，同时考察设计方案的正确性和生产加工过程的质量。

8.1　电子产品的检验

8.1.1　检验的理论与方法

1. 检验的概念

检验，是对产品本身所具有的一种或多种特性进行测量、检查、试验或计量，并将这些特性与规定的标准进行比较，以确定其符合性的活动。也就是说，使用规定的方法测量产品的特性，并将结果与规定的要求比较，对产品质量是否合格做出判定。可以说，检验是检测、比较和判定的统称。

2. 检验的意义及作用

（1）检验的意义

检验是确保产品质量符合规定要求的不可缺少的重要环节。如果由于漏检或错检，使不合格的电子产品经流通渠道到达用户，不仅会影响到用户的正常作业和生活、造成人身伤害，还直接关系到生产企业的生存和发展。以对用户负责、提高产品市场竞争力为宗旨，确保高质量、高性能、低成本的电子产品出厂，是所有电子产品制造企业的追求。因此，生产企业首先应当建立一个有效的、严密的检验体系——设立专职或兼职的检验部门，建立业务熟练的检验技术队伍，配备足够的、满足检验精度要求的测试仪器及设备，才能确保做出真实、完整、有效的检验判定结果和记录，确定产品的符合性。

（2）检验的作用

在现代电子企业中，检验是必不可少的产品质量监控手段，其主要作用有：

① 符合性判定——通过检验确认产品合格与否，对用户（或下道工序）提供质量保证；

② 质量把关——严格区分合格产品与不合格产品，确保不合格产品不能出厂；

③ 过程控制——通过对在制产品进行检验，发现生产过程中的异常情况，及时做出工艺调

整，确保对不合格产品的追溯；

④ 提供信息——通过对检验数据进行分析，及时发现潜在不合格原因，调整生产工艺，防止不合格发生；

⑤ 出具符合性证据——检验结果形成检验记录和报告，是判定产品符合的证实性材料。

3. 检验的依据

检验是对产品的符合性做出判定，其"符合性"中所包含的具体内容及要求，就是检验的依据。因此，在检验过程中必须具备用于符合性比较的标准文本文件，如标准、规定、要求等。

自从 20 世纪 80 年代以来，我国电子产品检验所依据的文本文件的标准化程度已达到很高程度并与国际接轨，很多产品标准都已形成系列。按照产品特性的不同各异，目前电子行业所使用的各级标准主要分为以下几类：

- 国际标准——国际标准化组织发布的标准（ISO 标准）、国际电工委员会发布的标准（IEC 标准）。
- 国家标准——强制性标准（GB 标准），属于必须执行的标准；推荐性标准（GB/T 标准），属于自愿采用的标准。国家标准采用国际标准时，均注明"idt"表示等同采用或注明"mod"表示修改采用。
- 行业标准——行业范围内统一的技术要求。对电子产品来说，主要是部颁标准及相关检验、监督机构颁布的标准。
- 企业标准——对没有国家标准和行业标准的产品所制定的、作为组织生产依据的标准，只在生产企业内部使用，须经主管部门审批。按照常规，企业标准应当不低于国家标准和行业标准的要求。

此外，产品设计、合同附件、用户协议、产品图纸、资料、技术文件等，也可以作为有效的产品检验依据。

8.1.2 检验的分类

检验作为一种监控产品质量的科学手段，要在较短的检验时间内发现产品缺陷，就应该控制住关键的检验环节，按照产品过程控制的需要，合理安排检验活动，一般按照检验的阶段、检验的场所及检验的方式分别进行控制，以便快速、准确、经济、合理的判定产品缺陷。检验有以下分类方法。

1. 按检验的阶段分类

（1）采购检验

采购检验即进货检验，由生产厂对外购件及外协件等采购物料进行检验或试验。

电子行业采购的物料有分立电子元器件、集成电路、印制板、开关、接插件、线材、结构件、外壳等零部件以及各种辅料。一些采购品由于供货方出厂时本身固有的隐含缺陷，经过包装、储存和运输等过程后，缺陷就可能显现出来。所以，在采购物料进货后，应当按照相应的标准、图纸、技术要求等进行检验或验证。检验是对产品全项目或部分项目进行检验，验证是对产品供货方提交的检验证明或检测报告进行查验，经检验确认合格后方可入库和投产，这是把好产品质量的第一关。对采购产品检验有以下两种方式：

① 首件（或首批）检验。

对首件（或首批）产品进行检验，对供货方产品与标准或技术文件要求是否符合做出评价。通常在首次向供货方购买产品或产品的设计及工艺有重大变化时采用。对采购产品做一次全项目或部分项目的检测，全面了解产品的质量状况，确定能否投入批量生产使用，可逐件检验或抽样检验。

② 批次检验。

按采购进货的批次进行检验是为防止不合格的原材料、元器件、零部件、外购件及外协件流入生产过程中，控制好每一批采购产品的质量，确保采购物料的质量能够持续地符合生产要求。通常，电子产品生产企业是将采购物料按其重要程度进行分类，再按采购批次及物料的类别分别进行质量控制，例如可以分为下列三类：

A 类——对产品质量或安全性能有重大影响的采购物料，如产品的主要材料、部件及安全关键原材料和部件，一般要进行全检或抽检；

B 类——对产品质量有一定影响的采购物料，一般进行全检或抽检；

C 类——对产品质量影响较小的采购物料，如辅助材料、包装材料等，一般只对外观、规格、数量进行检查和核实，并对供货方提交的产品出厂合格证、检测报告等进行验证。

电子产品完成采购检验的项目，是由各企业所具备的检测能力来决定的，主要包括装配结构及尺寸、外观、产品性能参数等。检测设备齐全、检测能力强的企业可以进行全项目或主要项目检验，检测设备不足或不具备检测条件的企业对部分项目进行检验，或委托其他具备检测能力的单位或机构进行检验，可以是全数检验或抽检。

（2）过程检验

过程检验是对生产过程中的一个或多个工序的在制品、半成品或成品进行检验。电子行业中，主要有焊接检验、单元电路板调试检验、整机组装后系统联调检验等。在生产过程中，由于操作人员的技术水平、生产工艺及设备的运行状况等因素的影响，都可能产生不良产品，这就需要对在制产品进行控制，及时发现生产过程中的不合格品，并确保不合格品不转入下道工序。此外，过程检验也能够反映出某一工序的受控状态是否正常，以便及时做出工艺调整。过程检验一般由生产工序的作业人员自检或互检，或由专职检验人员完成。通常有以下两种方法：

① 首件（或首批）检验。

对新品投产的第一件（或第一批）进行检验，叫做首件（或首批）检验，用于发现、调整或消除生产定位、调试不当或工艺原因等引起的产品不合格，为下一步产品的批量投产奠定基础。

② 工序检验。

工序检验是按规定的时间间隔或工序对生产过程中的半成品、成品进行检验，防止因一个（或几个）工序生产状态的变化造成产品性能不合格或参数不稳定，以便及时做出工艺调整、剔除不合格品，防止不合格品转入下道工序，避免因后续返工造成损失。工序检验由生产现场操作人员或专职检验人员完成，检验数量可全数检验或抽检。

电子产品过程检验的控制点，可以选择生产过程中较为关键的工序，检验项目则根据不同产品的要求而选择，主要包括装配结构及尺寸、半成品、成品的性能参数、安全性能等主要技术指标，可以全数检验或抽检。

在 3C 强制性产品认证的《工厂保证能力要求》及产品实施规则中，明确规定了对生产工序的末端、即将进行包装的产品进行 100%的例行检验，对产品逐一进行主要安全项目测试，确保剔除在生产过程中安全性能不合格的产品。

（3）成品检验

成品检验包括对设计制作的样品检验以及在生产的全部工序完成后的成品检验。成品检验是为全面考核产品满足标准、设计、合同等要求的重要环节，主要包括对产品外观、结构、功能、主要技术性能及安全、电磁兼容、环境适应等性能进行全方位的检验和试验。成品检验过程中所记载的检验记录和出具的检测结果或检验报告是产品符合性的证据，也是产品合格出厂的依

据。成品检验有以下几种形式:

① 定型试验。

定型试验的主要目的是考核设计、试制阶段中的产品样品是否已经达到标准或相关技术要求,一般是对设计完成后的样品或在试制阶段或小批量生产阶段进行;同时,定型试验也可以验证企业是否具备生产符合标准要求产品的能力。定型试验的结果可以作为产品鉴定的主要依据。通常,电子产品定型试验与产品例行试验的内容相同,可以是全项目或部分主要项目检验,包括外观、结构、功能、主要技术性能及安全、电磁兼容性能。如果需要,还可以按照规定的方法对产品进行可靠性试验。

② 老化试验。

老化试验是在尚未包装、入库前对产品整体工作稳定性的检查,是为确保产品的设计、采购的材料以及生产全过程的质量检验,通过试验发现产品在制造过程中存在的潜在缺陷,把故障消灭在出厂之前。与电子元器件的老化筛选相同,每一件电子产品在出厂前都要进行通电老化试验,老化试验合格后方可包装、入库或出厂。老化试验也可作为一个生产过程的常规工序。

老化试验一般在室温下进行,属于非破坏性试验,可分为动态老化和静态老化:

- 动态老化试验——是将产品接通电源或输入工作信号,使产品按规定的时间连续工作。老化试验的主要条件是时间和温度的设定,根据产品的不同需要,在室温下可以选择 8h、24h、48h、72h 或 168h 的连续老化时间;在产品批量大的情况下也可以改变试验条件,如采取提高试验环境温度、缩短老化试验时间的办法。在老化时,应该密切注意产品的工作状态,如果发现个别产品出现异常情况,要立即退出通电老化。
- 静态老化试验——是将产品接通电源而不给产品输入工作信号,使产品按规定的时间连续工作。

以电视机为例,静态老化时显像管上只有光栅;而动态老化时从天线输入端送入信号,屏幕上显示图像,喇叭里发出声音。又如,计算机在静态老化时只接通电源,不运行程序;而动态老化时要持续运行测试程序。

几种常见的电子产品老化设备如图 8-1 所示。

(a) 恒温试验箱　　(b) 高低温试验箱　　(c) 真空高温试验箱

(d) 老化房

图 8-1　几种老化设备的照片

老化工序应该遵循一定的技术条件与要求，相应的设备也必须符合要求，以图 8-1（c）所示的真空高温试验箱来说，设备的技术指标如下：

- 外部采用 SECC 钢板，精粉体烤漆处理，内部为 SUS 不锈钢。
- 操作手续简便，温度均匀度佳。
- 耐真空度高达 $6×10^{-2}$Pa。
- 气阀及进气阀采用球阀，使用方便，紧密性高。
- 超温保护、超负载自动断电。
- 循环方式，热辐射及自然对流。
- 强化玻璃初视窗。
- 高温保护、过流保护。
- 加热方式：PID+S.S.R.。
- 温度范围：+20～350℃，可调。
- 温控器：PID 微电脑控制。
- 计时器：温到计时、时间到切断加热电源。
- 控制精度：±1.0℃。

又如，图 8-1（d）所示的高温老化房，设备的技术指标如下：

- 温度范围：RT+5～+60℃（RT——房间环境温度）；
- 温度偏差：≤±2℃（空载，工作区域内测试，工作区域指距四边及顶底内壁 300mm 的区域）；≤±2℃（满载，工作区域内测试，工作区域指距四边及顶底内壁 300mm 的区域，负载总发热量＜15kW）；
- 设定温度精度：1℃。
- 升温速度：常温～60℃≤30min。
- 老化房总配电电源：380V/3pH/50Hz。
- 运行方式：全自动定值运行。
- 配有产品测试电源。
- 使用条件：环境温度-10～40℃，湿度＜90%RH。
- 可选配烟雾报警器。

③ 最终产品检验。

最终产品检验是针对批次产品入库前的整体质量检验，是为了确保经过生产全过程的产品符合标准要求，判定批次产品的符合性。经检验确认合格的产品方可入库和出厂，这也是控制出厂产品质量的最后环节。电子企业最终产品检验的主要项目有：

- 外观检验——产品表面涂层是否均匀，有无划伤、磕碰，金属件有无锈蚀，塑料件有无裂纹等可见损伤，控制件是否灵活、准确，铭牌或标识是否清晰、准确，说明书及附件是否齐全。
- 功能检查及性能测试——使用相应的产品测试仪器进行测试，以符合产品标准及技术文件的要求。

④ 例行试验。

例行试验是对连续批量生产的产品进行周期性的检验和试验，以确认生产企业是否能持续、稳定地生产符合要求的产品。一般来说，在电子产品连续批量生产时，每年进行一次；若生产间断的时间超过半年，要对每批产品进行试验；若产品的设计、工艺、结构、材料及功能发生重大变更时，也应当进行试验。例行试验与定型试验的内容基本相同，包括外观、结构、功能、主要技术性能及安全、电磁兼容性能检验。根据需要，还可以按照规定的方法对产品进行环境试验。

在 3C 强制性产品认证的《工厂保证能力要求》及产品实施规则中，明确规定了对连续批量生产的产品定期进行安全项目测试，也称为确认检验。按产品的不同，确认试验半年或一年进行一次。按照试验要求，对产品的安全性能项目进行试验，确保产品安全性能的持续稳定性。

2. 按检验的地点分类

（1）固定场所检验

固定场所检验是在生产现场的指定检验工位或检验部门的检测室进行的检验，适合于测试仪器不便于移动或对检测的环境条件有要求的检验活动。

（2）巡检

巡检是由专职检验人员按照规定的时间到生产或操作现场进行的检验。这种方法能够节省生产人员或检验人员传递样品的时间，也可以随时发现产品质量随生产时间变化的规律，便于及时调整工艺参数。巡检适用于检测设备便于移动以及无特定环境条件要求的检验。

3. 按检验的方法分类

（1）全数检验

全数检验是在制造产品的全过程中，对全部半成品或成品进行逐一的、100%的检验，对每个产品的合格与否做出评定结论。全数检验的主要优点是，能够最大限度地减少本批产品中的不合格品。当需要保证每个单位的产品都达到规定的要求时，还可以反复多次进行。这种检验的主要缺点是检验费用比较高，还有可能造成一种错觉，即认为产品质量是由检验人员的检验筛选过程来控制的，生产过程中的操作人员反而可以不承担质量责任。这种观念不利于提高产品质量在生产全过程的控制地位。全数检验适用于以下情况：

- 如果出现不合格品漏检，可能造成重大损失的；
- 批量小、质量尚无可靠保障措施的；
- 检验的自动化程度较高、较为经济的；
- 用户有全检要求的。

全数检验不适用于破坏性的检验。例如，一些超负荷的指标考核肯定会造成产品的严重破坏，经过检验后的产品只能报废，是不经济的。全数检验是对每个产品的每一项指标逐个进行检查，对于批次数量大的、标准化的产品，例如，阻容元件等，其工作量很大。

（2）抽样检验

统计抽样检验避免了全数检验的缺点，将产品的质量责任公平地转向应当承担责任的生产全过程，使生产过程各环节的责任人都要关注产品质量。因为对于批量大、成本高的批量产品，如果经过检验后被判定为不可接收，将会造成经济和效益上的很大损失，这与生产全过程各环节的质量控制都是分不开的。

抽样方法始于 20 世纪 20 年代，美国贝尔实验室的专家提出了称为"统计抽样"的检验方法，这一方法被美国军用标准（MIL-STD-105）所采纳，随后被国际电工委员会（IEC）采用，国际标准化委员会（ISO）于 1974 年将其推荐为 ISO 标准。按照统计抽样标准，只需从一定批次的产品中随机抽取很少的样本进行检验，减少了工作量、降低了费用，就可以做出接受与否的判定结论，是检验产品质量的一种科学的、经济的方法。

我国在 20 世纪 60 年代开始抽样检验，经过数十年的发展，已经形成并完善了抽样检验的国家标准体系，其中被普遍采用的是 GB/T2828 计数抽样标准，它与美国军用标准（MIL-STD-105E）及国际标准化组织的 ISO2859（计数型）、ISO3951（计量型）抽样标准相对应。

4. 抽样检验的方法与应用

（1）抽样检验的概念

在抽样检验中，由于检验方法与判定方法不同，可以划分为计数抽样和计量抽样两类。计数抽样检验是关于规定的一个（或一组）要求，仅将产品划分为合格或不合格，或者仅计算不合格数的检验。计量抽样检验既包括产品是否合格的检验，又包括每百个单位产品不合格数的检验，一般是按"过或不过"、"达到或没有达到标准"做出结论。

（2）抽样检验的适用场合

GB/T2828.1 是计数抽样标准，适用于计数抽样的检验场合，主要用于连续批的逐批检验和孤立批的检验，是目前比较普遍采用的抽样方法。该标准规定的抽样方案适用于零部件和原材料、半成品、成品以及具体的生产、维修操作或记录等。

（3）随机抽样

GB/T2828.1 采用随机抽样的方法，即保证在抽取样本过程中，排除一切主观意向，使批中的每个单位产品都有同等被抽取的机会。因为，任何一批产品，即便是优质批，也有存在极少数不合格品的可能，如果在抽样过程中有意挑选，或者只从某一个局部抽取，就会使样本失去代表性。

（4）抽样表中所采用的参量

GB/T2828.1 抽样标准中定义了抽样表中所采用的参量。

① 产品的批量 N——标准中所提供的产品是以组来接收的，并不针对某个单一产品，每组产品成为一个批。每批应该由在基本相同的时段和一致的条件下生产的产品组成，批的确定可由检验部门和生产部门协商确定。从抽样的观点来看，大批量是有利的，因为对于大批量来说，抽取大的样本是经济的，但也不能过分强调大批量，应当统筹考虑。

② 样本的数量 n——在抽样检验中，取一批（并且能够提供有关该批的信息，例如生产条件、生产时间等）中的一个或一组单位产品成为样本，样本中单位产品的数量即为样本量。标准中的样本量以 2 为首项，以等比数列形式排列，即 2、3、5、8、13、20、32、50、80、125、200、315、500、800、1250、2000、3150 共 17 个数，分别与批量范围相对应。

③ 检验水平——规定了批量与样本之间的关系，是用于表示抽样检验方案判断能力的指标，所选取的检验水平越高，则抽样检验方案的判断能力越高。检验水平有三个一般水平和四个特殊水平。

- 一般检验水平：分别是水平Ⅰ、Ⅱ、Ⅲ，数码越大，等级越高。在开始生产时或以前的生产记录不能利用、不能令人满意时，为了确定生产过程的质量保证能力，选用较高水平；产品质量已经达到较好水平，生产处于受控状态，可选择较低水平。水平Ⅱ最为常用，除非专门规定，一般使用水平Ⅱ。
- 特殊检验水平：分别是水平 S-1、S-2、S-3、S-4，数码越大，判断能力的等级越高。特殊检验水平用于样本量很小的情况，以及检验成本较高或者进行破坏性试验。也适用于工艺比较简单、质量保证条件较好的产品。

④ 接收质量限 AQL——即产品可接受的质量水平。AQL 决定了批次产品的质量标准，取值范围为 0.01%～1000%，可根据产品的重要程度、实际价值、生产厂的质量保证能力、产品成本等统筹选择。GB/T2828.1 标准中规定："当以不合格百分数表示质量水平时，AQL 值不应超过 10%不合格品；当以每百单位产品不合格数表示质量水平时，可以使用的 AQL 值最高可达每百单位产品中有 1000 个不合格。"所以，当 AQL 值不大于 10 时，应该明确它是不合格百分数还是每百单位产品中的不合格数，否则，容易混淆接收数和拒收数的概念。

⑤ 接收数 Ac——对批次做出接收判定时，样本中发现的不合格品（或不合格数）的上限值。只要样本中发现的不合格品（或不合格数）等于或小于 Ac 时，就可以判定接收。

⑥ 拒收数 Re——对批次做出不接收判定时，样本中发现的不合格品（或不合格数）的下限值。只要样本中发现的不合格品（或不合格数）等于或大于 Re 时，就可以判定拒绝接收。

（5）抽样方案

抽样方案是一组特定的规则，用于对批进行检验、判定。它包括样本量 n 和判定数组（Ac，Re）。GB/T2828.1 提供了一次抽样方案、二次抽样方案和五次抽样方案，可以选择。

- 一次抽样方案用三个数描述：样本量、接收数和拒收数。
- 二次抽样方案由两个样本和判定数组构成。
- 五次抽样方案由五个样本和判定数组构成。

（6）检验的严格性

检验的严格性反映在抽样方案的样本量、接收数和拒收数上。GB/T2828.1 规定了严格程度不同的抽样方案：

- 正常和加严检验抽样方案；
- 正常、加严和放宽检验抽样方案。

（7）抽样检验的程序

应该按照以下程序实施 GB/T2828.1 抽样检验：

- 规定产品的质量标准；
- 确定产品的批量 N；
- 规定检验水平；
- 规定接收质量限 AQL；
- 确定抽样方案的类型和抽样方案；
- 提交能满足质量要求规定的批；
- 检验的判定；
- 对已拒收批的不合格品，在进行返修或更换后再次提交。

8.1.3 检验仪器和设备

在电子产品生产企业中，电子测量仪器和设备是产品检验和试验必不可少的工具。为了准确得到对产品的各项性能参数的测试结果与标准或技术要求的符合性判定，就必须具备功能齐备的、满足测量精度要求的检验仪器。

通常，检验仪器可以分为两类：一类是通用测量仪器，它有较宽的适用范围、较强的通用性，能对不同产品的一项或多项电性能参数进行测量，如电压表、万用表、示波器等；另一类是专用测量仪器，它能对一个或几个产品进行一项或多项电性能参数测试。一般电子测量仪器都具有一种或几种测试功能，要完成电子产品的某一项性能指标的测试，有时还需要用多台测试仪器组成测试系统。

测量仪器的精度是确保测试结果准确性和有效性的重要保证。所以，生产企业在配备测量仪器时要结合企业的自身情况、产品性能、标准和技术条件的要求进行选择。应当按照国家规定的计量检定周期和规程，对测量仪器进行定期的计量检定，以确保测量数据的准确性。

1. 电子产品常用测量仪器和设备

（1）电性能测试仪器和设备

电性能测试仪器和设备主要有电流表、电压表、欧姆表、功率计、示波器、低频信号发生器、高频信号发生器、失真仪、频率计、频谱分析仪等。

（2）安全性能测试仪器和设备

安全性能测试仪器和设备主要有耐压测试仪、兆欧表、接地电阻测试仪、泄漏电流测试仪等。

2．仪器设备的使用要求

在使用电子仪器和设备前，检验人员应该仔细阅读测试仪器的使用和操作说明书，掌握测量仪器的各项功能及使用方法，严格按照规定的测试范围、测试精度、操作程序和步骤、环境条件要求等要求使用，要注意以下几点。

- 在标准规定的温度、湿度、大气压等环境条件下使用测试仪；
- 测量仪器的摆放应该便于操作和观察，并确保其安全和稳定；
- 测量仪器的测量范围及精度等，应符合检验标准的要求；
- 测量仪器必须定期到指定的专业机构进行计量检定或校准，测试仪器的准确度、误差应符合检定规程及国家对计量溯源的要求；
- 在检测开始前和完成后，应该分别检查测量仪器的工作是否正常，以便当测试仪器发生失效时，及时追回被测样品并及时维修和校准。

8.2 电子产品制造企业质量工作岗位及其职责

产品质量是企业的生命，产品质量控制与质量检验是电子产品制造企业生产过程的重要内容，因此，为了保证生产出品质优良的产品，在企业内部，设立了许多与质量相关的工作岗位。质检岗位的技术含量和待遇相对较高，而且人员众多。

8.2.1 电子制造企业质量工作岗位分析

1．QC

QC（Quality Control）的中文意思是品质控制，在ISO8402中的定义是"为达到品质要求所采取的作业技术和活动"。有些推行ISO9000的组织会设置这样一个部门或岗位，负责ISO9000标准所要求的有关品质控制的职能，担任这类工作的人员就叫做QC人员，相当于一般企业中的产品检验员，包括进货检验员（IQC）、制程检验员（IPQC）、最终检验员（FQC）和出厂检验员（OQC）等。

QC七大手法指的是检查表、层别法、柏拉图、因果图、散布图、直方图、管制图。

推行QC七大手法的情况，一定程度上表明了企业管理的先进程度。这些手法的应用效果，将成为企业升级市场的一个重要方面；几乎所有的OEM客户，都会把统计技术应用情况作为审核的重要方面。

（1）IQC

IQC（Incoming Quality Control）即进料品质控制，也称进料检验。IQC一般主要负责对购进的材料进行质量控制，包括检验和各种数据统计分析等。常用的报表一般有检验报告，月度或年度的进料检验结果汇总。

（2）IPQC

IPQC（In-Process Quality Control）的中文意思为制程控制，是指产品从物料投入生产到最终包装过程的品质控制，也称巡回检查或现场品质稽查。IPQC的工作内容包括：

- 根据产品品质状况的需求,设立适当控制点,控制点的效果要定期检查并决定增减。
- 制程控制人员的检验水准不得受外来因素影响而降低。
- 了解作业规范所列的工作重点与控制要领、条件、设备。
- 了解制程控制所列的管制频率,确实依规定频率抽查,抽查记录要确实记载。如未能照频率进行,应向主管反应,不得擅自改变抽查频率与伪造记录。
- 制程记录定期交给数据汇总人员。
- 发现制程品质问题应迅速反应。
- 问题反应后要注意是否有对策,有对策之后要注意对策是否有效;注意防止问题重复发生的措施是否得当。
- 生产前了解类似(或相同)产品的质量缺失,列入管制重点。
- 随时提醒作业人员及其单位主管注意质量上的缺失。
- 和生产线人员保持良好的人际关系,协助他们解决问题,避免造成敌对的态度。
- 制程异常资料统计。
- 注意生产在线良品与不良品区别,以防止不良品被误用。

(3) FQC

FQC (Final Quality Control) 是指生产过程终端的成品全检;是交 QA 抽检前的最后一级 QC 检验,检验的项目和标准由 QA 制定。

(4) OQC

OQC (Outgoing Quality Control) 是成品出厂检验。成品出厂前必须进行出厂检验,才能达到产品出厂零缺陷、客户满意零投诉的目标。OQC 的检验项目包括以下几项。

- 成品包装检验:包装是否牢固,是否符合运输要求等。
- 成品标识检验:如商标批号是否正确。
- 成品外观检验:外观是否破损、开裂、划伤等。
- 成品功能性能检验:批量合格则放行,不合格应及时返工或返修,直至检验合格。

2. QA

QA (Quality Assurance) 的中文意思是品质保证,在 ISO8402 中的定义是"为了提供足够的信任,表明实体能够满足品质要求,而在品质管理体系中实施并根据需要进行证实的全部有计划和有系统的活动"。有些推行 ISO9000 的组织会设置这样的部门或岗位,负责 ISO9000 标准所要求的有关品质保证的职能,担任这类工作的人员就叫做 QA 人员。QA 与 QC 的比较如下:

(1) 定义差异

按照 ISO9000 标准,QA 的定义是"质量管理的一部分,致力于提供质量要求会得到满足的信任",QC 的定义则是"质量管理的一部分,致力于满足质量要求"。简单地说,QC 是对操作者、对工序、对产品的质量控制,直接致力于满足质量要求;QA 则是对人力资源、对生产过程,致力于使管理者、顾客和其他相关各方相信,企业有能力满足质量要求。

(2) 工作侧重点比较

在一个企业组织或项目团队中,存在 QA 和 QC 两类角色,这两类角色工作的主要侧重点比较如下:

- QA 偏重于质量管理体系的建立和维护、客户和认证机构质量体系审核、质量培训工作等;QC 主要集中在质量检验和控制方面。QA 的工作涉及公司的全局与各相关职能部门,覆盖面比较宽广,而 QC 主要集中在产品质量检查方面,只是质量工作的一个方面。

- QA 并不是质量的立法机构，质量的立法机构应该是设计或工艺、工程部门。QA 主要是保证生产过程受控或保证产品合格，着重于维护，而 QC 一般是具体的质量控制，如检验、抽检、确认。在很多企业中，质量部门只承担 QA 的职责，把 QC 的工作放入生产部门。

(3) 其他重大区别
- 资质差异：QA 是企业的高级人才，需要全面掌握组织的过程定义，熟悉所参与项目所用的工程技术；QC 则既包括产品测试工程师、设计工程师等高级人才，也包括一般的测试员等中、初级人才。
- QA 活动贯穿产品制造的全过程；QC 活动一般设置在生产制造的特定阶段，在不同的质量控制点，可能由不同的角色完成。

对称职的 QA 来说，跟踪和报告产品制造过程中的发现（findings）只是其工作职责的基础部分，更富有价值的工作包括为整个制造工艺提供过程支持，例如为工艺工程师提供以往类似产品的案例和参考数据，为设计工程师介绍和解释适用的过程控制文件等。QC 的活动则主要是发现和报告产品的缺陷。

3. QE

QE（Quality Engineer）是指品质工程师。

(1) QE 的主要职责
- 负责从样品到批量生产整个过程的产品质量控制，寻求通过测试、控制及改进流程的方法以提升产品质量；
- 负责解决产品生产过程中所出现的质量问题，处理品质异常及品质改善；
- 产品的品质状况跟踪，处理客户投诉并提供解决措施；
- 制定各种与品质相关的检验标准与文件；
- 指导外协厂商的品质改善，分析与改善不良材料。

(2) QE 的全部任务
- 质量体系中的监督功能；
- 品质设计中的参与程度；
- 品质保证中的策划活动；
- 过程控制中的执行方法；
- 品质成本中的资料统计；
- 客诉处理中的对策分析；
- 持续改善中的主导跟踪；
- 品质管理手法中的宣传推广；
- 供方管理中的审核辅导；
- 作业管理中的 IE（Industrial Engineering，工业工程）手法。

在电子产品制造企业，品质和效率是永远的话题，因而也出现了很多与品质相关的工作岗位，如 DQA 是设计品保工程师、SQE 是供货商质量管理工程师等。

8.2.2 全面质量管理的鱼骨图分析法

鱼骨图（Cause & Effect/Fishbone Diagram）是企业进行全面质量管理、流程分析等过程中常见的工具之一。在企业的技术文件中，经常可以见到鱼骨图的身影。鱼骨图又叫因果图或石川图，是表示质量特性与原因关系的图，1953 年由日本大学石川教授首先提出。

因果/鱼骨图的作用是:
- 能够集中于问题的实质内容,而不是问题历史或个人的不同观点;
- 使组员了解项目小组在围绕某个问题时产生的集体智慧和意见,有助于找到有效的解决方案;
- 使项目小组聚焦于问题的原因,而不是问题的症状。

1. 鱼骨图的作图要点

- 明确需要分析的质量问题或确定需要解决的质量特性;
- 召集同该质量问题有关的人员参会,集思广益,各抒己见;
- 向右画一条带箭头的主干线,将质量问题写在图的右边,一般按 5M1E 分类,然后围绕各大原因逐级分析展开,直到能采取相应措施为止;
- 记录研讨会有关事项(如产品名称、工序、小组名称、参加人及日期等)。

2. 因果/鱼骨图的形式

用鱼骨图分析产品质量的基本形式如图 8-2 所示。

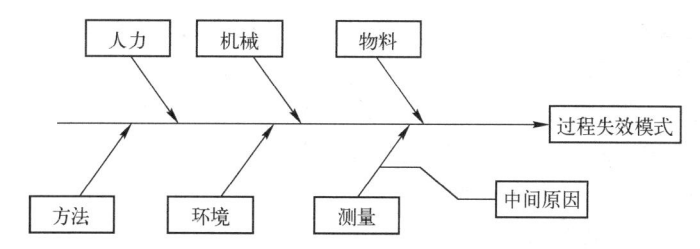

图 8-2 用鱼骨图分析产品质量的基本形式

图 8-3 是某企业为分析"设备维修率高"的问题所绘制的鱼骨图。

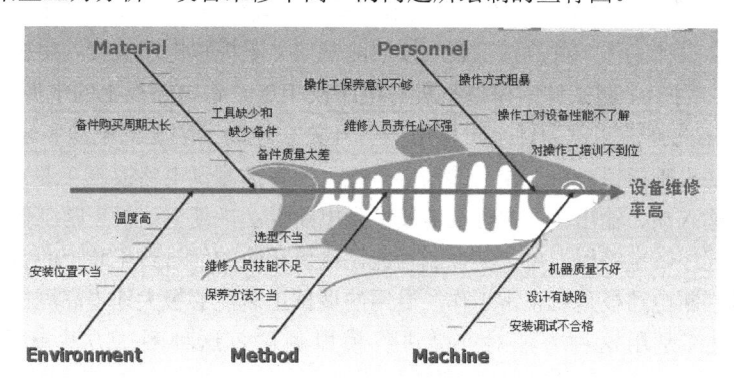

图 8-3 用鱼骨图分析"设备维修率高"的问题

3. 鱼骨图分析的步骤

因果分析是一种小组技巧,其基本程序如下:
- 确定问题或特性;
- 确定主要问题的类别;
- 根据问题的类别,确定其中原因;
- 确定最有可能的原因;
- 采取改正措施;

- 用实验证明。

4. 鱼骨图分析常见的错误及注意事项

- 质量问题或质量特性确定得过于笼统,不具体、针对性不强;
- 原因分析展开不充分,只是依靠少数人"闭门造车";
- 画法不规范;
- 一个质量特性画一张图,不要将多个质量特性画在一张图上。

8.3 产品的功能、性能检测与调试

8.3.1 消费类产品的功能检测

目前,绝大多数消费类电子产品(我国传统称"家电产品")的电路均以单片机或专用集成电路(ASIC)作为核心控制器件,整机的功能也体现在单片机及其控制程序上。在产品研制的初期,设计部门要根据其功能和性能编制"产品技术规格书",这种规格书相当于"产品标准",主要内容是产品的技术指标及软件的控制功能。在大批量制造电子产品的生产过程中,就是以"技术规格书"为依据,检测产品的功能与性能。

以单片机为核心的家电控制器,主要是逻辑电路。因此,其测试的对象也主要是逻辑电路。逻辑电路只有两种状态:高电平或低电平(通或断)。如果用灯光、声音、电动机等来模拟整机工作,均可表示其功能的正确和错误。在实际检验中,常用灯光显示、蜂鸣器发音和电动机工作等作为此类产品的测试方式。

电子产品的检测,以单元电路板的检测为基础,对整机产品的检测,主要集中在对控制电路板的检测上。因此,这里主要介绍电路板的检测。

电路板在大批量生产时,不可能将每块电路板都安装到整机上以后才进行测试。在实际生产中,工艺部门会设计制作一种测试工装(或叫测试架)来模拟电路板接入整机的状态。测试工装的工作原理是:用一个测试针床模拟整机与电路板相连。将电路板上的电源、地线、输入/输出信号端接到针床的弹性测试顶针上,再用一些开关来控制工装上的电源和输入信号,用指示灯、蜂鸣器或电动机来模拟整机上相应的输出负载。当将被测试电路板压(卡)到测试工装上的时候,工装上的输入端、输出端、电源及地线接到电路板上,使电路板正常工作。扳动工装上的开关或启动测试程序,电路板即可按其控制功能,输出相应的信号给工装上的负载,测试人员就能根据输出信号判断电路板是否正常工作。专用的调试工装能够极大地提高测试的工作效率,绝大多数电子企业都是用这种方法对产品进行模拟测试。这种测试方法就是在线检测技术(ICT)。

为实现对电子产品的功能和性能检测,检验技术人员需要做好下列工作:

- 根据具体产品的特点及其设计资料,确定检测方案;
- 确定模拟输入信号和输出负载,设计并制作检测工装;
- 编制检测岗位的作业指导书,确定操作步骤和检验方法,培训检测人员。

作业指导书应当详尽准确,尽量将产品的功能检测完全。有些测试工装安装有模拟检测软件,能快速完整地检测到产品的所有功能和性能。

8.3.2 产品的电路调试

电子整机产品的调试工作,在生产过程中分为两个阶段:一是电路板的调试,作为板级产

品流水线上的工序,安排在电路板装配、焊接的工序后面;二是在整机产品的总体装配流水线上,把各个部件单元连接起来以后,必须通过系统调试才能形成整机。在这两个阶段,调试工作的共同之处是包括调整和测试两个方面,即用测试仪表测量产品并调整各个单元电路的参数,使之符合预定的性能指标要求。

为使电子产品的各项性能参数满足要求并具有良好的可靠性,调试工作是非常重要的。在相同的设计水平与装配工艺的前提下,产品质量就取决于调试工艺制订是否正确和操作人员对调试工艺的掌握程度。对调试人员的要求是:

(1) 懂得被调试产品的各个部件以及整机的电路工作原理,了解它的使用条件和性能指标。

(2) 正确、合理地选择测试仪表,熟练掌握这些仪表的性能指标和使用环境要求。在调试之前,必须对有关仪器的工作特性、使用条件、选择原则、误差的概念和测量范围、灵敏度、量程、阻抗匹配、频率响应等知识有深入的了解和认识,这是电子行业技术工人应当掌握的基本理论。

(3) 学会测试方法和数据处理方法。近年来,编制测试软件对数字电路产品进行智能化测试、采用图形或波形显示仪器对模拟电路产品进行直观化测试的技术得到了迅速的发展,这是测试方法和数据处理方法新的知识领域。

(4) 熟悉调试过程中查找和排除故障的方法。

(5) 合理地组织、安排调试工序,并严格遵守安全操作规程。

这里仅对一般电子产品生产过程中的调试工艺进行介绍。

1. 调试工艺方案

调试工艺方案是指一整套适用于调试某产品的具体内容与项目(如工作特性、测试点、电路参数等)、步骤与方法、测试条件与测试仪表、有关注意事项与安全操作规程。同时,还包括调试的工时定额、数据资料的记录表格、签署格式与送交手续等。制订调试工艺方案,要求调试内容具体、切实、可行,测试条件仔细、清晰,测试仪器和工装选择合理,测试数据尽量表格化,以便从数据结果中寻找规律。

2. 整机产品调试的步骤

整机产品的调试步骤,应该在调试工艺文件中明确、细致地规定出来,使操作者容易理解并遵照执行。产品调试的大致步骤如下。

(1) 在整机装配性连接之前,各部件必须分别调试;在整机通电调试之前,必须先通过装配检验。

(2) 检查确认产品的供电系统(如电源电路)的开关处于"关"的位置,用万用表等仪表判断并确认电源输入端无短路或输入阻抗正常,然后顺序接上地线和电源线,插好电源插头,打开电源开关通电。接通电源后,此时要观察电源指示灯是否点亮,注意有无异样气味,产品中是否有冒烟的现象;对于低压直流供电的产品,可以用手触摸一下,判断有无温度超常。如有这些现象,说明产品内部电路存在短路,必须立即断开电源检查故障。如果看来正常,可以用仪器仪表(万用表或示波器)检查供电系统的电压和纹波系数。

(3) 按照电路的功能模块,根据调试的方便,从前往后或者从后往前地依次把它们接通电源,分别测量各电路(或电路各级)的工作点和其他工作状态。注意:应该调试完成一部分以后,再接通下一部分进行调试。不要一开始就把电源加到全部电路上。这样,不仅使工作有条有理,还能减少因电路接错而损坏元器件,避免扩大事故。

(4) 在对产品进行测试时,可能需要对某些元器件的参数做出调整。调整参数的方法一般有"选择法"和"调节可调元件法"。

① 选择法。通过替换元件来选择合适的电路参数。电路原理图中，在这种元件的参数旁边通常标注有"*"号，表示需要在调整中才能准确地选定。因为反复替换元件很不方便，一般总是先接入可调元件，待调整确定了合适的元件参数值后，再换上与选定参数值相同的固定元件。

② 调节可调元件法。在电路中已经装有可调整元件，如电位器、微调电容器或微调电感器等。其优点是调节方便，并且电路工作一段时间以后如果状态发生变化，还可以随时调整；但可调元件的可靠性较差，体积也常比固定元件大。可调元件的参数调整确定以后，必须用黏合胶或快干漆把调整端固定住。

（5）当各级电路模块调试完成以后，把它们连接起来，测试相互之间的影响，排除影响性能的不利因素。

（6）如果调试高频部件，要采取屏蔽措施，防止工业干扰或其他电磁场的干扰。

（7）测试整机的消耗电流和功率。

（8）对整机的其他性能指标进行测试，例如运行软件，观察图形、图像、声音的效果。

（9）对产品进行老化和环境试验。

3. 电路调试的经验与方法

电子产品调试的经验与方法，可以归纳为四句话：电路分块隔离，先直流后交流；注意人机安全，正确使用仪器。

（1）电路分块隔离，先直流后交流

在比较复杂的电子产品中，整机电路通常可以分成若干个功能模块，相对独立地完成某个特定的电气功能；其中每一个功能模块，往往又可以进一步细分为几个具体电路。细分的界限，对于分立元件电路来说，是以某一两只晶体管为核心的电路；对于集成元件的电路来说，是以某个芯片为核心的电路。例如，一个多媒体音响电路可以分成音频输入、音量控制、前置放大、分频电路、均衡电路、功率放大、电源等几个功能电路模块；对于电源电路来说，还可以进一步细分为整流滤波、基准电路、误差取样、比较放大、输出调整电路。在这几个电路中，都有一两个核心元件。

所谓"电路分块隔离"，是指在调试电路时，对各个功能电路模块分别加电，逐块调试。这样做，可以避免模块之间电信号的相互干扰；当电路工作不正常时，大大缩小了搜寻原因的范围。实际上，有经验的设计者在设计电路时，往往都为各个电路模块设置了一定的隔离元件，例如电源插座、跨接导线或接通电路的某一电阻（SMT 产品往往采用"0Ω"电阻作为隔离元件）。电路调试时，除了正在调试的电路，其他各部分都被隔离元件断开而不工作，因此不会产生相互干扰和影响。当每个电路模块都调整完毕以后，再接通各个隔离元件，使整个电路进入工作状态。对于职业技术院校，进行电子工艺实训选择的产品电路或许没有设置隔离元件，可以在装配的同时逐级调试，调好一级以后再装配下一级。

直流工作状态是一切电路的工作基础。直流工作点不正常，电路就无法实现其特定的电气功能。所以，在电子产品调试工序的作业指导书上，一般都标注关键测试点的直流工作状态——晶体管各极的直流电位或工作电流、集成电路各引脚的工作电压，作为电路调试的参考依据。应该注意，由于元器件的数值都具有一定偏差，并因所用仪表内阻和读数精度的影响，可能会出现测试数据与图上标明的直流工作状态不完全相同的情况，但是一般说来，它们之间的差值不应该很大，相对误差不应该超出 ±10%。当直流工作状态调试完成之后，再进行交流通路的调试，检查并调整有关的元件，使电路完成其预定的电气功能。这种方法就是"先直流后交流"，也叫做"先静态后动态"。

(2) 注意人机安全，正确使用仪器

在电路调试时，由于可能接触到危险的高电压，要特别注意人机安全，采取必要的防护措施。例如，在显示器（彩色电视机）中，行扫描电路输出级的阳极电压高达 20kV 以上，调试时稍有不慎，就很容易触碰到高压线路而受到电击。特别是近年来一般都采用高压开关电源，由于没有电源变压器的隔离，220V 交流电的火线可能直接与整机底板相通，如果通电调试电路，很可能造成触电事故。为避免这种危险，在调试、维修这些设备时，应该首先检查底板是否带电。必要时，可以在电气设备与电源之间使用变比为 1∶1 的隔离变压器。

正确使用仪器，包含两方面的内容。一方面，能够保障人机安全，否则不仅可能发生如上所说的触电事故，还可能损坏仪器设备。例如，初学者错用了万用表的电阻挡或电流挡去测量电压，使万用表被烧毁的事故是常见的。另一方面，正确使用仪器，才能保证正确的调试结果，否则，错误的接入方式或读数方法会使调机陷入困境。例如，当示波器接入电路时，为了不影响电路的幅频特性，不要用塑料导线或电缆线直接从电路引向示波器的输入端，而应当采用衰减探头；在测量小信号的波形时，要注意示波器的接地线不要靠近大功率器件，否则波形可能出现干扰。又如，在使用频率特性测试仪（扫频仪）测量检波器、鉴频器，或者当电路的测试点位于三极管的发射极时，由于这些电路本身已经具有检波作用，就不能使用检波探头，而在测量其他电路时均应使用检波探头；扫频仪的输出阻抗一般为 75Ω，如果直接接入电路，会短路高阻负载，因此在信号测试点需要接入隔离电阻或电容；仪器的输出信号幅度不宜太大，否则将使被测电路的某些元器件处于非线性工作状态，造成特性曲线失真。

8.3.3 在调试中查找和排除故障

在生产过程中，直接通过装配调试、一次检验合格的产品在批量生产中所占的比率，称为"直通率"。直通率是考核产品设计、生产、工艺、管理质量的重要指标。

在整机生产装配的过程中，经过层层检查、严格把关，可以大大减少整机调试中出现的故障。尽管如此，产品装配好以后，往往还不能保证一通电就全都能正常工作，由于元器件和工艺等原因，会遗留一些有待调试中排除的故障。另外，测试仪表在调试工作中发生故障的情况也是屡见不鲜的。

必须强调指出，在整个生产过程中，如果没有在前道工序（指辅助加工、部件装配与调试）中加以严格控制，未能使局部电路或局部结构的故障得到解决，或者留下隐患，那么，在总装后必将导致故障层出不穷，非但影响生产进度，也会降低产品质量。这不仅是技术问题，从根本上说，还是管理问题。

纵然如此，电子产品在生产过程中出现故障仍是不可避免的，检修必然成为调试工作的一部分。如果掌握了一定的检修方法，就可以很快找到产生故障的原因，使检修过程大大缩短。当然，检修工作主要是靠实践。一个具有相当电路理论知识、积累了丰富经验的调试人员，往往不需要经过死板、烦琐的检查过程，就能根据现象很快判断出故障的大致部位和原因。而对于一个缺乏理论水平和实践经验的人来说，若再不掌握一定的检修方法，则会感到如同大海捞针，不知从何入手。因此，研究和掌握一些故障的查找程序和排除方法，是十分有益的。

电子产品的故障有两类：一类是刚刚装配好而尚未通电调试的故障；另一类是正常工作过一段时期后出现的故障。它们在检修方法上略有不同，但其基本原则是一样的。这里不再细分这两类故障。另外，由于电子产品的种类、型号和电路结构各不相同，故障现象又多种多样，因此只能介绍一般性的检修程序和基本的检修方法。

分析故障发生的概率，电子产品在生产完成后的整个工作过程中，可以分为三个阶段。

(1) 早期失效期：指电子产品生产合格后投入使用的前几周，在此期间内，电子产品的故障率比较高。可以通过对电子产品的老化来解决这一问题,即加速电子产品的早期老化,使早期失效发生在产品出厂之前。

（2）老化期：经过早期失效期后,电子产品处于相对稳定的状态,在此期间内,电子产品的故障率比较低,出现的故障一般叫做偶然故障。这一期间的长短与电子产品的设计使用寿命相关,以"平均无故障工作时间"作为衡量的指标。

（3）衰老期：电子产品经老化期后进入衰老期,在此期间中,故障率会不断持续上升,直至产品失效。

1. 引起故障的原因

总体来说,电子产品的故障不外是由于元器件、连接线路和装配工艺三方面的因素引起的。常见的故障大致有如下几种：

（1）焊接工艺不善,虚焊造成焊点接触不良。

（2）由于环境潮湿,导致印制板或元器件受潮、发霉、绝缘降低甚至损坏。

（3）元器件筛选检查不严格或由于使用不当、超负荷而失效。

（4）开关或接插件接触不良。

（5）可调元件的调整端接触不良,造成开路或噪声增加。

（6）连接导线接错、漏焊,或由于机械损伤、化学腐蚀而断路。

（7）由于电路板排布不当或组装不当,元器件相碰而短路；焊接连接导线时剥皮过长或因热后缩,与其他元器件或机壳相碰引起短路。

（8）因为某些原因造成产品原先调谐好的电路严重失谐。

（9）电路设计不善,允许元器件参数的变动范围过窄,以至元器件的参数稍有变化,电路就不能正常工作。

（10）橡胶或塑料材料制造的结构部件老化引起元器件损坏。

以上列举的都是电子产品的一些常见故障。也就是说,这些是电子产品的薄弱环节,是查找故障时重点怀疑的对象。但是,电子产品的任何部分发生故障都会导致它不能正常工作。应该按照一定程序,采取逐步缩小范围的方法,根据电路原理进行分段检测,使故障局限在某一部分（部件→单元→具体电路）之中再进行详细的查测,最后加以排除。

2. 排除故障的一般程序和方法

排除故障的一般程序可以概括为三个过程：

① 调查研究是排除故障的第一步,应该仔细地摸清情况,掌握第一手资料。

② 对产品进行有计划的检查,并做详细记录,根据记录进行分析和判断。

③ 查出故障原因,修复损坏的元件和线路。最后,再对电路进行一次全面的调整和测定。

有经验的调试维修技术工人归纳出以下 12 种比较具体的排除故障的方法。对于某一产品的调试检修而言,要根据需要选择、灵活组合使用这些方法。

（1）断电观察法

在不接通电源的情况下,打开产品外壳进行观察。用直接观察的办法和使用万用表电阻挡检查有无断线、脱焊、短路、接触不良,检查绝缘情况、熔断器通/断、变压器好坏、元器件情况等。如果电路中有改动过的地方,还应该判断这部分的元器件和接线是否正确。

查找故障,一般应该首先采用断电（不通电）观察法。因为很多故障往往是由于工艺上的原因,特别是刚装配好还未经过调试的产品或者装配工艺质量很差的产品。而这种故障原因大多数单凭眼睛观察就能发现。盲目地通电检查有时反而会扩大故障范围。

(2) 通电观察法

注意：只有当采用上述的断电观察法不能发现问题时，才可以采用通电观察的方法。

打开产品外壳，接通电源进行观察，这仍属于直接观察的方法。通过观察，有时能直接发现故障的原因。例如，是否有冒烟、烧断、烧焦、跳火、发热的现象。如遇到这些情况，必须立即切断电源分析原因，再确定检修部位。如果一时观察不清，可重复开机几次；但每次时间不要长，以免扩大故障。必要时，断开可疑的部位再行试验，看故障是否消除。

(3) 信号替代法

利用不同的信号源加入待修产品有关单元的输入端，替代整机工作时该级的正常输入信号，以判断各级电路的工作情况是否正常，从而可以迅速确定产生故障的原因和所在单元。检测的次序是，从产品的输出端单元电路开始，逐步移向最前面的单元。这种方法适用于各单元电路是开环连接的情况，缺点是需要各种信号源，还必须考虑各级电路之间的阻抗匹配问题。

(4) 信号寻迹法

用单一频率的信号源加在整机的输入单元的入口，然后使用示波器或万用表等测试仪器，从前向后逐级观测各级电路的输出电压波形或幅度。

(5) 波形观察法

用示波器检查整机各级电路的输入和输出波形是否正常，是检修波形变换电路、振荡器、脉冲电路的常用方法。这种方法对于发现寄生振荡、寄生调制或外界干扰及噪声等引起的故障，具有独到之处。

(6) 电容旁路法

在电路出现寄生振荡或寄生调制的情况下，利用适当容量的电容器，逐级跨接在电路的输入端或输出端上，观察接入电容后对故障现象的影响，可以迅速确定有问题的电路部分。

(7) 部件替代法

利用性能良好的部件（或器件）来替代整机可能产生故障的部分，如果替代后整机工作正常了，说明故障就出在被替代的那个部分里。这种方法检查简便，不需要特殊的测试仪器，但用来替代的部件应该尽量是不需要焊接的可插接件。

(8) 整机比较法

用正常的同样整机，与待修的产品进行比较，还可以把待修产品中可疑部件插换到正常的产品中进行比较。这种方法与部件替代法很相似，只是比较的范围更大。

(9) 分割测试法

分割测试法是逐级断开各级电路的隔离元件或逐块拔掉各块印制电路板，使整机分割成多个相对独立的单元电路，测试其对故障现象的影响。例如，从电源电路上切断它的负载并通电观察，然后逐级接通各级电路测试。这是判断电源本身故障还是某级负载电路故障的常用方法。

(10) 测量直流工作点法

根据电路的原理图，测量各点的直流工作电位并判断电路的工作状态是否正常，是检修电子产品的基本方法。这在电子技术基础课程实验中已经反复练习，不再赘述。

(11) 测试电路元件法

把可能引起电路故障的元器件从整机中拆下来，使用测试设备（如万用表、晶体管图示仪、集成电路测试仪、万用电桥等）对其性能进行测量。

(12) 变动可调元件法

在检修电子产品时，如果电路中有可调元件，适当调整它们的参数以观测对故障现象的影响。注意，在决定调节这些可调元件的参数以前，一定要对其原来的位置做好记录，以便一旦发现故障原因不是出在这里时，还能恢复到原先的位置上。

8.3.4 在线检测（ICT）的设备与方法

1. ICT 的概念

ICT 是在线测试技术的缩写，有时也指在线测试仪器。ICT 是在大批量生产电子产品的生产线上的测试技术，所谓"在线"，具有双重含义：第一，ICT 通常在生产线上进行操作，是生产工艺流程中的一道工序；第二，它把电路板接入电路，使被测产品成为检测线路的一个组成部分，对电路板以及组装到电路板上的元器件进行测试，判断组装是否正确、焊接是否良好或参数是否正确。ICT 的应用极其广泛，最简单的如元器件制造厂家对电子元器件的测试或印制电路板制造厂家对 PCB 的测试，复杂的如计算机或各种智能化的电子产品，从部件到整机，在自动化生产过程中都要使用 ICT。ICT 是一项技术性很强的工作，它要求操作者具有很好的理论基础和技术能力。

ICT 分为静态测试和动态测试。静态 ICT 只接通电源，并不给电路板注入信号，一般用来测试复杂产品——在产品的总装或动态测试之前首先保证电路板的组装焊接没有问题，以便安全地转入下一道工序。以前把静态 ICT 测试叫做通电测试。动态 ICT 在接通电源的同时，还要给被测电路板注入信号，模拟产品实际的工作状态，测试它的功能与性能。显然，动态在线测试对电子产品的测试更完整，也更全面，因此一般用于测试比较简单的产品。

大多数 ICT，特别是对复杂产品的在线测试都要利用计算机技术，以便保证测试的准确性和可靠性，提高测试效率。ITC 的基本结构如图 8-4 所示。它的硬件主要由计算机、测试电路、压板、针床和显示、机械传动系统等部分组成。软件由 Windows 操作系统和 ICT 测试软件组成。

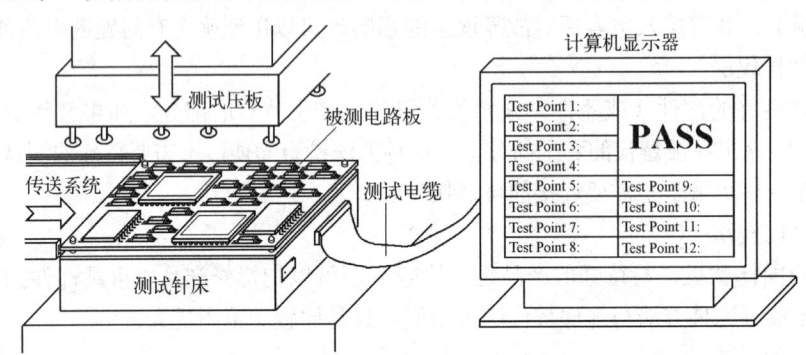

图 8-4 ICT 的基本结构

ICT 的计算机系统可以由工业计算机构成，也可以使用普通的 PC。操作系统一般是 Windows，专用的测试软件要根据具体的产品编程，通过接口在屏幕上显示或在打印机上输出测试结果，还能完成对测试结果的数据分析与统计等功能。

测试电路是被测电路板与计算机的接口，它可以分成两部分：开关电路由继电器或半导体开关电路组成，把电路板组件（PCBA）上需要测试的元器件接入测试电路；控制电路根据软件的设定，选中相应的元器件并测试其参数，例如对电阻测试其阻值，对电容测试其容量，对电感测试其电感量等。

测试针床是一块专为被测产品设计的工装电路，用来接通 ICT 系统和被测电路板。针床上，根据被测电路板上每一个测试点的位置，安装了一根测试顶针，测试针是带弹性的，可以伸缩。被测电路板压到测试针床上时，测试顶针和针床通过测试电缆的连接，把被测电路板上每一个测试点连接到测试系统中。图 8-5（a）是测试针床的示意图，图 8-5（b）～（d）是顶针的形式，图 8-5（e）是顶针的内部结构。

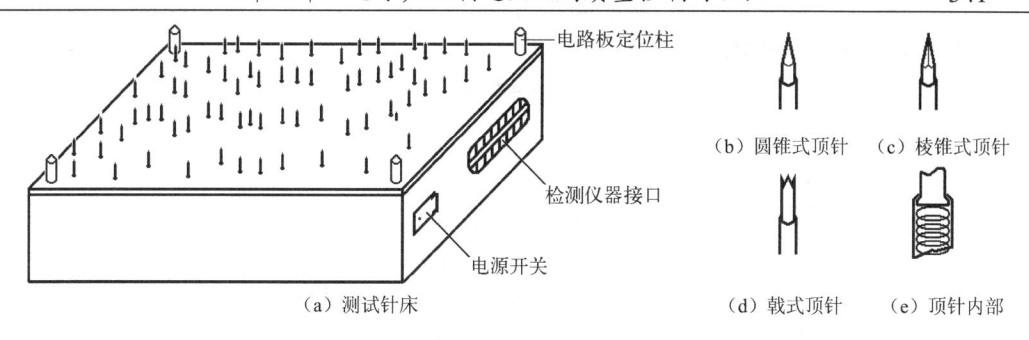

图 8-5 测试针床和顶针示意图

当压板向下移动一段距离，上面的塑料棒压住电路板往下压时，针床上的测试顶针受到压缩，保证测试点与测试电路良好连接，使被测元器件接入测试电路。

ICT 的机械部分包括传送系统、气动压板、行程开关等机构。高档的 ICT 带有传送系统，能够自动把被测产品顺序送到 ICT 设备上；压缩空气通过汽缸驱动压板上升或下降，当压板下降到指定的位置，行程开关把气路断开，使压板停止下压的动作。

2．ICT 技术参数

（1）最大测试点数

最大测试点数表示 ICT 设备最多能够设置多少个测试点。一般电阻、电容等只有两条引脚，每个元件只用两个测试点就被接入测试电路；集成电路有多个引脚，每条具有特定功能的引脚都需要设置一个测试点。元件越多，被测的电路板越复杂，需要的测试点就越多。因此，ICT 测试装置需要有足够多的测试点数。目前，ICT 的最大测试点数可达 2048 点，对一般电路产品已够用了。

（2）可测试的元器件种类

早期的 ICT 只可以测试开路或短路，以及电阻、电容、电感、二极管等较少种类的元器件，经过不断改进，现在的 ICT 已经可以测试复杂的产品，包括各种稳压二极管、三极管、光电耦合器、集成电路等多种元器件。

（3）测试速度

测试速度是测试一块电路板所用的最少时间。测试速度与被测电路板的复杂程度有关。

（4）测试元器件参数的范围

电阻器的测试范围：一般为 $0.05\Omega \sim 40M\Omega$；

电容器的测试范围：一般为 $1pF \sim 40\,000\mu F$；

电感器的测试范围：一般为 $1\mu H \sim 40H$。

（5）测试电压、电流、频率

测试电压一般为 $0 \sim 10V$；

测试电流一般为 $1\mu A \sim 80mA$；

频率一般为 $1Hz \sim 100kHz$。

（6）电路板尺寸

最大的被测电路板尺寸一般为 460mm×350mm。

3．ICT 测试原理

（1）电阻测试

测试电阻的阻值，其原理很简单，就是通过电阻的测试顶针注入一个电流，测试这个电阻

两端的电压,利用欧姆定律:

$$R = U/I$$

计算出该电阻的阻值。

(2) 电容量测试

对电容器测量其容量。测试小电容的方法与电阻类似,不同之处是注入交流信号,利用

$$X_C = \frac{U}{I}、\quad X_C = \frac{1}{\omega C} \text{ 和 } C = \frac{I}{\omega U} = \frac{I}{2\pi f U}$$

进行测量,其中 f 是测试频率,U、I 是测试信号电压和电流的有效值。

测试大容量的电容器采用直流电流(DC)法,即把直流电压加在电容器两端。因为充电电流随时间按指数规律减少,在测试时加一定的延时时间,就能测出其电容量。

(3) 电感量测试

电感的测试方法和电容的测试类似,也用交流信号进行测试。

(4) 二极管测试

正向测试二极管时,加入一正向电流,硅二极管的正向压降约为 0.6~0.7V;若加一反向电流,二极管的压降会很大。

(5) 三极管测试

分三步测试三极管,先测试它的集电结和发射结,看 b-c 极、b-e 极之间的正向压降,这和二极管的测试方法相同。再测试三极管的电流放大作用,在 b-e 极加入基极电流,测试 c-e 极之间的电压。例如,当 b-e 极加入 1mA 电流时,若 c-e 之间的电压由原来的 2V 降到 0.5V,则三极管处于正常的放大工作状态。

(6) 跳线测试

跳线(Jumper)作为连线,跨接印制板上的两点,只有通、断两种情况。测试跳线的电阻值就可以判断其好坏,测试方法和测试电阻相同。

(7) 测试集成电路

通常,对集成电路只测试其引脚是否会有连焊(短路)或虚焊的情况,集成电路的内部性能一般无法通过 ICT 系统进行测试。

测试方法是,以电源 V_{CC} 的引脚作为参考点,将集成电路各引脚的正向电压和反向电压顺序测试一遍,再将各引脚对接地端 GND 引脚的正向、反向电压测试一遍。与正常值进行比较,若有不正常的,可以判断该引脚连焊或虚焊。

4. ICT 编程与调试

随生产厂家不同,ICT 的软件操作略有差异,但大体上是类似的。一般,测试软件存储在计算机主机的硬盘(非系统盘,如 D 盘)上,测试软件可以分为测试统计资料、开路-短路测试、元件数值测试等。测试统计资料是 ICT 在产品测试中的质量统计表,会显示测试产品的总数、不合格数、合格数、产品合格率以及问题最多的几个元件等数据,提供给品质检验人员分析;元件数值测试表则要由技术人员填写并编辑、调试。各元件数值测试时,测试表的栏目及表中各项标识的含义见表 8-1。

表 8-1 ICT 测试表的栏目及表中各项标识的含义

标 识	含 义	测 试 数 据	
B-S	测试序号		
%	测试误差		

续表

标 识	含 义	测 试 数 据			
means	实际测试值				
learn	学习值				
T+	正向误差范围				
T-	负向误差范围				
T	元器件类型				
Part name	元器件图号				
LC	元器件所在位置				
Ideal	元件标称值				
Pin1	测试高电位端的顶针号				
Pin2	测试低电位端的顶针号				
W	测试方式				
Rg	测试量程				
—	测试结果取平均值				
Dms	设定延时时间				
Ima	设定测试电流				
Freq	设定测试频率				
Offset	设定调零值				
G	功能调节				
$G_{1/4} \sim G_5$	隔离点填写框				
…	…				

下面介绍对各类元器件的 ICT 编程及调试方法。

（1）电阻测试

电阻元件编程：在"T"栏输入"R"；在"Part name"栏输入元件图号，如 R1；在"Ideal"栏输入标称值，如 R1 的阻值是 1kΩ；在"Pin1"、"Pin2"栏输入其引脚相对应的针号；在"％"、"T+"、"T-"栏输入该电阻的误差范围；在"W"栏输入测试方法"I"（普通测试方法）。如果电阻在电路中与一个电解电容器并联（见图 8-6（a）），则因测试方法"I"的测试时间很短，电容器充电需要一定时间，将会出现测试误差，只要将"W"栏中的"I"改为"V"，再加一定的延时时间"dms"，如 20ms，则测试结果就与实际值相同了。

测量电阻时，有时因为电路关系，需增加一隔离点，如图 8-6（b）所示：电阻 R_1 和 R_2、R_3 并联，当在顶针 1、2 位测试 R_1 的阻值时，测试结果不是 1kΩ，而是 500Ω。这是由于从 1 号顶针位流入的电流 I 有一部分流入了 R_2、R_3 支路了。要解决这一问题，可以选择在 3 号位增加一顶针"3"，使"3"号顶针的电位和 1 号顶针的电位相等。那么，R_2、R_3 支路就不会使 1 号顶针的电流分流，测试结果也就准确了。"3"号顶针就叫隔离点。编程对地"G"栏填入"Y"，表示启动隔离功能。在"$G_{1/4}$"～"G_5"栏填入"3"，表示"3"是隔离点。

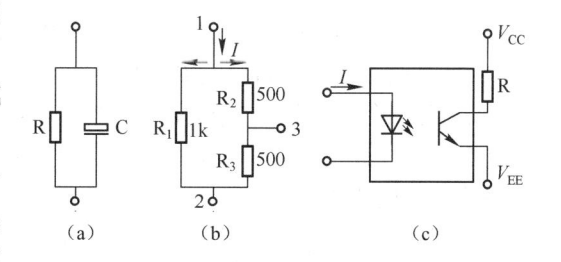

图 8-6 对各类元器件的 ICT 编程及调试方法

（2）电容测试

电容类元件有两种测试方法。在容量 100nF 以下的小电容，用交流（AC）测试。在"T"

栏填入"C";在"Part name"栏填入元器件图号;在"Ideal"栏填入标称容量;在"Pin1"、"Pin2"栏填入引脚的对应测试针号;在"W"栏填入"A",即 AC 测试方法;在"Freq"栏填入测试频率(默认为30kHz);在"%"、"T+"、"T−"栏填入相应的误差值;其他按默认值。

大容量的如电解电容器,在"W"栏填入"D",即 DC 测试方法;在"Dms"栏填入适当的延时时间,如 30,表示延时 30ms。

(3) 二极管测试

二极管是测试其正向压降和反向电压。正向测试时,在"T"栏填入"D";在"Part name"栏填入图号;在"Ideal"栏填入压降,正向"0.7V",反向"2.0V"(这是设置的测试电压);在"Pin1"栏填入高电位的测试针号,在"Pin2"栏填入低电位的测试针号。正向测试后可以反向测试一次。

(4) 三极管测试

先测试三极管 b-e、b-c 电极之间的正向压降,然后再测试其放大作用。测试正向压降的方法和二极管相同,不再重复。测试放大作用时,在"Part name"栏填入 Q-CE;在"Ideal"栏填入"2.0V"(用 2V 电压测试);在"Pin1"栏填入 c 极的针号(NPN 管);"Part2"填入 e 极的针号(NPN 管);在"$G_{1/4}$"~"G_5"栏填入"1",即"1"号顶针做输入基极电流用;在"T"栏填入"T"。

(5) 电感类测试

测试电感用交流测试方法。在"T"栏填入"L";在"Part name"栏填入元件图号;在"Ideal"栏填入标称电感量;在"Part1"、"Part2"栏填入相应的顶针号;在"Dms"栏填入延时时间;在"—"栏填入"Y",启动平均功能;如果测试值误差太大,调整频率"Freq"(默认值是 10kHz),可以得到满意的结果。

(6) 测试光电耦合器

光电耦合器的原理是,在发光二极管一端输入一定的正向电流时,发光二极管使光敏三极管导通。发光二极管的发光程度决定了光敏三极管的导通程度,如图 8-6(c)所示。测试时在"T"栏输入"O"(表示光电器件);在"Part name"栏输入图位号;在"Pin1"、"Pin2"栏分别输入光敏三极管的"c"极、"e"极顶针号;在"$G_{1/4}$"、"$G_{2/4}$"栏分别输入发光二极管的正极顶针号和负极顶针号;在"Ima"栏调整发光二极管的正向电流,以便获得较好的测试准确性。

限于篇幅,这里不再一一列举其他元器件的编程及测试原理。

因电路设计的缘故,有些元件使用 ICT 测试并不方便,例如图 8-7 所示的几种情况:图(a)是两个阻值不同的电阻并联,只能测出其并联后的阻值,不能分别测出各自的阻值;图(b)是一个小电容和一个大电容(电解电容器)并联,不能测出小电容的容量;图(c)是一个电感和一个电阻并联,不能测出电阻的阻值;图(d)是一个电容和一个电感并联,无法测试电感和电容的数值。

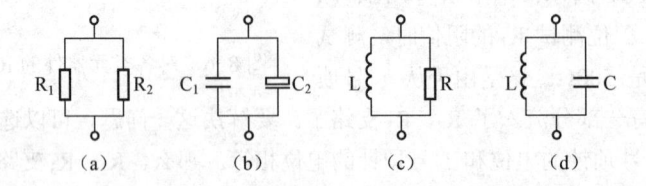

图 8-7 不能用 ICT 测试的部分元件

在经过对单个元器件的测试以后,ICT 再通过对某些关键点的电压测试,判断整块电路板是否组装合格。

8.4 电子产品的可靠性试验

8.4.1 可靠性概述及可靠性试验

1. 产品的可靠性

产品的可靠性,是指"产品在规定的条件下和规定的时间内达到规定功能的能力"。其中"规定的条件"是指产品工作时所处的全部环境条件,包括自然因素(温度、湿度、气压、等)、机械受力(震动、冲击、碰撞等)、辐射(电磁辐射等)、使用因素(工作时间、频次、供电等)。电子产品的可靠性是产品的内在质量特性,这种特性是在设计中奠定的、在生产中保证的、由试验加以承认的,在使用中考验并得到验证的。因此,可靠性是产品自身属性的一部分。

电子产品的可靠性是与电子产业的发展紧密联系的,随着电子技术的飞速发展,科技含量较高的电子产品,尤其是与尖端技术、宇航产品密切相关的电子产品,能否有良好的、准确的技术性能,能否在一定的环境条件下长时间稳定地工作,性能是否可靠,是评价产品质量的一个重要指标。也就是说,可靠性是产品质量的一个重要组成部分。

早在 20 世纪 50 年代,我国就通过对电子产品的使用情况、失效情况进行调查,对所收集的数据进行分析来研究产品的可靠性。最近十几年以来,我国的电子制造业无论从技术上、数量上都已经跨入世界前列,随着电子产品复杂程度的提高,对电子产品可靠性的研究也就越加重要,提高电子产品的可靠性水平,在经济上、军事上、政治上都具有重要的意义。

2. 可靠性试验的分类与方法

检验电子产品的可靠性,通常是通过对电子产品进行可靠性试验来完成的。可靠性试验主要有以下形式。

① 按试验项目分类,有环境试验、寿命试验、特殊试验及现场使用试验;
② 按对产品的损坏性质分类,有破坏性和非破坏性试验;
③ 按产品种类分类,有元器件试验和整机试验。

当对某一已知的电子产品进行试验时,可按照第①种形式进行。

8.4.2 环境试验

电子产品的环境适应性是研究可靠性的主要内容之一。要在产品可能遇到的各种外界因素、影响规律以及如何从产品的设计、制造和使用等各个环节的研究中,改进和提高产品的环境适应能力;并且研究相应的试验技术、试验设备、测量方法和测量仪表。对于从事电子产品电路设计、结构设计及制造工艺的技术人员来说,必须对与环境条件有关的知识有全面的了解,以便采取相应的措施来提高产品的质量水平。

1. 电子产品的环境要求

产品的环境适应能力是通过环境试验得到评价和认证的,环境试验一般在产品的定型阶段进行。

无论是储存、运输还是在使用过程中,电子产品所处的环境条件是复杂多变的,除了自然环境以外,影响产品的因素还包括震动、辐射和人为因素等。我国颁布了环境要求及其试验方法的标准。以电子测量仪器产品为例,将产品按照环境要求分为三组,即:

Ⅰ组：在良好环境中使用的仪器，操作时要细心，只允许受到轻微的震动。这类仪器都是精密仪器。

Ⅱ组：在一般环境中使用的仪器，允许受到一般的震动和冲击。试验室中常用的仪器，一般都属这一类。

Ⅲ组：在恶劣环境中使用的仪器，允许在频繁的搬动和运输中受到较大的震动和冲击。室外和工业现场使用的仪器都属这一类。

2．影响产品的主要环境因素

影响电子产品的环境因素是多方面的。识别这些环境因素，有助于研究环境对产品造成的影响，从而在产品制造过程中选择耐受环境因素的工艺、材料和结构。

（1）气候因素

气候环境因素主要包括温度、湿度、气压、盐雾、大气污染及日照等因素，对电子产品的影响，主要表现在电气性能下降、温升过高、运动部位不灵活、结构损坏，甚至不能正常工作。减少气候因素对电子产品影响的方法有：

- 在产品设计中采取防尘、防潮措施，必要时可以在电子产品中设置驱潮装置；
- 采取有效的散热措施，控制温度的上升；
- 选用耐蚀性良好的金属材料、耐湿性高的绝缘材料及化学稳定性好的材料等；
- 采用电镀、喷漆、化学涂覆等防护方法，防止潮湿、盐雾等因素对电子产品的影响。

这里用一个气候因素对实际产品的影响为例：某北方企业生产的著名品牌电冰箱，在南方销售时，客户反映总有水沿着电冰箱的门流下来，严重时甚至在电冰箱门前的地板上积水。仔细研究的结果是，由于电冰箱门内外的温差较大，门边的密封条安装不够平整，内部温度传递到箱体上的门边部位，使门边部位的温度远低于环境温度，假如空气的湿度大，就会在门边部位结露，结露严重时露珠就将汇成水沿着门边流下来。因为该企业在北方，北方的气候干燥，一般不会发生这种情况，故此问题一直没有发现。现在产品销往气温高、湿度大的南方，原来被掩盖的设计问题和工艺问题就暴露出来了。企业为解决这个问题，从设计上采取了在冰箱门边内增加了电热丝的方案，电冰箱接通电源后，电热丝产生的热量使门边部位适当加热，空气中的水汽就不会在这里结露；从工艺上加强了对门边密封条安装平整的检查措施，减少了冰箱内冷气的逸出。后来，这个品牌的电冰箱在南方打开了销路，受到了客户的好评。

（2）机械因素

电子产品在使用、运输过程中，所受到的震动、冲击、离心加速度等机械作用，都会对电子产品发生影响：元器件损坏、失效或电气参数改变；结构件断裂或过大变形；金属件的疲劳破坏等。下列方法可以减少机械因素对电子产品的影响：

- 在产品结构设计和包装设计中采取提高耐震动、抗冲击能力的措施。对电子产品内部的零、部件必须严格工艺要求，加强连接结构；在运输过程中采用软性内包装及强度较大的硬性外包装进行保护。
- 采取减震缓冲措施，例如加装防震垫圈等，保证产品内部的电子元器件和机械零部件在外界机械条件作用下不致损坏和失效。

（3）电磁干扰因素

电磁干扰在生活空间中无处不在，比如，来自空间的电磁干扰、来自大气层的闪电、工业和民用设备所产生的无线电能量释放以及生活中的静电等。由于电磁干扰因素的存在，随时可能造成电子电器产品的工作不稳定，使其性能降低直至功能失效。另外，电子设备本身在工作中也发出电磁干扰信号，对其他电子产品形成干扰，各种干扰重叠后又形成新的干扰源，对设备造成更大危害。这就需要在设计产品时考虑如何将电磁干扰信号抑制到最小,减少电磁干扰因素对电子产品影响,减少电磁干扰的方法主要有:
- 电磁场屏蔽法,防止或抑制高频电磁场的干扰,将辐射能量限制在一定的范围内,减少对外界的影响;
- 采取有效的接地措施,屏蔽外部的干扰信号。

3. 电子产品的环境试验

为了通过试验验证环境因素对电子产品造成的影响,我国现行的国家标准对环境试验的要求进行了规定:
- 气候和机械环境试验方法:国家标准 GB/T2421～GB/T2424 对电工电子产品环境试验做出了规定。其中 GB/T2423 由 51 个标准组成,规定了包括高低温、恒定湿热、交变湿热、冲击、碰撞、倾跌与翻倒、自由跌落、震动、稳态加速度、长霉、盐雾、低气压及腐蚀等试验的方法;GB/T2421、GB/T2422、GB/T2424 则明确了电子电工产品基本环境试验的术语和导则,此外,不同电子产品的环境试验在相关产品系列标准中也进行了规定。
- 电磁干扰的试验方法,根据不同的产品有不同的规定,详见相关标准。

(1) 环境试验与老化试验的区别

电子产品的老化试验和环境试验都属于试验的范畴,但它们又有所区别:
- 老化通常在室温下进行;环境试验在实验室模拟的环境极限条件下进行。所以,老化属于非破坏性试验,而环境试验往往会使受试产品受到损伤。
- 电子产品在出厂以前通常对每一件产品都要进行老化;而环境试验只抽取少量产品进行试验,当生产过程(工艺、设备、材料、条件)发生较大改变、需要对生产技术和管理制度进行检查评判、同类产品进行质量评比时,都应该对随机抽样的产品进行环境试验。
- 老化是企业的常规工序;而环境试验一般要委托具有权威性的检测机构和试验室、使用专门的设备才能进行,需要对试验结果出具证明文件。

(2) 环境试验的分类

气候环境试验可分为自然环境试验、现场运行试验和人工模拟试验。自然环境试验是将受试样品暴露在自然环境条件下定期进行观察和测试。现场运行试验是将受试样品安装在使用现场,并在运行环境下进行观察和测试。这两种方法虽然能够反映出产品的实际使用情况,但试验的周期较长、选择适合的环境也比较困难。

人工模拟试验,是用气候和机械环境试验的专用设备模拟试验条件,对受试样品进行试验,这是由人工控制设备的环境参数(如温度、湿度和时间等)并使其加速改变的方法,分为单因素试验和多因素试验。由于影响产品性能的环境因素很多,对所有环境条件都进行模拟试验也是不可能的,只能模拟其中的主要项目。下面对人工模拟试验的方法进行简要介绍。

(3) 环境试验的分组和顺序

一般电子产品通常要进行多个项目的环境试验,如高温、低温及温度变化、湿热及交变湿热、冲击、碰撞、震动、低气压等,才能充分反映出产品的实际使用情况。在试验过程中,合理的分组和顺序的排列非常重要,应该按照产品要求进行试验,否则,试验的结果将会产生差异,形成不同严酷程度的效果。例如,要对某产品进行两项环境试验:①交变湿热试验和②温度变化试验。从两项试验的先后顺序看,先①后②的试验顺序就比先②后①的试验顺序的效果更严酷一些。这是因为,试验①的温度变化速率很小,而试验②的温度变化速度与大的温差结合所产生的热应力大,严酷程度是逐渐提高的。

4. 环境试验的内容及方法

按照 GB2423 规定的环境试验方法和试验标准进行电子产品的试验室模拟环境试验。由于不同产品所处环境条件各不相同,所选择的环境试验方法也就不同,还可根据不同产品及使用环境的特点进行针对性的试验。电子产品的种类很多,许多产品标准都规定了其特殊的试验项目要求,如长霉、盐雾、密封、防尘、噪声、耐热、耐燃及模拟汽车运输试验等,具体试验方法及要求可参见相关标准。以下介绍 GB2423 标准推荐的几种试验方法。

(1) 绝缘电阻和耐压的测试

根据产品的技术条件,一般在仪器的有绝缘要求的外部端口(电源插头或接线柱)和机壳之间、与机壳绝缘的内部电路和机壳之间、内部互相绝缘的电路之间进行绝缘电阻和耐压的测试。

测试绝缘电阻时,同时对被测部位施加一定的测试电压(选择 500V、1000V 或 2500V)达 1min 以上。

进行耐压试验,试验电压要在 5~10s 内逐渐增加到规定值(选择 1kV、3kV 或 10kV),保持 1min,应该没有表面飞弧、扫掠放电、电晕和击穿现象。

(2) 对供电电源适应能力的试验

一般来说,要求输入交流电网的电压在 220V±10%和频率在 50Hz±4Hz 之内,仪器仍能正常工作。

(3) 温度试验

把仪器放入温度试验箱,进行额定使用范围上限温度试验、额定使用范围下限温度试验、储存运输条件上限温度试验和储存运输条件下限温度试验。对于 II 类仪器,这些试验的条件分别是+40℃、-10℃、+55℃、-40℃,各 4h。

① 低温试验。

对产品进行低温试验,属于单因素的气候环境试验,用于考核产品在储存、运输和使用过程中,其材料、工艺和结构的物理、机械、电气性能等方面受低温气候影响的变化。本方法不能用于试验样品在温度变化期间的耐抗性和工作能力,如属于这种情况,应采用温度变化试验方法。低温试验方法分为温度突变和温度渐变试验。按产品划分,适用于非散热性样品的温度突变和温度渐变试验以及散热性样品的温度渐变试验。

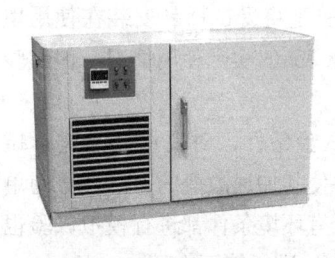

图 8-8 低温试验设备的照片

- 试验设备:对于非散热性的试验样品,温度突变和温度渐变试验设备应能满足试验温度所要求的温度值;对于散热性的试验样品,温度渐变试验设备应带有温度传感装置。图 8-8 是低温试验设备的照片。
- 试验方法:试验样品进行初始检测后,将具有室温的试验样品在不包装、不通电的状态下,按正常使用位置放入与室温相同的试验设备内,调整设备温度至严酷等级规定的温度并设定持续时间,使试验样品达到稳定状态。
- 试验温度:可按产品的严酷度要求,在-65℃、-55℃、-40℃、-25℃、-10℃、-5℃、+5℃中选择。温度允许偏差±3℃。温度渐变设备的温度变化速率不大于 1K/min(不超过 5min 的平均值)。
- 持续时间:从试验样品到达稳定后开始计算,可在 2h、16h、72h、96h 中选择。
- 功能试验:如果试验目的是检查样品在低温时能否正常工作,试验时须使试验样品达到稳定。对于需要考核产品功能的试验样品,应该通电或加电气负载,并检查其是否达到规定功能。

- 中间测试：如果需要在试验中间测试，测试时不要将试验样品从试验设备内取出，应按规定的项目对试验样品进行测试，例如外观、电气和机械性能等。
- 恢复：对于温度突变或温度渐变的试验，都应将试验样品在室温条件下解冻，除去水滴，使样品达到温度稳定，最少1~2h。
- 最终检测：应按规定的项目对试验样品进行测试，例如外观、电气和机械性能等。

② 高温试验。

对产品进行高温试验，也属于单因素的气候环境试验，用于评定产品在储存、运输和使用过程中，其材料、工艺和结构的物理、机械、电气性能等方面受高温气候影响的变化。本方法不能用于试验样品在温度变化期间的耐抗性和工作能力，如属于这种情况，应采用温度变化试验方法。高温试验方法分为温度突变和温度渐变试验。按产品的不同，分别适用于非散热性样品和散热性样品。

- 试验设备：对于非散热性的试验样品，温度突变和温度渐变试验设备的温度值应能满足试验温度的要求，并且保持温度均匀；温度在35℃时绝对湿度不超过50%，温度低于35℃时相对湿度不超过50%。对于散热性的试验样品，温度渐变试验设备还应带有温度传感装置，其他要求与散热性的样品一致。图 8-9 是高温试验设备的照片。
- 试验方法：试验样品进行初始检测后，将具有室温的试验样品在不包装、不通电的状态下，按正常使用位置放入与室温相同的试验设备内，调整设备温度至严酷等级规定的温度并设定持续时间，使试验样品达到稳定状态。
- 试验温度：可按产品的严酷度要求，在+200℃、+175℃、+155℃、+125℃、+100℃、+85℃、+70℃、+55℃、+40℃、+30℃中选择。温度允许偏差±2℃。温度渐变设备的温度变化速率不大于1K/min（不超过5min的平均值）。
- 持续时间：从试验样品到达稳定后开始计算，可在2h、16h、72h、96h中选择。

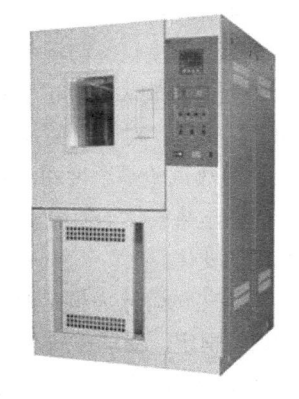

图 8-9 高温试验设备

- 功能试验：如果试验目的是检查样品在高温时能否正常工作，试验时须使试验样品达到稳定。对于需要考核产品功能的试验样品，应该通电或加电气负载，并检查其是否达到规定功能。
- 中间测试：如果需要在试验中间测试，测试时不要将试验样品从试验设备内取出，应按规定的项目对试验样品进行测试，例如外观、电气和机械性能等。
- 恢复：对于温度突变或温度渐变的试验，都应将试验样品在室温条件下恢复到温度稳定，最少1~2h。
- 最终检测：应按规定的项目对试验样品进行测试，例如外观、电气和机械性能等。

③ 温度变化试验。

温度变化试验，用于评定产品在储存、运输和使用过程中，其材料、工艺和结构的物理、机械、电气性能等方面受气候温度快速变化影响的适应性，考核试验样品在温度迅速变化期间的耐抗性和工作能力。高温试验方法分为温度突变和温度渐变试验。按产品的不同，分别适用于非散热性样品和散热性样品。

- 试验设备：需要低温试验设备和高温试验设备各一台，两台设备放置的位置应能使试验样品在规定的时间内相互转移，并保持温度均匀，35℃时绝对湿度不超过50%。
- 试验方法：将具有室温的试验样品在不包装、不通电的状态下进行初始检测。然后将试验样品按正常使用位置放入预先调节到一定温度的低温设备内,并按转换时间存放。再将试验样品按正常使用位置放入预先调节到一定温度的高温设备内,并按转换时间存放。如此重复循环试验 5 次,转换时间 2~3min。在两台设备之间的暴露时间(含转移时间)可选择 3h、2h、1h、30min、10min,小型样品可选择 10min,如无特殊规定可选择 3h。

- 试验温度:低温设备可按产品的严酷度要求,在−65℃、−55℃、−40℃、−25℃、−10℃、−5℃、+5℃中选择,温度允许偏差±3℃;高温设备可按产品的严酷度要求,在+200℃、+175℃、+155℃、+125℃、+100℃、+85℃、+70℃、+55℃、+40℃、+30℃中选择,温度允许偏差±2℃。温度升降变化速率不大于 1K/min(不超过 5min 的平均值)。
- 暴露(含转移)时间:在两台设备之间的暴露(含转移)时间,可选择 3h、2h、1h、30min、10min。小型样品适合于 10min,如无特殊规定可选择 3h。
- 中间测试:如果需要在试验中间测试,可在试验样品暴露时按规定的项目进行测试,如外观、电气和机械性能等。
- 恢复:试验结束后,将试验样品在室温条件下恢复,使样品达到温度稳定。
- 最终检测:应按规定的项目对试验样品进行测试,如外观、电气和机械性能等。

(4)湿度试验与湿热试验

把仪器放入湿度试验箱,在规定的温度下通入水气,进行额定使用范围和储存运输条件下的潮湿试验。对于Ⅱ类仪器,这些试验的条件分别是湿度 80%和 90%,均在+40℃下进行 48h。

湿热试验是温度和湿度两种因素综合作用的试验,属于多种因素气候环境试验,用于考核产品在湿热条件下使用和储存的适应能力,主要考察产品电气安全性能、外观的变化及材料机械强度的变化。

湿热试验分为恒定湿热试验和交变湿热试验。恒定湿热试验是模拟室内环境,温度和湿度均保持恒定,受试样品不产生凝露;交变湿热试验是模拟室外环境,温度和湿度随时间变化,受试样品产生凝露,因此,交变湿热更为严酷。

① 试验设备:通常使用温度、湿度组合的潮湿设备进行试验,试验设备内应有监控温度、湿度条件的传感器,温度保持在 40℃±2℃,相对湿度保持在 93%+2%或 93%−3%的范围内,温度和湿度应均匀,内部和顶部的凝水不应滴落到试验样品上。

图 8-10 是温度湿度试验箱(俗称"潮热箱")的照片,用这种设备可以进行温度湿度试验。

② 试验方法及严酷等级:以家用电器产品的试验为例。恒定湿热试验时,先将试验样品进行初始检测,将具有室温的试验样品在不包装、不通电的状态下,按正常使用位置放入试验设备内,设定湿度 93%±2%,温度保持在 20~30℃,持续时间 48h。交变湿热试验时,以四个阶段组成一个循环周期:升温→高温高湿→降温→低温高湿。升温时间 3h±0.5h,高温阶段 40℃时(严酷等级 a)试验循环周期有 2 天、6 天、12 天、21 天、56 天,55℃时(严酷等级 b),试验循环周期(d)有 1 天、2 天、6 天,高温恒定时间 12h±0.5h,降温时间 3~6h,降到 25℃±2℃。

③ 中间测试:如果需要在试验中间测试,测试时不要将试验样品从试验设备内取出,应按规定的项目对试验样品进行测试,如外观、电气和机械性能等。

④ 恢复:试验结束后,将试验样品在室温条件下恢复,时间 1~2h,应使试验样品达到温度稳定。

⑤ 最终检测:按规定的项目对试验样品进行测试,如外观、电气和机械性能等。

(5)冲击试验和碰撞试验

冲击试验是考核产品在使用、装卸、运输过程中受到的极限冲击适应性,从而检验产品结构的完整性。由于冲击试验是极限强度试验,不必多次重复试验。碰撞试验是考核产品在使用、装卸、运输过程中承受的多次重复性机械碰撞适应性，碰撞的特点是次数多、具有重复性，要进行重复试验。

① 试验设备：使用具备一定的负载能力和足够安装试验样品的水平工作台面的冲击试验台或碰撞试验台。试验夹具应具备较高的传递特性，使用前要通过测试。图 8-11 是冲击和碰撞试验设备的照片。

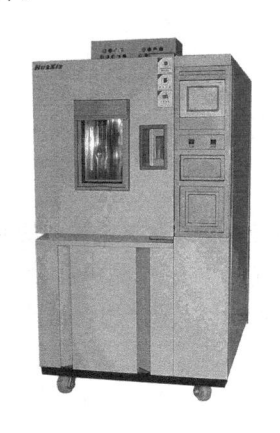

图 8-10　温度湿度试验箱　　　　　图 8-11　冲击和碰撞试验设备

② 试验方法：先将试验样品进行初始检测，使用试验夹具或直接将试验样品固定在冲击试验机或碰撞试验机上，通常在受试样品的三个互相垂直轴的 6 个方向连续施加 3 次冲击力（即正向冲击、背向冲击和侧向冲击），共计 18 次。对于外部形状对称的试验样品，或受冲击影响很小的方向，可减少试验的次数。

③ 严酷等级：冲击的严酷等级以脉冲加速度和持续时间来决定；碰撞的严酷等级以脉冲加速度和持续时间、每方向的碰撞次数来决定。例如，碰撞次数可选择 100 次±5 次、1000 次±10 次、4000 次±10 次。具体指标参见相关试验标准。

④ 工作方式和功能监测：根据需要，确定是否需要试验样品工作或功能监测。

⑤ 恢复：按有关产品规定进行恢复。

⑥ 最终检测：应按规定的项目对试验样品进行测试，如外观、尺寸和功能等。

（6）倾跌与翻倒试验

倾跌与翻倒试验是考察产品对于维修操作或搬动时可能产生的撞击的适应能力。试验适用于需要经常搬动的或有可能受到撞击危险的产品。

① 试验方法：有三种试验方法，即面倾跌、角倾跌与翻倒（或推倒）。

面倾跌是将试验样品按正常使用位置放在一平滑、坚硬的刚性台面上，使其绕着一条底边倾斜，直到使相对边与试验台面的距离为 25mm、50mm 或 100mm，或使试验样品底面与台面成 30°角，两者取小者。然后使样品自由跌在试验台面上。试验时，应使样品分别绕 4 条底边各进行一次倾跌试验。图 8-12（a）是面倾跌试验示意图。

角倾跌是将试验样品按正常使用位置放在一平滑、坚硬的刚性台面上，在试验样品一个角下放置一根 10mm 高的木柱。在其邻边的另一个角下放一根 20mm 高的木柱，使试验样品升高。然后，使试验样品绕着上述两根木柱所架起的边缘转动，使试验样品抬起高于试验台面，直到试验样品另一边与 10mm 木柱相邻的角抬高到 25mm、50mm 或 100mm 或使试验样品底面与台面成 30°角，两者取小者。然后使样品自由跌在试验台面上。应使样品的 4 个底角各进行一次倾跌试验。图 8-12（b）是角倾跌试验示意图。

翻倒（或推倒）是将试验样品按正常使用位置放在一平滑、坚硬的刚性台面上，使其绕着一条底边倾斜，直到处于不稳定的位置。然后，让其从这个位置自由地翻倒在相邻的一面上。试验时，应使试验样品的4条底边各进行一次翻倒试验。图8-12（c）是翻倒（推倒）试验示意图。

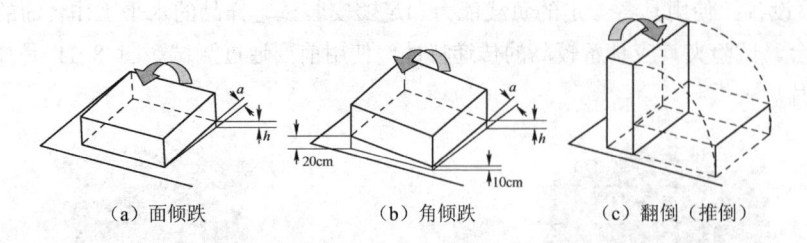

(a) 面倾跌　　　(b) 角倾跌　　　(c) 翻倒（推倒）

图8-12　倾跌与翻倒试验示意图

倾跌与翻倒试验也可以通过试验设备来完成。图8-13是自由跌落试验设备的照片。

在面倾跌或角倾跌试验中，试验样品可能会翻倒在另一面上，而不是落回到预期的试验面上，应采用合适的方法避免产生上述情况。

② 最后测试：应按规定的项目对试验样品进行测试，如外观、电气和机械性能等。

（7）振动试验

振动试验是考核产品在使用、装卸、运输、维修过程中受到的振动适应能力，以确定产品的机械薄弱环节或性能下降。振动试验分为单一频率振动和可变频率振动，试验有三个主要参数：振幅、频率和时间。

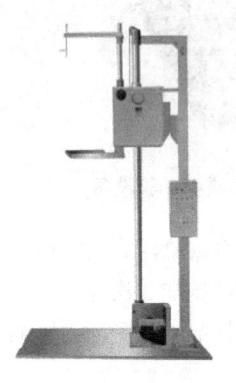

图8-13　自由跌落试验设备

① 试验设备：使用具备一定负载能力、足够安装试验样品的水平工作台面的振动试验台，振动的频率、振幅和时间可调控。试验夹具应具备较高的传递特性，使用前要通过测试。图8-14是振动试验设备的照片。

② 严酷等级：由三个参数来确定，即频率范围、振动幅值和耐久试验的持续时间。推荐的频率范围有1～35Hz、1～100Hz、10～55Hz、10～150Hz、10～500Hz、10～2000Hz、10～5000Hz、55～500Hz、55～2000Hz、55～5000Hz、100～2000Hz。振动幅值和耐久试验的持续时间可参照产品标准选择。

③ 试验方法：将试验样品进行初始测试，然后用试验夹具固定在专门的振动试验台上，对振动试验台的频率、振幅和时间三个参数进行设定。例如，对于Ⅱ类测量仪器试验样品，单一频率振动（正弦）试验

图8-14　振动试验设备

的条件是30Hz、0.3mm/1.28g；可变频率振动的试验条件是10～50次/min、5g，共1000次。

④ 中间测试：如果需要在试验中间测试，应按规定的项目对试验样品进行测试，如外观、电气和机械性能等。

⑤ 恢复：试验结束后，将试验样品在室温条件下恢复，应使试验样品达到初始测试条件。

⑥ 最终检测：应按规定的项目对试验样品进行测试，如电气和机械性能等。

（8）自由跌落试验

自由跌落试验适用于产品在储运和装卸过程中从运输工具或台面上跌落下来的试验，有专业产品标准的，按照专业标准的规定进行。试验样品在跌落前悬挂着时，试验表面与样品之间的

高度为跌落高度。

① 试验方法和严酷等级：先将试验样品进行初始检测，然后进行自由跌落试验和重复自由跌落试验。

- 自由跌落试验使样品从悬挂着一定高度的位置释放，自由跌落两次，试验样品应跌落到表面平滑、坚硬的刚性试验表面上。严酷等级由悬挂高度决定，可选取的高度为 25mm、50mm、100mm、250mm、500mm、1000mm。
- 重复自由跌落试验：试验设备应使整个试验样品按规定的次数从规定的高度跌落，试验表面应是一厚度在 10~19mm 之间的木板衬着 3mm 的厚钢板，表面平滑、坚硬、牢固。在跌落高度 500mm 的情况下，严酷等级由跌落次数决定，可选择 50 次、100 次、200 次、500 次、1000 次，跌落频率为每分钟 10 次。

② 跌落高度：由试验样品的质量、储运的方式决定；释放的方法应使试验样品从悬挂着的位置自由跌落。对不能倒置的试验样品进行底平面的跌落。

③ 跌落顺序：平行六面体及其他形状的试验样品，先从某一个角和组成该角的三个面、三条棱边开始跌落；释放的方法应使试验样品从悬挂着的位置自由跌落。对不能倒置的试验样品进行底平面的跌落。

④ 跌落次数：一般平行六面体及其他形状的试验样品按跌落顺序各跌落一次；不能倒置的试验样品连续跌落 6 次。

⑤ 最终检测：应按规定的项目对试验样品进行测试，如外观、电气和机械性能等。

（9）低气压试验

低气压试验用以考核产品在低气压条件下使用、储存和运输的适应能力。

① 试验设备：低气压试验设备应能提供并保持实验所规定的气压条件。图 8-15 是低气压试验设备的照片。

② 试验方法：将经过初始测量后的试验样品放入低气压试验设备，将设备内的气压降到规定的试验气压，保持规定的持续时间，可选择 5min、30min、2h、4h、16h。

③ 恢复：试验结束后，将试验样品在标准大气压条件下恢复 1~2h。

④ 最终检测：应按规定的项目对试验样品进行测试，如电气和机械性能等。

图 8-15 低气压试验设备的照片

（10）运输试验

把仪器捆在载重汽车的拖车上，行车 20km 进行试验，也可以在 4Hz、3g 的振动台上进行 2h 的模拟试验。

8.4.3 寿命试验

1. 电子产品的寿命

电子产品的寿命，是指它能够完成某一特定功能的时间，是有一定规律的。在日常生活中，电子产品的寿命可以从三个角度来认识。

第一，产品的期望寿命，它与产品的设计和生产过程有关。原理方案的选择、材料的利用、加工的工艺水平，决定了产品在出厂时可能达到的期望寿命。例如，电路保护系统的设计、品质优良的元器件、严谨的生产加工和缜密的工艺管理，都会使产品的期望寿命加长；反之，会缩短它的期望寿命。可以通过寿命试验获得产品的寿命的统计学数据。

第二，产品的使用寿命，它与产品的使用条件、用户的使用习惯和操作是否规范有关。使用寿命的长短，往往与发生某些意外情况有关。例如，产品在使用时，供电系统出现异常电压，产品受到不能承受的震动和冲击，用户的错误操作，都可能突然损坏产品，使其寿命结束。这些意外情况的发生是不可预知的，也是产品在设计阶段不予考虑的因素。

第三，产品的技术寿命。IT 行业是技术更新换代最快的行业。新技术的出现使老产品被淘汰，即使老产品在物理上没有损坏、电气性能上没有任何毛病，也失去了存在的意义和使用的价值。例如，十几年前生产的计算机，也许没有损坏，但其系统结构和配置已经不能运行今天的软件。IT 行业公认的摩尔定律是成立的，它决定了产品的技术寿命。

2．寿命试验的特征与方法

产品的寿命试验是可靠性试验的重要内容，是评价分析产品寿命特征的试验。通过统计产品在试验过程中的失效率及平均寿命等指标来表示，寿命试验分为全寿命、有效寿命和平均寿命试验。全寿命是指产品一直用到不能使用的全部时间；有效寿命是指产品并没有损坏，只是性能指标下降到了一定程度（如额定值的 70%），比如，某些元器件性能参数误差增大等；平均寿命主要是针对整机产品的平均无故障工作时间（MTBF），是试验的各个样品相邻两次失效之间工作时间的平均值，简单理解就是产品寿命的平均值，MTBF 是描述产品寿命最常用的指标。

寿命试验是在试验室中，模拟实际工作状态或储存状态，投入一定量的样品进行试验，记录样品数量、试验条件、失效个数、失效时间等，进行统计分析，从而评估产品的可靠性特征值。

以试验项目来划分，寿命试验可分为长期寿命试验和加速寿命试验。长期寿命试验时，将产品在一定条件下储存，定期测试其参数并定期进行例行试验，根据参数的变化确定产品的储存寿命。加速寿命试验时将产品分组，每组采用不同的应力，这种应力是由专门的设备来提供的。直到试验达到规定时间或每组的试验样品有一定数量失效为止，以此来统计产品的工作寿命时间。

8.4.4 可靠性试验的其他方法

1．特殊试验

特殊试验是使用特殊的仪器对产品进行试验和检查，主要有以下几种。

（1）红外线检查：用红外线探头对产品局部的过热点进行检测，发现产品的缺陷。

（2）X 射线检查：使用 X 射线照射方法检查被测对象，如检查线缆内部的缺陷，发现元器件或整机内部有无异物等。

（3）放射性泄漏检查：使用辐射探测器检查元器件的漏气率。

2．现场使用试验

现场使用试验是最符合实际情况的试验。有些电子设备，不经过现场的使用就不允许大批量地投入生产。所以，通过产品的使用履历记载，就可以统计产品的使用和维修情况，提供最可靠的产品的实际无故障工作时间。

8.5 电子产品制造企业的产品认证

在经济全球化的今天，中国已经成为世界上最重要的电子产品制造基地，我们的电子制造业正在逐步标准化，正在走向世界。"一流企业卖标准，二流企业卖服务，三流企业卖产品"，认证是对企业和企业产品的标准化运作。不仅我们的产品要行销全世界，我们的管理体系也应该被世界所接受。我们希望，职业技术教育能为企业培养一大批掌握先进制造技术和工艺的、与国际接轨的高素质劳动者，为使"中国制造"成为值得信赖的品牌作出贡献。

我国企业从 20 世纪 80 年代开始推行产品质量认证，90 年代开始推行质量体系认证。认证对于提高组织的企业质量管理水平、企业整体素质和企业规范化运作水平，对于降低不良品损失、降低生产成本、提高经济效益、提高产品信誉、提升企业形象和提高产品市场竞争能力发挥了重要作用。社会和用户对认证工作越来越关注。

8.5.1 认证的概念

认证是出具证明的活动，这种活动能够提供产品、过程及服务符合性的证据。认证分为第一方、第二方和第三方。以第三方身份提供这种证明的活动是第三方认证，专门从事认证活动的机构就是提供这种证明的认证机构。更通俗的解释为，假如认为产品（或服务）的生产者（提供者）和使用者（接收者）分别是第一方和第二方，则具有权威性的认证机构就是第三方。

按照认证活动的对象，认证可以分为质量体系认证和产品质量认证。

质量体系认证是对企业管理体系的一种规范管理活动的认证。目前，在电子产品制造业比较普遍采用的体系认证有质量管理体系（ISO9000）、环境管理体系（ISO14000）和职业健康安全管理体系（OHSAS18000）、社会道德责任认证（SA8000）等。

产品质量认证是为确认不同产品与其标准规定符合性的活动，是对产品进行质量评价、检查、监督和管理的一种有效方法，通常也作为一种产品进入市场的准入手段，被许多国家采用。产品认证分为强制性认证（如我国的 3C 认证、欧盟的 CE 认证）和自愿性认证（如美国的 UL 认证、我国的 CQC 认证），世界各国一般是根据本国的经济技术水平和社会发展的程度来决定，整体经济技术水平越高的国家，对认证的需求就越强烈。从事认证活动的机构一般都要经过所在国家（或地区）的认可或政府的授权，我国的 3C 强制性认证，就是由国务院授权、国家认证认可监督管理委员会负责建立、管理和组织实施的认证制度。

8.5.2 产品质量认证

1. 产品质量认证的起源和发展

产品认证的活动起源于商品经济的初期。最初，生产者谋求买方确认所需产品符合某种规格要求时，就出现了最基本的"规格确认"这一简单的认证活动，但对产品规格采用什么形式、如何进行确认、如何对确认结果进行评定等，没有统一的规范。19 世纪中期，伴随着工业革命的发展，在发达国家，使用在消费者生活、工作中的锅炉及其他电器产品越来越多。这些产品都是通过电源供电的，使用者直接接触开关、电源线及插头，一旦产品存在安全隐患，就可能对人身安全造成危害。实际上，由电器引发的火灾及人身事故经常发生。经过对大量事故原因进行分析，多数都是由于使用了不合适的插头和电线所致。

20 世纪初，随着科学技术的不断发展，电子产品的品种日益增多，产品的性能和结构也越加复杂，消费者在选择和购买产品时，由于自身知识的局限性，一般只关注产品的使用性能，而对产品在使用过程中的安全却疏于考虑。因为，产品的使用性能可以通过销售商的简单介绍或操作演示产生直观的效果，而产品的安全性却不能通过直观或经验来做出判断。再有，卖方对自己产品的一些夸大宣传和市场的鱼龙混杂也难以令消费者放心。因此，对消费者来说，很难做出正确的选择。假如有一个公正的第三方组织对产品质量的真实性出具证明，就可以使消费者放心得多。与此同时，一些工业化国家为了保护人身安全，也开始制定法律和技术法规，第三方产品认证由此应运而生。世界上最早实行认证的国家是英国。1903年，由英国工程标准委员会（BSI）首先创立了世界上第一个产品认证标志，即"BS"标识（因其构图像风筝，俗称"风筝标志"），该标识按照英国的商标法进行注册，成为受法律保护的标志。

20世纪中期，产品认证在工业发达国家基本得到普及，随着市场经济的成熟及标准化水平的提高，在国际贸易日益发展的今天，产品认证作为质量管理和贯彻标准的新兴手段，正逐步为世界各国所接受并重视。目前，产品认证范围已从防火、防触电、防爆等安全概念扩展到防电磁辐射的电磁兼容。随着全球化的能源紧缺，人类对产品的能效性越加关注，许多国家都建立了认证制度，颁布了适用于本国的产品标准或指令。目前，比较知名的认证标志主要有美国的 UL 和 FCC、欧盟的 CE、德国的 TÜV、VDE 和 GS、加拿大的 CSA。此外，还有澳大利亚和新西兰的 SAA、日本的 JIS 和 PSE、韩国的 KTL，并且俄罗斯、新加坡、韩国、墨西哥等国家和地区也制定了相应的市场准入制度。

我国的产品认证制度起步比较晚，自 1985 年以来，随着原国家技术监督局的"中国电工产品安全认证"（CCEE，"长城认证"）和原国家进出口商品检验局的"进口安全质量许可制度"（CCIB）的开展，到 2002 年 5 月 1 日两种产品认证制度的整合，我国才真正建立并完善了与国际接轨的、符合标准及评定程序的、较为规范的产品认证体系及制度，即中国强制认证（3C）。

2. 产品质量认证的意义

迄今为止，世界上许多国家或地区都建立了比较完整的产品认证体系。大部分认证体系是由政府立法强制实施的，获得了消费者的普遍认可。如果进入某个国家或地区的产品，已经获得该国家或地区的产品认证、贴有指定的认证标志，就等于获得了安全质量信誉卡，该国的海关、进口商、消费者对其产品就能够广泛地予以接受。因为，贴有认证标志的产品，表明是经过公证的第三方证明完全符合标准和认证要求的。特别是对于欧美发达国家的消费者来说，带有认证标志的产品会给予他们高度的安全感和信任感，他们只信赖或者只愿意购买带有认证标志的产品。

在国际贸易流通领域，产品认证也给生产企业和制造商带来许多潜在的利益。第一，使认证企业从申请开始，就依据认证机构的要求自觉执行规定的标准并进行质量管理，主动承担自身的质量责任，对生产全过程进行控制，使产品更加安全和可靠，大大减少了因产品不安全所造成的人身伤害，保证了消费者的利益；第二，由于产品所加贴的安全认证标志在消费者心中的可信度，引导消费者放心购买，促进了产品销售，从而给销售商及生产企业带来更大的利润；第三，企业的产品通过其他国家或地区的认证，贴有出口国的认证标志，有利于出口产品在国际市场的地位，有利于在国际市场上公平、自由竞争，成为全球范围内消除贸易技术壁垒的有效手段。

3. 产品质量认证的形式

在 ISO/IEC 出版物《认证的原则与实践》中，根据现行的质量认证模式，产品认证的形式归纳为以下八种形式：

（1）型式试验。按照规定的方法对产品的样品进行检验，证明样品是否符合标准和技术规范的要求。

（2）型式试验+获证后监督（市场抽样检验）。从市场或供应商仓库中随机抽样检验，证明产品质量是否持续符合认证要求。

（3）型式试验+获证后监督（工厂抽样检验）。从生产厂库房中抽取样品进行检验。

（4）第（2）种和第（3）种的综合。

（5）型式试验+初始工厂检查+获证后监督。质量体系复查加工厂检查和市场抽样。

（6）工厂质量体系评定+获证后质量体系复查。

(7) 批量检验。根据规定的抽样方案,对一批产品进行抽样检验。

(8) 100%检验。

由于上述第(5)种认证形式是从型式试验、质量体系检查和评价到获证后监督的全过程,涵盖最全面而被各国普遍采用,是国际标准化组织(ISO)推荐的认证形式。我国的 3C 产品认证也是采用这种认证形式。

4. 产品质量认证的依据

产品质量认证的主要依据有法律法规、技术标准和技术规范以及合同。

(1) 法律法规

有许多国家都对危及生命财产安全、人类健康的产品实施认证,大都采用立法的形式,即制定法律法规、建立认证制度、规定认证程序,指导认证的具体实施。主要有以下法律法规形式:

- 国家法令、国家和政府决议;
- 专门的产品认证法律法规、认证制度,属于产品认证立法;
- 认证标志按照商标注册的法律执行。

(2) 技术标准和技术规范

产品的安全性是由设计和结构来保证的,而设计与生产是按照相应的安全标准和技术规范来进行的。因此,产品的标准和技术规范就成为认证的主要依据。认证的技术标准和规范主要有国际标准、区域性标准、国家标准、合同约定等。其中,大多数区域性标准和国家标准都是依据国际标准——国际标准化组织(ISO)标准制定的。ISO 电子电工产品标准由国际电工委员会(IEC)负责制定,信息技术标准由 ISO/IEC 共同制定。我国的大部分 3C 产品认证标准采用国家标准(GB)。

ISO 是国际标准化组织的英文缩写。它是 1947 年成立的非政府组织,是一个世界范围的国家标准机构的联合体。ISO 的宗旨是,促进产品和服务的国际间交流及合作,促进世界标准化及其相关活动的发展。ISO 制定国际标准的原则是一致、广泛和自愿。ISO 的技术工作由独立的技术委员会、分委会和工作组来执行。在这些委员会中,来自全世界的有资格的工业部门、研究所、政府权威部门、消费者组织和国际组织的代表一起决定全球标准化的问题,ISO 的标准覆盖了所有的学科。

IEC 是国际电工委员会的英文缩写。IEC 于 1906 年成立,是一个全球性的组织,其宗旨是致力于所有电子电工产品及相关国际技术标准的制定,所涉及的领域包括电子、电磁、电声、信息技术、音/视频等。所制定的电子电工产品的标准被世界各国电子电工领域采用。

(3) 合同约定

在国内外经济贸易活动中,买卖双方在签订合同、协议时,将有关产品安全性的要求做出明确规定,包括应该遵守的技术标准和规范,具体到标准中的某些具体内容及补充内容等,都作为质量认证的依据。

8.5.3 国外产品质量认证

产品认证在工业发达国家的快速发展,使它在许多发展中国家也逐步开展起来,认证范围也由安全认证(符号 S)扩展到电磁兼容认证(符号 EMC)、安全与电磁兼容认证(符号 S&E)。我国的产品认证制度就是在借鉴国外先进国家的认证经验、结合自身特点的基础上建立的。一些早期开展认证国家的认证标志在全世界都有很高的知名度,享有很高信誉。在我国加入 WTO 以来,认证市场已经逐步向国际开放,对这些知名认证的品牌及其标志有所了解是必要的。

1. 美国 UL 认证

(1) UL 的发展

UL 是美国保险商试验室联合公司的英文缩写，是美国的安全认证标志。UL 始建于 1894 年，最早是为保险公司提供保险产品检验服务的，又称保险商试验室。由于在完成保险产品的检验服务中建立了良好的信誉，佩有 UL 标志的保险产品逐步发展成为经检验确认符合安全标准要求的、被人们认可的安全产品。1958 年，UL 被美国主管部门承认为产品认证机构，并规定认证产品上要有 UL 标志。UL 认证标志如图 8-16 所示。

UL 安全试验所是美国最权威的，也是世界上从事安全试验和鉴定的较大的民间机构。它是一个独立的、非营利的、为公共安全做试验的专业机构，它采用科学的测试方法来研究确定各种材料、装置、产品、设备、建筑等对生命、财产有无危害和危害的程度；确定、编写、发行相应的标准和有助于减少及防止造成生命财产受到损失的资料，同时开展实情调研业务。

(a) 整机　(b) 元器件　(c) 分级产品

图 8-16　UL 认证标志

目前 UL 主要从事产品认证和体系认证，并出具相关的认证证明，确保进入市场的产品符合相关的安全标准，为人身健康和财产安全提供保障。UL 认证是自愿性的，但一直被广大消费者认可，在美国市场销售的涉及安全的产品如果佩有 UL 标志，就成为消费者购买产品的首要选择，UL 标志给予了消费者安全感。

UL 拥有一套严密的组织和管理体制，标准开发及产品认证有严格的程序，但与国际上其他认证机构在运作上大同小异，主要围绕产品和材料对人类生命、财产危害程度的认定、产品制造工艺方法的检定等内容。UL 由安全专家、政府官员、消费者、教育界、公用事业、保险业及标准部门的代表组成理事会，由总经理决策并进行管理。经 UL 认证的产品和厂商每年在 UL 出版的"产品指南"上公布。目前，UL 在美国本土有五个实验室，总部设在芝加哥北部的北布鲁克镇，同时在中国台湾和香港地区分别设立了相应的实验室。UL 的认证及服务范围已扩充到世界各地，在我国由地区代理办理认证业务。UL 为促进国际贸易的发展、消除贸易技术壁垒发挥了积极的作用。

(2) UL 申请程序简介

申请 UL 认证的程序如下。

① 申请人提出申请。

- 申请人填写书面申请，并用中英文提供相关产品的资料。
- UL 对产品资料进行确认，如资料齐全，UL 以书面方式通知申请人实验所依据的 UL 标准、测试费用、测试时间、样品数量等，并请申请人提交正式申请表以及跟踪服务协议书。
- 申请人汇款、提交申请表并以特快专递方式寄送样品，应注意 UL 给定的项目号码。

② 样品测试。

- UL 实验室进行产品检测，一般在美国的 UL 实验室进行，也可接受经过审核的第三方测试数据。
- 如果检测结果符合 UL 标准要求，UL 公司发出检测报告、跟踪服务细则和安全标志。细则中包括产品描述和对 UL 区域检查员的指导说明；检测报告副本提交申请人，跟踪服务细则副本提交每个生产厂。

③ 工厂检查。

UL 区域检查员进行首次工厂检查，检查产品及其零部件在生产线和仓储的情况，确认产品结构和零件与跟踪服务细则的一致性，如果细则中有要求，进行现场目击实验，当检查结果符合要求时，申请人获得使用 UL 标志的授权。

④ 获证后监督。

- 检查员不定期到工厂检查，检查产品结构并现场目击实验，每年至少检查四次。产品结构或部件如需变更，申请人应事先通知 UL，对于较小改动不需要重复实验，UL 可以迅速修改跟踪服务细则，使检查员接受这种改动。当产品改动影响到安全性时，需要申请人重新递交样品进行必要的检测。
- 如果产品检测结果未能达到 UL 标准要求，UL 向申请人通知存在的问题，申请人改进产品设计后，重新交验产品并及时将产品的改进内容告知 UL 工程师。

2. 欧盟 CE 认证

（1）CE 发展简史

CE 是法语"欧洲合格认证"的缩写，也代表"欧洲统一"的意思，是欧盟的认证标志。过去，欧盟国家对进口的产品要求各不相同，对按照一个国家标准制造的产品到另一国能否上市，没有统一、协调的标准，极有可能不允许上市。为消除这一贸易壁垒，1985 年 5 月 7 日，欧洲理事会批准了《技术协调与标准化新方法》指令，规定了达到安全、卫生、环保基本要求的产品应加贴 CE 标志，再制定协调标准（即技术规范）来满足这些基本要求，为各国产品在欧洲市场进行贸易提供了统一的最低技术标准，简化了贸易程序，CE 认证由此而产生。欧盟法律明确规定 CE 属强制性认证，CE 标志是产品进入欧盟的"通行证"。不论是欧盟还是其他国家的产品，要在欧盟市场上自由流通，必须加贴 CE 标志。CE 只限于产品不危及人类、动物和货品的安全方面的基本安全要求，CE 标志是安全合格标志而非质量合格标志。对已加贴 CE 标志进入市场的产品，如发现不符合安全要求，要责令从市场收回，持续违反指令有关 CE 标志规定的，将被限制或禁止进入欧盟市场。

协调标准（技术规范）是产品符合欧盟指令基本要求的一种工具，符合协调标准的产品方可在欧盟市场上流通。在实施中，某一协调标准有可能没有涉及所对应指令的全部基本要求，制造商应该采用其他技术规范，保证符合指令的基本要求。协调标准经欧洲委员会一致通过，由 ISO 予以批准。迄今为止，欧盟已发布了几十个指令，欧洲委员会还在随时发布新的指令。依据欧洲标准化组织的规定，成员国必须将协调标准转换成国家标准，并指明与其相对应的新方法指令，同时撤消有悖于协调标准的国家标准，这是强制性的。

需要加贴 CE 标志的产品涉及电子、机械、建筑、医疗器械和设备、玩具、无线电和电信终端设备、压力容器、热水锅炉、民用爆炸物、游乐船、升降设备、燃气设备、非自动衡器、爆炸环境中使用的设备和保护系统等。

现在，一共有 30 个欧洲国家强制性地要求产品携带 CE 标志，它们是奥地利、比利时、丹麦、芬兰、法国、德国、希腊、爱尔兰、意大利、卢森堡、荷兰、葡萄牙、西班牙、瑞典、英国、爱沙尼亚、拉脱维亚、立陶宛、波兰、捷克、斯洛伐克、匈牙利、斯洛文尼亚、马耳他、塞浦路斯、保加利亚、罗马尼亚、冰岛、列支敦士登、挪威。

从 2010 年 1 月 1 日起，相关产品出口至欧盟国家，如果误用滥用 CE 标志，将受到重罚。

据了解，欧盟在 2008 年出台了 765/2008/EC 和 768/2008/EC 两项旨在严格 CE 标志认证规定的法规，以确保产品安全。新法规最突出的重点是加强 CE 标志的市场监督。具体措施如，强化欧盟各港口海关检查进口商品合格性的责任；规定加贴 CE 标志产品的合格评定活动由指定评估机构完成，授权评估机构通知欧盟各成员国的程序，规定每个成员国只设一个评估机构，其评估通知对整个欧洲地区均有效；规定生产商、分销商、进口商的责任，细化合格评定程序的不同模块。

除上述法规的具体强化措施外，国内制造商和出口商须重点解读新法规传递的两项信息：一是新法规为各成员国对误用 CE 认证标志实施法律制裁提供了法律依据；二是欧盟委员会计划对 CE 标志进行注册，使该标志成为一个集体商标，商标形式将成为成员国当局市场监督和法律保障的新工具。上述信息意味着不符合要求的产品加贴 CE 标志，或 CE 字体未使用圆圈形字母、CE 标志高度小于 5mm 等形状和尺寸错误等以往大量存在的误用和滥用现象，将受到欧盟成员国法律行动的严厉制止。

我国企业应当提高危机意识，积极主动了解欧盟最新的法规政策及动向，特别是要注意对 CE 标志相关规定的了解，杜绝滥用误用 CE 标志；对在欧盟指令范围内的出口产品及时进行 CE 认证，确保产品符合欧盟要求；在环保安全意识和生产技术方面查漏补缺，大到原料至成品的可追溯性和生产过程的安全卫生，小到产品标签上 CE 标志的尺寸和形状等细节，均需符合欧盟 CE 认证要求，切实规避出口风险。

（2）CE 申请程序简介

① 申请人提出申请。
- 申请人口头或书面提出初步申请。
- 申请人填写申请表并将申请表、产品使用说明书和技术文件提交 CE 实验室，必要时提供一台样机。

② CE 认证机构对申请资料进行确认。
- 确认提交资料的内容，确定检验标准及检验项目并报价。
- 申请人确认报价，将样品和有关技术文件提交实验室。
- CE 向申请人发出收费通知，申请人支付认证费用。
- CE 实验室对产品测试及技术文件进行审阅，包括文件是否完善、文件是否按欧盟官方语言（英语、德语或法语）书写。如果不完善或未使用规定语言，通知申请人改进。

③ 样品测试。
- 如果试验不合格，CE 实验室及时通知申请人，允许申请人对产品进行改进，直到试验合格。申请人应对原申请中的技术资料进行更改，以便反映更改后的实际情况。
- CE 实验室向申请人发整改费用补充收费通知。
- 申请人支付整改费用。
- 测试合格，无需工厂检查，CE 实验室向申请人提供测试报告或技术文件、CE 符合证明及 CE 标志。

④ 申请人签署 CE 保证自我声明，在产品上贴 CE 标志。

（3）CE 标志的使用

按新方法指令的要求，对需要加施 CE 标志的产品，在投放欧盟市场前，由制造商或其销售代理商加施 CE 标志。CE 标志应加贴在产品铭牌上，当产品本体不适于标识时，可加贴到产品的包装上。当产品涉及两个或两个以上指令要求时，必须满足所有指令要求后，才能加贴 CE 标志。指令中对 CE 合格标志另有规定要求时，按指令要求进行。缩小或放大 CE 标志，应遵守规定比例。CE 标志各部分的垂直尺寸必须基本相同，不得小于 5mm。CE 标志必须清晰可辨、不易擦掉。图 8-17 是 CE 认证标志。

CE 标志是符合欧洲指令标志，可以取代所有符合其他成员国家认证的标志（如德国的 GS）。成员国应将 CE 标志纳入国家法规和管理程序中，产品上可加贴任何其他标志，但必须满足下列条件：

图 8-17 CE 认证标志

- 该标志具有与 CE 标志不同的功能，CE 为其提供了附加价值（如指令未涉及的环境问题)。
- 加贴的是不易引起混淆的法律标志,如商标等。
- 该标志不得在含义或形式上与 CE 标志产生混淆。

3. 其他知名的国家认证

除了 UL 认证和 CE 认证以外,还有一些知名的国家认证。现在,中国制造的电子产品已经销往全世界很多国家和地区,也必须取得相应的认证。就申请认证来说,一般都通过代理机构操作,需要的程序也大同小异,多包括提交申请、样品测试、工厂审查、标志授权以及获证后的监督。但各国国情不同,填写文件的语言与格式不同。参加申请工作的人员应该接受相关培训,仔细阅读文件资料。限于篇幅,本书只能对部分主要认证及其机构做出概略介绍,供电子产品制造企业出口产品、了解买方所在国家的认证要求时参考。

(1)德国 VDE 和 TÜV、GS 认证

VDE 是德国电气工程师协会的简称,也是德国的产品认证标志。VDE 最早的任务是制定电气产品的标准,它于 1920 年建立了一个试验与认证研究所,在德国国内负责 VDE 产品认证及颁发认证标志,在欧洲和国际上,得到了欧洲电工标准化委员会认证体系、世界性的国际电工委员会 IECEE-CB 体系以及国际电工委员会电子元器件认证体系的认可,是欧洲最有经验的认证机构之一。VDE 按照欧盟统一标准或德国工业标准进行检测,认证的产品范围包括家用及商用的电子、电气设备和材料、工业和医疗设备及电子元器件等。针对不同产品,VDE 分别以不同的认证标志来表示。

德国莱茵公司技术监督公司 TÜV 是德国最大的产品安全及质量认证机构,是一家德国政府公认的检验机构,也是与 FCC、CE、CSA 和 UL 并列的权威认证机构,凡是销往德国的产品,其安全使用标准必须经过 TÜV 认证。

GS 是欧洲市场公认的安全认证标志,意为"德国安全"。GS 认证是以德国产品安全法为依据、按照欧盟统一标准或德国工业标准进行检测的一种自愿性认证,是欧洲市场公认的德国安全认证标志。GS 标志表示该产品的使用安全性已经通过具有公信力的独立机构的测试。和 CE 不同的是,GS 标志并没有法律强制要求,但由于其安全意识已深入普通消费者,一个有 GS 标志的电器在市场可能会比一般产品有更大的竞争力。GS 标志可以替代 VDE 标志,等同于满足欧盟 CE 标志的要求。

在图 8-18 中,图(a)是一种 VDE 认证标志,适用于依据设备安全法规的产品或器具,如医疗器械、电气零部件及布线附件等;图(b)是 GS 认证标志,适用于依据设备安全法规制造的专门设备及整机产品;图(c)是 TÜV 认证标志,出现在各种 IT 产品和家用电器上。

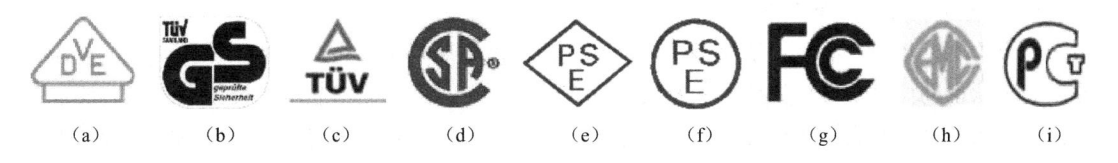

图 8-18 几种知名的认证标志

(2)加拿大 CSA 认证

CSA 是加拿大标准协会的缩写。CSA 成立于 1919 年,是加拿大首家制定工业标准的非盈利性机构,目前是加拿大最大的、世界上最著名的安全认证机构,CSA 标志是世界上知名的产品安全认可标志之一。图 8-18(d)是 CSA 标志。

在北美市场上销售的电子类产品都需要取得安全方面的认证,CSA 则对电子、电气、机

械、办公设备、建材、环保、太阳能、医疗防火安全、运动及娱乐等方面的各类型产品提供安全认证。经 CSA 安全认证及授权后，可在产品上附加 CSA 标志。CSA 属于自愿认证标志，但 CSA 的标准经常作为政府在管理中使用或参照的依据，大多数厂商也都以取得此标志作为向客户推荐产品安全性的依据，许多消费者甚至会指定要求购买附加 CSA 标志的产品。CSA 在加拿大各地区都建有分部，在世界各国设有附属机构或代表。

1992 年前，经 CSA 认证的产品只能在加拿大市场上销售，产品想进入美国市场，还必须取得美国的有关认证。现在，CSA 的检测机构如被美国政府认可，就可对一系列产品按照 360 多个美国 ANSI/UL 标准进行测试和认证。CSA 指定的检测机构将加拿大和美国的标准结合起来对产品进行测试，消除了取得两国不同认证所需的重复测试和评估，在申请认证过程中只需要一次申请、一套样品和一次交费，被确定为符合标准规定后，就可以销往美国和加拿大市场，帮助厂商缩减了认证时间和费用。

（3）日本 DENAN 法

日本在 2001 年 4 月 1 日颁布并开始实施"日本电气安全用电法"，简称"电安法"（DENAN）。它将电气产品及材料分为特殊和非特殊的两类：特殊电气产品及材料共有 111 项，必须由授权的评估机构进行强制验证，经验证合格后，加贴菱形 PSE 标志，如图 8-18（e）所示；非特殊电气产品及材料共有 340 项，可以采用自我声明的形式，加贴圆形 PSE 标志，如图 8-18（f）所示。

（4）美国 FCC 认证

FCC 是美国联邦通信委员会的缩写，FCC 制定了很多涉及电子设备的电磁兼容性和操作人员人身安全等一系列产品质量和性能的标准，目的是为减少电磁干扰，控制无线电的频率范围，确保电信网络、电气产品正常工作。FCC 认证的依据是"FCC 法规"和美国国家标准协会（ANSI）制定的标准，还有电子电气工程师协会（IEEE）下属的 EMC 学会制定的标准，这些标准已经广泛使用并得到世界上不少国家的技术监督部门或类似机构的认可。FCC 的认证标志如图 8-18（g）所示，加贴标志的产品表示已经通过 FCC 认证。FCC 所涉及的产品范围主要有音视频产品、信息技术类产品、电信传输类产品及电子玩具等。

（5）欧洲电磁兼容认证 EMC

EMC 指令要求所有销往欧洲的电气产品产生的电磁干扰（EMI）不得超过一定的标准，以免影响其他产品的正常运作，同时电气产品本身亦有一定的抗干扰能力（EMS），以便在一般电磁环境下能正常使用。EMC 指令已经于 1996 年 1 月 1 日在欧洲开始正式强制执行。EMC 认证以各类电子产品为主，是所有销往欧洲市场的电气产品的通行证，也将在我国强制推行，这对于我国产品占据国际市场具有重大意义。图 8-18（h）是 EMC 认证的标志。

（6）俄罗斯认证 GOST/PCT

自从 1995 年《产品及认证服务法》颁布之后，俄罗斯开始实行产品强制认证制度，对需要提供安全认证的商品从最初的数十种发展到现在的数千种，商品上市基本实行了准入制，要求国内市场上市商品必须有强制认证标志。近年来，俄罗斯逐步加强了进口商品的强制性认证管理，将产品强制认证扩展到了海关。1999 年 5 月 12 日，俄联邦国家海关委员会第 282 号令颁布了"进入俄联邦海关领土需出具强制认证的商品清单"，按照俄罗斯法律，商品如果属于强制认证范围，不论是在俄罗斯生产的，还是进口的，都应依据现行的安全规定通过认证并领取俄罗斯标准计量委员会核发的《商品质量证书》（GOST 证书）和《卫生安全证书》，才能进入俄罗斯市场。对于绝大多数中国商品而言，只要获得了带有 PCT 标志的 GOST 国家标准证书，就等于拿到了进入俄罗斯国门的通行证。强制认证产品范围主要包括食品、家用电器、电子产品、轻工业品、化妆品、家具、玩具、陶瓷等。图 8-18（i）是 GOST 证书上的 PTC 标志。

8.5.4 中国强制认证（3C）

1. 3C 认证的背景与发展

3C 是中国强制认证的英文缩写 CCC 的简称。在 2002 年 5 月 1 日以前的十几年中，我国实行强制性产品认证的制度包括"进口安全质量许可制度（CCIB）"（共发布 2 批目录 47 大类 139 种产品）和"电工产品安全认证制度（长城认证 CCEE）"（共发布 3 批目录 107 种产品）。其中的部分产品同时列入了两个强制认证的范畴，出现了同一种进口产品需要两次认证、加贴两个标志、执行两种评定程序及两种收费标准的重复情况。

在我国加入 WTO 的谈判中，根据世界贸易协议和国际通行规则，WTO 向我国提出了将两种认证制度统一的要求。为了履行加入 WTO 的承诺，我国在 2002 年 5 月 1 日起开始实施新的强制性产品认证制度——中国强制认证。新的认证制度在形式上对原有的两种制度合二为一，实现了四个统一：统一目录；统一标志；统一技术法规、标准和合格评定程序；统一收费标准。原有的"长城"标志和"CCIB"标志自 2003 年 5 月 1 日起废止。新的制度完善和规范了我国的强制认证制度，避免了政出多门的现象，使强制性产品认证真正成为政府维护公共安全、维护消费者利益、打击伪劣产品和欺诈活动的工具。3C 也是一种产品准入制度，凡列入强制产品认证目录内的、未获得强制认证证书或未按规定加贴认证标志的产品，一律不得出厂、进口、销售和在经营服务场所使用。

在 2002 年 5 月 1 日公布的第一批《实施强制性产品认证的产品目录》中，涉及 9 个行业 19 大类计 132 种产品，主要有电线电缆、低压电器、家用电器、音视频设备、信息技术设备、电信终端、机动车辆及安全附件、农机产品等。

我国由国务院授权国家认证认可监督管理委员会（CNCA）负责强制性产品认证制度的建立、管理和组织实施。由政府的标准化部门负责制定技术法规，通过对产品本身及其制造环节的质量体系进行检查，评价产品是否符合技术法规及标准的要求，以确定产品是否可以生产、销售、经营和使用。经国家质检总局和国家认证认可监督管理委员会批准，中国质量认证中心（CQC）成为第一个承担国家强制性产品认证工作的机构，接受并办理国内外企业的认证申请、实施认证并发放证书。CQC 在全国设有 11 个分中心，承担国内企业申请 3C 认证的工厂检查和日常工作监督工作，确保中国强制性产品认证工作的顺利实施。获得 CQC 产品认证证书，加贴 CQC 产品认证标志，就意味着该产品被国家级认证机构认证为安全的、符合国家相应的质量标准。

3C 认证的范围涉及人类健康和安全、动植物生命和健康、环境保护与公共安全的部分产品，由国家认证认可监督管理委员会统一以目录的形式发布，同时确定统一的技术法规、标准和合格评定程序、产品标志及收费标准。

由 3 个"C"组成的图案如图 8-19 所示，是强制性产品认证的标志。其中，图（a）为 3C 认证的基本型标志；图（b）附加了字母 S，表示安全认证；图（c）附加了字母 E，表示电磁兼容（EMC）认证；图（d）附加了字母 S&E，表示安全与电磁兼容认证；图（e）附加了字母 F，表示消防认证。

（a）基本型　（b）安全　（c）电磁兼容　（d）安全与电磁兼容　（e）消防

图 8-19　3C 认证的标志

2. 3C 认证的意义、作用和法律法规依据

（1）我国建立强制性产品认证制度的意义和作用主要有：
- 是执行标准和安全法规的有效措施；
- 维护广大消费者人身安全和财产损失；
- 有利于增加出口产品在国际上的可信度，提高产品在国际市场的地位；
- 消除全球范围内的贸易技术壁垒。

（2）我国实施强制产品认证制度的法律、法规、规章依据有：
- 《中华人民共和国产品质量法》；
- 《中华人民共和国进出口商品检验法》；
- 《强制性产品认证管理规定》；
- 《强制性产品认证标志管理办法》；
- 《第一批实施强制性产品认证的产品目录》；
- 《强制性产品认证实施规则》；
- 《实施强制性产品认证制度有关安排的有关规定》。

3. 3C 认证流程

企业申请产品 3C 认证的流程图如图 8-20 所示。

对照图 8-20，企业申请产品 3C 认证的过程，可以分为下列几个环节：

（1）申请人提出认证申请
- 申请人通过互联网或代理机构填写认证申请表。
- 认证机构对申请资料评审，向申请人发出收费通知和送交样品通知。
- 申请人支付认证费用。
- 认证机构向检测机构下达测试任务，申请人将样品送交指定检测机构。

（2）产品型式试验

检测机构按照企业提交的产品标准及技术要求，对样品进行检测与试验。但是对样品的检测与试验只是针对样品本身的，其结果若符合产品标准及技术要求，并不说明企业生产的同类产品已经合格，所以叫做型式试验。型式试验合格后，检测机构出具型式试验报告，提交认证机构评定。

（3）工厂质量保证能力检查
- 对初次申请 3C 认证的企业，认证机构向生产厂发出工厂检查通知，向认证机构工厂检查组下达工厂检查任务。
- 检查人员要到生产企业进行现场检查、抽取样品测试、对产品的一致性进行核查。注意：这是非常重要的环节！如果工厂审查不能通过，将不能产生、销售该产品，企业将被要求限期整改。
- 工厂检查合格后，检查组出具工厂检查报告，对存在问题由生产厂整改，检查人员验证。

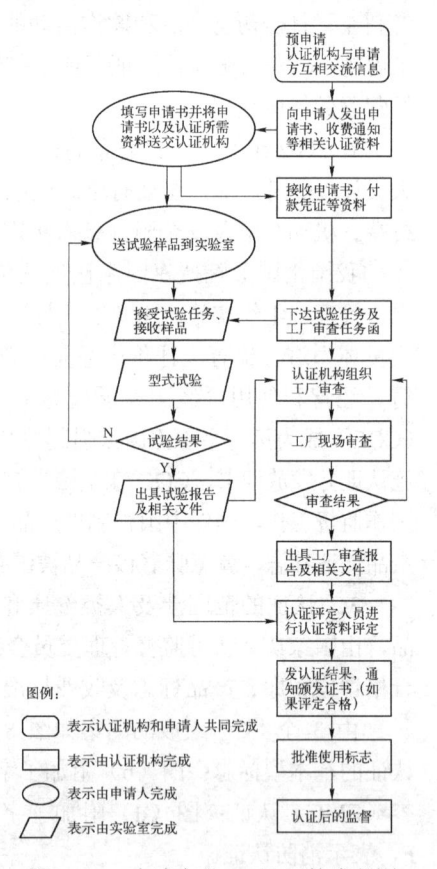

图 8-20 申请产品 3C 认证的流程图

- 检查组将工厂检查报告提交认证机构评定。

(4) 批准认证证书和认证标志

认证机构对认证结果做出评定,签发认证证书,准许申请人购买并在产品上加贴认证标志。

(5) 获证后监督
- 认证机构对获证生产工厂的监督每年不少于一次(部分产品生产工厂每半年一次);
- 认证机构对检查组递交的监督检查报告和检测机构递交的抽样检测试验报告进行评定,评定合格的企业继续保持证书。

4. 工厂对电子产品质量保证能力的检查条款

在产品的认证实施规则中,《工厂质量保证能力要求》是 3C 强制认证工厂检查的重要依据之一,工厂检查员通过 10 个条款的检查,对工厂的质量保证能力做出最后评价,这是产品认证全过程的最后一个阶段,也是最重要的环节。按照《工厂质量保证能力的要求》,在工厂检查前,企业应该建立、实施质量体系并确保其正常运行,做好以下准备。

(1) 职责和资源

应当编制相应的规章制度或职责权限的文件,明确规定与质量活动有关的各类人员的职责及权限;任命一名兼职或专职的质量负责人(在相应的文件中做出规定),其责任是:
- 建立、实施质量体系并确保其正常运行。
- 确保认证的产品符合认证标准要求,并与型式试验合格的样品保持一致。
- 建立程序文件,确保认证标志妥善保管和使用;未经认证、不合格的认证产品,不得加贴认证标志。
- 建立程序文件,确保未经认证、不合格的认证产品,不加贴认证标志。

质量负责人应具备一定的能力,一般由质量部门的负责人或高层管理人员兼任。

与质量活动有关的各类人员包括设计、采购、生产、检验、设备维护、计量管理、内审员、包装、储运人员等,已明确其职责和权限,应该有相应的培训与考核,确保人员的任职资格。内审员、计量员、特殊工序或关键工序(如焊接、注塑等)的操作人员应有相应的职业资格证书。

应配备必须的资源,生产及检测资源有生产设备、检测设备,检验、计量、仓储条件等;人力资源的配备应满足生产的需求。

(2) 文件和记录

① 应编制相应的程序文件,主要有:
- 文件和资料控制程序,应规定文件批准、状态、修订、有效性、防止作废文件使用等要求。
- 质量记录控制程序,应规定记录的填写、标识、储存、保管和处理及保存期限的要求。
- 供应商选择、评定和日常管理程序。
- 关键元器件和材料、产品及结构等变更控制程序。
- 关键元器件和材料定期确认检验程序。
- 例行检验和定期确认检验程序。
- 不合格品控制程序。
- 内部质量审核程序。
- 认证标志妥善保管和使用的控制程序,规定不合格产品、获证产品变更后未经确认不加贴标志。

② 应编制相应的规定、制度及作业文件,如:

- 各岗位人员的职责和任职要求。
- 生产设备的维护保养制度。
- 检测设备的计量检定规定、自校准规程。
- 安全测试设备的运行检查和记录的规定。
- 人员培训和考核的规定。
- 关键工序作业指导书。
- 质量计划或类似的文件，应描述认证产品的工艺和技术要求及相关过程。
- 其他企业内部管理的各项规定。

(3) 采购和进货检验

对涉及安全和 EMC 的关键元器件及材料的供应商进行评价、选择和日常管理；对关键元器件和材料检验、验证及定期确认检验。假如检验由供方进行，应与供方签订合同，提出明确的检验要求，明确对供应商验证的要求，主要有外观、数量、合格证、检验报告等。

对供应商进行评价、选择和日常管理及采购和进货检验的记录应予以保持。

(4) 生产过程控制和过程检验

对关键工序或特殊工序加强控制，按规定对有关人员培训上岗；必要时编制作业指导书；对生产设备定期进行维护和保养，确保其处于完好状态；对规定的生产条件、工艺参数进行控制并记录，操作人员应按工艺要求操作。

在生产过程的适当阶段进行一致性检查，确保认证产品与型式试验样品的一致性。

(5) 例行检验和确认检验

在生产线末端、包装和贴标签之前，要对产品的主要安全性能进行 100% 的检验。

按规定对产品定期进行确认检验，由企业进行或委托具备检测能力检测机构完成。检验的项目、条件和频次不能低于产品认证实施规则的要求，对确认检验报告予以保存。

(6) 检验试验仪器设备

应配备满足测试要求的检测仪器和设备，并按规定的周期进行校准和检定，自校准仪器应编制相应的校准规程，仪器和设备的校准标识应该清晰、有效。

应对检验、试验设备进行运行检查，在仪器设备发生失效时，应能够追回已检的产品重新测试，防止不合格品误用，应规定运行检查的具体操作方法，对运行检查的结果予以记录。

(7) 不合格品控制

对不合格品应做好标识，避免与合格品混淆；应做好不合格情况记录，按规定返工或返修；经返工或返修后的产品按规定重新检验，应保存不合格及返工返修的记录。

(8) 内部质量审核

应按规定定期进行内审，认证产品一致性检查和对客户抱怨及投诉的处置结果应作为内审的输入内容。对内审中发现的问题，责任部门应在规定的期限内采取纠正措施或制订纠正措施计划。整改后，由内审员对纠正措施的有效性进行验证；内审的记录应予以保存。

内审员应由具备内审员资格的人员担任，内审员不能审核自己所在的部门。

(9) 认证产品的一致性

关键元件、材料、结构、规格型号、技术指标、供货厂家如发生变更，认证产品的生产工艺、结构、规格型号、技术指标、生产场地等发生变更时，均应向认证机构提出申请，经批准后方可进行变更，变更尚未获准时，不得在产品上加贴认证标志。

(10) 包装、搬运和储存

认证产品的包装材料和包装方法及标识，应符合国家标准的要求；搬运时应按规定进行操作，认证产品的储存条件（如温度、湿度）、产品码放高度应符合规定的要求，避免造成产品损坏。必要时，对储存环境的实际情况进行记录。

申请 3C 认证的企业应该深入理解这 10 个要素的深刻内涵，将认证工作做到实处，建立健全的、文件化的程序及规定并严格执行、明确职责和权限、配备必需的资源，做好相应的培训，对生产全过程中的关键控制点重点管理，做好各环节的记录，提供充分的证据。在准备进行认证的过程中，应围绕以下中心环节开展工作。

- 工厂质量体系的符合性、适用性和有效性。
- 生产条件和检验能力的符合性和有效性。
- 认证产品一致性控制的有效性。
- 与国家法律法规要求的符合性。

工厂检查完成以后，认证机构检查人员将对工厂检查结果当场做出符合性判定：如发现不合格项，对产品安全性能无直接影响或有较小的潜在影响，或者不符合是个别的、易于纠正的，由工厂对此类不符合项进行纠正或制定纠正措施，并经检查组书面验证或现场验证确认有效后，可以通过审查。如果发现的不符合项直接影响产品安全性能、或影响产品一致性、或对产品安全产生严重隐患、或违反中国有关法律法规要求、或造成质量体系失控、过程失控等，则判定审查不通过。

5．对电子产品的主要安全测试项目及测量仪器

电子类产品的检测项目一般有安全和电磁兼容（如需要）两大项内容：

- 型式试验是按产品抽取规定数量的样品，按照相应的产品标准中所规定的项目和试验方法逐项进行试验；
- 在对生产现场进行工厂检查时，一般抽取 1～2 台样机，按照实施规则规定的项目要求进行主要安全项目测试，工厂检查时不进行电磁兼容试验；
- 定期进行确认试验时，由企业或由专门的检测机构对主要安全项目进行测试。

3C 认证采用的产品标准均为国家标准，大多数是等效采用 IEC 安全技术标准，如整机产品的标准有 GB8898《音视频及类似电子设备安全要求》、GB4943《信息及技术设备的安全要求》、GB4706《家用和类似用途设备的安全要求》标准等。

几种常用的安全测试设备如图 8-21 所示，下面介绍安全测试项目。

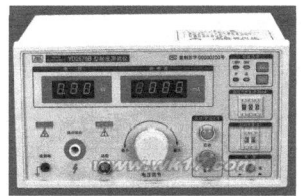

（a）绝缘电阻测试仪　　　　（b）耐电压测试仪　　　　（c）接地电阻测试仪

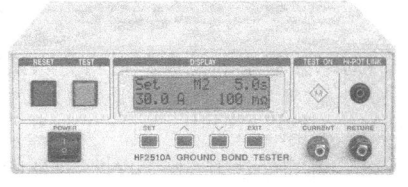

图 8-21　几种常用的安全测试设备

（1）绝缘电阻

绝缘电阻测试的目的：检查产品的绝缘结构对电的绝缘能力。如果绝缘电阻值低，说明绝缘结构中可能存在某些隐患或受损，有可能对人身安全产生威胁。

绝缘电阻的试验方法：在试验样品有绝缘要求的外部端口（电源插头或接线柱）和机壳之间、机壳绝缘的内部电路和机壳之间、内部互相绝缘的电路之间进行测试。GB8898—2001《音视频及类似电子设备安全要求》标准规定了音视频产品的绝缘电阻要求：基本绝缘电阻不小于 2MΩ，加强绝缘电阻不小于 4MΩ。

绝缘电阻测量仪器有绝缘电阻测试仪或兆欧表，一般是直流电压测试，有固定的电压量程、测量阻值的范围、指示精度及显示功能。以数字型绝缘电阻测试仪为例，技术指标一般为：测试电阻范围 0.1～1000MΩ，测试电压 250V/500V（DC），数字显示精度±3%，工作电源 220V±10%、50Hz±2Hz 等。图 8-21（a）是绝缘电阻测试仪的照片。

（2）抗电强度

抗电强度试验的目的：检验绝缘材料承受电压的能力、考核产品的绝缘结构是否良好。如果在高电压的作用下，绝缘材料发生闪络或击穿，则表明绝缘材料被破坏，不能起到防触电保护的作用。

抗电强度试验方法：在试验样品有绝缘要求的外部端口（电源插头或接线柱）和机壳之间、机壳绝缘的内部电路和机壳之间、内部互相绝缘的电路之间，施加试验电压进行测试。GB8898—2001 标准规定的试验方法是：在与电网电源直接连接的不同极性的零部件之间施加交流试验电压 2120V（额定电压>150V），进行耐电压测试。试验电压从零逐渐增加到规定的电压值，保持 60s（例行试验可减至 1～4s），应无击穿和飞弧现象。

抗电强度的试验仪器是耐电压测试仪。仪器应具备输出电压、最大输出电流、测量漏电流范围、精度、定时时间等必需的量程和精度。以 YD2760B 型耐电压测试仪为例，它的输出电压为 0～5kV（AC）、最大输出电流为 20mA、测量漏电流范围为 0.5/1/2/5/10/20mA、精度为±5%、定时时间为 60s/30s/5s/手动等，具备显示功能。图 8-21（b）是耐电压测试仪的照片。

（3）接地电阻

接地电阻测试是为了检验产品的接地性能，考核产品的安全结构是否符合要求。

GB8898—2001 标准规定：保护接地端子（或接触件）和与其连接的零部件之间的接地电阻不应超过 0.1Ω。测试接地电阻时，选择试验电流为 25A（DC 或 AC），试验电压不超过 12V，试验应进行 1min。接地电阻的数值很小，一般不超过几十欧姆。

测试接地电阻使用接地电阻测试仪，一般要求仪器具有测量电阻的范围、准确度、测试电流和电压、工作电源、定时器等量程和精度保证。以数字型接地电阻测试仪为例，测量电阻的范围 0～200mΩ、准确度±5%、测试电流 25A/10A（AC）和电压、定时器 1min/手动，具备显示功能。图 8-21（c）是接地电阻测试仪的照片。

8.5.5 关于整机产品中的元件和材料认证

1. 对单独获证的元件和材料免除试验

CQC 在整机试验中，对已单独获得 3C 产品认证证书与标志的元件和材料，采取免除试验、予以认可的处理方法。即对已获证的元件和材料，只对证书与标志等认证情况进行核实，无需对元件和材料重新进行随机试验，从而给整机企业提供了时间和费用上的方便。

2. 对元件和材料的 CQC 自愿认证

电子产品中涉及安全和电磁兼容的元件和材料为关键元件和材料。在已经发布的 3C 强制性产品认证目录中，只有少数几种关键元件和材料（主要是用户可能直接触及的元件和材料，例如产品的开关、电源线和熔断器等）列入了目录范围，而大多数关键元件和材料未能列入目录。在整机产品接受 3C 认证的试验时，这些未经认证的元件和材料需要单独进行试验，以确定其是否符合规定的安全要求。但是，这种单独试验的结果只对整机有效，并不对其出具单独的认证证明。同一种元件或材料如果用在不同的整机上，也不能通用随机试验的结果。所以，每次对整机试验时，都会花大量时间对整机的元件和材料进行试验，给整机制造厂造成时间的浪费和试验费用的增加，这对整机制造厂来说是不情愿的。

为整机提供配套的某些关键元件和材料一般不会单独使用。但是，如果这些元件和材料的安全性能经试验和检测证实符合安全标准要求，进行整机试验时就可以免除对它们的再测试，从而缩短整机的试验时间并减少费用；并且，某些元件和材料也确实需要有第三方认证机构对它们做出公正的质量评定。于是，中国质量认证中心（CQC，China Quality Certification Centre）推出了一种自愿性认证的形式（标志"CQC"，如图 8-22 所示）。由元件或材料的生产者或制造商对产品申请自愿认证，获得 CQC 认证标志和证书，从而为整机厂使用这些元件和材料提供了便利条件。

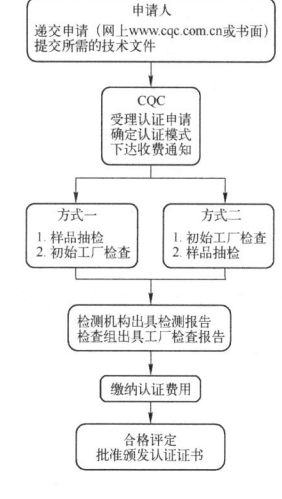

3．CQC 认证的流程

CQC 认证的流程如图 8-23 所示。

(a) 基本型　　(b) 安全　　(c) 电磁兼容

图 8-22　CQC 标志

图 8-23　CQC 认证的流程

8.6　体系认证

体系认证是指通过认证机构对企业的体系进行检查和确认并颁发证书，证明企业的相关保证能力符合对应标准的要求。目前，在电子产品制造业比较普遍采用的体系认证有质量管理体系认证（ISO9000）、环境管理体系认证（ISO14000）和职业健康安全管理体系认证（OHSAS18000）。这三个认证体系所依据的认证标准虽各不相同，但标准中的部分内容相似或相同，并相互兼容，以下分别进行介绍。

8.6.1　ISO9000 质量管理体系认证

1．ISO9000 认证的起源和发展

回顾并考察历史，在质量管理发展的一个多世纪里，几乎每隔 20 年，在解决产品质量管理的方法上就有一次较大的变革：

19 世纪末，在质量发展的初期，由一名或很少几名工人负责加工整个产品，每一名操作者都必须对个人的工作质量进行整体控制，属于操作者的质量管理。

1918 年，由于现代工厂的出现，工人划分为小组加工产品，由工长指挥工人进行操作，于是，工长就对工人的工作质量负有责任。

1931年，进入质量检验阶段。美国的科学管理人员首次提出，将检验作为一种管理职能从生产过程中分离出来，由专职检验队伍、检验机构对产品质量进行检验、由专门的机构制定检验的依据——检验技术标准，通过逐一筛选检验产品，从中挑出废品，从而保证出厂或转入下道工序的产品的质量，这种检验的效率很低且成本较高，并不科学。

20世纪30年代开始，开始进入统计质量控制阶段。面对大量生产的需要，检验的工作量越来越大，以至常常因检验周期过长而延误交货期，有些直接影响到军用产品的供货。自从美国贝尔实验室的科学家提出数理统计抽样的理论之后，世界各国将统计抽样方法运用到产品质量检验中，通过对大量统计数据的分析，立足于事前预防的质量控制，使产品存在的质量问题能够在其显现之前就被预测出来，改变了事后把关的质量检验，缩短了检验的周期且减少了检验的成本。

20世纪60年代之后，美国的质量管理专家提出了质量职能是企业全体人员的责任的理念，使质量管理进入全面质量管理的阶段，很多国家都结合本国的特点加以推行，这当中以日本的成效最显著，其产品质量一跃成为世界一流水平。

20世纪70年代后期，质量管理和质量控制的方法逐步推进，数十年的发展，至今已经构成了一个科学的、完整的、有效的质量管理体系，其质量管理的手段、方法和理论都跨越了一大步，并且还在不断改进、发展和完善。

质量体系认证源于产品质量认证中的"质量体系评定"，是质量管理发展史上的一个飞跃。在商品经济初期，从买卖双方的共同需求中产生的产品认证，大都需要对生产企业的质量保证能力进行评定，其目的是为了确认该企业能否保证产品持续地符合认证标准的要求，只是围绕该产品各方面的质量保证能力进行检查和评定。这仅仅是产品质量认证程序中的一部分，并不包括整个企业的质量体系，这两者之间是存在区别的。表8-2是体系认证与产品认证的区别。

表8-2 体系认证与产品认证的区别

项　　目	产　品　认　证	质量体系认证
对象	特定产品	企业的质量管理体系
获准认证的条件	①产品质量符合指定标准要求 ②质量体系满足指定的质量保证标准要求及特定产品的补充要求	质量体系满足指定的质量保证标准要求及特定产品的补充要求
证明方式	产品认证证书、认证标志	质量体系认证注册证书、认证标记
证明的使用	证书不能用于产品，标志可用于获证的产品上	证书和标记都不能在产品上使用
性质	自愿性、强制性	自愿性
两者关系	获得产品认证资格的企业一般无需再申请质量体系认证（除非申请的质量保证标准不同）	获得质量体系认证资格的企业可以再申请产品认证，但无需按照质量体系通用要求进行检查

单独的质量体系认证是20世纪70年代后期开始的，从30多年的发展历程来看，它源于产品认证又独树一帜。由于市场经济的不断发展，供需双方对于确保产品质量逐渐形成一种规范化的质量行为准则：在产品的供销合同签订之前，用户为了判定供方的产品质量保证能力是否满足要求，需要对供方的质量体系进行评价（即第二方审核）。但是，一个供方通常要为多家需方供货，于是就会出现多个用户对同一个供方实施目的、内容大体相同的重复性的质量体系评价活动，这必然给供方带来了沉重的负担；此外，用户一方派出人员，即便是雇佣人员进行第二方审核也需要付出相当多的时间和费用，同时还要考虑派出人员的经验和水平问题，有可能花了费用也没有达到预期的目的。这就促使一些有权威的第三方认证机构将质量体系认证列入工作范畴；再有，要想进行产品认证，首先必须确定依据什么产品标准，而产品标准必须由认证机构和供需双方共同认可，如果找不到这种公认的标准，就难以实现认证，该产品也就不能列入产品认证的目录中。新产品的不断涌现，产品的种类和规格越来越多，生产方也希望通过第三方认证来证实

产品质量是可信的、质量体系是有效的,从而提高产品信誉,开拓市场。

独立的质量体系认证使用通用性很强的标准,适应面广、灵活性大,恰好弥补了产品质量认证的某些局限性。基于以上多种因素,在工业发达的国家,首先是英国标准协会(BSI)于1975年公布了英国的国家标准(BS5750),并率先开始了独立于产品认证的质量管理体系认证活动。BS5750 标准是:

- 《设计、制造和安装的规范》;
- 《制造和安装的规范》;
- 《最终检验和试验的规范》。

英国通过开展这三种质量体系标准的质量体系认证实践,给生产者和用户都带来了很高的效益,有向国际社会推广的价值,BSI 于 1979 年向国际标准化组织(ISO)提出建议,希望制定有关质量保证技术和实施的国际标准。ISO 采纳了 BSI 的建议,在 1979 年批准成立了国际标准化组织的分委会——质量管理和质量保证技术委员会(TC176),具体负责制定有关质量管理和质量保证标准,在广泛征求各国质量管理专家意见的基础上,ISO 于 1987 年正式颁布了 ISO9000 系列标准(1994 版)。随后世界其他大多数国家都逐步开始实施国际标准的质量体系认证,使质量体系认证有了国际统一的标准和实施方法。而在此之前,按照典型的产品认证模式,各国的认证机构在产品认证和体系认证中,对于企业的质量保证能力进行检查和评定的做法各不相同。

2. ISO 质量体系标准的制定、发布和换版

(1) 1987 年制定的 ISO9000 系列标准

ISO/TC176 自成立之后,便开始着手质量管理标准化的工作,于 1986 年正式发布了 ISO8402—1986《质量管理和质量保证——术语》。标准中,对与质量有关的术语,如"质量"、"产品"、"活动"、"过程"、"组织"、"体系"、"质量控制"、"质量保证"、"质量管理"等进行了明确的定义,统一了概念。随后,ISO 于 1987 年正式发布了质量管理和质量保证系列标准,系列标准由以下 5 个标准组成:

- ISO9000—1987《质量管理和质量保证标准——选择和使用指南》;
- ISO9001—1987《质量体系——设计、开发、生产、安装和服务的质量保证模式》;
- ISO9002—1987《质量体系——生产、安装和服务的质量保证模式》;
- ISO9003—1987《质量体系——最终检验和试验的质量保证模式》;
- ISO9004—1987《质量管理和质量体系要素——指南》。

其中,ISO9000 是为该标准的选择和使用提供原则指导;ISO9001、ISO9002 和 ISO9003 是三项质量保证模式,分别针对不同的生产和服务模式的组织;ISO9004 是指导企业内部建立质量体系的标准。至此,ISO 首次颁布的 1987 版系列标准共包括 6 个标准。

(2) 1994 版 ISO9000 族标准

1987 版 ISO9000 系列标准发布后,受到了世界上许多国家的重视,纷纷等同或等效采纳为本国标准。随着质量管理理论的不断完善和提高、质量认证工作实践的不断深化和丰富,其内涵和覆盖范围也随之不断发展。修订后,1994 版的 ISO9000 改为 ISO9001-1、ISO9004 改为 ISO9004-1,还增加了一些配套标准。1994 版的 ISO9000 族标准由以下 5 大类标准组成(括号中为我国等同采用的国家标准的编号):

① 术语标准。

ISO8402:1994《质量管理和质量保证——术语》(GB/T6583—1994)。

② 标准应用指南。

ISO9000-1:1994《质量管理和质量保证标准——第 1 部分：选择和适用指南》（GB/T19000·1—1994）。

还有其他质量管理和质量保证标准的指南性标准：ISO9000-2:1994（GB/T19000·2）、ISO9000-3:1994（GB/T19000·3）和 ISO9000-4:1994（GB/T19000·4）共 4 个标准。

③ 质量保证标准。

ISO9001:1994《质量体系——设计、开发、生产、安装和服务的质量保证模式》（GB/T19001—1994）；

ISO9002:1994《质量体系——生产、安装和服务的质量保证模式》（GB/T19002—1994）；

ISO9003:1994《质量体系——最终检验和试验的质量保证模式》（GB/T19003—1994）。

其中，第一种质量保证模式（ISO9001）的质量保证要求最多，它从设计开发、生产、安装直到服务，是全过程的质量保证要求；第二种模式（ISO9002）的质量保证要求较少，主要对生产和安装阶段规定质量保证要求；第三种模式（ISO9003）的质量保证要求最少，仅仅对与产品最终检验和试验的能力有关的质量体系要素规定了质量保证要求。质量保证要求不同的认证企业，可根据自身的情况采用不同模式的标准。

④ 质量管理标准。

ISO9004-1:1994《质量管理和质量体系要素 第 1 部分 指南》（GB/T19004.1—1994）。还有其他质量管理和质量体系要素的指南性标准，ISO9004 共 8 个标准。

⑤ 质量技术导则

质量技术导则包括有关审核和人员评定的 ISO10011（GB/T19021）、有关测量设备质量保证的 ISO10012（GB/T19022）、有关质量手册编写的 ISO10013、有关质量管理经济效果的 ISO10014、有关培训的 ISO10015 以及有关检验和试验记录的 ISO10016 等共 9 个标准。

（3）2000 版 ISO9000 系列标准

从 1995 年开始，ISO/TC176 在全世界范围内进行了大规模的调查研究活动，广泛地征询意见，为标准的继续修订做了充分准备，于 1998 年提出标准草案的建议稿（CD_1），经第二稿（CD_2）、标准草案稿（DIS）和国际标准草案稿（FDIS）等多次修改，在取得 TC176 多数成员国最终表决通过后，于 2000 年 12 月 15 日正式发布了 ISO9000:2000 新版国际标准，由以下核心标准组成（括号中为我国等同采用国际标准的国家标准的编号）：

● ISO9000:2000《质量管理体系 基础和术语》（GB/T19001—2000）；
● ISO9001:2000《质量管理体系 要求》（GB/T19001—2000）；
● ISO9004:2000《质量管理体系 业绩改进指南》（GB/T19004—2000）。

该系列标准的特点是适用于所有的组织，包括制造业和非制造业。此外，还有与质量管理体系相关的审核的指南性标准 ISO19011:2000、测量控制系统标准 ISO10012:2000 等，ISO 对标准的修订工作仍在进行之中，以确保标准的时效性和实用性。

纵观标准的修订全过程，从 1987 年的 6 个标准，到 1994 版的 ISO9000 族标准，经历了由简到繁的过程，再到 2000 版的 3 个核心标准，又历经由繁到简的过程，但它并非简单的回归，而是在新基础上的升华。

（4）2008 版 ISO9000 系列标准

自 2000 年发布之后，ISO/TC176/SC2 一直在关注跟踪 ISO9001:2000 标准的使用情况，不断地收集来自各方面的反馈信息。这些反馈多数集中在两个方面：一是 ISO9001:2000 标准部分条款的含义不够明确，不同行业和规模的组织在使用标准时容易产生歧义；二是与其他标准的兼容性不够。到了 2004 年，ISO/TC176/SC2 在其成员中就 ISO9001:2000 标准组织了一次正式的系统评审，以便决定该标准是应该撤销、维持不变还是进行修订或换版，最后大多数意见是修订。与此同时，ISO/TC176/SC2 还就 ISO9001:2000 和 ISO9001:2004 的使用情况进行了广泛的"用户反馈调查"。之后，基于系统评审和用户反馈调查结果，ISO/TC176/SC2 依据 ISO/Guide72:2001 的要求对 ISO9001 标准的修订要求进行了充分的合理性研究，并于 2004 年向 ISO/TC176 提出了启动修订程序的要求，并制定了 ISO9001 标准修订规范草案。该草案在 2007 年 6 月做了最后一次修订。修订规范规定了 ISO9001 标准修订的原则、程序、修订意见收集时限和评价方法及工具等，是 ISO9001 标准修订的指导文件。

ISO9001:2008 的新标准已于 2008 年 11 月 14 日正式发布。新标准修改较少，无理由需要"过渡阶段"，ISO 将用 6~12 个月时间来结束 ISO9001:2000 版的使用，从 2009 年 3 月 1 日实施新标准。

3．2008 版 ISO 9000 系列标准修订的原则

ISO9001:2000 标准修订规范，明确规定了修订为 ISO9001:2008 标准的 7 条指导原则：

① ISO9000:2008（新标准）的结构模式和过程方法维持与 ISO9001:2000（原标准）的规定相同。

② 修订后的新标准必须保持通用性，并适宜于所有行业的不同规模、不同类型的组织。

③ 如有可能，ISO9000:2008 与 ISO14001:2004 标准的兼容性必须得到强化（即符合"绿色制造"的要求）。

④ 新标准必须保持 ISO9001 和 ISO9004 标准之间的协调一致性。

⑤ 新标准的修订仅限于使用户的质量管理体系受到有限的影响，并且所有的修订应该对用户有显著的好处。

⑥ 新标准的起草者应使用原标准的支持工具包以助于识别需要澄清的问题。

⑦ 修订后的新标准草案应按照修订规范进行验证，并得到用户的确认。

除上述修订过程必须遵循的原则，修订规范还规定了新标准起草的原则。具体如下：

① 维持标准的原始意图不变。

② 标准不得带有文化偏见。

③ 标准行文简洁，不得过度使用质量术语和专用术语，应使所有的相关方（而不仅是质量专业人士）都能够理解。

④ 标准行文准确，含义清晰，易于达成共识，以便消除歧义。

⑤ 多用短句，在不使含义模糊不清的前提下，尽量减少用词。

⑥ 保持使用含义一致的术语。与 ISO/TC176/SC1 共同解决术语问题。

⑦ 对新标准的其他要求所提出的修改意见，在实施前必须考虑其效果。

⑧ 以可被审核的方式编写新标准的要求。

⑨ 新标准可以翻译为其他语言。

⑩ 与其他管理体系标准和 ISO/CASCO 标准及指南的兼容性和一致性应，予以适当考虑。

4．世界各国采用 ISO9000 系列标准的情况

ISO9000 质量管理和质量保证标准系列正式发布以后，由于其结构严谨、定义明确、规定具体而又实用，得到了世界各国的高度重视和普遍欢迎，在世界主要经济发达国家的导向下，国际间的采购活动也逐步趋于采用质量体系认证的方式，并以第三方认证取代供需之间的第二方认证，且双方互利。采用 ISO9000 系列标准逐步发展为世界性的趋势。

在欧洲，欧盟国家为建立统一的市场，确保安全和卫生的产品在成员国之间自由流通，解决的办法就是对产品的生产厂实行第三方认证，获得质量体系认证的企业的产品，将免除关税、

无需再检验即可直接进入欧洲统一市场流通，认证的依据正是 ISO9000 质量管理体系系列标准。由于事关自身国家的经济发展和企业的效益得失，为了消除共同体成员国之间产品过境的技术壁垒，欧洲许多国家都纷纷制订第三方认证计划。

在美国等西方国家，虽然已具备了本国的质量管理模式，但因唯恐不能进入具有众多人口的欧洲市场从事贸易活动，也纷纷等效或等同采用这一认证标准。

日本虽早已实行了针对本国企业的产品质量认证（JIS 认证标志），但 JIS 认证是供应商自主的质量管理，目的是更积极、更主动地开发满足用户需要的产品，以高质量的产品占领市场，而不只是停留在满足购买者所要求认证上，另外，JIS 认证在审查方法和内容上与 ISO 也有所不同。尽管在标准的协调关系上存在问题，但日本是贸易大国，不采用 ISO9000 标准将会给国际贸易带来巨大损失，在多数日本工业界人士和质量管理专家的要求下，日本政府于 1991 年 10 月制定了 JIS-Z-9000～9004，等同采用了 ISO9000 标准系列。

8.6.2 我国采用 ISO9000 系列标准的情况

我国于 1988 年 12 月宣布等效采用 ISO9000 国际标准。随着市场经济和国际贸易的快速发展，当时我国即将恢复关贸总协定缔约国的地位，国家经济将全面置身于国际市场大环境中，质量管理同国际惯例接轨已成为发展经济的重要内容，由国家技术监督局于 1992 年 10 月发布了等同采用 ISO9000 标准的文件，并颁布了我国的质量管理体系国家标准——GB/T19000 质量管理和质量保证系列标准。

1. GB/T19000—2000 系列标准

GB/T19000—2000 系列标准是 2000 年 12 月发布的国家标准。该标准结构严谨、定义明确、规定具体、易于理解。该系列标准等同于（idt）ISO9000 系列标准，标准编号中的"T"意为"推荐"，"idt"意为"等同采用"，所以，该系列标准为推荐性标准，并且与 ISO9000 规定的内容完全相同，由 3 个核心标准组成：

- GB/T19000—2000 idt ISO9000:2000《质量管理体系——基础和术语》；
- GB/T19001—2000 idt ISO9001:2000《质量管理体系——要求》；
- GB/T19004—2000 idt ISO9004:2000《质量管理体系——业绩改进指南》。

此外，与质量管理体系相关的、有关审核的标准 GB/T19011—2001 idt ISO19011:2001《质量和（或）环境管理体系审核指南》也作为质量管理体系的一个主要标准。

2000 版 ISO9000 系列标准适用于产品开发、制造和服务等所有的组织。它的基本原理、内容和方法具有普遍意义，具有指导性的作用。系列标准中的 GB/T19000 是指导性文件，GB/T19001 是具体的实施要求，GB/T19004 用来指导企业质量体系持续改进，GB/T19011 用于指导质量体系的审核，与 ISO 标准完全等同。

2000 版证书只有 ISO9001:2000 一种。一般有效期三年，但每 12 个月内要通过监督审核或复审。

ISO9001:2008 标准是根据世界上 170 个国家、大约 100 万个通过 ISO9001 认证的组织的 8 年实践修改的，更清晰、明确地表达 ISO9001:2000 的要求，增强了与 ISO14001:2004 的兼容性。

我国于 2008 年 11 月 25 日底发布 GB/T 19001:2008 标准（与 ISO9001:2008 标准等同），规定于 2009 年 3 月 1 日开始实施，2008 版证书从 2009 年 11 月 25 日开始颁发，以前获得 2000 版证书的企业有两年过渡期，过渡期内 2000 版证书同时有效（有效期至 2010 年 11 月 25 日）。

2. 实施 GB/T19000 系列标准的意义

（1）有利于提高企业的质量管理水平

对企业内部，通过向全体员工宣传贯彻法律法规的重要性、定期进行全员培训，建立文件化的规章制度和作业规范，强化了企业内部管理制度，提高了员工的遵纪守法意识，达到规范企业员工行为的目的，使其有法可依、有章可循，减少工作中的随意性。企业按照标准要求明确岗位人员职责和权限并进行沟通，使责任到位，杜绝了工作中的推诿现象，提高了工作质量和效率，将质量管理贯穿于全过程，进而提高产品合格率，提高企业的经济效益和社会效益。

对企业外部，获得认证的企业的质量保证能力，确保提供高质量的产品及服务，提高了企业的信誉和相关方的信任，使购买者放心地与企业签订供销合同，扩大了企业的市场占有率。

从系统的角度来看，对产品或服务全过程的技术水平、管理能力、人员素质和资源提供进行有效的质量控制，引入定期监视、测量、审核等各种质量体系的监测手段，及时发现质量体系和产品质量存在的问题及需要改进的地方，针对问题采取有效的控制措施；对因经营环境改变、组织机构改变、产品更新等及时提出新的要求，通过协调部门、人员和活动之间的接口关系，使企业的质量管理体系更为科学和完善，保证质量体系的适用性和有效性。

（2）有利于企业的质量管理与国际接轨

ISO9000 标准被世界许多国家地区和组织所采用，成为在各国（地区）贸易交往中需方对供方质量保证能力评价的依据，或者作为第三方对企业的质量管理体系认证的依据。随着贸易的发展，质量在贸易中的作用日益重要，所以，世界各国（地区）按照 ISO9000 标准的要求建立质量体系，积极开展第三方的质量认证，有利于国际间的经济合作与技术交流，按照国际标准进行管理已成为世界性的趋势。

（3）有利于提高产品的竞争能力

产品质量的提高，不仅取决于企业的技术能力，同时也取决于企业的管理水平。一旦某企业的产品和质量体系通过了国际上公认机构的认证，则可以在产品上贴上认证标志，在广告中宣传企业的管理和技术水平。所以，产品的认证标志和质量体系的注册证明，成为企业最有说服力的形象广告，是产品最有价值的信誉证明。另外，越来越多的项目招标、国际采购也将企业是否获得体系认证作为竞标的条件之一，获得认证可以增强企业竞争的实力。

（4）有利于消除国际间的贸易壁垒

许多国家为了保护自身的利益，设置了种种贸易壁垒，包括关税壁垒和非关税壁垒。质量保证能力就属于非关税的技术壁垒，通过产品认证和质量体系认证，就获得了国际贸易的"通行证"，从而消除了贸易壁垒。

（5）有利于保护消费者的合法权益

随着现代工业生产的发展，使用新技术、结构和材料的产品不断出现，由于不合格产品引发的投诉多有发生，消费者对产品的安全性、可靠性越来越重视。获得质量体系认证的企业，对产品质量有充分的质量保证能力，有能力保证消费者的利益，也大大增强了使用者的信心。

3．GB/T19000 质量管理体系的建立和实施

（1）组织准备
- 明确企业应遵循的法律法规文件，确定体系认证的范围（产品或服务）；
- 确定组织机构，确定最高管理者并由其任命管理者代表，明确各岗位人员职责；
- 制定质量方针和质量目标，做出质量保证的承诺；
- 识别生产或服务的特殊过程和关键过程；

- 在企业内部开展质量管理的教育、培训和考核;
- 确定在组织内应该开展的各项质量管理活动;
- 配备充分的资源。

(2) 编制、发布质量管理体系文件
- 质量手册;
- 程序文件;
- 其他文件,如作业指导书、操作规程及其他有关规章制度和规范等;
- 确定质量体系运行过程中的记录格式。

(3) 实施与运行
- 落实生产或服务的资源,对人员进行合理配备,做好内部沟通;
- 按文件要求实施质量体系运行3~6个月,按规定进行监视和测量并进行记录;
- 对内审员进行培训,并由最高管理者聘任;
- 根据企业的实际情况,至少进行一次覆盖全部条款要求和部门的内部质量审核;
- 对不符合项进行纠正,并对纠正措施进行验证;
- 由最高管理者主持管理评审,评审质量管理体系的适宜性、充分性和有效性,并提出持续改进措施。

(4) 认证和监督
- 向认证机构提出认证申请,并提交相应的认证文件和资料;
- 接收认证机构审核,对认证机构提出的不符合项进行纠正并将纠正措施或计划提交验证;
- 获证后,定期接收认证机构的监督审核。

8.6.3 ISO14000 系列环境标准

1. ISO14000 系列标准的产生与发展

(1) ISO14000 标准产生的背景

人类社会早期,由于其生产力水平低下,人类向自然界的索取极为有限,对环境的污染也远远低于环境的自净和更新能力,人类与自然界成为一个统一的整体,相互联系、相互作用、共同存在,在物质、能量、信息的交换过程中向前发展。随着科学技术的进步和生产力水平的提高,人类影响自然的能力也大为增强,尤其在近代工业的发展中,人类进入了大量生产和消费的时代,商品经济的利益驱使人类向大自然掠夺资源、排放各种废物,对环境造成了巨大的影响,主要表现为温室气体的大量排放造成气候变化,氯氟烃类物质的排放导致臭氧层破坏,工业生产直接产生大量有毒有害的化学物质造成水土污染、生态环境日益恶化,城市垃圾使水体、空气、土壤污染,城市的噪声扩大,还有因人为因素造成的森林锐减、草原退化、自然灾害频繁或加剧,珍稀动植物濒临灭绝等,这当中绝大多数环境问题都是由人为因素引起的,电子产品制造工厂所产生的废水、废气和固体废弃物就是环境污染的必然因素。人类对自然环境的破坏直接影响了人类的发展,甚至威胁到自身的生存。在如此严峻的形势下,人类开始考虑采取一种行之有效的办法来约束自己的行为,并希望建立一套系统、完善的管理方法来规范人类自身的环境活动,以求达到改善生存环境的目的。

1992 年联合国在巴西里约热内卢召开了"环境与发展大会",这是继 1972 年 6 月在瑞典斯德哥尔摩召开的联合国人类环境会议和 1985 年 5 月联合国为纪念人类环境会议 10 周年在内罗毕召开的特别会议之后的一次有关环境的、由 183 个国家的代表和 102 位国家元首或政府首脑参加的 21 世纪的地球盛会。国际标准化组织(ISO)和国际电工委员会(IEC)也直接参与了大会,在大会通过关于国际环境管理纲要的基础上，可持续发展商会（WBCSD）正式成立，并对 ISO 和 IEC 两个组织提出了在环境管理领域中做出更积极行动的要求。

为此，ISO 在 1993 年 6 月成立了专门负责环境管理工作的技术委员会（TC207），其主要目的就是支持环境保护工作，将环境管理体系（EMS）标准化，在此范围的国际标准上和服务上为全球提供一个先导，从而改善并维持生态环境的质量，减少人类各项活动所造成的环境污染，与社会经济发展达到平衡，促进经济的持续发展。为此，ISO 在英国 BS7750《自愿性的环境管理体系标准》（1992 年颁布）和欧共体理事会 1993 年的 No.1836/93《关于工业企业自愿参加环境管理与环境审核联合体系条例》的基础上，经过广泛征求意见，于 1996 年 9 月正式颁布了 ISO14000 系列标准。

（2）ISO14000 标准介绍

ISO14000 系列标准是个庞大的标准系统，ISO 中央秘书处给这个系列标准预留了 100 个标准号（ISO14001～14100），这也足以表明这个标准系统未来的发展规模。表 8-3 是 ISO14000 系列标准编号的分配情况。

表 8-3　ISO14000 系列标准编号

分　会	标　准　号	标　准　内　容
SC1	14001～14009	环境管理体系
SC2	14010～14019	环境审核
SC3	14020～14029	环境标志
SC4	14030～14039	环境行为评价
SC5	14040～14049	生命周期评估
SC6	14050～14059	术语和定义
WG1	14060	产品标准中的环境指标
WG2		可持续森林
备用	14061～14100	

TC207 作为这个系列标准的制定机构，它的 6 个分技术委员会分别承担 6 个方面标准的制定任务。这 6 个方面的标准由分别构成 ISO14000 的标准子系统（SC1～SC6），每个子系统又由若干标准构成更小的系统。ISO14000 系列标准已经颁布了十多个独立的标准。许多观察家认为，ISO14000 系列标准产生的影响要远大于 ISO9000 标准。

（3）世界各国采用 ISO14000 系列标准的情况

ISO14000 系列标准颁布后，受到了世界各国和地区的普遍关注并纷纷采纳，欧美等许多经济发达的国家率先实行，并获得了显著的成效。

我国于 1996 年年初成立了国家环保总局环境管理体系审核中心，举办了一系列标准研讨班，并在部分企业进行了 ISO14001 标准的试点认证工作。1997 年年初，批准了 13 个城市作为实施 ISO14001 标准的试点城市。1999 年 4 月，国家环保总局开展了创造国家示范区活动，在全国 46 个环境重点保护城市和有条件的经济开发区，开展了环境管理体系的建立与运行的试点。为保证 ISO14000 标准认证的公正性和权威性，保证认证质量，经国务院办公厅批准成立了中国环境管理体系认证指导委员会，下设中国环境管理体系认可委员会（简称环认委）和中国认证人员国家注册委员会环境管理专业委员会（简称环注委），开始了 ISO14000 环境管理体系的认证工作。

在 ISO14000 标准发布后，我国的标准化管理部门将其等同转化为我国的国家标准，最先转化的标准有：

- GB/T24001—1996 idt ISO14001《环境管理体系 规范及使用指南》
- GB/T24004—1996 idt ISO14004《环境管理体系 原则、体系和支持技术指南》
- GB/T24010—1996 idt ISO14010《环境审核指南 通用原则》
- GB/T24011—1996 idt ISO14011《环境审核指南 审核程序 环境管理体系审核》
- GB/T24012—1996 idt ISO14012《环境审核指南 环境审核员资格要求》

其中，ISO14001—1996 是 ISO14000 系列标准中一个最关键的标准，不仅是唯一用于环境管理体系审核的标准，也是制定系列标准中的其他标准的依据，ISO14001 标准奠定了 ISO14000 系列标准的基础。

ISO 于 2009 年 3 月发布的版本是 ISO14050:2009 "环境管理·词汇表"的第 3 版，已进行了全面的更新，囊括了环境管理体系领域的最新进展。此项标准用 ISO 的 3 种官方语言（英语、法语、俄语）以及阿拉伯语和西班牙语，提供了整个 ISO14000 系列标准用到的所有概念和术语的明确而简洁的定义，并且给出了荷兰语、芬兰语、德语、意大利语、挪威语、葡萄牙语和瑞典语的相应术语。这样，此项标准已包括了 12 种语言。

公布的 ISO 调查结果显示，截止到 2007 年年底，已在 148 个国家颁发了至少 154 572 份符合 ISO14001:2004（环境管理体系的要求）的证书。谈到这些调查结果，制定此标准的 ISO/TC207 术语协调小组的召集发表评论说："考虑到全球的大环境和 ISO14000 系列标准的广泛性，目前 ISO14050 的关键作用比以往任何时候都更加明显，无论这些标准的用户在世界的哪个角落，都能够确保他们使用共同的语言。"

目前 ISO14000 系列中共有 21 项标准出版，其中 ISO14001 和 ISO14004 为建立 EMS 提供了要求和指南，其余各项标准涉及环境问题各个方面，包括标识、产品设计、绩效评估、温室气体、生命周期评价、通信和审核等。ISO14050 将所有这些标准中的术语汇编成为一份方便实用的文件。

（4）ISO14000 系列标准的特点

① 自愿原则——ISO14000 系列标准的基本思路是引导企业建立起自我约束的机制，管理者和企业所有员工都以自觉的精神处理好与改善环境绩效有关的活动，所有标准都不是强制的，而是自愿采用。

② 全过程预防——"预防为主"是贯穿 ISO14000 系列标准的主导思想。在质量方针中所承诺的污染预防，要在环境管理体系的运行活动中加以具体落实，并由制造过程扩展到产品的整个生命周期。

③ 持续改进原则——持续改进是 ISO14000 系列标准的灵魂。对每个不同的企业来说，无论是污染预防还是环境绩效改善，都不可能一经实施这个标准就得到完满解决，旧的问题改进了，新的问题又会出现；主要问题解决了，次要问题便又提到日程，改进是永无止境的。

④ 灵活性——ISO14001 标准的灵活性是其实用性的基础。虽然借鉴了 BS7750 的经验并采纳了其中的许多内容，但有些内容并没有采纳，如 BS7750 要求编写环境管理手册，而 ISO14001 并不强求这样做，等等。除了对遵守法律法规、坚持污染预防和持续改进做出承诺外，再无硬性规定，允许企业量力而行。

⑤ 广泛应用性——建立 ISO9000 质量管理体系给出了三种模式，而建立环境管理体系只有一种模式，即按照 ISO14001 标准建立的框架，适用于任何类型与规模的组织，同时即可用于内部审核、对外认证、注册，也可用于自我管理。

⑥ 兼容性——ISO14000 标准的制定考虑了与 ISO9000 系列标准和其他标准的兼容性。如果企业已经建立了质量管理体系，要求再建立一个管理体系，如果处理不好，容易造成管理上的混乱，还会加重企业的负担。不同的管理体系通过协调是可以实现一体化的。

2. 实施 ISO14000 标准的意义

（1）具有重要的政治意义

ISO14000 系列标准是国际标准化组织根据包括我国参加签署的"环境与发展大会"的决议制定出的国际性标准。在中国贯彻这一标准是实现我国政府在环境方面的承诺，具有重要的政治意义。

（2）有利于提高我国企业在国际市场上的竞争力

我国作为 WTO 的一员，随着世界绿色浪潮的兴起，人们环保意识觉醒，不少国家在制定对外贸易政策时，相应地制定了环境标准。在世界各国贸易战中，利用环境保护标准构建"绿色贸易壁垒"的情况时有发生。而我国，每年都因不符合某些发达国家环境法规及相应环境标准要求而蒙受巨大的损失。ISO14000 系列标准对全世界各国改善环境行为具有统一标准功能，因而对消除绿色贸易壁垒具有重要的作用。因此，许多人称 ISO14000 系列标准是国际绿色通行证。

（3）有利于提高企业环境管理水平和改善企业形象，提高企业知名度

ISO14000 系列标准规定了一整套指导企业建立和完善环境管理体系的准则，为现代化企业管理提供了科学的方式和模式。ISO14000 体系认证的申请、建立、实施与评定，建立在自愿的基础上，但它有严格的程序。获得 ISO14000 标准认证，意味着企业环境管理水平达到国际标准，等于拿到了通向国际市场的通行证。在提高企业的社会形象和知名度的同时，也消除了企业与社会在环境问题上的矛盾，也大大提高了企业的经济效益。

（4）有助于推行清洁生产，实现污染预防

ISO14000 特别强调污染预防，要全面识别企业的活动、产品和服务中的环境因素，找出污染源，明确企业的环境方针和环境目标。电子产品制造企业应主要考虑可能产生的环境影响：对向大气、水体排放的污染物、噪声的影响及固体废物的处理等逐项进行调查分析，针对存在的问题从管理上或技术上加以解决，使之纳入体系的管理，从而合理利用自然资源，从源头治理污染，实现清洁生产。

（5）有利于企业节能降耗，减少污染排放，降低成本，提高效益

企业在生产全过程中，从设计、生产到服务，考虑污染物的产生、排放对环境的影响，资源材料的节约及回收，可以有效利用原材料，回收可用废旧物，减少因排污造成的赔罚款及排污费，从而降低生产成本和能耗。英国通过 ISO14001 标准认证的企业中有 90%的企业通过节约能耗、回收利用、强化管理节约了成本，所得经济效益超过了认证成本。

（6）减少污染排放，降低环境事故风险，避免环境的民事、刑事责任

企业通过替代、产品设计的改进、工艺流程的调整及管理、减少污染排放或通过治理实现达标排放，不仅保护环境，而且减少许多环境事故风险及环境的民事、刑事责任。环境管理体系还要求具有应急准备与反应能力，应急措施到位，一旦发生紧急情况，可预防或将污染对环境的影响减至最小。

3. ISO14000 环境管理体系的建立和实施

（1）组织准备

- 明确应遵循的有关法律法规文件，要求全员推行清洁生产，合理利用自然资源，减少污染排放，加强环境管理；
- 建立环境管理体系，确定组织机构，落实负责人及各岗位职责；
- 制定环境方针、目标和指标，做出环境保护的承诺；

- 识别企业的环境因素，确定环境管理方案；
- 配备相应的资源。

（2）编制、发布文件化的环境管理体系文件
- 环境管理手册；
- 程序文件；
- 对重要环境岗位，建立作业指导、操作及规范性的文件加以控制，以改善环境状况；
- 确定体系运行过程中的记录格式。

上述体系文件可与企业的其他管理体系文件（如 ISO9000）形成一体化的文件。

（3）实施与运行
- 环境管理资源和人员配备的落实，并注意各方面的信息沟通；
- 要求对紧急突发事件，建立应急和响应计划；
- 环境管理体系运行 3~6 个月，对运行过程进行监测和检查，按规定完成运行过程中的记录；
- 对内审员进行培训，并由最高管理者聘任；
- 根据组织的实际情况，至少进行一次覆盖全部要素和部门的内部环境管理审核；
- 对不符合项进行纠正，并对纠正措施进行验证；
- 由组织最高管理者主持管理评审，评审环境管理体系的适应性、有效性和充分性，并提出持续改进方向。

（4）认证和监督
- 在体系运行基本稳定后，向认证机构提出认证申请并提交相应的文件资料；
- 接收认证机构审查，对提出的不符合项进行纠正，并提交认证机构进行验证；
- 获证后定期接受认证机构的监督检查。

4．我国实施《电子信息产品污染控制管理办法》

我国从 2007 年 3 月 2 日开始实施《电子信息产品污染控制管理办法》，1800 多种新生产的电子信息产品都必须标有"电子信息产品污染控制标志"才能上市销售。日常生活中常见的、多达 1800 个品种的电子信息产品，都将受《电子信息产品污染控制管理办法》的限制。与此同时，CQC 也推出了"中国质量环保认证"。

欧盟 2006 年 7 月 1 日起开始实施 RoHs 环保指令，限制和禁止使用铅、汞、镉、六价铬、多溴联苯、多溴二苯醚这 6 种有毒、有害物质。《电子信息产品污染控制管理办法》是中国首次推行与欧盟 RoHs 类似的环保制度，被喻为中国的 RoHs 指令。

如图 8-24 所示，图（a）是"电子信息产品污染控制"的橙标，代表该电子产品含有毒、有害物质，圆内的阿拉伯数字代表该产品的环保使用年限；图（b）是绿标，圆内是一个字母"e"，代表这是环保的、绿色的电子产品；图（c）是 CQC 的"中国质量环保认证标志"。

(a) "电子信息产品污染控制"的橙标　　(b) "电子信息产品污染控制"的绿标　　(c) 中国质量环保认证标志

图 8-24　电子信息产品污染控制和 CQC 环保认证标志

8.6.4 OHSAS18000 系列标准

1. OHSAS18000 系列标准的产生和发展

（1）OHSAS18000 标准产生的背景

OHSAS 是英文"职业健康安全评估系列"的缩写。OHSAS18000 系列标准的全称是"职业健康安全管理体系"，它是国际上继 ISO9000 质量管理体系和 ISO14000 环境管理体系之后，世界各国普遍关注的又一个管理性的体系标准，主要作用于规范企业的职业健康和安全的管理行为、指导企业建立规范化的管理制度，从而预防和控制事故的发生，保障操作者的安全和健康，确保生产的有序进行。

随着人类科学技术的迅猛发展，大量新的技术、工艺、材料、设备和能源不断涌现，产品在其生产过程中，对外造成环境污染、对内给员工带来一系列的职业健康安全问题。有些生产企业只注重生产的发展，虽然以往对人身伤害、意外事故有所控制，但只是一种消极的控制，忽视了在使用这些新资源的同时出现新的人身风险；有的生产企业技术落后，管理不善又不注重投入。例如，在电子产品制造过程中产生的工业粉尘、毒物和噪声污染、触电和机械事故等，不仅对生产造成了损失，更重要的是直接危害人的健康和安全，造成生产操作人员的劳动事故和疾病，有的甚至危及到生命，直接影响企业的正常生产。

职业健康安全管理的发展经历了几个重要的阶段：20 世纪 50 年代，主要是防止有关的人身伤害和意外，是一种消极的控制；20 世纪 70 年代，开始考虑人、材料、设备和环境等有关问题，但仍停留在被动反应状态；20 世纪 90 年代，发展到了控制风险的阶段，对人的因素和工作或系统因素所造成的风险进行积极主动的控制；21 世纪，则是控制一切风险，将损失与管理方案配合，不仅考虑人、材料、设备和环境，还要考虑产品质量、工程和设计、采购货物、制造方案和法律责任等因素。

1996 年 9 月，ISO 在日内瓦召开了由 44 个国家和 6 个国际组织共同参加的国际安全管理体系（OHSAS）研讨会，针对制定职业健康安全管理体系国际标准的问题进行了讨论。由于每个国家的国情和劳工权益各不相同，有关职业健康安全的问题比较复杂，所以会议未能取得一致性的意见，制定统一的国际标准还不成熟。1999 年 4 月，第 15 届世界职业健康安全大会在巴西召开，国际劳工组织提出将按照 ILO 第 155 号公约和第 161 号公约推行企业安全卫生评价的规范化的管理体系，并颁布了"职业健康安全管理体系指南"。在此之后推出的 OHSAS18000 系列标准并不作为某一国家或某一国际组织正式颁布的标准，但可供任何国家和组织采用，已成为许多国家和认证机构广泛采纳的权威性标准。

（2）OHSAS18000 标准及特点

OHSAS18000 系列标准是在考虑到没有世界通用的职业健康安全管理体系标准的情况下，为满足企业的需求，由英国标准协会、挪威船级社等十多个国际著名认证机构共同制定，并于 1999 年 3 月联合推出的职业健康安全评价系列标准，成为继 ISO9000 质量管理体系标准和 ISO14000 环境管理体系标准之后的又一个管理体系标准：

- OHSAS18001:1999《职业健康安全管理体系 规范》；
- OHSAS18002:1999《职业健康安全管理体系 指南》。

我国与 OHSAS18000 相对应的 2001 版国家标准，由国家认证认可监督管理委员会和国家标准化管理委员会组织专家于 2001 年 7 月共同制定，并于 2001 年 11 月正式发布，为 GB/T28001—2001《职业健康安全管理体系 规范》，标准覆盖了 OHSAS18001:1999 标准的全部要求，适用于指导企业建立职业健康安全管理体系文件，同时可以作为认证机构进行认证的依据。OHSAS18001 标准的内容、结构和模式与 ISO 标准基本相同，其主要特点是：

① 建立管理体系来进行绩效控制——在最高管理者和全体员工的参与下，提高遵守法规的意识，将满足法律法规的要求贯穿始终，对体系的全过程进行管理和控制，使体系运行处于受控状态，最终实现企业的承诺。

② 采用了 PDCA 循环——企业通过制定目标、管理方案、对运行控制、应急准备和响应以及监视和测量等过程的实施，控制风险造成的损失并减少伤害。

③ 预防为主、持续改进和动态管理——消除事故隐患、对疾病进行预防，控制风险。

④ 自愿性、灵活性和广泛适用性——任一个企业实施职业健康安全管理体系都是在遵守法律法规的前提下进行的，完全取决于企业的自身意愿；建立体系的复杂程度取决于企业自身的性质和规模，OHSAS 标准未作具体规定；OHSAS 标准适用于所有行业。

⑤ 坚持持续改进——通过对企业方针和目标、法律法规的适宜性、对危险源和风险的变化进行监视、测量和评价，提出改进的措施，使企业的职业健康安全管理持续得到改进。

(3) OHSAS18000 标准要素之间的关系

职业健康安全管理体系的精髓在于实施有效的危险源辨识、风险评价和风险控制，各要素之间的关系是：

● 危险源是职业安全卫生管理体系的管理核心；
● 职业安全卫生管理体系必须以遵守法律法规为最低要求不断持续改进；
● 明确组织机构与职责，是实施职业安全管理体系的必要前提；
● 职业安全卫生目标和管理方案，是实现持续改进的重要途径；
● 运行控制是组织控制其风险的关键步骤；
● 职业安全卫生管理体系的监控系统对体系运行起保障作用。

(4) 世界各国采用 OHSAS18000 系列标准的情况

从 20 世纪 80 年代开始，一些发达国家就率先实施职业健康安全管理体系活动。1989 年，美国发布了《化学过程安全技术管理指南》，1994 年发布了《过程安全管理》；同年新加坡发布了《建筑和造船业安全管理体系》。英国在 1996 年颁布了《职业安全卫生管理体系指南》，澳大利亚、挪威船级社、亚太地区职业健康安全组织、日本等为满足企业的要求，也都制定了相关的标准。在 1999 年 4 月巴西召开的世界职业健康安全大会以后，世界有 30 多个国家开始制定本国的职业健康安全卫生管理体系标准，目的是保障员工的健康和安全、完善企业的内部管理、减少风险、避免损失。

我国正处在经济高速发展的时期，经济上虽发展迅速，但职业健康安全工作的开展却远远滞后，职业健康安全的现状不容乐观。比如，我国接触职业病危害人数、职业病患者累计数量、死亡数量和新发病人数，均达世界首位。加入 WTO 后，作为技术壁垒的存在，影响了我国在国际市场的竞争力，甚至影响到我国整个经济体系的运行。因此，逐步加强这方面的工作，力求通过工作环境的改善、员工安全与健康意识的提高、风险的降低，并通过持续改进、不断完善，给每一个组织和相关方带来极大的信心和信任，消除贸易壁垒，为我国企业的产品进入国际市场提供有力的后盾。为充分利用加入 WTO 的历史机遇，进一步提升我国的整体竞争实力，我国制定并发布了与 OHSAS18000 相对应的国家标准，并逐步在各组织内部实施。

2. 实施 OHSAS18000 标准的意义

(1) 提高综合管理水平，规范和强化企业的职业健康安全管理。将国家对职业健康安全的宏观管理与企业的微观管理更紧密地结合起来，拥有职业健康安全的管理体系，可以保障员工的职业健康与生命及财产的安全，从而提高工作效率。

（2）推动企业职业安全法律法规的贯彻落实。安全技术系统和人的可靠性不足以完全杜绝事故，组织管理因素才是复杂系统事故发生的更深层的原因，系统化、预防为主、全员、全过程、全方位的职业健康管理体系可以确保企业员工遵纪守法，防止各类事故发生。

（3）提高企业员工的安全防范意识和技能。通过采取有效预防措施，改善作业条件，有效控制事故隐患，提供更为安全卫生的工作环境，降低发生伤亡事故和职业病风险，避免企业和员工利益受到损失，大幅减少成本投入，提高工作效率，产生直接和间接的经济效益。

（4）以人为本，增强了企业的凝聚力。根据人力资本理论，人的工作效率与工作环境的安全卫生状况密不可分，其良好状况能大大提高生产率，增强企业凝聚力和发展动力。

（5）对外树立良好的品质、信誉和形象，增强市场竞争力。优秀的现代企业除具备经济实力和技术能力外，还应保持强烈的社会关注力和责任感。优秀的环境保护业绩和保证职工安全与健康，能够赢得更多相关方的信任和认可；在国内外贸易中，消除绿色贸易壁垒。将OHSAS18000、ISO9000、ISO14000建立形成一体化的管理体系，已经成为现代企业的标志。

3．OHSAS18000 职业安全卫生管理体系的建立和实施

（1）组织准备
- 建立职业安全卫生管理体系，确定负责人。
- 在企业内部开展职业安全卫生教育培训。
- 进行初始状态评审：辨识危险源、进行风险评价分级；明确适用于组织的职业安全卫生法律法规和其他要求及遵循情况，识别现存体系与标准之间的差距，提出改进的目标。
- 根据企业总方针制定组织的职业安全卫生方针和目标。
- 确定职业安全卫生标准中的各项要素在组织内应该开展的活动。
- 在企业内部进行职业安全卫生职能的分配，完善相应的职责。
- 根据职业安全卫生目标制定职业安全卫生管理方案。

（2）编制、发布职业安全卫生管理体系文件
- 职业健康安全管理手册；
- 程序文件；
- 其他文件，如职业安全卫生作业指导书、操作规程及其他有关规范和规程等；
- 确定体系运行过程中的记录格式。

上述职业健康安全管理体系文件可与企业的其他管理体系文件形成一体化的文件。

（3）实施与运行
- 职业安全卫生资源和人员配备的落实；
- 职业安全卫生管理体系运行 3~6 个月，按规定完成运行过程中的记录；
- 对内审员进行培训，并由最高管理者聘任；
- 根据组织的实际情况，至少进行一次覆盖全部要素和部门的内部职业安全卫生审核；
- 对不符合项进行纠正，并对纠正措施进行验证；
- 由组织最高管理者主持管理评审，评审职业安全卫生管理体系的适应性、有效性和充分性，并提出持续改进方向。

（4）认证和监督
- 在体系运行情况基本稳定后，向认证机构提交认证申请并提交相关文件，并接受现场审核；
- 接受认证机构审核，对发现的不符合项采取纠正措施并提交认证机构进行验证；
- 获证后定期接受认证机构的监督检查。

在建立职业安全卫生管理体系时应注意：与企业所建立的质量管理体系和环境管理体系相

融合,无需另搞一套;随着科学技术的进步、法律、法规的更新,客观情况的变化和人们对职业安全卫生意识的提高,职业安全卫生管理体系应该动态发展、不断改进和不断完善。

4．ISO9000、ISO14000 与 OHSAS18000 体系的结合

由于 ISO9000 系列标准颁布的比较早,有相当数量的企业已经按照 ISO9000 系列标准建立了质量管理体系,在这种情况下,要建立 ISO14000、OHSAS18000 系列标准体系的企业可以考虑将这两种系列标准与 ISO9000 系列标准结合起来,即形成一体化的管理模式。这三种管理体系在许多相关要素上有相同或相似的地方,是可以相互兼容的。ISO9000、ISO14000 及 OHSAS18000 体系的异同如下:

(1) 对于一个企业实施三个体系标准的不同点是其对象不同
- 按 ISO9000 系列标准建立的质量管理体系,其对象是顾客;
- 按 ISO14000 系列标准建立的环境管理体系,其对象是社会和相关方;
- 按 OHSMS18000 系列标准建立的职业安全卫生管理体系,其对象是组织员工和相关方。

(2) 企业实施三个体系标准的相同点
- 组织总的方针和目标要求相同;
- 三个标准使用共同的"过程"模式结构,其结构相似,方便使用;
- 体系的原理都是 PDCA 循环过程;
- 建立文件化的管理体系;
- 文件化的职责分工并对全体人员进行培训和教育;
- 持续改进;
- 采用内部审核和管理评审来评价体系运行的有效性、适宜性和充分性;
- 对不符合进行控制;
- 由组织的最高管理者任命管理者代表,负责建立、保持和实施管理体系。

表 8-4 是 ISO9000 与 ISO14000、OHSAS18000 系列标准中的相关要素的关系。

表 8-4 ISO9000 与 ISO14000、OHSAS18000 系列标准中的相关要素的关系

质量管理体系(ISO9000)	环境管理体系(ISO14000)	职业健康安全管理体系(OHSAS18000)
质量方针	环境方针	职业健康安全方针
质量目标	环境目标和指标	目标
法律和其他要求	法律和其他要求	法律和其他要求
特殊、关键过程及可削减的条款	环境因素	危险源、风险评价、风险控制策划
质量计划	环境管理方案	职业健康安全管理方案
资源、职责和权限	组织机构和职责	机构和职责
培训、意识和能力	培训、意识和能力	培训、意识和能力
沟通	交流	协商与交流
质量体系文件、文件控制	环境管理体系文件、文件控制	文件、文件与资料控制
过程控制	运行控制	运行控制
不合格控制	应急准备和响应	应急准备和响应
纠正及预防措施	检查与纠正措施	事故、事件、不符合和检查与预防措施
监视和测量	监视与测量	绩效测量与监视
记录、记录控制	记录、记录管理	记录、记录管理
质量体系内部	环境管理体系审核	审核
管理评审	管理评审	管理评审

思考与习题

1.（1）电子工程图有哪些基本要求和标准?

（2）电子工程图有哪些特点？

（3）请简述电子工程图的分类。

2. （1）请熟悉和记牢常用的图形符号，做到会识别、会使用。

（2）请自己到图书馆查阅电子类期刊杂志，练习和巩固图形符号的识别能力。

（3）举例总结并说明电子工程图中元器件的标注原则。请说明下面这些文字代表什么元件，什么规格参数？

R：R10，6R8，75，360，3k3，47k，820k，4M7

CJ 型：5p6，56，560

CD 型：5μ6，56，560

CBB 型：1n，4n7，10n，22n，220n，470n

CD 型：1m，2m2/50

3. （1）绘制电原理图中的连线，应遵循什么原则？

（2）电原理图中的虚线有哪些辅助作用？

（3）电原理图中允许做哪些省略画法？

（4）电原理图的绘制有哪些注意事项？

（5）请说明方框图的作用及绘制方法。

（6）什么叫逻辑图？请熟记各种标准的常用逻辑符号，并熟练掌握逻辑图的绘制方法。

（7）请熟悉各种电原理图的灵活运用方法，并查阅书刊杂志，找出几例灵活运用的实例加以印证。

4. （1）工艺图包括哪几种图？分别举例说明这些图的作用、画法和工艺要求（提示：它们是实物装配图、印制板图、印制板装配图、布线图、机壳图、底板图、面板图等）。

（2）如何开列元器件明细表及整机材料汇总表？

5. （1）请叙述计算机辅助处理电子工程图的基本过程。

（2）电子工程图的计算机辅助处理软件有哪几类？

6. （1）什么叫工艺文件？工艺文件在生产中起什么作用？

（2）怎样区分设计文件和工艺文件？

（3）工艺文件分哪几类？

（4）工艺文件的类别和成套性是怎样规定的？

7. 什么叫技术文件的电子文档化？技术文件的电子文档有哪两类？

8. 工艺文件的电子文档化要注意哪些问题？怎样处理工艺文件电子文档的安全问题？

9. 实做一种产品生产工艺流程和插件的工艺文件。

10. 说明功能检测工装的制作原理。

11. 调试和维修电路时排除故障的一般程序和方法是怎样的？

12. 产品老化和环境实验有什么区别？电子产品环境实验包括哪些内容？

13. （1）电子整机产品老化的目的是什么？

（2）电子整机产品老化的条件有哪些？

（3）什么是静态老化？什么是动态老化？哪一种更加有效？

14. 影响电子产品工作的主要环境因素有哪些？

15. （1）电子测量仪器的环境要求是怎样分组的？

（2）电子整机产品的环境试验有哪些内容？是怎样进行的？

（3）试为数字万用表设计环境试验的内容及方法。

参 考 文 献

[1] 王卫平. 电子工艺基础（第2版）. 北京：电子工业出版社，2003.
[2] 王卫平. 电子产品制造技术. 北京：清华大学出版社，2005.
[3] 王卫平. 电子产品制造工艺. 北京：高等教育出版社，2005.
[4] 李力行，李竞西. 电子整机制造工艺. 江苏：江苏科学技术出版社，1982.
[5] 袁宇. 电子爱好者实用电子制作. 北京：人民邮电出版社，1992.
[6] 姜培安，宋久春. 印制电路设计标准手册. 北京：宇航出版社，1993.
[7] 赵谨. 电子产品生产线总体设计的研究. 北京：北京轻工业学院学报，1993.
[8] 日本松下公司. 表面安装电子元件，1993.
[9] （美）R.P.普拉萨德. 表面安装技术原理和实践. 北京：科学出版社，1994.
[10] 汤元信，亓学广，刘元法等. 电子工艺及电子工程设计. 北京：北京航天航空大学出版社，1999.
[11] 邱成悌. 电子组装技术. 江苏：东南大学出版社，1998.
[12] 王卫平，杨翠峰，王永成. 数字电子技术实践. 辽宁：大连理工大学出版社，2008.
[13] 中国电子学会. 表面安装技术与片式元器件学术研讨会论文集.
[14] 上海惠斯顿SMT信息与服务中心. 表面贴装技术.
[15] 王天曦，李鸿儒. 电子技术工艺基础. 北京：清华大学出版社，2000.
[16] 广东、北京、广西中等职业技术学校教材编写委员会. 电子工艺基础. 广东：广东高等教育出版社，2000.
[17] 陈其纯、王玫电子整机装配实习. 北京：高等教育出版社，2002.
[18] 王卫平. 数字万用表的原理与组装. 辽宁：大连理工大学出版社，2011.